U0151050

装备科技译著出版基金

脑–计算机接口

Brain-computer Interfaces

〔荷兰〕 Nick F. Ramsey
〔意大利〕 José del R. Millán　著

伏云发　王　帆　丁　鹏　龚安民　译

国防工业出版社
·北京·

著作权合同登记　图字：01-2022-6244 号

图书在版编目（CIP）数据

脑-计算机接口 / （荷）尼克·F. 拉姆齐，（意）何塞·
德尔·R. 米兰著；伏云发等译. —北京：国防工业出
版社，2023.5
书名原文：Brain-computer Interfaces
ISBN 978-7-118-12884-0

Ⅰ. ①脑…　Ⅱ. ①尼…　②何…　③伏…　Ⅲ. ①人-机
系统-研究　Ⅳ. ①TB18

中国国家版本馆 CIP 数据核字（2023）第 069393 号

※

国防工业出版社出版发行
（北京市海淀区紫竹院南路 23 号　邮政编码 100048）
北京龙世杰印刷有限公司印刷
新华书店经售

开本 710×1000　1/16　插页 12　印张 38¾　字数 724 千字
2023 年 5 月第 1 版第 1 次印刷　印数 1—2000 册　定价 298.00 元

（本书如有印装错误，我社负责调换）

国防书店：（010）88540777　　书店传真：（010）88540776
发行业务：（010）88540717　　发行传真：（010）88540762

译　者　序

脑-计算机接口（简称脑-机接口，brain-computer interfaces，BCI）是一种变革性的人机交互技术，不仅具有潜在的医学应用，也具有潜在的非医学民用和军事应用。未来，BCI 研究和开发将迅猛发展。为进一步推动中国 BCI 教学、科研、科普和转化应用，我们相继翻译出版了国际上著名的三部 BCI 经典著作：全面系统且深入详细的《脑-机接口原理与实践》（Jonathan R. Wolpaw，Elizabeth Winter Wolpaw（eds.），Oxford University Press）、深入浅出且简洁明了的《脑-机接口——革命性的人机交互》（Bernhard Graimann，Brendan Allison，Gert Pfurtscheller（eds.），Springer-Verlag），以及推动 BCI 走出实验室、走向实际应用的《面向实用的脑-机接口——缩小研究与实际应用之间的差距》（Brendan Z. Allison，Stephen Dunne，Robert Leeb，José Del R. Millán，Anton Nijholt（eds.），Springer-Verlag）。

在以上三部经典 BCI 著作的基础上，我们翻译了著名 BCI 研究者 N. F. Ramsey（荷兰乌得勒支大学医学中心大脑中心教授）和 J. del R. Millán（美国得克萨斯州奥斯汀市得克萨斯大学电气与计算机工程系和神经系教授）编写的又一部 BCI 领域力作：Brain-computer Interfaces（Elsevier B. V.），他们联合了国际上著名的 BCI 领域专家撰写了相关的章节。

本书首先阐述了人脑功能与 BCI 的关系，然后清晰地给出 BCI 的定义、相关术语和原理，包括自适应神经技术以及 BCI 的关键问题，特别强调 BCI 操作需要两个自适应控制器的有效交互、BCI 输出命令可以选择目标或控制过程、如何创建和推广重要的 BCI 应用。论述了与脑功能相关的可塑性及 BCI 用于中风康复，着重指出 BCI 的哥白尼革命——从环境控制到监测大脑变化。

接着论述了 BCI 在神经康复和功能增强方面的应用，包括转化 BCI 用于肌萎缩侧索硬化症（ALS）患者面临的问题、BCI 用于神经反馈和非侵入式经颅脑刺激和深部脑刺激、BCI 治疗脑外伤的一般注意事项及未来方向、BCI 用于脊髓损伤康复及面临的问题、基于功能性磁共振成像（fMRI）/功能性近红外光谱（fNIRS）/脑电（EEG）的无创 BCI 和基于皮质脑电技术（ECoG）/尖峰脉冲发放（Spikes）的有创 BCI 用于闭锁综合征患者交流及有待解决的问题、

BCI 用于机器人和假肢控制（包括共享自治原理）、BCI 用于神经康复训练的原理与实践及解决认知功能恢复问题、视频游戏与神经反馈相结合促进大脑可塑性和注意力控制、BCI 用于重度脑损伤患者意识检测与指令遵循及交流的一般性原则、运动障碍的智能闭环神经调节（包括 β 和 γ 振荡与运动障碍）。

本书也介绍了双向 BCI 技术的神经科学和对人类皮质刺激的历史与研究现状及面临的挑战、用于神经康复的 BCI 与虚拟现实交互融合、用于监测专业和职业操作人员表现的被动 BCI、基于 BCI 的自我健康监测和可穿戴神经技术、用作基础神经科学研究工具的 BCI、基于颅内脑电（iEEG）沿硬脑膜排列电极的 BCI、基于局部场电位的 BCI 控制、基于实时 fMRI 的 BCI、用于运动恢复的融合 BCI 与功能性电刺激（FES）。最后，本书介绍了 BCI 中机器学习的一般原理、BCI 伦理问题与 BCI 医学的出现、BCI 技术的产业和商业前景、BCI 转化为实际应用的方法——以用户为中心的设计（UCD）及如何将 BCI 带给最终用户。

本书重点

（1）重点阐述了 BCI 自适应神经技术以及 BCI 的关键科学和技术问题。特别重要的是 BCI 操作需要两个自适应控制器（BCI 用户和 BCI 算法）的有效交互。

（2）重点论述了 BCI 的哥白尼革命——从环境控制到监测大脑变化。

（3）重点详述了基于 BCI 的神经可塑性方法。包括 BCI 用于神经康复和功能增强的方法、基于 BCI 的神经反馈技术、基于无创经颅脑刺激和深部脑刺激的 BCI、电子游戏和神经反馈相结合训练情绪调节的方法、训练认知以增强大脑可塑性和注意力控制的方法。

（4）重点介绍了基于功能性磁共振成像/功能性近红外光谱/脑电的无创 BCI 和基于皮质脑电技术/尖峰脉冲发放的有创 BCI 用于交流的方法、BCI 脑控机器人和假肢的技术、双向 BCI 技术、虚拟现实的 BCI（BCI-VR）、被动 BCI、BCI 可穿戴神经技术、皮质脑电技术的有创 BCI（ECoG-BCI）、功能性磁共振成像的 BCI（fMRI-BCI）和功能性电刺激的 BCI（BCI-FES）。特别讨论了 BCI 转化为实际应用的方法——以用户为中心（UCD）的设计。

读者对象

本书既为初次接触 BCI 的读者介绍了 BCI 的基础，也为 BCI 初级和中级水平人员介绍了 BCI 共性的原理和方法，这些内容的论述深入浅出。此外，书中介绍的一些研究内容是目前同领域其他相关书籍中从未涉及的新信息，这些新思想和新方法可供 BCI 专家借鉴。本专著的一大特色是 BCI 理论与实践紧密结合，便于 BCI 研发与产业转化者，特别是临床医生理解、掌握和运用。BCI 是一个高度跨学科交叉融合的方向，也可为神经科学、认知科学与心理科学、受认知与神经科学启发的新型人工智能、生物医学工程、神经与康复工程、智能机器人控制、模式识别与现代信号处理等相关专业的高年级本科生、硕士研究生、博士研究生以及高级研究人员提供宝贵的信息资源。此外，本书也适合于所有对 BCI 技术及其应用感兴趣的读者阅读，具有一定的科普作用。需要特别指出的是，本书虽然偏重 BCI 医学应用，但可为从事国防科技预研或武器装备研发的人员提供 BCI 高新技术方面的知识。

本书的完成首先要感谢国家自然科学基金委员会批准的国家自然科学基金项目（82172058、81771926、61763022、62006246）和装备科技译著出版基金的资助。在本书立项翻译时，得到了清华大学医学院生物医学工程系高小榕教授、中国科学院半导体研究所研究员及江苏集萃脑机融合智能技术研究所技术总监王毅军、国防科技大学机电工程与自动化学院自动控制系胡德文教授、北京师范大学认知神经科学与学习国家重点实验室李小俚教授、华南理工大学脑机接口与脑信息处理研究中心李远清教授、电子科技大学神经信息教育部重点实验室尧德中教授、天津大学精密仪器与光电子工程学院生物医学工程系明东教授、中国科学院沈阳自动化研究所机器人学国家重点实验室刘连庆研究员、昆明理工大学信息工程与自动化学院自动化系余正涛教授的大力支持，译者深表感谢。

本书的翻译也得到了昆明理工大学的支持，在翻译过程中，昆明理工大学脑信息处理与脑-机交互控制学科方向团队、脑认知与脑机智能融合创新团队的赵磊博士、苏磊博士和陈壮飞博士，以及研究生吕晓彤、李思语、徐浩天、董煜阳、田贵鑫、罗建功、刘艳鹏、陈黎、袁密桁、夏天、马艺昕、太鹏瑞、陈茂洲和陈衍肖等对译文提出了宝贵意见。

由于译者水平有限，本书不妥之处在所难免，恳请读者指正。

译　者
2023 年 2 月

V

序

脑-机接口（BCI）技术被新闻媒体越来越多地报道。包括 Facebook 和 Neuralink 在内的大公司已经开始对为客户提供一种无需键盘的交流方式的前景感兴趣，并已开始了他们自己的 BCI 研究项目。科学家们认为，通过很好地解码大脑信号，足以控制机械臂和轮椅，甚至可以通过计算机说话。然而，与科学新领域的情况一样，实际成就及其对人们和社会的意义往往难以评估，BCI 领域尤其难以评估，因为 BCI 涉及多个学科，每个学科都根据自己的标准报告性能和效用。本书的作者一直参与 BCI 的研究，并作为国际 BCI 协会的领导者在 BCI 界中具有良好的地位。我们认为，现在是 BCI 界向临床医生介绍 BCI 研究现状，并使他们对未来几年临床环境中我们所能看到的情况有充分了解的时候了。

大多数关于脑-机接口的书籍主要涉及技术方面，并描述了对健康志愿者的研究和表现。事实上，有益于健康人的应用标志着在把大脑研究中发现的成果转化为整个社区的应用方面迈出了重要的一步，例如，与计算机的接口可以超越键盘和语音控制，也许可以提高交互速度，解放双手和其他活动，或者可以提高机械和车辆操作的安全性。2015 年制定的欧盟路线图详细说明了从 BCI 系统研发中受益的各个领域。作者设想了在未来几年中多种应用趋于成熟，并制定了如下设想。

到 2025 年，广泛的应用将把大脑信号作为重要的信息来源。我们将看到大脑信号在健康监测和药物治疗方面在专业背景下的常规应用。我们展望未来，人类和信息技术通过整合各种生物信号，特别是大脑活动，无缝地、直观地连接在一起。人们将得到支持，选择最佳时机解决困难和做出重要的决定。在安全相关领域工作的人员将能够预测疲劳，政府也可能会找到合理的理由将此类应用纳入监测中。游戏、卫生、教育和生活领域的公司将把大脑和其他生物信号与有用的应用联系起来。人们希望监测他们的大脑状态，为他们的心智和表现水平提供可靠的估计。在未来几年，康复将受益于基于 BCI 的治疗。中风康复将受益于即插即用的家用非侵入性 BCI 系统，恢复失去的运动功能可能需要植入神经记录和刺激装置。从长远看，治疗脑部疾病的新方法可能包括电疗法，为癫痫、抑郁症、帕金森和精神分裂症提供改善性的神经刺激。截瘫患者活动能力的恢复将通过基于 BCI 的运动系统来实现，解码的大脑信号要么通过控制外骨骼，要么通过激活肢体肌肉刺激程序。

自从这一路线图发表以来，出现了一些新的进展，通过植入式脑-机接口系统加强了对重度瘫痪患者的设想研究，这些进展显著加快，同时在受人关注的医学期刊上发表的报告也急剧增加。另外，几家大公司已经启动了资金充足的 BCI 研究项目，希望为身体健全的人开发出交流更快的解决方案。随着大量投资开发 BCI 系统，我们可以预期有关该主题的公开报告将稳步增加，在未来十年，应用很可能进入娱乐和医疗市场。

尽管作者代表国际脑-机接口界的许多方面，但本书主要聚焦于医疗应用。媒体对脑-机接口应用的报道使得临床医生很难评估其对患者的效用，特别是因为发表在科学和医学期刊上的研究结果往往技术性较强，并且引起了记者过于积极的解读。随着目前对医学应用的深入报道，编辑们希望让有医学背景或兴趣的读者了解人类脑-机接口解决方案的当前能力、现实承诺、挑战和缺陷。由于许多脑-机接口研究已经并且仍然在健康人群中进行，医学领域之外的研究也可能与医学应用相关，因此编辑们将最相关的材料纳入本书。此外，为了让读者充分了解脑-机接口及其应用，本书介绍了脑信号的测量和分析原理。最后，需要认识和听取各利益相关者的意见，特别是因为脑-机接口研究涉及伦理、预期用户的参与（及其对用户的影响）和行业参与等未知领域，编者们在撰写本书时考虑到了这些因素。

前两章阐述了 BCI 的定义和原理，并构成了本书其余部分的概念框架。接下来，我们将详细介绍可能从脑-机接口获益的各种神经系统疾病（第 3~6 章），然后是与不同疾病相关的各种应用（第 14 章）。在第 15~17 章，详述了 BCI 在健康人和脑功能研究中的应用。在第 18~23 章讨论了各种类型的脑信号与测量的原理，包括对信号的处理，以使患者和健康志愿者都能使用脑-机接口。最后几章（第 24~26 章）阐述了伦理和产业因素，以及让目标用户群体，特别是患者和残疾人参与 BCI 系统开发的重要性。

脑-机接口研究的时间表很有趣。脑-机接口（BCI）领域只有 50 年的历史，在 20 世纪 60 年代末，它始于对非人灵长类动物的研究。在那时，已证明利用反馈猴子能够调节单个神经元的放电频率。当脑电记录系统被广泛使用，电节律被证明对行为有反应时（比如运动时 mu 节律的幅度下降），越来越多的研究团队开始致力于开发提取脑信号用于 BCI 的技术。随着计算能力的不断提高，机器学习算法和复杂的信号模型开始被引入这一领域。经过多年对非人灵长类动物的研究，以及美国的几项开创性研究，人们把重度瘫痪患者纳入在颅骨下植入电极的人类脑-机接口研究。2019 年，近 30 人被植入了电极（第 8 章和第 13 章）或完整的系统（第 7 章），这个数字稳步增长。到目前为止，少数几个研究组已成功地将脑-机接口技术引入瘫痪患者的家中，并使用户能够与他们的护理者进行交流。与此同时，国际性的脑-机接口竞赛，如 Cybathlon，也有严重瘫痪的人参加，是将脑-机接口技术从实验室转化为实际应用并推动该领域发展的有力工具。这些研究为脑-机接口的临床应用提供了理论依据，并预示着机构和产业界将加大努力，研发用于商业开发的植入式和非侵入式系统。像 Neuralink、Kemel 和 Facebook 这样的大公司都是带着娱乐应用的想法加入竞争的，这些资金充足的产业活动很可能产生，也能支持医疗应用的技术。

本书为临床医生和临床研究人员提供了脑-机接口在医疗领域发展的一个全面视角，阐释和讨论了 BCI 的缺陷、挑战和承诺，以让读者牢固地掌握主题，并评估 BCI 的专业报告以及面向公众的报告。

Nick F. Ramsey

José del R. Millán

前　言

人类区别于其他物种的特征中，一个最显著的特征是：人类具有能够制造和使用复杂工具和仪器的能力，许多这些工具和仪器已真正变革了我们的生活方式，其中两种工具是本书的起点，首先是计算机，它的发明可以追溯到 500 年前的达·芬奇（或者他之前的其他人）和现代的阿兰·图灵。当然，在大约 50 年前，几乎没有人会预测到它们会以某种形式为地球上一半人所使用。其次是记录大脑活动的能力，这可以追溯到近 100 年前汉斯·伯格对脑电的研究。这两种方法的结合已产生了一个全新的研究领域：脑-机接口。传统观点认为大脑的主要功能是将感觉输入转化为运动和与激素有关的输出，除此之外，我们现在可以增加一个事实，即脑-机接口能够利用大脑的新型输出来监测、恢复或增强中枢神经系统的自然功能，包括大脑的思维。神经科学这一真正新领域的出现促使我们首次撰写了这本完全致力于脑-机接口在临床神经疾病中的应用。

正如所期望的，本书涵盖了许多主题。开篇两章定义了脑-机接口及其原理，接下来的章节探讨了脑-机接口如何通过提高在线监测大脑活动的能力来指导中风和脊髓损伤等情况下的康复工作，这些章节表明了脑-机接口如何显著的影响神经康复。脑-机接口一个主要的有效应用是改善交流，这在闭锁综合征或缓慢进行性肌萎缩侧索硬化患者中最为明显，在后一类患者中，脑-机接口有助于临终时的交流，这对于维护患者的自主性和尊严至关重要，脑-机接口利用患者的神经信号来辅助交流，而不是依赖于肌肉活动。关于创伤的一章介绍了脑-机接口在创伤性脑损伤清醒患者和脑损伤动物模型中的研究结果，表明脑-机接口可以改善动物模型和患者的认知功能损伤；专门讨论脊髓损伤后慢性神经病理性疼痛的一章表明，脑-机接口可能对皮层地形组织有重要的影响；另一章讨论了如何利用瘫痪身体部位的想象运动和神经反馈来预防或治疗慢性神经病理性疼痛。

本书也包括这样的章节，把脑-机接口应用于虚拟现实设备和电子游戏，监测专业和职业操作人员的表现，如驾驶的表现。这些章节重新讨论了现有标准的技术，如脑电和功能性磁共振成像，讨论显示了如何在 BCI 研究应用中更好地利用它们。

本书的最后几章阐述了一些重要的普遍原理或原则，特别是这些新技术的伦理方面，因为这些技术进入医疗实践。脑-机接口可以满足传统医学的几个目标，如帮助患者降低残疾对他们生活的影响，维护他们的尊严和自尊。也考虑了脑-机接口的其他方面，但这些方面尚未完全解决，例如，确保患者能够保护隐私或明确决策过程。本书最后概述了 BCI 产业化的观点，该观点致力于解决如何将 BCI 从实验室研究转化到实际应用。目前许多脑-机接口设备缺乏实用性和可访问性，人们正在努力采用以用户为中心的设计方法进行脑-机接口的研究和开发。

我们很幸运，有两位杰出的学者作为本书的作者：尼克·F. 拉姆齐（Nick F. Ramsey），他工作于荷兰乌得勒支大学医学中心和脑中心（Brain Center, University Medical Center Utrecht），和何塞德尔米伦（José del R. Millán），他是美国得克萨斯大学奥斯汀分校电子与计算机工程系、神经病学系主任。多年来，两位学者均在神经科学研究的前沿，他们聚集了一个真正具有公认专业知识的国际作家组，撰写了这部权威、全面和迄今为止唯一一部 BCI 用于临床医疗的新书。本书电子版本可从爱思唯尔科学直通网站获取，并有印刷版本提供，这些随时可访问，便于查询具体信息。

我们感谢这两位作者和全体贡献者为创造这一有价值的资源所做的努力。作为本系列的作者，我们饶有兴趣地阅读并评论了每一章，相信许多不同学科背景的临床医生和研究人员都会在本书中找到很多吸引他们的内容。最后，我们感谢出版商爱思唯尔，特别是苏格兰的迈克尔·帕金森（Michael Parkinson）、尼基·利维（Nikki Levy）、克里斯蒂·安德森圣迭戈（Kristi Anderson）和苏贾塔·锡龙纳·桑班丹姆（Sujatha Thirugnana Sambandam），他们在位于钦奈的爱思唯尔全球图书制作公司工作，感谢他们在本书的开发和生产中提供的始终如一的专业协助。

本书贡献者

J. Annen，比利时利耶日大学和利耶日大学医院大脑中心 GIGA 意识昏迷科学组

P. Aricò，意大利罗马 Brainsigns srl 公司；罗马萨皮恩扎大学分子医学系

F. Babiloni，意大利罗马 Brainsigns srl 公司；罗马萨皮恩扎大学分子医学系

A. P. Batista，美国宾夕法尼亚州匹兹堡市匹兹堡大学生物工程系

D. Bavelier，瑞士日内瓦大学生物技术校区心理学与教育科学学院

G. Borghini，意大利罗马 Brainsigns srl 公司；罗马萨皮恩扎大学分子医学系

C. E. Bouton，美国纽约州曼哈塞特 Northwell Health 公司费恩斯坦医学研究所生物电子医学中心

T. Brandmeyer，美国加利福尼亚大学旧金山分校（UCSF）奥舍（Osher）综合医学中心

C. Cannard，美国加利福尼亚州佩塔卢马市噪声科学研究所；法国图卢兹保罗·萨巴蒂尔大学大脑和认知研究中心

R. Chavarriaga，瑞士温特图尔苏黎世应用科学大学（ZHAW）应用信息技术研究所（InIT）；日内瓦洛桑联邦理工学院神经修复中心

J. Collinger，美国宾夕法尼亚州匹兹堡大学物理医学与康复系和生物工程系

V. Conde，挪威特隆赫姆挪威科技大学心理学系临床神经科学实验室；丹麦哥本哈根大学医院丹麦磁共振研究中心

J. del R. Millán，美国得克萨斯州奥斯汀市得克萨斯大学电气与计算机工程系和神经系

A. Delorme，美国加州大学圣地亚哥分校神经计算研究所（INC）斯沃茨计算神经科学中心；佩塔卢马噪声科学研究所；法国图卢兹保罗·萨巴蒂尔大学大脑和认知研究中心

T. J. Denison，英国牛津大学 MRC 脑网络动力学研究组；美国明尼苏达州

明尼阿波利斯 Medtronic RTG 植入式（医疗机械公司）

G. Di Flumeri，意大利罗马 Brainsigns srl 公司；罗马萨皮恩扎大学分子医学系

R. Gaunt，美国宾夕法尼亚州匹兹堡市匹兹堡大学物理医学与康复系和生物工程系

R. Goebel，荷兰马斯特里赫特市马斯特里赫特脑成像中心（M-BIC）；马斯特里赫特大学认知神经科学系

O. Gosseries，比利时利耶日大学和利耶日大学医院大脑中心（GIGA）意识昏迷科学组

D. A. Heldman，美国俄亥俄州克利夫兰市大湖区神经科技公司

D. Hermes，荷兰乌得勒支大学医学中心（UMC）乌得勒支大脑中心神经病学和神经外科；美国明尼苏达州罗切斯特梅奥诊所生理与生物医学工程部

A. Herrera，美国宾夕法尼亚州匹兹堡市匹兹堡大学生物工程系

L. R. Hochberg，美国马萨诸塞州波士顿哈佛医学院；马萨诸塞州总医院神经技术和神经康复中心；罗得岛州普罗维登斯退伍军人事务医疗中心神经修复和神经技术中心；布朗大学工程学院和卡尼脑科学研究所

C. Hughes，美国宾夕法尼亚州匹兹堡市匹兹堡大学生物工程系

I. Iturrate，瑞士日内瓦洛桑联邦理工学院神经修复中心

B. Jarosiewicz，美国罗得岛州普洛维顿斯布朗大学 BrainGate 团队

S. Kleih，德国乌兹堡大学心理学研究所

E. Klein，美国华盛顿州西雅图华盛顿大学哲学系；俄勒冈州波特兰市俄勒冈健康与科学大学神经病学系

A. Kübler，德国乌兹堡大学心理学研究所

S. Laureys，比利时利耶日大学和利耶日大学医院大脑中心（GIGA）意识昏迷科学组

R. Leeb，瑞士洛桑 MindMaze 公司

M. Masciullo，意大利罗马圣卢西亚基金会（IRCCS）神经康复部

D. Mattia，意大利罗马圣卢西亚基金会（IRCCS）神经电成像和脑-计算机接口实验室

K. J. Miller，美国明尼苏达州罗切斯特梅奥诊所神经外科

K. T. Mitchell，美国北卡罗来纳州达勒姆杜克大学神经病学系

M. Molinari，意大利罗马圣卢西亚基金会（IRCCS）神经康复部

D. W. Moran，美国密苏里州圣路易斯华盛顿大学生物医学工程

G. R. Müller-Putz，奥地利格拉茨理工大学脑-计算机接口实验室神经工程

研究所

M. Nahum，以色列耶路撒冷希伯来大学医学院职业治疗学院

F. Nijboer，荷兰恩舍德特温特大学电气工程、数学与计算机科学学院

D. Pérez-Marcos，瑞士洛桑 MindMaze 公司

F. Pichiorri，意大利罗马圣卢西亚基金会（IRCCS）神经电成像和脑-计算机接口实验室

C. L. Pulliam，美国明尼苏达州明尼阿波利斯美敦力恢复治疗业务集团（Medtronic RTG）植入式（医疗机械公司）

N. F. Ramsey，荷兰乌得勒支大学医学中心大脑中心

V. Ronca，意大利罗马 Brainsigns srl 公司，罗马萨皮恩扎大学分子医学系

R. Rupp，德国海德堡大学医院脊髓损伤中心实验神经康复

H. R. Siebner，丹麦哥本哈根大学医院神经病学系；哥本哈根大学医院丹麦核磁共振研究中心

B. Sorger，荷兰马斯特里赫特市马斯特里赫特脑成像中心（M-BIC）；马斯特里赫特大学认知神经科学系

S. R. Stanslaski，美国明尼苏达州明尼阿波利斯美敦力恢复治疗业务集团（Medtronic RTG）植入式（医疗机械公司）

P. A. Starr，美国加利福尼亚州旧金山加利福尼亚大学神经外科系

M. J. Vansteensel，荷兰乌得勒支大学医学中心大脑中心

T. M. Vaughan，美国纽约州奥尔巴尼市纽约州卫生署沃兹沃斯中心国家适应性神经技术中心

M. Vilela，美国罗得岛州普罗维登斯布朗大学工程学院和卡尼脑科学研究所

A. Vozzi，意大利罗马 Brainsigns srl 公司；罗马萨皮恩扎大学分子医学系

H. Wahbeh，美国加利福尼亚州佩塔卢马市噪声科学研究所

J. R. Wolpaw，美国纽约州奥尔巴尼市沃兹沃思中心国家适应性神经技术中心和斯特拉顿退伍军人（VA）医疗中心

目　录

第1章　人脑功能与脑-机接口

1.1　摘　　要

在过去的几十年里，人类大脑功能的研究已经取得了巨大的进展。本章解释了记录大脑活动的现代方法在理解人脑功能中的作用，详细介绍了与脑-机接口（BCI）研究相关的脑功能的最新知识，重点介绍了运动系统，该系统为瘫痪受益者提供了非常详细的信息，并将其转化为计算机介导的动作。BCI 技术将受益于最详细的人类皮层组织，而且在可预见的未来很可能依赖于颅内电极。这些不断发展的技术有望使严重瘫痪的人在未来几十年重新获得运动和语言能力。

1.2　引　　言

随着记录和成像人类大脑功能技术的出现，研究者在定位特定功能的大脑区域和解释其活动方面取得了巨大的进步。特别是功能性磁共振成像（functional magnetic resonance imaging，fMRI）已经导致功能图越来越详细，最新的扫描仪在 7T 的磁场下工作，使亚毫米波成像成为可能（Fracasso 等，2018）。在本章中，我将介绍目前和过去使用的各种技术，以便将大脑区域与特定功能联系起来，更好地理解人脑。我们对人脑功能的理解、对脑-机接口（BCI）的研究特别有意义，BCI 将受益于利用这些知识对神经活动进行最佳解码。

脑科学研究是脑-机接口的基础研究，是脑-机接口的基石，BCI 将受益于累积的功能地形图知识，尤其是已开始满足严重瘫痪患者日常需求的植入式BCI（Vansteensel 等，2016）。脑电（Electroencephalography，EEG）（第 18章）和功能性近红外光谱（functional near infrared spectroscopy，fNIRS）（第 21章）有望成为无创技术，但它们固有的低空间分辨率使它们无法利用大脑皮质的详细地形组织。鉴于详细的大脑组织可提供区分详细动作和感知的机会，如单个手指的运动或对不同听觉输入的感知，颅内脑-机接口解决方案将预期的或有意的（intended）肢体运动和言语分别转换为机器人肢体和合成言语等执行器，该方案具有重要的前景。从这一领域的最新发展中受益最多的人可能主要是脑干中风或退行性运动神经疾病（如肌萎缩侧索硬化症（ALS））引起的闭锁综合征（locked-insyndrome，LIS）患者（第4章），但随着技术的成熟，颅内BCI很可能对脊髓损伤（spinal cord lesion，SCL）（第6章）或脑瘫患者具有吸引力。

为人类开发完全植入式颅内BCI的一个重要限制是硬件。目前，脑-机接口的系统（如Vansteensel等，2016）设计用于运动障碍（如帕金森病）（Swann等，2018）或癫痫（Skarpaas等，2019）的闭环脑刺激，且仅包含少数通道。为了充分利用详细的大脑地形图，需要更多的通道，但由于没有其他临床应用证明硬件开发成本合理，这些设备需要专门为BCI设计。由于BCI领域尚处于起步阶段，市场规模未知，这给潜在的制造商带来了很高的商业风险。因此，此类设备尚不可用。尽管如此，利用多通道将大脑活动转化为特定动作的研究仍在进行中，为多通道颅内BCI系统提供了基础。

1.3 将大脑与行为联系起来的历史

人类大脑呈现模块化组织的概念早在17世纪就提出了，当时Willis声称功能起源于大脑（Finger，2005）。直到19世纪初，对大脑功能地形图的研究才在研究领域占有一席之地，当时医生试图将特定功能与头骨上的位置联系起来。颅相学技术（Combe，1851）缺乏对大脑功能的系统排序和定义，而在现代，大脑功能已深深植根于相关学科中，但它确实预示着大脑功能研究的开始。20世纪初见证了神经心理学（neuropsychology）的开始，当时有可能研究患有特定脑损伤的人，部分是战争中的先进武器所致。对这种损伤与行为之间关系的研究导致了测量行为的方法越来越精细，如Broca（布罗卡）和Wernicke（韦尼克）（Broca，1865；Wernicke，1974）的文献。20世纪30年代，Penfield及其同事在手术期间通过直接电刺激（electrical stimulation，ESM）大脑皮层，开创了人脑绘图领域，这一发展在理解大脑功能方面取得了进展，不再依赖于大脑损伤（Penfield和Boldrey，1937）。他们的许多工作是我们理解语言和运动功能的基础。即使在今天，清醒患者的ESM仍被广泛用于神经外科，以确定在脑组织切除治疗脑肿瘤或癫痫患者时需要保留的重要功能的位置，尤其是运动和语言的位置。ESM引起感觉和联想皮层的短暂感觉或功能中断，实际上是一种虚拟损伤，是运动皮层的缓慢肌肉收缩。

20 世纪 60 年代，随着计算机的出现，结合 20 世纪 20 年代发现的脑电（Berger，1931），功能标测/定位不再依赖于真实或虚拟病变。然而，更深层次的大脑结构阻碍了神经电信号的检测。当 20 世纪 80 年代早期的正电子发射断层扫描（PET）和 1992 年的 fMRI 等方法可用于成像血流，尤其是执行特定任务后的血流变化时，这不再是一个限制（Ogawa 等，1992）。后者很快成为绘制大脑功能图的首选工具，部分原因是 MRI 扫描仪在放射学中被证明非常有用，因此变得广泛可用。还有两种技术进入了人类研究领域：微电极单细胞记录技术和皮质脑电技术（electrocorticography，ECoG），将圆盘电极嵌入硅片中，用于皮质表面记录。

在本章中，概述了所描述的技术是如何提高我们对人类行为的皮质基底的理解的。我们现在对大脑功能组织的了解直接影响脑–机接口研究，不仅表现在理解机制方面，而且直接影响脑–机接口系统的设计。

1.4　脑功能测量

脑功能实验可分为（实际上）损伤研究和成像研究。对于损伤研究，重点在于详细描述直接的行为后果，以便区别于间接后果。一个例子是无法说话，这可能是由于无法激活肌肉、理解力或无法表达文字，而每一个都涉及不同的、尽管相互连接的大脑区域。病变研究面临的挑战是缩小行为测量范围，从而减少间接相关大脑区域的数量，以便将功能映射到解剖学。影像学研究需要对诱发的功能有高度的选择性，它们通过为参与者设计任务（称为"范式"）来实现。大多数情况下，范式由两个任务组成，它们以交替的方式被执行。其中一项任务旨在激活与感兴趣的功能直接相关的大脑区域，但不可避免地也会激活与之无关的区域，例如涉及查看指令或按下响应按钮的脑区。为了区分直接脑区和间接脑区，第二项任务旨在仅涉及后一个脑区。参与者在连续获取图像数据的同时执行该范式，生成一系列数据帧。在随后的分析中，测试大脑的每个部分（通道或脑组织体积元素，称为"体素"）对交替任务的反应/响应。只有对任务做出不同响应的脑区在概念上与感兴趣的功能相关，因为所有其他脑区要么根本不响应，要么以相同的方式响应两个任务。

在将大脑区域与特定功能联系起来方面，有几个困难的挑战限制了大脑功能实验证据的强度。首先，经典的大脑模块化组织的观点是有缺陷的，即特定区域负责特定功能，从而允许将一个区域映射到另一个区域。现在人们认识到，网络是功能的基础，具有前馈、反馈和调制连接。因此，不可能识别所有网络节点（区域），因为可检测活动的水平是连续的，而不是离散的（开与关）。此外，在执行任务期间，脑区可能在不同的时间点激活（不是一直激活的），例如生成和说出一个单词，并且可能激活时间太短而无法检测。随着成像技术在更详细、更快测量、提高空间和时间分辨率方面变得更好，大脑功能在潜在神经机制方面的复杂性变得越来越明显。另一个难题是病变和影像学研究往往不一致。主要的解释是，虽然病变研究确定了功能所必需的区域，但影像学研究确定了发挥作用但并非不可或缺的其他区域。例如，计划进行手术的患者，其语言的 fMRI 图显示的区域通常是随后在电刺激期间发现区域的两倍（Rutten 等，2002）。支持功能的神经网络的概念适应了这种现象，因为网络可以由作为信息传输瓶颈的中心节点（神经元通过动作电位相互影响的通用术语）和沿平行路径上的外围节点组成（Oliveira 等，2017）。前者是必不可少的，而后者构成了信息处理的冗余。冗余最有可能通过不同方式同时处理信息，以及对组织损伤或功能障碍的恢复能力来提高性能（Oliveira 等，2017）。第三个挑战是空间分辨率，随着成像技术在细节测量方面的进步，大脑皮层密集的相互联系要求我们重新思考功能地形图。

虚拟病变技术目前很少用于研究。电刺激主要用于清醒患者手术期间的临床目的，以确定需要保留的灰质和白质（Ritaccio 等，2018）。由于工作流程和时间限制，很少为测绘研究记录刺激的确切位置。ESM 也在 ECoG 患者中进行，使用植入物对这些患者进行 1~2 周的诊断，它通过 ECoG 电极进行，允许确定电极的位置（根据术前 MRI），从而以系统的方式将功能与位置联系起来。使用该步骤，可以比较相同电极中的神经活动和刺激效果（Bauer 等，2013 年）。经颅磁刺激（transcranial magnetic stimulation，TMS）是一种干扰大脑功能的无创技术（Valero-Cabre 等，2017）。根据所使用的刺激线圈，短暂的磁脉冲或脉冲串对受试者正在进行的活动的影响可以非常局部化。对于运动皮层的定位，TMS 显示出与 ESM 类似的结果，并与脑磁图（magnetoencephalography，MEG）在较小程度上相似（Tarapore 等，2012）。

1.4.1　电活动记录/电信号记录

近几十年来，无创成像技术激增。除了 EEG（使用越来越多的电极来提高灵敏度和空间分辨率），MEG 可以用来推断电活动（Baillet，2017）。它通过记录大脑中电流的电磁关联来实现。因此，考虑到电场和磁场的正交方向，EEG 和 MEG 可以被视为相关但互补的模式。MEG 几乎不受骨骼和组织绝缘特性的影响，因此，与 EEG 相比，MEG 更擅长定位电流源。然而，这是以灵敏度为代价的，因为大脑活动产生的磁场很弱。特定的神经事件通常由特定的范式诱发，可以在空间和时间上表征该事件。EEG 和 MEG 的空间分辨率仅限于厘米，并且由于信号强度的快速降低（信号随着距离的平方或立方下降），随着距离传感器的距离而降低。时间分辨率相当高，因为电位随大脑活动而迅速变化。事件可以精确地在长达数十毫秒的时间内确定，允许对电位进行排序来描述事件，例如刺激呈现后约 300ms 的正电位峰值（P300，见第 18 章）。由于传感器距离神经组织相对较远，因此它们从大量组织中取样，从而记录跨厘米皮质的相干电事件。虽然在概念上可以检测到几毫米的小块的孤立活动，但实际分辨率仍在厘米级，因为周围组织也很活跃，稀释了孤立的信号。

为了提高空间分辨率，传感器需要更靠近大脑。这可以通过手术将电极定位在大脑表面或内部深处来实现。ECoG 在临床上用于难治性癫痫患者，需要准确确定癫痫发作的来源和运动性语言中枢（初级感觉、运动和语言功能所需的大脑区域）的位置（EEG 不能提供足够的信息）（Keene 等，2000）。标准电极网格由两个夹在中间的硅片组成，中间有小钢片或铂片（直径为 2～4mm，间距为 1cm）。通过在面向大脑的硅片上打孔，电极直接从大脑皮层表面进行记录，并覆盖怀疑存在癫痫发作源的皮层部分。深部电极在每个电极上有相似的表面，但在这里，它们由硅导线上大约 1mm 厚的环状面组成，当怀疑源位于皮质下结构时使用。颅内记录的信号与 EEG 有很大的不同，因为记录主要由电极下方或周围的神经组织产生的信号控制，而更多的远程信号源由于信号的快速下降，几乎不起作用（与 EEG 的原理相同）。临床网格由于其 1cm 的间距，仅从下面 4% 的组织记录，但用于研究的网格，其间距为 3mm（传统制造的可能最小），可以捕捉更多详细的大脑地形组织，例如感觉和运动皮质。更小的间距是可能的，但这样的网格需要新的制造技术，这很难获得监管部门对人类使用的批准。深部电极从大脑深部结构的分布式小块中测量，并根据诊断需要定位，因此，对于皮质细节的映射功能信息较少。

单个神经元水平的记录捕捉到了最详细的信息，但需要植入微电极。微电极阵列可供人类使用（Blackrock 阵列），在 4mm×4mm 的皮质小块上有大约 100 个电极（第 8 章）。由于每个电极可以记录几个神经元，这个阵列可以捕捉几百个神经元的活动。

电极的大小以及与神经组织的距离会影响信号特征，主要是由于神经元之间的平均值。微电极阵列可以检测动作电位或"尖峰脉冲发放（spikes）"，而 ECoG 样本来自数十万个神经元，EEG 样本来自 1000 万或更多神经元。频率内容也相应不同，高频的功率随着记录神经元的数量而下降。频率在电生理学中很重要，因为频带被认为代表皮质组织的不同特性。低至约 30Hz 的频率是 EEG 的主要特征，代表了源于基底结构（尤其是丘脑）的调制振荡，该频段被认为可以调节皮层兴奋性（Miller 等，2012）。在 30～200Hz 之间，ECoG 能够很好地捕捉到这一频率范围,除了特定的刺激操作(Hermes 等,2015)外,没有明确或突出的频率特征存在,但整个频率范围内的平均功率可代表局部的神经活动。这种"高频带(high-frequency band,HFB)"信号与使用植入电极测量的锥体细胞的放电率相关,但其潜在机制被认为与树突状膜电位(dendriticmembrane potentials)相关(Miller 等,2012;第 19 章)。因此,HFB 信号不仅反映了放电频率,还反映了皮质内活动。1000Hz 及以上的频率代表锥体细胞产生的动作电位。

1.4.2 脑血管记录

人脑拥有高度调节的血管供应系统。随着成像方法变得更加详细和准确,越来越清楚的是,血液供应与局部代谢需求(local metabolic demand)密切相关,这一原理称为神经血管耦合(neurovascular coupling)。作为这种耦合的结果,在参与者执行范式时对血流进行成像,可以获得相关神经活动变化的表示。血流只在被任务激活的皮质组织及其附近发生变化。

fMRI 是用于绘制大脑活动图的最广泛的技术,并且绘制的图越来越详细。使用磁场强度为 7T 的 MRI 扫描仪进行的研究表明,血流变化可聚焦或局限于亚毫米大小的体素,证实了紧密的神经血管耦合(Fracasso 等,2018)。在较低分辨率下采集的图像,如 3T 时的 3~4mm,对与供血和引流血管相关的混合血管特性更为敏感,这会导致生成的活动图变得模糊。功能磁共振成像利用了氧合血红蛋白和脱氧血红蛋白的不同磁性(Glover,2011),前者不影响周围的磁场(由扫描仪施加),而后者会引起小干扰,从而减少记录的信号。由于神经活动导致局部需氧量增加,脱氧血红蛋白局部浓度短暂增加,信号轻微降低。然而,动脉供应和血流量迅速增加,导致脱氧血红蛋白排出,进而导致信号增加。这种增加超过了局部组织静息时出现的信号(基线脱氧血红蛋白浓度),导致 MRI 信号的活动相关增加。值得注意的是,单个神经事件(a single neural event)可以通过血流检测到,但由于血管对代谢需求变化的反应在 2s 后开始上升,需要 15s 才能完全恢复到基线,功能磁共振成像无法区分大约 1s 内发生的事件,尽管一些类型的分析表明,可以用特定的范式区分更短的时间(Menon 等,1998)。

fNIRS 同样利用对氧合血红蛋白和脱氧血红蛋白浓度的代谢效应,但通过将红外光穿过大脑皮质来实现(Villinger and Chance,1997;Franceschini and Boas,2004)。这可以无创地完成,因为红外光通过头皮和颅骨足以到达皮质组织,并且可以在出口时检测到(通过颅骨和头皮)。血红蛋白的两种状态吸收不同的红外频率,当其中一种状态发生变化时,检测到的强度略有下降。

fNIRS 的优点是便携且价格合理，但它的空间分辨率低，信号变化小，皮质接触范围有限（距离颅骨约 1~2cm）。

PET 追踪附着在分子或示踪剂上的放射性（Cherry 和 Phelps，2002）。除了许多受体示踪剂，水还可以用氧–15 标记，氧–15 是一种衰变时间很快（半衰期为 2min）的放射性化合物。当标记的水进入血液时，它会通过大脑，在那里，几乎所有的水都与组织中的水交换。由于在代谢需求较高的地方交换了更多的水，因此产生的图像提供了一张类似于功能磁共振成像的活动图，尽管采集时间要长得多。PET 扫描一张图像大约需要 1min，而 fMRI 只需要 1~2s。水式 PET 很少用于大脑活动研究，因为各种原因被功能磁共振成像所取代，包括价格低廉、广泛可用、缺乏放射性化合物和更快的图像采集。

1.4.3　如何比较成像技术？

为了更好地理解获取信号的性质和来源，人们对不同的大脑成像技术进行了相互比较。如果比较的技术以相似的空间分辨率进行测量，从而测量相同体积的皮质组织，则比较最有意义。不同分辨率之间的比较很难解释，因为它们可能会测量不同的现象，如 EEG 和 ECoG。然而，已有研究将 fMRI 与 EEG（空间细节有限）进行了比较，它们通常揭示了 fMRI 与低频振荡之间的负相关，低频振荡包括 α（8~12Hz）（Laufs 等，2003）、β（12~30Hz）（Ritter 等，2009）和 θ 范围（3~7Hz）（Scheeringa 等，2008）。fMRI 和皮层脑电（ECoG）之间的比较表明，在空间方面，尤其是在 7T MRI 方面，两者有显著的一致性。在 Siero 等（2014）的一项研究中，两名计划进行 ECoG 手术的癫痫患者，在他们分别移动拇指、食指和小指的范式期间，用 7 T 进行了扫描。在手术过程中，每只手的感觉运动区都有一个高密度的网格，电极间距为 3mm。在进行诊断程序的那一周，他们执行了相同的任务，并将高频带功率的变化绘制在网格上。然后，在同一解剖扫描上对网格和 fMRI 进行配准后，将得到的 ECoG 活动模式与分辨率为 1.6mm 的 7T fMRI 结果进行比较（Hermes 等，2010）。这项研究揭示了两个发现：首先，三个手指的活动中心位于运动手柄上 1cm^2 的范围内（图 1.1），证实了手部地形的存在；其次，fMRI 和 ECoG 中心之间的距离小于 3mm，这证实了 HFB 功率和 fMRI 信号之间的相关性。在另一项研究中，Hermes（Hermes 等，2012）还将 fMRI（3T）与 ECoG 进行了比较，发现在简单的手指敲击范式下，手部区域的信号变化幅度与高频段显著相关，但与 12~30Hz 振荡的相关性要小得多。HFB 和 fMRI 之间的一致性也在几项针对不同大脑功能的研究中得到了报道，如针对运动感知（Gaglianese 等，2017）、工作记忆（Ramsey 等，2006；Vansteensel 等，2010）和视听觉加工（Haufe 等，2018）。然而，并不是所有的研究都能找到很高的一致性，这表明在某些大脑区域，这种关系并不那么简单（Ojemann 等，2013）。在 fMRI 和内置微电极记录的局部场电位之间也发现了高度相关性（Mukamel 等，2005；Nir 等，2007）。局部场电位（Local field potentials, LFD），如 ECoG，测量内置电极周围的电位波动（第 19 章和第 20 章）。值得注意的是，在动物研究中，Logothetis（2003）简明地表明，与外向/输出动作电位相反，fMRI 信号与传入信号和局部加工（使用内置微电极测量的局部场电位）的相关性最好，这一发现与 ECoG 也检测局部加工的概念相呼应（Miller 等，2012），因此，与 fMRI 有很好的相关性。

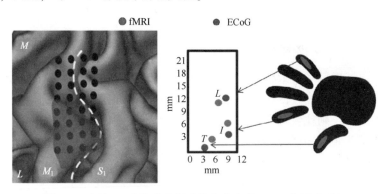

图 1.1　比较 7T 功能磁共振成像和高密度 ECoG 在运动手把
上单个手指的表现/表示（见彩插）

1.5　功能性组织

在过去的几十年里，无障碍 MRI 扫描仪的出现和癫痫患者的 ECoG 研究提供了关于人类皮层功能组织的丰富知识。多年来对健康志愿者进行的 fMRI 研究增加了对功能图谱（functional atlases）的兴趣，建立在细胞结构基础上的早期图谱，如 Brodmann（Brodmann，1908；Loukas 等，2011）和坐标系，如 Talairach 开发的坐标系（Talairach 和 Tournoux，1988）。随着处理 MRI 图像的软件变得可用（Cox，1996；Ashburner，2012；Jenkinson 等，2012），以及采用共同的解剖参考框架（许多健康志愿者的标准解剖图像平均值，如蒙特利尔（Montreal）神经研究所的一个参考框架），使得将标准图谱投影到单个大脑成为可能。这些新图谱在共同的解剖参考大脑上定义，主要基于细胞结构和空间解剖边界（脑沟和脑回（sulci and gyri））或 fMRI，并可在一个变形到另一个之后投射到单个大脑上（TzourioMazoyer 等，2002；Mandal 等，2012；James 等，2016）。

通过使用扩散张量成像绘制纤维束图和使用 fMRI（静息状态（resting-state）fMRI）研究脑区之间的联系。后者尤其导致了基于功能连接性的多个大规模网络的识别，以及各种分析方法（Lee 等，2013；Smitha 等，2017）。这一点后来也适用于 ECoG，在 ECoG 中，高时间分辨率允许确定区域间信息流的方向（Korzeniewska 等，2008；Wang 等，2014）。尽管从科学角度来看非常有趣，但大规模网络信息尚未在 BCI 研究中得到利用，因为最大的进展是植入的电极阵列或网格仅覆盖受限的皮质区域（constrained cortical regions）（因为它们是出于医学诊断原因而放置的）。然而，最近的研究表明，也可以在特定的大脑区域（如视觉皮层）内观察到连通性（Raemaekers 等，2014），这可能对解码方法有用。

接下来，我们将讨论与 BCI 相关的大脑功能和相应的大脑区域。

1.5.1　运动皮层

大多数 BCI 应用的第一个相关功能是运动皮层。运动对于与外部世界交互以及传达个人的愿望、想法和需求来说是不可或缺的。无论是关于伸手、抓握还是说话，都是通过运动皮层来表达的。运动皮质与身体部位之间具有描述得很好的关系，由 Penfield 和 Boldrey（1937）最先描述。通过 fMRI（Kleinschmidt 等，1997；Olman 等，2012）和 ECoG（Miller 等，2009）将手的细节绘制在运动皮层的手部区域内，随后的一项 7T fMRI-ECoG 联合研究显示，所有手指都以 1~2cm 的皮质块表示（Siero 等，2014）。然而，检测单个手指并不简单，因为手指之间的活动有明显的重叠。这是最近通过使用视觉研究中的一种分析方法（称为群体感受野（population receptive field，PrF）方法（Dumoulin and Wandell，2008）捕捉到的，该方法考虑了大脑皮层的每个细节区域都可能对多种刺激做出反应，例如视野中离散光源的相邻位置或手部的相邻手指。每个刺激都会激活皮质区域中的一个特定焦点，但相邻的刺激也会激活这个焦点，尽管强度较低。对于每个焦点（体素）中的 PrF 映射，计算了不同刺激的响应的高斯分布。然后，将体素指定给其对刺激做出最强反应的刺激。体素对相邻刺激的响应强度取决于高斯分布的宽度。宽分布意味着体素对大范围的相邻刺激做出反应，窄分布意味着它只对紧邻的刺激做出反应。通过使用 PrF，Schellekens 等人展示了手指的清晰躯体结构（Schellekens 等，2018），如图 1.2 所示，该结构持续存在于初级躯体感觉皮层（primary somatosensory cortex）。多个手指对焦点脑区反应的合理解释是，每个手指通过侧向连接直接或间接地激活所有其他手指的焦点脑区块，以通知它们计划和执行的动作。考虑到所有手指基本上总是一起操作，传递有关单个手指运动的信息可能有助于手的灵巧性（manual dexterity）。

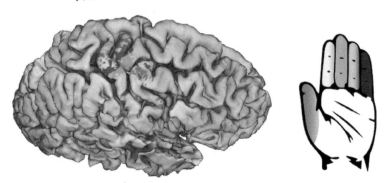

图 1.2　一名健康志愿者用 7T 功能磁共振获得的左手 PrF 图（见彩插）。
每种颜色表示右侧显示特定手指（Schellekens 等，2018）。

　　除了清晰的 BCI 应用记录单个手指以控制机械臂外，还研究了手部区域信号在交流/通信中的使用。Bleichner 研究表明，通过活动模式分析（Bleichner 等，2014），对感觉运动皮层的 7T fMRI 可以解码代表字母表中字母的四种美国手语手势，在 25% 的概率/机会水平下，准确率为 63%。随后的高密度 ECoG 研究将解码率提高到 85%（Bleichner 等，2016；Branco 等，2017）。Bruurmijn 用六种手势复现了 7T 结果，在健康志愿者中取得了几乎 75% 的正确解码（Bruurmijn 等，2017）。在同一项研究中，一组肘上截肢者也包括在内，以评估在没有运动和体感反馈的情况下解码尝试性手势（作为瘫痪的替代）的可行性。解码性能为 64%，进一步分析表明，手部的躯体分布不受影响。这些结果表明，在 LIS 患者中，尝试性的手势在拼写方面可能是可解码的。一旦感觉运动皮层、单个肌肉（动力学）和手势（运动学）之间的确切关系得到更好的理解，手部运动的解码就可能会进一步改善。Branco 在对这些问题的回顾中得出结论，多个动力学和运动学参数映射到感觉运动活动上，并建议在控制模型中考虑这些参数，以改进 BCI 的解码（Branco 等，2019）。

　　运动皮层的躯体区域延伸到面部区域，尽管不如手部区域明显。直到 2013 年，首次采用高密度 ECoG 网格绘制包括舌部、嘴唇、下巴和喉部在内的发音器官（articulators）（Bouchard 等，2013）。四个发音器官的直接分类后通过 fMRI 显示出来（Bleichner 等，2015）。有几个小组利用躯体区域的概念，从面部区域或下感觉运动皮层的高密度 ECoG 来解码语言元素。在这里，fMRI 在辨别语音成分（数据未公布）方面表现不佳，这很可能是由于时间分辨率较低，因为血管反应太慢，fMRI 无法从音素（phonemes）、音节（syllables）或单词（words）的发音中检测个体的、快速排序（sequenced）的发音运动。利用空间和时间信息的 ECoG 研究表明，可以将音素区域（Mugler 等，2018；Ramsey 等，2018）与面部区域区分开（图 1.3）。与手势解码一样，从面部区域解码（尝试性的）语音可能有助于更好地理解发音运动和皮层活动之间的关系。例如，Salari 报告说，在单个音素发音期间，面部区域的 HFB 响应受先前音素、连续音素之间的时间和发音持续时间的影响（Salari 等，2018a，b，2019），这表明神经响应模型可能有助于语音解码的准确性。对 LIS 患者的"尝试性/试图性"言语进行解码目前是一种有吸引力的 BCI 交流方法（Mesgarani 等，2014；Martin 等，2016；Mugler 等，2018；Anumanchipalli 等，2019）。

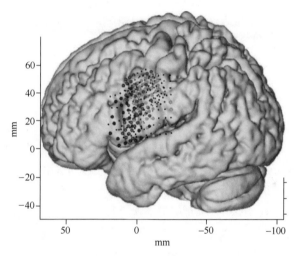

图 1.3　在产生音素的过程中，电极记录在感觉运动面部区域的 HFB 活动反应。
颜色分别表示 5 名参与者（癫痫患者）。黑色和彩色的点代表 MNI 空间中的电极
（所有高密度 ECoG 网格）（投射到平均 12 个正常大脑上）（见彩插）（Ramsey 等，2018）

1.5.2　体感皮层

与初级运动皮层非常相似，初级躯体感觉皮层也表现出详细的躯体体位（somatotopy）。单个手指可以被辨别（Kolasinski 等，2016），甚至沿着一个手指的指骨，也会表现出地形上的差异（Sanchez Panchuelo 等，2012）。重要的是，在后者中，观察到的多个焦点与听觉（Formisano 等，2003）和视觉皮层（Arcaro 和 Kastner，2015）的报告类似。躯体感觉皮层对外部输入做出反应，

但它也会在计划的运动之前激活，反映运动计划区域的前馈激活，Bruurmijn 在对截肢者的研究中也显示了这一点（Bruurmijn 等，2017）。通过内置电极阵列进一步研究了人类的躯体体位，该电极阵列在单电极刺激初级躯体感觉皮层时显示出肢体和手指特定性反应（Flesher 等，2016）。如第 13 章所述，解码感觉反馈对于机械臂的控制非常重要。

1.5.3 视觉皮层

视觉皮层一直是基于 EEG 的 BCI 的目标，BCI 利用了视觉皮层的特定性质。当注视闪光时，大脑皮层的反应是以同样的速度激活，可以通过头皮 EEG 检测到这种激活（M Euruller 等，1998）。通过将不同频率的闪光放置在视野中几个位置上，稳态视觉诱发电位（steady state visual evoked potential，SSVEP）可用于确定受试者关注视野中的哪个位置（Allison 等，2008）。从头皮上记录的频率表明受试者所注视的位置。视觉皮层也可以用来直接检测视觉空间注意。Andersson 成功地利用 7T fMRI（Andersson 等，2011）将视线固定在视野中心，解码了视觉注意的方向，并表明仅用大脑表面的体素解码也是可行的，这些体素可通过 ECoG 网格表征（Andersson 等，2013b）。通过让受试者在 MRI 扫描仪中实时导航机器人（在另一个房间中，摄像头反馈给受试者），直接证明了 BCI 的适用性（Andersson 等，2013a）。机器人的控制方式是：通过注视屏幕的左侧或右侧旋转机器人，注视屏幕的顶部使其向前移动。受试者成功地引导机器人沿着指定的轨迹移动，这表明在 BCI 应用中移动轮椅的可行性：只要注意所需的移动方向，就可以移动轮椅。EEG 和两个方向的隐蔽注意（Tonin 等，2013 年），以及 EEG 结合了对屏幕上待选项目的空间、颜色和形状特征的隐蔽注意（Treder 等，2011 年），也获得了类似的结果。Senden 等（2019）采用另一种方法，利用视觉地形图（Polimeni 等，2010 年），成功地利用 7T fMRI 从初级视觉皮层（V1-3）区分了四个想象中的字母。虽然这只是一个早期步骤，但可以想象一个视觉皮层 BCI 系统，用于 LIS 患者拼写字母和单词。这种系统将如何忽略实际的视觉输入尚待确定。

1.5.4 听觉皮层

解码听觉输入主要是用 ECoG 进行研究的。听觉皮层仅部分暴露在 ECoG 可触及的表面，但有几个研究组已经表明，语音和音乐的功率谱-时间方面（spectro-temporal aspects）可以在一定程度上从外侧裂皮层（perisylvian cortex）重建。Martin 成功地重建了一名参与者所听到和想象的音乐，达到了令人满意的程度（Martin 等，2018），他发现对这两种音乐反应的脑区有部分重叠。同一个研究组也对解码想象的语音进行了研究，但与解码听到的或说出来的单词相比，取得的性能相当有限（Martin 等，2016）。其他人则专注于听觉皮层，通过将大脑信号直接或间接转换为听觉输出（频谱图）来重建语音，表现率相当高（Pasley 等，2012；Mesgarani 等，2014；Akbari 等，2019）。Chang 和同事研究了从覆盖额叶、顶叶和颞叶的大型高密度网格解码语音的可行性（Anuman-chipalli 等，2019）。他们采用了一种复杂的分析方法，将大脑活动映射到由音频信号产生的发音动作，然后将信号转换到语音合成器。当要求听者把单词转录成由大脑信号解码器合成的句子时，他们可以从有限的单词集合中选择，他们在几乎一半的句子中正确地做到了这一点。然而，由于解码过程中包括了听觉皮层（对受试者自己的声音做出反应），因此在实现真正的 BCI 应用之前，还有一些工作要做。尽管如此，能够解码交流障碍者试图表达的语言（试图说话）的吸引力将激发进一步的研究。

1.5.5 基于认知的脑-机接口

如前几段所述，大多数 BCI 方法侧重于初级皮质。从概念上讲，解码认知过程会很有吸引力，因为它们可以提供一个窗口来检测预期的行为。一些非侵入性方法利用认知相关的大脑活动，如 P300-EEG BCI 和误差检测原理（第18 章）。由于 P300 和误差电位只有在一个人从事一项深思熟虑的任务时才会发生，因此这些任务被视为认知过程。P300 是一种电位，它伴随着对意外和罕见刺激（如闪光或声音）的感知，并依赖于集中的视觉或听觉注意力。研究认为 P300 源于顶叶皮质，但也有其他来源的报道。P300 是一种在多个 EEG或多个 ECoG 电极上看起来相同的响应，因此可以作为 BCI 中观察到的刺激选择事件（在图标矩阵中，通常是字母，每个图标在不同的时间闪烁）。误差电位是对认知行为的意外结果做出的反应，并在感知到错误时产生该电位（But-tfield 等，2006）。误差电位被认为起源于前扣带回皮质（anterior cingulate cor-tex），可以用来纠正基于 BCI 的拼写错误。另一种方法是直接记录与认知有关的脑区信号，例如形成认知控制网络的区域。特别是，背外侧前额叶皮层（dorsolateral prefrontal cortex，DPFC）被认为是负责分配认知资源的主要区域。这一区域的损伤会导致无法改变心理策略，DPFC 还与工作记忆有关，在工作记忆中，它被认为协调信息流，并在听觉和视觉皮层中维持对该信息的短期记忆。研究表明，这一区域的活动可以通过心算得到很好的调节（Ramsey 等，2006 年）。此外，在 DPFC 可以发现，在算术过程中特定脑区块（specific foci）变得活跃并支持 ECoG 患者的 BCI（specific foci）（Vansteensel 等，2010）。在一名因晚期肌萎缩性脊髓侧索硬化症（Amyotrophic lateral sclerosis，ALS）而出现闭锁综合征（Locked-in Syndrome，LIS）的患者中，将电极放置在 DLPFC 上，以备运动皮质上的电极失效（ALS 影响运动神经元）时使用（Vansteensel 等，2016）。已证明 BCI 控制在这些电极上是可行的，支持了靶区可控性的概念。

1.6　未来展望

与非侵入性系统相比，颅内 BCI 系统可以捕捉人脑的详细皮层组织，从而将意图更详细地转化为行动。目前正在调查多个脑区，通过先进的数据分析，如神经网络、深度学习和支持向量机，性能有望提高。内置微电极阵列和 ECoG 网格都产生了有希望的结果，每种方法都有不同的原理。微电极阵列利用了数十年来非人灵长类动物对主要运动和视觉区域的研究，解释了 BCI 对肢体运动解码的关注。ECoG 利用了人类大脑无创成像积累的丰富知识，因此，它可以很容易地瞄准表面可触及的任何区域。一种方法不太可能胜过其他方法，无论是非侵入式还是植入式的，因为不同的解决方案可能很好地满足最终用户的不同需求，他们可能会喜欢选择解决方案。最终用户、他们的护理人员和医疗行业也需要时间采用新的 BCI 解决方案，从而有时间在人类和行业中测试 BCI 原型系统，使其更具参与性。无论如何，BCI 解决方案的需求可能会随着人口年龄的预计增加以及神经功能缺损相关的风险而增加（Ramsey 等，2014 年）。未来，大脑活动的解码将越来越复杂，其中一些将满足最终用户的需求，而其他方法可能无法满足。特别令人感兴趣的是恢复交流能力的 BCI（第 7 章）和通过体感反馈（somatosensory feedback）关闭大脑和肢体之间回路的 BCI（第 13 章和第 22 章）。最后一点，替代的大脑接口技术，如光遗传学（Kim 等，2017）或聚焦超声（Legon 等，2014；Dizeux 等，2019）可能被证明对 BCI 有用，但与许多技术一样，向人类安全使用的转化是一条不确定的道路。

参 考 文 献

［1］Akbari H，Khalighinejad B，Herrero JL et al.（2019）. Towards reconstructing intelligible speech from the human auditory cortex. Sci Rep 9：874. https：//doi. org/10. 1038/s41598-018-37359-z.

［2］Allison BZ，McFarland DJ，Schalk G et al.（2008）. Towards an independent brain-computer interface using steady state visual evoked potentials. Clin Neurophysiol 119: 399-408. https://doi. org/10. 1016/j. clinph. 2007. 09. 121.

[3] Andersson P, Pluim JPW, Siero JCW et al. (2011). Real-time decoding of brain responses to visuospatial attention using 7T fMRI. PLoS One 6: e27638. https://doi. org/10. 1371/ journal. pone. 0027638.

[4] Andersson P, Pluim JPW, Viergever MA et al. (2013a). Navigation of a telepresence robot via covert visuospatial attention and real-time fMRI. Brain Topogr 26: 177-185. https:// doi. org/10. 1007/s10548-012-0252-z.

[5] Andersson P, Ramsey NF, Viergever MA et al. (2013b). 7T fMRI reveals feasibility of covert visual attention-based brain-computer interfacing with signals obtained solely from cortical grey matter accessible by subdural surface electrodes. Clin Neurophysiol 124: 2191-2197. https://doi. org/10. 1016/j. clinph. 2013. 05. 009.

[6] Anumanchipalli GK, Chartier J, Chang EF (2019). Speech synthesis from neural decoding of spoken sentences. Nature 568: 493. https://doi. org/10. 1038/s41586-019-1119-1.

[7] Arcaro MJ, Kastner S (2015). Topographic organization of areas V3 and V4 and its relation to supra-areal organization of the primate visual system. Vis Neurosci 32: E014. https:// doi. org/10. 1017/S0952523815000115.

[8] Ashburner J (2012). SPM: a history. Neuroimage 62-248: 791-800. https://doi. org/ 10. 1016/j. neuroimage. 2011. 10. 025.

[9] Baillet S (2017). Magnetoencephalography for brain electrophysiology and imaging. Nat Neurosci 20: 327-339. https://doi. org/10. 1038/nn. 4504.

[10] Bauer PR, Vansteensel MJ, Bleichner MG et al. (2013). Mismatch between electrocortical stimulation and electrocorticography frequency mapping of language. Brain Stimul 6: 524-531. https://doi. org/10. 1016/j. brs. 2013. 01. 001.

[11] Berger H (1931). Über das Elektrenkephalogramm des Menschen. Arch Psychiatr Nervenkr 94: 16-60. https://doi. org/10. 1007/BF01835097.

[12] Bleichner MG, Jansma JM, Sellmeijer J et al. (2014). Give me a sign: decoding complex coordinated hand movements using high-field fMRI. Brain Topogr 27: 248-257. https:// doi. org/10. 1007/s10548-013-0322-x.

[13] Bleichner MG, Jansma JM, Salari E et al. (2015). Classification of mouth movements using 7 T fMRI. J Neural Eng 12: 066026. https://doi. org/10. 1088/1741-2560/12/6/066026.

[14] Bleichner MG, Freudenburg ZV, Jansma JM et al. (2016). Give me a sign: decoding four complex hand gestures based on high-density ECoG. Brain Struct Funct 221: 203-216. https://doi. org/10. 1007/s00429-014-0902-x.

[15] Bouchard KE, Mesgarani N, Johnson K et al. (2013). Functional organization of human sensorimotor cortex for speech articulation. Nature 495: 327-332. https://doi. org/10. 1038/ nature11911.

［16］Branco MP, Freudenburg ZV, Aarnoutse EJ et al. (2017). Decoding hand gestures from primary somatosensory cortex using high-density ECoG. Neuroimage 147: 130 - 142. https://doi. org/10. 1016/j. neuroimage. 2016. 12. 004.

［17］Branco MP, de Boer LM, Ramsey NF et al. (2019). Encoding of kinetic and kinematic movement parameters in the sensorimotor cortex: a brain-computer interface perspective. Eur J Neurosci 50: 2755-2772. https://doi. org/10. 1111/ejn. 14342.

［18］Broca P (1865). Sur le siège de la faculté du langage articulé. Bull Mem Soc Anthropol Paris 6: 377-393. https://doi. org/10. 3406/bmsap. 1865. 9495.

［19］Brodmann K (1908). Beiträge zur histologischen Lokalisation der Grosshirnrinde, Johann Ambrosius Barth, Leipzig.

［20］Bruurmijn MLCM, Pereboom IPL, Vansteensel MJ et al. (2017). Preservation of hand movement representation in the sensorimotor areas of amputees. Brain 140: 3166-3178. https://doi. org/10. 1093/brain/awx274.

［21］Buttfield A, Ferrez PW, Millan JdR (2006). Towards a robust BCI: error potentials and online learning. IEEE Trans Neural Syst Rehabil Eng 14: 164 - 168. https://doi. org/ 10. 1109/TNSRE. 2006. 875555.

［22］Cherry SR, Phelps ME (2002). 18—imaging brain function with positron emission tomography. In: AW Toga, JC Mazziotta (Eds.), Brain mapping: the methods, second edn. Academic Press, 485-511. https://doi. org/10. 1016/B978-012693019-1/50020-4.

［23］Combe G (1851). A system of phrenology, Benjamin B. Mussey & Company, Boston. Retrieved from, http://archive. org/details/systemofphrenolo00combuoft.

［24］Cox RW (1996). AFNI: software for analysis and visualization of functional magnetic resonance neuroimages. Comput Biomed Res 29: 162 - 173. https://doi. org/10. 1006/cbmr. 1996. 0014.

［25］Dizeux A, Gesnik M, Ahnine H et al. (2019). Functional ultrasound imaging of the brain reveals propagation of taskrelated brain activity in behaving primates. Nat Commun 10: 1400. https://doi. org/10. 1038/s41467-019-09349-w.

［26］Dumoulin SO, Wandell BA (2008). Population receptive field estimates in human visual cortex. Neuroimage 39: 647-660. https://doi. org/10. 1016/j. neuroimage. 2007. 09. 034.

［27］Finger S (2005). Thomas Willis: the functional organization of the brain. Retrieved from, https://www. oxfordscholarship. com/view/10. 1093/acprof:oso/9780195181821. 001. 0001/acprof - 9780195181821-chapter-7.

［28］Flesher SN, Collinger JL, Foldes ST et al. (2016). Intracortical microstimulation of human somatosensory cortex. Sci Transl Med 8: 361ra141. https://doi. org/10. 1126/scitranslmed. aaf8083.

［29］Formisano E, Kim D-S, Di Salle F et al. (2003). Mirrorsymmetric tonotopic maps in human primary auditory cortex. Neuron 40: 859-869. https://doi. org/10. 1016/S0896-6273

16

（03）00669-X.

[30] Fracasso A, Luijten PR, Dumoulin SO et al. (2018). Laminar imaging of positive and negative BOLD in human visual cortex at 7T. Neuroimage 164：100-111. https://doi. org/10. 1016/j. neuroimage. 2017. 02. 038.

[31] Franceschini MA, Boas DA (2004). Noninvasive measurement of neuronal activity with near-infrared optical imaging. Neuroimage 21：372-386.

[32] Gaglianese A, Vansteensel MJ, Harvey BM et al. (2017). Correspondence between fMRI and electrophysiology during visual motion processing in human MT. Neuroimage 155：480-489. https://doi. org/10. 1016/j. neuroimage. 2017. 04. 007.

[33] Glover GH (2011). Overview of functional magnetic resonance imaging. Neurosurg Clin N Am 22：133-139. https://doi. org/10. 1016/j. nec. 2010. 11. 001.

[34] Haufe S, DeGuzman P, Henin S et al. (2018). Elucidating relations between fMRI, ECoG, and EEG through a common natural stimulus. Neuroimage 179：79-91. https://doi. org/10. 1016/j. neuroimage. 2018. 06. 016.

[35] Hermes D, Miller KJ, Noordmans HJ et al. (2010). Automated electrocorticographic electrode localization onindividually rendered brain surfaces. J Neurosci Methods 185：293-298. https://doi. org/10. 1016/j. jneumeth. 2009. 10. 005.

[36] Hermes D, Miller KJ, Vansteensel MJ et al. (2012). Neurophysiologic correlates of fMRI in human motor cortex. Hum Brain Mapp 33：1689-1699. https://doi. org/10. 1002/hbm. 21314.

[37] Hermes D, Miller KJ, Wandell BA et al. (2015). Gamma oscillations in visual cortex：the stimulus matters. Trends Cogn Sci 19：57-58. https://doi. org/10. 1016/j. tics. 2014. 12. 009.

[38] James GA, Hazaroglu O, Bush KA (2016). A human brain atlas derived via n-cut parcellation of resting-state and taskbased fMRI data. Magn Reson Imaging 34：209-218. https://doi. org/10. 1016/j. mri. 2015. 10. 036.

[39] Jenkinson M, Beckmann CF, Behrens TEJ et al. (2012). FSL. Neuroimage 62：782-790. https://doi. org/10. 1016/j. neuroimage. 2011. 09. 015. Keene DL, Whiting S, Ventureyra EC (2000). Electrocorticography. Epileptic Disord 2：57-63.

[40] Kim CK, Adhikari A, Deisseroth K (2017). Integration of opto genetics with complementary methodologies in systems neuroscience. Nat Rev Neurosci 18：222-235. https://doi. org/10. 1038/nrn. 2017. 15.

[41] Kleinschmidt A, Nitschke MF, Frahm J (1997). Somatotopy in the human motor cortex hand area. A high-resolution functional MRI study. Eur J Neurosci 9：2178-2186. https://doi. org/10. 1111/j. 1460-9568. 1997. tb01384. x.

[42] Kolasinski J, Makin TR, Jbabdi S et al. (2016). Investigating the stability of fine-grain digit somatotopy in individual human participants. J Neurosci 36：1113-1127. https://doi. org/10. 1523/JNEUROSCI. 1742-15. 2016.

[43] Korzeniewska A, Crainiceanu CM, Kuś R et al. (2008). Dynamics of event-related causality

in brain electrical activity. Hum Brain Mapp 29: 1170 - 1192. https://doi. org/ 10. 1002/hbm. 20458.

[44] Laufs H, Kleinschmidt A, Beyerle A et al. (2003). EEGcorrelated fMRI of human alpha activity. Neuroimage 19: 1463-1476. https://doi. org/10. 1016/S1053-8119 (03) 00286-6.

[45] Lee MH, Smyser CD, Shimony JS (2013). Resting-state fMRI: a review of methods and clinical applications. Am J Neuroradiol 34: 1866 - 1872. https://doi. org/10. 3174/ ajnr. A3263.

[46] Legon W, Sato TF, Opitz A et al. (2014). Transcranial focused ultrasound modulates the activity of primary somatosensory cortex in humans. Nat Neurosci 17: 322-329. https:// doi. org/10. 1038/nn. 3620.

[47] Logothetis NK (2003). The underpinnings of the BOLD functional magnetic resonance imaging signal. J Neurosci 23: 3963-3971. https://doi. org/10. 1523/JNEUROSCI. 23-10- 03963. 2003.

[48] Loukas M, Pennell C, Groat C et al. (2011). Korbinian Brodmann (1868-1918) and his contributions to mapping the cerebral cortex. Neurosurgery 68: 6 - 11. https://doi. org/ 10. 1227/NEU. 0b013e3181fc5cac.

[49] Mandal PK, Mahajan R, Dinov ID (2012). Structural brain atlases: design, rationale, and applications in normal and pathological cohorts. J Alzheimer's Dis 31: S169-S188. https:// doi. org/10. 3233/JAD-2012-120412.

[50] Martin S, Brunner P, Iturrate I et al. (2016). Word pair classification during imagined speech using direct brain recordings. Sci Rep 6: 25803. https://doi. org/10. 1038/ srep25803.

[51] Martin S, Mikutta C, Leonard MK et al. (2018). Neural encoding of auditory features during music perception and imagery. Cereb Cortex 28: 4222 - 4233. https://doi. org/ 10. 1093/cercor/bhx277.

[52] Menon RS, Luknowsky DC, Gati JS (1998). Mental chronometry using latency-resolved functional MRI. Proc Natl Acad Sci USA 95: 10902-10907.

[53] Mesgarani N, Cheung C, Johnson K et al. (2014). Phonetic feature encoding in human superior temporal gyrus. Science 343: 1006-1010. https://doi. org/10. 1126/science. 1245994.

[54] Miller KJ, Zanos S, Fetz EE et al. (2009). Decoupling the cortical power spectrum reveals real-time representation of individual finger movements in humans. J Neurosci 29: 3132- 3137. https://doi. org/10. 1523/JNEUROSCI. 5506-08. 2009.

[55] Miller KJ, Hermes D, Honey CJ et al. (2012). Human motor cortical activity is selectively phase-entrained on underlying rhythms. PLoS Comput Biol 8: e1002655. https://doi. org/ 10. 1371/journal. pcbi. 1002655.

[56] Mugler EM, Tate MC, Livescu K et al. (2018). Differential representation of articulatory gestures and phonemes in precentral and inferior frontal gyri. J Neurosci 38: 9803-9813.

https://doi. org/10. 1523/JNEUROSCI. 1206-18. 2018.

[57] Mukamel R, Gelbard H, Arieli A et al. (2005). Coupling between neuronal firing, field potentials, and fMRI in human auditory cortex. Science 309: 951-954. https://doi. org/10. 1126/science. 1110913.

[58] Müller MM, Picton TW, Valdes-Sosa P et al. (1998). Effects of spatial selective attention on the steady-state visual evoked potential in the 20-28 Hz range. Cogn Brain Res 6: 249-261. https://doi. org/10. 1016/S0926-6410 (97) 00036-0.

[59] Nir Y, Fisch L, Mukamel R et al. (2007). Coupling between neuronal firing rate, gamma LFP, and BOLD fMRI is related to interneuronal correlations. Curr Biol 17: 1275-1285. https://doi. org/10. 1016/j. cub. 2007. 06. 066.

[60] Ogawa S, Tank DW, Menon R et al. (1992). Intrinsic signal changes accompanying sensory stimulation: functional brain mapping with magnetic resonance imaging. Proc Natl Acad Sci U S A 89: 5951-5955. https://doi. org/10. 1073/pnas. 89. 13. 5951.

[61] Ojemann GA, Ojemann J, Ramsey NF (2013). Relation between functional magnetic resonance imaging (fMRI) and single neuron, local field potential (LFP) and electrocorticography (ECoG) activity in human cortex. Front Hum Neurosci 7: 34. https://doi. org/10. 3389/fnhum. 2013. 00034.

[62] Oliveira FF, Marin SM, Bertolucci PHF (2017). Neurological impressions on the organization of language networks in the human brain. Brain Inj 31: 140-150. https://doi. org/10. 1080/02699052. 2016. 1199914.

[63] Olman CA, Pickett KA, Schallmo M-P et al. (2012). Selective BOLD responses to individual finger movement measured with FMRI at 3T. Hum Brain Mapp 33: 1594-1606. https://doi. org/10. 1002/hbm. 21310.

[64] Pasley BN, David SV, Mesgarani N et al. (2012). Reconstructing speech from human auditory cortex. PLoS Biol 10: e1001251. https://doi. org/10. 1371/journal. pbio. 1001251.

[65] Penfield W, Boldrey E (1937). Somatic motor and sensory representation in the cerebral cortex of man as studied by electrical stimulation. Brain 60: 389-443. https://doi. org/10. 1093/brain/60. 4. 389.

[66] Polimeni JR, Fischl B, Greve DN et al. (2010). Laminar analysis of 7 T BOLD using an imposed spatial activation pattern in human V1. Neuroimage 52: 1334-1346. https://doi. org/10. 1016/j. neuroimage. 2010. 05. 005.

[67] Raemaekers M, Schellekens W, van Wezel RJA et al. (2014). Patterns of resting state connectivity in human primary visual cortical areas: a 7T fMRI study. Neuroimage 84: 911-921. https://doi. org/10. 1016/j. neuroimage. 2013. 09. 060.

[68] Ramsey NF, van de Heuvel MP, Kho KH et al. (2006). Towards human BCI applications based on cognitive brain systems: an investigation of neural signals recorded from the dorsolateral prefrontal cortex. IEEE Trans Neural Syst Rehabil Eng 14: 214-217. https://

doi. org/10. 1109/TNSRE. 2006. 875582.

[69] Ramsey NF, Aarnoutse EJ, Vansteensel MJ (2014). Brain implants for substituting lost motor function: state of the art and potential impact on the lives of motor-impaired seniors. Gerontology 60: 366-372. https://doi. org/10. 1159/000357565.

[70] Ramsey NF, Salari E, Aarnoutse EJ et al. (2018). Decoding spoken phonemes from senso-rimotor cortex with highdensity ECoG grids. Neuroimage 180: 301-311. https://doi. org/10. 1016/j. neuroimage. 2017. 10. 011.

[71] Ritaccio A, Brunner P, Schalk G (2018). Electrical stimulation mapping of the brain: basic principles and emerging alternatives. J Clin Neurophysiol 35: 86 – 97. https://doi. org/10. 1097/WNP. 0000000000000440.

[72] Ritter P, Moosmann M, Villringer A (2009). Rolandic alpha and beta EEG rhythms' strengths are inversely related to fMRI-BOLD signal in primary somatosensory and motor cortex. Hum Brain Mapp 30: 1168-1187. https://doi. org/10. 1002/hbm. 20585.

[73] Rutten GJM, Ramsey NF, van Rijen PC et al. (2002). Development of a functional magnetic resonance imaging protocol for intraoperative localization of critical temporoparietal language areas. Ann Neurol 51: 350-360.

[74] Salari E, Freudenburg ZV, Vansteensel MJ et al. (2018a). Spatial-temporal dynamics of the sensorimotor cortex: sustained and transient activity. IEEE Trans Neural Syst Rehabil Eng 26: 1084-1092. https://doi. org/10. 1109/TNSRE. 2018. 2821058.

[75] Salari E, Freudenburg ZV, Vansteensel MJ et al. (2018b). The influence of prior pronunciations on sensorimotor cortex activity patterns during vowel production. J Neural Eng 15: 066025. https://doi. org/10. 1088/1741-2552/aae329.

[76] Salari E, Freudenburg ZV, Vansteensel MJ et al. (2019). Repeated vowel production affects features of neural activity in sensorimotor cortex. Brain Topogr 32: 97-110. https://doi. org/10. 1007/s10548-018-0673-4.

[77] Sanchez-Panchuelo RM, Besle J, Beckett A et al. (2012). Within-digit functional parcellation of Brodmann areas of the human primary somatosensory cortex using functional magnetic resonance imaging at 7 tesla. J Neurosci 32: 15815 – 15822. https://doi. org/10. 1523/JNEUROSCI. 2501-12. 2012.

[78] Scheeringa R, Bastiaansen MCM, Petersson KM et al. (2008). Frontal theta EEG activity correlates negatively with the default mode network in resting state. Int J Psychophysiol 67: 242-251. https://doi. org/10. 1016/j. ijpsycho. 2007. 05. 017.

[79] Schellekens W, Petridou N, Ramsey NF (2018). Detailed somatotopy in primary motor and somatosensory cortex revealed by Gaussian population receptive fields. Neuroimage 179: 337-347. https://doi. org/10. 1016/j. neuroimage. 2018. 06. 062.

[80] Senden M, Emmerling TC, van Hoof R et al. (2019). Reconstructing imagined letters from early visual cortex reveals tight topographic correspondence between visual mental imagery

and perception. Brain Struct Funct 224: 1167-1183. https://doi. org/10. 1007/s00429-019 -01828-6.

[81] Siero JCW, Hermes D, Hoogduin H et al. (2014). BOLD matches neuronal activity at the mm scale: a combined 7T fMRI and ECoG study in human sensorimotor cortex. Neuroimage 101: 177-184. https://doi. org/10. 1016/j. neuroimage. 2014. 07. 002.

[82] Skarpaas TL, Jarosiewicz B, Morrell MJ (2019). Brainresponsive neurostimulation for epilepsy (RNS ® System). Epilepsy Res 153: 68 - 70. https://doi. org/10. 1016/ j. eplepsyres. 2019. 02. 003.

[83] Smitha K, Akhil Raja K, Arun K et al. (2017). Resting state fMRI: a review on methods in resting state connectivity analysis and resting state networks. Neuroradiol J 30: 305-317. https://doi. org/10. 1177/1971400917697342.

[84] Swann NC, de Hemptinne C, Thompson MC et al. (2018). Adaptive deep brain stimulation for Parkinson's disease using motor cortex sensing. J Neural Eng 15: 046006. https:// doi. org/10. 1088/1741-2552/aabc9b. Talairach J, Tournoux P (1988). Co-planar ster-eotaxic atlas of the human brain: 3-dimensional proportional system: an approach to cerebral imaging, Georg Thieme Verlag, Stuttgart.

[85] Tarapore PE, Tate MC, Findlay AM et al. (2012). Preoperative multimodal motor mapping: a comparison of magnetoencephalography imaging, navigated transcranial magnetic stimulation, and direct cortical stimulation. J Neurosurg 117: 354-362. https://doi. org/ 10. 3171/2012. 5. JNS112124.

[86] Tonin L, Leeb R, Sobolewski A et al. (2013). An online EEG BCI based on covert visuo-spatial attention in absence of exogenous stimulation. J Neural Eng 10: 056007. https:// doi. org/10. 1088/1741-2560/10/5/056007.

[87] Treder MS, Schmidt NM, Blankertz B (2011). Gazeindependent brain-computer interfaces based on covert attention and feature attention. J Neural Eng 8: 066003. https://doi. org/ 10. 1088/1741-2560/8/6/066003.

[88] Tzourio-Mazoyer N, Landeau B, Papathanassiou D et al. (2002). Automated anatomical labeling of activations in SPM using a macroscopic anatomical parcellation of the MNI MRI sin-gle-subject brain. Neuroimage 15: 273-289. https://doi. org/10. 1006/nimg. 2001. 0978.

[89] Valero-Cabre A, Amengual JL, Stengel C et al. (2017). Transcranial magnetic stimulation in basic and clinical neuroscience: a comprehensive review of fundamental principles and no-vel insights. Neurosci Biobehav Rev 83: 381 - 404. https://doi. org/10. 1016/j. neubiorev.2017. 10. 006.

[90] Vansteensel MJ, Hermes D, Aarnoutse EJ et al. (2010). Brain-computer interfacing based on cognitive control. Ann Neurol 67: 809-816. https://doi. org/10. 1002/ana. 21985.

[91] Vansteensel MJ, Pels EGM, Bleichner MG et al. (2016). Fully implanted brain-computer interface in a locked-in patient with ALS. N Engl J Med 375: 2060-2066. https://doi. org/

10. 1056/NEJMoa1608085.

[92] Villringer A, Chance B (1997). Non-invasive optical spectroscopy and imaging of human brain function. Trends Neurosci 20: 435-442. https://doi. org/10. 1016/S0166-2236 (97) 01132-6.

[93] Wang HE, Bénar CG, Quilichini PP et al. (2014). A systematic framework for functional connectivity measures. Front Neurosci 8: 405. https://doi. org/10. 3389/fnins. 2014. 00405.

[94] Wernicke C (1974). Der aphasische Symptomenkomplex. In: C Wernicke (Ed.), Der aphasische Symptomencomplex: Eine psychologische Studie auf anatomischer Basis. Max Cohn & Wiegert, Breslau, pp. 1-70. https://doi. org/10. 1007/978-3-642-65950-8_1.

第 2 章　脑-机接口：定义和原理

2.1　摘　　要

在整个生命过程中，中枢神经系统（central nervous system，CNS）通过激活肌肉和分泌激素（excreting hormones）与世界和身体相互作用。相比之下，脑-机接口（brain-computer interface，BCI）量化 CNS 活动，并将其转化为新的人工输出，以取代、恢复、增强、补充或改善 CNS 的自然输出。因此，BCI 会改变 CNS 与环境之间的相互作用。与来自脊髓和脑干运动神经元的自然 CNS 输出不同，BCI 输出来自表示其他 CNS 区域（如感觉运动皮层）活动的大脑信号。如果 BCI 要在现实生活中用于重要的交流和控制任务，CNS 必须像控制脊髓运动神经元一样可靠和准确地控制这些大脑信号。例如，要做到这一点，他们可能需要结合模拟（mimics）皮质下和脊髓机制功能的软件。实现高可靠性和高精度可能是 BCI 研发目前面临的最困难和最关键的挑战。

保持有效自然的 CNS 输出的持续适应性修改主要发生在 CNS。保持有效 BCI 输出的自适应修改也可以在 BCI 中进行。这意味着 BCI 操作取决于两个自适应控制器，即 CNS 和 BCI 的有效协作。第二个自适应控制器为 BCI，其实现以及它与 CNS 中并发适应的交互管理，是 BCI 开发的另一个复杂而关键的挑战。

BCI 可以利用不同大脑区域以不同方式记录的不同类型的大脑信号。关于应该为哪些应用从哪些大脑区域以何种方式记录哪些信号的决策是经验问题，只有通过实验才能正确回答。

与其他通信和控制技术一样，BCI 常常面临污染或模仿其所选信号的伪迹。非侵入式 BCI（如基于 EEG 或 fNIRS）需要特别小心，以避免将非大脑信号（如头颅肌电）解释为大脑信号。这通常需要进行全面的地形和功能率谱评估。

理论上，BCI 的输出可以选择目标或控制过程。在未来，最有效的 BCI 可能是那些结合目标选择和过程控制的 BCI，以便以适合当前操作的方式在 BCI 和应用之间分配控制。通过这种分布，BCI 可能最有效地模拟自然的中枢神经系统操作。

BCI 研发的主要衡量标准是 BCI 系统对神经肌肉疾病患者的受益程度。因此，BCI 临床评估、验证和传播是关键的一步。同时，这是一个复杂而困难的过程，依赖于多学科合作和对临床研究的严格要求。

25 年前，BCI 研究只是在少数几个孤立的实验室中进行的一项深奥的工作。它现在是一个稳步增长的领域，吸引了世界各地数百名科学家、工程师和临床医生加入到一个日益相互关联的社区中，这个社区正在解决关键问题，并追求 BCI 技术的高潜力。

2.2 定 义

2.2.1 脑-机接口

CNS 接收感觉输入并产生适当的运动输出。它的自然输出包括肌肉活动和激素。脑-机接口（BCI）为 CNS 提供了既不是神经肌肉也不是激素的新颖输出。BCI 是一个记录 CNS 活动，并将其转换为人工输出的系统，可以替代、恢复、增强、补充或改善 CNS 的自然输出。因此，它改变了 CNS 与身体其他部位或外部世界的交互方式。

该定义基于过去 15 年发表的评论（Donoghue，2002；Wolpaw 等，2002；Schwartz，2004；Kübler 和 Müller，2007；Daly 和 Wolpaw，2008；Graimann 等，2010a；Millán 等，2010），2012 年正式确定（Wolpaw 和 Wolpaw，2012）。它包括目前正在开发的许多不同类型的 BCI 系统，以及它们正在或可能被应用于许多不同的目的。它还将 BCI 置于现代神经科学的理论框架内。这个框架的基础是感觉运动假说，假设 CNS 的整个功能是将感觉输入转化为运动输出（Young，1990；WalPaw，2002）。BCI 是将大脑信号转化为新型输出的系统。

BCI 测量的信号源于 CNS 中持续发生的电生理（electrophysiologic）、神经化学（neurochemical）和代谢现象（如神经元动作电位、突触电位（synaptic potentials）、神经递质释放和氧摄取）。通过使用头皮、大脑表面或大脑内部的传感器来监测电场或磁场、血流量、血红蛋白氧合或其他现象，可以测量这些信号。BCI 记录这些大脑信号，从中提取特定的测量值（或特征），并将这些特征转化为新的 CNS 输出。图 2.1 显示了 BCI 输出可能的五种用途（仅限于以输出为主的 BCI——输出式的 BCI）。

BCI 的替代功效：BCI 输出可以替代因伤害或疾病而失去的肌肉控制。BCI 可以使因高位或严重脊髓损伤而瘫痪的人控制电动轮椅（见第 8 章）。或

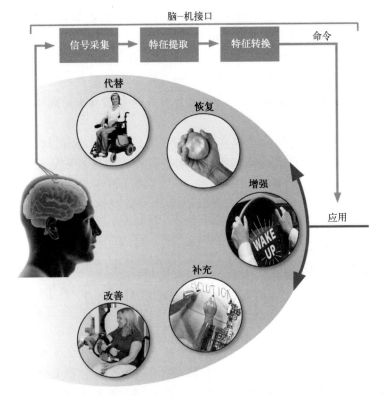

图 2.1 BCI 的设计和操作。反映大脑活动的电信号或其他信号可从头皮、皮质表面或大脑内部记录下来。对它们进行分析，以提取信号特征（例如，单个神经元放电率、EEG 节律振幅），从而表明 BCI 用户的意图。把这些特征转化为操作各种应用的命令，这些应用可以代替、恢复、增强、补充或改善自然的 CNS 输出。摘自 Wolpaw, J. R., Wolpaw, E. W.（2012），BCI：阳光下的新事物，来自：Wolpaw, J. R. 和 Wolpaw, E. W.（编辑），《脑-机接口：原理与实践》，牛津大学出版社，3-12

者，BCI 可以让因脑干中风（brainstem stroke）或肌萎缩侧索硬化症（amyotrophic lateral sclerosis，ALS）等退行性神经肌肉疾病（degenerative neuromuscular disorder）而不能说话的人拼写单词，然后由语音合成器发音（见第 7 章）。

BCI 恢复功能：BCI 输出可以恢复失去的肌肉控制。脊髓损伤（spinal cord injury）导致手臂和手部瘫痪的人可能会通过使用 BCI 来抓握物体，这种 BCI 通过植入电极刺激瘫痪的肌肉（见第 13 章和第 22 章）。或者，对于多发性硬化症（multiple sclerosis）已消除膀胱功能的患者，BCI 可能会刺激膀胱周围神经排尿。

BCI 输出可增强自然的中枢神经系统输出。对于驾驶车辆或执行哨兵任务的人来说，BCI 检测到注意力不集中之前大脑活动的特征，可能会发出警报，以恢复注意力。因此，BCI 可以增强个人持续注意力的正常能力。

BCI 输出可以补充自然 CNS 输出。使用操纵杆控制光标移动的人可能会使用 BCI 选择光标到达的项目。或者一个人可能会用 BCI 控制第三只（机器人）手臂（见第 13 章）。

最后，BCI 输出可能会改善自然的 CNS 输出。对于患有损害手臂功能的中风者，BCI 可能会在尝试性运动期间测量受损皮质区域的活动，并使用它刺激肌肉或控制矫正装置（orthotic device），以改善手臂运动。通过反复使用，这种策略可能会引导依赖活动的可塑性，从而恢复更正常的运动控制（见第 9 章）。

直到最近，BCI 的前两个用途——替代或恢复失去的自然输出——几乎是所有 BCI 研发的焦点。第五种功能用于改善因创伤或疾病而受损的自然输出，现在引起了人们极大的兴趣和努力（Bockbrader 等，2018 年；Lazarou 等，2018 年）。第三和第四种功能用于增强或补充正常输出，也受到了关注（见第 10 章和第 15 章）。

定义的最后一部分是所有 BCI 的一个基本特征，它改变了 CNS 与其外部或内部环境之间的交互/相互作用。通常，这些交互作用包括 CNS 对环境的运动输出和来自环境的感觉输入。通过测量 CNS 活动并将其转化为影响环境的新输出，BCI 改变了输出和输入。感觉输入的变化通常被称为反馈。仅监测大脑活动而不使用它来修改 CNS 与其环境之间的交互作用的设备不被视为 BCI。

2.2.2 相关术语

BCI 通常被称为脑-机接口（brain-machine interface，BMI）。虽然 BCI 和 BMI 本质上是同义词，但使用外部记录信号（如 EEG，第 18 章）的系统通常被称为 BCI，而使用植入传感器记录的信号的系统通常被称为 BMI。一般来说，BCI 可能被认为是更好的术语，因为"机器"意味着大脑信号到输出的固定转换，因此，它不承认系统和大脑是交互式自适应控制的合作伙伴，这对成功的 BCI（或 BMI）功能至关重要。

依赖性 BCI 和独立性 BCI 这两个术语是 2002 年创造的（Wolpaw 等，2002），用于定义对正常（即神经肌肉）CNS 输出依赖性不同的 BCI。维达尔（Vidal，1973，1977）开发的早期 BCI 使用了视觉诱发电位（visual evoked potential，VEP），该电位依赖于注视方向，因此也依赖于移动眼睛的肌肉。虽然它不能提供独立于自然输出的新的 CNS 输出，但它仍然是有价值的（例如

Sutter，1992）。独立的 BCI 不依赖于正常的 CNS 输出，不需要肌肉活动来产生 BCI 测量的大脑信号。在使用感觉运动节律（sensorimotor rhythms，SMR）的 BCI 中（例如，McFarland 等，2010），不需要实际的肌肉活动，大脑信号本身就足够了，即使它们不会导致实际的运动（例如，因为 ALS 患者的脊髓损伤或脊髓运动神经元缺失）。对于那些最严重的神经肌肉残疾患者，如 ALS 患者，独立的 BCI 可能更有价值。同时，应该认识到，大多数 BCI 既不是完全依赖的，也不是完全独立的。基于 VEP 的 BCI 产生的输出可能反映人的注意目标，而不仅仅是注视方向（例如 Allison 等，2008）。许多基于 SMR 的 BCI 依赖于有足够的凝视控制的人来观察 BCI 输出的结果（例如光标移动）。

术语混合 BCI 有两种不同的用法（Graimann 等，2010b；Müller Putz 等，2015；Choi 等，2017）。它可以应用于使用两种不同类型的大脑信号（例如 VEP 和 SMR（Ma 等，2017））产生输出的 BCI。或者，它可以应用于将 BCI 输出与基于肌肉的自然输出相结合的系统（例如，Gao 等，2017）。

2.2.3　适应性神经技术

BCI 适用于广泛的适应性神经技术（adaptive neurotechnologies）。这些系统绕过自然的 CNS 输入和输出通路（即外周神经和肌肉），与 CNS 建立人工交互，以替代、恢复、增强、补充或改善自然的交互。它们适应优化新的交互作用，并往往诱导 CNS 的适应性可塑性，这也有助于优化交互作用。适应性神经技术为获得新的科学见解和实现新的治疗方法提供了前所未有的机会。有些直接作用于 CNS（见第 25 章）。因此，它们与 BCI 形成对比，BCI 使 CNS 能够直接作用于世界。同时，其中一些系统（例如，刺激皮层或皮层下感觉区的系统）可能会被纳入未来的 BCI 系统中，以提高其性能（第 13 章和第 22 章）。

2.3　关 键 问 题

有效的 BCI 研究和开发需要关注一系列重要问题。这里总结了一些最基本的问题。

2.3.1　BCI 创建人工中枢神经系统输出

CNS 已进化到产生有效的肌肉和激素输出，它会在一生中不断地适应以维持这些输出。BCI 为 CNS 提供额外的人工输出，这些输出来自大脑信号。因此，他们使 CNS 产生全新的输出。例如，感觉运动皮层区通常与皮层下和脊髓区一起控制肌肉,现在要求其控制特定的大脑信号(例如 EEG 节律、单个神经元放电模式)。当根据 CNS 的正常运行方式解决 BCI 操作时,这一要求的基本含义显而易见。过去两个世纪,尤其是最近几十年的研究,揭示了 CNS 如何产生其自然输出的两个原则。

第一个原则是,自然输出的产生分布在整个中枢神经系统(CNS),从大脑到脊髓。没有单个脑区完全负责自然产出。行走、说话或弹钢琴等行为的开始、形成和产生涉及皮质区、基底节、丘脑核、小脑(cerebellum)、脑干核(brainstem nuclei)、脊髓中间神经元(spinal interneurons)和运动神经元(motoneurons)之间复杂的相互作用。因此,当皮层区启动步行并监测其表现时,产生有效步行的节律性高速感觉运动交互作用主要取决于脊髓回路(Ijspert,2008;McCrea 和 Ryback,2008;Guertin 和 Steuer,2009;Zehr 等,2009)。这种广泛分布的活动的结果是脊髓(和/或脑干)运动神经元的适当兴奋,这些兴奋刺激肌肉产生行为。尽管许多 CNS 区域的活动经常与运动表现相关,但特定区域内的活动在不同的情况下(一个动作的一次表现)可能会有很大的差异。然而,所有区域的协调活动确保了行为本身在多次表现中是稳定的(任何一个行为通常由脑功能网络或脑回路协同完成,不是由一个孤立的脑区完成)。

第二个原则是,由 CNS 自然输出产生的动作是通过所有相关/涉及 CNS 区域的初始和持续适应来获得和维持的。在发育早期和整个生命过程中,CNS 中无处不在的神经元和突触都会发生变化,以控制/掌握新的行为(获得新的技能),并维持以前掌握的技能(例如 Carroll 和 Zukin,2002;Gaiarsa 等,2002;Vaynman 和 Gomez Pinilla,2005;Saneyoshi 等,2010;Wolpaw,2010 和 2018)。这种依赖于活动的可塑性对掌握和保持常见行为有作用(如走路和说话),以及特殊技能(如跳舞和唱歌),它以产生的结果为指导。因此,由于肌肉力量、肢体长度和体重随着生长和衰老而变化,CNS 区域会适应以保持这些行为。作为这种持续适应基础的 CNS 解剖学和生理学是进化的产物,这种进化以产生有效动作(即适当控制刺激肌肉的脊髓运动神经元)的必要性为指导(学习性和持续自适应性:神经可塑性——依赖于活动的可塑性)。

鉴于这两个原则,许多区域有助于正常的 CNS 输出,并且这些区域具有持续适应性,BCI 的使用对 CNS 来说是一个独特的挑战,CNS 已经进化并不断适应,以获取和维持由 CNS 自然输出产生的动作。与自然的 CNS 输出不同,BCI 输出不是导致肌肉收缩的脊髓运动神经元激活,而是反映特定 CNS 区域(如感觉运动皮层)活动的信号。在自然活动中,这个区域的活动只是众多协作产生适当运动神经元激活的区域之一。然而，当该区域的信号控制 BCI 时，它们就变成了 CNS 输出。产生 BCI 使用的信号的区域被赋予通常由脊髓运动神经元执行的角色（即它产生最终结果：CNS 输出）。所选区域（如感觉运动皮层）发挥这一新作用的有效性取决于通常适应控制脊髓运动神经元的多个 CNS 区域如何适应控制相关皮质神经元和突触。例如，BCI 要求小脑（通常有助于确保运动神经元激活肌肉，从而使运动平稳、快速、准确）现在有助于确保微电极阵列记录的皮层神经元产生动作电位模式，从而平稳、快速、准确地移动假肢。小脑和其他关键脑区能在多大程度上适应这一新角色尚不清楚。BCI 能够实现的能力和用途在很大程度上取决于这个问题。同时，应注意的是，即使可靠的 BCI 目前仅限于非常简单的控制，也可以使严重残疾的人士受益（例如，Birbaumer 等，1999；Vansteensel 等，2016；Wolpaw 等，2018）（其实 AI 相关技术可以辅助使其更平稳、快速、准确）。

迄今为止的研究结果表明，控制 CNS 中产生 BCI 使用的信号的区域活动所需的适应性是可能的，但并不完美。一般来说，BCI 输出远不如自然的 CNS 输出平稳、快速和准确，而且它们每个时刻、每天和每周的变化都很大。这些问题，尤其是可靠性差，是 BCI 研究和开发中的主要问题。

2.3.2 BCI 操作需要两个自适应控制器的有效交互

获得和保持有效的 CNS 自然输出的活动依赖性可塑性主要发生在 CNS。相比之下，有效的 BCI 输出取决于 CNS 和 BCI 的适应性。除了适应用户大脑信号的振幅、频率和其他特征外，BCI 还可以调整/适应，以增强其输出与用户意图之间的相关性，提高 CNS 适应的有效性，和/或引导 CNS 适应。一般来说，大脑信号的复杂性与将其可靠地转换为用户所需输出的难度之间存在权衡。例如，从单个细胞记录的皮质内微电极可能支持对机械臂的详细控制，但它们可能无法在数月或数年内可靠运行。另一方面，皮质表面的电极可能只提供相对简单的控制，例如在计算机屏幕上选择项目或移动光标，但它们可能会在很长一段时间内保持鲁棒稳定的信号。随着转换方法（如人工智能）的成熟，这种权衡可能会有所改善。然而，重要的是要认识到，成功使用 BCI 需要两个自适应控制器（CNS 和 BCI）之间的有效交互。实现 CNS 适应和并发 BCI 适应之间的有效交互是 BCI 研究最困难的任务之一（McFarland and Krusienski，2012；Perdikis 等，2018）。

2.3.3 选择信号类型和 CNS 区域

通过许多电生理和代谢方法记录的脑信号可以作为 BCI 输入。这些信号类型在空间分辨率、频率内容、产生区域和技术要求方面存在很大差异。例如，电生理方法的空间分辨率从厘米级的 EEG 到毫米级的 ECoG，再到几十微米级的神经元动作电位，每种方法都有其独特的优缺点。哪一种方法将被证明在哪一个目的上最成功，尚未明确，答案取决于科学、技术、临床和商业因素。

关于信号选择的问题是需要通过实验来回答的经验问题，而不是关于一种或另一种信号类型的理论优越性的先验假设。对于 BCI 而言，关键问题是哪些信号是用户意图的最佳和最可靠的指示器。这个问题只能通过实验结果来解决，因此，随着该领域的成熟，主流观点可能会发生变化。

选择记录信号的最佳 CNS 区域也是一个经验问题。到目前为止，大多数研究主要集中在感觉运动（和视觉）皮层区域的信号上。对其他区域的探索（例如，Janssen 和 Scherberger，2015；Ming 等，2017）非常重要，尤其是因为许多潜在 BCI 使用者（many potential BCI users）的感觉运动皮质已因受伤或疾病而受损，并且/或者他们的视力可能受损。CNS 各区域在它们的适应能力以及可能影响其作为 BCI 信号来源的适用性的其他因素可能存在很大差异。最后，一个积极的方面是，多年来被剥夺正常功能的皮质区域（例如，由于严重或高位脊髓损伤（high-level spinal cord injury）或 ALS）似乎仍然可以为 BCI 提供有效的信号（例如，Hochberg 等，2006；Vansteensel 等，2016；Pels 等，2019）。

2.3.4　检测和避免伪迹

与传统的通信和控制系统一样，BCI 也存在伪迹问题，这些伪迹可能会模糊或污染提供输出命令的信号。BCI 伪迹可能来自环境，例如：来自电源线或设备的电磁噪声；来自身体，例如肌肉（肌电，electromyographic/EMG）活动、眼动（眼电，electrooculographic /EOG）活动、心脏（心电，electrocardio-graphic/EKG）活动、身体运动；或来自 BCI 硬件（例如，电极/组织界面不稳定、放大器噪声）或软件（例如，重参考脑图地形图中的阴影）。

伪迹识别对于无创记录大脑信号（如 EEG、fNIRS）的 BCI 尤为重要。BCI 研究的第一个先决条件是确保这是一项实际的 BCI 研究，也就是说，它的输出命令来自大脑信号，而不是其他类型的信号。使用其他生物信号（如肌电）的系统可能非常有用，但它们不是 BCI。像肌电（EMG）这样的非大脑信号很容易伪装成大脑信号，头皮电极可以检测到颅肌肌电或 EOG，其大小等于或超过实际脑电，频率与之重叠。人们可以很容易地控制颅肌肌电或EOG，他们甚至可能没有意识到自己在这么做。这种非大脑活动可能会污染甚至支配 BCI 记录的信号。结果可能是，假定的 BCI 输出实际部分，甚至全部由非大脑信号产生。在这种情况下，不可能进行认真有效的 BCI 研究和开发（事实上，科学文献中包括了一些不幸的假定 BCI 研究实例，在这些研究中，输出反映的是颅肌（即 EMG）控制，而不是大脑信号（即 EEG）控制）。通常，作为 BCI 销售的商业设备（例如游戏设备）无法将 EEG 与 EMG 或其他非大脑信号区分开来。如果 BCI 研究的结果对那些因严重残疾而已失去了对非大脑信号控制的人有用，那么驱动其输出的控制信号必须反映大脑活动。

为了避免非脑信号的污染，基于 EEG 的 BCI 研究需要结合足够全面的地形和频率分析，以区分 EEG 和非脑信号。fNIRS 研究应包括类似的预防措施。EEG 研究只从一个或两个位置记录，或集中在一个狭窄的频带上，无法自信地区分 EEG 和 EMG。因此，结果可能很难解释，而且意义值得怀疑。

2.3.5　BCI 输出命令可以选择目标或控制过程

理论上，BCI 输出命令分为两类：选择目标的命令或控制实现目标的过程的命令（Wolpaw 和 Wolpaw，2012）。

在目标选择的 BCI 协议中，用户使用 BCI 将目标（即用户的意图）发送到应用中的软件，然后，应用创建实现该意图的过程。例如，BCI 可能会发送走进厨房面对冰箱的目标。然后，应用（例如，BCI 控制的轮椅执行动作（例如，二维平移运动、转向、制动）将轮椅安全高效地移动到预定位置，轮椅软件使用持续的详细反馈来不断调整其动作，以避免固定或可变的障碍物（如墙壁或人）和危险（如楼梯）。目标选择协议把快速复杂的交互控制任务交给应用去完成，用户和 BCI 只是选择并传达目标。

相反，在过程控制协议中，用户和 BCI 管理实现用户意图的过程的所有细节。因此，对于前面描述的轮椅移动到厨房的示例，它们产生连续的动作指令序列（例如，x 和 y 方向的移动、转向、制动），轮椅仅执行这些指令序列。用户利用持续的视觉反馈以适当修改 BCI 的命令。用户和 BCI 提供了将用户移动到冰箱前面的每个步骤，轮椅只做它被要求做的事。简而言之，在目标选择协议中，BCI 告诉应用要做什么；在过程控制协议中，BCI 告诉应用如何做。

对于用户和 BCI 来说，目标选择相对容易，他们只需要提供目标（即用户的意图），这是应用本身无法提供的所期望动作的一个特征。一旦提供了目标，应用就可以快速且一致地实现它。目标选择协议通常最适用于具有有限且完全定义的可能命令集的应用，例如在固定环境中的字处理或移动。对于具有许多可能且可能未完全定义的目标的应用，对于可能会遇到意想不到的复杂情况的应用（例如，在可变环境中导航或机械臂的多维操作），或者对于希望恢复最大可能控制的用户（例如，许多严重残疾的人），过程控制协议可能更可取，尽管他们对用户和BCI提出了更高的要求。可以通过采用共享控制方法来减少这种要求，其中BCI的输出由智能设备（例如轮椅或机械臂）执行，该设备利用环境信息（例如障碍物或推断的目标）来补偿BCI输出中的任何缺失或错误参数（Carlson和Millán，2013；Millán，2015）。

正常（即基于肌肉的）中枢神经系统（CNS）输出是从皮质到脊髓的许多区域活动的综合结果，控制权的分配取决于所产生的动作。例如，皮质在精细的手指控制（例如医师动手术）中的作用比在粗大的手指运动（例如抓握）中的作用大得多（Porter和Lemon，1993）。对于某些手指运动来说，皮层在很大程度上参与了控制过程；对于其他运动来说，它只是提供了目标，细节被委派到皮质下区域和脊髓。

最好的BCI可能是那些模拟CNS自然输出典型的特定于动作的控制分布的BCI。也就是说，BCI应该以适当的动作方式将目标选择和过程控制结合起来。因此，为了用机械臂够到并抓取物体，用户和BCI可以控制手的移动、方向和抓取；应用软件可以控制单个肢体部分的运动，以及手腕旋转和手指弯曲的细节。考虑到BCI的发展现状，这种对用户和BCI的要求较小的分布式设计也更加现实。随着BCI的改进，当它们包含了从不断变化的动作向用户提供更详细、更及时的反馈（例如，可能是皮肤和本体感觉反馈以及视觉反馈）时，目标选择和过程控制可以结合起来，使BCI能够更真实细致地模仿CNS自然输出产生的动作的可靠性、快速性和易用性。

2.3.6　创建和推广重要的BCI应用

BCI的研究和开发必然是多学科的，它涉及基础神经科学、电气、生物医学和材料工程、应用数学、计算机科学、临床神经病学、神经外科学和医学、辅助交流和控制以及人因专业知识（人为因素专业知识）。相比之下，许多研究小组只关注一个方面，比如电极设计或信号分析。这种单一的关注是合乎逻辑的，而且往往对取得重大进展至关重要。然而，成功的BCI开发取决于创建对严重神经肌肉残疾患者有用的系统，也就是说，构成整个领域以及所给予的关注和资源的主要理由的个人。简而言之，开发和推广具有临床价值的BCI系统至关重要。

满足这一要求取决于强有力的跨学科合作，以及对人类研究的复杂管理和临床需求的有效管理，包括BCI研究和开发中涉及的独特伦理问题。为了发挥作用，BCI系统需要在复杂和不可预测的环境中可靠有效地运行。它们需要支持有用的应用，并且只需最少的技术支持就可以由非专家轻松操作。将实验室BCI设备转化为满足这些基本准则的稳健/鲁棒系统是一项漫长而艰巨的工作。

然而，它是整个 BCI 研发过程的目标和验证（例如，Birbaumer 等，1999；Vansteensel 等，2016；Saeedi 等，2017；Perdikis 等，2018；Wolpaw 等，2018）。

经临床验证的 BCI 在向需要它们的人推广方面仍然面临挑战。对于新的医疗技术，推广通常是一种商业行为，因此，它需要盈利。可以从当前 BCI 有限的通信和控制能力中获益的人数相对较少。尽管如此，随着 BCI 的能力和可靠性的提高，它们可能会使更多残疾程度较轻的人受益。针对目前 BCI 市场规模较小的另一个解决方案可能是对有限的重度残疾人群和许多其他可能出于非医疗目的使用 BCI 的人精心设计的新方案。同时，可能从快速发展的 BCI 康复应用中受益的人数相当多，包括许多中风、脑和脊髓损伤或其他慢性神经肌肉疾病患者，他们需要更好的治疗来促进功能恢复。第 24～26 章讨论了与 BCI 推广相关的复杂实际问题及其潜在解决方案。

2.4　结　束　语

在整个生命过程中，CNS 通过刺激肌肉和分泌激素与外部世界和身体交互。相比之下，BCI 测量 CNS 活动，并将其转化为新的人工输出，以取代、恢复、增强、补充或改善自然的 CNS 输出。因此，BCI 改变了 CNS 和环境之间的交互作用。与来自脊髓和脑干运动神经元的 CNS 自然输出不同，BCI 输出来自反映其他 CNS 区域（如感觉运动皮层）活动的大脑信号。如果 BCI 要在现实生活中用于重要的通信和控制目的，CNS 必须像控制脊髓运动神经元一样可靠和准确地控制这些大脑信号。例如，为了做到这一点，BCI 可能需要包含/结合模拟皮层下和脊髓机制的功能的软件，这些机制有助于正常的运动控制。实现高可靠性和高精度可能是 BCI 研发目前面临的最困难和最关键的挑战。

保持有效自然的 CNS 输出的持续适应性修改主要发生在 CNS。保持有效的 BCI 输出的自适应修改也可以在 BCI 中进行/发生。因此，BCI 操作取决于两个自适应控制器（CNS 和 BCI）的有效协作。第二个自适应控制器 BCI 的创建及其与 CNS 中并发适应的交互管理，构成了 BCI 开发的另一个复杂而关键的挑战。

BCI 可以使用从不同大脑区域以不同方式记录不同类型的大脑信号。应为哪些应用选择从哪些大脑区域以哪些记录方式记录哪些信号，这些抉择都是经验问题，只有通过实验才能得到充分的答案。

与其他通信和控制技术一样，BCI 往往会遇到污染或模仿其所选信号的伪迹。非侵入式 BCI（如基于 EEG 或 fNIRS 的 BCI）必须特别小心，以避免将非大脑信号（如颅肌肌电）解释为大脑信号。这通常需要进行综合地形和功率谱评估。

理论上，BCI 输出可以选择目标或控制过程。未来，最有效的 BCI 可能是那些结合目标选择和过程控制的 BCI，以便以适合当前操作的方式在 BCI 和应用之间分配/分散控制。通过这种分配，BCI 可以最有效地模拟 CNS 的自然运作。

BCI 开发的主要衡量标准是 BCI 系统对神经肌肉疾病患者的受益程度。因此，BCI 临床评估、验证和推广是必不可少的一步。这也是一个复杂而困难的过程，需要多学科合作和有效管理临床研究的严格要求。

25 年前，BCI 研究是一项深奥的工作/工作，仅仅是几个孤立的实验室在开展，它现在是一个新兴的领域，吸引了世界各地数百名科学家、工程师和临床医生加入到一个日益相互关联的社区中，以解决关键问题并追求 BCI 技术的最大潜力。

参 考 文 献

[1] Allison BZ, McFarland DJ, Vaughan TM et al. (2008). Towards an independent brain-computer interface using steady state visual evoked potentials. Clin Neurophysiol 119：399−408.

[2] Birbaumer N, Ghanayim N, Hinterberger T et al. (1999). A spelling device for the paralyzed. Nature 398：297−298.

[3] Bockbrader MA, Francisco G, Lee R et al. (2018). Brain computer interfaces in rehabilitation medicine. Phys Med Rehabil 10：S233−S243. https://doi. org/10. 1016/j. pmrj. 2018. 05. 028.

[4] Carlson TE, Millán JdR (2013). Brain-controlled wheelchairs：a robotic architecture. IEEE Robot Autom Mag 20：65−73.

[5] Carroll RC, Zukin RS (2002). NMDA-receptor trafficking and targeting：implications for synaptic transmission and plas-ticity. Trends Neurosci 25：571−577.

[6] Choi I, Rhiu I, Lee Y et al. (2017). A systematic review of hybrid brain-computer interfaces：taxonomy and usability perspectives. PLoS One 12：e0176674. https://doi. org/10. 1371/journal. pone. 0176674.

[7] Daly JJ, Wolpaw JR (2008). Brain-computer interfaces in neu-rological rehabilitation. Lancet Neurol 7：1032−1043.

[8] Donoghue JP (2002). Connecting cortex to machines：recent advances in brain interfaces. Nat Neurosci 5：1085−1088.

[9] Gaiarsa JL, Caillard O, Ben-Ari Y (2002). Long-term plastic-ity at GABAergic and glyciner-

gic synapses: mechanisms and functional significance. Trends Neurosci 25: 564−570.

[10] Gao Q, Dou L, Belkacem AN et al. (2017). Noninvasive electroencephalogram based control of a robotic arm for writing task using hybrid BCI system. Biomed Res Int 2017: 8316485. 8 pages, https://doi. org/10. 1155/2017/8316485.

[11] Graimann B, Allison B, Pfurtscheller G (2010a). Brain-computer interfaces: a gentle introduction. In: B Graimann, B Allison, G Pfurtscheller (Eds.), Brain-computer interfaces. Springer, Berlin, pp. 1−27.

[12] Graimann B, Allison B, Pfurtscheller G (Eds.), (2010b). Brain-computer interfaces. Springer, Berlin p. 21. et passim.

[13] Guertin PA, Steuer I (2009). Key central pattern generators of the spinal cord. J Neurosci Res 87: 2399−2405.

[14] Hochberg LR, Serruya MD, Friehs GM et al. (2006). Neuronal ensemble control of prosthetic devices by a human with tetraplegia. Nature 442: 164−171.

[15] Ijspeert AJ (2008). Central pattern generators for locomotion control in animals and robots: a review. Neural Netw 21: 642−653.

[16] Janssen P, Scherberger H (2015). Visual guidance in control of grasping. Annu Rev Neurosci 38: 69−86.

[17] Kübler A, Müller KR (2007). An introduction to brain-computer interfacing. In: G Dornbhege, JdR Millan, T Hinterberger, DJ McFarland, K-R Müller (Eds.), Toward brain-computer interfacing. MIT Press, Cambridge, MA, pp. 1−26.

[18] Lazarou I, Nikolopoulos S, Petrantonakis PC et al. (2018). EEG-based brain-computer interfaces for communication and rehabilitation of people with motor impairment: a novel approach of the 21st century. Front Hum Neurosci 12: 14. https://doi. org/10. 3389/fnhum. 2018. 00014.

[19] Ma T, Li H, Deng L et al. (2017). The hybrid BCI system for movement control by combining motor imagery and mov-ing onset visual evoked potential. J Neural Eng 14: 026015 (12 pp). https://doi. org/10. 1088/1741−2552/aa5d5f.

[20] McCrea DA, Ryback IA (2008). Organization of mammalian locomotor rhythm and pattern generation. Brain Res Rev 57: 134−146.

[21] McFarland DJ, Krusienski DJ (2012). BCI signal processing: feature extraction. In: JR Wolpaw, EW Wolpaw (Eds.), Brain-computer interfaces: principles and practice. Oxford University Press123−146.

[22] McFarland DJ, Sarnacki WA, Wolpaw JR (2010). Electroencephalographic (EEG) control of three-dimensional movement. J Neural Eng 7: 036007.

[23] Millán JdR (2015). Brain-machine interfaces: the perception-action closed loop. IEEE Syst Man Cybern Mag 1: 6−8.

[24] Millán JdR, Rupp R, Müller-Putz G et al. (2010). Combining brain-computer interfaces

and assistive technologies: state-of-the-art and challenges. Front Neurosci 4: 161.

[25] Ming B-K, Chavarriaga R, Millán JdR (2017). Harnessing pre-frontal cognitive signals for brain-machine interfaces. Trends Biotechnol 35: 585–597.

[26] Müller-Putz GR, Leeb R, Tangermann M et al. (2015). Towards non-invasive hybrid brain-computer interfaces: framework, practice, clinical application and beyond. Proc IEEE 103: 926–943.

[27] Pels EGM et al. (2019). Stability of a chronic implanted brain-computer interface in late-stage ALS. Clin Neurophysiol 130: 1798–1803.

[28] Perdikis S, Tonin L, Saeedi S et al. (2018). The cybathlon BCI race: successful longitudinal mutual learning with two tet-raplegic users. PLoS Biol 16: e2003787.

[29] Porter R, Lemon R (1993). Corticospinal function and volun-tary movement, Clarendon Press, Oxford.

[30] Saeedi S, Chavarriaga R, Millán JdR (2017). Long-term stable control of motor-imagery BCI by a locked-in user through adaptive assistance. IEEE Trans Neural Syst Rehabil Eng 25: 380–391.

[31] Saneyoshi T, Fortin DA, Soderling TR (2010). Regulation of spine and synapse formation by activity-dependent intracel-lular signaling pathways. Curr Opin Neurobiol 20: 108–115.

[32] Schwartz AB (2004). Cortical neural prosthetics. Annu Rev Neurosci 27: 487–507.

[33] Sutter EE (1992). The brain response interface: communica-tion through visually induced electrical brain responses. J Microcomput Appl 15: 31–45.

[34] Vansteensel MJ, Pels EGM, Bleichner MG et al. (2016). Fully implanted brain-computer interface in a locked-in patient with ALS. New Engl J Med 375: 2060–2066.

[35] Vaynman S, Gomez-Pinilla F (2005). License to run: exercise impacts functional plasticity in the intact and injured central nervous system by using neurotrophins. Neurorehabil Neural Repair 19: 283–295.

[36] Vidal JJ (1973). Towards direct brain-computer communica-tion. Annu Rev Biophys Bioeng 2: 157–180.

[37] Vidal JJ (1977). Real-time detection of brain events in EEG. Proc IEEE 633–664: 65 [Special issue on Biological Signal Processing and Analysis].

[38] Wolpaw JR (2002). Memory in neuroscience: rhetoric versus reality. Behav Cogn Neurosci Rev 1: 130–163.

[39] Wolpaw JR (2010). What can the spinal cord teach us about learning and memory? Neuro-scientist 16: 532–549.

[40] Wolpaw JR (2018). The negotiated equilibrium model of spi-nal cord function. J Physiol 596: 3469–3491.

[41] Wolpaw JR, Wolpaw EW (2012). Brain-computer interfaces: something new under the sun. In: JR Wolpaw, EW Wolpaw (Eds.), Brain-computer interfaces: principles and practice.

Oxford University Press, pp. 3-12.

[42] Wolpaw JR, Birbaumer N, McFarland DJ et al. (2002). Brain-computer interfaces for communication and control. Clin Neurophysiol 113: 767-791.

[43] Wolpaw JR, Bedlack RS, Reda DJ et al. (2018). Independent home use of a brain-computer interface by people with amyotrophic lateral sclerosis. Neurology 91: e258 - e267. https://doi. org/10. 1212/WNL. 0000000000005812.

[44] Young RM (1990). Mind, brain and adaptation in the nine-teenth century, Oxford University Press.

[45] Zehr EP, Hundza SR, Vasudevan EV (2009). The quadrupedal nature of human bipedal locomotion. Exerc Sport Sci Rev 37: 102-108.

拓展阅读

[46] Fetz EE (1969). Operant conditioning of cortical unit activity. Science 163: 955-958.

[47] Fetz EE, Finocchio DV (1971). Operant conditioning of spe-cific patterns of neural and muscular activity. Science 174: 431-435.

[48] Joseph AB (1985). Design considerations for the brain-machine interface. Med Hypotheses 17: 191-195.

[49] Vaughan TM, Wolpaw JR (2006). The third international meeting on brain-computer interface technology: making a difference (Editorial). IEEE Trans Neural Syst Rehabil Eng 14: 126-127.

[50] Wolpaw JR (2007). Brain-computer interfaces as new brain output pathways. J Physiol 579: 613-619.

[51] Wolpaw JR, Birbaumer N (2006). Brain-computer interfaces for communication and control. In: ME SelzerS Clarke, LG Cohen, P Duncan, FH Gage (Eds.), Textbook of neural repair and rehabilitation: neural repair and plasticity. Cambridge University Press, Cambridge, pp. 109-125.

第 3 章　脑-机接口用于脑卒中的潜在益处

3.1　摘　　要

治疗脑卒中（中风），尤其是减轻中风幸存者的个人和社会负担是神经科学研究面临的主要挑战。中风相关损伤和恢复的神经生物学机制知识的进步提供了关键数据，指导临床医生根据特定患者的需求制定干预措施。BCI 如何适应这种情况？最近，一种允许完全瘫痪个体控制环境的技术引入了一条新的开发路线：提供一种可能控制大脑网络组织形成和变化的方法。类似于哥白尼设想的从地心到日心的行星组织的变化，我们在 BCI 研究中面临着一个关键的变化，即从大脑到计算机的方向转变为计算机到大脑的方向，这是一场变革。这一方向的改变将为 BCI 研究和临床应用开辟新的途径。在本章中，我们将讨论这一变化，并讨论 BCI 在中风治疗中这一新思路的现状和未来应用。

3.2　（局部）缺血性中风发病机制

3.2.1　病灶核心和半影

脑缺血（Cerebral ischemia）是由于三个主要原因导致部分脑血流受阻所致：小血管疾病（small vessel disease）、动脉粥样硬化血栓形成（atherothrombosis）或心脏栓塞（cardio-embolism）。然而，这一分类显然是不够的，因为它不包括多达 30% 的病因不明的中风（Amarenco 等，2009）。

缺血后，脑组织缺氧，对神经元细胞的能量依赖或相关过程产生有害影响。能量损失尤其影响跨膜离子梯度（transmembrane ionic gradient）和细胞同质状态（即细胞稳态，cellular homoeostasis）。这引发了几个导致细胞死亡的过程：兴奋毒性（excitotoxicity,）、氧化和硝化应激（oxidative and nitrative stress）、炎症（inflammation）和凋亡（apoptosis）（Khoshnam 等，2017）。这些病理生理过程是相互关联的，涉及神经元以及胶质细胞（glial）和内皮细胞（endothelial cells），并随着时间的推移而进化。总的来说，情况非常复杂，在时间和空间上不断演变着严重损坏的马赛克图案形态（mosaic）。由于坏死性的细胞死亡，病变核心出现不可逆的直接损害，其周围是变糟但存在代谢活跃细胞的区域，最终将面临细胞死亡。死亡信号将在决定代谢变化的解剖和功能网络中传播，最终，甚至在距离核心远的区域也有细胞死亡（Weishaupt 等，2016）。事实上，中风的发病机制远远超出了病变核心和半影区（penumbra areas）。

实验室开发的大多数中风治疗方法都专注于保护神经元免受不同缺血诱导过程的影响，如炎症和凋亡，尤其是在中央核心区以外的区域（即所谓的半影区），那里的神经元损伤延迟，死亡机制对不同的药物治疗是敏感的。关于这一主题，有不同的评论（Khoshnam 等，2017）。核心区和半影区以外的致病机制，即所谓的远程损伤机制，其对恢复的重要性已得到充分证实，可能与 BCI 治疗中风的方法有关，但人们对这些机制的关注却少得多。

3.2.2 远程损伤

虽然与缺血没有直接关系，但远端细胞死亡机制很复杂，涉及许多不同的现象。远端损伤中观察到的信号传递级联与核心和半影区域中的信号级联部分相似。源于氧化和硝化应激的兴奋毒性、炎症、自噬和凋亡都是延迟反应和远程反应的机制（Viscomi 和 Molinari，2014）。远程细胞死亡损伤机制的研究尚处于起步阶段。然而，考虑到远程损害在维持卒中网络变化方面的重要性，很容易预测，对远程细胞死亡的更广泛理解将有助于通过解决和指导卒中后环路重组来改善恢复。

远端细胞死亡不是由于缺氧/缺血性损伤（hypoxic/ischemic damage），而是由于延迟的继发性退变，影响了未直接受到初始损伤的细胞（Block 等，2005）。细胞退化是由于主动、独立机制维持的不同破坏性下游事件。这些事件被认为是由涉及损伤主要部位的解剖和/或功能网络传递的未知信号激活的。这种死亡信号流可以持续数天、数周或数月，可能是由于缺血或半影区的轴突损伤（Carmichael 等，2017）或跨神经元效应所致。轴突损伤对母细胞体的形态学和生理学影响是众所周知的，并有文献记载（Sears，1987；Titmus 和 Faber，1990），对跨神经元（或跨突触）效应知之甚少。这些效应在局灶性病变（focal lesion）后的重要性已在皮质-小脑-皮质环路中得到明确证明。虽然大脑和小脑皮质之间不存在单突触联系，但涉及大脑皮质的中风，即使保留皮层下结构，也会影响小脑皮质的解剖和功能组织，反之亦然。大脑皮质的局灶性病变不仅改变了对侧小脑的功能（Lin 等，2009），而且还引起了总体的解剖变化（Gold 和 Lauritzen，2002）。类似地，局限于小脑结构的损伤会对小脑

卒中部位对侧的大脑皮层产生持久的结构和功能影响（Clausi 等, 2009; Vico-
Fallani 等, 2016)。

逆行跨神经元变性或"向后死亡"是一种涉及失去投射目标的神经元的
变性。相反,"向前死亡"指的是由于输入丢失而引起的顺行性跨神经元变
性。这些跨突触变性机制已在不同的动物模型中得到描述 （Viscomi 等,
2015), 并在许多人类中枢神经系统疾病中得到证实 （Nakane 等, 1997;
Rehme 和 Grefkes, 2013; Umarova 等, 2017)。如果考虑神经细胞类型的话,
远程损伤敏感性的总体情况甚至更加支离破碎。特定的细胞群体不仅在脆弱性
（vulnerability）上存在差异, 而且很明显, 相似的细胞对远程损伤的反应可能
截然不同。中枢神经元的轴突切断模型 （Models of axotomy), 如外侧膝状体背
侧核 （dorsal lateral geniculate nucleus）的同质神经元 （Hendrickson 等, 2012)
以及橄榄核和脑桥下核 （inferior olive and pontine nuclei）的同质神经元 （Vis-
comi 等, 2015), 清楚地表明了这种情况。这种可变性的原因仍然未知 （Buffo
等, 2003; Di Giovanni, 2009)。

综上所述, 这些数据表明中风的发病机制远远超出病变核心和半影区。曾
经被认为主要是暂时性的远程效应, 即 Von Monakow（1914）定义的"分裂现
象（diaschisis phenomenon)"是由持久的结构和生化变化维持的。总的来说,
中风损伤的复杂性及其对中枢神经系统功能的深远影响必须予以考虑, 以正确
支持中风后功能的恢复。

3.3 神话与现实之间的中风恢复

如前所述, 缺血性中风 （ischemic stroke）激活的细胞和分子机制极其复
杂, 从一开始就涉及一系列事件, 不仅在病变核心, 而且在病灶周围组织
（如果不是很明显的话）也有。在后一个区域, 退行性反应和保护性反应混杂
在一起, 很难相互分离。参与细胞死亡的相同机制也是移除不可逆转受损组织
的起点。这一步骤是修复和重组幸存结构的基石。脑缺血周围区域的变化也被
认为是建立塑性增强的特别敏感期 （Zeiler 和 Krakauer, 2013)。对恢复持双刃
态度的例子是自缺血早期以来的炎症反应 （Khoshnam 等, 2017)。神经元–胶
质细胞的串扰与炎症机制相互作用, 使得病变扩散以及细胞外基质变化。在特
定限制的时间窗内, 这些变化使神经组织变得具有可塑性, 支持轴突的萌生和
树突的重塑。

改善中风恢复的研究主要集中于保护半影区的神经元和回路。已经确定并
测试了许多神经营养剂和神经保护药 （Demoth 等, 2017)。尽管在动物模型上

进行了大量的研究工作并取得了有希望的结果，但所提出的神经保护药均未成功开发出临床有效的治疗方法（Onwuekwe 和 EzealaAdikaibe，2012）。最近，远端改变作为支持中风恢复的潜在有效治疗靶点受到了更多关注。为此，已经开发了针对远离这些主要受损区域的中枢神经系统区域的药物（Viscomi 等，2015）和康复方案（Zeiler 和 Krakauer，2013）。

除了核心区和半影区外，甚至在远端区，退化和恢复机制与存活和退化因素高度混合（图 3.1）。在这种情况下，可以想象，更好地了解远端区域的变化将极大地帮助我们了解中风后的组织，尤其是在网络层面。

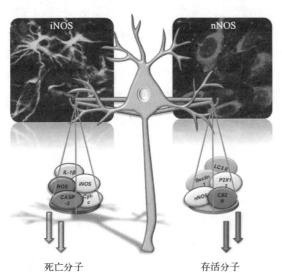

图 3.1　半小脑切除术（hemicerebellectomy，HCb）远端退行性变模型中迄今为止所描述的分子示意图，该模型在决定轴切神经元的死亡/存活命运方面起着关键作用。存活分子（右侧）：神经元型一氧化氮合酶（neuronal nitric oxide synthase，nNOS）、大麻素受体 2 型（CB2R）和嘌呤能受体 X1、X2（P2X1、2）的上调，以及 Beclin 1 和 LC3II 的转化，后两者作为自噬机制的标志物（markers）促进神经元存活。死亡分子（左侧）：细胞色素 c 释放（cyt c）、caspase-3 激活（casp-3）、诱导型一氧化氮合酶（inducible nitric oxide synthase，iNOS）上调、IL-1b 和活性氧化物（reactive oxygen species，ROS）产生导致神经元死亡（来自 Viscomi MT，Molinari M（2014））。远端神经退行性变：涉及多个脑区。Mol Neurobiol 50：1-22，经 Springer Nature 许可

同样的啮齿动物模型对于发现与远端损伤相关的细胞机制和信号传导至关重要，它们揭示了神经网络重构的机制。全脑的功能连通性受到影响，两个半球均有改变（Calautti 和 Baron，2003；De VicoFallani 等，2013），远远超出（well beyond）梗死区域（the infarcted area）。

　　另一方面，尽管重点放在核心和半影区，但一旦原发性损伤稳定，功能恢复和康复方法将利用远端的，但功能上与原发性损伤部位相关的区域（Coleman 和 Perry，2002；Viscomi 和 Molinari，2014），而不是解决原发性损伤部位的变化。这种方法与基于网络的脑功能模型相一致，该模型强调跨网络信息流的重要性，而传统的局部论模型强调特定脑区的局部功能（Roy，2012）。因此，根据基于网络的功能模型，功能缺陷不仅由于受损区域的局部效应，还由于功能性连接的解剖完整区域的功能障碍（Zhang 等，2012）。关于这些远端区域功能障碍的性质有很多争论：远端区的完整程度如何、远端区在确定临床情况的重要性如何，以及它们对恢复的相关性（Viscomi 和 Molinari，2014）。在尝试开发潜在恢复的生物标志物时，不同的研究组也讨论了后一个方面（Grefkes 和 Fink，2011；Yin 等，2014；Weishaupt 等，2016）。这种远端的、基于网络的方法对于制定更有效的中风康复策略特别有意义。

3.4　功能相关可塑性

　　神经可塑性是一个广泛使用的定义，用于描述神经系统对外部世界要求的变化以及中枢神经系统微环境（CNS microenvironment），或功能的改变所产生的各种刺激做出反应，从而改变其结构和功能的能力（Macchi 和 Molinari，1989）。成人中枢神经系统改变其结构的能力的零星迹象可以在神经科学史的早期发现（De Felipe 和 Jones，1991）。然而，正如 Cajal 在 21 世纪初所说的，直到 20 世纪 70 年代，人们才达成共识，认为大脑的结构和功能组织在发展结束后并不固定（Jones，2004）。如今，大脑连接性在高度互动的功能和结构变化的驱动下不断适应，这一点已得到公认（Jones，2004；Monday 和 Castillo，2017）。研究者对中风康复特别感兴趣的是功能或活动相关可塑性的概念（Cesa 和 Strata，2007；Svensson 等，2014）。特别是，所有依赖经验的大脑功能调整都是基于突触可塑性变化。这些变化可能会影响微环路的组织以及涉及突触前和突触后活动的长程（远距）离连接（Monday 和 Castillo，2017）。中风后，活动变化与病变引起的变化相互作用，可能在高度敏感的环境中，影响备用区域和通路的实质性重组。总体来说，这种重组通常与有限的、自发的功能恢复有关，康复活动旨在支持适应性和防止环路的不适应性重新布线（Alia 等，2017）。

　　中风引起的最常见和公认的损害是运动障碍，它可以被视为肌肉控制、运动功能的丧失或限制，或活动能力受限（Wade，1992）。中风后的运动障碍通常会影响身体一侧手臂和腿部运动的控制（Warlow 等，2008），约 80% 的患者会受到影响。因此，中风康复的重点，尤其是理疗师的工作，是恢复受损的运动和相关功能。

中风后的运动恢复是复杂和令人困惑的。人们已经制定了许多干预措施来帮助运动恢复（和相关功能），并且已经进行了许多随机对照试验和系统评价（Sandercock 等，2009），尽管大多数试验都很小，并且有一些设计限制。例如，强制性诱导运动治疗（Constraint-induced movement therapy，CIMT）已成为亚急性和慢性中风的一种有希望的干预措施（Kitago 等，2012）。在 CIMT 中，未受影响的手臂在醒着的大部分时间内受到约束，而受影响的手臂则进行基于任务的练习。CIMT 功能改善的机制在神经或行为层面都没有被很好地理解。慢性卒中患者接受 CIMT 后患臂的功能改善似乎是通过代偿策略引导的，而不是通过减少损伤或恢复更正常的运动控制。

通过利用大脑在受伤后重组其神经网络的能力，人们已经开发出一系列促进运动恢复的策略和设备。

20 世纪中期的研究（Glees 和 Cole，1949）提供了直接证据，表明大脑皮层邻近区域在受损伤后可能以替代的方式发挥作用。猴子的拇指区域受到局部损伤，当大脑在行为恢复后重新映射时，拇指区域在相邻的皮质区域重新出现。然而，Nudo 等在 20 世纪 90 年代观察到了一些不同的发现，在松鼠猴的远端前肢（distal forelimb，DFL）区域的一部分进行了小的次全损伤（subtotal lesions），并允许动物自发恢复（即无需康复训练）数周。与早期的研究结果相比，剩余的 DFL 尺寸减小，取而代之的是扩展的近端区域（Nudo 和 Milliken，1996）。然而，在对受损肢体进行康复训练的动物中，DFL 被保留或扩大（Nudo 和 Milliken，1996）。

此外，关于肌张力障碍的研究提供了关于运动特征在确定有益或有害影响方面重要性的信息（Guehl 等，2009）。在动物模型中，以快速逆转促动-拮抗肌肉（agonist-antagonist muscles）为特征的实验性运动，其基于压力性末端运动的定型运动（stereotypical movements），该运动可诱发宽表面的皮肤刺激，已被证明可诱发肌张力障碍（Byl 等，1996）。除了实验数据外，一个公认的临床事实是，涉及几乎一致输入和输出的精确重复行为是最容易发展为任务特异性肌张力障碍（task-specific dystonia）的行为（Breakefield 等，2008；Torres Russoto and Perlmutter，2008）。有趣的是，对肌张力障碍维持机制的认识也提供了一种方法，可以在全面中断输入和输出以及严格施加的协同作用的基础上开发出一种特定的有效治疗方法（特效疗法）。因此，一种感觉运动回归疗法已经被测试用于局部任务特异性肌张力障碍。训练活动是基于固定其他手指的单指运动、对张力障碍手指的广泛练习，以及与其他手指的协调（Candia 等，2002）。这些训练活动会诱发与皮层和神经网络水平的神经生理变化相关的运动变化（Tinazzi 等，2003；Coynel 等，2009）。

因此，肌张力障碍（Dystonia）是训练活动如何推动大脑回路重组的一个很好的例子。与肌张力障碍一样，必须强调的是，更好地理解这种可塑性重塑对于制定更有效的中风康复策略，避免可能的不良适应反应至关重要。这是一个非常关键的方面，事实上，人们普遍认为，高强度的固定重复运动模式是有效的任务导向训练的目标。此外，据广泛报道，更高强度的练习通常与改善的功能结果相关，而与治疗类型无关。另一方面，康复临床试验的证据强化了这样一种观点，即考虑到个体患者的问题和偏好，治疗应该个性化（Rodgers 和 Price，2017）。

在寻求个性化康复方法的过程中，仍然缺乏指导干预的线索，实用主义占主导地位。

通过更好地理解中风后连通性的重组，可以得出一些指示灯（Dijkhuizen 等，2014）。计算神经科学和脑成像技术的进步有助于监督体内（vivo）连通性变化（Bullmore 和 Sporns，2009；Stam，2014）。尤其是，图论衍生方法的应用在证明中风后组织和系统水平的变化方面非常有效。观察到的连接性变化包括：①半球间连接性的改变；②高效处理分离和整合信息的关键偏差（critical deviation）（由所谓的最佳网络"小世界"拓扑支持）；③同侧半球和对侧半球的异常区域中心性（De VicoFallani 等，2013；Rehme 和 Grefkes，2013）。因此，在局部和全局尺度上，大脑相互作用的拓扑结构都会受到中风的影响。此外，现代信号处理技术提供了不同的指标（indicators），其作为不同区域之间功能耦合指标的有效性，目前正处于中风的人类和动物模型的测试阶段（Alia 等，2017）。中风后的连通性变化通常与恢复有关（Wu 等，2015），然而，也应考虑卒中后网络变化可能是不良适应的（maladaptive）（Taub 等，2002）。考虑到网络变化的可变性、功能可塑性在影响连接性方面的重要性，以及大脑组织和功能恢复之间的密切联系，需要能够监测连接性变化的指标，这是至关重要的。这些指标将有助于在与中风后恢复相关的系统水平上对突触重组和可塑性进行评分，有助于理清不良适应的机制与良好适应的机制，以及更有效的治疗与较低效的治疗（Saleh 等，2017）。

3.5 BCI 哥白尼革命：从环境控制到监测大脑变化

中风相关的脑功能变化是各种各样的（异质性的），通常不可预测，因此，很难进行适当的治疗。制定正确的康复计划需要进行各种运动和认知评估，以提出所需的针对患者的方法（Rodgers 和 Price，2017）。

接下来的问题是：如何提高针对特定受损大脑定制康复干预措施的能力？

为了回答这个问题，我们需要监测大脑连接性的变化，即可塑性，不仅要连续监测，而且最好是实时监测，以避免出现不良适应的变化，这些变化在发生时似乎是积极的。目前，我们没有这样的工具。BCI 技术能否帮助解决这一复杂情况？首先，必须考虑经典 BCI 设置中的一些变化。在神经康复环境中，至少需要考虑三个不同的参与者，大脑活动信息不仅应提供给患者，就像经典的BCI 闭环一样，还应提供给医生，以根据网络功能解读潜在的干预模式，并提供给理疗师（physiotherapist），以允许强制训练活动或治疗与网络变化之间的直接在线交互。这种做法的积极影响是多方面的，患者对任何特定康复训练的反应都不同，治疗师必须识别出任何不良适应性反应，以训练受试者避免它们。增加有关引导练习相关网络变化的知识将大大有助于这一过程。另一方面，当存在积极的功能效应时，在线观察大脑的可塑性变化将有助于监测训练活动的程度和时间安排。这种情况意味着我们对 BCI 的看法发生了根本变化（另见第 9 章和第 13 章）。

　　BCI 技术可能有助于打开一扇即时窗口，了解大脑活动和支持功能恢复的机制。我们的愿景是，BCI 不仅允许直接控制（如机器人）装置来恢复或改善患者的表现，还可以（向患者和治疗师）反馈与 BCI 驱动的训练活动本身相关/诱发的持续大脑变化。因此，BCI 可以是两种装置：用于康复的装置和用于帮助决策过程以指导和形成干预的装置（图 3.2）。

　　这种方法不仅限于指导康复治疗。BCI 技术还可以在康复过程中持续监测大脑活动，提供一扇"了解大脑功能"的窗口，从而成为对康复干预进行客观质量检验的有力工具。

　　考虑到这一观点，不同的研究组正在根据患者、医生和理疗师的观点研究BCI 用于神经康复的各种新方向（Millán 等，2010；Pichiorri 等，2016）。这项研究为更好地转化 BCI 铺平了道路，为把辅助领域以外的技术应用于日常临床实践开辟了可能。

　　因此，BCI 可以是两种装置：康复装置和帮助决策过程以指导和完善干预的装置。为了促进卒中后功能性运动和认知的恢复，开发了不同的基于无创（EEG）BCI 的恢复方法。例如，一个意大利多学科团队（神经科学家、生物工程师和康复专家）成功地设计和实现了基于感觉运动节律的 BCI，结合上肢的真实视觉反馈，以支持亚急性中风患者的手部运动想象训练（Cincotti 等，2012；Morone 等，2015）。此外，引入了基于运动相关皮层电位（movement related cortical potentials，MRCP）的 BCI 系统结合功能性电刺激用于下肢运动康复（MrachaczKersting 等，2012），并证明了其在慢性中风患者队列中的临床疗效（its clinical efficacy）（MrachaczKersting 等，2016）。

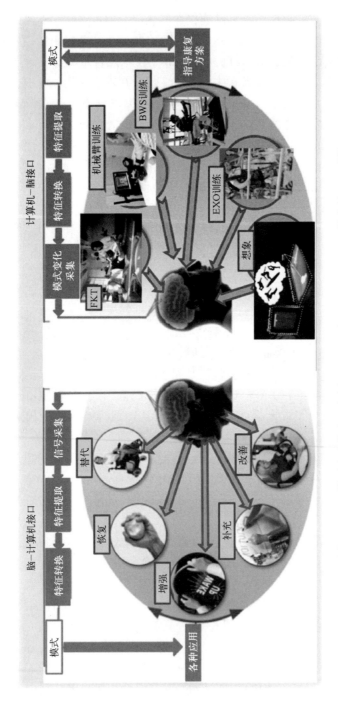

图 3.2 BCI 的哥白尼革命。左侧：Wolpaw 和 Wolpaw（2012）提出的 BCI 系统的经典设计和操作。大脑活动信号被记录和分析，以实现与用户控制应用设备的意图相关联，这些应用设备可替换、恢复、增强、补充或改善 CNS 的自然输出。右侧：计算机-脑接口（computer-brain interface）的设计和操作。在这种情况下，记录和分析引起大脑活动变化的设备和环境，以指导患者、治疗师患者、治疗师和环境，从而改善恢复的设计和操作。

在 BCI 技术促进（to boost）中风后神经康复的背景下，经常出现的两个方面是：未来改善 BCI 驱动的方法/干预措施的有效性是否应该着眼于开发最有效的解码算法或整合通过任务依赖性经验利用大脑可塑性的循证临床原则？最有可能的是，“混合”方法最能满足康复的复杂需求。尤其是，对运动/认知“有意”信号进行解码的最佳解决方案的部署应依赖于中风损伤后大脑重组的神经生理决定因素（在设计新的解码算法时，生理驱动与数据驱动的方法）及其与改变功能的关系。运动学习原理应指导 BCI 系统的设计，同时考虑到中风后如何维持或破坏这些原则的知识不断增长。

我们预计，这些神经科学问题的协同进展将对 BCI 技术的转化方面产生直接影响，例如确定治疗反应的决定因素，并根据患者的临床和神经生理特征（目标人群分层）调整（裁剪/定制）和完善干预。同时，当前成功的 BCI 系统（以及未来的 BCI 系统）的临床转化需要回答有关干预时机对患者依从性的适应性（不伤害）、与常规治疗的整合（对常规护理的间接影响）以及干预效果随访等关键问题。

BCI 在线监测大脑活动能力的提高有望对神经康复的日常临床常规产生重大影响，将当今的健身房康复方案改造成一个技术增强的环境，在这个环境中，人机交互能力可以发挥其全部潜力。

致谢：这项工作得到了意大利卫生部的部分支持。

参 考 文 献

［1］ Alia C, Spalletti C, Lai S et al. (2017). Neuroplastic changes following brain ischemia and their contribution to stroke recovery: novel approaches in neurorehabilitation. Front Cell Neurosci 11: 76.

［2］ Amarenco P et al. (2009). Classification of stroke subtypes. Cerebrovasc Dis 27 (5): 493-501.

［3］ Block F et al. (2005). Inflammation in areas of remote changes following focal brain lesion. Prog Neurobiol 75 (5): 342-365.

［4］ Breakefield XO et al. (2008). The pathophysiological basis of dystonias. Nat Rev Neurosci 9 (3): 222-234.

［5］ Buffo A et al. (2003). Extrinsic regulation of injury/growth related gene expression in the inferior olive of the adult rat. Eur J Neurosci 18 (8): 2146-2158.

［6］ Bullmore E, Sporns O (2009). Complex brain networks: graph theoretical analysis of structural and functional systems. Nat Rev Neurosci 10 (3): 186-198.

[7] Byl NN et al. (1996). A primate genesis model of focal dystonia and repetitive strain injury: I. Learning-induced dedifferentiation of the representation of the hand in the primary somatosensory cortex in adult monkeys. Neurology 47 (2): 508-520.

[8] Calautti C, Baron JC (2003). Functional neuroimaging studies of motor recovery after stroke in adults: a review. Stroke 34 (6): 1553.

[9] Candia V et al. (2002). Sensory motor retuning: a behavioral treatment for focal hand dystonia of pianists and guitarists. Arch Phys Med Rehabil 83 (10): 1342-1348.

[10] Carmichael ST et al. (2017). Molecular, cellular and functional events in axonal sprouting after stroke. Exp Neurol 287 (Pt. 3): 384-394.

[11] Cesa R, Strata P (2007). Activity-dependent axonal and synaptic plasticity in the cerebellum. Psychoneuroendocrinology 32 (Suppl. 1): S31-S35.

[12] Cincotti F, Pichiorri F, Arico P, F., et al. (2012). In: EEG based brain-computer interface to support post-stroke motor rehabilitation of the upper limb, Proceedings of the annual international conference of the IEEE engineering in Medicine and Biology Society, EMBS.

[13] Clausi S et al. (2009). Quantification of gray matter changes in the cerebral cortex after isolated cerebellar damage: a voxel-based morphometry study. Neuroscience 162 (3): 827-835.

[14] Coleman MP, Perry VH (2002). Axon pathology in neurological disease: a neglected therapeutic target. Trends Neurosci 25 (10): 532-537.

[15] Coynel D et al. (2009). Decreased functional interactions in the motor network of patients with focal hand dystonia using fMRI. Mov Disord 24: S81-S82.

[16] De Felipe J, Jones EG (1991). Cajal's degeneration and regeneration of the nervous system, Oxford University Press, New York.

[17] De Vico Fallani F et al. (2013). Multiscale topological properties of functional brain networks during motor imagery after stroke. Neuroimage 83: 438-449.

[18] Demuth HU et al. (2017). Recent progress in translational research on neurovascular and neurodegenerative disorders. Restor Neurol Neurosci 35 (1): 87-103.

[19] Di Giovanni S (2009). Molecular targets for axon regeneration: focus on the intrinsic pathways. Expert OpinTher Targets 13 (12): 1387-1398.

[20] Dijkhuizen RM et al. (2014). Assessment and modulation of resting-state neural networks after stroke. Curr Opin Neurol 27 (6): 637-643.

[21] Faden AI (2002). Neuroprotection and traumatic brain injury: theoretical option or realistic proposition. Curr Opin Neurol 15 (6): 707-712.

[22] Glees P, Cole J (1949). The reappearance of coordinated movements of the hand after lesions in the hand area of the motor cortex of the rhesus monkey. J Physiol 108: 33.

[23] Gold L, Lauritzen M (2002). Neuronal deactivation explains decreased cerebellar blood flow

in response to focal cerebral ischemia or suppressed neocortical function. Proc Natl Acad Sci USA 99 (11): 7699-7704.

[24] Grefkes C, Fink GR (2011). Reorganization of cerebral networks after stroke: new insights from neuroimaging with connectivity approaches. Brain 134 (5): 1264-1276.

[25] Guehl D et al. (2009). Primate models of dystonia. Prog Neurobiol 87 (2): 118-131.

[26] Hendrickson ML et al. (2012). Degeneration of axotomized projection neurons in the rat dL-GN: temporal progression of events and their mitigation by a single administration of FGF2. PLoS One 7 (11): e46918.

[27] Jones EG (2004). Plasticity and neuroplasticity. J Hist Neurosci 13 (3): 293.

[28] Khoshnam SE et al. (2017). Pathogenic mechanisms following ischemic stroke. Neurol Sci 38: 1-20.

[29] Kitago T et al. (2012). Improvement after constraint-induced movement therapy: recovery of normal motor control or task-specific compensation? Neurorehabil Neural Repair 27 (2): 99-109.

[30] Lin DDM et al. (2009). Crossed cerebellar diaschisis in acute stroke detected by dynamic susceptibility contrast MR perfusion imaging. Am J Neuroradiol 30 (4): 710-715.

[31] Macchi G, Molinari M (1989). Neuroplasticity: clinical experimental correlations. In: V Bonavita, F Piccoli (Eds.), Biological aspects of neuron activity. Fidia Biomedical Information pp. 43-53.

[32] Millán JD, Rupp R, Müller-Putz GR et al. (2010). Combining brain-computer interfaces and assistive technologies: state-of-the-art and challenges. Front Neurosci 7: 4.

[33] Monday HR, Castillo PE (2017). Closing the gap: long-term presynaptic plasticity in brain function and disease. Curr Opin Neurobiol 45: 106-112.

[34] Morone G, Pisotta I, Pichiorri FS et al. (2015). Proof of principle of a brain-computer interface approach to support poststroke arm rehabilitation in hospitalized patients: design, acceptability, and usability. Arch Phys Med Rehabil 96 (3): S71-S78.

[35] Mrachacz-Kersting N, Kristensen SR, Niazi IK et al. (2012). Precise temporal association between cortical potentials evoked by motor imagination and afference induces cortical plasticity. J Physiol 590 (7): 1669-1682.

[36] Mrachacz-Kersting N, Jiang N, Stevenson AJT et al. (2016). Efficient neuroplasticity induction in chronic stroke patients by an associative brain-computer interface. J Neurophysiol 115 (3): 1410-1421.

[37] Nakane M et al. (1997). MR detection of secondary changes remote from ischemia: preliminary observations after occlusion of the middle cerebral artery in rats. Am J Neuroradiol 18 (5): 945-950.

[38] Nudo RJ, Milliken GW (1996). Reorganization of movement representations in primary

motor cortex following focal ischemic infarcts in adult squirrel monkeys. J Neurophysiol 75 (5): 2144-2149.

[39] Onwuekwe IO, Ezeala-Adikaibe B (2012). Ischemic stroke and neuroprotection. Ann Med Health Sci Res 2 (2): 186-190.

[40] Pichiorri F et al. (2016). Brain-computer interface based motor and cognitive rehabilitation after stroke—state of the art, opportunity, and barriers: summary of the BCI Meeting 2016 in Asilomar. Brain Comput. Interfaces 4 (1-2): 53-59.

[41] Rehme AK, Grefkes C (2013). Cerebral network disorders after stroke: evidence from imaging-based connectivity analyses of active and resting brain states in humans. J Physiol 591 (Pt.1): 17-31.

[42] Rodgers H, Price C (2017). Stroke unit care, inpatient rehabilitation and early supported discharge. Clin Med 17 (2): 173-177.

[43] Roy A (2012). A theory of the brain: localist representation is used widely in the brain. Front Psychol 3: 551.

[44] Saleh S et al. (2017). Network interactions underlying mirror feedback in stroke: a dynamic causal modeling study. Neuroimage Clin 13: 46-54.

[45] Sandercock P, Algra A, Anderson C, et al. Cochrane Stroke Group (2009). About The Cochrane Collaboration (Cochrane Review Groups (CRGs)).

[46] Sears TA (1987). Structural changes in intercostal motoneurones following axotomy. J Exp Biol 132: 93-109.

[47] Sofroniew MV, Isacson O (1988). Distribution of degeneration of cholinergic neurons in the septum following axotomy in different portions of the fimbria-fornix: a correlation between degree of cell loss and proximity of neuronal somata to the lesion. J Chem Neuroanat 1 (6): 327-337.

[48] Stam CJ (2014). Modern network science of neurological disorders. Nat Rev Neurosci 15 (10): 683-695.

[49] Svensson M et al. (2014). Effects of physical exercise on neuroinflammation, neuroplasticity, neurodegeneration, and behavior: what we can learn from animal models in clinical settings. Neurorehabil Neural Repair 29: 577-589.

[50] Taub E et al. (2002). New treatments in neurorehabilitation founded on basic research. Nat Rev Neurosci 3 (3): 228-236.

[51] Tinazzi M et al. (2003). Role of the somatosensory system in primary dystonia. Mov Disord 18 (6): 605-622.

[52] Titmus MJ, Faber DS (1990). Axotomy-induced alterations in the electrophysiological characteristics of neurons. Prog Neurobiol 35 (1): 1-51.

[53] Torres-Russotto D, Perlmutter JS (2008). Task-specific dystonias. Ann N Y Acad Sci

1142: 179-199.

[54] Umarova RM et al. (2017). Distinct white matter alterations following severe stroke: longitudinal DTI study in neglect. Neurology 88 (16): 1546-1555.

[55] Vico Fallani F et al. (2016). Interhemispheric connectivity characterizes cortical reorganization in motor-related networks after cerebellar lesions. Cerebellum 16: 358-375.

[56] Viscomi MT, Molinari M (2014). Remote neurodegeneration: multiple actors for one play. Mol Neurobiol 50: 1-22.

[57] Viscomi MT et al. (2015). Remote degeneration: insights from the hemicerebellectomy model. Cerebellum 14 (1): 15-18.

[58] von Monakow C (1914). Die Lokalisation im Grosshirn und der Abbau der Funktion durch kortikale Herde, JF Bergmann, Wiesbaden, Germany.

[59] Wade D (1992). Measurement in neurologic rehabilitation, Oxford University Press, Oxford.

[60] Warlow C, van Gijn J, Dennis M et al. (2008). Stroke: practical management, 3rd edn. Blackwell Publishing, Oxford.

[61] Weishaupt N et al. (2016). Prefrontal ischemia in the rat leads to secondary damage and inflammation in remote gray and white matter regions. Front Neurosci 10: 81.

[62] Wolpaw JR, Wolpaw EW (2012). Brain-computer interfaces: something new under the sun. In: JR Wolpaw, EW Wolpaw (Eds.), Brain-computer interfaces: principles and practice. Oxford University Press, Oxford, pp. 3-12.

[63] Wu J et al. (2015). Connectivity measures are robust biomarkers of cortical function and plasticity after stroke. Brain 138: 2359-2369.

[64] Yin D et al. (2014). Altered topological properties of the cortical motor-related network in patients with subcortical stroke revealed by graph theoretical analysis. Hum Brain Mapp 35 (7): 3343-3359.

[65] Zeiler SR, Krakauer JW (2013). The interaction between training and plasticity in the post-stroke brain. Curr Opin Neurol 26 (6): 609-616.

[66] Zhang J, Zhang Y, Xing S et al. (2012). Secondary neurodegeneration in remote regions after focal cerebral infarction: a new target for stroke management? Stroke 43 (6): 1700-1705.

拓展阅读

[67] Bevers MB, Kimberly WT (2017). Critical care management of acute ischemic stroke. Curr Treat Options Cardiovasc Med 19 (6): 41.

[68] Brouns R, De Deyn PP (2009). The complexity of neurobiological processes in acute ischemic stroke. Clin Neurol Neurosurg 111 (6): 483-495.

[69] Favate AS, Younger DS (2016). Epidemiology of ischemic stroke. Neurol Clin 34 (4):

967-980.

[70] Pichiorri F et al.（2015）. Brain-computer interface boosts motor imagery practice during stroke recovery. Ann Neurol 77（5）：851-865.

[71] Várkuti B et al.（2013）. Resting state changes in functional connectivity correlate with movement recovery for BCI and robot-assisted upper-extremity training after stroke. Neurorehabil Neural Repair 27（1）：53-62.

第4章 脑−机接口用于肌萎缩侧索硬化症（ALS）患者

4.1 摘　　要

脑−机接口（brain-computer interface，BCI）记录和提取脑信号的特征，并将这些特征转化为可以替代、恢复、增强、补充或改善自然中枢神经系统（CNS）输出的命令。如本书其他章节所示，过去 30 年，BCI 研究的工作重点是 CNS 疾病或损伤（包括肌萎缩侧索硬化症（ALS））患者的功能减退或丧失的替代、恢复或改善。部分原因是希望进行受控的研究，部分原因是 BCI 技术的复杂性，大多数这项工作都是在实验室中进行的，实验室中有健康对照，或有数量有限的潜在消费者在监督条件下进行各种诊断。

本章旨在描述越来越多的 BCI 研究，包括肌萎缩侧索硬化症（ALS）患者。ALS 晚期患者可能会失去所有自主控制，包括交流能力，尽管最近的研究为潜在机制提供了新的见解，但 ALS 仍然是一种无法治愈的疾病。因此，ALS 患者及其家人、护理者和倡导者对 BCI 技术的当前和潜在能力都有积极的兴趣。用于 ALS 患者的 BCI 研究的重点是交流，这一主题在本书的其他部分有很好的介绍。本章重点介绍致力于使 BCI 技术在 ALS 患者日常生活中发挥作用的努力，并讨论研究人员、临床医生和患者必须如何成为这一过程中的合作伙伴。

4.2 肌萎缩侧索硬化症（ALS）

ALS 是一种进行性神经退行性疾病，影响上下运动神经元（Brown 和 Al-Chalabi，2017；Hardiman 等，2017）。1850 年，Francois-Amilcar Aran 首次对其进行了描述（Gordon，2006），24 年后，Jean-Martin Charcot 将该报告和其他报告与他自己的观察相结合，描述了其对脊髓前根和侧柱的影响（Katz 等，2015）。尽管经过 17 年的干预，ALS 的根本原因仍不清楚：诊断平均需要 12

个月，治疗主要涉及症状管理，并且死亡通常在首次症状出现后 2~5 年因呼吸功能不全而发生。

肌萎缩侧索硬化症-肌营养不良协会（Amyotrophic Lateral Sclerosis-Muscular Dystrophy Association，ALSMDA）联盟估计，全世界约有 40 万人患有 ALS（https://www.alsmndalliance.org/，2019 年 5 月检索）。这些数字因地理位置而异，欧洲患者数量最多，亚洲患者数量最少（GBD 2016 MND 合作者，2018）。通常，ALS 的诊断年龄在 55~75 岁之间，全球平均发病率和患病率男性高于女性（分别为 1.45 和 1.50；McCombe 和 Henderson，2010）。家庭和公共卫生系统的成本仍然很高，自 1990 年以来，在北美、澳大拉西亚（Australasia）和西欧等人口高度集中的地区，随着人口老龄化，诊断为 ALS 的人数有所增加（GBD 2016 MND 合作者，2018）。

ALS 的遗传或家族形式目前占病例的比例不到 10%。然而，散发性和家族性 ALS 现在均与 30 多个基因相关。目前，认为基因基础与环境风险因素相结合会导致这两种疾病。两个记录最好的关联是位于 21 号染色体上的超氧化物歧化酶基因（superoxide dismutase gene）或 SOD1，以及称为 "9 号染色体开放阅读框 72" 或 C9ORF72 的基因缺陷。C9ORF72 突变也与额叶-颞叶痴呆（frontal-temporal lobe dementia，FTD）密切相关，一些携带该突变的个体可能同时表现出运动神经元和痴呆症状（ALS-FTD）（Hardiman 等，2017）。

ALS 的诊断仍基于临床检查和一系列诊断测试，这些测试旨在确认上下运动神经元体征，并排除其他退行性疾病或 CNS 损伤形式（Brooks 等，2000；Ludolph 等，2015）。诊断测试列表很长，包括肌电（electromyography）和神经传导速度研究、磁共振成像、血液和尿液培养以及组织活检（tissue biopsy）（Statland 等，2015）。排除其他疾病的过程表明，从首次症状到诊断的平均时间约为 12 个月（Brown 和 Al-Chalabi，2017）。

ALS 的主要症状包括肌肉绞痛、痉挛、肌肉无力，导致萎缩，并导致构音障碍、吞咽困难和呼吸功能不全。虽然 ALS 通常始于四肢，但约 30% 的延髓 ALS 患者存在咀嚼、吞咽和说话困难。高达 50% 的 ALS 患者在疾病期间出现认知或行为障碍，高达 13% 的患者出现 FTD 症状（Hardiman 等，2017）。只有两种药物被批准用于治疗 ALS：利鲁唑（Rilutek）和依达拉奉（Radicava），这两种药物可能会减缓疾病的发展，并延长寿命几个月，其他药物也可以用来缓解症状。ALS 最常见的死亡原因是呼吸并发症，通常在诊断后 3~5 年内发生（Brown 和 Al-Chalabi 2017）。

4.3　需要 BCI

大多数 ALS 患者在患病过程中会出现一些言语障碍，对于有延髓征的人来说，这意味着说话速度和可理解性/清晰度的早期下降（Ball 等，2001）。对其他人来说，这意味着言语子系统的丧失：呼吸、共振、发声和发音（Meffard 等，2014）。最后，在疾病晚期，ALS 患者变得不正常：他们失去了所有可理解的言语。当言语障碍成为一个人理解能力的障碍时，被称为 AAC（或增强型和替代型交流的辅助技术）可能会变得有用（Ball 等，2012）。

AAC 是指补充或替代正常交流的任何交流或通信方式（Kent-Walsh 和 Binger，2018）。AAC 可以包括手势语、符号或图片板，以及具有合成语音的电子设备。ALS 患者在整个疾病过程中可能使用不同的策略和多种器械。当前的 BCI 可以将 AAC 功效的连续体扩展到其先前的极限之外（例如，Wolpaw 等，2018）。

Long 等（2019）在关于 ALS 患者临终时需求的文献评述中确定了三个主题：决定维持生命支持、应对和害怕未来，以及与提供者交流。他们认为，临终情况下的有效交流对于维护患者自主性和尊严至关重要（Long 等，2019）。有效的交流也被确定为影响患者接受有创通气气管切开术决定的一个重要因素，这对于 ALS 患者的延长生存期至关重要（Braun 等，2018）。

4.4　迄今为止 ALS 患者的 BCI 研究

包括 ALS 患者在内的 BCI 研究数量正在上升，使用搜索词"脑-计算机接口（brain-computer interface）"和"脑-机器接口（brain-machine interface）"对 Scopus 进行搜索，列出了自 2000 年以来发表的 110 篇同行评议文章，其中包括 ALS 患者作为研究对象的文章（Scopus search，2019）。这些研究包括采用从头皮（如 Riccio 等，2018；Wolpaw 等，2018）、皮层表面（如 Vansteensel 等，2016；Degenhart 等，2018）和皮层内部（如 Pandarinath 等，2017；Milekovic 等，2017；Nuyujukian 等，2018；表 4.1）记录的神经生理信号进行的研究。大多数这些研究主要集中在提高 BCI 控制的速度和效率，改进信号采集、新的信号调理、特征提取和新的应用。大多数研究（>20%）旨在验证或改进在健康对照组中所提出的方法，是否能在一个或两个 ALS 受试者中有效。

表 4.1　自 2014 年以来包括 ALS 患者的 BCI 研究（按信号类型）

信号类型	同行评审	N	残疾程度
皮质内的	5	8	重度
ECoG	2	2	重度
EEG	46	342	轻度至重度
fNIRs	1	4	重度

基于 Scopus（2019 年 5 月 24 日）。所有文章的标题或摘要中都有"脑-计算机接口（brain-computer interface，BCI）"或"脑-机器接口（brain-machine interface，BMI）"和"肌萎缩侧索硬化症（amyotrophic lateral sclerosis，ALS）"。https://www.scopus.com/。

基于修订的 ALS 功能评定量表（ALSFRS-R）的残疾程度等级，该量表为 48 分制。残疾程度>40（最低至轻度）；30~39（轻度至中度）；<30（中度至重度）；<20（重度晚期疾病）（Cedarbaum 等，1999）

这些研究中至少有 90% 试图测试或改进用于交流的 BCI，其余的研究涉及了移动/行动能力问题（如 Sorbello 等，2018），包括：轮椅控制（如 Pinheiro 等，2018）、环境控制、假肢控制（如 Okahara 等，2018），以及 BCI 性能的预测器（如 Geronimo 等，2016；Shahriari 等，2019），还有收集潜在和实际用户对 BCI 意见的焦点小组或调查（Huggins 等，2011；Peters 等，2015）。有几项研究涉及将 BCI 转化为在实验室外长期使用的问题（如 Holz 等，2015；Vansteensel 等，2016；Wolpaw 等，2018）。

评估 ALS 或任何严重残疾患者的 BCI 方法具有挑战性，原因很多，主要是严重损伤和晚期疾病引起的担忧。这些因素包括医疗稳定性和共病、受试者的成本和时间，以及 BCI 装置本身的费用和实用性。由于软件和硬件的技术复杂性，需要昂贵设备、手术或医疗监督、长期培训或专家判断的研究使问题更加复杂。

鉴于这些问题，包括 ALS 患者的大多数研究都是 EEG 研究，这并不奇怪。事实上，在过去 20 年中，包括 ALS 患者的所有研究中，超过 1/3 的研究涉及采用基于 P300 的 BCI 进行交流（例如，Guy 等，2018；Wolpaw 等，2018）。除 P300-BCI 外，研究人员还探索了稳态视觉诱发电位或基于 SSVEP 的 BCI（如 Lim 等，2017；Okahara 等，2018）、基于 SMR 的 BCI（如 Jayaram 等，2017；Han 等，2019；Slutzky，2019）和其他基于诱发响应的 BCI（如 Ranjan 等，2018；见表 4.2）。

表 4.2　2014 年以来，包括 ALS 患者的基于 EEG 的 BCI 研究（按范式）

范式	同行评审论文	N	残疾程度
P300	29	283	轻度至中度
稳态视觉诱发电位（SSVEP）	5	32	轻度至中度
运动想象任务（MI）	4	12	轻度至中度
其他	5	11	轻度至中度
合计	43	338	

　　基于 Scopus（2019 年 5 月 24 日）。所有文章的标题或摘要中都有"脑-计算机接口（brain-computer interface，BCI）"或"脑-机器接口（brain-machine interface，BMI）"和"肌萎缩侧索硬化症"。https://www.scopus.com/. a. 基于修订的 ALS 功能评定量表（ALSFRS-R）的残疾程度等级，该量表为 48 分制。残疾程度>40（最低至轻度）；30~39（轻度至中度）；<30（中度至重度）；<20（重度晚期疾病）（Cedarbaum 等，1999）

4.5　转化 BCI 用于 ALS 患者

　　Ball 等（2012）报告了 Gil，一名患有 ALS 的男子，在患病期间使用增强型和替代型交流（augmentative and alternative communication，AAC）技术在工作和家庭中保持自主性。当 Gil 被诊断出来时，他宣布打算尽可能长时间地继续工作，当他出现轻度构音障碍时，他在 iPad 上添加了一个带有语音输出和扬声器的应用程序。几个月后，他开始失去对双手的控制，需要一根手杖来保持平衡，并同意接受 24h 机械通气支持其呼吸功能不全。然后，Gil 获得了一个专用的语音生成装置（speech-generating device，SGD），可以安装在电动轮椅上并对其进行控制。在这些条件下，他从第一次修改 iPad 开始，总共工作了 10 个月。直到去世前一周，Gil 还在继续通过伙伴协助和眼球运动，更好地使用他的 SGD 回答是与否的问题。

　　也许 Gil 在临终时可以利用 BCI 取得一些优势。然而，引导 Gil 选择的原则：成本、便携性、可接受性和效率，这些原则包含了 BCI 技术转化的信息。寻求将 BCI 技术转化为需要它的人的日常使用，这样的研究最好从以下四个问题开始：

　　（1）需要 BCI 的人能够使用 BCI 了吗？

　　（2）BCI 是否适合长期独立使用？

　　（3）BCI 被使用了吗？是如何使用的？

　　（4）BCI 是否改善了用户的生活？（Vaughan 等，2012）。

最近的文献显示，这些问题开始为 ALS 患者找到答案，对于一些 ALS 患者来说，"需要 BCI 的人能够使用 BCI 吗？"，对这个问题的回答当然是肯定的。在一项元分析中，Mak 等（2011）报告了 2006—2010 年间进行的 9 项研究，这些研究总共有 59 名 ALS 参与者，他们执行各种视觉 P300 任务。所有受试者在线成功的加权平均值为 73%（14% 为平均偶然概率/机会水平）。最近，Guy 等（2018）和 Riccio 等（2018）报告了基于 P300 的视觉拼写器（P300-based visual speller）的准确率为 75%（偶然概率为 0.02%）（$N=19$）和 96%（偶然概率/机会水平为 0.03%）（$N=13$）。其他研究者已经开始研究 ALS 患者成功和失败的根本原因（Geronimo 等，2016；Riccio 等，2018；Shahriari 等，2019）。

ALS 患者也在数周和数月内分别以 1.8 和 6.9 次选择/min 的稳定速率使用皮层脑电技术（electrocorticographic，ECoG）（Vansteensel 等，2016）和皮层内局部场电位（local field potentials，LFP）（Milekovic 等，2018）。结合最近对不再能够使用眼动跟踪系统的个体（Sellers 等，2010）和 14 名 12~18 个月的退伍军人（Wolpaw 等，2018）长期独立使用基于 EEG 的 BCI 的研究，我们正开始回答这个问题，"BCI 是否适合长期独立使用？"

虽然这些 BCI 研究现在可以开始回答"BCI 是否被使用，以及如何被使用？"我们还需要寻找那些了解 ALS 患者生活中使用 BCI 的需求和机会的专业人士（Huggins 等，2011；Fried Oken 等，2015；Brumberg 等，2018）。与此同时，功能总体上正在改进。Schettini 等（2015）要求 8 名 ALS 患者将 BCI 与眼动仪进行比较，BCI 在准确性和有效性方面比较良好，但被认为效率较低（less efficient）。克服这一问题的一种方法是使用预测拼写器或动态停止，Gosmanova 等（2017）描述的另一种方法是使用像 Gil 这样的人熟悉的现成软件，他们可能需要在疾病过程中使用多个系统。使用该系统，5 名 ALS 患者的平均准确率为 92%±15%，速率高达 28 位/min。

最后一个问题，"BCI 是否改善了用户的生活？"仍然是一个很大的问题。进一步的方案必须开始关注 BCI 技术的广泛传播（即推广或扩展其应用研究范围），包括将其用于进一步的临床研究和治疗用途。与治疗师合作，开发更简单、更好的使用系统的方法是临床转化的关键。此外，BCI 研究人员可能会考虑共享数据集或设计一些标准任务，以便以更有效的方式汇集数据。

在很大程度上，本章中描述的问题可以应用于所有增强型和替代型交流（Augmentative and alternative communication，AAC）技术，无论是传统的（即基于肌肉的）还是基于 BCI 的技术。AAC 设备对于能够投入时间和精力掌握和使用的个人来说是最成功的，这需要相当稳定的健康状况，通常需要愿意协助工作的护理人员。要被采纳和使用，BCI 设备必须安全和可靠，它必须足够灵活，以适应用户的能力和需求，它也应该比替代方案更易于使用和更有效。牢记这些原则将有助于使 BCI 技术成为 AAC 连续体的不可分割的部分，可供所有需要它们的人使用，包括与 ALS 的重要研究伙伴一起创建有用的 BCI 系统的人。

参 考 文 献

［1］ Ball LJ, Willis A, Beukelman DR et al. (2001). A protocol for identification of early bulbar signs in amyotrophic lateral sclerosis. Int J Speech Lang Pathol 10: 231-235.

［2］ Ball LJ, Fager S, Fried-Oken M (2012). Augmentative and alternative communication for people with progressive neuromuscular disease. Phys Med Rehabil Clin N Am 23: 689-699.

［3］ Braun AT, Caballero-Eraso C, Lechtzin N (2018). Amyotrophic lateral sclerosis and the respiratory system. Clin Chest Med 39: 391-400.

［4］ Brooks BR, Miller RG, Swash M et al. (2000). World Federation of Neurology Research Group on Motor Neuron Diseases. El Escorial revisited: revised criteria for the diagnosis of amyotrophic lateral sclerosis. Amyotroph Lateral Scler Other Motor Neuron Disord 1: 293-299.

［5］ Brown RH, Al-Chalabi A (2017). Amyotrophic lateral sclerosis. N Engl J Med 377: 162-172.

［6］ Brumberg JS, Pitt KM, Mantie-Kozlowski A et al. (2018). Brain-computer interfaces for augmentative and alternative communication: a tutorial. Am J Speech Lang Pathol 27: 1-12.

［7］ Cedarbaum JM, Stambler N, Malta E et al. (1999). The ALSFRS-R: a revised ALS functional rating scale that incorporates assessments of respiratory function. BDNF ALS Study Group (Phase III). J Neurol Sci 169: 13-21.

［8］ Degenhart AD, Hiremath SV, Yang Y et al. (2018). Remapping cortical modulation for electrocorticographic brain-computer interfaces: a somatotopy-based approach in individuals with upper-limb paralysis. J Neural Eng 15: 026021.

［9］ Fried-Oken M, Mooney A, Peters B (2015). Supporting communication for patients with neurodegenerative disease. NeuroRehabilitation 37: 69-87.

［10］ GBD 2016 Motor Neuron Disease Collaborators (2018). Global, regional, and national burden of motor neuron disease, 1990-2016: a systematic analysis for the Global Burden of Disease Study 2016. Lancet Neurol 17: 1083-1097.

［11］ Geronimo A, Simmons Z, Schiff SJ (2016). Performance predictors of brain-computer interfaces in patients with amyotrophic lateral sclerosis. J Neural Eng 13: 026002.

［12］ Gordon PH (2006). History of ALS in amyotrophic lateral sclerosis. In: H Mitsumoto, S

Przedborski, PH Gordon (Eds.), Amyotrophic Lateral Sclerosis. Neurological Disease and Therapy, first edn. Taylor and Francis Group, New York, pp. 1-13.

[13] Gosmanova KA, Carmack CS, Goldberg D et al. (2017). EEGbased brain-computer interface access To Tobii Dynavox Communicator 5 [abstract]. In: Proceedings of the annual 2017 RESNA conference; 2017 June 26-30, REGNA, New Orleans, LA; Arlington, VA.

[14] Guy V, Soriani M, Bruno M et al. (2018). Brain computer interface with the P300 speller: usability for disabled people with amyotrophic lateral sclerosis. Ann Phys Rehabil Med 61: 5-11.

[15] Han CH, Kim YW, Kim DY et al. (2019). Electroencephalography-based endogenous brain-computer interface for online communication with a completely locked-in patient. J NeuroengRehabil 16: 18.

[16] Hardiman O, Al-Chalabi A, Chio A et al. (2017). Amyotrophic lateral sclerosis. Nat Rev Dis Primers 3: 17071.

[17] Holz EM, Botrel L, Kaufmann T et al. (2015). Long-term independent brain-computer interface home use improves quality of life of a patient in the locked-in state: a case study. Arch Phys Med Rehabil 96: S16-S26.

[18] Huggins JE, Wren PA, Gruis KL (2011). What would brain-computer interface users want? Opinions and priorities of potential users with amyotrophic lateral sclerosis. Amyotroph Lateral Scler 12: 318-324.

[19] Jayaram V, Hohmann M, Just J et al. (2017). Task-induced frequency modulation features for brain-computer interfacing. J Neural Eng 14: 056015.

[20] Katz JS, Dimachkie MM, Barohn RJ (2015). Amyotrophic lateral sclerosis: a historical perspective. Neurol Clin 33: 727-734.

[21] Kent-Walsh J, Binger C (2018). Methodological advances, opportunities, and challenges in AAC research. Augment Altern Commun 34 (2): 93 - 103. https://doi.org/10.1080/07434618.2018.1456560.

[22] Lim JH, Kim YW, Lee JH et al. (2017). An emergency call system for patients in locked-in state using an SSVEPbased brain switch. Psychophysiology 54: 1632-1643.

[23] Long R, Havics B, Zembillas M et al. (2019). Elucidating the end-of-life experience of persons with amyotrophic lateral sclerosis. Holist Nurs Pract 33: 3-8.

[24] Ludolph A, Drory V, Hardiman O et al. (2015). A revision of the El Escorial criteria—2015. Amyotroph Lateral Scler Frontotemporal Degener 16: 291-292.

[25] Mak JN, Arbel Y, Minett JW et al. (2011). Optimizing the P300-based brain-computer interface: current status, limitations and future directions. J Neural Eng 8: 025003.

[26] McCombe PA, Henderson RD (2010). Effects of gender in amyotrophic lateral sclerosis. Gend Med 7: 557-564.

[27] Mefferd AS, Pattee GL, Green JR (2014). Speaking rate effects on articulatory pattern con-

sistency in talkers with mild ALS. Clin Linguist Phon 28: 799-811.

[28] Milekovic T, Sarma AA, Bacher D et al. (2018). Stable long-term BCI-enabled communication in ALS and locked-in syndrome using LFP signals. J Neurophysiol 120: 343-360.

[29] Nuyujukian P, Albites Sanabria J, Saab J et al. (2018). Cortical control of a tablet computer by people with paralysis. PLoS One 13: e0204566.

[30] Okahara Y, Takano K, Nagao M et al. (2018). Long-term use of a neural prosthesis in progressive paralysis. Sci Rep 8: 16787.

[31] Pandarinath C, Nuyujukian P, Blabe CH et al. (2017). High performance communication by people with paralysis using an intracortical brain-computer interface. eLife 6: e18554.

[32] Peters B, Bieker G, Heckman SM et al. (2015). Brain-computer interface users speak up: the Virtual Users' Forum at the 2013 International Brain-Computer Interface Meeting. Arch Phys Med Rehabil 96: S33-S37.

[33] Pinheiro OR, Alves LRG, Souza JRD (2018). EEG signals classification: motor imagery for driving an intelligent wheelchair. IEEE Lat Am Trans 16: 254-259.

[34] Ranjan R, Arya R, Kshirsagar P et al. (2018). Real time eye blink extraction circuit design from EEG signal for ALS patients. J Med Biol Eng 38: 933-942.

[35] Riccio A, Schettini F, Simione L et al. (2018). On the relationship between attention processing and P300-based brain computer interface control in amyotrophic lateral sclerosis. Front Hum Neurosci 12: 165.

[36] Schettini F, Riccio A, Simione L et al. (2015). Assistive device with conventional, alternative, and brain-computer interface inputs to enhance interaction with the environment for people with amyotrophic lateral sclerosis: a feasibility and usability study. Arch Phys Med Rehabil 96: S46-S53.

[37] Scopus (May 24, 2019). All articles with "braincomputer interface" or "brain-machine interface," and "amyotrophic lateral sclerosis" in the title or abstract. https://www.scopus.com/

[38] Sellers EW, Vaughan TM, Wolpaw JR (2010). A braincomputer interface for long-term independent home use. Amyotroph Lateral Scler 11: 449-455.

[39] Shahriari Y, Vaughan TM, McCane L et al. (2019). An exploration of BCI performance variations in people with amyotrophic lateral sclerosis using longitudinal EEG data. J Neural Eng 16: 056031. [Epub ahead of print].

[40] Slutzky MW (2019). Brain-machine interfaces: powerful tools for clinical treatment and neuroscientific investigations. Neuroscientist 25: 139-154.

[41] Sorbello R, Tramonte S, Giardina ME et al. (2018). A humanhumanoid interaction through the use of BCI for locked-in ALS patients using neuro-biological feedback fusion. IEEE Trans Neural Syst Rehabil Eng 26: 487-497.

[42] Statland JM, Barohn RJ, McVey AL et al. (2015). Patterns of weakness, classification of

motor neuron disease, and clinical diagnosis of sporadic amyotrophic lateral sclerosis. Neurol Clin 33: 735-748.

[43] Vansteensel MJ, Pels EGM, Bleichner MG et al. (2016). Fully implanted brain-computer interface in a locked-in patient with ALS. N Engl J Med 375: 2060-2066.

[44] Vaughan TM, Sellers EW, Wolpaw JR (2012). Clinical evaluations of BCIs. In: JR Wolpaw, EW Wolpaw (Eds.), Brain-computer interfaces: principles and practice, first edn. Oxford University Press, Oxford, pp. 325-336.

[45] Wolpaw JR, Bedlack RS, Reda DJ et al. (2018). Independent home use of a brain-computer interface with amyotrophic lateral sclerosis. Neurology 91: 258-267.

拓展阅读

[46] Chiò A, Logroscino G, Traynor BJ et al. (2013). Global epidemiology of amyotrophic lateral sclerosis: a systematic review of the published literature. Neuroepidemiology 41: 118-130.

[47] Franz CK, Joshi D, Daley EL et al. (2019). The impact of traumatic brain injury on amyotrophic lateral sclerosis—from bedside to bench. J Neurophysiol 122: 1174-1185. https://doi.org/10.1152/jn.00572.2018. [Epub ahead of print].

[48] Mehta P, Antao V, Kaye W et al. (2014). Prevalence of amyotrophic lateral sclerosis—United States, 2010-2011. MMWR Suppl 63: 1-14.

[49] Vansteensel MJ, Jarosiewicz B (2020). Brain-computer interfaces for communication. In: NF Ramsey, J del R Millán (Eds.), Brain-Computer Interfaces. Handbook of Clinical Neurology Series. vol. 168. Elsevier, pp. 67-85.

[50] Tiryaki E, Horak HA (2014). ALS and other motor neuron diseases. Continuum (Minneap Minn) 20: 1185-1207.

[51] Wolpaw JR, Wolpaw EW (2012a). Brain-computer interfaces: something new under the sun. In: JR Wolpaw EW Wolpaw (Eds.), Brain-computer interfaces: principles and practice, first edn. Oxford University Press, Oxford, pp. 3-12.

[52] Wolpaw JR, Wolpaw EW (2012b). The future of BCIs: meeting the expectations. In: JR Wolpaw, EW Wolpaw (Eds.), Brain-computer interfaces: principles and practice, first edn. Oxford University Press, Oxford, pp. 387-392.

第 5 章　外伤性脑损伤

5.1　摘　　要

创伤性脑损伤（traumatic brain injury，TBI）是全世界卫生系统面临的一个重大临床和经济挑战，被认为是青年人残疾的主要原因之一。针对认知和运动损伤的脑-计算机接口（brain-computer interface，BCI）工具的最新发展促使人们探索将这些技术作为 TBI 患者的潜在治疗工具。然而，迄今为止，几乎没有证据支持 BCI 在临床情境中对 TBI 的适用性和有效性。在本章中，将介绍在意识清醒的 TBI 患者或 TBI 动物模型中使用 BCI 方法的研究结果，并概述利用 BCI 治疗该患者群体认知症状的未来方向。

5.2　背　　景

创伤性脑损伤被认为是 45 岁以下年轻成人致残的主要原因之一，据估计，在欧洲和美国每年的发病率高达 500/100000（Tosetti 等，2013）。TBI 主要由道路交通事故引起，其中约 100~330/100000 的病例需要住院治疗（Peeters 等，2015；Wheble 和 Menon，2016）。在老年人群中，TBI 的发病率正在增加，主要是由于跌倒（Peters 和 Gardner，2018）。创伤可能导致长期的意识水平下降，随着时间的推移，意识水平可能会消失或成为慢性病。即使 TBI 不会导致急性意识障碍，脑外伤也可能会产生长期认知障碍（McInnes 等，2017 年）。此外，TBI 后出现意识下降并随后恢复意识的患者需要进行大量的康复训练，以补偿长期存在的运动和认知障碍（Stocchetti 和 Zanier，2016）。

目前，TBI 的严重程度被认为是从轻度到中度和重度的范围。TBI 的临床特征主要根据意识丧失和创伤后失忆症（posttraumatic amnesia）的持续时间以及磁共振成像（magnetic resonance imaging，MRI）或计算机断层扫描（CT）检查中可见病变的存在来确定。在轻度 TBI（mild TBI，mTBI）病例中，常规脑成像通常表明大脑结构正常，意识丧失不超过 30min，创伤后失忆症持续时间不超过 24h。中度 TBI 后，意识丧失可能持续 30min～24h，而重度 TBI 后，意识丧失持续时间超过 24h，最终可能导致意识障碍（a disorder of consciousness，DOC）。在中度和重度 TBI 病例中，常规结构脑成像可以从正常到异常脑结构不等（Sharp 等，2014）。

TBI 的生物物理机制主要由于三种潜在的创伤来源：旋转（角）加速度、线性（平移）加速度或导致钝挫性创伤（blunt trauma）的撞击减速。在这些快速加速和/或减速运动中，大脑的惯性迫使其落后于头骨，从而产生颅内压梯度（Blennow 等，2016）。局灶性脑损伤可能由物体撞击头部（如颅骨骨折）或大脑撞击颅骨引起（Sharp 等，2014）。大脑的不同区域更容易受到损伤，这取决于创伤的来源，例如，颅内压梯度产生的剪切力和应变力对轴突（axons）的影响更大，可能导致轴突损伤，多灶性（multifocal）时称为弥漫性轴突损伤（diffuse axonal injury，DAI）。DAI 优先发生在胼胝体（corpus callosum）、穹窿（fornix）、小脑（cerebellum）和皮质下长程白质束（subcortical long-range white matter tracts）。另一方面，病灶（focal lesions）通常涉及额叶、颞叶、顶叶和枕叶的损伤（Sharp 等，2014；Blennow 等，2016）。

DAI 被认为是 TBI 病理生理学的特征标记之一，直接影响白质束，进而影响大脑连通性。在 TBI 中，轴突损伤直接由创伤期间施加在大脑上的加速和减速力引起，因此不是由炎症（inflammation）或缺血（ischemia）等其他类型脑损伤引发的继发现象。即使是白质在标准 T1 和 T2 加权磁共振成像（standard T1-and T2-weighted MRIs）上正常的患者，弥散加权成像（diffusion weighted imaging，DWI）揭示了慢性 TBI 患者与健康参与者之间的差异，以及这些改变与认知功能之间的关系（Baliyan 等，2016 年；Hashim 等，2017 年）。DWI 测量水分子在给定体素中的弥散特性（diffusion properties），轴突周围的髓鞘层（myelin sheets around axons）把弥散特性限制在一个方向上，可用于评估白质完整性。

TBI 后的特定症状和残疾程度在很大程度上取决于损伤的程度，与中风等其他脑损伤相比，闭合性头部损伤造成的脑损伤不一定局限于大脑的特定区域，而是由于撞击的性质而影响整个大脑的连通性（Sharp 等，2014）。越来越多的证据表明，功能连通性与严重程度不同的 TBI 患者的持续认知障碍有关，即使是脑内无局灶性病变的重度 TBI 患者也是如此（Palacios 等，2013；Han 等，2016）。因此，在 TBI 人群中，记录靶区（被认为在功能上与当前症状相关）活动的常见临床 BCI 方法实施起来可能更具挑战性，因为局部病变不一定是认知症状的根本原因。考虑到与其他形式的脑损伤相对应的 TBI 脑损伤的潜在机制，本章概述了当前通过解码局部大脑特征来控制外部设备，在本章中，BCI 被理解为一种潜在的远程连接闭环神经调节工具。

5.3 在 TBI 中使用 BCI 工具的一般注意事项

急性创伤性脑损伤后，大脑发生可塑性变化和重组，受伤的大脑尤其具有可塑性（malleable），进一步有益的可塑性重组肯定会发生（Nudo，2013）。TBI 后的神经元可塑性在恢复过程中的不同时间点发生，病理生理机制随时间而变化（vary across time）（Villamar 等，2012）。损伤后，紧接着，广泛的细胞死亡导致皮质抑制性通路减少，这被认为有助于以代偿方式激活次级或新的神经网络。最终，皮质通路的兴奋性从抑制性转变为兴奋性，促进神经元和非神经元细胞（如瘢痕组织）的激增以及突触的形成（synaptogenesis）。受伤数周后，人们认为会发生神经元网络重构以促进恢复，海马等区域会发生长期变化（Su 等，2016）。TBI 后的可塑性变化可能是有益的，促进有助于保持功能的代偿机制（适应性可塑性），也可能是有害的，给已经存在的大脑病理生理增加进一步的功能障碍（适应不良的可塑性），进而加重认知障碍（Hillary 和 Grafman，2017）。即使在较轻的 TBI 中，创伤后也可能出现大量症状，如头痛和恶心、情绪变化、注意力缺陷和注意力不集中、睡眠障碍、感觉敏感、大脑加工速度降低、执行功能障碍和记忆障碍（Blennow 等，2016；McInnes 等，2017）。许多轻度 TBI 患者可能会遭受持续性损伤，这种损伤会持续 3 个月甚至 1 年以上。在最近的一次评述（McInnes 等，2017 年）中，估计值从 15%（Rutherford 等，1979 年；Sterr 等，2006 年）~50% 不等。持续存在的认知障碍严重影响这些患者的生活质量和残疾程度。此外，残疾程度随着 TBI 的严重程度而增加（Blennow 等，2016）。

对患者的长期治疗侧重于改善活动能力降低患者的认知症状和运动症状。BCI 的最新技术进步为个体化治疗开辟了道路，有可能针对依赖于特定脑损伤模式的症状，并促进恢复期间的适应性可塑性（Dancause 和 Nudo，2011）。通常用于治疗中风运动障碍的神经假肢也是最近针对认知障碍的努力的重点（Serruya 和 Kahana，2008）。认知神经假肢采用与运动神经假肢相同的范式：它们通过外部设备测量大脑信号识别特定的大脑动机（如"意图（intent）"），然后提示另一个设备，以促进可能会受损的行为。与中风不同的是，局灶性病变可以被识别并可能与临床症状相关，患有 TBI 的患者可能会或可能不会出现异常影像结果（即出血、挫伤），使得 BCI 靶点的选择比其他脑损伤更为复杂。创伤性脑损伤的弥散性以及在临床和神经生理损伤方面患者之间的巨大差异，使得功能相关读数的选择成为在该患者群体中使用 BCI 的主要挑战之一。

5.3.1 脑外伤后大脑连接性的改变：BCI 的可能作用

脑连接模式的巨大变化是 TBI 病理生理的一个标志，这种变化被认为强调了所有 TBI 严重程度患者的创伤后损伤（Ham 和 Sharp，2012）。研究认为这些变化是由广泛的轴突损伤引起的，这种损伤影响了短程（短距离）和长程（长距离）的白质连接。最近的一些研究不断发现，与健康参与者相比，TBI 患者神经网络的功能连通性在所有严重程度（轻度、中度和重度）和损伤后的所有阶段（急性、亚急性和慢性）都发生了改变（Stevens 等，2012；Caeyenberghs 等，2013；Sharp 等，2014；Demertzi 等，2015；aeyenberghs 等，2016；Wolf 和 Koch，2016；Palacios 等，2017；Roy 等，2017；Shumskaya 等，2017；van der Horn 等，2017；Zhang 等，2017）。这些研究中的大多数报告称，与健康参与者相比，患者的连通性（超连通性）水平提高，连通性强度增加与认知障碍（即注意力、语言、记忆）严重程度之间存在关系。基于这一证据，TBI 被认为是一种过度连接性综合征（hyperconnectivity syndrome），其中较高程度的连通性是对效率较低的神经网络的适应不良的反应（Roy 等，2017）。

严重的 TBI 可导致依赖于皮质-皮质失联/断开的意识障碍（disorders of consciousness，DOC），随着意识水平的提高，连通性逐渐恢复（Rosanova 等，2012）。与此相一致，其他研究报告与被诊断为最小意识状态（minimally conscious state，MCS）的患者相比，被诊断为无反应性觉醒综合征（unresponsive wakefulness syndrome，UWS）的患者的特定神经网络（如显著性/突显网络）内的功能连通性较低，这表明从 DOC 恢复的患者的连通性水平有增加的趋势（Rosanova 等，2012）。目前尚不清楚 DOC 患者的功能连通性降低后，恢复意识的患者（仍有认知和/或运动后遗症的患者）是否会出现超连通性。最近一篇关于 TBI 患者神经网络改变的文献评述（Sharp 等，2014）强调了该患者群体连通性变化的复杂性，特别指出了在采用功能性 MRI、脑电（EEG）或脑磁（MEG）研究 TBI 功能网络的报告中往往相互矛盾的结果。总的来说，对固有连接网络的损害与患者的认知损害之间似乎存在着明显的联系。连接后扣带回皮质和腹内侧前额叶皮质的扣带回束受损与持续注意力受损呈正相关。持续注意力受损也与默认模式网络（default mode network，DMN）中的功能连接减少有关（Bonnelle 等，2011）。然而，据报道，患者在任务参与期间，DMN 内的功能连通性也有所增加（Sharp 等，2011 年、2014 年）。DMN 已被证明会减少主动任务期间（与被动性休息相反）的激活，因此把 DMN 未能去激活解释为适应不良的改变，这种改变会导致由于 DMN 与任务相关网络之间的干扰而产生的认知障碍（SonugaBarke 和 Castellanos，2007）。在患有单一 mTBI 的患者的多个神经网络（如视觉加工、运动、（脑）边缘叶和执行功能网络）中，观察到功能连通性的增加和减少（Stevens 等，2012；Palacios 等，2017），对于结构 MRI 结果异常和正常的患者，都报告了这种连通性改变（Palacios 等，2017）。

TBI 中连接改变的方向取决于特定网络，例如导致默认网络（DMN）中的超连通性（hyperconnectivity）和显著性网络中的低连通性（Bonnelle 等，2012）。这些改变不一定会损害网络功能，但可能表征了代偿性变化。当任务执行需要高的认知负荷时，激活的固有连接网络的某些节点在患者中表现出过度激活，并与 TBI 严重程度呈线性关系。然而，Olsen 等（2015）最近的一项研究报告称，在这些节点内表现出较高激活的患者报告的认知控制问题较少，这表明了代偿机制。最后，弥散加权 MRI 评估的脑白质结构连通性损伤似乎不能完全解释患者功能连通性的改变，这使 BCI 工具基于患者个人数据专门针对适应不良的、功能失调过程的潜力进一步复杂化。对于个体化 BCI 方法，需要关于脑损伤模式（brain lesion pattern，DAI）、神经元网络激活和连通性特征的广泛先验信息确定记录和刺激的位置（Mandonnet 和 Duffau，2014）。

无论健康参与者连接改变的方向如何（低连接度或高连接度）都需要设计针对该患者群体的 BCI 方法，以解决神经网络损伤，并调节长程连接，因为认知功能的改变在很大程度上取决于神经元网络之间和内部协调相互联系的中断（Kinnunen 等，2011；Sharp 等，2014；Wolf 和 Koch，2016）。因此，在该患者群体中使用 BCI 技术的主要挑战仍然是难以确定最佳解剖目标以及为了改变行为而要测量的大脑意图。另一个挑战是确定网络改变是否是适应性不良的，而不是补偿性的。BCI 技术的最新进展使得能够开发出旨在通过利用 Hebbian 可塑性规则来调节连通性的设备（Rebesco 和 Miller，2011）。在 Guggenmos 等（2013）的一项研究中，作者开发了一种用于大鼠脑损伤模型的神经假肢。在初级运动皮层受损后，在运动前皮层中识别出动作电位，作为向躯体感觉皮层（somatosensory cortex）提供电刺激的线索；这种范式导致躯体感觉和前额叶皮质之间的功能连接增加，进而导致运动行为的改善。这些结果强调，功能失调的神经通路内连接的恢复可能促进脑损伤后功能的恢复。在 TBI 患者中采用这种方法，然后，可以采用神经成像技术对给定皮层区域进行脑记录，作为触发对另一个皮层区域的侵入性（DBS）或非侵入性脑刺激的线索，目的是采用闭环神经调节方法调节（modulate）功能相关通路的连通性（Krucoff 等，2016）（图 5.1）。归根结底，全面了解 TBI 后认知功能障碍的潜在机制是开发适当的基于连通性的 BCI 工具的最重要组成部分。

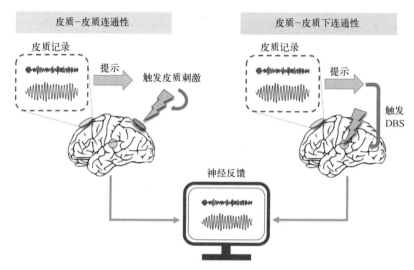

图 5.1　促进或调节长程皮质−皮质和皮质−皮质下连接可塑性的可能 BCI 设置示意图。皮质记录可以来自一个或多个脑区的非侵入式神经成像工具，如 fMRI、EEG 或 fNIRS，而促进或调节功能的刺激可以通过脑深部刺激（deep brain stimulation，DBS）（局部或多个位置点）施加到皮质部位（局部或多个位置点）和/或皮质下靶点。最后，这两种设置可以通过采用与 BCI 读出的相同的大脑模式与神经反馈相结合

5.4　BCI 应用于 TBI 的现有知识有哪些？

到目前为止，只有少数研究探讨了 BCI 在意识水平无障碍的 TBI 患者中的适用性和有用性（表 5.1）。然而，文献中讨论了不同的 BCI 方法对 TBI 的治疗和康复，从非侵入式工具到侵入式工具。在本节中，我们总结了把 BCI 用于这些患者的研究的主要发现，以及到目前为止建议的、需要在未来研究中进行系统研究的潜在的其他 BCI 应用。

5.4.1　神经反馈

基于 EEG 的神经反馈治疗（EEG-based neurofeedback therapy，EEG-NFT）已用于少量的研究中，这些研究报告了对认知症状（如加工速度、记忆和言语

表 5.1　BCI 用于 TBI 的相关研究

作者	BCI 类型	受试者年龄/岁	受伤后的时间	TBI 病因	TBI 严重程度	样本大小	治疗/训练节次	研究类型	主要发现	局限性
Vincent 等	基于 EEG 的 BCI	27	未确定	道路交通事故	重度	$n=1$	24	例案研究（重度 TBI）	标准 BCI 工具无效；BCI 对应患者功能改善	样本量小（案例研究）无法归纳并推广，无对照组
Munivenkatappa 等	基于 EEG 的神经反馈	12 和 20	未确定	道路交通事故	中度	$N=2$（无对照组）	20	临床试验（中度 TBI）	20 次治疗后认知/脑震荡症状显著改善	样本量小，无对照组
Rostam 等	基于 EEG 的神经反馈	15~60	<6 周	未确定	中度	$N=8/n=5$（对照组）	20	随机对照临床试验	20 次训练后无效果	样本量小
Surmeli 等	基于 EEG 的神经反馈	24~34	0~30 年	未确定	不同严重程度	$N=40$（无对照组）	42~54	临床试验（不同严重程度）	平均 48 次训练后认知能力显著提高	无对照组
Trojano 等	基于眼睛注视的计算机接口	28	4 年	道路交通事故	重度	$n=1$	32	案例研究（重度 TBI）	尽管存在重度的顺行性遗忘，但仍能有效地学习基于眼睛注视的接口	样本量小（案例研究），无法推广
Bennett 等	基于 EEG 的神经反馈	18~50	6~18 个月	道路交通事故	未确定	$N=60$（$N=30$ 为神经反馈训练组；$n=30$ 为对照组）	16~20	对照临床试验	与对照组相比，NFT 组的症状得到改善，并且感知到的压力感知降低	仅汽车交通事故，不能推广到其他创伤病因

能力）以及情绪症状的有益影响（Munivenkatappa 等，2014；Rostami 等，2017；Surmeli 等，2017）。在 Munivenkatappa 等（2014）的一项研究中，作者对两名中度 TBI 和中度残疾患者（一名 20 岁男性和一名 12 岁女性）进行了 20 轮 EEG-NFT，时间超过 2 个月（每天 40min，每周 3 天），采用 θ 和 α 频带频率作为 BCI 模式，因为 θ 和 α 的增加与警觉性和注意力的降低有关。研究结果表明，EEG-NFT 干预在诱导认知和情绪功能变化方面的有效性，包括改善运动速度、思维速度、词语分类流畅性、视觉空间工作记忆（visuospatial working memory）、定势转换能力、言语编码和视觉记忆的提取，此外，他们的脑震荡症状（头痛、头晕、对噪音和光线不耐受、注意力不集中、愤怒爆发和疲劳）显著减少。这些改善伴随着神经网络的结构和功能的改变，尤其是丘脑皮质连通性的显著增加。然而，Munivenkatappa 的研究仅包括两名患者（其中一名为儿科病例），并且缺乏对照组，因此很难将改变解释为仅基于 EEG-NFT 干预。最后，作者没有报告有关记录 θ 和 α 频带的特定电极的信息，没有报告振荡幅度的增加或减少是否是 NFT 的目标，也没有报告患者是如何接受训练的。在 Rostami 等（2017）的一项随机临床试验中，作者使用更大样本，采用双通道 β 和 α 相干方法，对中度 TBI 患者（干预组 8 名患者和对照组 5 名患者）在 4 周内进行了 20 轮 EEG-NFT。从前额叶和颞叶区记录的 β 频带，目的是增加 β 相干性（β coherence）以提高注意力，从中央枕叶区（central occipital regions）记录的 α 频带，目的是增加 α 相干性以增加放松度。作者使用短期记忆（韦克斯勒（Wechsler）记忆量表）和持续注意力（DAUF 测试）度量来评估 BCI 方法对认知症状的有效性，并发现接受 20 轮 EEG-NFT 治疗的患者与未接受 20 次 EEG-NFT 治疗的患者在记忆或持续注意力表现方面没有显著改善，对照组有出现更高改善率的趋势。本研究的一个重要局限性是样本量减少，这阻碍了负面结果的可解释性。此外，作者没有报告有关该患者组中解剖病变的信息，这可能是结果中的一个调节因素，特别是考虑到采集 EEG 的区域（前额叶、颞叶和枕叶区域，在该患者群体中可能容易发生病变）。最后，据说在 NFT 期间没有停止药物治疗，但没有提供关于每位患者的特定药物的信息。Surmeli 等（2017 年）进行了一项大样本研究（40 名不同严重程度的慢性 TBI 患者），评估了根据目标症状和电极读取位置对每位患者进行个体化的 EEG-NFT 方法的效果，在 10-20 系统中，电极读取位置从额叶到枕叶；前额和额叶用于 α 抑制；中央区、顶叶和颞叶用于 β 抑制；枕叶用于 δ 抑制；前额和额叶用于 θ 抑制；前额叶、额叶和中央区用于注意力、动机、情绪抑制和抑郁症状（通过抑制 $\alpha/\delta/\theta$）；中央区用于诱导镇静作用（通过抑制 θ/α）；额叶用于强迫症症状（通过抑制 β/α、δ 和 θ）；额-颞用于幻听（通过抑制 $\alpha/$

θ）；枕-顶叶用于视觉幻觉（通过抑制 θ/δ）；额-颞用于偏执症状（通过抑制 $\beta/\alpha/\theta$）。每次 NFT 治疗总持续时间为 60min（2 个组块（blocks），每个组块 30min，中间休息 5min），只要可能，每周 6 次。根据每个患者的症状改善情况，治疗次数是个性化的，在 19~94 天内，最大治疗次数为 54 次，最小治疗次数为 42 次。视频和声音显示用于向患者提供关于其基于脑电的激活的实时信息，并在达到所需激活水平（在每个患者中单独调整手动阈值）时提供视觉或听觉反馈。结果测量包括症状评估-45 问卷（用于测量精神障碍患者的治疗结果）、汉密尔顿抑郁评定量表、临床总体印象量表、注意力变量测试（用于测量注意力、冲动性和适应性）和明尼苏达多相人格量表。40 名患者中有 39 名接受了长达 5 年的长期随访（如果可能，平均 3 年），作者报告说，NFT 减轻了所有症状，这些指标在后续测量中仍然存在。尽管这项个体化 NFT 研究的结果似乎很有前景，但没有包括对照组，也无法得出关于治疗次数和/或获取 EEG 的位置的具体指南。最后，Bennett 等（2018）的一项研究使用了 16~20 次 EEG-NFT，对一组接受 NFT 的 TBI（道路交通事故，18~50 岁）患者进行了研究（30 名患者，其中 15 名在受伤后 6 个月内（自发恢复期），15 名在受伤后 12~18 个月内（自发后恢复期）或照常治疗的患者（即手术和药物治疗，30 名患者，15 名处于自发恢复期，15 名处于自发后恢复期）。每次 NFT 包括采用 alpha-theta 训练协议（2 通道枕电极，参考电极在前额）的放松训练，持续时间为 40min，频率为每周 3 次，其中视觉反馈和增加的得分被用作基于自动阈值的奖励。结果测量包括评估个人症状的严重程度（通过视觉模拟量表从 0~10）、评估日常生活经历压力和血清皮质醇水平。两组患者在治疗前和治疗后立即进行测量，作者报告，与照常治疗的患者相比，NFT 组的个体症状严重程度显著改善，感知压力降低，在自发恢复期间，NFT 组的皮质醇增幅减慢，在自发恢复后，皮质醇降低（表明压力减少），但在照常治疗组中没有消退。总之，迄今为止，大多数采用 EEG-NFT 的研究不包括对照组且样本量非常小，这限制了阳性和阴性结果的可解释性。此外，对于应用多少次治疗以及针对哪些大脑模式，似乎没有达成共识。Surmeli 等的研究强调了通过开放式方法为每个参与者个性化 NFT 方法的必要性，在这种方法中，治疗次数取决于症状的改善，这在大多数临床环境中可能不具有成本效益。关于 EEG-NFT 在改善 TBI 患者认知症状方面的有效性，仍需要更大样本量的随机对照研究，以得出有意义的结论。

5.4.2 BCI 包含非侵入式经颅脑刺激

非侵入式脑刺激（Noninvasive brain stimulation，NIBS）技术，如经颅磁刺激（transcranial magnetic stimulation，TMS）和低强度经颅电流刺激（transcranial electrical current stimulation，tCS），提供了一种在没有极大不适的情况下调节人脑活动的方法。NIBS 被认为是治疗 TBI 后遗症（sequelae）的潜在方法，但迄今为止尚未在 BCI 系统中实施，以治疗该患者群体的认知障碍（Villamar 等，2012 年；Sharp 等，2014 年）。NIBS 有可能用于 TBI 患者，以降低损伤后的急性兴奋性过高，调节长期可塑性以避免适应不良的改变，并与其他形式的治疗相结合，促进特定神经网络中适应性的可塑性变化（Demirtas-Tatlidede 等，2012；Dhaliwal 等，2015；Koski 等，2015）。结合 NIBS 和神经成像的开环和闭环系统有可能重新设计连接模式，以改善 TBI 后的大脑功能（Karabanov 等，2016）。NIBS 干预可以诱导双向可塑性变化，这种变化与突触可塑性的长时程增强样和长时程抑制样机制有关，因此能够增加或减少目标神经元群体内的兴奋性（Vallence 和 Ridding，2014）。传统上，可塑性诱导 NIBS 已被应用于靶区，目的是提高干预的聚焦性（focality）。然而，最近的技术进步允许使用 TMS 和 tCS 进行多位点刺激（multisite stimulation），例如，TMS 可以以依赖时间的方式应用于各种功能连接区域，目的是增加连通性（一种称为配对关联刺激的干预）（Stefan 等，2000 年；Groppa 等，2012 年）。此外，已经开发了多电极 tCS 系统，以产生空间刺激模式，这些模式对靶向神经网络和调节网络活动是最佳的（Ruffini 等，2014）。兴奋性和皮质-皮质连通性的神经调节反过来有可能以依赖位置和干预的方式改变行为（有关 NIBS 和行为改变的最新进展，请参阅 Lucchiari 等（2019）的文献）。通过将 NIBS 与神经成像读数（readouts）相结合，有可能使用非侵入式 BCI 诱导 TBI 患者的活动依赖性神经调节。然而，在该患者群体中，有效刺激的确切参数以及神经调节的读数和目标位置尚待确定。

5.4.3 基于脑深部刺激的 BCI

在严重的 TBI 病例中，神经假体（neuroprostheses）可以基于植入式的脑深部刺激（deep brain stimulation，DBS）设备，严重 TBI 后患者基于 DBS 的 BCI 主要聚焦于刺激中央丘脑（central thalamus），特别是丘脑层内核（thalamic intralaminar nuclei，ILN）（Sharma 等，2016）。丘脑具有与大脑皮层高度特化/专业化的连接结构，特别容易在 TBI 后受损。此外，由于丘脑对长程皮质-皮质连通性的门控作用，其在认知功能障碍中的作用可能至关重要。

研究表明，INL 对 TBI 后通常功能失调的区域（前额叶皮层、额叶视野区（眼动区/frontal eye fields）、扣带回皮层和顶叶皮层）有特定的投射，并与广泛的认知和行为功能有关，如持续注意力（Schiff 等，2002）。对于严重 TBI 后的植入患者，建议采用开环和闭环系统（Turner，2016），通过刺激皮质下结构（如中央丘脑），会极大地促进皮质-皮质连通性的完整性，基于 DBS 的 BCI 可以间接改善对最佳认知功能至关重要的脑区之间的长程通信。在最近的 TBI 动物模型研究中，特定皮质下结构的 DBS 可改善认知症状，例如，据报道，刺激内嗅皮质（entorhinal cortex）、穹窿（fornix）、Meynert 基底核（nucleus basalis of Meynert）、基底神经节（basal ganglia）和脚叶状核（pedunculopontine nucleus）可以通过改变神经元网络内的神经元发放模式来改善记忆功能，这些神经元网络促进记忆过程（Bick 和 Eskandar，2016）。此外，在 Lee 等（2015）的一项研究中，作者报告，在 TBI 大鼠模型中，特定频率 θ 刺激内侧隔核（medial septal nuclei）能够增加海马振荡和认知功能。对人类受试者，Rezai 等（2016 年）的研究表明，在将 DBS 电极植入伏隔核和内囊前肢以调节前额叶皮层活动后，4 名严重 TBI 患者的行为和情绪调节均有显著改善。然而，DBS 在设计上仅限于焦点靶区，这限制了在广泛区域进行直接和受控刺激的潜力。如前所述，鉴于 TBI 后神经元网络功能的普遍受损以及所报告的大脑代谢改变（Brooks 和 Martin，2014；Ito 等，2016），与特定皮质或皮质下区域内的损伤相比，多焦点方法在该患者群体中更为理想。Turner（2016）提出了一种克服这一局限性的潜在方法，即利用多刺激通道，并在癫痫患者中进行了测试。此外，通过 EEG 或 fNIRS 对神经元活动的非侵入式皮质记录可用于提示以依赖于时序的方式刺激皮层下结构，允许类似 Hebbian 的皮质-皮质下神经调节，以增强特定网络内的连通性（Grosse-Wentrup 等，2011；Chaudhary 等，2017）。基于 DBS 方法的另一个局限性是刺激技术的侵入式（需要电极植入，因此需要神经外科手术）。最后，鉴于 TBI 患者损伤特征的异质性以及导致相关认知症状的机制的复杂性，选择特定的靶点位置和刺激的确切参数仍然具有相当大的挑战性（Turner，2016）。

5.5　BCI 治疗脑外伤的未来方向

总地来说，根据受影响脑区和受损结构（皮质、皮质下、脑干、连接纤维）以及病例的严重程度，患有 TBI 的患者可能表现出非常多样和异质的特征，具有特定的症状，而轴突损伤似乎是不同严重程度的创伤引起的脑损伤的标志。TBI 患者的功能连通性和神经网络激活一直显示出被改变的，尽管这种改变不能仅通过结构连接的改变或局部皮质病变来解释。BCI 康复方法需要根据患者的个人网络状况进行个性化，并应主要聚焦功能连接模式的调节（特定网络上调或下调），以促进适应性可塑性或逆转适应不良的改变，并最终改善功能。例如，如果特定网络的过度激活（hyperactivation）与认知功能的损害有关，那么这种激活模式将作为一种线索，触发对目标皮质或皮质下区域或多个目标部位的抑制性刺激训练。此外，BCI 工具未能获得积极结果不应将患者定性为“无反应者（nonresponder）”，而应根据给定患者的需求及其结构、功能和临床特征，考虑到他们学习新事物的能力、持续注意力的能力、动机，以及它们的运动性，计划进行多次试验（Vincent 等，2010 年；Schreuder 等，2013 年）。认知负荷会影响 BCI 方法对这些患者的疗效，这取决于患者的症状和残疾程度，从而使 BCI 类型的选择取决于在以下两类 BCI 系统之间的权衡，即传统上可能非常高效但需要较高注意力和记忆负荷的 BCI 系统，以及不提供大量信息但需要较少认知努力的 BCI 系统（Riccio 等，2012）。即使在患有长期创伤后遗忘症的患者中，采用 BCI 也可能是可行的，这些技术不需要实施和使用主动回忆，例如 Trojano 等（2009）描述的采用无错误学习的方法。在这项研究中，尽管患者无法记住在不同的训练时段中使用过该系统，但取得了显著的临床改善。另一方面，在 mTBI 的情况下，患者在某些情况下可能仅表现出持续的神经心理障碍（neuropsychologic impairments），但仍可能出现情绪症状（McInnes 等，2017），可能会影响 BCI 系统的实施。最后，进一步研究 BCI 系统在儿童 TBI（pediatric TBI）中的应用应该是该领域未来的重点。以前的报告强调了在儿童中发生一次 TBI 后，存在长期、慢性的神经心理功能损伤，发现损伤的严重程度与后期的认知功能之间存在显著关系，表明儿童可能比有类似损伤的成年人在更大程度上发展为慢性神经心理功能障碍（Hessen 等，2007 年）。此外，此类损伤可能不会在受伤后立即出现，但可能会在后期出现，影响儿童的发育（Babikian 等，2015）。到目前为止，还没有系统的研究探讨 BCI 在该患者亚群中的有用性。

5.6 结 束 语

只有少数研究探讨了 BCI 干预对意识清醒的 TBI 患者的作用效果，目前还没有关于此类技术在临床实践中的适用性和有效性的结论。主要局限性在于难以评估对这些患者记录和刺激的最佳位置，因为存在相当广泛的、基于全脑连通性的损伤，以及与创伤程度相关的高度临床变异性。未来的研究应旨在系统地评估当前 BCI 技术的有效性和适用性，以及开发新的 BCI 工具，以专门针对 TBI 的潜在病理。然而，这些努力将在很大程度上取决于我们对以下两方面理解的进步：即 TBI 后大脑功能和结构的改变（和两者在不同恢复阶段的相互依赖性）以及这些改变如何导致认知障碍和残疾。此外，更好地理解 TBI 的病理生理是确定刺激位点以及识别相关生理测量值的先决条件。目前，基于 EEG 的神经反馈已成为临床研究中最常用的技术。对 TBI 患者的神经反馈训练似乎具有显著改善症状的潜力，但迄今为止的大多数研究不包括对照组，对照组将使我们能够确定康复治疗在多大程度上恢复和改善。尽管关于其他 BCI 方法治疗 TBI 的文献非常稀少（例如基于 DBS 的工具），但近年来，TBI 神经康复领域一直在努力确定最佳刺激部位，以改善动物模型和患者的认知障碍。在不久的未来，先进的多模式神经成像工具（如 EEG 和 NIBS 的组合，以及 DBS 和 EEG/NIRS 的组合）将实现针对该患者群体特定连通性损伤的多病灶 BCI。

参 考 文 献

［1］ Babikian T et al. （2015）. Chronic aspects of pediatric traumatic brain injury：review of the literature. J Neurotrauma 32：1849-1860.

［2］ Baliyan V et al. （2016）. Diffusion weighted imaging：technique and applications. World J Radiol 8：785-798.

［3］ Bennett CN et al. （2018）. Clinical and biochemical outcomes following EEG neurofeedback training in traumatic brain injury in the context of spontaneous recovery. Clin EEG Neurosci 49：433-440.

［4］ Bick SK, Eskandar EN （2016）. Neuromodulation for restoring memory. Neurosurg Focus 40：E5.

［5］ Blennow K et al. （2016）. Traumatic brain injuries. Nat Rev Dis Primers 2：16084.

［6］ Bonnelle V et al. （2011）. Default mode network connectivity predicts sustained attention deficits after traumatic brain injury. J Neurosci 31：13442-13451.

［7］ Bonnelle V et al. （2012）. Salience network integrity predicts default mode network function after traumatic brain injury. Proc Natl Acad Sci USA 109：4690-4695.

［8］ Brooks GA, Martin NA （2014）. Cerebral metabolism following traumatic brain injury：new discoveries with implications for treatment. Front Neurosci 8：408.

［9］ Caeyenberghs K et al. （2013）. Topological correlations of structural and functional networks in patients with traumatic brain injury. Front Hum Neurosci 7：726.

［10］ Caeyenberghs K et al. （2016）. Mapping the functional connectome in traumatic brain injury：what can graph metrics tell us? Neuroimage 160：113-123.

［11］ Chaudhary U et al . （2017）. Brain-computer Interface-based communication in the completely locked-in state. PLoS Biol 15: e1002593.

[12] Dancause N, Nudo RJ (2011). Shaping plasticity to enhance recovery after injury. Prog Brain Res 192: 273-295.

[13] Demertzi A et al. (2015). Intrinsic functional connectivity differentiates minimally conscious from unresponsive patients. Brain 138: 2619-2631.

[14] Demirtas-Tatlidede A et al. (2012). Noninvasive brain stimulation in traumatic brain injury. J Head Trauma Rehabil 27: 274-292.

[15] Dhaliwal SK, Meek BP, Modirrousta MM (2015). Noninvasive brain stimulation for the treatment of symptoms following traumatic brain injury. Front Psych 6: 119.

[16] Groppa S et al. (2012). The human dorsal premotor cortex facilitates the excitability of ipsilateral primary motor cortex via a short latency cortico-cortical route. Hum Brain Mapp 33: 419-430.

[17] Grosse-Wentrup M, Mattia D, Oweiss K (2011). Using braincomputer interfaces to induce neural plasticity and restore function. J Neural Eng 8: 025004.

[18] Guggenmos DJ et al. (2013). Restoration of function after brain damage using a neural prosthesis. Proc Natl Acad Sci USA 110: 21177-21182.

[19] Ham TE, Sharp DJ (2012). How can investigation of network function inform rehabilitation after traumatic brain injury? Curr Opin Neurol 25: 662-669.

[20] Han K, Chapman SB, Krawczyk DC (2016). Disrupted intrinsic connectivity among default, dorsal attention, and frontoparietal control networks in individuals with chronic traumatic brain injury. J Int Neuropsychol Soc 22: 263-279.

[21] Hashim E et al. (2017). Investigating microstructural abnormalities and neurocognition in sub-acute and chronic traumatic brain injury patients with normal-appearing white matter: a preliminary diffusion tensor imaging study. Front Neurol 8: 97.

[22] Hessen E, Nestvold K, Anderson V (2007). Neuropsychological function 23 years after mild traumatic brain injury: a comparison of outcome after paediatric and adult head injuries. Brain Inj 21: 963-979.

[23] Hillary FG, Grafman JH (2017). Injured brains and adaptive networks: the benefits and costs of hyperconnectivity. Trends Cogn Sci 21: 385-401.

[24] Ito K et al. (2016). Differences in brain metabolic impairment between chronic mild/moderate TBI patients with and without visible brain lesions based on MRI. Biomed Res Int 2016: 3794029.

[25] Karabanov A, Thielscher A, Siebner HR (2016). Transcranial brain stimulation: closing the loop between brain and stimulation. Curr Opin Neurol 29: 397-404.

[26] Kinnunen KM et al. (2011). White matter damage and cognitive impairment after traumatic brain injury. Brain 134: 449-463.

[27] Koski L et al. (2015). Noninvasive brain stimulation for persistent postconcussion symptoms

76

in mild traumatic brain injury. J Neurotrauma 32: 38-44.

[28] Krucoff MO et al. (2016). Enhancing nervous system recovery through neurobiologics, neural Interface training, and neurorehabilitation. Front Neurosci 10: 584.

[29] Lee DJ et al. (2015). Septohippocampal neuromodulation improves cognition after traumatic brain injury. J Neurotrauma 32: 1822-1832.

[30] Lucchiari C et al. (2019). Editorial: brain stimulation and behavioral change. Front Behav Neurosci 13: 20.

[31] Mandonnet E, Duffau H (2014). Understanding entangled cerebral networks: a prerequisite for restoring brain function with brain-computer interfaces. Front Syst Neurosci 8: 82.

[32] McInnes K et al. (2017). Mild Traumatic Brain Injury (mTBI) and chronic cognitive impairment: a scoping review. PLoS One 12: e0174847.

[33] Munivenkatappa A et al. (2014). EEG neurofeedback therapy: can it attenuate brain changes in TBI? NeuroRehabilitation 35: 481-484.

[34] Nudo RJ (2013). Recovery after brain injury: mechanisms and principles. Front Hum Neurosci 7: 887.

[35] Olsen A et al. (2015). Altered cognitive control activations after moderate-to-severe traumatic brain injury and their relationship to injury severity and everyday-life function. Cereb Cortex 25: 2170-2180.

[36] Palacios EM et al. (2013). Resting-state functional magnetic resonance imaging activity and connectivity and cognitive outcome in traumatic brain injury. JAMA Neurol 70: 845-851.

[37] Palacios EM et al. (2017). Resting-state functional connectivity alterations associated with six-month outcomes in mild traumatic brain injury. J Neurotrauma 34: 1546-1557.

[38] Peeters W et al. (2015). Epidemiology of traumatic brain injury in Europe. Acta Neurochir 157: 1683-1696.

[39] Peters ME, Gardner RC (2018). Traumatic brain injury in older adults: do we need a different approach? Concussion 3: CNC56.

[40] Rebesco JM, Miller LE (2011). Stimulus-driven changes in sensorimotor behavior and neuronal functional connectivity application to brain-machine interfaces and neurorehabilitation. Prog Brain Res 192: 83-102.

[41] Rezai AR et al. (2016). Improved function after deep brain stimulation for chronic, severe traumatic brain injury. Neurosurgery 79: 204-211.

[42] Riccio A et al. (2012). Eye-gaze independent EEG-based brain-computer interfaces for communication. J Neural Eng 9: 045001.

[43] Rosanova M et al. (2012). Recovery of cortical effective connectivity and recovery of consciousness in vegetative patients. Brain 135: 1308-1320.

[44] Rostami R et al. (2017). Effects of neurofeedback on the short-term memory and continuous attention of patients with moderate traumatic brain injury: a preliminary randomized controlled

clinical trial. Chin J Traumatol 20 (5): 278-282.

[45] Roy A et al. (2017). The evolution of cost-efficiency in neural networks during recovery from traumatic brain injury. PLoS One 12: e0170541.

[46] Ruffini G et al. (2014). Optimization of multifocal transcranial current stimulation for weighted cortical pattern targeting from realistic modeling of electric fields. Neuroimage 89: 216-225.

[47] Rutherford WH, Merrett JD, McDonald JR (1979). Symptoms at one year following concussion from minor head injuries. Injury 10: 225-230.

[48] Schiff ND, Plum F, Rezai AR (2002). Developing prosthetics to treat cognitive disabilities resulting from acquired brain injuries. Neurol Res 24: 116-124.

[49] Schreuder M et al. (2013). User-centered design in braincomputer interfaces-a case study. ArtifIntell Med 59: 71-80.

[50] Serruya MD, Kahana MJ (2008). Techniques and devices to restore cognition. Behav Brain Res 192: 149-165.

[51] Sharma M, Naik V, Deogaonkar M (2016). Emerging applications of deep brain stimulation. J Neurosurg Sci 60: 242-255.

[52] Sharp DJ et al. (2011). Default mode network functional and structural connectivity after traumatic brain injury. Brain 134: 2233-2247.

[53] Sharp DJ, Scott G, Leech R (2014). Network dysfunction after traumatic brain injury. Nat Rev Neurol 10: 156-166.

[54] Shumskaya E et al. (2017). Abnormal connectivity in the sensorimotor network predicts attention deficits in traumatic brain injury. Exp Brain Res 235: 799-807.

[55] Sonuga-Barke EJ, Castellanos FX (2007). Spontaneous attentional fluctuations in impaired states and pathological conditions: a neurobiological hypothesis. Neurosci Biobehav Rev 31: 977-986.

[56] Stefan K et al. (2000). Induction of plasticity in the human motor cortex by paired associative stimulation. Brain 123: 572-584.

[57] Sterr A et al. (2006). Are mild head injuries as mild as we think? Neurobehavioral concomitants of chronic postconcussion syndrome. BMC Neurol 6: 7.

[58] Stevens MC et al. (2012). Multiple resting state network functional connectivity abnormalities in mild traumatic brain injury. Brain Imaging Behav 6: 293-318.

[59] Stocchetti N, Zanier ER (2016). Chronic impact of traumatic brain injury on outcome and quality of life: a narrative review. Crit Care 20: 148.

[60] Su YS, Veeravagu A, Grant G (2016). Neuroplasticity after traumatic brain injury. In: G Grant, D Laskowitz (Eds.), Translational research in traumatic brain injury. CRC Press/Taylor and Francis Group, Boca Raton (FL).

[61] Surmeli T et al. (2017). Quantitative EEG neurometric analysis-guided neurofeedback treat-

ment in postconcussion syndrome (PCS) : forty cases. How is neurometric analysis important for the treatment of PCS and as a biomarker? Clin EEG Neurosci 48 : 217-230.

[62] Tosetti P et al. (2013) . Toward an international initiative for traumatic brain injury research. J Neurotrauma 30 : 1211-1222.

[63] Trojano L, Moretta P , Estraneo A (2009). Communicating using the eyes without remembering it : cognitive rehabilitation in a severely brain-injured patient with amnesia, tetraplegia and anarthria. J Rehabil Med 41 : 393-396.

[64] Turner DA (2016). Enhanced functional outcome from traumatic brain injury with brain-machine interface neuromodulation : neuroprosthetic scaling in relation to injury severity. In : D Laskowitz, G Grant (Eds.) , Translational research in traumatic brain injury. CRC Press/ Taylor and Francis Group. Boca Raton (FL).

[65] Vallence AM, Ridding MC (2014). Non-invasive induction of plasticity in the human cortex : uses and limitations. Cortex 58 : 261-271.

[66] Van der Horn HJ et al. (2017). Graph analysis of functional brain networks in patients with mild traumatic brain injury. PLoS One 12 : e0171031.

[67] Villamar MF et al. (2012). Noninvasive brain stimulation to modulate neuroplasticity in traumatic brain injury. Neuromodulation 15 : 326-338.

[68] Vincent C et al. (2010) . Use of a brain-computer interface by a patient with a craniocerebral injury. Can J Occup Ther 77 : 101-112.

[69] Wheble JL, Menon DK (2016). TBI-the most complex disease in the most complex organ : the CENTER-TBI trial-a commentary. J R Army Med Corps 162 : 87-89.

[70] Wolf JA, Koch PF (2016). Disruption of network synchrony and cognitive dysfunction after traumatic brain injury. Front Syst Neurosci 10 : 43.

[71] Zhang H et al. (2017) . Posterior cingulate cross-hemispheric functional connectivity predicts the level of consciousness in traumatic brain injury. Sci Rep 7 : 387.

第6章　脊髓损伤

6.1　摘　要

脊髓损伤（spinal cord injury，SCI）可能导致低于损伤水平的运动、感觉和自主功能受损。在世界范围内，SCI 的患病率为 1∶1000，发病率为每年每 10 万人中有 4~9 例新病例。创伤性的 SCI 最常见的原因是交通事故、跌倒和暴力。如今，四肢瘫痪和截瘫患者的比例相等。在工业化国家，非创伤性损伤的比例随着年龄的增长而增加。大多数最初保留运动功能低于损伤水平的患者表现出实质性的功能恢复，而 3/4 的最初完全性 SCI 患者仍保持这种状态。在 SCI 中，脑-计算机接口（BCI）可用于亚急性期，作为恢复性治疗计划的一部分，随后用于控制高位颈部病变最需要的辅助设备。SCI 后传出和传入神经阻滞的大脑结构和功能重组研究没有定论，主要是因为分析方法不同以及所调查人群的异质性（heterogeneity）。这表明了需要更好地描述 SCI 患者的特征，以及记录抗痉挛药物（antispasticity medication）或神经病理性疼痛等混杂干扰因素。

6.2　引　言

SCI 导致脊髓神经纤维束（spinal nerve fiber tract）损伤，并伴有相关联的低于损伤水平的运动、感觉和自主功能的损伤（图 6.1）。国际公认的运动和感觉损伤的标准评估，即脊髓损伤的范围和严重程度（the extent and severity），是美国 SCI 协会（American Spinal Injury Association，ASIA）（ASIA，2011 年）发布的 SCI 神经分类国际标准（the International Standards for Neuro-logical Classification of Spinal Cord Injury，ISNCSCI），它基于对皮肤感觉功能以及仰卧位上下肢肌肉力量的检查（图 6.2）。

感觉检查需要对身体两侧 28 个皮节中的每一个进行关键点测试（Downs 和 Laporte，2011），以获得轻触（light touch，LT）和针刺（pin prick，PP）

80

感觉。检查结果按3分制评分：0分为感觉缺失，1分为感觉被改变（体感受损或部分受损，痛觉过敏（hyperalgesia）），2分为正常。此外，肛门深压感觉（deep anal pressure，DAP）分为存在或不存在，肛门直肠检查非常重要，因为只有在 LT、PP、DAP 和自主肛门收缩（voluntary anal contraction，VAC）均不存在的情况下，才把 SCI 归类为完全性的（表6.1）。

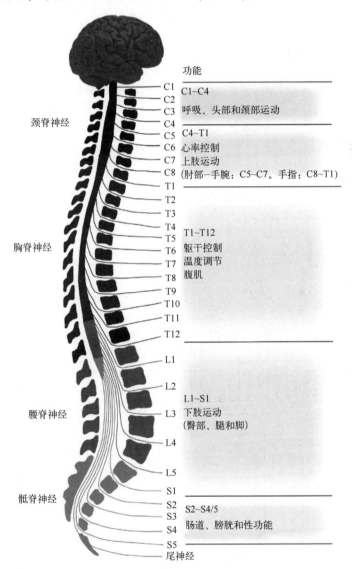

图6.1　脊髓（包括颈段、胸段、腰段和骶段）、脊椎（spinal vertebrae）和脊神经（spinal nerves）的纵向节段组织，以及脊髓主要节段功能的广泛表现

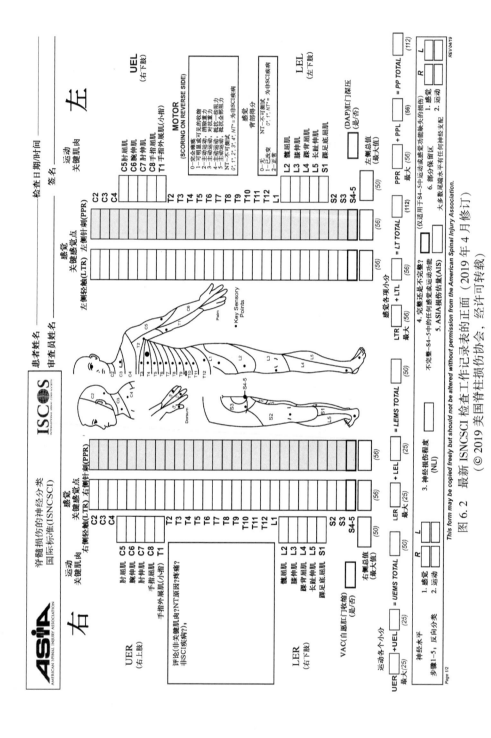

图 6.2 最新 ISNCSCI 检查工作记录表的正面（2019 年 4 月修订）
（© 2019 美国脊柱损伤协会，经许可转载）

在运动检查过程中，对两侧肌节 C5~T1 和 L2~S1 的 10 个关键肌肉进行评估。之所以选择关键肌肉，是因为它们只受两个脊柱节段的支配（Schirmer 等，2011）。肌力按 6 分制分级，从 0（肌无力）~5（整个运动范围内抵抗阻力的全部力量；为正常肌力，能够抵抗较大阻力）。总的运动得分被计算为所有节段运动评分的总和；但是，建议分别提供上肢和下肢运动评分（upper and lower extremity motor scores，UEMS/LEMS）。与感觉检查一样，骶骨保留运动功能被评分为存在或不存任何自主肛门收缩（Kirshblum 等，2016）。

除评分外，分类也是 ISNCSCI 的重要组成部分（Schuld 等，2013），分类包括确定感觉和运动水平、神经损伤水平（neurologic level of injury，NLI），以及根据 ASIA 损伤量表（ASIA Impairment Scale，AIS）（表 6.1）对 SCI 严重程度进行分类，范围从 A（完全 SCI）~E（根据 ISNCSCI 属于正常）（Kirshblum 和 Waring，2014）。NLI 指感觉和运动功能完整的最尾段，部分保留区（zones of partial preservation，ZPP）仅适用于骶骨最低节段运动功能缺失（无 VAC）或感觉功能缺失（无 DAP、LT 和 PP 感觉）的个体，并指身体两侧都具有任何感觉或运动功能的最尾部皮节/关键肌（图 6.2）。

表 6.1 ASIA 损伤等级（AIS）定义

ASIA 损伤等级	定 义
A	完整的 骶节段 S4~S5 中未保留有感觉或运动功能
B	感觉不完全 感觉功能（而非运动功能）保持在神经水平以下，包括骶节段 S4~S5（S4~S5 处的轻触或针刺或肛门深压），在身体的任一侧，低于运动水平三级以上的运动功能均未保留
C	运动不完整 在骶节段最尾端，自主肛门收缩（VAC）时保留有运动功能，或者患者符合感觉不完全状态的标准（通过 LT、PP 或 DAP 在骶节段最尾端（S4~S5）保留有感觉功能），并且在身体的任一侧，低于同侧运动水平三级以上，保留了一些运动功能（这包括确定运动不完全状态的关键或非关键肌肉功能）。对于 AIS 的 C，低于单个 NLI 的关键肌肉功能中，只有不到一半的肌肉等级为 3 级或以上
D	运动不完整 运动功能保持在神经水平以下，而 NLI 以下至少一半的关键肌肉功能的肌肉等级为 3 级或以上
E	正常 如果使用 ISNCSCI 测试的感觉和运动功能在所有节段均被分级为正常，且患者之前有缺陷

必须强调的是，ISNCSCI 的目的是对 SCI 后节段性的自主神经支配进行评分和分类。从未打算把 AIS、UEMS 或 LEMS 用作与活动或独立性相关的保留功能的度量，因此，强烈建议将 ISNCSCI 评估与功能能力测量相结合，如脊髓独立性测量 III（SCIM III）（Itzkovich 等，2007）和步行测试（如 10m 步行测试或 6min 步行测试）（van Hedel 等，2007）。脊髓能力标尺（Spinal Cord Ability Ruler，SCAR）是一种新型工具，比 SCIM 具有更多的一维特征（Reed 等，2017）。

6.2.1 脊髓损伤（SCI）的患病率、发病率和病因

世界卫生组织（World Health Organization，WHO）报告称，全世界人口的 15% 受残疾影响，0.1% 受 SCI 影响（WHO，2013），全球创伤性 SCI 的患病率估计为每百万人 1000 例（Singh 等，2014），全世界创伤性 SCI 的发病率估计为每年每百万人中有 10.4～83 人，这意味着全世界每年新增病例的绝对数量为 80000～630000 例（Wyndaele 和 Wyndaele，2006）。非创伤性 SCI 的发病率每年在 6～76ppm 之间变化（O'Connor，2005；Milicevic 等，2012；Noonan 等，2012；New 等，2014；Nijendijk 等，2014）。然而，这些数字需要谨慎处理，因为在大多数情况下，它们代表了从数量有限的区域 SCI 中心获得的数据向外推的结果。此外，在潜在危险和不同紧急治疗水平方面巨大的区域差异可能会导致严重的偏差。

全球创伤性 SCI 最常见的原因是道路交通事故，其次是跌倒和暴力（Lee 等，2014）。世界不同地区与道路交通事故相关的 SCI 比例差异很大（varies to a large degree）（Nwadinigwe 等，2004；Obalum 等，2009；DeVivo 和 Chen，2011；Hua 等，2013；Smith 等，2014）。在 45 岁以下的人群中，交通事故是 SCI 最常见的原因。然而，45 岁后跌倒是最可能的原因（McCaughey 等，2016）。在工业化国家，由于社会老龄化和与跌倒相关的 SCI 数量增加，受伤的平均年龄稳步增加（DeVivo 和 Chen，2011；McCammon 和 Ethans，2011）。

在欧洲，估计有 330000 人患有 SCI，每年新增 11000 名受伤患者（Ouzký，2002；van den Berg 等，2010）。美国的绝对数字在相同范围内（NSCISC，2018）。尽管全球存在明显的地区差异，但在过去几十年中，SCI 的患病率呈上升趋势（Furlan 等，2013）。在工业国家，非外伤性病变的比例不断上升（Exner，2004；Thietje，2015；McCaughey 等，2016）。考虑到外伤性 SCI 大多发生在 30 岁以下的年轻人（DeVivo 和 Vogel，2004；Vogel 等，2012），非外伤性脊髓疾病影响更高年龄的人，即 55 岁以上，受伤时的平均年龄正在稳步增加（NSCISC，2018）。有一种趋势是颈部损伤的数量增加（McCaughey 等，2016 年）。目前，至少有一半的 SCI 患者因颈脊髓损伤而四肢瘫痪。大多数四

肢瘫痪患者的 NLI 为 C4 或 C5（NSCISC，2018）（图 6.3）。在 NLI 为 C5 的病变中，手指功能通常受损，而在大多数 C4 病变中，腕关节功能和肘关节屈曲受到额外的限制。约 8% 的患者为 NLI 喙端至 C4 病变，导致上肢运动功能丧失，包括肩部、肘部和手部运动。

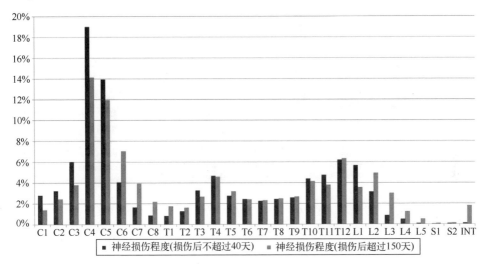

图 6.3　在早期（受损伤后不超过 40 天，黑条）和晚期（受损伤后超过 150 天，灰条）时间点评估的欧洲创伤性 SCI 患者队列（$N = 2239$）的神经损伤程度的分布（见彩插）。数据收集于欧洲多中心人类 SCI 研究（www. EMSCI. org）

很少有研究提供非创伤性 SCI 的流行病学数据。41% 的非创伤性 SCI 归因于具有连续椎管狭窄的退行性脊柱疾病，26% 的非创伤性 SCI 归因于压迫脊髓的肿瘤，20% 的非创伤性 SCI 归因于感染性疾病，16% 的非创伤性 SCI 归因于局部缺血（Milicevic 等，2012；Thietje，2015）。与创伤性 SCI 相比，非创伤性 SCI 更容易导致不完全瘫痪（AIS B-D）（Dahlberg 等，2005；Obalum 等，2009；Milicevic 等，2012；van den Berg 等，2012；Hua 等，2013；New 等，2013；Nijendijk 等，2014；Thietje，2015）。

6.3　脊髓损伤（SCI）后的恢复和康复模式

6.3.1　脊髓损伤（SCI）后的神经和功能恢复

在创伤后的急性期，所有 SCI 患者中大多数（总体为 47%；四肢瘫痪/截瘫占总人数的 20%/27%）被分类为 AIS A 级。在大多数急性四肢瘫痪患者

（占总人数的 26%）中，运动功能得以保留（AIS C 级和 D 级）。最初未完全保留的功能低于 NLI 的患者很有可能转化为更高的 AIS 等级，而 75% 的最初完全 SCI（AISA）患者则保持不变（图 6.4）（Kirshblum 等，2016）。

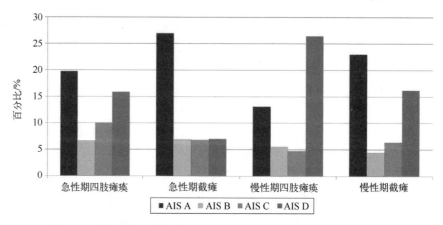

图 6.4 欧洲创伤性脊髓损伤患者队列（$N = 2660$）急性期（损伤后15.1 天+10.8 天）和慢性期（损伤后 328.2 天+98.4 天）四肢瘫痪和截瘫患者的 AIS 分布。数据来自欧洲多中心人类 SCI 研究（www. EMSCI. org）

损伤后最初，患者处于脊髓休克阶段，即没有肌腱叩击反射和肌张力松弛。脊髓休克通常在 SCI 发病后的前 2 周内结束，肌腱反射和肌张力再次出现（Boland 等，2011）。脊髓休克后，肌抽搐（即不自主肌肉收缩）慢慢表现为肌痉挛的临床症状（Hiersemenzel 等，2000），运动和感觉功能开始在一定程度上恢复。神经恢复的最佳效果发生在受伤后的前 3~6 个月（Curt 等，2004；Langhorne 等，2011），而功能改善延迟至 6~12 个月（图 6.5 和图 6.6）（Curt 等，2008）。

在慢性阶段（损伤后超过 12 个月），神经恢复非常有限，损伤可能持续。四肢瘫痪患者认为恢复手臂和手功能最为重要，这并不奇怪（Snoek 等，2004），而截瘫患者的性功能恢复最为重要（Anderson，2004），改善膀胱和肠道功能对两个损伤组（即四肢瘫痪和截瘫患者）具有共同的重要性。

6.3. 2 脊髓损伤后的运动康复

SCI 患者康复的目的是为他们提供尽可能多的自主性。重点关注在室内和室外环境中进行日常生活活动的能力，如穿衣、个人卫生、饮食、计算机操作或移动能力。在这方面，运动康复基于两个基本治疗原则，即修复和补偿。修复或恢复是通过运动学习重新获得基本的运动模式。在没有重新获取的情况下，

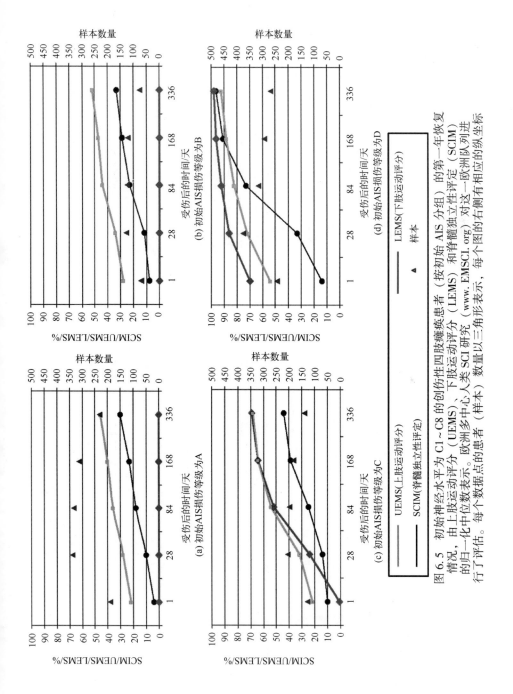

图 6.5　初始神经水平为 C1~C8 的创伤性四肢瘫痪患者（按初始 AIS 分组）的第一年恢复情况，由上肢运动评分（UEMS）、下肢运动评分（LEMS）和脊髓独立性评定（SCIM）的归一化中位数表示。欧洲多中心人类 SCI 研究（www.EMSCI.org）对这一欧洲队列进行了评估。每个数据点的患者（样本）数量以三角形表示，每个图的右侧有相应的纵坐标

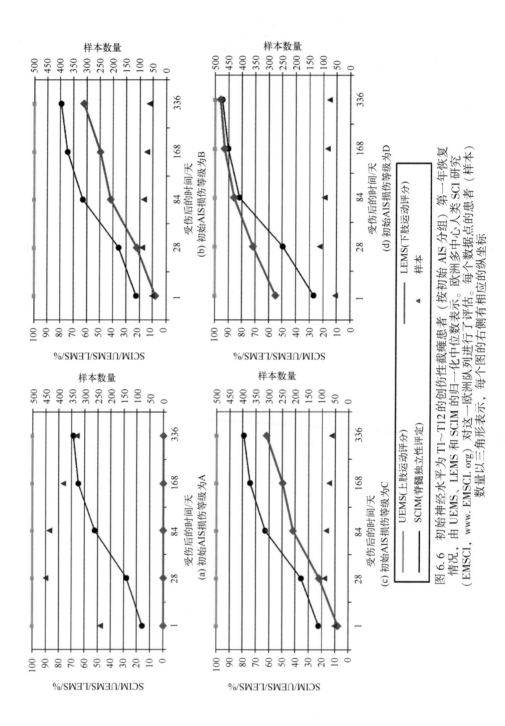

图 6.6 初始神经水平为 T1~T12 的创伤性截瘫患者（按初始 AIS 分组）第一年恢复情况，由 UEMS、LEMS 和 SCIM 的归一化中位数列进行了评估。对这一欧洲队列（来自欧洲多中心人类 SCI 研究（EMSCI, www.EMSCI.org））每个数据点的患者（样本）数量以三角形表示，每个图形的右侧有相应的纵坐标

可通过调整保留（补偿）的运动部分，或整合可替代的运动部分来实现功能改进。

　　研究者把术语运动性能恢复定义为恢复 SCI 之前存在的基本运动模式，这意味着，以体格健全的个体通常采用的相同运动模式，使用相同的末端执行器和关节执行给定的任务。虽然尚未完全理解运动恢复的神经生物基础，但人们普遍认为，中枢神经系统（CNS）不同层次的神经网络的结构和功能重组在很大程度上促进了运动恢复，把中枢神经系统的这种重组能力称为神经可塑性。

　　研究者把运动补偿定义为对剩余运动部分进行调整适应或替代，从而产生了新的运动模式，这意味着功能由技术辅助或辅助装置接管和替代。

　　决定是否采用恢复性或补偿/替代性治疗策略通常取决于几个因素，但受伤后的时间和受伤的严重程度是最重要的因素。普遍接受的治疗指南指出，在较轻（运动不完全）和较急性的 SCI 中，治疗重点是恢复原有功能。这并不意味着强化恢复治疗不会导致不完全脊髓损伤后慢性期的功能改善，但改善程度可能远低于亚急性期。

　　在过去 20 年中，在基于运动学习方法的恢复性治疗中，以及在补偿或替代永久性受限或丧失的运动功能方面，技术在运动障碍康复中的应用不断增加（Dietz 和 Fouad，2014；Prochazka，2015；Rupp 等，2015b；Wagner 等，2018）。不完全 SCI 患者的恢复性治疗例子包括支持体重的跑步机训练，可以有或没有运动步态矫形器帮助，这种训练有助于实现大量重复的训练，这是运动学习的关键原则之一，例子还包括基于功能性电刺激（functional electrical stimulation，FES）的抓握神经假肢，用于补偿上肢功能的丧失（Rupp 等，2015a）。

　　为了让高位 SCI 的个体参与社会，使用辅助设备实现对环境控制以及对计算机、互联网和社交媒体访问，后者对于严重运动障碍（因 SCI 引起的完全运动丧失）的人非常重要，因为在虚拟世界中，残疾人的功能水平与正常人相同。用于控制辅助设备的用户接口（取决于用户的残留能力）示例如下：由手或下巴操作的操纵杆、呼吸控制、语音控制或眼动跟踪系统。

6.3.3　脑-机接口用于 SCI 康复

　　神经技术的最新进展导致了脑-计算机接口（brain-computer interface，BCI），也称脑-机器接口（brain-machine interface，BMI）的发展，这是在人脑和计算机之间提供直接连接的技术系统（Wolpaw 等，2002）。这些系统能够检测脑电生理活动中由思维活动调节的变化，并将这些变化转换为用于不同应用的控制信号。首先，BCI 可以绕过非功能性的皮质脊髓通路，允许大脑直接控制技术设备，以辅助日常生活活动（辅助性脑−机接口，见第 2、7、8、13 和 22 章）。其次，BCI 可以促进中枢神经系统内的神经可塑性，特别是促进大脑的可塑性，从而通过增强运动学习和运动恢复实现运动康复（见第 9 章）。如果 BCI 用于不完全性 SCI 患者的运动功能恢复，则通常称为康复性 BCI，尽管术语"恢复性 BCI"更准确（Grosse-Wentrup 等，2011；Soekadar 等，2015；Chaudhary 等，2016）。虽然 BCI 的所有实现都基于相同的基本组件（Shih 等，2012），但它们在侵入程度、硬件和软件组件的复杂性、潜在的生理机制及其基本操作模式（基于提示、同步与异步）方面存在很大差异（Birbaumer 和 Cohen，2007）。

由于传统用户接口的局限性，使用 BCI 补偿运动障碍首选目标人群是完全性运动 SCI 的高位损伤、四肢瘫痪患者组（Wodlinger 等，2015；Rupp 等，2015a；Bouton 等，2016；Ajiboye 等，2017）。尽管证据很少，但康复性 BCI 可能是损伤后亚急性期在神经损伤水平以下保留了部分运动功能的患者的一种有价值的辅助治疗（Osuagwu 等，2016）。

6.4　SCI 对脑结构和功能的影响

虽然 SCI 对肌肉痉挛（完好的下位运动神经元）或松弛性（受损的下位运动神经元）麻痹的外周运动系统的后果相对较清楚（Kern 等，2008；Bryden 等，2016），关于皮质传出神经阻滞和传入神经阻滞对大脑结构和功能影响的知识仍然非常有限，并且在某些方面相互矛盾（Tidoni 等，2015）。

6.4.1　静息状态下 SCI 相关的大脑解剖和神经生理变化

一些研究考查了 SCI 后发生的解剖和功能适应过程。Wrigley 等（2009）报告了完全性胸部 SCI 患者左脑初级运动皮质（M1）、内侧前额叶皮质和前前扣带皮质（anteriorcingulate cortex）的灰质显著减少。最近的两项研究与这些发现一致：采用基于体素的形态测量法（voxel-based morphometry，VBM）的结构 MRI 研究结果表明，即使在完全和不完全 SCI 后 4~12 周的早期，运动和感觉皮质也出现灰质萎缩（gray matter atrophy），影响了 M1、初级感觉皮质（primary sensory cortex，S1）、辅助运动区（supplementary motor area，SMA）和丘脑（Hou 等，2014）。特别是，发现 M1 灰质体积减小与 ISNCSCI 运动总评分正相关，该运动评分作为神经损伤程度的度量。在另一项基于敏感磁化转移图中髓鞘变化的研究中，急性 SCI 第一年内 M1 中灰质的体积逐渐减少（Freund 等，2013）。此外，在同一时间，更好的神经恢复不仅与皮质激活增加有关（Sabre 等，2013），而且与急性损伤后更大的皮质脊髓束完整性有关（Freund 等，2013）。然而，必须强调的是，这些变化的因果关系在很大程度上仍然未知，这意味着这些变化是神经恢复的起源还是结果是一个悬而未决的问题。在 EEG 研究中，显示休息期间 8 ~ 13Hz 范围内的脑电波活动减少（Tran 等，2004），β 范围内的活动增加（Herbert 等，2007），这表明 SCI 患者的神经加工增加，这可能与 SCI 后大脑结构的持续重组有关。

然而，并非所有的研究都得出相同的结论，即 SCI 后大脑发生了显著的解剖变化。与上述内容相反，使用手动和自动 VBM 步骤，在完全和不完全性颈椎 SCI 患者组和健全受试者组之间，M1 中的灰质和白质体积没有发现形态测量差异（Crawley 等，2004）。然而，在对该数据的额外分析中，观察到 S1 和顶叶皮质灰质减少（Jurkiewicz 等，2006）。数据重新分析中的差异表明，图像分析、阈值定义和统计方法所使用的方法影响很大。

一般而言，研究结果之间的差异可能归因于被考察的研究人群的试验间和试验内的高度异质性（Tidoni 等，2015）。这不仅指运动功能的不同特征，也指感觉功能的不同特点。即使在临床上完全性患者（在 NLI 以下没有保留功能的 AIS A 级）中，仍可能存在一些完好无损但不活跃的纤维（McKay 等，2004），可能会认为这对大脑结构的完整性产生影响。

总体而言，文献中的最新证据表明，至少在 SCI 患者的亚群中，皮层和脊髓区域内的早期和晚期可能发生解剖变化和功能性重组过程。虽然 SCI 损伤后静息时感觉运动皮层的解剖-功能变化表明其仍然是反应性的，但目前很少有关于这种活动如何影响 BCI 控制外部应用的有效性的信息。

6.4.2　SCI 中依赖于动作相关任务的功能性大脑重组

有关 SCI 患者动作相关皮层活动的功能性变化的早期证据来自分析运动相关皮层电位（movement-related cortical potentials，MRCP）的 EEG 研究。

MRCP 开始于自愿运动之前，结束于自愿运动之后，开始于缓慢上升的负向电位，称为准备电位（Bereitschaftspotential/BP 或 readiness potential/RP）。他们在运动开始前约 400ms 开始进入更陡峭、更晚的负电位，随后出现运动电位（motor potential，MP），部分在运动前和运动后出现。MP 的初始斜率（the initial slope）发生在肌电活动开始之前。

一项涉及完全性截瘫受试者（受伤后时间<6 个月）的研究表明，在实际执行脚趾运动时，与 SCI 受试者相比，亚急性 SCI 受试者和身体健康的受试者在运动规划期间反映运动皮层活动的早期准备电位的地形图相似（Castro 等，2007）。然而，反映与运动准备和执行相关的大脑活动的后期运动电位显示，

与准备但未执行脚趾运动的一组健康受试者更相似。这表明 SCI 患者负责规划和执行运动的运动皮层部分似乎没有改变，运动电位的变化可能是由触觉和本体感觉的损伤引起的。这一结论得到了一项涉及慢性截瘫（chronic paraplegia）参与者的研究的支持，该研究表明，在手部完整动作的准备和执行期间，执行运动区与保留的时间和空间模式密切相关（Mattia 等，2006 年）。

相反，其他高分辨率 EEG 研究表明，与健康受试者相比，至少在 SCI 患者亚组中，由脚或手指运动（或尝试运动）引起的 MRCP 出现更晚（Green 等，1999）。

采用功能性神经解剖学技术的研究结果也不是完全确凿的（不容置疑的）：在采用正电子发射断层扫描（Positron Emission Tomography，PET）的研究中，皮层（对侧感觉运动皮层和同侧顶叶上部）和皮层下区域（对侧丘脑和双侧小脑）的激活增加，这对感觉运动整合很重要，与身体健全的受试者相比，在执行手部运动过程中截瘫的个体中显示了这一点（Curt 等，2002b），而四肢瘫痪受试者在运动任务期间仅显示了 SMA 的激活。在执行操纵杆移动期间，与健康对照组相比，截瘫和四肢瘫痪患者的感觉运动"手部区域"向"腿部区域"扩展（Bruehlmeier 等，1998）。在一项涉及颈椎 SCI 患者的 fMRI 研究中，据报道，负责舌部运动的区域向上肢表征区的传入神经阻滞区域方向移动了 12mm，但激活量没有增加（Mikulis 等，2002）。此外，发现后移量取决于上肢运动评分（upper extremity motor scores，UEMS）和 NLI，表明皮质重组是脊髓损伤的结果，而不是任何其他未知的潜在因素。同样，另一项 fMRI 研究的结果显示，完全性截瘫表现出中央前回肘部运动表征区域向传入神经阻滞的皮质胸部表征区方向移位（Lotze 等，2006）。

与这些结果形成对比的是，其他 fMRI 研究显示 SCI 后感觉运动拓扑结构的轻微重组：在一项研究中，完全性截瘫患者出现了这种情况，M1 中的躯体顶端（体端）上肢和舌部表征区被保留，而没有任何向传出神经阻滞和传入神经阻滞的 M1 足部区域的激活转移（Curt 等，2002a）。然而，在手指运动过程中，SCI 患者与健康对照组相比，M1 激活量增加。在手指、手腕和肘部的运动过程中，非初级运动和顶叶区域以及小脑中也发现了增加的激活，而在舌部运动过程中没有出现变化。这些结果表明，在完全性截瘫患者中，未受损上肢肌肉的皮质激活模式被修改，但 M1 中没有任何（脑区）地形图的重组。其他 fMRI 研究证实 M1 中没有地形图重组，但在尝试进行瘫痪肢体运动的过程中，发现颈椎 SCI 患者的非初级感觉运动皮层区域没有差异（Shoham 等，2001）。

大多数研究展示了横向性研究，不旨在研究大脑重组随时间的演变。一项

fMRI 研究跟踪了 6 名颈椎 SCI 患者受伤后第一年的情况（Jurkiewicz 等，2007）。在 SCI 后亚急性期，运动受损期间，M1 中几乎没有任务相关激活，而相关的皮层感觉运动区的激活比健康对照组更广泛。在运动恢复期间，检测到运动相关 M1 激活的体积逐渐增大，相关皮层感觉运动区域的激活减少。当在几乎没有损伤的情况下进行运动时，皮质激活的总体模式与在健康个体中观察到的模式相似。这些结果表明，SCI 诱发的脑组织的潜在变化随着功能恢复而逆转。

　　总之，关于 SCI 引起的大脑初级感觉运动区的地形图组织变化的文献研究是不一致的。虽然一些研究报告了 M1 中麻痹和非麻痹部分激活的焦点转移，但其他研究并未证实这些发现。不确凿性研究结果的潜在原因可能是不同的数据分析技术和少数研究参与者在受伤后时间、损伤程度和严重程度以及其他因素（如出现疼痛）方面具有很大的异质性（Tidoni 等，2015）。然而，大多数研究一致认为，与身体健康的受试者相比，SCI 患者感觉运动网络的扩展活动反映了感觉运动整合的严重损害。这些变化对不同类型 BCI 性能的影响尚不清楚，需要进一步研究。特别是，如果感觉运动脑地形图和皮层激活的变化可以作为 BCI 性能的潜在预测指标，这将是非常有趣的。

6.4.3　脊髓损伤后与运动想象相关的大脑重组

　　基于 EEG、康复和辅助 BCI 最广泛利用的脑信号是感觉运动节律（senso-rimotor rhythms，SMR），该节律由运动想象调节（Millán 等，2010；Rupp 等，2015a）。研究报告称，SCI 患者对其瘫痪身体部位的运动动作的想象能力保持不变（Decety 和 Boisson，1990；Lacourse 等，1999；Sabbah 等，2002）。然而，尽管一些文章报道，与执行运动动作的健康对照组相比，完全性 SCI 患者在运动尝试期间 M1 激活减少（HotzBoendermaker 等，2008），但其他人发现类似的 M1 激活水平（Alkadhi 等，2005）。除了 Curt 等（2002a）的上述工作外，研究还表明，患有完全性 SCI 的受试者不仅在运动尝试期间，而且在运动想象（motor imagery，MI）期间，表现出顶叶和小脑的其他区域的激活和招募增强（Alkadhi 等，2005；HotzBoendermaker 等，2008）。然而，与身体健康的受试者相比，完全性 SCI 受试者表现出随着任务需求的变化，对激活的调节较差（Cramer 等，2005）。

　　总之，SCI 群体中的运动想象能力得到了保留，即使是完全性损伤的患者。然而，大脑激活水平的变化似乎有很大的变化。这对控制 BCI 的一般能力和 BCI 性能的影响在很大程度上仍然未知。

6.4.4　SCI 后基于运动想象的 BCI 性能

即使在非运动障碍人群中，多达 1/3 的人也不可能检测到可分类的任务相关 EEG 模式，可分类的任务相关 EEG 模式构成了 SMR-BCI 的神经生理基础（Guger 等，2003）。因此，这些受试者不能很快获得 BCI 控制的应用，或者至少需要大量的训练。无法控制 BCI（其他同义词为 BCI-"低效率"，BCI 能力倾向）的原因尚未得到令人满意的描述。为数不多的明确调查了用户和 BCI 相关因素对 BCI 性能的预测价值的研究是针对无运动障碍的受试者进行的（Kübler 等，2004；Blankertz 等，2010；Halder 等，2011；Holz 等，2011；Kaufmann 等，2013）。因此，尚不清楚这些结果在多大程度上代表 SCI 患者。

在最近的一项研究中，对一组健康受试者和完全性 SCI 的四肢瘫痪和截瘫受试者进行了三类 MI 筛查（左手、右手、脚）。尽管 SCI 患者组在创伤后时间和年龄方面非常异质，但可以看出，四肢瘫痪和截瘫患者在事件相关去同步（event-related desynchronization，ERD）强度方面存在显著差异，事件相关同步（event-related synchronization，ERS）显著增加，并达到显著较低的平均分类精度（Müller-Putz 等，2014）。

在另一项研究中，作者比较了 8 名完全性截瘫患者和 7 名完全性四肢瘫痪患者的 BCI 表现（Pfurtscheller 等，2009）。虽然 5 名截瘫患者的平均分类准确率高于 70%，但只有一名四肢瘫痪患者达到了这一水平。这一观察结果的原因尚不清楚，但可以推测，缺失的感觉环路限制了想象运动的生动性，因此限制了皮层激活（Alkadhi 等，2005）。

训练有望改善 SMR-BCI 的性能，但关于慢性高位 SCI 患者长期 MI-BCI 训练的过程和性能的数据很少。在最近的一项研究中，两名患有完全性（AIS A 级）、颈部和慢性 SCI 的参与者接受了相互学习方法的训练，以在虚拟 BCI 竞赛游戏中控制他们的化身（Perdikis 等，2018）。EEG 神经成像方法清楚地显示了受试者学习的有效性，并反映在比赛结果随时间的改善。与此相反，在另一项研究中，颈椎 SCI 患者接受了旨在控制机械臂的 MI-BCI 操作训练，其平均表现仅为 70%，相当中等的水平（Onose 等，2012）。在一项单一病例研究的框架内，为颈部上端脊髓运动完全性损伤的个体提供了 BCI 控制的上肢神经假肢，在超过 6 个月的训练期内，没有出现任何训练效果（Rohm 等，2013）。即使在 415 轮次的 MI-BCI 后，终端用户的平均性能仍保持在 70% 左右，日常差异较大。这种中等水平的平均表现可以解释为 SCI 受试者与未受损个体相比，运动相关 β 波段调制的显著差异（Gourab 和 Schmit，2010）。具体而言，ERS 振幅降低与尝试移动的肢体损伤的严重程度之间似乎存在相关性。这支持了这样一种观点，即在高位四肢瘫痪受试者中，大量的 BCI 训练期不一定会导致更好的结果。尽管这一说法需要在更大人群的未来研究中验证，但必须明确告知患者。

6.5　影响 BCI 性能的 SCI 相关混杂因素

已知一些与 SCI 相关的医学因素会影响大脑功能，在 BCI 性能不足以实际应用的特定情况下，检查这些因素的存在非常重要（Rupp，2014）。

6.5.1　解痉药

脊髓休克期后，损伤水平以下身体部位的肌肉会出现痉挛。这种反射抑制不仅在骨骼肌中明显，而且在逼尿肌中也明显，可导致尿失禁发作。SCI 后第一个月膀胱过度活动的标准治疗是抗胆碱药，该药抑制乙酰胆碱受体，从而降低逼尿肌张力。研究已表明，中枢神经系统中的抗胆碱能作用可对警觉和专注产生负面影响。虽然摄入羟丁宁会导致 EEG 中所有相关频带的频谱功率显著降低，但使用托特罗定、氯化特罗司匹亚铵或达利非那星可以避免这种影响（Pietzko 等，1994；Todorova 等，2001；Kay 和 Ebinger，2008）。因此，必须仔细选择抗胆碱能药物治疗逼尿肌过度活动，以防止对 BCI 的性能产生不利影响。

除抗胆碱药外，治疗骨骼肌痉挛的药物，如 GABA-b 受体激动剂巴氯芬，也会影响 EEG 频谱功率分布，导致慢变脑电波增加（Seyfert 和 Straschill，1982；Badr 等，1983）。尽管缺少 GABA 激动剂对 BCI 性能影响的系统研究，但可以假设，慢波的增加和较高频率的频谱成分的减少将产生负面影响，至少减少对基于 SMR 的 BCI 产生负面影响。

6.5.2　慢性神经性疼痛

疼痛是 SCI 后的主要问题，大多数患者报告有疼痛。在 SCI 后的急性期，主要是创伤或水泡引起的伤害性疼痛（Finnerup，2013）。在急性期，患者接受高剂量药物治疗，以抑制术后或创伤相关的伤害性疼痛。这种药物和其他药物的常见副作用是它们对注意力、记忆力和注意力的有害影响，导致最终用户疲劳。这些效应显著改变了 BCI 的性能（Schreuder 等，2013）。通常在 SCI 后的第一年内，约 40%～50% 的患者出现慢性神经性疼痛，并趋于慢性（Siddall 等，2003）。人们普遍认为，慢性疼痛以皮质和皮质下重组为特征，这一机制可能适用于 SCI 后疼痛的个体（Pascoal-Faria 等，2015）。采用结构 MRI，比较了有或无慢性神经性疼痛的 SCI 患者的组织容量，并发现了初级体感皮层、皮质脊髓束和视觉皮层的结构变化（Mole 等，2014）。这些变化在病变水平以下的慢性疼痛患者中更为明显，脑结构重组的数量与报告的慢性疼痛强度相关（Wrigley 等，2009）。其他研究表明，运动想象像任务中涉及的脑区与疼痛和奖赏加工相关的脑区之间存在联系（Gustin 等，2010a；Gustin 等，2010b）。这表明，慢性疼痛与疼痛感知及其调制相关的大脑区域的皮质和皮质下变化有关（Yoon 等，2013）。

患有 SCI 和慢性疼痛的个体似乎具有不同地形图的大脑组织和 EEG 信号，考虑到使用 BCI 的影响，这是一个非常重要的问题。更具体地说，患有神经性疼痛的 SCI 患者的 EEG 活动比没有慢性疼痛的患者变化更慢（Boord 等，2008）。类似地，SCI 后患有疼痛的个体与无疼痛的个体相比，峰值频率在 6-12Hz 范围内降低（Wydenkeller 等，2009）。有趣的是，与健康对照组和无疼痛患者相比，患有疼痛的患者闭眼时的 θ 和 α 频率活动减少（Pascoal-Faria 等，2015）。

最近的一项研究证实，SCI 和慢性神经痛（慢性神经病理性疼痛，简称慢性神经痛）患者的 EEG 活动不同于无痛患者和健康人（Vuckovic 等，2014）。识别特定频率的 EEG 信号可用于监测神经痛的进展情况。然而，目前尚不清楚这些 EEG 模式的演变是否会对 BCI 控制产生不利影响。除了疼痛对受影响者生活质量的一般负面影响外，它还会导致专注度和注意力不足，这两种情况都会对 BCI 性能产生负面影响。

对基于 SMR 的 BCI 的操作，用户必须想象身体不同瘫痪部位的运动/移动。运动想象对神经痛的影响仍然是一个争论的问题，运动想象训练是否降低或增加感知疼痛水平尚不完全清楚。在慢性胸部 SCI 患者中显示，每天想象足部运动 3 次，持续 7 天，会增加神经痛（Gustin 等，2008）。与此相反，初步研究表明，神经反馈有可能帮助患有其他难治性慢性疼痛的患者（Jensen 等，2013a）。最近的发现表明，某些 EEG 活动模式可能与 SCI 患者更多的疼痛或更易遭受慢性疼痛有关。对 EEG 活动的变化在多大程度上可能导致疼痛缓解的研究是有必要的（Jensen 等，2013b）。

总之，SCI 后的慢性神经痛对皮质地形组织和 EEG 信号有实质性的影响。在预防或治疗慢性神经痛中，对瘫痪身体部位运动的想象和神经反馈的利用仍然是有争议的讨论主题。

6.6　对 SCI 研究参与者特征的建议

为了更好地解释影像学和神经生理学研究中部分有争议的结果，并确定 BCI 性能/表现中受试者间差异较大的原因，必须更好地描述 SCI 研究参与者的特征。一般来说，只有外伤性 SCI 患者通常被纳入临床试验，因为其具有良好的恢复特征，或在慢性期的后期，神经状况稳定。然而，SCI 的原因应在患者特征描述中列出，应提供受伤后的年龄和时间作为最小基本数据集。神经状态的表征应基于 ISNCSCI 评估。然而，仅提供 AIS 和 NLI 是不够的，需要提供关于身体每侧的感觉和运动水平以及上肢运动评分（upper extremity motor scores，UEMS）和下肢运动评分（lower extremity motor scores，UEMS）的信息。如果骶骨最低节段感觉或/和运动功能缺失，应指定感觉或/和运动部分保留区（zones of partial preservation，ZPPs），以评估保留的自主功能的尾端范围。鉴于疼痛对大脑重组的影响，应注意各种类型疼痛的存在，特别是慢性神经痛。为了评估神经痛的存在，SCI 疼痛量表是一种简单快速的评估方法，也可以由非临床医生进行（Bryce 等，2014）。由于已显示抗痉挛和止痛药对 EEG 参数和诱发电位的影响，因此记录此类药物的剂量非常重要，记录痉挛的出现及其反射的过高兴奋性和出现肌张力增加的临床症状也是可取的。

参 考 文 献

[1] Ajiboye AB, Willett FR, Young DR et al. (2017). Restoration of reaching and grasping movements through braincontrolled muscle stimulation in a person with tetraplegia: a proof-of-concept demonstration. Lancet 389: 1821-1830.

[2] Alkadhi H, Brugger P, Boendermaker SH et al. (2005). What disconnection tells about motor imagery: evidence from paraplegic patients. Cereb Cortex 15: 131-140.

[3] Anderson KD (2004). Targeting recovery: priorities of thespinal cord-injured population. J Neurotrauma 21: 1371-1383.

[4] ASIA (2011). International standards for neurological classification of spinal cord injury, American Spinal Injury Association, Atlanta, GA.

[5] Badr GG, Matousek M, Frederiksen PK (1983). A quantitative EEG analysis of the effects of baclofen on man. Neuropsychobiology 10: 13-18.

[6] Birbaumer N, Cohen LG (2007). Brain-computer interfaces: communication and restoration of movement in paralysis. J Physiol 579: 621-636.

[7] Blankertz B, Sannelli C, Halder S et al. (2010). Neurophysiological predictor of SMR-based

BCI performance. Neuroimage 51: 1303-1309.

[8] Boland RA, Lin CS, Engel S et al. (2011). Adaptation of motor function after spinal cord injury: novel insights into spinal shock. Brain 134: 495-505.

[9] Boord P, Siddall PJ, Tran Y et al. (2008). Electroencephalographic slowing and reduced reactivity in neuropathic pain following spinal cord injury. Spinal Cord 46: 118-123.

[10] Bouton CE, Shaikhouni A, Annetta NV et al. (2016). Restoring cortical control of functional movement in a human with quadriplegia. Nature 533: 247-250.

[11] Bruehlmeier M, Dietz V, Leenders KL et al. (1998). How does the human brain deal with a spinal cord injury? Eur J Neurosci 10: 3918-3922.

[12] Bryce TN, Richards JS, Bombardier CH et al. (2014). Screening for neuropathic pain after spinal cord injury with the spinal cord injury pain instrument (SCIPI): a preliminary validation study. Spinal Cord 52: 407-412.

[13] Bryden AM, Hoyen HA, Keith MW et al. (2016). Upper extremity assessment in tetraplegia: the importance of differentiating between upper and lower motor neuron paralysis. Arch Phys Med Rehabil 97: S97-S104.

[14] Castro A, Diaz F, van Boxtel GJ (2007). How does a short history of spinal cord injury affect movement-related brain potentials? Eur J Neurosci 25: 2927-2934.

[15] Chaudhary U, Birbaumer N, Ramos-Murguialday A (2016). Brain-computer interfaces for communication and rehabilitation. Nat Rev Neurol 12: 513-525.

[16] Cramer SC, Lastra L, Lacourse MG et al. (2005). Brain motor system function after chronic, complete spinal cord injury. Brain 128: 2941-2950.

[17] Crawley AP, Jurkiewicz MT, Yim A et al. (2004). Absence of localized grey matter volume changes in the motor cortex following spinal cord injury. Brain Res 1028: 19-25. 62 R. RUPP

[18] Curt A, Alkadhi H, Crelier GR et al. (2002a). Changes of non-affected upper limb cortical representation in paraplegic patients as assessed by fMRI. Brain 125: 2567-2578.

[19] Curt A, Bruehlmeier M, Leenders KL et al. (2002b). Differential effect of spinal cord injury and functional impairment on human brain activation. J Neurotrauma 19: 43-51.

[20] Curt A, Schwab ME, Dietz V (2004). Providing the clinical basis for new interventional therapies: refined diagnosis and assessment of recovery after spinal cord injury. Spinal Cord 42: 1-6.

[21] Curt A, Van Hedel HJ, Klaus D et al. (2008). Recovery from a spinal cord injury: significance of compensation, neural plasticity, and repair. J Neurotrauma 25: 677-685.

[22] Dahlberg A, Kotila M, Leppanen P et al. (2005). Prevalence of spinal cord injury in Helsinki. Spinal Cord 43: 47-50.

[23] Decety J, Boisson D (1990). Effect of brain and spinal cord injuries on motor imagery. Eur Arch Psychiatry Clin Neurosci 240: 39-43.

[24] DeVivo MJ, Chen Y (2011). Trends in new injuries, prevalent cases, and aging with spinal

cord injury. Arch Phys Med Rehabil 92: 332-338.

[25] DeVivo MJ, Vogel LC (2004). Epidemiology of spinal cord injury in children and adolescents. J Spinal Cord Med 27: S4-10.

[26] Dietz V, Fouad K (2014). Restoration of sensorimotor functions after spinal cord injury. Brain 137: 654-667.

[27] Downs MB, Laporte C (2011). Conflicting dermatome maps: educational and clinical implications. J Orthop Sports Phys Ther 41: 427-434.

[28] Exner G (2004). The working group "paraplegy" of the federation of commercial professional associations in Germany. Facts, figures and prognoses. Trauma Berufskr 6: 147-151.

[29] Finnerup NB (2013). Pain in patients with spinal cord injury. Pain 154: S71-S76.

[30] Freund P, Weiskopf N, Ashburner J et al. (2013). MRI investigation of the sensorimotor cortex and the corticospinal tract after acute spinal cord injury: a prospective longitudinal study. Lancet Neurol 12: 873-881.

[31] Furlan JC, Sakakibara BM, Miller WC et al. (2013). Global incidence and prevalence of traumatic spinal cord injury. Can J Neurol Sci 40: 456-464.

[32] Gourab K, Schmit BD (2010). Changes in movement-related beta-band EEG signals in human spinal cord injury. Clin Neurophysiol 121: 2017-2023.

[33] Green JB, Sora E, Bialy Y et al. (1999). Cortical motor reorganization after paraplegia: an EEG study. Neurology 53: 736-743.

[34] Grosse-Wentrup M, Mattia D, Oweiss K (2011). Using braincomputer interfaces to induce neural plasticity and restore function. J Neural Eng 8: 025004.

[35] Guger C, Edlinger G, Harkam W et al. (2003). How many people are able to operate an EEG-based brain-computer interface (BCI)? IEEE Trans Neural Syst RehabilEng 11: 145-147.

[36] Gustin SM, Wrigley PJ, Gandevia SC et al. (2008). Movement imagery increases pain in people with neuropathic pain following complete thoracic spinal cord injury. Pain 137: 237-244.

[37] Gustin SM, Wrigley PJ, Henderson LA et al. (2010a). Brain circuitry underlying pain in response to imagined movement in people with spinal cord injury. Pain 148: 438-445.

[38] Gustin SM, Wrigley PJ, Siddall PJ et al. (2010b). Brain anatomy changes associated with persistent neuropathic pain following spinal cord injury. Cereb Cortex 20: 1409-1419.

[39] Halder S, Agorastos D, Veit R et al. (2011). Neural mechanisms of brain-computer interface control. Neuroimage 55: 1779-1790.

[40] Herbert D, Tran Y, Craig A et al. (2007). Altered brain wave activity in persons with chronic spinal cord injury. Int J Neurosci 117: 1731-1746.

[41] Hiersemenzel LP, Curt A, Dietz V (2000). From spinal shock to spasticity: neuronal adaptations to a spinal cord injury. Neurology 54: 1574-1582.

［42］ Holz EM, Kaufmann T, Desideri L et al. (2011). User centred design in BCI development. In: Biological and medical physics, biomedical engineering 2013, p. 22.

［43］ Hotz-Boendermaker S, Funk M, Summers P et al. (2008). Preservation of motor programs in paraplegics as demonstrated by attempted and imagined foot movements. Neuroimage 39: 383-394.

［44］ Hou JM, Yan RB, Xiang ZM et al. (2014). Brain sensorimotor system atrophy during the early stage of spinal cord injury in humans. Neuroscience 266: 208-215.

［45］ Hua R, Shi J, Wang X et al. (2013). Analysis of the causes and types of traumatic spinal cord injury based on 561 cases in China from 2001 to 2010. Spinal Cord 51: 218-221.

［46］ Itzkovich M, Gelernter I, Biering-Sorensen F et al. (2007). The spinal cord independence measure (SCIM) version III: reliability and validity in a multi-center international study. Disabil Rehabil 29: 1926-1933.

［47］ Jensen MP, Gertz KJ, Kupper AE et al. (2013a). Steps toward developing an EEG bio-feedback treatment for chronic pain. Appl Psychophysiol Biofeedback 38: 101-108.

［48］ Jensen MP, Sherlin LH, Gertz KJ et al. (2013b). Brain EEG activity correlates of chronic pain in persons with spinal cord injury: clinical implications. Spinal Cord 51: 55-58.

［49］ Jurkiewicz MT, Crawley AP, Verrier MC et al. (2006). Somatosensory cortical atrophy after spinal cord injury: a voxel-based morphometry study. Neurology 66: 762-764.

［50］ Jurkiewicz MT, Mikulis DJ, McIlroy WE et al. (2007). Sensorimotor cortical plasticity during recovery following spinal cord injury: a longitudinal fMRI study. Neurorehabil Neural Repair 21: 527-538.

［51］ Kaufmann T, Schulz SM, Koblitz A et al. (2013). Face stimuli effectively prevent brain-computer interface inefficiency in patients with neurodegenerative disease. Clin Neurophysiol 124: 893-900.

［52］ Kay GG, Ebinger U (2008). Preserving cognitive function for patients with overactive bladder: evidence for a differential effect with darifenacin. Int J Clin Pract 62: 1792-1800.

［53］ Kern H, Hofer C, Modlin M et al. (2008). Stable muscle atrophy in long-term paraplegics with complete upper motor neuron lesion from 3-to 20-year SCI. Spinal Cord 46: 293-304.

［54］ Kirshblum S, Waring 3rd W (2014). Updates for the international standards for neurological classification of spinal cord injury. Phys Med Rehabil Clin N Am 25: 505-517. vii.

［55］ Kirshblum SC, Botticello AL, Dyson-Hudson TA et al. (2016). Patterns of sacral sparing components on neurologic recovery in newly injured persons with traumatic spinal cord injury. Arch Phys Med Rehabil 97: 1647-1655.

［56］ Kübler A, Neumann N, Wilhelm B et al. (2004). Predictability of brain-computer communication. Int J Psychophysiol 18: 121-129.

［57］ Lacourse MG, Cohen MJ, Lawrence KE et al. (1999). Cortical potentials during imagined movements in individuals with chronic spinal cord injuries. Behav Brain Res 104: 73-88.

[58] Langhorne P, Bernhardt J, Kwakkel G (2011). Stroke rehabilitation. Lancet 377: 1693-1702.

[59] Lee BB, Cripps RA, Fitzharris M et al. (2014). The global map for traumatic spinal cord injury epidemiology: update 2011, global incidence rate. Spinal Cord 52: 110-116.

[60] Lotze M, Laubis-Herrmann U, Topka H (2006). Combination of TMS and fMRI reveals a specific pattern of reorganization in M1 in patients after complete spinal cord injury. Restor Neurol Neurosci 24: 97-107.

[61] Mattia D, Cincotti F, Mattiocco M et al. (2006). Motor-related cortical dynamics to intact movements in tetraplegics as revealed by high-resolution EEG. Hum Brain Mapp 27: 510-519.

[62] McCammon JR, Ethans K (2011). Spinal cord injury in Manitoba: a provincial epidemiological study. J Spinal Cord Med 34: 6-10.

[63] McCaughey EJ, Purcell M, McLean AN et al. (2016). Changing demographics of spinal cord injury over a 20-year period: a longitudinal population-based study in Scotland. Spinal Cord 54: 270-276.

[64] McKay WB, Lim HK, Priebe MM et al. (2004). Clinical neurophysiological assessment of residual motor control in post-spinal cord injury paralysis. Neurorehabil Neural Repair 18: 144-153.

[65] Mikulis DJ, Jurkiewicz MT, McIlroy WE et al. (2002). Adaptation in the motor cortex following cervical spinal cord injury. Neurology 58: 794-801.

[66] Milicevic S, Bukumiric Z, Nikolic AK et al. (2012). Demographic characteristics and functional outcomes in patients with traumatic and nontraumatic spinal cord injuries. Vojnosanit Pregl 69: 1061-1066.

[67] MillánJdR, Rupp R, Müller-Putz GR et al. (2010). Combining brain-computer interfaces and assistive technologies: state-of-the-art and challenges. Front Neurosci 4: 161. https:// 10. 3389/fnins. 2010. 00161.

[68] Mole TB, MacIver K, Sluming V et al. (2014). Specific brain morphometric changes in spinal cord injury with and without neuropathic pain. Neuroimage Clin 5: 28-35.

[69] Müller-Putz GR, Daly I, Kaiser V (2014). Motor imageryinduced EEG patterns in individuals with spinal cord injury and their impact on brain-computer interface accuracy. J Neural Eng 11: 035011.

[70] New PW, Farry A, Baxter D et al. (2013). Prevalence of nontraumatic spinal cord injury in Victoria, Australia. Spinal Cord 51: 99-102.

[71] New PW, Cripps RA, Bonne Lee B (2014). Global maps of non-traumatic spinal cord injury epidemiology: towards a living data repository. Spinal Cord 52: 97-109.

[72] Nijendijk JH, Post MW, van Asbeck FW (2014). Epidemiology of traumatic spinal cord injuries in The Netherlands in 2010. Spinal Cord 52: 258-263.

[73] Noonan VK, Fingas M, Farry A et al. (2012). Incidence and prevalence of spinal cord injury in Canada: a national perspective. Neuroepidemiology 38: 219-226.

[74] NSCISC (2018). The 2018 annual statistical report for the model spinal cord injury care system, [Online]National SCI Statistical Center. Available:www.uab. edu/NSCISC.

[75] Nwadinigwe CU, Iloabuchi TC, Nwabude IA (2004). Traumatic spinal cord injuries (SCI): a study of 104 cases. Niger J Med 13: 161-165.

[76] Obalum DC, Giwa SO, Adekoya-Cole TO et al. (2009). Profile of spinal injuries in Lagos, Nigeria. Spinal Cord 47: 134-137.

[77] O'Connor PJ (2005). Prevalence of spinal cord injury in Australia. Spinal Cord 43: 42-46.

[78] Onose G, Grozea C, Anghelescu A et al. (2012). On the feasibility of using motor imagery EEG-based brain-computer interface in chronic tetraplegics for assistive robotic arm control: a clinical test and long-term post-trial follow-up. Spinal Cord 50: 599-608.

[79] Osuagwu BC, Wallace L, Fraser M et al. (2016). Rehabilitation of hand in subacute tetraplegic patients based on brain computer interface and functional electrical stimulation: a randomised pilot study. J Neural Eng 13: 065002.

[80] Ouzký M (2002). Towards concerted efforts for treating and curing spinal cord injury. Available at: http://www. assembly. coe. int/nw/xml/XRef/Xref-XML2HTML-en. asp? fileid¼17004&lang¼en.

[81] Pascoal-Faria P, Yalcin N, Fregni F (2015). Neural markers of neuropathic pain associated with maladaptive plasticity in spinal cord injury. Pain Pract 15: 371-377.

[82] Perdikis S, Tonin L, Saeedi S et al. (2018). The Cybathlon BCI race: successful longitudinal mutual learning with two tetraplegic users. PLoS Biol 16: e2003787.

[83] Pfurtscheller G, Linortner P, Winkler R et al. (2009). Discrimination of motor imagery-induced EEG patterns in patients with complete spinal cord injury. Comput Intell Neurosci 2009: 104180. https://doi. org/10. 1155/2009/104180.

[84] Pietzko A, Dimpfel W, Schwantes U et al. (1994). Influences of trospium chloride and oxybutynin on quantitative EEG in healthy volunteers. Eur J Clin Pharmacol 47: 337-343.

[85] Prochazka A (2015). Technology to enhance arm and hand function. In: V Dietz, N Ward (Eds.), Oxford textbook of neurorehabilitation. Oxford University Press, Oxford, UK.

[86] Reed R, Mehra M, Kirshblum S et al. (2017). Spinal cord ability ruler: an interval scale to measure volitional performance after spinal cord injury. Spinal Cord 55: 730-738.

[87] Rohm M, Schneiders M, Muller C et al. (2013). Hybrid braincomputer interfaces and hybrid neuroprostheses for restoration of upper limb functions in individuals with high-level spinal cord injury. Artif Intell Med 59: 133-142.

[88] Rupp R (2014). Challenges in clinical applications of brain computer interfaces in individuals with spinal cord injury. Front Neuroeng 7: 38.

[89] Rupp R, Rohm M, Schneiders M et al. (2015a). Functional rehabilitation of the paralyzed

upper extremity after spinal cord injury by noninvasive hybrid neuroprostheses. Proc IEEE 103: 954-968.

[90] Rupp R, Schließmann D, Schuld C et al. (2015b). Technology to enhance locomotor function. In: V Dietz, N Ward (Eds.), Oxford textbook of neurorehabilitation. Oxford University Press, Oxford, UK.

[91] Sabbah P, de SS, Leveque C et al. (2002). Sensorimotor cortical activity in patients with complete spinal cord injury: a functional magnetic resonance imaging study. J Neurotrauma 19: 53-60.

[92] Sabre L, Tomberg T, Korv J et al. (2013). Brain activation in the acute phase of traumatic spinal cord injury. Spinal Cord 51: 623-629.

[93] Schirmer CM, Shils JL, Arle JE et al. (2011). Heuristic map of myotomal innervation in humans using direct intraoperative nerve root stimulation. J Neurosurg Spine 15: 64-70.

[94] Schreuder M, Riccio A, Risetti M et al. (2013). User-centered design in brain-computer interfaces—a case study. Artif Intell Med 59: 71-80.

[95] Schuld C, Wiese J, Franz S et al. (2013). Effect of formal training in scaling, scoring and classification of the international standards for neurological classification of spinal cord injury. Spinal Cord 51: 282-288.

[96] Seyfert S, Straschill M (1982). Electroencephalographic changes induced by baclofen. EEG EMG Z Elektroenzephalogr Elektromyogr Verwandte Geb 13: 161-166.

[97] Shih JJ, Krusienski DJ, Wolpaw JR (2012). Brain-computer interfaces in medicine. Mayo Clinic Proc 87: 268-279.

[98] Shoham S, Halgren E, Maynard EM et al. (2001). Motorcortical activity in tetraplegics. Nature 413: 793.

[99] Siddall PJ, McClelland JM, Rutkowski SB et al. (2003). A longitudinal study of the prevalence and characteristics of pain in the first 5 years following spinal cord injury. Pain 103: 249-257.

[100] Singh A, Tetrcault L, Kalsi-Ryan S et al. (2014). Global prevalence and incidence of traumatic spinal cord injury. Clin Epidemiol 6: 309-331.

[101] Smith E, Brosnan M, Comiskey C et al. (2014). Road collisions as a cause of traumatic spinal cord injury in Ireland, 2001-2010. Top Spinal Cord Inj Rehabil 20: 158-165.

[102] Snoek GJ, MJ IJ, Hermens HJ et al. (2004). Survey of the needs of patients with spinal cord injury: impact and priority for improvement in hand function in tetraplegics. Spinal Cord 42: 526-532.

[103] Soekadar SR, Birbaumer N, Slutzky MW et al. (2015). Brain-machine interfaces in neurorehabilitation of stroke. Neurobiol Dis 83: 172-179.

[104] Thietje R (2015). RE: Personal communication.

[105] Tidoni E, Tieri G, Aglioti SM (2015). Re-establishing the disrupted sensorimotor loop in

deafferented and deefferented people: the case of spinal cord injuries. Neuropsychologi 79: 301-309.

[106] Todorova A, Vonderheid-Guth B, Dimpfel W (2001). Effects of tolterodine, trospium chloride, and oxybutynin on the central nervous system. J Clin Pharmacol 41: 636-644.

[107] Tran Y, Boord P, Middleton J et al. (2004). Levels of brain wave activity (8-13 Hz) in persons with spinal cord injury. Spinal Cord 42: 73-79.

[108] van den Berg ME, Castellote JM, Mahillo-Fernandez I et al. (2010). Incidence of spinal cord injury worldwide: a systematic review. Neuroepidemiology 34: 184-192. discussion 192.

[109] van den Berg ME, Castellote JM, Mahillo-Fernandez I et al. (2012). Incidence of non-traumatic spinal cord injury: a Spanish cohort study (1972-2008). Arch Phys Med Rehabil 93: 325-331.

[110] van Hedel HJ, Dietz V, Curt A (2007). Assessment of walking speed and distance in subjects with an incomplete spinal cord injury. Neurorehabil Neural Repair 21: 295-301.

[111] Vogel LC, Betz RR, Mulcahey MJ (2012). Spinal cord injuries in children and adolescents. Handb Clin Neurol 109: 131-148.

[112] Vuckovic A, Hasan MA, Fraser M et al. (2014). Dynamic oscillatory signatures of central neuropathic pain in spinal cord injury. J Pain 15: 645-655.

[113] Wagner FB, Mignardot JB, Le Goff-Mignardot CG et al. (2018). Targeted neurotechnology restores walking in humans with spinal cord injury. Nature 563: 65-71.

[114] WHO (2013). International perspectives on spinal cord injury, World Health Organization.

[115] Wodlinger B, Downey JE, Tyler-Kabara EC et al. (2015). Tendimensional anthropomorphic arm control in a human brain-machine interface: difficulties, solutions, and limitations. J Neural Eng 12: 016011.

[116] Wolpaw JR, Birbaumer N, McFarland DJ et al. (2002). Braincomputer interfaces for communication and control. Clin Neurophysiol 113: 767-791.

[117] Wrigley PJ, Press SR, Gustin SM et al. (2009). Neuropathic pain and primary somatosensory cortex reorganization following spinal cord injury. Pain 141: 52-59.

[118] Wydenkeller S, Maurizio S, Dietz V et al. (2009). Neuropathic pain in spinal cord injury: significance of clinical and electrophysiological measures. Eur J Neurosci 30: 91-99.

[119] Wyndaele M, Wyndaele JJ (2006). Incidence, prevalence and epidemiology of spinal cord injury: what learns a worldwide literature survey? Spinal Cord 44: 523-529.

[120] Yoon EJ, Kim YK, Shin HI et al. (2013). Cortical and white matter alterations in patients with neuropathic pain after spinal cord injury. Brain Res 1540: 64-73.

第 7 章　BCI 用于交流

7.1　摘　　要

　　闭锁综合征（Locked-in syndrome，LIS）的特征是在认知完整的情况下无法移动或说话，可能由脑干创伤或神经肌肉疾病引起。LIS 患者的生活质量（quality of life，QoL）因无法交流而严重受损，如果残留的肌肉活动不足以控制传统的增强型和替代型交流（augmentative and alternative communication，AAC）设备，则无法通过 AAC 解决方案进行补救。BCI 可以通过利用人的神经信号而不是依赖肌肉活动来提供解决方案。在此，我们评述了使用无创信号采集方法（EEG、fMRI、fNIRS）以及硬膜下和皮质内植入电极的最新交流功效的 BCI 研究，我们讨论了当前将研究知识转化为可用的 BCI 交流解决方案的努力，旨在提高 LIS 患者的生活质量。

　　在世界范围内，成千上万的人遭受伤害或疾病，导致他们虽然醒着并能意识到，但无法移动或说话。这种疾病被称为闭锁综合征。在本章中，我们讨论了旨在恢复 LIS 患者交流的 BCI 系统的研究与开发。

7.2　闭锁综合征

7.2.1　定义

　　"经典" LIS 的定义有五个标准：①持续睁眼；②保留认知能力；③失音或重度发音减退；④四肢麻痹或四肢瘫痪；⑤保留有眼球运动或眨眼，能进行简单的交流（美国康复医学会，1995）。事实上，对于 LIS 患者来说，眼球运动通常是最后留下的功能性运动输出。当除眼球运动外还保留了一些运动时，这种状况称为"不完全" LIS。当患者无法移动眼睛时（即满足标准①~④但不满足标准⑤，这种状况称为"完全" LIS（CLIS）（Bauer 等，1979）。

7.2.2　病因（病因学研究）

LIS 具有高度可变的病因。这种疾病可能由脑干损伤引起，通常影响腹侧脑桥，从而中断皮质脊髓束，这是由中风（最常见的是梗塞）或创伤等突发事件引起的（Bauer 等，1979；León-Carrión 等，2002；另见第 3 章和第 5 章）。此外，在过去几十年中，生命支持（如人工呼吸器）的进步使患有进行性神经肌肉疾病（另见第 4 章）的人，如 ALS，其特征是上下运动神经元蜕化变性（Rowland 和 Shneider，2001），他们生活在呼吸衰竭的边缘（Hayashi 和 Kato，1989），从而有可能发展为闭锁状态。荷兰最近的一项研究发现，神经肌肉疾病是该国 LIS 最常见的原因（Pels 等，2017）。

7.2.3　患病率（流行病学调查状况）

根据对个别国家 LIS 流行情况的研究，可以估计出世界 LIS 的总患病率。例如，法国 LIS 的患病率估计为每 100 万居民中有 8 人（见 Snoeys 等，2013），Kohnen 等（2013）调查了荷兰的护理机构，发现约 1600 万总人口中有 2 人患有典型 LIS，6 人患有不完全 LIS。然而，重要的是，有很大比例的 LIS 患者不住在护理机构，而是与家人一起住在家里（Bruno 等，2011）。第二项研究调查了整个荷兰人口，估计荷兰 LIS 的总患病率为每 100 万居民中有 7.3 人（Pels 等，2017），这与法国的估计值非常吻合。一般来说，世界人口约为 75 亿，全世界可能有 55000~60000 人患有 LIS。

然而，LIS 的患病率可能因国家而异，例如，对生命终止决定和呼吸治疗支持的态度不同。例如，在美国和许多欧洲国家，接受气管切开术有创呼吸（tracheostomy invasive ventilation，TIV）的 ALS 患者的百分比低于日本（29.3%，Atsuta 等，2009）（美国 6%，Tsou 等，2012；英国 0%，德国 3.3%，Neudert 等，2001；荷兰 1.3%，Pels 等，2017；意大利 10.6%，Chio 等，2010）。有趣的是，日本和其他国家之间的这种巨大差异似乎并不是由 ALS 患者中表示支持 TIV 的人数差异造成的，因为美国和日本的这一数字相似（分别为 16% 和 18%；Rabkin 等，2014）。相反，日本看护人员对 TIV 的积极看法以及日本神经学家的鼓励似乎在决策过程中具有相当大的影响力（Rabkin 等，2013；Christodoulou 等，2015）。

7.2.4　生活质量

生活质量在为 LIS 患者和由其本人进行人工呼吸和其他辅助技术（assistive technology，AT）决策中起着重要作用（Ando 等，2015）。也许令人惊讶的是，大多数关于生活质量的研究表明，LIS 患者的 QoL 评分范围与普通人群相同（Lul 等，2009）。这一现象被称为残疾悖论，其主要原因似乎是人们有能力在"个人的社交背景和外部环境中保持和谐的关系"（Albrecht 和 Devlieger，1999）。事实上，保留的社交互动，尤其是通过保留的交流，是 LIS 生活质量的一个重要决定因素（见 Lul 等，2009）。事实上，在 Rousseau 等（2015）的一项研究中，与 LIS 的生活质量降低相关的唯一决定因素是交流仅限于对他人问题的二元（是/否）响应，这使得自我发起的和更细致入微的交流变得困难。

7.3　传统的交流解决方案

一系列 AAC 方法可用于重度瘫痪的患者，这些患者有一些残留的肌肉控制（评述见 Fried Oken 等，2015）。无技术含量的解决方案只依赖于人体而不涉及任何其他设备，包括使用眼球运动或眨眼来回答封闭式的是/否问题（即仅有 2 个选项的二元问题），或者在交流伙伴逐个背诵的问题中选择一个字母或选项。技术含量低的解决方案采用一些设备来促进交流，但仍依赖于交流伙伴。技术含量低的解决方案的一个例子是信笺板，其中 LIS 患者将视线聚焦在特定的字母、数字或图标上，而护理者或交流伙伴则会推断出他们注视的焦点，让患者将单词和句子串在一起。技术含量高或高科技的解决方案为用户提供了更多的自主权，包括语音生成设备，以及提供计算机光标或操纵杆控制，例如使用眼睛、手或嘴，或转换扫描访问，其中少量的残留运动用于选择（一组）字母或图标，这些字母或图标由计算机按顺序自动高亮显示。根据个人状况和残留的运动功能，在创伤性脑损伤后的不同恢复阶段或神经肌肉疾病的进展过程中，可以使用一种或多种解决方案。

残留有眼动的患者可用的高科技解决方案是眼动跟踪设备，它将眼运动转换为计算机屏幕上光标的运动，使患者能够通过眼动控制各种软件应用程序，以实现语音生成、互联网接入和环境控制。然而，眼动跟踪设备并不总能满足用户的需求。事实上，对意大利 30 名晚期 ALS 患者配备了眼动跟踪设备（其中 70% 患有 TIV），13.3% 的人没有使用该系统，23.3% 的人很少使用该系统（Spataro 等，2013），这通常是因为动眼神经功能障碍和眼睛注视疲劳。

放弃辅助技术（assistive technology，AT，包括 AAC 设备）是一个描述得很好的现象（Scherer 等，2005；Martin 等，2011；Geronimo 等，2015；Larsson Ranada 和 Lidström，2017；Sugawara 等，2018）。事实上，据报道，高达 30% 的 AT 未使用（见 Wessels 等，2003；Federici 和 Borsci，2016）。影响

AT 使用和放弃的因素包括人员、设备、环境和专业支持或干预（Kraskowsky 和 Finlayson，2001；Wessels 等，2003；Federici 和 Borsci，2016）。个人因素包括年龄和残疾程度等（如诊断、接受度、严重程度和发展进程）。例如，老年人和更重度的残疾人更有可能使用 AT，但更难接受他们残疾的人使用 AT 的可能性较小，通常是因为 AT 不断提醒他们自己的残疾。与设备相关的因素包括质量、外观（美观）和易用性。复杂的低质量设备不太可能被使用，因为这些设备会引起使用它的个人的负面关注。环境因素包括用户的社会环境和自然或物理环境等，拥有一个支持性的社会网络和一个不会在身体上阻碍 AT 使用的生活环境，可以降低放弃 AT 的可能性。最后，专业支持或干预会影响 AT 的使用频率。在设备的选择中包括用户的愿望和意见、适当的交付和指导过程，以及高质量的后续服务的可用性，将增加设备实际使用的可能性。在开发用于交流的 BCI 解决方案时，应考虑影响放弃 AT 的所有因素。

7.4 实现交流的 BCI 决方案

BCI 可以在传统 AAC 技术不足的情况下提供交流解决方案。对辅助技术的直接神经控制可以利用其他未使用但功能良好的大脑区域（例如，以前用于控制言语或手臂和手部运动的区域），对辅助设备进行自然、直观的控制。下面，我们回顾了用于交流的最常见类型 BCI 的研发现状，讨论了每种 BCI 的优缺点，不仅比较了相对的入侵性（relative invasiveness）、准确性和速度，还比较了可能影响用户满意度的其他因素，如系统复杂性和易用性。

7.4.1 用于交流的非侵入式 BCI

1. 功能性磁共振成像（fMRI）

fMRI 测量因神经活动改变而产生的血流动力学响应，空间分辨率为 1～4mm（见第 21 章）。除了在植入式 BCI 靶区的术前定位中发挥重要作用（Ramsey 等，2006；Hermes 等，2011；Vansteensel 等，2016），fMRI 也越来越多地用于"生物反馈"研究（Stoeckel 等，2014），为研究参与者提供有关特定脑区血氧水平依赖（blood-oxygen level-dependent，BOLD）信号的实时反馈，以帮助他们学习如何自我调节大脑活动，从而引起认知和行为的变化。然而，采用 fMRI 进行交流的研究数量相对有限（参见第 21 章的评述）。

对于运动无反应患者的家人和亲人来说，最重要的问题之一是患者是否仍有意识。有几份报告描述了被诊断为最低意识或处于植物人状态的个体，他们在执行与身体健康的人相同心理任务时，已知激活的大脑位置显示出明显的任务相关 BOLD 信号激活（Owen 等，2006；Monti 等，2010；Naci 和 Owen，2013）。此外，Monti 等（2010）表明，一组 16 名健康的研究参与者，以及一名被诊断为处于最低意识状态的人，能够使用与运动想象和空间想象相关的 BOLD 信号变化，以高精度回答是/否问题（分别为 100% 和 83%）。Naci 和 Owen（2013）证实了在认为没有意识的状况下基于 fMRI 的交流的可能性，并指出 fMRI 不仅可以用于检查残留意识，而且还可能用于 LIS 和 CLIS 患者的基本交流。

为努力提高通信带宽，一些研究试图增加可从 fMRI 信号中解码的可区分类别的数量。例如，采用 7-T fMRI，美国手语字母表中的四种不同手势可以从身体健全受试者感觉运动皮层的一小块区域的 BOLD 信号中解码，准确率为 63%（Bleichner 等，2014）。在后续研究中，可以从感觉运动皮层的腹侧部分以高精度（77.5% ~ 100%）解码四种不同的言语发音器运动（嘴唇、舌头、下颌和喉部）（Bleichner 等，2015）。在 Sorger 等（2009）的一项研究中，要求身体健全的参与者以特定的时间间隔执行心理任务（从心理计算、内心言语和运动想象中选择）。相关脑区激活的适当时间使这些研究参与者能够对有 4 个选项的多选题做出准确的回答（正确率从 75% ~ 100% 不等）。对这些结果进行跟踪，并利用类似的方法，结合 3 种心理任务、3 种不同的起始延迟和 3 种不同的信号持续时间，生成 27 种不同的血液动力学响应曲线，并将其分配给 26 个字母和一个空格。6 名体格健全的研究参与者能够通过使用时空定义的 fMRI 响应逐字拼写简单问题的答案，进行在线迷你对话，准确率为 82%（机会水平 = 3.7%），速度约为 1 个字母/min（Sorger 等，2012）。总之，这些研究表明，fMRI 信号的空间和时间方面都可以用于对交流的多个可区分编码进行分类。

2. fMRI-BCI 的优缺点

尽管在前面一段中描述了有希望的结果，但用于交流的 fMRI 在 LIS 患者中的可用性非常有限。原因是 fMRI 本身巨大磁场设备和高额的使用费用，以及在设备周围必须采取的预防措施，MRI 扫描仪不适合在家里连续使用。此外，由于血流动力学反应本质上是迟缓的（BOLD 信号的变化通常发生在刺激或精神行为后的几秒钟），任何基于 fMRI 的 BCI 都将是同样缓慢的。然而，它是无创的，在世界各地的医院和研究中心广泛使用，仅需要很少的培训；因此，fMRI-BCI 可能成为临床环境中用于基本交流的有效工具，如脑干中风后的急性期，以及用于诊断目的（如探测被认为处于植物人状态的患者是否还存在意识）。

3. 功能性近红外光谱（fNIRS）

用于 BCI 研究的另一种脑记录方式是 fNIRS。fNIRS 利用氧合血红蛋白（oxy-hemoglobin，HbO）和脱氧血红蛋白（deoxyhemoglobin，HbR）的浓度作为血流量的测量指标，其（与 fMRI-BOLD 响应一样）因神经活动而变化。Coyle 等（2004）首次介绍了 fNIRS-BCI 实现交流的技术价值，该技术已在体格健全的研究参与者和 LIS 患者中进行了研究，主要采用允许是/否交流的二元开关应用。例如，将运动想象作为控制策略，体格健全的研究参与者在一项任务中达到了约 80% 的准确率，其中的两个选项依次高亮显示（每个选项 15s，中间休息 15s），目标选项可以通过想象诱导的 HbO 信号变化来选择（Coyle 等，2007）。在一项任务中，把心算引起的前额区的变化用作一种替代控制策略，具有相似的准确度得分和相似的速度，在该任务中，询问体格健全的参与者简单的是/否问题，他们通过执行心理连续的减法来回答"是"，放松休息来回答"否"（Naseer 等，2014）。Luu 和 Chau（2009）利用前额皮质活动，能够解码两种饮料之间的主观偏好，每种饮料依次呈现 15s，而无需执行任何明确的心理策略。分类准确率约为 80%，该研究认为这种方法需要用户付出最小努力，可以用于传达与偏好相关的决策。

很少有研究探究患有 LIS 和完全闭锁综合征（complete locked-in syndrome，CLIS）的患者利用 fNIRS 进行交流。在一项研究中，在约 70%（16/23 例）患有 LIS 的研究参与者和约 40%（7/17 例）患有 CLIS 的研究参与者中，可以利用前额区的信号进行二元是/否的交流，准确率为 80%（Naito 等，2007）。在这里，要求研究参与者进行心理计算或心理歌唱，以回答"是"，而回答"否"则可要求参与者执行较少认知负荷的任务（即不太费力的认知任务）（如计数或想象风景）。每次回答需要 36s：休息 12s，然后是 12s 的回答时间，再休息 12s。最近的一项研究，要求一位患有 CLIS 的女性简单地想一想"是"或"否"，以回答已知答案的二元问题。从她在 3 个不同时期的 fNIRS 信号中解码的平均准确度分别为 71.67%、75.71% 和 76.30%，每个时期包含 200~280 次二元选择，分布在 12~27 个测量时段，每次选择都基于提示呈现后 25s 的试次（Gallegos-Ayala 等，2014）。在一项采用类似控制策略的更广泛的研究中，四名患有 CLIS 的患者能够取得约 70% 的性能精度（Chaudhary 等，2017）。

4. fNIRS-BCI 的优缺点

fNIRS 作为交流 BCI 应用的信号采集技术的优点包括它价格低廉（买得起/价格合理/负担得起）、便携和无创。然而，与 fMRI 一样，系统的速度受到其所依赖的固有缓慢血流动力学响应的限制，这排除了解码速度更快、时间上更为复杂的事件（如语音）的可能性。此外，需要在头部准确放置传感器，这将阻碍全天候可用性，并可能对用户友好性和用户感知的美感产生负面影响。此外，采用 fNIRS 的二元分类准确率很少超过 80%，必须改进 fNIRS 实现的交流 BCI，以作为一种潜在的临床工具，获得更广泛的吸引力。

5. 脑电（EEG）

自 1929 年汉斯·伯杰（Hans Berger）首次描述人类脑电（electroencepha-lography，EEG）以来，医生和研究人员一直在记录和解释大脑产生的电信号（Berger，1929）。EEG（见第 18 章）通常是通过放置在头皮表面的电极记录的，代表 1 亿～10 亿神经元的神经细胞群的总活动（Lopes da Silva，1991；Nunez，2012）。EEG 已通过两套主要方法控制 BCI：①利用自发 EEG 中存在的频带功率的方法，该频带可以通过不同的心理任务进行调节（如"感觉运动节律"，见下文）；②利用由各种感觉刺激自动诱发的 EEG 时间序列的特定特征的方法（"诱发电位"或"事件相关电位"，如所谓的"P300"反应，见下文）。为了引起这种响应，需要一种具有特定显著特性的感觉刺激（例如视觉或听觉），这一特征要求相关的感觉通道完好无损，并部分或全部用于 BCI 操作。自发 EEG 方法侧重于（聚焦）EEG 的振荡特征或慢变电压（慢变皮层电位 SCP，不需要诱发刺激或感觉通道的投入（Wolpaw 等，2002）。

6. 感觉运动节律

术语感觉运动节律（sensorimotor rhythm，SMR）是指在感觉运动皮层上记录的电场或磁场中的振荡，由其频率、带宽和振幅来描述。例如，μ 节律（8～12Hz）因运动而减弱（Gastaut 等，1952；Fisch，1999），它在睁眼、清醒和放松的个体中最为显著，通常由对侧运动（Pfurtscheller 和 Aranibar，1979）或对侧运动的想象（McFarland 等，2000）而减少或去同步。μ 节律的变化通常伴随着相关 β（18～30Hz）和 γ（30～200+Hz）节律的改变。SMR 的这些变化可以通过 EEG（McFarland 等，2000）和 MEG（Mellinger 等，2007）在头皮上检测到，也可以通过 ECoG 在大脑表面检测到（Crone 等，1998）。

过去 25 年的研究表明，人们可以学会改变 SMR 的振幅，以在一个或多个维度上控制物理或虚拟设备（Yuan 和 He，2014）。这些研究采用了线性回归和分类算法，通过回归分析，在输出变量是连续的情况下，体格健全的受试者学会了控制计算机屏幕上的光标，最多为三维（McFarland 等，2010）。ALS 患者在数周或数月的训练中学会了在一个维度上移动光标（平均准确率 78%；Kübler 等，2005）。经过两次训练后，94 个人在两种选择任务上的分类准确率达到 60% 或以上（Guger 等，2003）。SMR 也是许多交流系统的基础：回答问题的是/否系统（Miner 等，1998）以及采用各种虚拟键盘拼写的是/否系统（Perelmouter 和 Birbaumer，2000；Wolpaw 等，2003；Scherer 等，2004；Müller 等，2008）

众所周知，运动或运动想象也会在感觉运动皮层产生相对缓慢变化的电压（从300ms到几秒钟），称为慢变皮层电位（SCP）。在一项开创性研究（seminal study）中，两名晚期ALS患者利用SCP键入信息，每次一个字母，方法是采用一系列二元选择，按顺序拼接字母表，直到获得所需的字母（Birbaumer等，1999）。在随后的研究中，其他患有晚期ALS的患者（KÜbler等，2001；平均准确率为70%和91%）和患有重度脑瘫的患者（Neuper等，2003；平均准确率为70%，速率为1个字母/min）学会了使用这种方法进行缓慢但有效的交流。

7. P300 BCI

如前所述，ERP测量的是大脑对特定事件（如视觉或听觉刺激）响应。60多年前发现的P300-ERP（Sutton等，1965）是由一个大的顶点阳性（P）成分定义的，该成分在诱发刺激后约300ms出现（因此称为"300"）。当一个人探测到少见或有意义的事件，尤其是在一系列其他更频繁的事件中出现的新奇事件时，P300就会出现在脑电中。例如，如果受试者正在观看闪烁的视觉刺激，偏差视觉刺激（概率小的新奇刺激）的出现将诱发P300反应。P300可以由相对简单的范式可靠地诱发出来，包括虚拟键盘上闪烁的字母，当闪烁时，通过注视计算机屏幕上出现的特定突出图标或字母来诱发P300，瘫痪者可以把其用作BCI的命令信号。

早在1988年，P300响应就被确定为从虚拟键盘中选择字母的一种方法（Farwell和Donchin，1988）。在这种方法中，用户面对一个包含字母和符号的6×6矩阵，将注意力集中在所需的目标选项上，每隔125ms矩阵的行或列被点亮100ms。包含所需符号的行或列的点亮会引发P300诱发响应（Sellers等，2012）。截至2015年，已有2000多篇关于P300的研究发表（Powers等，2015），这些研究通常通过提高信噪比或调节刺激特征以获得最佳大脑响应来提高功效（Kaufmann等，2011；Cecotti，2011；Sellers等，2012）。其中一些努力取得了有前景的可喜成果。

随着ALS患者疾病的进展，P300设备可能对他们有用，但对重度瘫痪的患者效果参差不齐。几项比较研究表明，运动障碍患者的准确度和交流速度低于体格健全的人（Piccione等，2006；Ikegami等，2014；Oken等，2014），这可能与眼睛移动能力、训练时间、信号伪迹和信号可变性（signal variability）有关（Sellers等，2006；Ortner等，2011；Kaufmann等，2013）。然而，其他研究表明，ALS患者的平均准确率高（95%），打字速度为6~12字符/min（Spier等，2017），或者运动障碍者和健康参与者之间的表现差异很小或没有差异（Pires等，2011；McCane等，2015）。在McCane等（2014）的一项大型研究中，晚期 ALS 患者使用标准的 6×6 矩阵进行抄写、拼写任务，在 25 名参与者中，17 人的交流准确率为 92. 3%（范围为 71%～100%），其他 8 人的准确度低于 40%，这是由于他们的视觉障碍所致。事实上，在一项后续研究中，14 名无视力障碍的晚期 ALS 患者与 14 名年龄匹配的健全对照组之间的表现没有显著差异（平均最大准确率分别为 95. 72% 和 98. 81%，平均交流速度分别为 2. 1±0. 3 字符/min 和 2. 6±0. 2 字符/min；McCane 等，2015）。

尽管过去几十年对 P300-BCI 进行了大量研究，但关于 P300-BCI 在瘫痪患者日常家庭生活中的可用性的报告很少。一项研究报告了一名患有晚期 ALS 的个人，他在家中的日常生活中使用该系统超过 2. 5 年，用于交流，没有技术监督，并且在常规拼写任务中准确率达到 83%（Sellers 等，2010）。另一名患有 ALS 的患者使用 P300 设备进行艺术表现已超过 14 个月，并报告用户满意度较高（Holz 等，2015）。Wolpaw 及其同事最近的一项研究调查了大量 ALS 患者的家庭使用情况。在 42 名受试者中，33% 的人能够在家使用该系统。不使用 P300-BCI 与疾病恶化和 BCI 本身的特性有关（Wolpaw 等，2018）。对于运动障碍者，P300-BCI 更广泛的用途需要进行更多的研究。

8. 其他诱发电位

SSVEP 是一种诱发的大脑响应，可以在枕部 EEG 中检测到，以响应以固定频率振荡（或闪烁）（oscillates（or flickers））的视觉刺激。在 BCI 应用中，可能会呈现不同的闪烁刺激，每个刺激都有自己的频率和/或相位（评述见 Vialatte 等，2010）。用户只需将注意力集中在目标刺激上即可选择目标刺激。SSVEP-BCI 已被研究用于体格健全参与者的交流，最初使用有限数量的虚拟按钮（Middendorf 等，2000），后来使用更复杂的基于决策树的拼写器（Cecotti，2010）。最近，SSVEP-BCI 采用了一个完整的 QWERTY 键盘（Hwang 等，2012）或一个 5×8 矩阵，其中包含 40 个单独的刺激，包括字符和数字（Nakanishi 等，2017），其中每个刺激都可以在单个步骤中选择。一般来说，在提示引导的在线实验中，体格健全的参与者能够达到较高的准确率（90%），并达到 75 次选择/min 的速度，平均的自由拼写速度为 36 个字符/min（Nakanishi 等，2017）。

然而，与 P300-BCI 一样，很少有研究调查 SSVEP-BCI 在瘫痪患者交流中的性能和可用性，这些研究的结果好差参半。Combaz 等（2013）报告了 7 名重度瘫痪患者，他们能够使用具有四个象限的 SSVEP 拼写器，准确率达到 70% 或以上，Hwang 等（2017）表明，5 名晚期 ALS 患者在 4 类 SSVEP 范式中的平均分类准确率达到 76. 99%。在 Lim 等（2017）的一项研究中，参与者使用 SSVEP 创建了一个脑开关，来激活紧急呼叫系统以提醒护理人员。通过注视屏幕角落里持续闪烁的视觉刺激几秒钟就可以实现大脑开关功能。3 名晚期 ALS 的患者能够在大约 7s 内拨打这些紧急电话。然而，在 Lesenfants 等（2014）的一项研究中，在两类 SSVEP 范式中，1/3 的 LIS 患者达到了高于机会水平的准确度，1/4 的患者实现了在线"是/否"交流（与 12 名健康参与者中有 8 名相比）。SSVEP-BCI 的潜在优势包括相对较高的信息传输率和相对较短的用户训练时间（Cecotti，2010）。然而，尽管健康参与者取得了可喜的结果，但要获得满足瘫痪患者日常使用所需标准的 SSVEP-BCI 性能水平，还需要做更多的工作。

另一种类型的诱发电位是宽带视觉诱发电位，也称为编码调制视觉诱发电位（code-modulated visual evoked potential，cmVEP），由特定的伪随机闪烁序列生成（Bin 等，2009）。到目前为止，使用这种信号进行 BCI 交流的工作还很有限，但该方法已在自由拼写范式中进行了测试，健康的参与者使用了 6×6 或 8×8 个键的矩阵（Sutter，1992；Spüler 等，2012；Thielen 等，2015）。在 12 名参与者中，Thielen 等（2015）报告说，抄写拼写任务的平均准确率为 86%，拼写速度约为 9 字符/min，自由拼写模式的拼写速度为 8 字符/min。Spüler 等（2012）的研究中，9 名参与者通过在线自适应，平均准确率达到 96%。在一次由 6 名参与者参与的自由拼写训练中，平均准确率稍低（85.4%），但速度很快，每分钟超过 21 个无错误字符。虽然很有前景，但这些发现需要进一步验证，并且需要调查瘫痪患者日常生活中这种方法的可用性。

9. EEG-BCI 的优缺点

EEG 作为 BCI 的一种信号记录技术非常有吸引力，因为它安全、性价比高、无创。在过去的几十年里，基于 EEG 的 BCI 显示出巨大的前景，特别是在基础研究和有体格健全参与者参与的研究中。对 LIS 患者的研究相对较少，表明他们也可以实现准确的交流，但需要做更多的工作来验证这些发现。此外，还需要解决 EEG 的其他缺点，这些缺点降低了 EEG-BCI 在 LIS 患者交流中的可用性，例如，头皮上的电极对信号伪迹（如线路噪声、肌肉活动）很敏感，它们与大脑的距离相对较大，限制了 EEG 的可用频率范围（主要是 0~30Hz）和空间分辨率。此外，由于需要体格健全的护理人员在头皮上放置电极，有时需要为每个电极涂上导电凝胶，然后再洗头，这限制了 EEG-BCI 的全天候可利用性、舒适性和实用性。目前正在努力解决这些问题。

7.4.2　植入式 BCI 用于交流

1. 皮层脑电技术（ECoG）

ECoG 包括在硬膜外（epidurally）或（大多数情况下）硬膜下（subdurally）皮层的表面放置圆盘式电极，这些电极通常作为包含多个触点的条带或网格的一部分。电极直径通常为 2.3mm，外露表面，电极间距为 1cm，但越来越多地使用密度更高、电极更小的布局（Flinker 等，2011；Bouchard 等，2013；Bleichner 等，2016；Hotson 等，2016）。ECoG 信号用于 BCI 主要在体格健全的癫痫患者中得到证实，这些癫痫患者已被植入 ECoG 阵列，作为切除手术前癫痫病灶定位（seizure focus localization）的一部分。与 EEG 一样，有证据表明大脑中的认知控制区（基于认知控制区的 BCI/基于认知功能的 BCI/基于认知的 BCI）可以用于控制 ECoG-BCI（Vansteensel 等，2010），但大多数 ECoG-BCI 研究采用从运动区域记录的神经信号来控制（如控制计算机屏幕上的光标），这些神经信号通过想象运动或执行的运动进行调节（有关评述见 Schalk 和 Leuthardt，2011）。

2. 采用 ECoG-BCI 直接解码言语和语言

最近的研究越来越侧重于利用 ECoG 信号进行交流。其中许多是基于这样的原理，即初级体感皮层（primary somatosensory cortex，S1）和初级运动皮层（primary motor cortex，M1）是固有的、依地形组织的，因此相邻的身体部位在皮质表面上有相邻的表征。皮质表面由所谓的"皮质柱"组成，每个柱的直径约为 300~600mm（有关评述见 Mountcastle，1997），包含几十万个具有类似功能的神经元。这使得可以探测大脑皮层，寻找对特定运动做出响应或触发特定运动的神经元群，这些神经元群彼此之间的差异足以能够被单独记录下来，就像区分显示器上的不同图案一样。

利用这一详细的大脑地形组织，一个研究组能够在体格健全的参与者初级运动和初级体感手区采用高密度 ECoG 电极，将 4 种交流手势与美国手语手指拼写字母区分开来（Bleichner 等，2016；Branco 等，2017）。所有参与者的 4 种手势分类准确率>75%，其中一个达到 100%（平均准确率，受试者个数 $n=$ 5，S1 为 76%，M1 为 75%，S1+M1 为 85%，Branco 等，2017），这表明该方法可用于分类更多的手势，并控制多自由度的输出设备。

最终的交流 BCI 将利用与尝试或隐蔽的言语相关的神经信号，并以言语交流的速度将其转化为公开的言语。原理上，这种方法将取代逐个字母的拼写，并为 LIS 患者提供直观性好、简单易用和快速的交流方法。一些研究已经解码了听觉皮层的感知言语（Pasley 等，2012；Akbari 等，2019）。由于篇幅有限，本章不进一步讨论这些研究。在解码已产生的言语时，语言产生和理解的脑区（布罗卡区和韦尼克区（Broca's and Wernicke's areas））以及与言语发音的运动控制相关的脑区是重要的目标脑区。事实上，不同的言语发音器（喉部、舌部和嘴唇；图 7.1）显示了该区域内的躯体组织（Bouchard 等，2013；Conant 等，2014），这有助于在从较大的神经元群记录时进行解码。

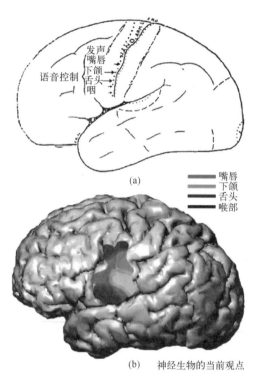

图 7.1　较低的感觉运动区的运动性语音致动器的空间组织（见彩插）

（a）语音致动器的位置，最初是在 20 世纪 50 年代通过皮层电刺激确定的；（b）通过 ECoG 记录确定的语音致动器的位置在很大程度上与（a）中皮层电刺激研究获得的模式相匹配。请注意，喉部（larynx）有两个相关区域，不同致动器的表示区通常重叠。经许可，转载自 〔Conant, D., Bouchard, K. E. and Chang, E. F., 2014. *Speech map in the human ventral sensory-motor cortex*. Curr Opin Neurobiol 24, 63−67〕。

在一项采用微小 ECoG 电极（电极间距 1mm）从面部运动区和 Wernicke 区获取神经信号的研究中，Kellis 等（2010）能够以较高的精度区分成对的已发音的词（分别为 85.0% 和 76.2%）。采用从面部运动区记录的信号，与单词发音的清晰度以及分类器性能相关的频谱功率变化特别有前景。Pei 和同事们还表明，发元音和辅音（作为单词的一部分）会在言语运动区产生不同的

ECoG 活动模式（Pei 等，2011），Ramsey 和同事报告了从感觉运动面部区的高密度网格以较高的精度（72%）解码四个音素，利用了 M1 和 S1 的固有地形组织（Ramsey 等，2018）。Mugler 等（2014）演示了采用言语运动区的电极对整套美式英语音素进行解码，准确率高达 36%。

如前所述，优化由神经信号解码连续语音的方法可能受益于较高空间密度的电极网格（Kellis 等，2010；Herff 等，2015）。此外，有证据表明，将 ECoG 信号处理技术与语言模型和/或词典相结合的神经科学/语言学联合方法可能会有所帮助。后者已用于 7 名癫痫患者，要求他们朗读句子，同时记录 ECoG 信号，随后把这些信号用于解码音素和重建连续的言语。有趣的是，对于一名植入了较高密度网格的受试者，当使用 10 个单词的字典时，75% 的已解码单词被放置在句子的正确位置，这表明该方法可用于从脑信号重建言语（Herff 等，2015）。最近，人们证明了从额区和颞区（包括腹侧运动区）的高密度电极采集的信号可以直接语音合成（Anumanchipalli 等，2019）。采用两级递归神经网络解码器，将神经活动转换为估计的声道运动，然后将这种运动表征转换为句子的声学特征，参与者能够利用神经活动生成合成语音。对一名参与者的合成语音进行了可理解性测试，听了 101 个合成句子的人平均能听懂 70% 的单词，当从 25 个单词库中选择单词时，43% 的新听者能正确地转录整个句子，当使用 50 个单词库时，有 21% 的听者能够正确地转录整个句子。

尽管这里描述了一些有前景的发现，但目前基于 ECoG 的言语解码器尚未达到 LIS 患者在家应用时所需实现的准确度，要实现这一目标还需要更多的工作。同样重要的是要注意，大多数 ECoG 言语解码研究都是针对体格健全的人进行的，他们会产生外显的言语。然而，解码内隐或想象言语的早期尝试表明，这也是可能的。一项研究表明，对外显和内隐元音发音解码的分类准确率分别为 40.7±2.7% 和 37.5±5.9%，对外显辅音和内隐辅音发音解码的准确率分别为 40.6±8.3 和 36.3±9.7%（机会水平为 25%），并且为外显和内隐言语解码提供有用信息的脑区之间存在一些重叠（Pei 等，2011）。未来的研究应调查目前外显言语的可用数据转化为 LIS 患者尝试或想象言语的程度如何，以及哪种方法最适用于日常实时交流。

3. 从 ECoG 中的 P300 成分

受 EEG-P300 研究成功的启发，一些研究人员评估了亚慢性电极植入的癫痫患者利用 ECoG 信号控制 P300 矩阵拼写器的情况。尽管研究数量仍然非常有限，但 ECoG 信号已多次显示，可产生可靠的 P300 矩阵拼写控制（Brunner 等，2011；Krusienski 和 Shih，2011）。对于 LIS 患者的未来应用来说，重要的是似乎只需要非常有限数量的电极（因此需要较小的手术操作），尤其是在枕部区域，以实现高精度和高信息传输率（即几乎 100% 的分类精度和大约 69bit/min 或 17 字符/min）（Brunner 等，2011；Spier 等，2013）。将事件相关响应与频谱特征相结合，并结合语言结构模型，可能有助于提高 ECoG-P300 拼写器的性能（Spier 等，2013）。未来的研究应确定上述研究中达到的准确性和速度是否适用于更多的人群，包括 LIS 患者，并测试 ECoG-P300 BCI 在日常生活中交流的可用性。

4. 由 ECoG 产生大脑点击用于 LIS 交流

尽管在体格健全的癫痫患者中测量的 ECoG 信号取得了重大进展，并发现有前景的 BCI 结果，但 ECoG-BCI 在 LIS 患者交流中的应用却很少受到关注。这可能与电极植入相关的负担和风险有关。首次尝试把硬膜外 ECoG-BCI 用于 ALS 患者交流并不成功，这可能至少部分归因于从 LIS 转化到 CLIS（Murguial-day 等，2011）。最近，ECoG-BCI 成功应用于 LIS 的交流（Vansteensel 等，2016；图 7.2），该研究的参与者是一名患有晚期 ALS 的女性，她自主控制自己的眼球运动，在研究过程中，她利用眼球运动来传达知情同意参与，并向研究团队提供反馈。将硬膜下电极条放置在手部感觉运动区上方，并通过硬膜下导线连接到植入锁骨皮下的放大器/传输器设备。该设备通过皮肤将信号无线传输到她衣服的天线上。通过尝试手部的移动，参与者能够产生神经解码的点击（即大脑点击），她可以用所谓的"切换扫描"模式用大脑点击来控制商业通信软件。这种控制是可靠的，精度接近 90%，但速度不是很快（2 字符/min）。尽管速度有限，但参与者仍然定期在家中使用该系统进行交流（截至本章撰写之时），在她的眼动跟踪设备无法准确工作的情况下，以及在她需要帮助时给她的护理者打电话，她表示对该系统很满意。这项有前景的研究表明，运动区的 ECoG 信号可以在较长时间内产生可靠的脑点击，用于 BCI 控制（她已经使用了 3 年多），甚至对 ALS 患者也是如此。未来的研究应测试这些发现是否可以推广到其他因晚期 ALS 和其他病因导致的 LIS 患者，并应努力提高控制的速度和维度。

5. 基于皮质内神经元峰发放的 BCI 用于交流

皮质内微电极阵列与较高的采样频率（大于 15000 样本/s）相结合，可以测量由单个神经元组成的较大神经元群的单个动作电位（峰发放）活动，从而尽可能多地从记录的神经元中提取与大脑其他部分接收到的有关人的运动意图。在微电极阵列中典型的电极间距尺度（小于 400mm）下，运动皮层中的神经元具有"盐和胡椒"调制：相邻电极记录的神经元通常不会被调制到类似的运动意图。因此，较大的电极（例如外部头皮电极）可以记录模糊的信号，当从单个神经元记录时，这些信号仍然是不同的。因此，使用记录数十个

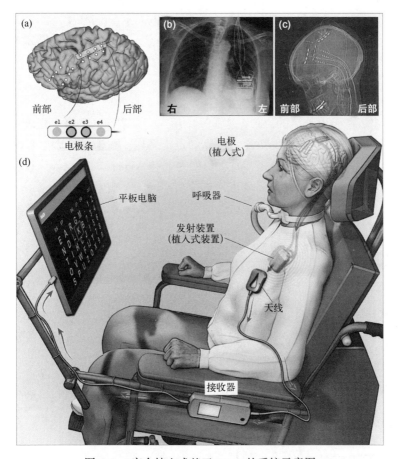

图 7.2　完全植入式基于 ECoG 的系统示意图

（a）通过钻孔植入四条硬膜下电极，其中两条位于前额皮质背外侧，另两条位于手部感觉运动区；
（b）胸部 X 光片显示完全植入式放大器/发射器装置的位置，该装置位于锁骨下皮下；（c）CT 扫描
显示了硬膜下四条电极条的位置及其通向放大器/发射器设备的导线；（d）完全植入式 ECoG-BCI
系统的所有组件（硬膜下电极、植入式放大器/发射器设备、天线、接收器和运行信号处理软件和
交流应用程序的平板计算机）。采用双极电极对"E2-E3"的高频和低频功率组合，一名患有晚期
ALS 的女性参与者，能够可靠地控制平板电脑上的交流应用程序。该应用程序在"切换扫描模式"
下运行，参与者通过适时的右手移动尝试产生的大脑点击来选择字母或字母组合（这些字母或字母
组合由计算机自动顺序突出显示）。经 Vansteensel, M. J. 等许可复制（Vansteensel, M. J., Pels,
E. G., Bleichner, M. G., et al., 2016. *Fully implanted brain-computer interface in a
locked-in patient with ALS*. N Engl J Med 375, 2060-2066）。

单个神经元的尖峰活动的电极阵列，用户可以有效地利用直观的仿生运动想象
来控制 BCI，而不必学习想象运动（或其他认知过程）与其在计算机屏幕上的
结果之间的新映射。换言之，使用皮质内微电极阵列记录的信号控制的 BCI，

用户可以简单地想象将手向右移动，可将计算机光标向右移动。此外，使用皮质内 BCI 可以提取关于运动意图的丰富信息内容，从而在开始解码器校准的几分钟内获得高质量的神经控制（Brandman 等，2018），用户只需很少的训练或根本不需要训练，认知负荷也很小。

6. 皮层内 BCI 用于解码运动意图

LIS 患者脑控制交流的一种方法是采用植入运动皮层区的微电极阵列记录大量单个神经元，目的是实现快速、可靠的点击解码。在采用硅微电极阵列（通常为 4×4mm 阵列，100 个电极，每个长度为 1~1.5mm）的试点临床试验中，通常把一个或多个阵列放置在运动皮层的手臂/手部区域（Yousry 等，1997），在那里，单个神经元通过不同的预期运动以不同的方式调节其尖峰发放频率。直观地说，如果记录的神经元峰发放活动来自于一群调节到（预期的）手臂空间运动的神经元，并且要求该受试者想象手臂朝已知方向移动，那么就可以建立神经活动模式和预期运动方向之间的映射关系（即"校准解码器"）。该解码器可实时用于解码所需的光标移动和二元点击状态，然后，这些可以转换为计算机屏幕上光标的实时点击控制（Kim 等，2007、2008、2011；Simeral 等，2011）。该策略允许因中风、ALS 或脊髓损伤而瘫痪的参与者在试点临床试验的虚拟键盘上选择字母和单词进行交流（Bacher 等，2015；Jarosiewicz 等，2015、2016；Pandarinath 等，2017），用于实时网络"聊天"、电子邮件通信，以及平板电脑的更广泛使用（Nuyujukian 等，2018）。还证明了它们可用于控制机械臂的多维伸手和抓握运动（Hochberg 等，2012；Collinger 等，2013；Aflalo 等，2015；Wodlinger 等，2015），甚至控制患者自己瘫痪的手臂（Ajiboye 等，2017）。

皮质内 BCI 面临的一个挑战是，由于各种生理和非生理原因，记录的神经元峰发放信号并非完全稳定。换言之，运动意图和记录的神经信号之间的关系可以随着时间和不同背景而变化（Kim 等，2006；Jarosiewicz 等，2013、2015；Perge 等，2013）。因此，为了防止神经控制性能降低，定期重新校准解码器很重要。由于每当记录的信号发生变化时，用户暂停 BCI 控制以执行校准任务是很繁琐乏味的，因此，一个重要的研究方向是设计方法，通过该方法，利用 BCI 实际使用过程中获得的数据自动更新解码器，例如，通过将神经活动映射到回溯性推断的运动意图（Jarosiewicz 等，2015、2016）。这些方法已被证明能够保持高质量的神经控制，使通信速度在数小时、数天和数周内达到约 30 字符/min，而用户在第 1 天之后无需执行任何校准任务（图 7.3）。类似的解码和硬件方法使采用皮质内 BCI 的四肢瘫患者的交流速度达到 40 字符/min，无需进行单词预测（Gilja 等，2015；Pandarinath 等，2017）。在这一日益活跃的领域中，解码技术继续取得进一步进展，它有潜力为 LIS 用户提供易于使用、独立、鲁棒稳健、高性能的交流。

(a)

时长/min	每分钟正确字符数	每分钟正确选择数	打字文本
23.3	15.1	25.8	Today, I can not seem to come up with anything really interesting to write about. I went to bed at one thirty in the morning and got up at eight. I planed on getting up at seven but somehow my alarm did not go off. This morning, I had an appointment with a car mechanic at fit 830. I only had time to brush my teeth and had to rush out of the house.
13.3	17.6	24.1	I have adaptive car that still lets me drive. My care giver followed me with his car. Once I got to the mechanic, I had to get off the car in my wheelchair and wheel it all the way home while my care giver followed me right behind me.
19.9	18.2	25.3	I usually have my service dog with me but I left him home. While wheeling home, I noticed that I was a lot more self conscience about how people were looking at me. To them, I must look like some kind of a ____! People are probably wondering how on earth did she become like that? Is _____? Can she talk with the thing hanging out of her neck like that?
21.6	22.4	27.8	|| Then in the middle the a mile and a half stretch home, I start losing control of my wheelchair as my right hand starts to fatigue. I was swerving left and right. I had to stop to tell my care giver that I was changing the driving mode to self driving mode. It is a mode that propels forward at its highest speed but it also can stop suddenly. I had to tell my care giver to please do not run over me! Luckily we arrived home safe and sound just in time for the braingate session.

(b)

图 7.3　Brain Gate 临床试验参与者使用自校准皮质内 BCI 控制虚拟键盘上的光标书写文本示例。参与者通过想象移动她的手来控制光标的移动，逐个选择楔形选项，楔形选项包含她想要在辐射状虚拟键盘中键入的字母（Bacher 等，2015）。她可以在需要时暂停打字，方法是选择右箭头，然后选择包含 "PAUSE" 的楔形选项。每次暂停都会启动一次解码器校准，该校准利用之前自由打字期间获得的数据来更新（回顾性推断）运动意图和神经活动之间的映射，然后恢复神经控制，参与者可通过选择向右箭头和 "UNPAUSE"，在需要时继续打字①
(a) 辐射状键盘界面的照片（左），PAUSE 按钮即将被选中，笔记本上显示了她在本次会话中键入的文本，一个关于她早上的故事（右）（在图（b）中用下划线替换模糊的单词，应参与者的要求进行了修订）；(b) 每个自由输入区块的时长、该块中每分钟正确字符（correct characters per minute, CCPM）数和每分钟正确选择（correct selections per minute, CSPM）数，以及输入的文本。来自（Jarosiewicz, B., Sarma, A. A., Bacher, D., et al., 2015. *Virtual typing by people with tetraplegia using a self-calibrating intracortical brain-computer interface.* Sci Transl Med 11, 313RA179），获得美国科学促进协会的许可。

---

①　译者注：图 7.3 为软件界面截图及本次会话中键入的英文文字，为便于读者理解，此处未进行分析。

7. 皮层内直接言语 BCI

皮质内 BCI 电极放置的大脑区域选择取决于所需的控制信号类型和应用。正如前面为 ECoG 所解释的，一种方法是尝试实时解码有意/预期的言语，其动机是相对于基于字母选择的辅助交流技术，提高交流的速度。一个研究组采用皮质内 BCI 实现这种方法，将电极放置在左腹侧运动前皮质（Günther 等，2009），认为这可以编码期望的言语声音的共振峰频率（Gündher 等，2006）。通过共振峰频率空间，可以把整个句子转录成低维轨迹，尽管没有泛音、辅音和其他声音提示，人类听者仍然可以将其解析为原始句子（Remez 等，1981）。因此，理论上，通过这个共振峰频率空间的轨迹，可以从神经活动中实时解码，以产生可理解的言语（就像通过外部空间的有意的/预期的手部运动轨迹，可以被实时解码，从而移动计算机光标）。

利用这一策略，一名参与者（在脑干中风后患有闭锁综合征）通过练习得到了改善，并能够通过共振峰频率空间在 2D 神经轨迹中模拟双元音序列，取得机会水平以上的表现（Günther 等，2009）。在同一研究组随后的离线分类研究中，采用植入运动言语产生区的单个双通道神经营养锥电极（Kennedy，1989）记录的神经活动，可以以 16%~21% 的准确率解码 LIS 研究参与者尝试产生的 38 个音素中的音素（Brumberg 等，2011）。

8. 植入式 BCI 的优缺点

正如这里所讨论的，通过以更高的空间分辨率提取神经活动，植入式的 BCI 有潜力提供关于人的运动意图的更丰富信息，从而实现非侵入式方法无法提供的更快、更精确的通信（至少在目前正在开发的记录技术下）。皮质内 BCI 已经使瘫痪患者能够以 30~40 字符/min 的通信速率打字数小时（Jarosiewicz 等，2015；Pandarinath 等，2017），而据我们所知，瘫痪患者使用无创 BCI 实现的最快通信速率约为 12 字符/min（Spier 等，2017）。

与非侵入式方法相比，长期植入式 BCI 的另一个优点是，每天的设置相对快速、简单。完全植入式系统，包括电极和放大器/发射器，发射器将这些信号无线传输到外部世界（Vansteensel 等，2016；正在开发中，Kim 等，2009；Borton 等，2013；Nurmikko 等，2016），这类系统将通过消除经皮连接（transcutaneous connections）降低感染风险，将满足终端用户的愿望，即辅助设备在外观上不可见（Nijboer，2015），并将尽量减少甚至消除对健康照护者的援助需求（Brea 等，2018）。

皮质内点击式 BCI 的一个重要优点是，除了交流之外，它们还具有更通用的实用性潜力：例如，拥有一个取代点击式蓝牙鼠标的 BCI（Nuyujukian 等，2018），将允许 LIS 患者使用体格健全的人能够使用的任何计算机或平板计算机应用程序，包括环境控制应用（控制电灯开关、恒温器、门锁等）、娱乐应用（网页浏览、社交媒体、视频和电影）、创意表达应用（写作、绘画、演奏、作曲和照片编辑），甚至实现有酬就业的应用。因此，点击式 BCI 不仅可以帮助 LIS 患者恢复交流，还可以帮助他们获得更大的独立性，从而带来更多的心理甚至经济收益，而不仅仅是通过 BCI 实现交流获得的益处。

当然，电极和相关部件的长期植入会带来与任何手术相关的风险，只有在更大规模的临床试验中收集到更多数据后，植入式 BCI 的安全性才能得到明确。然而，其他植入式神经技术（如人工耳蜗植入和脑深部刺激器）的安全性已经得到证实，这两种技术现在都很普遍，这已经开创了一个有希望的先例。

7.5　有待解决的问题

尽管交流功效的 BCI 取得了重大的科学进步，并努力将获得的知识转化为日常生活应用，但其仍然主要是研究型设备，在技术（信号采集硬件、信号处理和算法）以及可用性（护理人员和患者的易用性、身心负荷大小、美观性或审美性）方面仍需要进步。每种研究型设备都有其自身的局限性，需要克服，如前面相应章节所述。此外，对于所有类型的交流 BCI，需要解决以下问题。

7.5.1　可用性

与辅助技术（AT）一样，如果 BCI 技术不可靠或难以使用，潜在用户对 BCI 技术的接受将受到限制（Blain Moraes 等，2012；Nijboer，2015）。例如，只要用户想使用它们，它们就需要足够可靠和鲁棒稳健，以便每次都能工作。BCI 需要对听觉和视觉分心/干扰具有鲁棒性，并不受其他动力设备的电气噪声影响。BCI 的任何外部部件都需要易于穿脱，以免给用户或护理人员带来过重的负担，并且体积必须足够小，以适应生活环境的限制。此外，BCI 系统必须是外观上可接受的，理想情况下不可见。任何需要的校准必须快速、简单，甚至可以（在线）持续和自动进行（校准）。在理想情况下，患者使用 BCI 时根本不需要健康护理者的帮助。随着完全植入式系统的持续运行，所有这些在未来都可能成为可能。最近给出了完全植入式 ECoG-BCI 易于使用的可行性的早期证据（Vansteensel 等，2016），并且正在进行研究，以开发完全植入、易用，以及自主更新基于皮质内神经元峰发放的点击式 BCI，用户可全天候使用（Kim 等，2009；Borton 等，2013；Jarosiewicz 等，2015、2016；Nurmikko 等，

2016；Brea 等，2018）。

7.5.2　向 LIS 和 CLIS 患者推广

如前所述，迄今为止，许多 BCI 研究招募体格健全的参与者，或者那些仍有完整的眼动或部分残留运动功能的参与者。然而，目标用户的身体状况会影响 BCI 的可用性和性能，这是没有患 LIS 的参与者无法预测的。例如，目前许多 BCI 方法基于视觉刺激，因此这类 BCI 依赖于调节注视方向的能力（Brunner 等，2010）。由于晚期 ALS 患者的动眼神经功能经常受损（Hayashi 和 Oppenheimer，2003；Donaghy 等，2011；Murguialday 等，2010；Sharma 等，2011），人们对独立于注视的视觉、听觉和触觉 BCI 越来越感兴趣（评述见 Riccio 等，2012）。对 ALS 或 LIS 患者的这些 BCI 方法进行调查的研究很少，但迄今为止表明其可用性有限（Kaufmann 等，2013；Severens 等，2014）。目前和正在进行的采用硬膜下或皮质内电极从神经信号直接解码（内隐的或想象的）言语的工作可能最终会提供一种可行的替代方案，因为这种方法如果成功，将完全消除任何视觉注视的限制（包括视觉疲劳和诱发潜在风险的限制）。

目前尚不清楚患有 CLIS 的患者是否可以进行 BCI 交流。如前所述，一些研究试图恢复 CLIS 患者的交流，但这些工作因患者残留的认知能力和警醒状态的不确定性以及使用非视觉范式的重要性而变得复杂。鉴于 EEG 研究和单个 ECoG 案例并不十分成功（见评述 Kübler 和 Birbaumer，2008；Murguialday 等，2011；以及 Guger 等，2017），有一些证据表明，采用 fNIRS 在 CLIS 中进行是/否交流是可行的（Naito 等，2007；Gallegos Ayala 等，2014；Chaudhary 等，2017）。此外，在被诊断为处于植物人或最低意识状态的个体中，基于 fMRI 的交流演示（Monti 等，2010）表明，即使在没有外显运动的人中，基于大脑的交流也是可能的。重要的是，这些研究仅涵盖极少数的 CLIS 病例，并且不清楚一旦所有残留的运动功能丧失，哪种 BCI 技术最有效。因此，需要进行研究，以获得关于这个问题的更多见解，并进一步研究神经信号在 CLIS 交流中的应用。

7.6　结　束　语

尽管用于 LIS 患者交流功效的 BCI 仍然主要停留在研究领域内，但正在积极努力提高其速度、鲁棒性和可用性，将潜在的临床实用性摆在了地平线上。每种类型的 BCI 都有其特定的优缺点，但对于目前正在开发的输入模式，侵入

124

性较小的技术在潜在的速度、准确性、可用性和通用性方面往往受到更多限制。一旦非侵入式和植入式 BCI 都能在市场上买到，每个人都必须自己决定哪种选择更适合他们的需求和偏好。

参 考 文 献

[1] Aflalo T, Kellis S, Klaes C et al. (2015). Decoding motor imagery from the posterior parietal cortex of a tetraplegic human. Science 348: 906−910.

[2] Ajiboye AB, Willett FR, Young DR et al. (2017). Restoration of reaching and grasping movements through braincontrolled muscle stimulation in a person with tetraplegia: a proof-of-concept demonstration. Lancet (London, England) 389: 1821−1830.

[3] Akbari H, Khalighinejad B, Herrero JL et al. (2019). Towards reconstructing intelligible speech from the human auditory cortex. Sci Rep 9: 874.

[4] Albrecht GL, Devlieger PJ (1999). The disability paradox: high quality of life against all odds. Soc Sci Med 48: 977−988.

[5] American Congress of Rehabilitation Medicine (1995). Recommendations for use of uniform nomenclature pertinent to patients with severe alterations in consciousness. Arch Phys Med Rehabil 76: 205−209.

[6] Ando H, Williams C, Angus RM et al. (2015). Why don't they accept non-invasive ventilation?: insight into the interpersonal perspectives of patients with motor neurone disease. Br J Health Psychol 20: 341−359.

[7] Anumanchipalli GK, Chartier J, Chang EF (2019). Speech synthesis from neural decoding of spoken sentences. Nature 568: 493−498.

[8] Atsuta N, Watanabe H, Ito M et al. (2009). Age at onset influences on wide-ranged clinical features of sporadic amyotrophic lateral sclerosis. J Neurol Sci 276: 163−169.

[9] Bacher D, Jarosiewicz B, Masse NY et al. (2015). Neural point-and-click communication by a person with incomplete locked-in syndrome. Neurorehabil Neural Repair 29: 462−471.

[10] Bauer G, Gerstenbrand F, Rumpl E (1979). Varieties of the locked-in syndrome. J Neurol 221: 77−91.

[11] Berger H (1929). Uber das Elektrenkephalogram des Menschen. Arch Psychiatr Nervenkr 87: 527−570.

[12] Bin G, Gao X, Wang Y et al. (2009). VEP-based braincomputer interfaces: time, frequency, and code modulations. IEEE Comput Intell Mag 4: 22−26.

[13] Birbaumer N, Ghanayim N, Hinterberger T et al. (1999). A spelling device for the paralysed. Nature 398: 297−298.

[14] Blain-Moraes S, Schaff R, Gruis KL et al. (2012). Barriers to and mediators of brain-computer interface user acceptance: user group findings. Ergonomics 55: 516−525.

[15] Bleichner MG, Jansma JM, Sellmeijer J et al. (2014). Give me a sign: decoding complex coordinated hand movements using high-field fMRI. Brain Topogr 27: 248-257.

[16] Bleichner MG, Jansma JM, Salari E et al. (2015). Classification of mouth movements using 7T fMRI. J Neural Eng 12: 066026.

[17] Bleichner MG, Freudenburg ZV, Jansma JM et al. (2016). Give me a sign: decoding four complex hand gestures based on high-density ECoG. Brain Struct Funct 221: 203-216.

[18] Borton DA, Yin M, Aceros J et al. (2013). An implantable wireless neural interface for recording cortical circuit dynamics in moving primates. J Neural Eng 10: 026010.

[19] Bouchard KE, Mesgarani N, Johnson K et al. (2013). Functional organization of human sensorimotor cortex for speech articulation. Nature 495: 327-332.

[20] Branco MP, Freudenburg ZV, Aarnoutse EJ et al. (2017). Decoding hand gestures from primary somatosensory cortex using high-density ECoG. Neuroimage 147: 130-142.

[21] Brandman DM, Hosman T, Saab J et al. (2018). Rapid calibration of an intracortical brain-computer interface for people with tetraplegia. J Neural Eng 15: 026007.

[22] Brea JR, Shanahan BE, Saab J et al. (2018). Approaching a 24/7 at-home braingate BCI system through design thinking, user-centered design and agile development, 672: Society for Neuroscience, San Diego, CA, p. 05. abstract.

[23] Brumberg JS, Wright EJ, Andreasen DS et al. (2011). Classification of intended phoneme production from chronic intracortical microelectrode recordings in speech-motor cortex. Front Neurosci 5: 65.

[24] Brunner P, Joshi S, Briskin S et al. (2010). Does the P300 speller depend on eye gaze? J Neural Eng 7: 056013.

[25] Brunner P, Ritaccio AL, Emrich JF et al. (2011). Rapid communication with a "P300" matrix speller using electrocorticographic signals. Front Neurosci 5: 5.

[26] Bruno MA, Bernheim JL, Ledoux D et al. (2011). A survey on self-assessed well-being in a cohort of chronic locked-in syndrome patients: happy majority, miserable minority. BMJ Open 23: e000039.

[27] Cecotti H (2010). A self-paced and calibration-less SSVEPbased brain-computer interface speller. IEEE Trans Neural Syst RehabilEng 18: 127-133.

[28] Cecotti H (2011). Spelling with non-invasive brain-computer interfaces-current and future trends. J Physiol Paris 105: 106-114.

[29] Chaudhary U, Xia B, Silvoni S et al. (2017). Brain-computer interface-based communication in the completely lockedin state. PLoS Biol 15: e1002593.

[30] Chio A, Calvo A, Ghiglione P et al. (2010). Tracheostomy in amyotrophiclateral sclerosis: a 10-year population-based studie in Italy. J Neurol Neurosurg Psychiatry 81: 1141-1143.

[31] Christodoulou G, Goetz R, Ogino M et al. (2015). Opinions of Japanese and American ALS caregivers regarding tracheostomy with invasive ventilation (TIV). Amyotroph Lateral Scler

126

Frontotemporal Degener 17: 47-54.

[32] Collinger JL, Wodlinger B, Downey JE et al. (2013). Highperformance neuroprosthetic control by an individual with tetraplegia. Lancet 381: 557-564.

[33] Combaz A, Chatelle C, Robben A et al. (2013). A comparison of two spelling brain-computer interfaces based on visual P3 and SSVEP in locked-in syndrome. PLoS One 8: e73691.

[34] Conant D, Bouchard KE, Chang EF (2014). Speech map in the human ventral sensory-motor cortex. Curr Opin Neurobiol 24: 63-67.

[35] Coyle S, Ward T, Markham C et al. (2004). On the suitability of near-infrared (NIR) systems for next-generation braincomputer interfaces. Physiol Meas 25: 815-822.

[36] Coyle SM, Ward TE, Markham CM (2007). Brain-computer interface using a simplified functional near-infrared spectroscopy system. J Neural Eng 4: 219-226.

[37] Crone NE, Miglioretti DL, Gordon B et al. (1998). Functional mapping of human sensorimotor cortex with electrocorticographic spectral analysis. I. Alpha and beta event-related desynchronization. Brain 121: 2271-2299.

[38] Donaghy C, Thurtell MJ, Pioro EP et al. (2011). Eye movements in amyotrophic lateral sclerosis and its mimics: a review with illustrative cases. J Neurol Neurosurg Psychiatry 82: 110-116.

[39] Farwell LA, Donchin E (1988). Talking off the top of your head: toward a mental prosthesis utilizing event-related brain potentials. Electroencephalogr Clin Neurophysiol 70: 510-523.

[40] Federici S, Borsci S (2016). Providing assistive technology in Italy: the perceived delivery process quality as affecting abandonment. DisabilRehabil Assist Technol 11: 22-31.

[41] Fisch B (1999). Fisch and Spehlmann's EEG primer, Elsevier, Amsterdam.

[42] Flinker A, Chang EF, Barbaro NM et al. (2011). Subcentimeter language organization in the human temporal lobe. Brain Lang 117: 103-109.

[43] Fried-Oken M, Mooney A, Peters B (2015). Supporting communication for patients with neurodegenerative disease. NeuroRehabilitation 37: 69-87.

[44] Gallegos-Ayala G, Furdes A, Takano K et al. (2014). Brain communication in a completely locked-in patient using bedside near-infrared spectroscopy. Neurology 82: 1930-1932.

[45] Gastaut H, Terzian H, Gastaut Y (1952). Study of a little electroencephalographic activity: rolandic arched rhythm. Mars Med 89: 296-310.

[46] Geronimo A, Stephens HE, Schiff SJ et al. (2015). Acceptance of brain-computer interfaces in amyotrophic lateral sclerosis. Amyotroph Lateral Scler Frontotemporal Degener 16: 258-264.

[47] Gilja V, Pandarinath C, Blabe CH et al. (2015). Clinical translation of a high-performance neural prosthesis. Nat Med 21: 1142-1145.

[48] Guger C, Edlinger G, Harkam W et al. (2003). How many people are able to operate an

EEG-based brain-computer interface (BCI)? IEEE Trans Neural Syst Rehabil Eng 11: 145–147.

[49] Guger C, Spataro R, Allison BZ et al. (2017). Complete locked-in and locked-in patients: command following assessment and communication with vibro-tactile P300 and motor imagery brain-computer interface tools. Front Neurosci 11: 251.

[50] Günther FH, Ghosh SS, Tourville JA (2006). Neural modeling and imaging of the cortical interactions underlying syllable production. Brain Lang 96: 280–301.

[51] Günther FH, Brumberg JS, Wright EJ et al. (2009). A wireless brain-machine Interface for real-time speech synthesis. PLoS One 4: e8218.

[52] Hayashi H, Kato S (1989). Total manifestations of amyotrophic lateral sclerosis. ALS in the totally locked-in state. J Neurol Sci 93: 19–35.

[53] Hayashi H, Oppenheimer EA (2003). ALS patients on TPPV: totally locked-in state, neurologic findings and ethical implications. Neurology 61: 135–137.

[54] Herff C, Heger D, de Pesters A et al. (2015). Brain-to-text: decoding spoken phrases from phone representations in the brain. Front Neurosci 9: 217.

[55] Hermes D, Vansteensel MJ, Albers AM et al. (2011). Functional MRI-based identification of brain areas involved in motor imagery for implantable brain-computer interfaces. J Neural Eng 8: 25007.

[56] Hochberg LR, Bacher D, Jarosiewicz B et al. (2012). Reach and grasp by people with tetraplegia using a neurally controlled robotic arm. Nature 485: 372–375.

[57] Holz EM, Botrel L, Kaufmann T et al. (2015). Long-term independent brain-computer interface home use improves quality of life of a patient in the locked-in state: a case study. Arch Phys Med Rehabil 96: S16–S26.

[58] Hotson G, McMullen DP, Fifer MS et al. (2016). Individual finger control of a modular prosthetic limb using highdensity electrocorticography in a human subject. J Neural Eng 13: 026017.

[59] Hwang HJ, Lim JH, Jung YJ et al. (2012). Development of an SSVEP-based BCI spelling system adopting a QWERTY style LED keyboard. J Neurosci Methods 208: 59–65.

[60] Hwang HJ, Han CH, Lim JH et al. (2017). Clinical feasibility of brain-computer interface based on steady-state visual evoked potential in patients with locked-in syndrome: case studies. Psychophysiology 54: 444–451.

[61] Ikegami S, Takano K, Kondo K et al. (2014). A region-based two-step P300-based brain-computer interface for patients with amyotrophic lateral sclerosis. Clin Neurophysiol 125: 2305–2312.

[62] Jarosiewicz B, Masse NY, Bacher D et al. (2013). Advantages of closed-loop calibration in intracortical brain-computer interfaces for people with tetraplegia. J Neural Eng 10: 046012.

[63] Jarosiewicz B, Sarma AA, Bacher D et al. (2015). Virtual typing by people with tetraplegia using a self-calibrating intracortical brain-computer interface. Sci Transl Med 11: 313RA179.

[64] Jarosiewicz B, Sarma AA, Saab J et al. (2016). Retrospectively supervised click decoder calibration for self-calibrating point-and-click brain-computer interfaces. J Physiol Paris 110: 382–391. S0928-4257 (17) 30010-4.

[65] Kaufmann T, Schulz SM, Grunzinger C et al. (2011). Flashing characters with famous faces improves ERP-based braincomputer interface performance. J Neural Eng 8: 056016.

[66] Kaufmann T, Holz EM, Kübler A (2013). Comparison of tactile, auditory, and visual modality for brain-computer interface use: a case study with a patient in the locked-in state. Front Neurosci 7: 129.

[67] Kellis S, Miller K, Thomson K et al. (2010). Decoding spoken words using local field potentials recorded from the cortical surface. J Neural Eng 7: 056007.

[68] Kennedy PR (1989). The cone electrode: a long-term electrode that records from neurites grown onto its recording surface. J Neurosci Methods 29: 181–193.

[69] Kim S-P, Wood F, Fellows M (2006). Statistical analysis of the non-stationarity of neural population codes. In: The first IEEE/RAS-EMBS international conference on biomedical robotics and biomechatronics.

[70] Kim S-P, Simeral JD, Hochberg LR et al. (2007). Multi-state decoding of point-and-click control signals from motor cortical activity in a human with tetraplegia. In: 3rd international IEEE/EMBS conference on neural engineering.

[71] Kim S-P, Simeral JD, Hochberg LR et al. (2008). Neural control of computer cursor velocity by decoding motor cortical spiking activity in humans with tetraplegia. J Neural Eng 5: 455–476.

[72] Kim S, Bhandari R, Klein M et al. (2009). Integrated wireless neural interface based on the Utah electrode array. Biomed Microdevices 11: 453–466.

[73] Kim S-P, Simeral JD, Hochberg LR et al. (2011). Point-andclick cursor control with an intracortical neural interface system by humans with tetraplegia. IEEE Trans Neural Syst Rehabil Eng 19: 193–203.

[74] Kohnen RF, Lavrijsen JC, Bor JH et al. (2013). The prevalence and characteristics of patients with classic locked-in syndrome in Dutch nursing homes. J Neurol 260: 1527–1534.

[75] Kraskowsky LH, Finlayson M (2001). Factors affecting older adults' use of adaptive equipment: review of the literature. Am J Occup Ther 55: 303–310.

[76] Krusienski DJ, Shih JJ (2011). Control of a visual keyboard using an electrocorticographic brain-computer interface. Neurorehabil Neural Repair 25: 323–331.

[77] Kübler A, Birbaumer N (2008). Brain-computer interfaces and communication in paralysis: extinction of goal directed thinking in completely paralysed patients? Clin Neurophysiol 119:

2658-2666.

[78] Kubler A, Neumann N, Kaiser J et al. (2001). Brain-computer communication: self-regulation of slow cortical potentials for verbal communication. Arch Phys Med Rehabil 82: 1533–1539.

[79] Kubler A, Nijboer F, Mellinger J et al. (2005). Patients with ALS can use sensorimotor rhythms to operate a braincomputer interface. Neurology 64: 1775–1777.

[80] Larsson Ranada Å, Lidstrom H (2017). Satisfaction with assistive technology device in relation to the service delivery process-a systematic review. Assist Technol 11: 1–16.

[81] León-Carrión J, van Eeckhout P, Domínguez-Morales Mdel R et al. (2002). The locked-in syndrome: a syndrome looking for a therapy. Brain Inj 16: 571–582.

[82] Lesenfants D, Habbal D, Lugo Z et al. (2014). An independent SSVEP-based brain-computer interface in locked-in syndrome. J Neural Eng 11: 035002.

[83] Lim JH, Kim YW, Lee JH et al. (2017). An emergency call system for patients in locked-in state using an SSVEP-based brain switch. Psychophysiology 54: 1632–1643. https:// doi. org/10. 1111/psyp. 12916.

[84] Lopes da Silva F (1991). Neural mechanisms underlying brain waves: from neural membranes to networks. Electroencephalogr Clin Neurophysiol 79: 81–93.

[85] Lulé D, Zickler C, Hacker S et al. (2009). Life can be worth living in locked-in syndrome. Prog Brain Res 177: 339–351.

[86] Luu S, Chau T (2009). Decoding subjective preference from single-trial near-infrared spectroscopy signals. J Neural Eng 6: 016003.

[87] Martin JK, Martin LG, Stumbo NJ et al. (2011). The impact of consumer involvement on satisfaction with and use of assistive technology. DisabilRehabil Assist Technol 6: 225–242.

[88] McCane LM, Sellers EW, McFarland DJ et al. (2014). Braincomputer interface (BCI) evaluation in people with amyotrophic lateral sclerosis. Amyotroph Lateral Scler Frontotemporal Degener 15: 207–215.

[89] McCane LM, Heckman SM, McFarland DJ et al. (2015). P300-based brain-computer interface (BCI) event-related potentials (ERPs): people with amyotrophic lateral sclerosis (ALS) vs. age-matched controls. Clin Neurophysiol 126: 2124–2131.

[90] McFarland DJ, Miner LA, Vaughan TM et al. (2000). Mu and beta rhythm topographies during motor imagery and actual movements. Brain Topogr 12: 177–186.

[91] McFarland DJ, Sarnacki WA, Wolpaw JR (2010). Electroencephalographic (EEG) control of threedimensional movement. J Neural Eng 7: 036007.

[92] Mellinger J, Schalk G, Braun C et al. (2007). An MEG-based brain-computer interface (BCI). Neuroimage 36: 581–593.

[93] Middendorf M, McMillan G, Calhoun G et al. (2000). Braincomputer interfaces based on steady-state visual-evoked response. IEEE Trans RehabilEng 8: 211–214.

[94] Miner LA, McFarland DJ, Wolpaw JR (1998). Answering questions with an electroenceph-alogram-based brain-computer interface. Arch Phys Med Rehabil 79: 1029–1033.

[95] Monti MM, Vanhaudenhuyse A, Coleman MR et al. (2010). Willful modulation of brain activity in disorders of consciousness. N Engl J Med 362: 579–589.

[96] Mountcastle VB (1997). The columnar organization of the neocortex. Brain 120: 701–722.

[97] Mugler EM, Patton JL, Flint RD et al. (2014). Direct classification of all American English phonemes using signals from functional speech motor cortex. J Neural Eng 11: 035015.

[98] Müller KR, Tangermann M, Dornhege G et al. (2008). Machine learning for real-time sin-gle-trial EEG-analysis: from brain-computer interfacing to mental state monitoring. J Neurosci Methods 167: 82–90.

[99] Murguialday AR, Hill J, Bensch M et al. (2011). Transition from locked in to the com-pletely locked-in state: a physiological analysis. Clin Neurophysiol 122: 925–933.

[100] Naci L, Owen AM (2013). Making every word count for nonresponsive patients. JAMA Neurol 70: 1235–1241.

[101] Naito M, Michioka Y, Ozawa K et al. (2007). A communication means for totally locked-in ALS patients based on changes in cerebral blood volume measured with near-infrared light. IEICE Trans. Inf. Syst. E90D: 1028–1037.

[102] Nakanishi M, Wang Y, Chen X et al. (2017). Enhancing detection of SSVEPs for a high-speed brain speller using taskrelated component analysis. IEEE Trans Biomed Eng 65: 104–112. https://doi.org/10.1109/TBME.2017.2694818.

[103] Naseer N, Hong MJ, Hong KS (2014). Online binary decision decoding using functional near-infrared spectroscopy for het development of brain-computer interface. Exp Brain Res 232: 555–564.

[104] Neudert C, Oliver D, Wasner M et al. (2001). The course of the terminal phase in pa-tients with amyotropic lateral sclerosis. J Neurol 248: 612–616.

[105] Neuper C, Müller GR, Staiger-Sälzer P et al. (2003). EEGbased communication-a new concept for rehabilitative support in patients with severe motor impairment. Rehabilitation (Stuttg) 42: 371–377.

[106] Nijboer F (2015). Technology transfer of brain-computer interfaces as assistive technology: barriers and opportunities. Ann Phys Rehabil Med 58: 35–38.

[107] Nunez PL (2012). Electric and magnetic fields produced by the brain. In: JR Wolpaw, EW Wolpaw (Eds.), Brain-computer interfaces: principles and practice. Oxford University Press, New York, pp. 45–63.

[108] Nurmikko A, David B, Ming Y (2016). Wireless neurotechnology for neural prostheses. In: K Shepherd (Ed.), Neurobionics: the biomedical engineering of neural prostheses. Wiley-Blackwell pp. 123–161.

131

[109] Nuyujukian P, Albites Sanabria J, Saab J et al. (2018). Cortical control of a tablet computer by people with paralysis. PLoS One 13: e0204566.

[110] Oken BS, Orhan U, Roark B et al. (2014). Brain-computer interface with language model-electroencephalography fusion for locked-in syndrome. Neurorehabil Neural Repair 28: 387–394.

[111] Ortner R, Aloise F, Pruckl R et al. (2011). Accuracy of a P300 speller for people with motor impairments: a comparison. Clin EEG Neurosci 42: 214–218.

[112] Owen AM, Coleman MR, Boly M et al. (2006). Detecting awareness in the vegetative state. Science 313: 1402.

[113] Pandarinath C, Nuyujukian P, Blabe CH et al. (2017). High performance communication by people with paralysis using an intracortical brain-computer interface. eLife 6: e18554.

[114] Pasley BN, David SV, Mesgarani N et al. (2012). Reconstructing speech from human auditory cortex. PLoS Biol 1: e1001251.

[115] Pei X, Barbour DL, Leuthardt EC et al. (2011). Decoding vowels and consonants in spoken and imagined words using electrocorticographic signals in humans. J Neural Eng 8: 046028.

[116] Pels EGM, Aarnoutse EJ, Ramsey NF et al. (2017). Estimated prevalence of the target population for brain-computer interface neurotechnology in the Netherlands. Neurorehabil Neural Repair 31: 677–685.

[117] Perelmouter J, Birbaumer N (2000). A binary spelling interface with random errors. IEEE Trans RehabilEng 8: 227–232.

[118] Perge JA, Homer ML, Malik WQ et al. (2013). Intra-day signal instabilities affect decoding performance in an intracortical neural interface system. J Neural Eng 10: 036004.

[119] Pfurtscheller G, Aranibar A (1979). Evaluation of eventrelated desynchronization (ERD) preceding and following voluntary self-paced movement. Electroencephalogr Clin Neurophysiol 46: 138–146.

[120] Piccione F, Giorgi F, Tonin P et al. (2006). P300-based brain computer interface: reliability and performance in healthy and paralysed participants. Clin Neurophysiol 117: 531–537.

[121] Pires G, Nunes U, Castelo-Branco M (2011). Statistical spatial filtering for a P300-based BCI: tests in able-bodied, and patients with cerebral palsy and amyotrophic lateral sclerosis. J Neurosci Methods 195: 270–281.

[122] Powers JC, Bieliaeieva K, Wu S et al. (2015). The human factors and ergonomics of P300-based brain-computer interfaces. Brain Sci 5: 318–356.

[123] Rabkin J, Ogino M, Goetz R et al. (2013). Tracheostomy with invasive ventilation for ALS patients: neurologists' roles in the US and Japan. Amyotroph Lateral Scler Frontotemporal Degener 14: 116–123.

［124］ Rabkin J, Ogino M, Goetz R et al. (2014). Japanese and American ALS patient prefer-
ences regarding TIV (tracheostomy with invasive ventilation): a cross-national survey.
Amyotroph Lateral Scler Frontotemporal Degener 15: 185-191.

［125］ Ramsey NF, van de Heuvel MP, Kho KH et al. (2006). Towards human BCI applications
based on cognitive brain systems: an investigation of neural signals recorded from the dorso-
lateral prefrontal cortex. IEEE Trans Neural Syst RehabilEng 14: 214-217.

［126］ Ramsey NF, Salari E, Aarnoutse EJ et al. (2018). Decoding spoken phonemes from sen-
sorimotor cortex with highdensity ECoG grids. Neuroimage 180: 301-311.

［127］ Remez R, Rubin P, Pisoni D et al. (1981). Speech perception without traditional speech
cues. Science 212: 947-949.

［128］ Riccio A, Mattia D, Simione L et al. (2012). Eye-gaze independent EEG-based brain-
computer interfaces for communication. J Neural Eng 9: 045001.

［129］ Rousseau MC, Baumstarck K, Alessandrini M et al. (2015). Quality of life in patients with
locked-in syndrome: evolution over a 6-year period. Orphanet J Rare Dis 10: 88. Rowland
LP, Shneider NA (2001). Amyotrophic lateral sclerosis. N Engl J Med 344: 1688-1700.

［130］ Schalk G, Leuthardt EC (2011). Brain-computer interfaces using electrocorticographic sig-
nals. IEEE Rev Biomed Eng 4: 140-154.

［131］ Scherer R, Muller GR, Neuper C et al. (2004). An asynchronously controlled EEG-based
virtual keyboard: improvement of the spelling rate. IEEE Trans Biomed Eng 51: 979-984.

［132］ Scherer MJ, Sax C, Vanbiervliet A et al. (2005). Predictors of assistive technology use:
the importance of personal and psychosocial factors. DisabilRehabil 27: 1321-1331.

［133］ Sellers EW, Kubler A, Donchin E (2006). Brain-computer interface research at the Uni-
versity of South Florida cognitive psychophysiology laboratory: the P300 speller. IEEE
Trans Neural Syst RehabilEng 14: 221-224.

［134］ Sellers EW, Vaughan TM, Wolpaw JR (2010). A braincomputer interface for long-term in-
dependent home use. Amyotroph Lateral Scler 11: 449-455.

［135］ Sellers EW, Arbel Y, Donchin E (2012). BCIs that use the P300 event-related potentials.
In: JR Wolpaw, EW Wolpaw (Eds.), Brain-computer interfaces: principles and practice.
Oxford University Press, New York, pp. 215-226.

［136］ Severens M, Van der Waal M, Farquhar J et al. (2014). Comparing tactile and visual
gaze-independent braincomputer interfaces in patients with amyotrophic lateral sclerosis and
healthy users. Clin Neurophysiol 125: 2297-2304.

［137］ Sharma R, Hicks S, Berna CM et al. (2011). Oculomotor dysfunction in amyotrophic lat-
eral sclerosis. Arch Neurol 68: 857-861.

［138］ Simeral JD, Kim SP, Black MJ et al. (2011). Neural control of cursor trajectory and click
by a human with tetraplegia 1000 days after implant of an intracortical microelectrode array.
J Neural Eng 8: 025027.

[139] Snoeys L, Vanhoof G, Manders E (2013). Living with locked in syndrome: an explorative study on health care situation, communication and quality of life. Disabil Rehabil 35: 713–718.

[140] Sorger B, Dahmen B, Reithler J et al. (2009). Another kind of BOLD response: answering multiple-choice questions via online decoded single-trial brain signals. Prog Brain Res 177: 275–292.

[141] Sorger B, Reithler J, Dahmen B et al. (2012). A real-time fMRI-based spelling device immediately enabling robust motor-independent communication. Curr Biol 22: 1333–1338.

[142] Spataro R, Ciriacono M, Manno C et al. (2013). The eye-tracking computer device for communication in amyotrophic lateral sclerosis. Acta Neurol Scand 130: 40–45.

[143] Speier W, Fried I, Pouratian N (2013). Improved P300 speller performance using electrocorticography, spectral features and natural language processing. Clin Neurophysiol 124: 1321–1328.

[144] Speier W, Chandravadia N, Roberts D et al. (2017). Online BCI typing using language model classifiers by ALS patients in their homes. Brain Comput Interfaces (Abingdon) 4: 114–121.

[145] Spuler M, Rosenstiel W, Bogdan M (2012). Online adaptation of a c-VEP brain-computer Interface (BCI) based on errorrelated potentials and unsupervised learning. PLoS One 7: e51077.

[146] Stoeckel LE, Garrison KA, Ghosh S et al. (2014). Optimizing real time fMRI neurofeedback for therapeutic discovery and development. Neuroimage Clin 5: 245–255.

[147] Sugawara AT, Ramos VD, Alfieri FM et al. (2018). Abandonment of assistive products: assessing abandonment levels and factors that impact on it. Disabil Rehabil Assist Technol 13: 716–723.

[148] Sutter EE (1992). The brain response interface: communication through visually-induced electrical brain responses. J Microcomp Appl 15: 31–45.

[149] Sutton S, Braren M, Zubin J et al. (1965). Evoked-potential correlates of stimulus uncertainty. Science 150: 1187–1188.

[150] Thielen J, van den Broek P, Farquhar J et al. (2015). Broadband visually evoked potentials: re (con) volution in braincomputer interfacing. PLoS One 10: e0133797.

[151] Tsou AY, Karlawish J, McCluskey L et al. (2012). Predictors of emergent feeding tubes and tracheostomies in amyotrophic lateral sclerosis (ALS). Amyotroph Lateral Scler 13: 318–325.

[152] Vansteensel MJ, Hermes D, Aarnoutse EJ et al. (2010). Braincomputer interfacing based on cognitive control. Ann Neurol 67: 809–816.

[153] Vansteensel MJ, Pels EG, Bleichner MG et al. (2016). Fully implanted brain-computer interface in a locked-in patient with ALS. N Engl J Med 375: 2060–2066.

134

[154] Vialatte FB, Maurice M, Dauwels J et al. (2010). Steady-state visually evoked potentials: focus on esential paradigms and future perspectives. Prog Neurobiol 90: 418-438.

[155] Wessels R, Dijcks B, Soede M et al. (2003). Non-use of provided assistive technology devices, a literature overview. Technol Disabil 15: 231-238.

[156] Wodlinger B, Downey JE, Tyler-Kabara EC et al. (2015). Tendimensional anthropomorphic arm control in a human brain-machine interface: difficulties, solutions, and limitations. J Neural Eng 12: 016011.

[157] Wolpaw JR, Birbaumer N, McFarland DJ et al. (2002). Brain-computer interfaces for communication and control. Clin Neurophysiol 113: 767-791.

[158] Wolpaw JR, McFarland DJ, Vaughan TM et al. (2003). The Wadsworth Center brain-computer interface (BCI) research and development program. IEEE Trans Neural Syst Rehabil Eng 11: 204-207.

[159] Wolpaw JR, Bedlack RS, Reda DJ et al. (2018). Independent home use of a brain-computer interface by people with amyotrophic lateral sclerosis. Neurology 91: e258-e267.

[160] Yousry T, Schmid UD, Alkadhi H et al. (1997). Localization of the motor hand area to a knob on the precentral gyrus. A new landmark. Brain 120: 141-157.

[161] Yuan H, He B (2014). Brain-computer interfaces using sensorimotor rhythms: current state and future perspectives. IEEE Trans Biomed Eng 61: 1425-1435.

拓展阅读

[162] Guy V, Soriani MH, Bruno M et al. (2018). Brain computer interface with the P300 speller: usability for disabled people with amyotrophic lateral sclerosis. Ann Phys Rehabil Med 61: 5-11.

[163] Nijboer F, Sellers EW, Mellinger J et al. (2008). A P300-based brain-computer interface for people with amyotrophic lateral sclerosis. Clin Neurophysiol 119: 1909-1916.

第8章 脑-机接口在机器人和假肢控制中的应用

8.1 摘　要

脑-机接口（BCI）有可能改善严重运动障碍患者的生活质量。BCI 捕捉用户的大脑活动，并将其转换为命令，以控制执行器（如计算机光标、机械臂或功能性电刺激设备）。通过 BCI 系统对机械臂和假肢的完全灵巧操作一直是一个挑战，这是由于对来自用户神经活动的高维且优选实时的控制命令进行解码的固有需要。然而，如果要将 BCI 控制的机械臂或假肢用于日常活动，这种（完全灵巧操作的）功能是基本的，也是至关重要的。在本章中，我们回顾了 BCI 研究人员如何应对这一挑战，以及新的解决方案如何改善机械执行器的 BCI 用户体验。

8.2 引　言

一些损伤和疾病，包括严重 ALS、脑干中风和脊髓损伤，会使个体的肢体肌肉控制有限或没有自主控制（Kübler 等，2001）（第 3、4 和 6 章）。患有这些神经系统疾病的人通常在认知上完好无损，但需要护理人员持续参与日常活动。在某些情况下，甚至连交流能力都完全丧失了，这突出了问题的重要性，并加强了对解决方案的探索。神经工程领域已提出了利用 BCI，为严重言语和运动障碍患者提供与其周围环境交流和互动的手段（Birbaumer 等，1999；Lebedev 和 Nicolelis，2006；Donoghue，2008；Chestek 等，2009；Hatsopoulos 和 Donoghue，2009；Green 和 Kalaska，2011；Nicolas Alonso 和 Gomez Gil，2012；Chaudhary 等，2015；Schwartz，2016）。为了实现这一目标，把 BCI 系统设计成用户自主调节的神经活动和他们选择的辅助技术之间的接口。图 8.1 所示为典型 BCI 系统的三个主要部分：收集神经活动的传感器、解码记录的神经活动的算法和执行最终预期动作的执行器。通过将电极直接植入大脑内或植入大脑顶部，或通过放置在头皮上的电极记录原始电压信号，这些信号反映用户的大脑活动，通常来自大脑皮层的运动相关区域，因此，它们包含有关用户运动意图的信息。对这些记录的电压应用一系列信号处理技术，以提高信噪比（signal-to-noise ratio，SNR）并便于提取有意义的信息（Andersen 等，2004）。

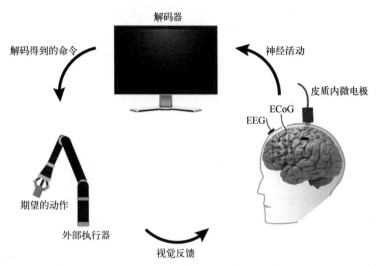

图 8.1　用于机械臂控制的 BCI 系统的基本组成。用户的神经活动由传感器捕获，该传感器可放置在大脑内或大脑上，或分布在头皮上。记录的信号被发送到解码器，解码器将这些信息转换为命令，并传递给机械臂，机械臂反过来执行预期的动作。视觉反馈允许用户持续干预和校正执行器的动作。最近，体感反馈也被纳入其中。

　　根据原始信号的采集位置，可以从记录的原始电压中提取不同的信息特征，如神经元发放率（放电率）或场电位（FPs）功率。由于距离上接近信号源，皮质内电极（直接置于皮质内的电极）可以提供信息量最大的信号类型，从单个神经元尖峰脉冲到完整的 FPs 频谱（Donoghue，2008）（第 20 章）。已证明通过放置在头皮上的电极记录的 EEG 也是 BCI 控制的可行来源，尽管其携带的信息比皮质内记录的少（Lotte 等，2015）（第 18 章）。从原始电压中提取的特征不仅与运动参数（如手部速度/hand velocity）相关，还与高级认知参数（如奖励的预期值和幅度）相关（Musallam 等，2004；Pesaran 等，2006）。尽管已证明这些相关性对 BCI 控制有用，但仍在继续研究，以阐明神经特征与有意的动作之间的关系（Shenoy 和 Carmena，2014）。除了电测量之外，MEG（Mellinger 等，2007）或 fMRI（Sitaramet 等，2007）（第 21 章）等大脑监测技术也可以用作 BCI 系统的一部分。然而，这些技术通常仅限于实验室使用，因为它们花费巨大且缺乏便携性。

在记录神经信号后，提取的神经特征通过计算框架（通常称为解码器）转换为凭意志的动作，在实时应用中，连续处理记录的神经信号并将其输入解码器，解码器将提取的神经特征映射为外部设备的控制命令。许多解码策略已用于 BCI，它们基于输入信号中存在的信息量，运动解码器通常是线性或非线性的"黑箱"，它将神经特征映射为位置或速度矢量。或者，离散的运动方向也可以通过分类算法解码（Chen 等，2019），在这种情况下，从神经活动中解码方向，并在 BCI 系统的逻辑中预设运动步长。与运动类似，抓取解码可以由分类器执行，也可以通过映射函数连续执行，前者启动预定的抓取运动（Hochberg 等，2012），后者连续设置机械抓取器的孔径（Wodlinger 等，2015）。

文献中报道了许多不同的辅助装置，包括轮椅、计算机光标和机械臂（robotic limb），这些作为由 BCI 用户控制的末端执行器（Hochberg 等，2006；Carlson 和 Millán，2013；Collinger 等，2013，Jarosiewicz 等，2015）。在本章中，我们将重点介绍 BCI 系统控制机械臂和假肢的过去和当前的发展。利用运动皮层的神经活动控制外部设备的想法是 50 多年前提来出的假设（Frank，1968）。不久之后，在不同实验室进行的一系列实验证明，非人灵长类动物可以调节单个皮层神经元的发放率（放电频率），以控制无线电仪表或简单的灯光开关装置，并且这种调节能力可以从发放率中解码出来（Fetz，1969；Humphrey 等，1970；Schmidt，1980）。近 20 年后，在啮齿动物的初级运动（the primary motor，MI）皮层和腹外侧（ventrolateral，VL）丘脑中植入微电极阵列，证明了其通过调节所记录的神经元群体活动来控制一维的机械杠杆（Chapin 等，1999），随后，研究人员演示了利用非人灵长类皮质神经元的活动对虚拟和物理设备进行二维和三维控制（Serruya 等，2002；Taylor 等，2002；Carmena 等，2003；Velliste 等，2008），这有助于为首先启动皮质内 BCI 的试点临床试验以及随后的灵巧机械臂控制奠定基础。

早期的 BCI 与机械臂结合的动物研究为进一步开发为人类应用而设计的系统奠定了基础。为了充分利用这些技术，BCI 应该能够解码手臂在三维空间中的运动以及机器人系统的期望抓取状态。专注于四肢瘫痪患者的临床需求，2006 年首次展示了人类受试者通过皮质内信号控制机械臂（Hochberg 等，2006），随后进行了多项研究，证明瘫痪患者能够使用 BCI 控制计算机光标和更灵巧的机械臂，包括能够支持自喂食的假肢或机械臂系统（Hochberg 等，2012；Collinger 等，2013；Pandarinath 等，2017；Nuyujukian 等，2018）（第 13 章和第 22 章）。

近年来，BCI 系统控制的上肢机械装置已用于中风后患者的康复（Daly 和

Wolpaw，2008；Ang 等，2010；Várkuti 等，2013；Venkatakrishnan 等，2014；
Soekadar 等，2015；Van Dokkum 等，2015）（第 9 章）。在这项努力中，患者
学会调节他们的神经活动，以控制机械系统，该系统引导麻痹手臂趋向所需的
运动，促进神经可塑性和自然肢体运动的康复。

　　在 8.3 节中，我们将介绍 BCI 系统在控制机械臂的定位和抓取状态方面的
应用。从记录方式开始，我们探讨了植入式和头皮表面记录方法的基本特征，
讨论了它们的局限性和优势，还讨论了用于机器人系统的几种解码算法，已把
共享自治的思想确定为 BCI 机器人领域的一个新发展，我们在本章的最后介绍
了这些应用进一步开发的潜在挑战和方向。

8.3　记录神经活动

　　确定记录大脑活动的物理位置是设计 BCI 系统的重要步骤。大多数 BCI 系
统依靠 EEG 来记录大脑信号，以驱动系统的输出（Wolpaw 等，2002；Lotte
等，2015），该技术通过空间分布在用户头皮上的电极测量皮层的 FP 活性。
因此，这个信号是数百万神经元聚集活动的结果，除了该技术提供的空间分辨
率低之外，EEG 记录还易受肌肉活动伪迹的影响（Nicolas-Alonso and Gomez-
Gil，2012），并且由于头皮和颅骨滤波，它们的带宽有限（Pfurtscheller 和
Cooper 1975）。然而，EEG 记录成功地实现了对虚拟或实际机械臂的慢速三维
控制（Mcfarland 等，2010；Meng 等，2016）。

　　一种信息更丰富的记录方式是 ECoG，它也记录 FP，但使用放置在皮质表
面上硬脑膜下（subdurally）的电极（Crone 等，1998a，b；Leuthardt 等，
2006）。这项技术通常应用于临床环境，以识别患有药物难治性癫痫
（medically refractory seizures）的患者的癫痫病灶（epileptic foci）。通常，电极
布置在柔性网格或条带上，中心到中心的间距在大型 ECoG（macro-ECoG）为
10mm，微型 ECoG（micro-ECoG）为 1mm 之间（Thongpang 等，2011）。尽管
已经开发出完全植入式无线系统，但需要开颅手术将柄状或条带电极直接放在
皮质上，信号通过电线传输出去（Matsushita 等，2013；Vansteensel 等，
2016）。由于电极靠近信号源，与 EEG 相比，ECoG 记录具有更宽的频率成分、
更高的信噪比和更好的空间分辨率（Schalk 和 Leuthardt，2011）。

　　EEG 和 ECoG 记录都反映了大脑中细胞群的电活动。大脑中产生的另一种
更基本的电信号是单个神经元的动作电位（Buzsáki 等，2012）（第 20 章）。
这些短暂的信号（1ms）在神经元网络中传播信息，可以通过将微电极直接插
入皮层来测量。50 多年的神经生理学研究利用皮质内电极记录来阐明基础神

经科学。例如，早期研究表明，猴子在执行特定的运动任务时，其皮质神经元会增加发放率（放电频率）（Evarts，1968），猴子可以自愿调节单个神经元的发放率，以获得食物奖赏（Fetz，1969）。这一丰富的文献引发了当前皮质内BCI系统的发展。如今，有四种不同类型的电极可用于皮层内神经生理记录：微电极阵列、微丝、多点探针和锥形电极（Donoghue，2008）。所有这些技术都已用于记录动物的神经活动，但只有微电极阵列和锥形电极长期用于人体试点临床研究（Kennedy等，1992；Kennedy和Bakay，1998；Kenneldy等，2000；Hochberg等，2006；Simeral等，2011b；Churchland等，2012；Collinger等，2013；Aflalo等，2015；Bouton等，2016；Ajiboye等，2017）。除了单个神经元的尖峰脉冲活动外，皮质内电极还可以测量小体积组织的皮质场电位（FP），这些电位称为局部电位场（LFP），该信息可以从用于检测尖峰脉冲的相同原始电压中提取，但使用不同的滤波设置进行处理。

要植入的皮质区域是一项重要的决定，这与选择皮质内电极作为传感器相关。研究者已把初级运动皮层（primary motor cortex，M1）确定为规划和执行自主运动的主要贡献者（Scott，2003），这使该区域成为BCI应用的主要候选区域。其他大脑部位，如顶叶延伸区（the parietal reach region，PRR）（Musallam等，2004）和腹外侧丘脑，也在BCI背景下进行了探索（Chapin等，1999）。M1、背侧运动前皮质（dorsal premotor cortex，PMd）、辅助运动区（supplementary motor area，SMA）、后顶叶皮质（posterior parietal cortex，PP）和初级体感皮层（primary somatosensory cortex，S1）的发放率（放电率）已用于预测手的位置和速度、抓握力和肌电轨迹（Carmena等，2003）。这项工作的结论是，所有植入的皮层区域都提供了一定程度的关于运动参数的信息。然而，每个区域实现给定的运动预测性能所需的神经元数量不同，M1是预测运动速度的一个特别丰富的位置。正在进行的研究将揭示人类同源区域呈现相似性质的程度。

前面描述的三种记录方式都有优点和缺点。基于EEG的记录成本低且随时间稳定（Lebedev和Nicolelis，2006），不需要手术。然而，该方法提供的信号带宽有限且也容易受到肌电（electromyography，EMG）和眼电（electrooculography，EOG）活动的影响（Lotte等，2015）。与EEG信号相比，ECoG记录具有更好的信噪比和更宽的带宽，这种需要手术的方法为携带相关运动信息的高频段（γ，>30Hz）提供了清晰的振幅信息（Schalk和Leuthardt，2011）。对非人灵长类动物的实验证明了该技术的长期使用以及记录信号所携带信息的稳定性（Chao等，2010）。还必须指出，迄今为止，大多数人类ECoG-BCI研究都是在癫痫患者的协助下进行的，这些患者正在接受临床指示的大脑监测。

因此，皮层上网格/条带的定位和记录周期的持续时间由临床需要决定，限制了对这些信号用于 BCI 技术的能力的探索（Leuthardt 等，2004b）。尽管与 EEG 相比，ECoG 信号具有更高的空间分辨率，但它仍然缺乏测量单个细胞活动的分辨率。皮质内电极也需要手术和穿透软脑膜，但它们包含可用于 BCI 的信息最丰富的神经信号，它具有最高的空间分辨率，可以捕捉单个神经元的放电以及 LFP 活动。已对人体微电极阵列信号的日常可变性进行了表征（Perge 等，2013），它的长期使用也得到了证明（Simeral 等，2011a；Hochberg 等，2012）。然而，关于设备功能的更具结论性的研究（Barrese 等，2013；Barrese 等，2016）以及组织反应对记录信号的影响仍然是 BCI 科学界积极讨论的主题。

8.4　解码神经活动

BCI 系统的主要挑战是将用户的神经活动映射成有用的命令，以控制外部（或其他植入的）设备。这种系统中的映射由解码器执行，在实时系统中，从记录的神经信号中提取的特征作为不断变化的输入提供给解码器，然后解码器解释这些输入并作用于执行器，以产生预期的动作。在这里，我们聚焦应用于机械臂/假肢系统的解码架构，在这种情况下，解码器负责手臂在空间中的定位并定义其抓取状态。

广泛的 BCI 应用 EEG 记录来控制外部设备（Millán 等，2004；Horki 等，2011；Lotte 等，2015）。计算机光标的二维控制采用特定频率的振幅作为连续线性解码器的输入（Wolpaw 和 McFarland，2004），这项研究的参与者学会了调制两个频率（12Hz 和 24Hz）的振幅，以便分别水平和垂直移动光标。类似的方法也扩展到了三维控制（Mcfarland 等，2010），在这项工作的参与者利用左手、右手和脚的运动想象来控制 3D 虚拟环境中的光标。EEG 记录也被用于控制手部功能性神经电假体的抓握状态（Lauer 等，1999），该研究利用从 EEG 信号中提取的 β 波段（25~28Hz）振幅作为简单阈值分类器的输入，以确定手部的打开和关闭状态。尽管基于 EEG 的 BCI 已开发用于各种执行器的 3D 控制（Royer 等，2010；Doud 等，2011；LaFleur 等，2013），但机械臂/假肢的应用受到限制。支持向量机（Support vector machine，SVM）方法通过对四种不同心理状态的分类，用于在二维中控制工业机械臂（Hortal 等，2015），在更复杂的实现中，基于 EEG 的 BCI 系统允许参与者在三维工作空间中执行伸手和抓握任务（Meng 等，2016）。采用两阶段策略，参与者首先在目标上方的二维平面上控制手臂，一旦手臂抓手位于期望的平面上，参与者就在垂直方向移动手臂，以定位手臂抓手，从而抓住目标。这项工作的解码基于事件相关去同步/同步（event-related de/synchronization，ERD-ERS）引起的幅度变化。更具体地说，他们首先采用自回归（autoregressive，AR）模型估计 μ 频带高频段（10~14Hz）的振幅，然后将该功率线性映射为用于控制机械臂的速度。参与者想象移动他们的左手、右手和双手，并放松双手以向左、向右、向前（和向上）和向后（和向下）移动手臂，手臂的抓手在目标上定位 2s 后，向前/向后的移动由向上/向下的移动取代。研究还表明，通过离散化覆盖机械臂工作区域的平面并将特定频率映射到离散平面的特定位置，可以取得较高的精度（Chen 等，2019）。鉴于头皮电极检测到的信号是较大空间的总和，这些想象的非直观性是 EEG-BCI 的一个标志。

ECoG 记录作为 BCI 系统输入信号的可行性，首先是通过把其用于计算机光标的一维控制证明（Leuthardt 等，2004a），这项工作基于早期猴子的 ECoG 记录，已证明了该记录与运动参数的相关性，包括速度和方向（Moran 和 Schwartz，1999）。最近的一项研究采用 ECoG 记录和两个按顺序运行的线性 SVM 分类器，以解码三种手部状态：打开、闭合和剪刀形（Yanagisawa 等，2011）。最近，采用分层的线性判别分析分类器从 ECoG 记录中控制机械臂的单个手指（Hotson 等，2016）。尽管许多研究表明了使用 ECoG 记录解码三维运动和抓取的可行性（Yanagisawa 等，2011、2012；Pistohl 等，2012；Shimoda 等，2012；Pistohl 等，2013；Wang 等，2013；Bundy 等，2016；Hotson 等，2016），但已经实现的用于控制假肢/机械臂执行器的 ECoG-BCI 很少。线性判别分析（linear discriminant analysis，LDA）和利用 γ 频带高频段（72.5~110Hz）平均功率的阈值分类器已被用于执行简单的伸手-抓握运动（Fifer 等，2014），当参与者尝试仅伸手、仅抓握和两个运动同时进行时，识别出不同的运动区域激活。

人们已经提出了皮质内记录和不同执行器的若干应用，包括机械臂（Chapin 等，1999；Wessberg 等，2000；Serruya 等，2002；Taylor 等，2002；Hochberg 等，2006）（第 13 章和第 22 章）。从尖峰脉冲活动中解码意志控制命令的想法是从非人灵长类动物实验中演化而来的，该实验表明从记录的神经信号中提取的特征与执行自愿运动相关的参数之间存在关系（Fetz，1969；Humphrey 等，1970）。20 世纪 80 年代初发表的一组基础论文表明，不同的皮层神经元具有特定的方向性反应，当意志运动具有特定的方向时，它们的发放率（放电速率）达到峰值，当运动方向改变时，发放率降低（Georgopoulos 等，1982；Georgopoulo 等，1986）。这些实验产生了这样一种想法，即初级运动皮层神经元有一个优先方向（preferred direction，PD），并且它们的发放率是余弦调谐的，这是迄今为止皮层内 BCI 应用中使用的许多线性解码器策略的基础。

最近，研究者也把非线性算法用作神经元群放电率的解码器，例如，已把神经网络用于非人灵长类动物记录的皮质内信号，以演示（控制）机器人手腕的运动（Burrow 等，1997）。类似的神经网络结构也用于将大鼠的尖峰脉冲活动映射为控制信号，以定位一维杠杆（Chapin 等，1999）。虽然非线性模型具有更高的概括数据集结构的能力，但一项比较研究报告了线性模型和人工神经网络在应用于猴子远程控制机械臂时具有类似的性能（Wessberg 等，2000）。此外，根据非人灵长类的研究文献，维纳（Wiener）滤波器用于机械臂的三维控制（Carmena 等，2003），作者报告了使用不同解码算法（如卡尔曼滤波器、归一化最小均方滤波器和人工神经网络）的离线分析。与维纳滤波器相比，它们的性能表现不佳。这些发现支持使用线性、更易解释且计算成本低的算法作为解码问题的解决方案，例如，植入微电极阵列的猴子的发放率与自适应线性解码器一起用于控制三维计算机光标（Taylor 等，2002）。这项工作利用了闭环范式，在由神经控制计算机光标期间，向猴子提供了视觉反馈。基于神经元的偏好方向，将群体向量算法理想化，并应用于解码机械臂端点速度和夹持器孔径（Velliste 等，2008），该算法通过单个神经元的放电速率对神经元群的偏好方向向量进行加权求和，以提供连续的三维解码速度。更有可能的是，更先进的非线性机器学习方法，再加上更低成本的计算能力将再次挑战线性解码器，使其能够实现 BCI 用户想要的复杂的伸手和抓取运动。

在人类临床试验中也探索了皮质内记录（Kennedy 等，2000；Hochberg 等，2006；Collinger 等，2013；Aflalo 等，2015；Gilja 等，2015；Bouton 等，2016；Ajiboye 等，2017）。在皮质内，BCI 的首次人身上应用中，采用线性滤波器解码从植入 C3～C4 脊髓损伤患者初级运动皮层手部区域的微电极阵列采集的神经元放电频率活动。参与者能够控制计算机光标，打开和关闭假手，并控制机械臂。机械臂控制源于 2D 光标控制，其中把机械肩关节旋转、肘关节弯曲和伸展、夹持器打开和关闭映射到计算机屏幕上的 5 个不同目标上。6 年后，演示了一种皮质内 BCI 系统，该系统允许两名严重瘫痪的人用机械臂执行 3D 伸手和抓握任务（Hochberg 等，2012）。作者采用卡尔曼滤波器解码手臂运动学，采用 LDA 分类器控制手臂抓取器的抓取状态。植入了两个微电极阵列的受试者能够控制机械臂的六维运动并打开/关闭其抓取器（Collinger 等，2013）。作者实现了一个线性解码器，从参与者的神经元发放率中提取三维平移、三维定向和一维抓取。这项工作之后是更复杂的实现，其中简单的一维抓取由机械手的四维控制所取代（Wodlinger 等，2015），采用了类似的线性解码器，增加了一只可以捏、舀、手指外展、内收和伸展拇指的手。作者得出结论，大多数记录的单元在所有 10 个维度上都进行了调谐。

在 3D 空间中移动机械臂并确定其抓取器状态需要所有独立运动的控制信号。因此，记录的神经活动必须携带足够的信息，以使解码器能够识别完全控制手臂所需的所有自由度（DoF）。到目前为止，由于仅从信号频域提取神经特征的限制，这一要求对于大多数基于 EEG 和 ECoG 的 BCI 是一个挑战。这些限制要求更长的训练时间，参与者需要学习如何调制特定频带的振幅，此外，参与者采用的想象并不反映自然的肌肉运动，尽管它提供了一种可行的解码策略。皮质内电极能够记录更丰富的信号，这可以为高维解码提供足够的信息，该记录方式显示了其用于流体 3D 控制的能力，受试者可以利用自然的运动想象控制假肢/机械系统，如图 8.2 所示。作为参考，表 8.1 给出了前面段落中描述的三种记录方式的概述，以及所采用的解码策略和几个 BCI 实现的自由度（DoF）。

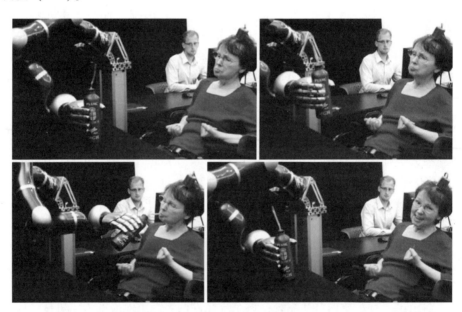

图 8.2　Brain Gate 临床试验参与者 S3 使用 DLR 机械臂执行伸手和抓取任务以进行自我喂食。来自参考文献［Hochberg, LR, Bacher, D, Jarosiewicz, et al., (2012). *Reach and grasp by people with tetraplegia using a neurally controlled robotic arm.* Nature 485 372−375. doi：10. 1038/nature11076. ］，已经许可

表 8.1　已发布的 BCI 系统用于伸手和/或抓取的示例

出版物	有机组织	记录方式	大脑区域	解码器策略	执行器	实现的自由度
Chapin 等（1999）	啮齿类动物	皮质内	M1 和丘脑 VL	人工神经网络	机器人操作杆	一维
Wessberg 等（2000）	夜猴	皮质内	M1、PMd 和 PP（Posterior parietal，顶叶后部）	线性滤波器和人工神经网络	遥控机械臂	三维
Taylor 等（2002）	猕猴	皮质内	M1、PMd	具有自适应权重的线性滤波器	虚拟光标	三维
Carmena 等（2003）	猕猴	皮质内	M1、PMd、SMA（辅助运动区）、S1（初级体感区）、PP	维纳滤波器	机械臂	三维+抓取
Velliste 等（2008）	猕猴	皮质内	M1（初级运动区）	线性群体向量	机械臂	三维+抓取
Hochberg 等（2006）	人体	皮质内	中央前回	线性解码器	机械臂	二维映射到三维
Hochberg 等（2012）	人体	皮质内	中央前回	卡尔曼滤波+LDA	机械臂	三维+抓取
Collinger 等（2013）	人体	皮质内	M1	线性滤波器	机械臂	三维+抓取
Wodlinger 等（2015）	人体	皮质内	M1	线性滤波器	机械臂	六维+抓取
Wang 等（2013）	人体	皮层脑电图	左半球感觉运动皮层的手部和手臂区域	线性滤波器	虚拟环境	三维
Fifer 等（2014）	人体	皮层脑电图	右额叶－顶叶区域；右外侧枕叶皮质；背外侧前额叶皮质	LDA 和阈值分类器	假肢	二维（伸手和/或抓取）
Hotson 等（2016）	人体	皮层脑电图	中央沟区	分级线性判别分析分类器	假肢	单个手指
Lauer 等（1999）	人体	脑电图		基于阈值的分类器	假手	一维抓取
McFarland 等（2010）	人体	脑电图		连续线性滤波器	虚拟环境	三维

（续）

出版物	有机组织	记录方式	大脑区域	解码器策略	执行器	实现的自由度
Hortal 等（2015）	人体	脑电图		支持向量机	工业机器人	二维
Meng 等（2016）	人体	脑电图		线性滤波器	机械臂	三维+抓取
Chen 等（2019）	人体	脑电图		典型相关滤波器组	机械臂	二维

8.4.1　共享自治

机械臂与 BCI 系统集成的最新发展之一是共享自治的思想，这一思想在机器人研究界早已得到认可（Millán 等，2010；Allison 等，2012；Tang 和 Zhou，2018）。在这种系统中，执行器的控制在 BCI 用户的大脑活动和智能外部传感器之间持续共享，这种传感器对环境和/或预期任务的最终结果有一定程度的了解。例如，在一个"伸手抓"任务中，用户可以指定目标位置，外部控制器将计算手臂到目标的路径，确保机械臂避开障碍物并在最短时间内完成任务。应该注意的是，共享自治的思想不是创建自治系统，而是免除用户对任务部分的要求。这类似于身体健全的伸手和抓握的有意识体验，例如，对于咖啡杯，伸手的决定是明确的，但肢体肌肉的协调动作是由 CNS 运动规划执行的，不需要注意力和外显的意识控制。在非人灵长类动物中，该策略允许在解码的大脑活动和放置在手臂抓取器上的接近传感器的信息之间共享机械臂的三维控制（Kim 等，2006）。当在特定距离内检测到物体时，传感器提供额外信息，以避免与障碍物碰撞并偏置机械臂的运动和抓取状态。随着接近传感器的增加，性能显著提高。射频识别（Radiofrequency identification，RFI）标签也已用于确定机械臂 BCI 系统目标的精确位置（Úbeda 等，2013）。采用 LDA 分类器对 EEG 信号进行解码，用户将机械臂转向目标，指向分类器识别为正确目标的点。然后，自主控制器通过驱动手臂到达目标并抓住它来完成任务。

ECoG 记录也用于共享控制 BCI 应用（McMullen 等，2014），该系统使用计算机视觉识别机械臂工作空间中的对象，眼睛跟踪选择目标，ECoG 信号启动任务。在前面段落中讨论的所有示例中，共享控制策略的集成提高了 BCI 用户在伸手和抓取任务时的性能。

8.5 结束语和未来的挑战

在过去 20 年中，神经工程取得了重大进展，在本章所述的记录方式中，基于 EEG 的 BCI 成本最低，并已用于临床应用，然而，这种记录方式为高维系统的独立和临床有用的控制提供了足够信息的证据尚待证明。与 EEG 相比，采用 ECoG 网格或条带电极记录的信号具有更宽的带宽，在高频带上携带运动信息，但是它们仍然受到仅提供频域信息的限制。微电极记录是否将保持稳定和可靠，以及这样的系统在几十年内是否能理想地运行，这仍然是一个悬而未决的问题。到目前为止提到的所有挑战都推动了新的无线、完全可植入系统和传感器的开发（Borton 等，2013；Yin 等，2014；Lee 等，2018），更广泛地覆盖皮层区域（Seo 等，2016；Diaz Botia 等，2017；Khanna 等，2017）。

在控制机器人系统时，研究者最近认为共享自治和混合架构是提高 BCI 性能的可能途径，混合 BCI（Hybrid BCI）利用从用户收集的附加信号（除脑信号外的），如肌电（EMG）和眼睛注视方向，来控制特定的任务或执行器的自由度（Allison 等，2012；McMullen 等，2014；Wang 等，2015；Tang 等，2016）。安装在机械臂上的摄像机（Downey 等，2016）或接近传感器从用户工作空间获取目标识别，这种识别作为附加信息可用于 BCI 控制机械臂的共享自主方法（Kim 等，2006；McMullen 等，2014）。作为这些策略的未来替代方案，可以设想一种从附加（非神经）传感器接收输入的解码算法，在这种情况下，例如，解码器可以在抓取器附近没有目标的情况下，降低发出抓取命令的概率，或者可以在该向量指向用户工作空间中检测到的目标时，增加解码的速度矢量的权重。基于 BCI 控制机械臂或假肢的一个最令人兴奋的机会将是整合体感信息，通过与用户神经系统的直接接口，这样用户可以知道机械执行器与物体接触的时刻和环境（Flesher 等，2016）（第 13 章）。

除了传感器和解码算法的技术问题外，关于典型家庭环境中 BCI 系统日常可用性的简单问题仍然存在。例如，执行器的可互换性可能会产生环境和校准问题，特别是如果执行器具有不同的维度。可以想象这样一种情况，即 BCI 用户在操作期间改变执行器，例如，从控制计算机光标到控制机械臂。虽然可以将 3D 解码器的简约形式应用于 2D 任务，但在维数增加的情况下，将需要新的校准或切换到先前校准的解码器。然而，这两种方法都不理想，新校准带来的不便会破坏 BCI 不间断使用的目标，加载"旧的"校准解码器可能会因神经调节的变化而对性能造成不利影响

147

（Jarosiewicz 等，2015）。然而，一些解码器有望在数周内为解码提供价值（Milekovic 等，2018）。

随着神经工程领域的发展和新实验范式的测试，关于意志运动性质的基本问题也将得到解决。神经科学信息引导的解码器与机器学习方法驱动的更多不可知解码器的结合，将有可能实现对机械执行器的理想、直观和快速的控制。新的神经科学洞察将再次出现，并有助于改善 BCI 系统，有望为瘫痪患者提供更好的、临床上有用的 BCI 控制机械执行器。

免责声明：本章内容完全由作者负责，不一定代表退伍军人事务部或美国政府的官方观点。

参 考 文 献

[1] Aflalo T, Kellis S, Klaes C et al. (2015). Decoding motor imagery from the posterior parietal cortex of a tetraplegic human. Science 348（6237）：906-910. https：//doi. org/10. 1126/science. aaa5417.

[2] Ajiboye AB, Willett FR, Young DR et al. (2017). Restoration of reaching and grasping movements through braincontrolled muscle stimulation in a person with tetraplegia：a proof-of-concept demonstration. Lancet389：1821 - 1830. https：//doi. org/10. 1016/S0140 - 6736（17）30601-3.

[3] Allison BZ, Leeb R, Brunner C et al. (2012). Toward smarter BCIs：extending BCIs through hybridization and intelligent control. J Neural Eng 9：13001 - 13007. https：//doi. org/10. 1088/1741-2560/9/1/013001.

[4] Andersen RA, Musallam S, Pesaran B (2004). Selecting the signals for a brain-machine interface. Curr Opin Neurobiol 14（6）：720-726. https：//doi. org/10. 1016/j. conb. 2004. 10. 005.

[5] Ang KK, Guan C, Chua KSG et al. (2010). Clinical study of neurorehabilitation in stroke using EEG-based motor imagery brain-computer interface with robotic feedback. Conf Proc IEEE Eng Med Biol Soc2010：5549 - 5552. https：//doi. org/10. 1109/IEMBS. 2010. 5626782.

[6] Barrese JC, Rao N, Paroo K et al. (2013). Failure mode analysis of silicon-based intracortical microelectrode arrays in non-human primates. J Neural Eng 10（6）：066014. https：//doi. org/10. 1088/1741-2560/10/6/066014.

[7] Barrese JC, Aceros J, Donoghue JP (2016). Scanning electron microscopy of chronically implanted intracortical microelectrode arrays in non-human primates. J Neural Eng 13（2）：026003. https：//doi. org/10. 1088/1741-2560/13/2/026003.

[8] Birbaumer N, Ghanayim N, Hinterberger T et al. (1999). A spelling device for the para-

lysed. Nature 398 （6725）：297-298. https：//doi. org/10. 1038/18581.

[9] Borton DA, Yin M, Aceros J （2013）. An implantable wireless neural interface for recording cortical circuit dynamics in moving primates. J Neural Eng 10 （2）：026010. https：//doi. org/ 10. 1088/1741-2560/10/2/026010.

[10] Bouton CE, Shaikhouni A, Annetta NV et al. （2016）. Restoring cortical control of functional movement in a human with quadriplegia. Nature 533 （7602）：247 - 250. https：// doi. org/10. 1038/nature17435.

[11] Bundy DT, Pahwa M, Szrama N et al. （2016）. Decoding threedimensional reaching movements using electrocorticographic signals' in humans. J Neural-Eng - 13：026021. https：// doi. org/10. 1088/1741-2560/13/2/026021.

[12] Burrow M, Burrow M, Dugger J et al. （1997）. Cortical control of a robot using a time-delay neural network. Proceedings of international conference on rehabilitation robotics （ICORR）. 83 - 86. Retrieved from, http：//citeseerx. ist. psu. edu/viewdoc/summary? doi = 10. 1. 1. 596. 5894.

[13] Buzsáki G, Anastassiou CA, Koch C （2012）. The origin of extracellular fields and currents— EEG, ECoG, LFP and spikes. Nat Rev Neurosci 13 （6）：407 - 420. https：//doi. org/ 10. 1038/nrn3241.

[14] Carlson T, Millán JdR （2013）. Brain-controlled wheelchairs：a robotic architecture. IEEE Robot Autom Mag 20 （1）：65-73. https：//doi. org/10. 1109/MRA. 2012. 2229936.

[15] Carmena JM, Lebedev MA, Crist RE et al. （2003）. Learning to control a brain-machine interface for reaching and grasping by primates. PLoS Biol 1 （2）：e42. https：//doi. org/ 10. 1371/journal. pbio. 0000042.

[16] Chao ZC, Nagasaka Y, Fujii N （2010）. Long-term asynchronous decoding of arm motion using electrocorticographic signals in monkey. Front Neuroeng 3：3. https：//doi. org/ 10. 3389/fneng. 2010. 00003.

[17] Chapin JK, Moxon KA, Markowitz RS et al. （1999）. Real-time control of a robot arm using simultaneously recorded neurons in the motor cortex. Nat Neurosci 2 （7）：664-670. https：//doi. org/10. 1038/10223.

[18] Chaudhary U, Birbaumer N, Curado MR （2015）. Brain-machine interface （BMI） in paralysis. Ann Phys Rehabil Med 58：9-13. https：//doi. org/10. 1016/j. rehab. 2014. 11. 002.

[19] Chen X, Zhao B, Gao X （2019）. Noninvasive brain-computer interface based high-level control of a robotic arm for pick and place tasks. In：2018 14th international conference on natural computation, fuzzy systems and knowledge discovery （ICNC-FSKD）, （2015）, 1193- 1197. https：//doi. org/10. 1109/fskd. 2018. 8686979.

[20] Chestek CA, Cunningham JP, Gilja V et al. （2009）. Neural prosthetic systems：current problems and future directions. 2009 Annual international conference of the IEEE engineering

in medicine and biology society. 3369 – 3375. https://doi. org/10. 1109/IEMBS. 2009. 5332822.

[21] Churchland MM, Cunningham JP, Kaufman MT et al. (2012). Neural population dynamics during reaching. Nature 487 (7405): 51–56. https://doi. org/10. 1038/nature11129.

[22] Collinger JL, Wodlinger B, Downey JE et al. (2013). High-performance neuroprosthetic control by an individual with tetraplegia. Lancet 381 (9866): 557–564. https://doi. org/ 10. 1016/S0140–6736 (12) 61816–9.

[23] Crone N, Miglioretti DL, Gordon B et al. (1998a). Functional mapping of human sensorimotor cortex with electrocorticographic spectral analysis. II. Event-related synchronization in the gamma band. Brain121 (12): 2301 – 2315. https://doi. org/10. 1093/brain/121. 12. 2301.

[24] Crone N, Miglioretti DL, Gordon B et al. (1998b). Functional mapping of human sensorimotor cortex with electrocorticographic spectral analysis. I. Alpha and beta event-related desynchronization. Brain 121 (12): 2271 – 2299. https://doi. org/10. 1093/brain/ 121. 12. 2271.

[25] Daly JJ, Wolpaw JR (2008). Brain-computer interfaces in neurological rehabilitation. Lancet Neurol 7 (11): 1032–1043. https://doi. org/10. 1016/S1474–4422 (08) 70223–0.

[26] Diaz-Botia CA, Luna LE, Neely RM et al. (2017). A silicon carbide array for electrocorticography and peripheral nerve recording. J Neural Eng 14 (5): 056006. https://doi. org/ 10. 1088/1741–2552/aa7698.

[27] Donoghue JP (2008). Bridging the brain to the world: a perspective on neural interface systems. Neuron 60 (3): 511–521. https://doi. org/10. 1016/j. neuron. 2008. 10. 037.

[28] Doud AJ, Lucas JP, Pisansky MT et al. (2011). Continuous three-dimensional control of a virtual helicopter using a motor imagery based brain-computer interface. PLoS One 6 (10): e26322. https://doi. org/10. 1371/journal. pone. 0026322.

[29] Downey JE, Weiss JM, Muelling K et al. (2016). Blending of brain-machine interface and vision-guided autonomous robotics improves neuroprosthetic arm performance during grasping. J Neuroeng Rehabil 13: 28. https://doi. org/10. 1186/s12984–016–0134–9.

[30] Evarts EV (1968). Relation of pyramidal tract activity to force exerted during voluntary movement. J Neurophysiol 31: 14–27.

[31] Fetz EE (1969). Operant conditioning of cortical unit activity. Science 163 (3870): 955–958. Retrieved from, http://science. sciencemag. org/content/163/3870/955/tab-pdf.

[32] Fifer MS, Hotson G, Wester BA et al. (2014). Simultaneous neural control of simple reaching and grasping with the modular prosthetic limb using intracranial EEG. IEEE Trans Neural Syst RehabilEng 22 (3): 695–705. https://doi. org/10. 1109/TNSRE. 2013. 2286955.

[33] Flesher SN, Collinger JL, Foldes ST et al. (2016). Intracortical microstimulation of human

somatosensory cortex. Sci Transl Med 8 (361): 361ra141. https://doi. org/10. 1126/sci-translmed. aaf8083.

[34] Frank K (1968). Some approaches to the technical problem of chronic excitation of peripheral nerve. Ann Otol Rhinol Laryngol 77 (4): 761 – 771. Retrieved from, http://www. ncbi. nlm. nih. gov/pubmed/5667220.

[35] Georgopoulos AP, Kalaska JF, Caminiti R et al. (1982). On the relations between the direction of two-dimensional arm movements and cell discharge in primate motor cortex. J Neurosci 2 (11): 1527–1537. https://doi. org/citeulikearticle-id: 444841.

[36] Georgopoulos AP, Schwartz AB, Kettner RE (1986). Neuronal population coding of movement direction. Science 233 (4771): 1416–1419.

[37] Gilja V, Pandarinath C, Blabe CH et al. (2015). Clinical translation of a high-performance neural prosthesis. Nat Med21 (10): 1142–1145. https://doi. org/10. 1038/nm. 3953.

[38] Green AM, Kalaska JF (2011). Learning to move machines with the mind. Trends Neurosci 34 (2): 61–75. https://doi. org/10. 1016/j. tins. 2010. 11. 003.

[39] Hatsopoulos NG, Donoghue JP (2009). The science of neural interface systems. Annu Rev Neurosci32: 249–266. https://doi. org/10. 1146/annurev. neuro. 051508. 135241.

[40] Hochberg LR, Serruya MD, Friehs GM et al. (2006). Neuronal ensemble control of prosthetic devices by a human with tetraplegia. Nature 442 (7099): 164–171. https://doi. org/10. 1038/nature04970.

[41] Hochberg LR, Bacher D, Jarosiewicz B et al. (2012). Reach and grasp by people with tetraplegia using a neurally controlled robotic arm. Nature 485: 372 – 375. https://doi. org/10. 1038/nature11076.

[42] Horki P, Solis-Escalante T, Neuper C et al. (2011). Combined motor imagery and SSVEP based BCI control of a 2 DoF artificial upper limb. Med Biol Eng Comput 49 (5): 567–577. https://doi. org/10. 1007/s11517–011–0750–2.

[43] Hortal E, Planelles D, Costa A et al. (2015). SVM-based brain-machine interface for controlling a robot arm through four mental tasks. Neurocomputing 151: 116 – 121. https://doi. org/10. 1016/j. neucom. 2014. 09. 078.

[44] Hotson G, McMullen DP, Fifer MS et al. (2016). Individual finger control of a modular prosthetic limb using highdensity electrocorticography in a human subject. J Neural Eng 13 (2): 026017. https://doi. org/10. 1088/17412560/13/2/026017.

[45] Humphrey DR, Schmidt EM, Thompson WD (1970). Predicting measures of motor performance from multiple cortical spike trains. Science 170 (3959): 758 – 762. Retrieved from, http://science. sciencemag. org/content/170/3959/758/tab-pdf.

[46] Jarosiewicz B, Sarma AA; Bacher D et al. (2015). Virtual typing by people with tetraplegia using a self-calibrating intracortical brain-computer interface. Sci Transl Med 7 (313):

313ra179. https://doi. org/10. 1126/scitranslmed. aac7328.

[47] Kennedy PR, Bakay RA (1998). Restoration of neural output from a paralyzed patient by a direct brain connection. Neuroreport 9 (8): 1707–1711.

[48] Kennedy PR, Bakay RA, Sharpe SM (1992). Behavioral correlates of action potentials recorded chronically inside the Cone Electrode. Neuroreport 3 (7): 605–608. Retrieved from, http://www. ncbi. nlm. nih. gov/pubmed/1421115.

[49] Kennedy PR, Bakay RAE, Moore MM et al. (2000). Direct control of a computer from the human central nervous system. IEEE Trans RehabilEng 8 (2): 198–202. https://doi. org/ 10. 1109/86. 847815.

[50] Khanna P, Swann N, De Hemptinne C et al. (2017). Neurofeedback control in Parkinsonian patients using electrocorticography signals accessed wirelessly with a chronic, fully implanted device. IEEE Trans Neural Syst Rehabil Eng 25: 1715–1724. https:// doi. org/10. 1109/TNSRE. 2016. 2597243.

[51] Kim HK, Biggs SJ, Schloerb DW et al. (2006). Continuous shared control for stabilizing reaching and grasping with brain-machine interfaces. IEEE Trans Biomed Eng 53 (6): 1164–1173. https://doi. org/10. 1109/TBME. 2006. 870235.

[52] Kübler A, Kotchoubey B, Kaiser J et al. (2001). Brain-computer communication: unlocking the locked in. Psychol Bull 127 (3): 358–375. https://doi. org/10. 1037/0033–2909. 127. 3. 358.

[53] LaFleur K, Cassady K, Doud A et al. (2013). Quadcopter control in three-dimensional space using a noninvasive motor imagery-based brain-computer interface. J Neural Eng 10 (4): 046003. https://doi. org/10. 1088/17412560/10/4/046003.

[54] Lauer RT, Peckham PH, Kilgore KL (1999). EEG-based control of a hand grasp neuroprosthesis. Neuroreport 10 (8): 1767–1771. Retrieved from, http://www. ncbi. nlm. nih. gov/pubmed/10501572.

[55] Lebedev MA, Nicolelis MAL (2006). Brain-machine interfaces: past, present and future. Trends Neurosci 29 (9): 536–546. https://doi. org/10. 1016/j. tins. 2006. 07. 004.

[56] Lee J, Laiwalla F, Jeong J et al. (2018). Wireless power and data link for ensembles of sub-mm scale implantable sensors near 1GHz. IEEE biomedical circuits and systems conference (BioCAS). 2018: 1–4. https://doi. org/10. 1109/BIOCAS. 2018. 8584725.

[57] Leuthardt EC, Schalk G, Ojemann JG et al. (2004a). A brain-computer interface using electrocorticographic signals in humans. J Neural Eng 1 (1): 63–71. https://doi. org/ 10. 1088/1741–2560/1/2/001.

[58] Leuthardt EC, Schalk G, Wolpaw JR et al. (2004b). A brain-computer interface using electrocorticographic signals in humans. J Neural Eng 1 (2): 63–71. https://doi. org/ 10. 1088/1741–2560/1/2/001.

[59] Leuthardt EC, Miller KJ, Schalk G et al. (2006). Electrocorticography-based brain computer interface—the Seattle experience. IEEE Trans Neural Syst Rehabil Eng 14 (2): 194-198. https://doi. org/10. 1109/TNSRE. 2006. 875536.

[60] Lotte F, Bougrain L, Clerc M et al. (2015). Electroencephalography (EEG)-based brain-computer interfaces. In: Wiley encyclopedia of electrical and electronics engineering, Wiley, p. 44.

[61] Matsushita K, Hirata M, Suzuki T et al. (2013). Development of an implantable wireless ECoG 128ch recording device for clinical brain machine interface. Conf Proc IEEE Eng Med Biol Soc 2013: 1867-1870. https://doi. org/10. 1109/EMBC. 2013. 6609888.

[62] Mcfarland DJ, Sarnacki WA, Wolpaw JR (2010). Electroencephalographic (EEG) control of threedimensional movement. J Neural Eng 7 (7): 36007. https://doi. org/10. 1088/ 1741-2560/7/3/036007.

[63] McMullen DP, Hotson G, Katyal KD et al. (2014). Demonstration of a semi-autonomous hybrid brain-machine interface using human intracranial EEG, eye tracking, and computer vision to control a robotic upper limb prosthetic. IEEE Trans Neural Syst RehabilEng 22 (4): 784-796. https://doi. org/10. 1109/TNSRE. 2013. 2294685.

[64] Mellinger J, Schalk G, Braun C et al. (2007). An MEG-based brain-computer interface (BCI). Neuroimage 36 (3): 581-593. https://doi. org/10. 1016/j. neuroimage. 2007. 03. 019.

[65] Meng J, Zhang S, Bekyo A et al. (2016). Noninvasive electroencephalogram based control of a robotic arm for reach and grasp tasks. Sci Rep 6: 38565. https://doi. org/10. 1038/ srep38565.

[66] Milekovic T, Sarma AA, Bacher D et al. (2018). Stable long-term BCI-enabled communi-cation in ALS and locked-in syndrome using LFP signals. J Neurophysiol 120 (1): 343-360. https://doi. org/10. 1152/jn. 00493. 2017.

[67] Millán JdR, Renkens F, Mourino J et al. (2004). Noninvasive brain-actuated control of a mobile robot by human EEG. IEEE Trans Biomed Eng 51 (6): 1026-1033. https:// doi. org/10. 1109/TBME. 2004. 827086.

[68] Millán JdR, Rupp R, Müller-Putz GR et al. (2010). Combining brain-computer interfaces and assistive technologies: stateof-the-art and challenges. Front Neurosci4: 161. https:// doi. org/10. 3389/fnins. 2010. 00161.

[69] Moran DW, Schwartz AB (1999). Motor cortical representation of speed and direction during reaching. J Neurophysiol 82 (5): 2676-2692. Retrieved from, http://jn. physiology. org/ content/jn/82/5/2676. full. pdf.

[70] Musallam S, Corneil BD, Greger B et al. (2004). Cognitive control signals for neural pros-thetics. Science 305 (5681): 258-262. Retrieved from, http://science. sciencemag. org/

153

content/305/5681/258. full.

[71] Nicolas-Alonso LF, Gomez-Gil J (2012). Brain computer interfaces, a review. Sensors 12 (12): 1211-1279. https://doi. org/10. 3390/s120201211.

[72] Nuyujukian P, Albites Sanabria J, Saab J et al. (2018). Cortical control of a tablet computer by people with paralysis. PLoS One 13 (11): e0204566. https://doi. org/10. 1371/journal. pone. 0204566.

[73] Pandarinath C, Nuyujukian P, Blabe CH et al. (2017). High performance communication by people with paralysis using an intracortical brain-computer interface. Elife 6. https://doi. org/10. 7554/eLife. 18554.

[74] Perge JA, Homer ML, Malik WQ et al. (2013). Intra-day signal instabilities affect decoding performance in an intracortical neural interface system. J Neural Eng 10 (3): 036004. https://doi. org/10. 1088/1741-2560/10/3/036004.

[75] Pesaran B, Musallam S, Andersen RA (2006). Cognitive neural prosthetics. Curr Biol 16 (3): R77-R80. https://doi. org/10. 1016/j. cub. 2006. 01. 043.

[76] Pfurtscheller G, Cooper AR (1975). Frequency dependence of the transmission of the EEG from cortex to scalp. Electroencephalogr Clin Neurophysiol 38: 93-96. Retrieved from, http://ac. els-cdn. com/0013469475902151/1 - s2. 0 - 0013469475902151 - main. pdf? _ tid = 3b132074 - 813a11e7-99b7-00000aab0f01&acdnat = 1502747456_b939f35b74927747d2e267a77f47f823.

[77] Pistohl T, Schulze-Bonhage A, Aertsen A et al. (2012). Decoding natural grasp types from human ECoG. Neuroimage 59 (1): 248 - 260. https://doi. org/10. 1016/j. neuroimage. 2011. 06. 084.

[78] Pistohl T, Schmidt TSB, Ball T et al. (2013). Grasp detection from human ECoG during natural reach-to-grasp movements. PLoS One 8 (1): e54658. https://doi. org/10. 1371/journal. pone. 0054658.

[79] Royer AS, Doud AJ, Rose ML et al. (2010). EEG control of a virtual helicopter in 3-dimensional space using intelligent control strategies. IEEE Trans Neural Syst RehabilEng 18 (6): 581-589. https://doi. org/10. 1109/TNSRE. 2010. 2077654.

[80] Schalk G, Leuthardt EC (2011). Brain-computer interfaces using electrocorticographic signals. IEEE Rev Biomed Eng 4: 140 - 154. https://doi. org/10. 1109/RBME. 2011. 2172408.

[81] Schmidt EM (1980). Single neuron recording from motor cortex as a possible source of signals for control of external devices. Ann Biomed Eng 8 (46): 339-349. https://doi. org/10. 1007/BF02363437.

[82] Schwartz AB (2016). Perspective movement: how the brain communicates with the world. Cell 164: 1122-1135. https://doi. org/10. 1016/j. cell. 2016. 02. 038.

[83] Scott SH (2003). The role of primary motor cortex in goaldirected movements: insights from

neurophysiological studies on non-human primates. Curr Opin Neurobio 113: 671-677. https://doi.org/10.1016/j.conb.2003.10.012.

[84] Seo D, Neely RM, Shen K et al. (2016). Wireless recording in the peripheral nervous system with ultrasonic neural dust. Neuron 91 (3): 529-539. https://doi.org/10.1016/j.neuron.2016.06.034.

[85] Serruya MD, Hatsopoulos NG, Paninski L et al. (2002). Brainmachine interface: instant neural control of a movement signal. Nature 416 (6877): 141-142. https://doi.org/10.1038/416141a.

[86] Shenoy KV, Carmena JM (2014). Combining decoder design and neural adaptation in brain-machine interfaces. Neuron 84: 665-680.

[87] Shimoda K, Nagasaka Y, Chao ZC et al. (2012). Decoding continuous three-dimensional hand trajectories from epidural electrocorticographic signals in Japanese macaques. J Neural Eng 9 (3): 036015. https://doi.org/10.1088/17412560/9/3/036015.

[88] Simeral JD, Kim S-P, Black MJ et al. (2011a). Neural control of cursor trajectory and click by a human with tetraplegia 1000 days after implant of an intracortical microelectrode array. J Neural Eng 8 (8): 25027. https://doi.org/10.1088/1741-2560/8/2/025027.

[89] Simeral JD, Kim SP, Black MJ et al. (2011b). Neural control of cursor trajectory and click by a human with tetraplegia 1000 days after implant of an intracortical microelectrode array. J Neural Eng 8 (2): 025027. https://doi.org/10.1088/1741-2560/8/2/025027.

[90] Sitaram R, Caria A, Veit R et al. (2007). FMRI brain-computer interface: a tool for neuroscientific research and treatment. Comput Intell Neurosci 2007: 25487. https://doi.org/10.1155/2007/25487.

[91] Soekadar SR, Birbaumer N, Slutzky MW et al. (2015). Brain-machine interfaces in neurorehabilitation of stroke. Neurobiol Dis 83: 172-179. https://doi.org/10.1016/j.nbd.2014.11.025.

[92] Tang J, Zhou Z (2018). A shared-control based BCI system: for a robotic arm control. In: 1st international conference on electronics instrumentation and information systems, EIIS 2017, 2018-January, 1-5. https://doi.org/10.1109/EIIS.2017.8298767.

[93] Tang J, Zhou Z, Yu Y (2016). A hybrid computer interface for robot arm control. 2016 8th International conference on information technology in medicine and education (ITME). 365-369. https://doi.org/10.1109/ITME.2016.0088.

[94] Taylor DM, Tillery SIH, Schwartz AB (2002). Direct cortical control of 3D neuroprosthetic devices. Science 296 (5574): 1829-1832. Retrieved from, http://science.sciencemag.org/content/296/5574/1829.full.

[95] Thongpang S, Richner TJ, Brodnick SK et al. (2011). A microelectrocorticography platform and deployment strategies for chronic BCI applications. Clin EEG Neurosci 42 (4): 259-

155

265. Retrieved from, https://www.ncbi.nlm.nih.gov/pmc/articles/PMC3653975/pdf/nihms359272.pdf.

[96] Úbeda A, Iáñez E, Azorín JM (2013). Shared control architecture based on RFID to control a robot arm using a spontaneous brain-machine interface. Robot Auton Syst61: 768-774. https://doi.org/10.1016/j.robot.2013.04.015.

[97] Van Dokkum LEH, Ward T, Laffont I (2015). Brain computer interfaces for neurorehabilitation—its current status as a rehabilitation strategy post-stroke. Ann Phys Rehabil Med58: 3-8. https://doi.org/10.1016/j.rehab.2014.09.016.

[98] Vansteensel MJ, Pels EGM, Bleichner MG et al. (2016). Fully implanted brain-computer interface in a locked-in patient with ALS. N Engl J Med 375 (21): 2060-2066. https://doi.org/10.1056/NEJMoa1608085.

[99] Várkuti B, Guan C, Pan Y et al. (2013). Resting state changes in functional connectivity correlate with movement recovery for BCI and robot-assisted upper-extremity training after stroke. Neurorehabil Neural Repair 27 (1): 53 – 62. https://doi.org/10.1177/1545968312445910.

[100] Velliste M, Perel S, Spalding MC et al. (2008). Cortical control of a prosthetic arm for self-feeding. Nature 453 (7198): 1098-1101. https://doi.org/10.1038/nature06996.

[101] Venkatakrishnan A, Francisco GE, Contreras-Vidal JL (2014). Applications of brain-machine interface systems in stroke recovery and rehabilitation. Curr Phys Med Rehabil Rep 2: 93-105. https://doi.org/10.1007/s40141-014-0051-4.

[102] Wang W, Collinger JL, Degenhart AD et al. (2013). An electrocorticographic brain interface in an individual with tetraplegia. PLoS One 8 (2): e55344. https://doi.org/10.1371/journal.pone.0055344.

[103] Wang H, Dong X, Chen Z et al. (2015). Hybrid gaze/EEG brain computer interface for robot arm control on a pick and place task. 2015 37th Annual international conference of the IEEE engineering in medicine and biology society (EMBC). 1476-1479. https://doi.org/10.1109/EMBC.2015.7318649.

[104] Wessberg J, Stambaugh CR, Kralik JD et al. (2000). Real-time prediction of hand trajectory by ensembles of cortical neurons in primates. Nature 408 (6810): 361-365. https://doi.org/10.1038/35042582.

[105] Wodlinger B, Downey JE, Tyler-Kabara EC et al. (2015). Tendimensional anthropomorphic arm control in a human brain-machine interface: difficulties, solutions, and limitations. J Neural Eng 12 (1): 016011. https://doi.org/10.1088/1741-2560/12/1/016011.

[106] Wolpaw JR, McFarland DJ (2004). Control of a twodimensional movement signal by a noninvasive braincomputer interface in humans. Proc Natl Acad Sci USA 101 (51): 17849-

17854. https://doi. org/10. 1073/pnas. 0403504101.

[107] Wolpaw JR, Birbaumer N, Mcfarland DJ et al. (2002). Brain-computer interfaces for communication and control. Clin Neurophysiol 113: 767 – 791. Retrieved from, www. elsevier. com/locate/clinph.

[108] Yanagisawa T, Hirata M, Saitoh Y et al. (2011). Real-time control of a prosthetic hand using human electrocorticography signals. J Neurosurg 114 (6): 1715 – 1722. https:// doi. org/10. 3171/2011. 1. JNS101421.

[109] Yanagisawa T, Hirata M, Saitoh Y et al. (2012). Electrocorticographic control of a prosthetic arm in paralyzed patients. Ann Neurol 71 (3): 353 – 361. https://doi. org/ 10. 1002/ana. 22613.

[110] Yin M, Borton DA, Komar J et al. (2014). Wireless neurosensor for full-spectrum electrophysiology recordings during free behavior. Neuron 84 (6): 1170–1182. https://doi. org/ 10. 1016/j. neuron. 2014. 11. 010.

第9章 BCI用于神经康复训练

9.1 摘　要

　　BCI用于神经康复基于这样的假设，即通过重新训练大脑进行特定的活动，可以预期功能的最终改善。在本章中，我们回顾了 BCI 在神经康复中临床应用的现状、关键的决定因素和未来方向。本章阐述了无创 BCI 作为一种治疗工具，通过诱导神经可塑性以促进功能性运动恢复的最新进展，重点关注其在中风后神经康复中的应用，因为中风是长期运动功能障碍的主要原因。除了控制神经假肢装置恢复运动功能外，简要讨论了 BCI 用于脊髓损伤以恢复运动功能的最新研究结果的相关性。在专门的一节中，我们通过在神经反馈的长期历史中举例 BCI，考查了 BCI 技术在认知功能恢复领域的潜在作用，并强调了一些新兴的用于认知康复的 BCI 范式。尽管在过去十年中获得了知识，并且越来越多的研究为 BCI 在运动康复中的临床疗效提供了证据，但这项技术在临床实践中的详尽部署或全面应用还正在进行中，将 BCI 转化为神经康复临床实践的途径或方法是本章的主题。

9.2　BCI用于神经康复实践：应用如何增强结果，技术如何突破神经功能

　　大约 10 年前，BCI 技术用于康复目标的潜在应用是首次探索性的研究。从那时起，BCI 的临床应用已获得大量的科学依据，以验证向临床实践的转化，并最终提供促进脑损伤后功能恢复的工具。

　　BCI 用于康复的发展与神经康复的解放性进展并行，神经康复正在从传统方法（主要由训练补偿策略驱动，以缓解功能障碍）转变为以循证方法为驱动的医学学科，以恢复功能。

　　神经康复（Neurorehabilitation）作为一门医学学科，其基础是神经可塑性原理（Dimyan 等，2008）。神经可塑性包括在个体生命周期中发生在 CNS 组

158

成部分的所有修改（Cramer 等，2011）。因此，神经可塑性涉及生长、正常衰老、学习新技能、适应环境，以及获得性脑损伤后的恢复。在过去几年中，出现了一些技术，为研究 CNS 中发生的可塑性的基础提供了新的途径（Dimyan 和 Cohen，2011；Alia 等，2017）。获得性脑损伤后，神经可塑性已得到广泛证明（Nudo，2013），是神经康复策略干预的充分理由。

BCI 允许用户在没有肌肉活动的情况下对环境发生作用，从而为重度残疾人提供了一种人工的交流和控制的方式（见第 7 章和第 8 章）。这种能力依赖于一种技术系统，通过该技术系统，BCI 可以直接测量大脑活动，将其转化为动作/行动，并实时向用户提供反馈（Wolpawet，2002）。替代或恢复功能的能力（例如控制神经假肢）将现有 BCI 定义为与康复 BCI 相比的辅助性 BCI，后者旨在诱导功能恢复（例如，通过改变大脑活动）（Wolpaw 和 Wolpaw，2012）。

监测并最终调节（通过自我调节）特定的大脑活动模式，以诱导（长期）神经可塑性，这种监测和调节的可能性是用于治疗目的的 BCI 设计和应用的关键因素。事实上，通过重新训练大脑进行特定活动，预期功能的最终改善（Daly 和 Wolpaw，2008；Soekadar 等，2015；Riccio 等，2016）。BCI 系统的其他功能，如控制辅助运动的外部设备（如功能性电刺激 FES 或机器人）的可能性，进一步增强了 BCI 在支持神经康复的各种技术中的作用（Ramos Murguialday 等，2013；Varkuti 等，2013；Ang 等，2015；Biasiucci 等，2018）。

本章回顾了 BCI 在神经康复中临床应用的现状、关键的决定因素和未来方向，重点介绍了无创 BCI 作为运动和认知康复治疗工具的最新成果，主要是中风后作为运动和认知功能障碍的主要原因（见第 2 章）。此外，还介绍了在 SCI 等具有挑战性的疾病下获得的最新结果，以及这些结果在开辟新的可能性，将 BCI 辅助训练整合到 SCI 康复中的意义超出了控制神经假肢装置（见第 5 章）。

9.3　BCI 用于康复的基本原理：改善运动功能的恢复

中风是导致长期运动障碍的主要原因（Hankey，2017）。尽管传统康复方法做出了努力，但仍有 2/3 以上的幸存者患有轻度至重度的上肢/下肢瘫痪（Langhorne 等，2011）。基于这些原因，正提出基于先进技术的替代方法：机器人辅助治疗、虚拟现实、FES、NIBS，除此之外，还有 BCI（Alia 等，2017）。

目前有关依赖活动的大脑可塑性机制（Dobkin，2008；Nudo，2011；

Zeiler 和 Krakauer，2013）以及中风后早期在运动区自然发生的大脑重组机制的知识（Cramer，2008；Dimyan 和 Cohen，2011，Ward，2017）有助于使用 BCI 促进功能恢复。目前用于神经康复的大多数 BCI 应用一直以中风后上肢运动功能及其恢复为目标（Soekadar 等，2015；Remsik 等，2016；Riccio 等，2016；Cervera 等，2018），因此，它们将是本节的重点，其次，本节最后将评述康复 BCI 在 SCI 康复中的潜力。

9.3.1 中风后功能性运动恢复的机制

运动训练可诱导 CNS 可塑性（Dimyan 和 Cohen，2011），因此，大部分神经康复基于假设：运动学习有助于损伤后运动恢复（French 等，2007；Zeiler 和 Krakauer，2013）。来自动物模型和人类研究的进一步证据表明，发育中神经系统的可塑性机制与中风后成人大脑中发生的可塑性机理相似（Murphy 和 Corbett，2009；Ward，2017）。这种先天性的可塑性现象特别涉及了受损半球的病灶周围组织，也涉及了对侧半球、皮质下和脊髓区域（Dancause 和 Nudo，2011）。

现在普遍认为，运动皮质区的中风损伤对大脑有广泛影响，涉及同侧半球和对侧半球以及两者之间的平衡（Di Pino 等，2014；Silasi 和 Murphy，2014）。这些重新排列是在目前公认的理论中概念化的，如图 9.1（左面板）所示。最近设计了几种康复方法（传统和新型的），旨在通过操纵行为和皮层活动来塑造中风后运动系统重组，以改善功能结果（Dimyan 和 Cohen，2011）。这些策略背后的原理如图 9.1（右面板）所示。

BCI 聚焦于大脑活动，因此，其提供了一种直接有效的方法，通过特定任务训练诱导可塑性。此外，BCI 可以识别并增强运动相关的大脑活动，引起皮质脊髓兴奋性增加，这是通过 TMS 测量的（Hallett，2007），该刺激特定于训练的动作/肢体（Pichiorri 等，2011；Kraus 等，2016b）。对于 BCI 这种改变大脑活动本身的能力，可以把其视为一种内源性神经调节形式，通过它可以诱导大脑活动的可塑性再建模（plastic re-modeling）（图 9.1）。

已经提出了不同的策略，以利用 BCI 作为一种工具来调节大脑重组，以改善运动功能并防止不良适应的变化（图 9.2）（Daly 和 Wolpaw，2008；Riccio 等，2016），这些策略如图 9.2 所示。

第一种策略（图 9.2，左图）促进"接近正常"的大脑活动的增强，这反过来会改善（运动）功能（Daly 和 Wolpaw，2008）。这一策略的核心依赖于使用 BCI 闭环，不是控制外部设备（用于交流和控制目的），而是专门用于增强那些作为良好恢复基础的特定脑活动模式。为了确保这些 BCI 的成功，我们需要考虑生理运动学习原理，以指导 BCI "控制" 特征选择（Naros 和 Gharabaghi，2015；Pichiorri 等，2016）。

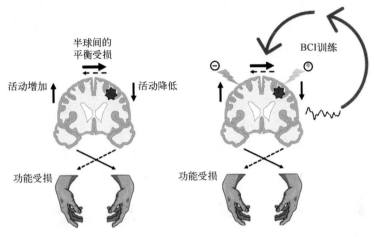

图 9.1　中风后功能性运动系统重组以及促进（手部）功能恢复的神经调节策略示意图。（左图）急性中风事件（左半球上的红星）后，观察到同侧半球的活动减少，而对侧半球过度活跃（Dimyan 和 Cohen，2011）（大脑旁边的箭头）。取决于病变的大小（Kantak 等，2012），大脑半球间的交互变得不平衡（Perez 和 Cohen，2009）（大脑上方的箭头）。根据目前公认的理论是，对侧半球的过度活跃会抑制同侧半球活动的恢复，对功能恢复产生负面影响（Furlan 等，2016）。这种从对侧半球到同侧半球的异常抑制活动是不良适应的重塑的一个例子。（右图）最近根据该功能重组模型设计的几种康复方法（传统和新型的）旨在：①刺激受损半球，如促进性 NIBS、上肢远端训练；②下调对侧半球，如抑制性 NIBS，约束诱导运动疗法（Kwakkel 等，2015），以便有利于重新建立半球间平衡（例如双手训练）（Plow 等，2009；Furlan 等，2016）。该示意图说明了 NIBS 和 BCI 如何作为神经调节策略，主要对比受损和未受损皮质运动区之间的异常失衡，从而改善运动功能恢复。促进性 NIBS（黄色雷）用于刺激同侧半球，而抑制性 NIBS（蓝色雷）用于抑制对侧半球。通过对大脑活动的调控，可以把 BCI 视为内源性神经调节的一种形式，特别是，BCI 介导的（通过自我调节）在中风半球上运动相关脑活动的增强可以抵消异常的半球间失衡，从而导致功能恢复（见彩插）

　　该策略的一个示例性研究来自 Pichiorri 等（2015），其中 28 名亚急性单侧首发中风患者被随机分配以接受（作为常规物理治疗的辅助）1 个月的基于 MI 的 BCI 训练，或者无/有反馈（即无 BCI）的相同 MI 训练。目的是确定基于 MI 的 BCI 训练在促进瘫痪的手部临床康复方面的效果。通过确保 "正确" 执行瘫痪的手部运动的动觉 MI（Stinear 等，2006）（即通过使用 TMS），在病变半球（中风侧半球）的 EEG 相关 SMR 选择用于 BCI 训练的控制特征。这种

MI 训练受到依情况而定的丰富视觉反馈的奖励（见下述内容），仅在与上肢 Fugl-Mayer 评分的临床相关改善相关的受损半球上，诱发 SMR 振荡活动去同步化（表明了对运动想象的意志控制）显著增加（Gladstone 等，2002）。在同一研究中，在病变半球由 EEG 导出的静息状态连通性与 BCI 训练后的功能性运动评分呈正相关，并观察到半球间连通性的增强，因此表明 BCI 训练对运动皮质可塑性的有益影响。

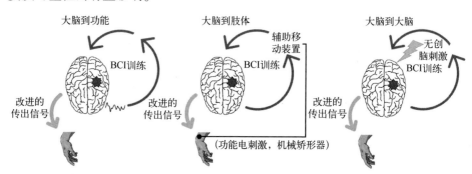

图 9.2　BCI 在中风后康复中的适用性概述。说明了三种主要策略，目前大多数用于脑卒中后运动康复的 BCI 都是根据这三种策略设计的。值得注意的是，这三种方法并不相互排斥，可以结合起来针对康复的特定方面。（左图）在"大脑到功能"策略中，目标是强化接近正常的大脑活动，以改善传出信号，从而导致更好的运动功能。（中间图）在"大脑到肢体"的方法中，BCI 驱动辅助运动的设备，并重新建立大脑和周边之间的连接。（右图）在"大脑到大脑"策略中，来自 BCI 触发的脑活动信息与另一种神经调节范式（即 NIBS）相结合，以增强大脑可塑性并改善运动功能。详情见正文。修改自文献（Riccio, A., Pichiorri, F., Schettini, F., et al., 2016. *Interfacing brain with computer to improve communication and rehabilitation after brain damage.* Prog Brain Res 228, 357—387. https：doi. org/10. 1016/bs. pbr. 2016. 04. 018.）

　　第二种策略的核心（图 9.2，中间图）是 BCI 控制外部设备以辅助肢体运动执行，如控制 FES（Daly 等，2009；Young 等，2016；Biasiucci 等，2018）或控制机械设备（Buch 等，2008；Ramos Murguialday 等，2013；Ang 等，2015；Bundy 等，2017）。该方法旨在闭合因中风事件而中断的感觉运动回路（Gomez-Rodriguez 等，2011），从而重新建立 CNS 和外周之间的连接。该策略的代表是 Ramos-Murguialday 及其同事（2013）的一项随机对照研究，其中 32 名慢性中风患者接受了由 BCI 驱动的机械矫形器支持的尝试手部动作的训练。两组干预在反馈传递方式（即矫形器驱动）方面有所不同，就受损半球 SMR 上调而言，反馈传递方式要么是依情况而定的，要么是随机的（对照干预）。BCI 训练作为物理治疗计划的辅助手段，与对照组相比，在"适时反馈"的

BCI 训练中，上肢运动功能显著增加。此外，在干预前后进行的 fMRI 显示，仅在实验组中，激活从对侧半球转移到同侧半球，因此表明 BCI 在促进大脑可塑性和功能恢复方面具有有益作用。

第三种策略是将 BCI 与其他神经调节策略相结合的可能性（图 9.2，右图）。为了提高 CNS 水平的神经可塑性，BCI 与 NIBS 技术结合使用，如经颅直流电刺激（transcranial direct current stimulation，tDCS）（Ang 等，2015；Naros 和 Gharabaghi，2017）。在一项针对 19 名慢性中风患者的随机对照试验中，Ang 等（2015）通过两周的机器人反馈发送测试了在基于 MI-BCI 训练上肢之前，促进性 tDCS 对病变半球的影响。尽管在两组（tDCS+BCI 与单独 BCI）中均未观察到相关临床改善，但 tDCS+BCI 组在训练后病变半球的 SMR 增强明显高于 BCI 组的。最近的一项经颅交流刺激（transcranial alternating current stimulation，tACS）研究获得了类似的结果，该研究在 BCI 训练之前或期间（特别是在静息试验间期）把 tACS 应用于慢性中风患者（Naros 和 Gharabaghi，2017）。作者得出结论，训练期间的间歇性刺激对 SMR 去同步的影响比训练前进行的刺激更大。这些结果强调了在增强 BCI 对神经可塑性的影响时，建立最佳刺激方式和参数的重要性。从动物实验中学习（Jackson 等，2006），进一步发展了这种组合神经调节方法，使得从 BCI 获得的脑活动信息可以用于触发具有最佳时机和参数的神经调节范式（依赖脑状态的刺激）（Walter 等，2012；Kraus 等，2016a）。

无论采用何种策略，增强运动相关皮质活动主要（如果不是唯一的）是在受损半球。然而，同侧半球和对侧半球对中风亚急性期（即当大部分神经可塑性发生时）的中风后恢复的贡献是可变的，并且在很大程度上取决于病变的部位和大小（Kantak 等，2012）。在大范围中风的情况下，病灶周围区域的恢复潜力有限，对侧半球通过非交叉神经通路（uncrossing neural pathways）参与运动恢复。因此，对侧半球的活动可能并不总是不利于运动恢复（Perez 和 Cohen，2009；Kantak 等，2012；Buetefisch，2015）。最近的一项交叉研究（Young 等，2016）包括 19 名中风患者，他们接受了 BCI 驱动的 FES 系统用于训练上肢，并在训练和休息期间定期采用 fMRI 进行评估。在同侧和对侧皮质脊髓束、跨胼胝体运动纤维完整性（通过部分各向异性（fractional anisotropy，FA）评估）（Sotak，2002）和行为测量方面，在训练和静息期之间未发现显著差异。进一步的相关分析显示，对侧皮质脊髓束 FA 增加与上肢功能评分差相关，表明对侧运动系统可能存在不良适应性作用，这种相关性在 BCI 训练期间被逆转，并伴有跨胼胝体 FA 的增加。这些初步发现表明，BCI 训练可以利用对侧皮质脊髓束的可塑性，从可能的有害作用转变为代偿作用。

据目前了解，中风的临床和神经生理后果不仅仅是由于局灶性病变，还由于与其他脑区的连接中断（Silasi 和 Murphy，2014），同侧半球和对侧半球的几个大脑区域对恢复过程有积极和负面的作用（Di Pino 等，2014）。由于理论/计算分析的进步，一些信号处理技术已被应用于阐明局灶性中风损伤对远程脑区产生的影响（Grefkes 和 Fink，2014）。这种基于连通性的方法与连接组学的概念有关，连接组学由神经元之间的连接定义（Sporns 等，2004）。此外，许多研究表明，无创连通性指标可以提高我们将行为（运动）缺陷与功能障碍临床指标（即运动功能量表）关联起来的能力（Carter 等，2010、2012；De VicoFallani 等，2013；Cheng 等，2015）。这些连通性指标最近被用于评估基于BCI 的康复干预措施的效果（Varkuti 等，2013；Pichiorri 等，2015；Biasiucci 等，2018）。

最近的研究主要针对健康受试者，正在探索连通性的使用，其不仅作为BCI 训练诱导效应的指标，而且还作为 BCI 控制特征（Billinger 等，2013，2015）。这种方法通过启用最好地反映神经可塑性原理的基于连通性的网络调节，有利于接近最佳的大脑重组，例如在运动系统中的重组（Hamedi 等，2016）。与基于活动的控制特征（即基于特定大脑区域的激活/失活）相比，支持基于连通性的控制特征，最近的神经反馈文献表明，基于连通性的控制特征允许更好地控制系统，并对大脑重组产生更大影响（Kim 等，2015）。

9.3.2 运动康复 BCI 设计中采用的相关信号

目前，大多数旨在改善人类运动功能的 BCI 文献涉及无创 BCI，无创 BCI 依赖于测量电磁变化（EEG、脑磁（magnetoencephalography，MEG））或代谢变化（fMRI、fNIRS）的技术。EEG 除了时间分辨率高外，还具有易用性、成本低和设备便携等优点。

EEG 捕获的运动相关脑活动是在频域（即 SMR 的调制）和/或时域（例如，ERD-ERS）、运动相关皮层电位（motorrelated cortical potential，MRCP）中进行分析的。简言之，SMR-BCI 是通过在感觉运动区上方记录 α 和 β 频带范围内自主调节的节律来操作的（Pfurtscheller 和 Lopes da Silva，1999；Pfurtscheller 和 Neuper，2006）。MRCP 是 EEG 中的一种缓慢变化的负偏转，在运动开始之前，涉及感觉运动系统内的许多脑结构（Shibasaki 和Hallett，2006），并且可以在单次试验中可靠地检测到（Mrachacz-Kersting 等，2012）。

fMRI 技术测量由运动任务等引起的 BOLD 信号的变化，提供高的空间分辨率。血流动力学变化目前可以在准实时（s）框架中识别，并可以在神经反馈情境下反馈给受试者（Birbaumer 等，2013；Marins 等，2015；Mottaz 等，2015）。很少有研究探索基于 fMRI 的神经反馈在运动康复中的潜力（Linden和 Turner，2016）。

功能性 NIRS 也聚焦于区域血液动力学变化，可作为昂贵且体积庞大的fMRI 设备的有效替代方案。与 fMRI 一样，它也受到与低时间分辨率相关的类似限制，但由于其是便携式的，因此几乎十分普遍，最终允许在现实生活中进行 BCI/神经反馈运动训练（Mihara 和 Miyai，2016）。

9.3.3　运动康复 BCI 设计中采用的相关任务

MI 和自主运动尝试（movement attempt，MA）是两类主要任务，可用于运动康复的 BCI（Prasad 等，2010；Ang 等，2015；Mrachacz-Kersting 等，2015；Pichiorri 等，2015）。

长期以来，MI 一直被用于运动康复，作为一种策略，当实际执行（即使是以尝试的形式）不安全或不可行时（例如，高度痉挛；严重缺陷导致瘫痪），参与运动系统（Jeannerod，1995；Malouin 和 Richards，2010；Peters 和Page，2015）。在中风患者中，MI 可参与或接洽导致运动障碍的病变所残留的剩余通路，还参与除病变以外的大脑区（Sharma 等，2006、2009）。MI 作为一种治疗策略的实际疗效存在争议，因为临床试验产生了相反的结果（Page等，2007；Ietswart 等，2011）。这种不确定性的原因主要归因于 MI 训练方案之间的差异，以及缺乏客观衡量患者对所需心理任务的实际依从性。在这种情况下，基于 MI 的 BCI 提供了一种工具来监测和强化运动内容的心理练习，前提是任务设计赋予了特定任务训练的原理（即 MI 内容和奖赏反馈之间的一致性；目标导向的动作），这已被证明能诱导运动皮质可塑性，并在现实世界场景中转化康复效果（Peters 和 Page，2015）。

可以认为，中风可能会影响患者执行 MI 的能力，这取决于病变侧和部位（Kemlin 等，2016），因此大脑对 MI 的反应性可能会改变。尽管已证明中风患者有能力操控基于 MI 的 BCI（Buch 等，2008；Prasad 等，2010；Pichiorri 等，2015），但中风患者的哪个亚组可以从基于 MI-BCI 干预中获益最大的问题值得进一步研究。Buch 等（2012）表明，慢性中风后手部抓握 MI 的表现依赖于顶叶–额叶网络的完整性。

运动康复的最终目标是提高日常生活中的运动技能。在运动能力残存的中风患者中，MA 是招募运动系统或与运动系统建立密切关系的最直接方式，它构成了大多数传统物理治疗的基础（Nie 和 Yang，2017）。在大脑层面，可以从运动开始之前和之后的瞬间检测到 MA（Shibasaki 和 Hallett，2006）。在 BCI 情境中，可以检测到与运动准备和最终执行相关的大脑活动并增强，类似于用于康复的基于 MI 的 BCI（Niazi 等，2012）。此外，MA 产生的肌肉激活可以通过 EMG 记录纳入到 BCI 范式中。

所谓的混合 BCI，其特点是脑信号与 EMG 记录的肌肉活动相结合（Wolpaw 和 Wolpaw，2012）。混合 EEG-EMG BCI 已在多个 BCI 应用中提出，用于交流或替代，其中的这些信号可以融合为分类器的一个输入，也可以独立使用，以最终提高控制精度（Millán 等，2010；Rohmet 等，2013；Müller-Putz 等，2015；Riccio 等，2015；Choi 等，2017）。

在康复 BCI 的情况下，混合 BCI 将残留的 EMG 活动与运动相关脑激活结合起来，并提供适时的（依情况而定的）奖赏，其目的是重建 CNS 与被中风中断的外周之间的联系（Chaudhary 等，2016）。研究已表明，即使在重度瘫痪的患者中，MA 诱导的残余 EMG 活动也可以通过基于 MI 的 BCI 训练得到增强，然后在康复的进一步阶段可靠地用作控制信号（Kawakami 等，2016）。因此，根据患者的残留能力和恢复阶段，可以设想包括不同生物信号（仅 EEG，EEG 结合 EMG）的模块化方法。

在康复 BCI 设计中整合残余肌电活动需要考虑一些重要的临床影响或作用。明显的例子是痉挛（即生理肌肉阻碍被动/主动运动的作用异常增加）以及异常的肌肉协同作用（即肌肉模式的异常功能恢复），这在中风后患者中极为常见（Sunnerhagen，2016）。在这方面，促进良好可塑性从而有效恢复功能的康复原理也适用于可能由混合 BCI 操作的肌肉训练/参与。

尽管已给出了脑卒中后康复 BCI 混合方法的概念证明（Grimm 等，2016），但仍需要进行结构化试验，对反映 CNS 和外周神经之间正常相互作用的许多临床和神经生理学方面进行长期综合评估。特别地，理论上可以采用几种不同的 EMG 特征，例如，目标肌肉上的 EMG 活动的振幅或频率以及来自不同肌肉的振幅比。类似地，可以假设将 EMG 活动与脑源性活动相结合以驱动 BCI 系统的几种方式，包括皮质-肌肉相干性的测量（von Carlowitz-Ghori 等，2015）。在这些方面还没有达成共识，需要进一步的研究来确定关键的方面，例如需要强化或训练"接近正常"的肌电模式，同时阻止那些引起痉挛和/或病理性协同作用的模式，以最终确保 BCI 介导的脑-外周连接的最佳重建。

9.3.4　运动康复 BCI 设计中采用的相关反馈方式

在 BCI 回路中，反馈是受试者接收关于其自身大脑活动的实时信息的手段，对于训练过程中发生的工具性学习（也称为操作性学习）至关重要（参见 Sitaram 等，2017）。反馈方式（如视觉、听觉、触觉）影响受试者训练的参与度，并影响 BCI 性能（Kaufmann 等，2013；McCreadie 等，2013）。

在旨在重建大脑和外周之间联系并有利于运动再学习的康复 BCI 中（Gomez-Rodriguez 等，2011），选择适当的反馈是显而易见的。此外，患者的参与和投入度对康复结局/结果至关重要（Paolucci 等，2012）。

视觉反馈，如箭头或光标目标，长期以来一直用于基于 SMR 的 BCI 应用（Pfurtscheller 和 Neuper，2001；Schalk 等，2004；Pichiorri 等，2011）。这种抽象的反馈可能不是促进患者参与度的最佳方式，更重要的是，可能也不是应对 BCI 介导的（BCI-mediated）为运动康复的特定任务训练的内容。Cincotti 等（2012）和随后 Pichiorri 等（2015）的研究中把 BCI 反馈设计为患者自己手部特征和位置的视觉再现/表现，以优化患者执行 MI 任务的依从性，并提供 MI 任务内容和适时视觉反馈之间的最佳匹配（Vargas 等，2004）。

在其他类型的反馈（即本体感觉反馈）可能危险、体积过大或太昂贵时，视觉丰富的反馈和虚拟现实环境是有效的工具，重度下肢运动障碍患者的步行康复（Luu 等，2016)，或者没有专业人员直接帮助的家庭康复计划就是这样的情况（Vourvopoulos 和 Bermúdezi-Badia，2016）。

本体感觉反馈，即目标肢体中感觉末梢激活的反馈，其主要目的是人工地将与运动意图相关的大脑激活与外周肌肉和神经末梢的激活联系起来。这些目的可以通过诸如机器人或外骨骼等装置被动移动目标肢体（Buch 等，2008；Ramos Murguialday 等，2013；Ang 等，2015）或通过 FES（Bhattacharyya 等，2016；Biasiucci 等，2018）实现。外周电刺激对神经可塑性的作用效果归因于传入纤维的激活，包括在大脑水平上引起的变化（Quandt 和 Hummel，2014）。

在所谓的关联 BCI（Mrachacz-Kersting 等，2012）中，由尝试运动产生的感觉传入和大脑信号被及时耦合），因此，对大脑可塑性和运动结果的影响显著且发生迅速。这种方法（Mrachacz-Kersting 等，2012，2015；Niazi 等，2012；Xu 等，2014 年）基于实时 MRCP（由足背屈曲的自主想象产生）检测，触发对下肢的外周神经刺激，动作意图产生的 MRCP 与外周刺激的这种耦合在运动皮层中诱导的可塑性（即由 TMS 测量的皮质脊髓兴奋性增加）发生在健康参与者一次训练（30～50 次任务重复）后（Mrachacz-Kersting 等，2012；Niazi 等，2012；Xu 等，2014）。对慢性中风患者进行的一项随机对照试验显示，仅经过 1 周的训练后，步行速度和轻瘫侧的足部轻叩发生了与干预有关的功能性改进步行速度和轻瘫侧的足部轻叩发生了与干预有关的功能性改进（Mrachacz-Kersting 等，2015）。

9.3.5 运动康复 BCI 用于 SCI：超越神经假肢控制

SCI 后的残疾几乎是永久性的，影响任何年龄的人（Ackery 等，2004），这是全世界神经康复的重大挑战。长期以来，SCI 中的 BCI 研究主要致力于开发控制外部设备的系统，以恢复永久丧失的手部功能（Pfurtscheller 等，2003；Müller-Putz 等，2005；Hochberg 等，2012；Collinger 等，2013；Kreilinger 等，2013）或移动性（Leeb 等，2013）（见第 5 章）。

超越神经假肢控制（神经假肢控制以外）的 SCI 康复显然正处于一个转折点。通过对动物开展的令人印象深刻的研究，这种研究将药物干预与由脊髓植入物进行的侵入式电刺激相结合，这使人们对 SCI 康复持有乐观的期待（Capogrosso 等，2016）。此外，再生医学领域也取得了有希望的结果，即干细胞疗法（stemcelltherapy）（Anna 等，2017）。在这种如火如荼发展的情况下，最近在无创 BCI 领域的发现可能会改变 BCI 对 SCI 患者有益的方式。

在最近的一项研究中（Donati 等，2016），8 名慢性 SCI 患者参与了基于 BCI 的长期步态康复训练。训练方案基于下肢 MI，并预见到使用不同的反馈，其复杂性将逐渐增加：虚拟现实、站立时的虚拟现实、跑步机上机器人支持的步态系统和带外骨骼的地面行走，在所有训练阶段也提供了丰富的触感反馈（Enriched tactile feedback）。在为期 1 年的训练方案结束时，所有患者均显示出部分感觉恢复和低于病变水平的某些运动功能恢复。功能改善与 EEG 对 MI 的反应性变化同时发生，表明大脑可塑性在观察到的改善中可能起作用。尽管所有患者均被临床诊断为完全性 SCI（即，病变水平以下无主动运动），但不能排除一些存活的轴突穿过病变区可能部分解释了报告的临床恢复。

在另一项初步研究中，将四肢瘫痪 SCI 患者上肢的 BCI 训练与 FES 训练相结合与单独的 FES 训练进行比较，治疗后，仅在 BCI-FES 组中观察到功能改善（肌力增强）和神经生理变化（Osuagwu 等，2016）。

这些结果，加上 BCI 训练后 SCI 患者疼痛减轻的轶事报告（Yoshida 等，2016），无疑正将 SCI 康复的 BCI 方法从专用的长期辅助装置转变为康复策略。需要更多的对照研究进一步探索这种潜力，特别是在亚急性期，大脑和脊髓的可塑性处于顶峰。

9.4　BCI 用于康复的基本原理：
解决认知功能恢复问题

当前的认知康复指的是一组干预措施，旨在通过重新训练先前学到的技能和（或）传授补偿策略来提高一个人执行认知任务的能力（Wilson 等，1999；Milewski-Lopez 等，2014；Zucchella 等，2014）。

尽管目前有过多的认知干预旨在恢复一些认知能力，但大多数研究报告了小规模效应和短期改善（Cicerone 等，2011；Bowen 等，2013；Chung 等，2013；Cumming 等，2013，Loetscher 和 Lincoln，2013；Stolwyk 等，2014；Gillen 等，2015；Iaccarino 等，2015；Turner-Stokes 等，2015，Virk 等，2015 和 Brady 等，2016）。NIBS（tDCS）的新策略很有前景，但其仍有待于与对照干预相比的有效性证明（Elsner 等，2015）。

神经成像的最新进展有利于识别认知功能的神经基础（Poldrack 和 Yarkoni，2016）。此外，评估认知功能和行为表现背后的功能性脑网络的新方法（Medaglia 等，2015；Petersen 和 Sporns，2015）大大提高了我们对认知功能的理解，有望为未来认知康复策略提供信息。

越来越多的知识导致了人们对神经反馈技术的兴趣复兴，神经反馈技术允许通过直接改变大脑活动来改变行为表现（Clark 和 Parasuraman，2014；Sitaram 等，2017）。神经反馈技术通常基于 EEG（Ros 等，2013；Salari 和 Rose，2013；Marzbani 等，2016）或实时功能性磁共振成像（real-time fMRI，rt-fMRI）（Weiskopf，2012；Sulzer 等，2013）。同步 EEG-fMRI 的进展也使这两种方法相结合成为可能（Zotev 等，2014）。

EEG 神经反馈具有悠久的历史（Lynch 等，1974；Elbert 等，1980），大量研究从证明神经反馈诱导的自我调节学习到特定行为效应（Beatty 等，1974；Musall 等，2014）或精神障碍患者的临床改善（Lubar 和 Lubar，1984；Unterrainer 等，2013；Steiner 等，2014）。类似地，一些采用 rt-fMRI 神经反馈的研究表明，健康受试者可以自我调节许多不同的大脑区域，甚至功能网络，从而导致特定的行为改变（deCharms，2007；Shibata 等，2011；Ruiz 等，2014；deBettencourt 等，2015；Kim 等，2015；Megumi 等，2015）。

利用神经反馈作为改善认知功能的干预措施的初步临床证据可从中风等神经疾病获得。Cho 等（2015）对 42 名中风患者进行了临床研究，这些患者被随机分配到 EEG 神经反馈（β-SMR 训练模式）、计算机辅助认知训练（通过 Reha-Com 软件提供的注意力、专注度和记忆程序）或控制状态（即常规康复

169

训练）。仅在神经反馈组中观察到脑活动（β振荡的比率）的变化，这也表明认知能力有所改善。在单一病例报告中，对记忆功能有积极影响的类似发现也得到了复现（Reichert 等，2016；Kober 等，2017）。最近的发现提供了一个概念证明，与基于左右视觉皮质之间半球间平衡的自我调节的第二种训练模式相比，rt-fMRI 神经反馈训练（视觉皮质上调）导致 6 名中风患者的重度偏侧忽略症有轻度降低（Robineau 等，2017）。在 3 名右半球中风和半侧空间忽略症患者中测试了基于 EEG 的 BCI 范式，该范式基于隐蔽的视觉空间注意力，在行为和神经生理层面都有令人鼓舞的发现（Tonin 等，2017）。在最近的一项可行性研究（Kleih 等，2016）中，5 名中风后运动性失语症患者可以成功学习使用基于 P300 的 BCI 拼写器进行交流，从而支持 BCI 未来在中风后语言缺陷中的未来研究。基于可靠的病理生理模型对患者进行的稳健和良好的对照研究必须起到带头作用。

在侵入式 BCI 方面，虽然大多数研究聚焦于利用运动相关信号驱动外部设备（神经假肢），但新的方向正在出现（Astrand 等，2014）。例如，在神经假肢控制的情况下，Musallam 及其同事（2004）表明，认知信号，如奖励的预期值（即受试者的动机），可以在单次试验时间尺度上从顶叶神经活动解码。与注意力定向（Jerbi 等，2009）和心理计算（Vansteensel 等，2010）相关的颅内记录信号可用于驱动认知 BCI。初步证据表明，BCI 方法可以增强人类情景记忆，该方法在颅内记录的 θ-α 振荡的刺激前状态和待记忆项目的呈现之间建立了偶然联系（Burke 等，2014）。这些认知 BCI 是获取认知过程内容的有前景的工具，长期目标可能是开发治疗认知障碍的治疗工具。

9.5　结束语和未来展望

随着对神经可塑性潜在机制的认识不断增加，神经康复正在成为一门基于证据的学科（Bernhardt 和 Cramer，2013）。中风后神经康复就是这种不断发展的情景的典范。在这种情况下，BCI 具有基本特性，不仅可以成为治疗干预手段，还可以作为一种工具以补充随时间变化的恢复结果的评估（Pichiorri 等，2016）。迄今为止，SCI 患者下肢康复的意外结果（Donati 等，2016）进一步推动了对这些系统的康复期望。

尽管越来越多的临床研究为促进 BCI 的临床转化提供了证据，但许多基础和临床研究问题仍然需要解决，如果解决，便于将这项技术详尽的部署到神经康复实践。

从临床角度来看，目前探索 BCI 技术在中风后神经康复中应用的研究提供了一些令人鼓舞的证据，证明其在促进上肢功能运动恢复（Ramos-Murguialday 等，2013；Pichiorri 等，2015；Biasiucci 等，2018）和下肢功能运动恢复方面的有效性（Mrachacz-Kersting 等，2015）。然而，治疗有效性问题需要新的临床试验：①在更大范围内确认 BCI 的有效性和安全性（即干预持续时间/频率的明确）；②确定从 BCI 干预中获益最大的患者（即，反应预测器；相关结果指标的确定）；③验证临床益处的长期维持以及对神经可塑性的影响（即 Biasiucci 等，2018 和 Ramos-Murguialday 等，2019 的随访研究）。在临床试验成功证明基于 BCI 的干预措施的有效性后，仍需获得监管部门的批准。

这一临床研究必须与更好地理解 BCI 用于运动恢复背后的神经生理机制同步进行。

用于神经康复的 BCI 系统的一个特点是，控制特征的选择不应仅仅以最大精度为目标（即在控制应用中识别类别的最佳信号），而是要认识到给定信号在辅助运动（或认知）学习原理和相关功能中的相关性（Naros 和 Gharabaghi，2015；Pichiorri 等，2016）。在这方面，从网络的角度更好地理解恢复和可塑性的基本机制（Grefkes 和 Fink，2014；Silasi 和 Murphy，2014）可能会为康复目的形成更有效的控制特征提取。基于连通性的 BCI 设计（Billinger 等，2015；Hamedi 等，2016）似乎有一个前景广阔的未来研究路径。

一方面，有趣的发展源于最近的研究，这些研究结合了不同的神经生理和神经成像技术，如 EEG、fMRI、fNIRS、TMS（Fazli 等，2012；Ramos Murguialday 等，2013；Mrachacz-Kersting 等，2015；Murta 等，2015；Pichiorri 等，2015）。这种多模态方法研究提供了与 BCI 介导的神经调节有关的脑结构的其他不可用信息。另一方面，在接近真实生活的情况下使用 EEG 或 fNIRS 的可能性（Ramos Murguialday 等，2013；Mihara 和 Miyai，2016）有助于设计生态训练方案。

与旨在促进 CNS 重组（如 NIBS）或刺激外周（如 FES 或机械设备）的其他策略相比，BCI 有可能以独特的方式将这两个方面结合起来，用于神经康复目的。内源性神经调节（endogenous neuromodulation）（即 BCI）与 FES 或机械效应器介导的外周激活相结合可能是成功 BCI 的关键因素（Ramos-Murguialday 等，2013；Donati 等，2016；Biasiucci 等，2018）。在这方面，混合 EEG-EMG BCI（von Carlowitz-Ghori 等，2015；Grimm 等，2016）是有前景的康复 BCI，但需要在脑和外周信号的最佳组合方面进一步发展。

根据允许运动功能恢复的组合方法，现有研究结果支持将 BCI 训练纳入综合康复计划，即物理和职业治疗（Ramos Murguialday 等，2013；Donati 等，2016）。这种整合可以促进 BCI 诱导的日常生活活动中运动功能改善的推广。

此外，BCI 可以通过使大脑处于最佳状态来提高常规物理治疗所获得的功能增益，从而起到启动作用。SCI 患者的最新研究成果（Donati 等，2016）进一步证实，在综合康复计划中实施的 BCI 训练可以提高运动系统水平上的 CNS 可塑性，从而导致功能恢复远远超出预期（即，在慢性 SCI 患者中，低于损伤水平的感觉运动障碍稳定）。

在临床实践中采用 BCI 系统的可能性要求进行报销规划，从而为保险公司和/或医疗保健系统等决策者发挥相关作用（路线图 BNCI 地平线 2020，2015）。解决 BCI 可转化性中这一因素的先决步骤或条件是研究产品的产业应用。BCI 等技术支持的干预措施旨在通过优化成功康复结局与所需（人力）资源之间的比例，降低康复成本。从这个意义上讲，家庭康复代表了未来基于 BCI 干预的一个有吸引力的前景。

总而言之，BCI 的成功临床转化和其作为神经康复工具的价值的最终确立正在进行中。这种转化的实现有赖于医学、科学和行业中不同行为者之间进一步的多学科协同作用。

参 考 文 献

［1］ Ackery A, Tator C, Krassioukov A（2004）. A global perspective on spinal cord injury.

［2］ epidemiology. J Neurotrauma 21：1355 - 1370. https：//doi. org/10. 1089/neu. 2004. 21. 1355.

［3］ Alia C, Spalletti C, Lai S et al.（2017）. Neuroplastic changes following brain ischemia and their contribution to stroke recovery：novel approaches in neurorehabilitation. Front Cell Neurosci 11：76. https：//doi. org/10. 3389/fncel. 2017. 00076.

［4］ Ang KK, Guan C, Phua KS et al.（2015）. Facilitating effects of transcranial direct current stimulation on motor imagery brain-computer interface with robotic feedback for stroke rehabilitation. Arch Phys Med Rehabil 96：S79 - S87. https：//doi. org/10. 1016/j. apmr. 2014. 08. 008.

［5］ Anna Z, Katarzyna J-W, Joanna C et al.（2017）. Therapeutic potential of olfactory ensheathing cells and mesenchymal stem cells in spinal cord injuries. Stem Cells Int 2017：3978595. https：//doi. org/10. 1155/2017/3978595.

［6］ Astrand E, Wardak C, Hamed SB（2014）. Selective visual attention to drive cognitive brain-machine interfaces：from concepts to neurofeedback and rehabilitation applications. Front Syst Neurosci 8：144. https：//doi. org/10. 3389/fnsys. 2014. 00144.

［7］ Beatty J, Greenberg A, Deibler WP et al.（1974）. Operant control of occipital theta rhythm affects performance in a radar monitoring task. Science 183：871-873.

[8] Bernhardt J, Cramer SC (2013). Giant steps for the science of stroke rehabilitation. Int J Stroke 8: 1-2. https://doi. org/10. 1111/ijs. 12028.

[9] Bhattacharyya S, Clerc M, Hayashibe M (2016). A study on the effect of electrical stimulation as a user stimuli for motor imagery classification in brain-machine interface. Eur J TranslMyol 26: 6041. https://doi. org/10. 4081/ejtm. 2016. 6041.

[10] Biasiucci A, Leeb R, Iturrate I et al. (2018). Brain-actuated functional electrical stimulation elicits lasting arm motor recovery after stroke. Nat Commun 9: 2421. https://doi. org/10. 1038/s41467-018-04673-z.

[11] Billinger M, Brunner C, Müller-Putz GR (2013). Single-trial connectivity estimation for classification of motor imagery data. J Neural Eng 10: 046006. https://doi. org/10. 1088/1741-2560/10/4/046006.

[12] Billinger M, Brunner C, Müller-Putz GR (2015). Online visualization of brain connectivity. J Neurosci Methods 256: 106-116. https://doi. org/10. 1016/j. jneumeth. 2015. 08. 031.

[13] Birbaumer N, Ruiz S, Sitaram R (2013). Learned regulation of brain metabolism. Trends Cogn Sci 17: 295-302. https://doi. org/10. 1016/j. tics. 2013. 04. 009.

[14] Bowen A, Hazelton C, Pollock A et al. (2013). Cognitive rehabilitation for spatial neglect following stroke. Cochrane Database Syst Rev CD003586. https://doi. org/10. 1002/14651858. CD003586. pub3.

[15] Brady MC, Kelly H, Godwin J et al. (2016). Speech and language therapy for aphasia following stroke. Cochrane Database Syst Rev CD000425. https://doi. org/10. 1002/14651858. CD000425. pub4.

[16] Buch E, Weber C, Cohen LG et al. (2008). Think to move: a neuromagnetic brain-computer interface (BCI) system for chronic stroke. Stroke J Cereb Circ 39: 910-917. https://doi. org/10. 1161/STROKEAHA. 107. 505313.

[17] Buch ER, Modir Shanechi A, Fourkas AD et al. (2012). Parietofrontal integrity determines neural modulation associated with grasping imagery after stroke. Brain J Neurol 135: 596-614. https://doi. org/10. 1093/brain/awr331.

[18] Buetefisch CM (2015). Role of the contralesional hemisphere in post-stroke recovery of upper extremity motor function. Front Neurol 6: 214. https://doi. org/10. 3389/fneur. 2015. 00214.

[19] Bundy DT, Souders L, Baranyai K et al. (2017). Contralesional brain-computer interface control of a powered exoskeleton for motor recovery in chronic stroke survivors. Stroke 48: 1908-1915. https://doi. org/10. 1161/STROKEAHA. 116. 016304.

[20] Burke JF, Merkow MB, Jacobs J et al. (2014). Brain computer interface to enhance episodic memory in human participants. Front Hum Neurosci 8: 1055. https://doi. org/10. 3389/fnhum. 2014. 01055.

[21] Capogrosso M, Milekovic T, Borton D et al. (2016). A brain-spinal interface alleviating

gait deficits after spinal cord injury in primates. Nature 539: 284 – 288. https://doi. org/
10. 1038/nature20118.

[22] Carter AR, Astafiev SV, Lang CE et al. (2010). Resting interhemispheric functional mag-
netic resonance imaging connectivity predicts performance after stroke. Ann Neurol 67: 365–
375. https://doi. org/10. 1002/ana. 21905.

[23] Carter AR, Patel KR, Astafiev SV et al. (2012). Upstream dysfunction of somatomotor
functional connectivity after corticospinal damage in stroke. Neurorehabil Neural Repair 26:
7–19. https://doi. org/10. 1177/1545968311411054.

[24] Cervera MA, Soekadar SR, Ushiba J et al. (2018). Brain-computer interfaces for post-
stroke motor rehabilitation: a meta-analysis. Ann Clin Transl Neurol 5: 651–663. https://
doi. org/10. 1002/acn3. 544.

[25] Chaudhary U, Birbaumer N, Ramos-Murguialday A (2016). Brain-computer interfaces for
communication and rehabilitation. Nat Rev Neurol 12: 513–525. https://doi. org/10. 1038/
nrneurol. 2016. 113.

[26] Cheng B, Schulz R, Bönstrup M et al. (2015). Structural plasticity of remote cortical brain
regions is determined by connectivity to the primary lesion in subcortical stroke. J Cereb
Blood Flow Metab 35: 1507–1514. https://doi. org/10. 1038/jcbfm. 2015. 74.

[27] Cho H-Y, Kim K, Lee B et al. (2015). The effect of neurofeedback on a brain wave and
visual perception in stroke: a randomized control trial. J Phys Ther Sci 27: 673–676. ht-
tps://doi. org/10. 1589/jpts. 27. 673.

[28] Choi I, Rhiu I, Lee Y et al. (2017). A systematic review of hybrid brain-computer inter-
faces: taxonomy and usability perspectives. PLoS One 12: e0176674. https://doi. org/
10. 1371/journal. pone. 0176674.

[29] Chung CSY, Pollock A, Campbell T et al. (2013). Cognitive rehabilitation for executive
dysfunction in adults with stroke or other adult non-progressive acquired brain damage.
Cochrane Database Syst Rev CD008391. https://doi. org/10. 1002/14651858. CD008391.
pub2.

[30] Cicerone KD, Langenbahn DM, Braden C et al. (2011). Evidence-based cognitive rehabili-
tation: updated review of the literature from 2003 through 2008. Arch Phys Med Rehabil 92:
519–530. https://doi. org/10. 1016/j. apmr. 2010. 11. 015.

[31] Cincotti F, Pichiorri F, Aricò P et al. (2012). EEG-based brain-computer interface to sup-
port post-stroke motor rehabilitation of the upper limb. Annual international conference of the
IEEE engineering in medicine and biology society. IEEE Engineering in Medicine and
Biology Society. Conference 2012. pp. 4112 – 4115. https://doi. org/10. 1109/
EMBC. 2012. 6346871.

[32] Clark VP, Parasuraman R (2014). Neuroenhancement: enhancing brain and mind in
health and in disease. NeuroImage 85: 889–894. https://doi. org/10. 1016/j. neuroim-

age. 2013. 08. 071.

[33] Collinger JL, Wodlinger B, Downey JE et al. (2013). Highperformanceneuroprosthetic. control by an individual with tetraplegia. Lancet Lond Engl 381: 557-564. https:// doi. org/10. 1016/S0140-6736 (12) 61816-9.

[34] Cramer SC (2008). Repairing the human brain after stroke: I. Mechanisms of spontaneous recovery. Ann Neurol 63: 272-287. https://doi. org/10. 1002/ana. 21393.

[35] Cramer SC, Sur M, Dobkin BH et al. (2011). Harnessing neuroplasticity for clinical applications. Brain J Neurol 134: 1591-1609. https://doi. org/10. 1093/brain/awr039.

[36] Cumming TB, Marshall RS, Lazar RM (2013). Stroke, cognitive deficits, and rehabilitation: still an incomplete picture. Int J Stroke 8: 38-45. https://doi. org/10. 1111/j. 1747-4949. 2012. 00972. x.

[37] Daly JJ, Wolpaw JR (2008). Brain-computer interfaces in neurological rehabilitation. Lancet Neurol 7: 1032-1043. https://doi. org/10. 1016/S1474-4422 (08) 70223-0.

[38] Daly JJ, Cheng R, Rogers J et al. (2009). Feasibility of a new application of noninvasive brain computer interface (BCI): a case study of training for recovery of volitional motor control after stroke. J Neurol Phys Ther 33: 203 - 211. https://doi. org/10. 1097/NPT. 0b013e3181c1fc0b.

[39] Dancause N, Nudo RJ (2011). Shaping plasticity to enhance recovery after injury. Prog Brain Res 192: 273-295. https://doi. org/10. 1016/B978-0-444-53355-5. 00015-4.

[40] De Vico Fallani F, Pichiorri F, Morone G et al. (2013). Multiscale topological properties of functional brain networks during motor imagery after stroke. NeuroImage 83: 438-449. https://doi. org/10. 1016/j. neuroimage. 2013. 06. 039.

[41] deBettencourt MT, Cohen JD, Lee RF et al. (2015). Closed-loop training of attention with real-time brain imaging. Nat Neurosci 18: 470-475. https://doi. org/10. 1038/nn. 3940.

[42] deCharms RC (2007). Reading and controlling human brain activation using real-time functional magnetic resonance imaging. Trends Cogn Sci 11: 473 - 481. https://doi. org/ 10. 1016/j. tics. 2007. 08. 014.

[43] Di Pino G, Pellegrino G, Assenza G et al. (2014). Modulation of brain plasticity in stroke: a novel model for neurorehabilitation. Nat Rev Neurol 10: 597 - 608. https://doi. org/ 10. 1038/nrneurol. 2014. 162.

[44] Dimyan MA, Cohen LG (2011). Neuroplasticity in the context of motor rehabilitation after stroke. Nat Rev Neurol 7: 76-85. https://doi. org/10. 1038/nrneurol. 2010. 200.

[45] Dimyan MA, Dobkin BH, Cohen LG (2008). Emerging subspecialties: neurorehabilitation. Neurology 70: e52-e54. https://doi. org/10. 1212/01. wnl. 0000309216. 81257. 3f.

[46] Dobkin BH (2008). Training and exercise to drive poststroke recovery. Nat Clin Pract Neurol 4: 76-85. https://doi. org/10. 1038/ncpneuro0709.

[47] Donati ARC, Shokur S, Morya E et al. (2016). Long-term training with a brain-machine

interface-based gait protocol induces partial neurological recovery in paraplegic patients. Sci Rep 6: 30383. https://doi. org/10. 1038/srep30383.

[48] Elbert T, Rockstroh B, Lutzenberger W et al. (1980). Biofeedback of slow cortical potentials. I. Electroencephalogr Clin Neurophysiol 48: 293-301.

[49] Elsner B, Kugler J, Pohl M et al. (2015). Transcranial direct current stimulation (tDCS) for improving aphasia in patients with aphasia after stroke. Cochrane Database Syst Rev CD009760. https://doi. org/10. 1002/14651858. CD009760. pub3.

[50] Fazli S, Mehnert J, Steinbrink J et al. (2012). Enhanced performance by a hybrid NIRS-EEG brain computer interface. NeuroImage 59: 519-529. https://doi. org/10. 1016/j. neuroimage. 2011. 07. 084.

[51] French B, Thomas LH, Leathley MJ et al. (2007). Repetitive task training for improving functional ability after stroke. Cochrane Database Syst Rev 11: CD006073. https://doi. org/ 10. 1002/14651858. CD006073. pub2.

[52] Furlan L, Conforto AB, Cohen LG et al. (2016). Upper limb immobilisation: a neural plasticity model with relevance to poststroke motor rehabilitation. Neural Plast 2016: 8176217. https://doi. org/10. 1155/2016/8176217.

[53] Gillen G, Nilsen DM, Attridge J et al. (2015). Effectiveness of interventions to improve occupational performance of people with cognitive impairments after stroke: an evidence-based review. Am J Occup Ther 69: 6901180040p1-9. https://doi. org/10. 5014/ajot. 2015. 012138.

[54] Gladstone DJ, Danells CJ, Black SE (2002). The Fugl-Meyer assessment of motor recovery after stroke: a critical review of its measurement properties. Neurorehabil Neural Repair 16: 232-240.

[55] Gomez-Rodriguez M, Peters J, Hill J et al. (2011). Closing the sensorimotor loop: haptic feedback facilitates decoding of motor imagery. J Neural Eng 8: 036005. https://doi. org/ 10. 1088/1741-2560/8/3/036005.

[56] Grefkes C, Fink GR (2014). Connectivity-based approaches in stroke and recovery of function. Lancet Neurol 13: 206-216. https://doi. org/10. 1016/S1474-4422 (13) 70264-3.

[57] Grimm F, Walter A, Spüler M et al. (2016). Hybrid neuroprosthesis for the upper limb: combining braincontrolled neuromuscular stimulation with a multi-joint arm exoskeleton. Front Neurosci 10: 367. https://doi. org/10. 3389/fnins. 2016. 00367.

[58] Hallett M (2007). Transcranial magnetic stimulation: a primer. Neuron 55: 187-199. https://doi. org/10. 1016/j. neuron. 2007. 06. 026.

[59] Hamedi M, Salleh S-H, Noor AM (2016). Electroencephalographic motor imagery brain connectivity analysis for BCI: a review. Neural Comput 28: 999-1041. https://doi. org/ 10. 1162/NECO_a_00838.

[60] Hankey GJ (2017). Stroke. Lancet LondEngl 389: 641-654. https://doi. org/10. 1016/

S0140-6736（16）30962-X.

[61] Hochberg LR, Bacher D, Jarosiewicz B et al. （2012）. Reach and grasp by people with tetraplegia using a neurally controlled robotic arm. Nature 485: 372-U121. https://doi. org/ 10. 1038/nature11076.

[62] Iaccarino MA, Bhatnagar S, Zafonte R（2015）. Rehabilitation after traumatic brain injury. Handb Clin Neurol 127: 411 - 422. https://doi. org/10. 1016/B978 - 0 - 444 - 52892 - 6. 00026-X.

[63] Ietswaart M, Johnston M, Dijkerman HC et al. （2011）. Mental practice with motor imagery in stroke recovery: randomized controlled trial of efficacy. Brain J Neurol 134: 1373 - 1386. https://doi. org/10. 1093/brain/awr077.

[64] Jackson A, Mavoori J, Fetz EE（2006）. Long-term motor cortex plasticity induced by an electronic neural implant. Nature 444: 56 - 60. https://doi. org/10. 1038/nature05226. Jeannerod M（1995）. Mental imagery in the motor context. Neuropsychologia 33: 1419-1432.

[65] Jerbi K, Freyermuth S, Minotti L et al. （2009）. Watching brain TV and playing brain ball exploring novel BCI strategies using real-time analysis of human intracranial data. Int Rev Neurobiol 86: 159-168. https://doi. org/10. 1016/S0074-7742（09）86012-1.

[66] Kantak SS, Stinear JW, Buch ER et al. （2012）. Rewiring the brain: potential role of the premotor cortex in motor control, learning, and recovery of function following brain injury. Neurorehabil Neural Repair 26: 282-292. https://doi. org/10. 1177/1545968311420845.

[67] Kaufmann T, Holz EM, Kübler A（2013）. Comparison of tactile, auditory, and visual modality for brain-computer interface use: a case study with a patient in the locked-in state. Front Neurosci 7: 129. https://doi. org/10. 3389/fnins. 2013. 00129.

[68] Kawakami M, Fujiwara T, Ushiba J et al. （2016）. A new therapeutic application of brain-machine interface（BMI）training followed by hybrid assistive neuromuscular dynamic stimulation（HANDS）therapy for patients with severe hemiparetic stroke: a proof of concept study. Restor Neurol Neurosci 34: 789-797. https://doi. org/10. 3233/RNN-160652.

[69] Kemlin C, Moulton E, Samson Y et al. （2016）. Do motor imagery performances depend on the side of the lesion at the acute stage of stroke? Front Hum Neurosci 10: 321. https:// doi. org/10. 3389/fnhum. 2016. 00321.

[70] Kim D-Y, Yoo S-S, Tegethoff M et al. （2015）. The inclusion of functional connectivity information into fMRI-based neurofeedback improves its efficacy in the reduction of cigarette cravings. J Cogn Neurosci 27: 1552-1572. https://doi. org/10. 1162/jocn_a_00802.

[71] Kleih SC, Gottschalt L, Teichlein E et al. （2016）. Toward a P300 based brain-computer interface for aphasia rehabilitation after stroke: presentation of theoretical considerations and a pilot feasibility study. Front Hum Neurosci 10: 547. https://doi. org/10. 3389/fnhum. 2016. 00547.

[72] Kober SE, Schweiger D, Reichert JL et al. (2017). Upper alpha based neurofeedback training. in chronic stroke: brain plasticity processes and cognitive effects. Appl Psychophysiol Biofeedback 42: 69-83. https://doi.org/10. 1007/s10484-017-9353-5.

[73] Kraus D, Naros G, Bauer R et al. (2016a). Brain state-dependent transcranial magnetic closed-loop stimulation controlled by sensorimotor desynchronization induces robust increase of corticospinal excitability. Brain Stimul 9: 415 - 424. https://doi.org/10. 1016/ j. brs. 2016. 02. 007.

[74] Kraus D, Naros G, Bauer R et al. (2016b). Brain-robot interface driven plasticity: distributed modulation of corticospinal excitability. NeuroImage 125: 522-532. https://doi. org/ 10. 1016/j. neuroimage. 2015. 09. 074.

[75] Kreilinger A, Kaiser V, Rohm M et al. (2013). BCI and FES training of a spinal cord injured end-user to control a neuroprosthesis. Biomed Tech (Berl) 58. https://doi. org/ 10. 1515/bmt-2013-4443.

[76] Kwakkel G, Veerbeek JM, van Wegen EEH et al. (2015). Constraint-induced movement therapy after stroke. Lancet Neurol 14: 224-234. https://doi. org/10. 1016/S1474-4422 (14) 70160-7.

[77] Langhorne P, Bernhardt J, Kwakkel G (2011). Stroke rehabilitation. Lancet 377: 1693-1702. https://doi. org/10. 1016/S0140-6736 (11) 60325-5.

[78] Leeb R, Perdikis S, Tonin L et al. (2013). Transferring brain-computer interfaces beyond the laboratory: successful application control for motor-disabled users. ArtifIntell Med 59: 121-132. https://doi. org/10. 1016/j. artmed. 2013. 08. 004.

[79] Linden DEJ, Turner DL (2016). Real-time functional magnetic resonance imaging neurofeedback in motor neurorehabilitation. Curr Opin Neurol 29: 412-418. https://doi. org/ 10. 1097/WCO. 0000000000000340.

[80] Loetscher T, Lincoln NB (2013). Cognitive rehabilitation for attention deficits following stroke. Cochrane Database Syst Rev CD002842. https://doi. org/101002/1465158. CD002842-pub2.

[81] Lubar JO, Lubar JF (1984). Electroencephalographic biofeedback of SMR and beta for treatment of attention deficit disorders in a clinical setting. Biofeedback Self Regul 9: 1-23.

[82] Luu TP, He Y, Brown S et al. (2016). Gait adaptation to visual kinematic perturbations using a real-time closedloop brain-computer interface to a virtual reality avatar. J Neural Eng 13: 036006. https://doi. org/10. 1088/1741-2560/13/3/036006.

[83] Lynch JJ, Paskewitz DA, Orne MT (1974). Some factors in the feedback control of human alpha rhythm. Psychosom Med 36: 399-410.

[84] Malouin F, Richards CL (2010). Mental practice for relearning locomotor skills. Phys Ther 90: 240-251. https://doi. org/10. 2522/ptj. 20090029.

[85] Marins TF, Rodrigues EC, Engel A et al. (2015). Enhancing motor network activity using real-time functional MRI neurofeedback of left premotor cortex. Front Behav Neurosci 9: 341.

https://doi. org/10. 3389/fnbeh. 2015. 00341.

[86] Marzbani H, Maratcb HR, Mansourian M (2016). Neurofeedback: a comprehensive review on system design, methodology and clinical applications. Basic Clin Neurosci 7: 143 – 158. https://doi. org/10. 15412/J. BCN. 03070208.

[87] McCreadie KA, Coyle DH, Prasad G (2013). Sensorimotor learning with stereo auditory feedback for a brain-computer interface. Med Biol Eng Comput 51: 285 – 293. https://doi. org/10. 1007/s11517-012-0992-7.

[88] Medaglia JD, Lynall M-E, Bassett DS (2015). Cognitive network neuroscience. J CognNeurosci 27: 1471–1491. https://doi. org/10. 1162/jocn_a_00810.

[89] Megumi F, Yamashita A, Kawato M et al. (2015). Functional MRI neurofeedback training on connectivity between two regions induces long-lasting changes in intrinsic functional network. Front Hum Neurosci 9: 160. https://doi. org/10. 3389/fnhum. 2015. 00160.

[90] Mihara M, Miyai I (2016). Review of functional near-infrared spectroscopy in neurorehabilitation. Neurophotonics 3: 031414. https://doi. org/10. 117/1. NPh. 3. 3. 031414.

[91] Milewski-Lopez A, Greco E, van den Berg F et al. (2014). An evaluation of alertness training for older adults. Front Aging Neurosci 6: 67. https://doi. org/10. 3389/fnagi. 2014. 00067.

[92] Millán JDR, Rupp R, Müller-Putz GR et al. (2010). Combining brain-computer interfaces and assistive technologies: state-of-the-art and challenges. Front Neurosci 4: 161. https://doi. org/10. 3389/fnins. 2010. 00161.

[93] Mottaz A, Solcà M, Magnin C et al. (2015). Neurofeedback training of alpha-band coherence enhances motor performance. Clin Neurophysiol 126: 1754 – 1760. https://doi. org/10. 1016/j. clinph. 2014. 11. 023.

[94] Mrachacz-Kersting N, Kristensen SR, Niazi IK et al. (2012). Precise temporal association between cortical potentials evoked by motor imagination and afference induces cortical plasticity. J Physiol 590: 1669–1682. https://doi. org/10. 1113/jpysiol. –11. 222851.

[95] Mrachacz-Kersting N, Jiang N, Stevenson AJT et al. (2015). Efficient neuroplasticity induction in chronic stroke patients by an associative brain-computer interface. J Neurophysiol 115: 1410–1421. https://doi. org/10. 1152/jn. 00918. 2015.

[96] Müller-Putz GR, Scherer R, Pfurtscheller G et al. (2005). EEG based neuroprosthesis control: a step towards clinical practice. Neurosci Lett 382: 169 – 174. https://doi. org/10. 1016/j. neulet. 2005. 03. 021.

[97] Müller-Putz G, Leeb R, Tangermann M et al. (2015). Towards noninvasive hybrid brain-computer interfaces: framework, practice, clinical application, and beyond. Proc IEEE 103: 926–943. https://doi. org/10. 1109/JPROC. 2015. 2411333.

[98] Murphy TH, Corbett D (2009). Plasticity during stroke recovery: from synapse to behaviour. Nat Rev Neurosci 10: 861–872. https://doi. org/10. 1038/nrn2735.

[99] Murta T, Leite M, Carmichael DW et al. (2015). Electrophysiological correlates of the BOLD signal for EEG-informed fMRI. Hum Brain Mapp 36: 391-414. https://doi. or-g/10. 1002/hbm. 22623.

[100] Musall S, von Pföstl V, Rauch A et al. (2014). Effects of neural synchrony on surface EEG. Cereb Cortex 1991 (24): 1045-1053. https://doi. org/10. 1093/cercor/bhs389.

[101] Musallam S, Corneil BD, Greger B et al. (2004). Cognitive control signals for neural prosthetics. Science 305 (5681): 258-262.

[102] Naros G, Gharabaghi A (2015). Reinforcement learning of self-regulated β-oscillations for motor restoration in chronic stroke. Front Hum Neurosci 9: 391. https://doi. org/10. 3389/fnhum. 2015. 00391.

[103] Naros G, Gharabaghi A (2017). Physiological and behavioral effects of β-tACS on brain self-regulation in chronic stroke. Brain Stimul 10: 251-259. https://doi. org/10. 1016/j. brs. 2016. 11. 003.

[104] Niazi IK, Mrachacz-Kersting N, Jiang N et al. (2012). Peripheral electrical stimulation triggered by self-paced detection of motor intention enhances motor evoked potentials. IEEE Trans Neural Syst Rehabil Eng 20: 595-604. https://doi. org/10. 1109/TNSRE. 2012. 2194309.

[105] Nie J, Yang X (2017). Modulation of synaptic plasticity by exercise training as a basis for ischemic stroke rehabilitation. Cell Mol Neurobiol 37: 5-16. https://doi. org/10. 1007/s10571-016-0348-1.

[106] Nudo RJ (2011). Neural bases of recovery after brain injury. J CommunDisord 44: 515-520. https://doi. org/10. 1016/j. jcomdis. 2011. 04. 004.

[107] Nudo RJ (2013). Recovery after brain injury: mechanisms and principles. Front Hum Neurosci 7: 887. https://doi. org/10. 3389/fnhum. 2013. 00887.

[108] Osuagwu BCA, Wallace L, FraserM et al. (2016). Rehabilitation of hand in subacute tetraplegic patients based on brain computer interface and functional electrical stimulation: a randomised pilot study. J Neural Eng 13: 065002. https://doi. org/10. 1088/1741-2560/13/6/065002.

[109] Page SJ, Levine P, Leonard A (2007). Mental practice in chronic stroke results of a randomized, placebo-controlled trial. Stroke 38: 1293-1297. https://doi. org/10. 1161/01. STR. 0000260205. 67348. 2b.

[110] Paolucci S, Di Vita A, Massicci R et al. (2012). Impact of participation on rehabilitation results: a multivariate study. Eur J Phys Rehabil Med 48: 455-466.

[111] Perez MA, Cohen LG (2009). Interhemispheric inhibition between primary motor cortices: what have we learned? J Physiol 587: 725-726. https://doi. org/10. 1113/jphysiol. 2008. 166926.

[112] Peters HT, Page SJ (2015). Integrating mental practice with task-specific training and be-

havioral supports in poststroke rehabilitation: evidence, components, and augmentative opportunities. Phys Med Rehabil Clin N Am 26: 715727. https://doi. org/10. 1016/j. pmr. 2015. 06. 004.

[113] Petersen SE, Sporns O (2015). Brain networks and cognitive architectures. Neuron 88: 207-219. https://doi. org/10. 1016/j. neuron. 2015. 09. 027.

[114] Pfurtscheller G, Lopes da Silva FH (1999). Event-related EEG/MEG synchronization and desynchronization: basic principles. Clin Neurophysiol Off J Int Fed Clin Neurophysiol 110: 1842-1857.

[115] Pfurtscheller G, Neuper C (2001). Motor imagery and direct brain-computer communication. Proc IEEE 89: 1123-1134. https://doi. org/10. 1109/5. 939829.

[116] Pfurtscheller G, Neuper C (2006). Future prospects of ERD/ERS in the context of brain-computer interface (BCI) developments. In: C Neuper, W Klimesch (Eds.), Progress in brain research, event-related dynamics of brain oscillations. Elsevier 433-437. https://doi. org/10. 1016/S0079-6123 (06) 59028-4.

[117] Pfurtscheller G, Müller GR, Pfurtscheller J et al. (2003). "Thought" —control of functional electrical stimulation to restore hand grasp in a patient with tetraplegia. Neurosci Lett 351: 33-36.

[118] Pichiorri F, De Vico Fallani F, Cincotti F et al. (2011). Sensorimotor rhythm-based brain-computer interface training: the impact on motor cortical responsiveness. J Neural Eng 8: 025020. https://doi. org/10. 1088/1741-2560/8/2/025020.

[119] Pichiorri F, Morone G, Petti M et al. (2015). Brain-computer interface boosts motor imagery practice during stroke recovery. Ann Neurol 77: 851-865. https://doi. org/10. 1002/ana. 24390.

[120] Pichiorri F, Mrachacz-Kersting N, Molinari M et al. (2016). Brain-computer interface based motor and cognitive rehabilitation after stroke—state of the art, opportunity, and barriers: summary of the BCI meeting 2016 in Asilomar. Brain Comput Interfaces 4: 1-7. https://doi. org/10. 1080/2326263X. 2016. 1246328.

[121] Plow EB, Carey JR, Nudo RJ et al. (2009). Invasive cortical stimulation to promote recovery of function after stroke: a critical appraisal. Stroke 40: 1926-1931. https://doi. org/10. 1161/STROKEAHA. 108. 540823.

[122] Poldrack RA, Yarkoni T (2016). From brain maps to cognitive ontologies: informatics and the search for mental structure. Annu Rev Psychol 67: 587 - 612. https://doi. org/10. 1146/annurev-psych-122414-033729.

[123] Prasad G, Herman P, Coyle D et al. (2010). Applying a brain-computer interface to support motor imagery practice in people with stroke for upper limb recovery: a feasibility study. J Neuroeng Rehabil 7: 60. https://doi. org/10. 1186/1743-0003-7-60.

[124] Quandt F, Hummel FC (2014). The influence of functional electrical stimulation on hand

motor recovery in stroke patients: a review. Exp Transl Stroke Med 6: 9. https://doi. org/10. 1186/2040-7378-6-9.

[125] Ramos-Murguialday A, Broetz D, Rea M et al. (2013). Brain-machine interface in chronic stroke rehabilitation: a controlled study. Ann Neurol 74: 100 – 108. https://doi. org/10. 1002/ana. 23879.

[126] Ramos-Murguialday A, Curado MR, Broetz D et al. (2019). Brain-machine interface in chronic stroke: randomized trial long-term follow-up. Neurorehabil Neural Repair 33: 188-198. https://doi. org/10. 1177/1545968319827573.

[127] Reichert JL, Kober SE, Schweiger D et al. (2016). Shutting down sensorimotor interferences after stroke: a proofof-principle SMR neurofeedback study. Front Hum Neurosci 10: 348. https://doi. org/10. 3389/fnhum. 2016. 00348.

[128] Remsik A, Young B, Vermilyea R et al. (2016). A review of the progression and future implications of brain-computer interface therapies for restoration of distal upper extremity motor function after stroke. Expert Rev Med Devices 13: 445 – 454. https://doi. org/10. 1080/17434440. 2016. 1174572.

[129] Riccio A, Holz EM, Aricò P et al. (2015). Hybrid P300-based brain-computer interface to improve usability for people with severe motor disability: electromyographic signals for error correction during a spelling task. Arch Phys Med Rehabil 96: S54 – S61. https://doi. org/10. 1016/j. apmr. 2014. 05. 029.

[130] Riccio A, Pichiorri F, Schettini F et al. (2016). Interfacing brain with computer to improve communication and rehabilitation after brain damage. Prog Brain Res 228: 357 – 387. https://doi. org/10. 1016/bs. pbr. 2016. 04. 018.

[131] Roadmap BNCI Horizon 2020 (2015). The future in brain/neural-computer interaction. https://doi. org/10. 3217/978-3-85125-379-5.

[132] Robineau F, Saj A, Neveu R et al. (2017). Using real-time fMRI neurofeedback to restore right occipital cortex activity in patients with left visuo-spatial neglect: proof-of-principle and preliminary results. Neuropsychol Rehabil 29: 1 – 22. https://doi. org/10. 1080/09602011. 2017. 1301262.

[133] Rohm M, Schneiders M, Müller C et al. (2013). Hybrid brain-computer interfaces and hybrid neuroprostheses for restoration of upper limb functions in individuals with high-level spinal cord injury. Artif Intell Med 59: 133-142. https://doi. org/0. 1016/j. artmed. 013. 07. 04.

[134] Ros T, Theberge J, Frewen PA et al. (2013). Mind over chatter: plastic up-regulation of the fMRI salience network directly after EEG neurofeedback. NeuroImage 65: 324-335. https://doi. org/10. 1016/j. neuroimage. 2012. 09. 046.

[135] Ruiz S, Buyukturkoglu K, Rana M et al. (2014). Real-time fMRI brain computer interfaces: self-regulation of single brain regions to networks. Biol Psychol 95: 4-20. https://

doi. org/10. 1016/j. biopsycho. 2013. 04. 010.

[136] Salari N, Rose M (2013). A brain-computer interface for the detection and modulation of gamma band activity. Brain Sci 3: 1569 - 1587. https://doi. org/10. 3390/brains-ci3041569.

[137] Schalk G, McFarland DJ, Hinterberger T et al. (2004). BCI2000: a general-purpose brain-computer interface (BCI) system. IEEE Trans Biomed Eng 51: 1034 - 1043. https://doi. org/10. 1109/TBME. 2004. 827072.

[138] Sharma N, Pomeroy VM, Baron J-C (2006). Motor imagery: a backdoor to the motor system after stroke? Stroke J Cereb Circ 37: 1941 - 1952. https://doi. org/10. 1161/01. STR. 0000226902. 43357. fc.

[139] Sharma N, Baron J-C, Rowe JB (2009). Motor imagery after stroke: relating outcome to motor network connectivity. Ann Neurol 66: 604 - 616. https://doi. org/10. 1002/ana. 21810.

[140] Shibasaki H, Hallett M (2006). What is the Bereitschaftspotential? Clin Neurophysiol Off J Int Fed Clin Neurophysiol 117: 2341 - 2356. https://doi. org/10. 1016/j. clinph. 2006. 04. 025.

[141] Shibata K, Watanabe T, Sasaki Y et al. (2011). Perceptual learning incepted by decoded fMRI neurofeedback without stimulus presentation. Science 334: 1413 - 1415. https://doi. org/10. 1126/science. 1212003.

[142] Silasi G, Murphy TH (2014). Stroke and the connectome: how connectivity guides therapeutic intervention. Neuron 83: 1354 - 1368. https://doi. org/10. 1016/j. neuron. 2014. 08. 052.

[143] Sitaram R, Ros T, Stoeckel L et al. (2017). Closed-loop brain training: the science of neurofeedback. Nat Rev Neurosci 18: 86 - 100. https://doi. org/10. 1038/nrn. 2016. 164.

[144] Soekadar SR, Silvoni S, Cohen LG et al. (2015). Brain-machine interfaces in stroke neurorehabilitation. In: K Kansaku, LG Cohen, N Birbaumer (Eds.), Clinical systems neuroscience. Springer 3 - 14. https://doi. org/10. 1007/978 - 4 - 431 - 55037 - 2_1.

[145] Sotak CH (2002). The role of diffusion tensor imaging in the evaluation of ischemic brain injury—a review. NMR Biomed 15: 561 - 569. https://doi. org/10. 1002/nbm. 786.

[146] Sporns O, Chialvo DR, Kaiser M et al. (2004). Organization, development and function of complex brain networks. Trends Cogn Sci 8: 418 - 425. https://doi. org/10. 1016/j. tics. 2004. 07. 008.

[147] Steiner NJ, Frenette EC, Rene KM et al. (2014). Neurofeedback and cognitive attention training for children with attention-deficit hyperactivity disorder in schools. J Dev Behav Pediatr 35: 18 - 27. https://doi. org/10. 1097/DBP. 0000000000000009.

[148] Stinear CM, Byblow WD, Steyvers M et al. (2006). Kinesthetic, but not visual, motor imagery modulates corticomotor excitability. Exp Brain Res 168: 157 - 164. https://

doi. org/10. 1007/s00221-005-0078-y.

[149] Stolwyk RJ, O'Neill MH, McKay AJD et al. (2014). Are cognitive screening tools sensitive and specific enough for use after stroke? A systematic literature review. Stroke 45: 3129-3134. https://doi. org/10. 1161/STROKEAHA. 114. 004232.

[150] Sulzer J, Haller S, Scharnowski F et al. (2013). Real-time fMRI neurofeedback: progress and challenges. NeuroImage 76: 386-399. https://doi. org/10. 1016/j. neuroimage. 2013. 03. 033. Sunnerhagen KS (2016). Predictors of spasticity after stroke. Curr Phys Med Rehabil Rep 4: 182-185. https://doi. org/10. 1007/s40141-016-0128-3.

[151] Tonin L, Pitteri M, Leeb R et al. (2017). Behavioral and cortical effects during attention driven brain-computer interface operations in spatial neglect: a feasibility case study. Front Hum Neurosci 11: 336. https://doi. org/10. 3389/fnhum. 2017. 00336.

[152] Turner-Stokes L, Pick A, Nair A et al. (2015). Multi-disciplinary rehabilitation for acquired brain injury in adults of working age. Cochrane Database Syst Rev CD004170. https://doi. org/10. 1002/14651858. CD004170. pub3.

[153] Unterrainer HF, Lewis AJ, Gruzelier JH (2013). EEGneurofeedback in psychodynamic treatment of substance dependence. Front Psychol 4: 692. https://doi. org/10. 3389/fpsyg. 2013. 00692.

[154] Vansteensel MJ, Hermes D, Aarnoutse EJ et al. (2010). Brain-computer interfacing based on cognitive control. Ann Neurol 67: 809-816. https://doi. org/10. 1002/ana. 21985.

[155] Vargas CD, Olivier E, Craighero L et al. (2004). The influence of hand posture on corticospinal excitability during motor imagery: a transcranial magnetic stimulation study. Cereb Cortex 1991 (14): 1200-1206. https://doi. org/10. 1093/cercor/bhh080.

[156] Varkuti B, Guan C, Pan Y et al. (2013). Resting state changes in functional connectivity correlate with movement recovery for BCI and robot-assisted upper-extremity training after stroke. Neurorehabil Neural Repair 27: 53-62. https://doi. org/10. 1177/154596831244-90.

[157] Virk S, Williams T, Brunsdon R et al. (2015). Cognitive remediation of attention deficits following acquired brain injury: a systematic review and meta-analysis. NeuroRehabilitation 36: 367-377. https://doi. org/10. 3233/NRE-151225.

[158] von Carlowitz-Ghori K, Bayraktaroglu Z, Waterstraat G et al. (2015). Voluntary control of corticomuscular coherence through neurofeedback: a proof-of-principle study in healthy subjects. Neuroscience 290: 243-254. https://doi. org/10. 1016/j. neurosciene2-15. 01. 13.

[159] Vourvopoulos A, Bermúdezi Badia S (2016). Motor priming in virtual reality can augment motor-imagery training efficacy in restorative brain-computer interaction: a withinsubject analysis. J Neuroeng Rehabil 13: 69. https://doi. org/10. 1186/s12984-016-0173-2.

[160] Walter A, Ramos Murguialday A, Spüler M et al. (2012). Coupling BCI and cortical stimulation for brain-statedependent stimulation: methods for spectral estimation in the presence of stimulation after-effects. Front Neural Circuits 6: 87. https://doi. org/10. 3389/-

ncir. 2012. 00087.

[161] Ward NS (2017). Restoring brain function after stroke-bridging the gap between animals and humans. Nat Rev Neurol 13: 244-255. https://doi. org/10. 1038/nrneurol. 2017. 34.

[162] Weiskopf N (2012). Real-time fMRI and its application to neurofeedback. NeuroImage 62: 682-692. https://doi. org/10. 1016/j. neuroimage. 2011. 10. 009.

[163] Wilson BA, Evans JJ, Emslie H et al. (1999). Measuring recovery from post traumatic amnesia. Brain Inj 13: 505-520.

[164] Wolpaw J, Wolpaw EW (2012). Brain-computer interfaces principles and practice, Oxford University Press.

[165] Wolpaw JR, Birbaumer N, McFarland DJ et al. (2002). Brain-computer interfaces for communication and control. Clin Neurophysiol Off J Int Fed Clin Neurophysiol 113: 767-791.

[166] Xu R, Jiang N, Mrachacz-Kersting N et al. (2014). A closedloop brain-computer interface triggering an active ankle-foot orthosis for inducing cortical neural plasticity. IEEE Trans Biomed Eng 61: 2092-2101. https://doi. org/10. 1109/TBME. 2014. 2313867.

[167] Yoshida N, Hashimoto Y, Shikota M et al. (2016). Relief of neuropathic pain after spinal cord injury by brain-computer interface training. Spinal Cord Ser Cases 2: 16021. https: //doi. org/10. 1038/scsandc. 2016. 21.

[168] Young BM, Stamm JM, Song J et al. (2016). Brain-computer interface training after stroke affects patterns of brain-behavior relationships in corticospinal motor fibers. Front Hum Neurosci 10: 457. https://doi. org/10. 3389/fnhum. 2016. 00457.

[169] Zeiler SR, Krakauer JW (2013). The interaction between training and plasticity in the poststroke brain. Curr Opin Neurol 26: 609-616. https://doi. org/10. 1097/WCO. 0000 000000000025.

[170] Zotev V, Phillips R, Yuan H et al. (2014). Self-regulation of human brain activity using simultaneous real-time fMRI and EEG neurofeedback. NeuroImage 85: 985-995. https:// doi. org/10. 1016/j. neuroimage. 2013. 04. 126.

[171] Zucchella C, Capone A, Codella V et al. (2014). Assessing and restoring cognitive functions early after stroke. Funct Neurol 29: 255-262.

第 10 章　视频游戏是促进大脑可塑性的丰富环境

10.1　摘　　要

　　本章强调了两个主要因素（即注意力控制和奖赏加工）在揭示大脑可塑性中的关键作用。我们首先回顾了这些机制在神经可塑性中所起作用的证据，然后证明将这两者（注意力控制和奖赏加工）结合起来的工具和技术可能产生最大和广泛的普遍效益。在此背景下，我们回顾了有关视频游戏（电子游戏）对大脑可塑性影响的证据，着眼于可塑性驱动方法，例如将神经反馈无缝集成到视频游戏平台中。

10.2　引　　言

　　神经可塑性（Neuroplasticity）是构成学习和行为基础的与大脑相关的功能和结构变化，在过去几十年中受到了广泛关注，因为可塑性变化有望促进普遍的益处，并可能逆转与各种神经退行性疾病（neurodegenerative diseases）相关的不利作用（Nahum 等，2013）。可塑性主要通过学习过程中的突触重塑引起的连通性强度变化来表达。控制可塑性的过程包括从基因表达到脑结构变化，如髓鞘形成和细胞外基质支架（Takesian 和 Hensch，2013）。至关重要的是，所有这些变化都可能导致建立最适合支持表现并适应新任务和环境的功能网络。

　　本章以最近发表的一些论文为基础，这些论文分别强调了注意力和奖励机制作为自上而下和自下而上的可塑性驱动因素（Roelfsema 等，2010；Bavelier 等，2012b）。在本章的第一节中，我们强调了这两种机制在驱动一般的、广泛的可塑性变化方面的贡献。然后，我们简要考虑了通过注意力控制和奖励的双重系统，神经调节控制在驱动可塑性中起关键作用。总地来说，乙酰胆碱（ACh）、去甲肾上腺素（NA）和多巴胺（DA）的神经调节系统以及其他几种神经调节使能过程可以被认为是控制大脑关键期后可塑性的"开关"
(Merzenich，2001)。

接下来，我们回顾了视频游戏（电子游戏），特别是动作视频游戏，通过
注意力控制的变化带来广泛、可推广的益处的证据。接下来，我们回顾了基于
视频游戏的康复在视觉、运动功能和情绪控制方面的实际实施。最后，假设驱
动可塑性改变的未来可通过神经信号驱动的视频游戏实现最大化，神经信号驱
动的视频游戏可能通过以集成、无缝的方式结合神经反馈（neurofeedback，
NF）与视频游戏而出现。

10.3　自上而下的注意力和奖赏是神经可塑性的驱动因素

注意力远不是一个单一的概念，在这里，我们聚焦于注意力控制，通常把
其称为通过选择和放大任务相关信息来精简信息处理的能力，同时忽略无关信
息以进行目标导向行为（Rueda 等，2004）。因此，也把注意力控制视为几乎
所有模型中执行功能的核心成分之一（Miyake 和 Friedman，2012；Diamond，
2013；Diamond 和 Ling，2016）。

这种自上而下的相关信息的选择对于防止由于不断传入的感觉信息流而可
能发生的超负荷至关重要。它不仅包括选择性或聚焦性的注意力，如要求运动
障碍性中风患者将注意力集中在其动作对其操作的器械的影响上（Wulf 等，
1998），还包括分散注意力，如要求注意力缺陷患者将注意力跟踪几个不同的
移动物体（Parsons 等，2016）。持续注意力，即在相当长一段时间内专注于手
头任务的能力，它几乎也参与了每项任务（McAvenue 等，2012）。注意力的
这些方面在其核心上共享了跨空间、跨时间分配资源的能力，以及根据任务需
求向对象分配资源的能力。高效、灵活地分配资源是这类自上而下注意力共享
的关键机制。在神经方面，注意力控制似乎是由额叶-扣带回-顶叶脑网络介
导的（Hopfinger 等，2000；Corbetta 和 Shulman，2002；Aron 等，2007；Leh
等，2010）。

10.3.1　注意控制与脑可塑性

注意力促进神经可塑性的概念并不新鲜，感知学习（perceptual learning）
的早期研究已经表明，学习过程中注意力分配的方向对学习至关重要
（Ahissar 和 Hochstein，1993），特别是，这一观点认为，注意力是在更抽象的
表示层次上促进学习的关键，因此有助于跨学习片段的泛化。

最近，几位作者提出，注意力控制是决定学习什么和不学习什么的关键（Roelfsema 等，2010；Green 和 Bavelier，2012；Wulf，2013）。许多采用"冗余相关提示"范式的研究已经证实，参与者学习采用选择性参与特征，甚至表现出对此类特征的感知敏感性增加，而他们不学习使用其他冗余特征，即使这些特征可能被同等频繁地呈现和奖赏（Ahissar 和 Hochstein，1993）。当在这样的范式中训练时，被注意的特征被移除并且只有冗余特征可用时，参与者未能完成任务。这些研究表明，注意力是决定哪些表征具有可塑性，哪些不具有可塑性的关键。

在神经层面，Roelfsema 等（2010）提出，从高级反应选择区到感觉区的反馈连接增强了可塑性，因此与行为相关的刺激特征受益于表征的增加（Rizzolatti 等，1987；Desimone 和 Duncan，1995）。这一概念与有影响力的感知和注意力理论相一致，例如反向层次理论（Reverse Hierarchy Theory）（Ahissar 和 Hochstein，1993；Hochstein 和 Ahissar，2002），该理论解释了自上而下的选择如何在学习过程中增强相关的低级刺激特征。事实上，行为和神经生理研究都支持这样一种观点，即由于选择性注意而增强的特征激活了与感觉表征的反馈连接，导致了反应增强，这与选择性注意相关（Ullman，1995；Moore 和 Armstrong，2003）。在动作选择过程中，额叶皮层的选择和感觉皮层的注意效应之间的这种耦合是引导可塑性和确保与任务相关的连通性已设置到位的关键。这一计算思想得到了众多认知研究的支持，这些研究表明注意力是学习的大门（Ahissar 和 Hochstein，1993；Jiang 和 Chun，2001；Turk Browne 和 Pratt，2005）。

Polley 及其同事的一项研究很好地说明了注意力控制在引导学习中所起作用的另一个证据（Polley 等，2006），作者们训练大鼠根据频率或强度辨别音调，当大鼠执行频率任务时，频率图的变化与行为相关。相反，在编码强度的神经元中没有观察到这种变化，当任务需要注意强度方面时，观察到相反的模式，在人类中也支持类似的联系（Saffell 和 Matthews，2003）。根据这一观点，Li 等（2009b）表明，由于强调相关准则的学习片段，参与资源分配的前额叶区域为不同的决策准则编码。只有当参与者参与了已训练过的任务，而不仅仅是暴露于学习的刺激中时，这种神经特征标志才存在。最近，Baldassare 等（2012）证明，静息状态下前额叶区域和视觉皮层之间的连接可以预测即将到来的感知学习任务中的学习量，这项研究直接说明了资源分配的效率如何引导个体的学习能力。

ACh 和 NA 是两种与大脑可塑性和注意力控制密切相关的神经调节剂。一方面，皮质下基底核 ACh 的释放参与兴奋和抑制过程，以实现皮质可塑性变

化（Kilgard 和 Merzenich，1998），而胆碱能输入的减少会降低皮质可塑性
（Juliano 等，1991）并损害学习（Winkler 等，1995；Easton 等，2002；War-
burton 等，2003）。这种胆碱能基底前脑系统被认为通过调节加工目标和忽略
分心因素的程度来协调自上而下的资源分配，这是注意力控制的中枢机制
（Sarter 等，2001、2006；Thiele 等，2009；Carcea 和 Froemke，2013）。另一方
面，NA 似乎在探索性行为和目标导向行为之间起介导转换作用（Aston Jones
和 Cohen，2005；Sara 和 Bouret，2012），这一过程本身也是可塑的（Zhou 和
Merzenich，2007、2008、2009）。作为这种平衡的一部分，它可以调节运动皮
质表征中的信噪比，控制反应时间和反应抑制方面的可变性（Frank 等，
2007）。因此，尽管自上而下的注意力有很多方面，但这些可以被视为以不太
相关的刺激为代价，共同强化任务相关的突触。

10.3.2　奖赏机制与脑可塑性

在人类和动物模型的许多实验研究中，奖赏及其相关的动机过程被认为是
学习的关键机制。具体来说，调节性神经递质（modulatory neurotransmitter）
DA 被认为用于选择性地控制输入的可塑性（此种可塑性刚刚带来了有益的体
验），或者更普遍地说，DA 用于选择性地控制大脑自身判断为积极实现的任
何事件的可塑性（Daw 和 Doya，2006）。相位性 DA 释放是由与行为成功相关
的享乐体验诱导的，但更重要的是为了我们的目的，DA 释放由表达目标、成
就的神经过程诱导（Schultz，2007）。因此，DA 选择性地对有助于任务成功
的输入进行可塑性改变，并广泛削弱与该成功无关的竞争性活动。

Shultz 及其同事的一系列开创性研究（有深远影响的）表明，动物中脑
DA 神经元实现了与奖赏相关的"预测误差"（Schultz，1997；Hollerman 和
Schultz，1998）。这些神经元通过对所给予的意外奖赏或预测奖赏的已知刺激
做出反应，从而对任何偏离预测奖赏的情况进行编码。意外奖赏后的这种强烈
阶段性反应增加了未来重复该行为的可能性。相反，预期的回报缺乏会导致多
巴胺释放的缺失，从而降低这种体验的可能性，现在这种体验被标记为回报低
于预期。利用功能成像和各种奖赏，这些发现已扩展到人类（O'Doherty，
2004）。

奖赏在学习中的关键作用可以说在联想学习的情景下得到了最广泛的记录
和证明，因为奖赏通过中脑多巴胺调节来增强经历过的刺激-反应关联
（Schultz，2002；Dayan 和 Berridge，2014）。其他形式的学习也严重依赖于奖
赏机制和纹状体，包括运动学习（Wickens 等，2003）和程序性学习（Miyachi
等，2002）。奖赏信号已经被证明足够强，可以促进与奖赏同时进行的潜意识

刺激的学习。与此观点一致，当注意力控制无法应用时，奖赏会增强与奖赏时机相关的所有刺激源的大脑可塑性（Watanabe 和 Sasaki，2015）。

虽然大多数对人类的研究一直是相关的，但一些研究已经建立了相位性多巴胺能纹状体系统在学习中的因果作用。Schönberg 等（2007）让参与者执行基于奖赏的决策任务，发现学习者在学习过程中的腹侧和背侧纹状体都显示出鲁棒的预测错误信号，而非学习者组则明显缺乏此类信号。此外，在背侧纹状体的一个区域的预测误差信号的大小与所有受试者的行为表现测量值显著相关。这些发现支持预测误差信号的因果作用，可能来自多巴胺能中脑神经元，在获得奖赏的基础上支持动作选择偏好的学习。

除了依赖于经验的相位性 DA 释放外，DA 的强直水平也被证明影响可塑性和学习。DA 的基础水平不仅在纹状体，而且在其额叶投射中，与学习动机以及动作活力有关。在 DA 对动作活力作用的生动演示中，经过迷宫觅食训练的大鼠显示，DA 浓度随着其接近目标而逐渐升高（Howe 等，2013）。至关重要的是，这种效应在迷宫的初始学习后仍然很好地存在，与代表平均奖赏的强直性多巴胺活性相一致，该奖赏调节动机活力，而不是学习本身。背景 DA 水平可能预示预期的奖赏时机，从而促进学习者在整个学习过程中的参与度。由于缺乏参与和依从性差是在临床人群中诱导神经可塑性的主要挑战，促进强直性 DA 水平的康复工具似乎很有前景（见"动作视频游戏：促进学习和泛化推广的特征"一节）。

许多研究记录了额叶多巴胺（DA）在基于模型或基于规则的学习中的作用以及认知资源在此类学习中的重要性。具体而言，研究表明，DA 操纵对学习有不同的影响，作为消极和积极结果的函数（Guitart-Masip 等，2014）。虽然迄今为止所考虑的 DA 功能与以下情况保持很好地一致性：即行为与积极奖赏相关而不是与缺乏惩罚相关的情况，但也可能出现避免惩罚或不采取行动以获得奖赏的情况。DA 似乎与所有这些可分离的情况都有密切关系，后两种情况与额叶 DA 水平特别相关，额叶 DA 水平与注意力控制技能（如抑制）密切相关。

Frank（2005）等对确定学习的神经基础时行动效价的重要性进行了说明，他们采用概率强化学习范式，在该范式中，参与者学习从三个不同的刺激对中选择一个，并获得概率反馈，以表明其选择的正确性。该研究有创新性，参与者可以通过学习所选刺激导致正反馈（正性学习）或通过学习其配对刺激导致负反馈（负性学习）或通过以上这两种，来学习选择一种刺激。为了区分这些选项，然后采用新的刺激组合测试参与者。作者利用事件相关电位（event-related potentials，ERP）测量错误相关负性（error-related negativity，ERN），

ERN 是错误反应后更为明显的成分，并假设与错误后扣带回前部（Anterior cingulate cortex，ACC）中 DA 水平降低有关。因此，作者发现，与倾向于从积极结果中学习更多的参与者相比，避免负面事件的参与者具有更大的 ERN。此外，与选择两个不良的选项（双输决策）相比，积极学习者在选择两个良好的选项（双赢决策）时，有更大的 ERN，而消极学习者表现出相反的模式。除了证明与消极和积极学习相关的不同学习机制外，这些结果还进一步表明，ERN 预测了参与者倾向于从他们犯的错误中比从正确的选择中学习更多的程度。显然，当我们考虑新的工具来驱动学习中的这种调节时，注意力控制和多巴胺（DA）相关机制需要结合起来支持训练。

最后，在考虑促进大脑可塑性的干预措施时，新的和丰富的环境以一种非常直接相关的方式被证明是强有力的增强剂和奖赏驱动因素，并激活中脑边缘 DA 系统（Besheer 等，1999；Wood 和 Rebec，2004；Dommett 等，2005）。虽然啮齿类动物模型中神经发生和基于海马的学习的最有力的驱动因素是获得行走的轮子，但沉浸在充满社交和认知挑战的丰富环境中也与神经可塑性增强有关（Clemenson 等，2015；Kemperman 等，2018）。

10.3.3　自上而下和自下而上可塑性调节剂之间的相互作用

可塑性的两个驱动力：自上而下的注意力控制和自下而上的奖赏机制，一个有趣的方面是它们之间的相互作用。奖赏历史影响注意力选择，与当前目标或项目显著性无关（Anderson，2013），以前与奖励相关的无关和不显著的项目特征增加了直接吸引注意力的可能性，即使参与者意识到这对任务表现不利（Anderson 等，2011）。有趣的是，先前获得过奖赏的项目特征对注意力的捕捉取决于其是否在当前出现的相同背景下获得奖赏（Abrahamse 等，2016）。最近的一项综述（Failing and Theeuwes，2018）令人信服地表明，注意力选择通常由基于奖赏的历史偏见驱动：奖赏优先于特定的刺激，使其与视觉系统更相关，从而调节注意力选择过程。

同时，在考虑应该应用哪种刺激-反应应急强化学习时，注意力控制充当了一个关键的过滤器。事实上，虽然将 DA 作为学习的关键强化预测误差在贫乏的实验室实验中成立，但现实世界中的情况呈现出更高的维度，大多数强化学习算法都在这一维度上苦苦挣扎，尽管新型的机器学习工具可能有助于克服这一挑战。注意力控制可以被视为一种关键机制，它可以降低学习问题的维度，并帮助选择应该发生强化学习的表征（Niv 等，2015）。

综上所述，证据表明，皮质表征的学习和可塑性一方面由自上而下的注意力相关的神经调节系统控制，另一方面由自下而上的奖赏系统控制，这两个系统相互作用,以突出应学习的任务相关特征,以及如何实施新的复杂规则。

10.4　电子游戏和神经反馈作为促进大脑可塑性的手段

视频游戏和 NF 是增强大脑可塑性的两个有希望的途径,尤其是在患者康复方面。虽然人们对电子游戏及其康复潜力感到非常兴奋,但越来越多的证据表明,并非所有的电子游戏都会对大脑功能产生类似的影响。在这里,我们重点关注视频游戏的类型和特点,这些类型和特点在增强大脑可塑性和学习方面似乎最有前景。

10.4.1　动作视频游戏:促进学习和泛化推广的特征

商业上可以买到各种类型的视频游戏,研究人员出于治疗目的(牢记治疗目的)开发了许多其他类型的视频游戏。虽然该领域最早的研究并不总是区分不同类型的游戏(Griffith 等,1983),但最近的研究表明,并非所有视频游戏都具有相同的影响(Powers 等,2013),其中一种被特别研究的类型"动作视频游戏",包括商业上可买到的第一人称和第三人称射击游戏,已产生了该领域许多有前景的文献。

动作视频游戏与其他类型(如策略或社交模拟视频游戏)的区别在于,游戏速度快,感知、认知和运动负荷高,需要在多个计划之间不断进行选择,他们强调在集中注意力以正确瞄准和可能出现新游戏敌人或健康包时分配注意力之间进行及时协调(Dale 和 Shawn Green,2017)。此外,玩家需要在一系列时间尺度上,从毫秒到小时,甚至几天,对未来的游戏事件进行空间和时间上的预测。因此,随着游戏的展开,玩家不断收到关于其预测准确性的反馈,明确地参与了奖赏系统(Griffith 等,1983;Koepp 等,1998)(见 10.4.1 节)。视频游戏自然会提供一种故障-安全环境,以促进探索行为,这是支持学习的关键行为(Sutton 和 Barto,2018)。总之,事件在许多不同时间尺度上的分层导致了时间上相当复杂的奖赏模式,随着玩家在持续的时间内协调分散注意力和集中注意力,再加上较高的注意力需求,很可能有助于使这些丰富的环境在支持大脑可塑性方面相当有效(更多细节见 Cardoso-Leite 等,2020)。

10.4.2　动作视频游戏、注意力控制和学习

迄今为止的许多研究表明,动作视频游戏玩家(action video game player,

AVGP）在各种认知和感知任务中的表现优于非视频游戏玩家（nonvideo game players，NVGP）（Feng 等，2007；Green 和 Bavelier，2007；Li 等，2009a）。至关重要的是，训练研究证明，让参与者玩动作视频游戏几十个小时可以提高实验室任务（这些任务利用了感知或认知技能）的表现，玩这类视频游戏的提高远远超过玩其他商用视频游戏（Green 和 Bavelier，2007；Li 等，2009a；Buckley 等，2010；Bejjanki 等，2014；关于这些横截面和干预效应的元分析报告，见 Bediou 等，2018）（图 10.1）。

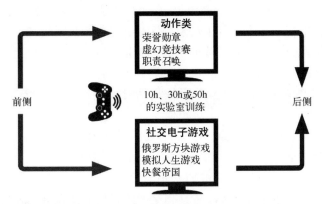

图 10.1　电子游戏训练研究的典型设置。在前测后，参与者被随机分为两组：
动作类电子游戏（如荣誉勋章）或非动作类电子游戏（如模拟人生等社交游戏）。
参与者采用指定的游戏进行为期数周的训练（总游戏时间为 10h、30h 或 50h），
然后在训练后重复前测的评估（"后测"）

引起这种相当广泛影响的机制被认为是注意力控制（Green 和 Bavelier，2012）。事实上，很多文献都记录了动作游戏提高注意力控制的能力。在涉及空间选择性注意力（Green 和 Bavelier，2006a；Feng 等，2007；West 等，2008；Donohue 等，2010；Hubert Wallander 等，2011）或在多个来源之间分散注意力（Green 和 Bavelier，2006a；Wu 等，2012）的任务中，利用动作视频游戏训练的参与者表现优于采用控制游戏训练的参与者。在注意力眨眼范式或注意力不集中盲范式（Vallett 等，2013）（注意力控制随时间变化的两种测度）中，与主动控制组相比，接受动作视频游戏训练的参与者有更好的表现（Oei 和 Patterson，2013、2014；Cain 等，2014；例外情况见 Boot 等，2008）。动作视频游戏玩了后，对目标的注意力分配也得到了改善，有报告称，这种训练有助于提高多目标跟踪（multiple object tracking，MOT）任务的性能，或允许更准确地定位线的中心（Green 和 Bavelier，2006b；Oei 和 Patterson，2013、2014；Latham 等，2014）。

前面讨论的注意力控制的一个关键方面（见"自上而下的注意力和奖赏作为神经可塑性的驱动力"）是正确的选择，这需要克服分心，将注意力资源有效地集中在与任务相关的信息上。与非视频游戏玩家（NVGP）（Mishra 等，2011）或角色扮演游戏（Mishra 等，2011；Krishnan 等，2013）相比，在 AVGP 中，对未专注的外围序列增加了对稳态视觉诱发电位（SSVEP）振幅的抑制。Krishnan 等（2013）发现，平均而言，AVGP 的表现优于非动作游戏者。有趣的是，对于非动作游戏者，他们注意的 SSVEP 响应可以预测命中率，而对于 AVGP，顶叶对忽视的刺激的响应可以预测命中率。此外，他们前额对忽视的刺激的响应随着显示屏上注意的区域数量的增加而增加，显示出主动的抑制机制。因此，动作视频游戏似乎通过干扰抑制能力影响自上而下注意力的神经网络（Bavelier 等，2012a；Focker 等，2018）。

注意力控制的第二个关键方面是灵活分配自上而下注意力的能力。在 AVGP 中，注意力控制的这一方面似乎也得到了增强。Chisholm 及其同事（Chisholm 等，2010；Chisholm 和 Kingstone，2012，2015a，b；另见 Heimler 等，2014）已经表明，与不玩游戏者相比，在目标搜索任务期间，AVGP 显示通过任务分心干扰项更快地从被捕获中恢复。一些研究还证明，与 NVGP 相比，无论切换是否可预测，AVGP 具有更强的多任务或任务切换能力（Colzato 等，2010；Karle 等，2010；Green 和 Bavelier，2012；Cain 等，2014；Cardoso-Leite 等，2016）。最近的一项元分析为动作视频游戏后注意力控制的增强提供了进一步的支持：该元分析回顾了针对年轻成年人的干预研究，将动作视频游戏训练与玩其他商用视频游戏进行了对比。作者的结论表明，注意力控制的整体增强约为标准差的 1/3（Bediou 等，2018）。

动作视频游戏，通过增强注意力控制，可以被视为一种工具，以提高学习新任务的能力，或"学会学习"。从这个角度来看，面对任务需求，更多的资源及其更好的分配允许进行更精细的区分，从而促进学习（Bavelier 等，2012b；Green 和 Bavelier，2012）。根据这一观点，Bejjanki 等（2014）已证明，与 NVGP 相比，AVGP 在感知学习任务中的学习速度更快。同样，Berard 等（2015；另见 Kim 等，2015）发现，在感知学习期间，AVGP 比 NVGP 更好地抗干扰，表明学习期间具有更快或更鲁棒稳定的记忆痕迹。这一观点与之前评述的将注意力控制与易学性联系起来的文献一致。

10.4.3 超越视频游戏：设计认知训练以增强大脑可塑性

在过去 20 年中，利用认知训练练习来改善执行功能一直是许多研究的重点。目前市场上有几十种商用训练软件包（例如 Posit Science、Lumosity、Cog-

Med 的 BrainHQ）。这些不同于娱乐视频游戏，因此在这里被称为"练习"，与之前考虑的视频游戏不同，认知训练练习通常以离散试验的形式提供结构化的重复任务，直接和离散地训练一种或一组有限的认知能力，与视频游戏的主要共同点是任务难度与个人当前的表现水平相适应。

尽管这些训练练习通常涉及执行功能中的"核心"能力，包括注意力控制和认知灵活性，但它们的影响可能不一定会推动广泛的变化，因为它们往往缺乏对转化迁移来说至关重要的多样性、新颖性和复杂性（Schmidt 和 Bjork，1992）。此外，此类训练练习通常建立在感知学习策略的基础上，从而促进专业技能和自动化。因此，它们通常对训练的任务、刺激和环境表现出高度的特异性（Ahissar 和 Hochstein，1993；Fahle，2005；Spang 等，2010；Sagi，2011；Fulvio 等，2014）。因此，一个关键问题是，对训练的任务或子任务的改进是否能够推广泛化到未经训练的领域或环境，超出训练练习的范围。这个问题在认知训练文献中引发了激烈的争论，因为软件（如 CogMed）的大型对照试验最多只能记录适量的收益（Owen 等，2010；Spencer Smith 和 Klingberg，2015；Katz 和 Shah，2016）。在以下几段中，我们简要回顾了一些有前景的设计原则及其在有前景的训练练习中的实现。

1. 双任务和任务切换训练

双任务能力（Dual-task abilities）被认为严重依赖于注意力控制策略（Meyer 和 Kieras，1997），Bherer 及其同事（Bherer 等，2008；Lussier 等，2012；Bherer，2015）进行了一系列研究，以测试双任务训练对年轻人和老年人认知功能的影响。作者发现，训练可以改善成年人的执行功能，这种改善可以推广到新的任务条件中，这表明在学习特定任务设置的基础上有所改善。然而，研究发现，如果对任务的反应和/或刺激模式从训练条件改变为测试条件，则与训练任务中观察到的改善相比，以改善注意力的双任务成本来衡量的训练效果会降低。双任务训练也可以改善平衡和姿势控制，如在有和无认知负荷的情况下，通过单支持和双支持平衡进行评估（Schumacher 等，2001；Hazeltine 等，2002；Li 等，2010；Lieplet 等，2011；Lussier 等，2012）。同样，Anguera 等（2013）也表明，与只玩转向版游戏的对照组相比，玩驾驶视频游戏（"NeuroRacer"）的参与者在沿着路径驾驶车辆和检测关键目标之间进行双重任务，可以降低老年人的多任务成本。重要的是，推广到未经训练的认知控制能力的益处，如增强持续注意力和 WM。利用 EEG，作者记录了与注意力控制相关区域的变化，包括前额叶皮层活动的增加，表现为前额叶中线 θ 的增强。重要的是，中线额叶 θ 功率的增加预测了训练结束后 6 个月，训练诱导的持续注意力获得和多任务改善的保持。与紧密匹配的单任务控制相比，需要多任务处理的训练方案的影响更大，这强调了采用挑战注意力控制的训练环境对于提高大脑可塑性的重要性。虽然需要更多的研究来确定双任务训练的广泛推广性，但在设计治疗干预措施时考虑嵌入这种双任务挑战已显示出足够的前景。

任务转换/切换训练也得到了类似的结果，它是一些研究人员直接训练的另一种注意力控制能力（见 Enriquez Geppert 等，2013）。在相对较短的训练时间（Berryhill 和 Hughes，2009；Strobach 等，2012）以及几乎转移到其他执行功能（Dahlin 等，2008；Minear 和 Shah，2008；Karbach 和 Kray，2009；Schneiders 等，2011）之后，采用任务转换的认知训练已被证明能够改善转换成本。然而，更广泛的可转移性往往并不明显，或者尚未经过测试得出结论。

2. 分散注意力抑制训练

忽略无关的或分散注意力的信息的能力可以通过直接训练来实现，研究者已经证明，这种能力在玩动作视频游戏中得到了提高。例如，Melara 及其同事（Melara 等，2012）让参与者接受双通道任务训练，在该任务中，要求他们检测一只耳朵中的目标，而忽略另一只耳朵上的信息。在为期 3 周的训练过程中，分散注意力的信息的强度逐渐增加，并在训练前后测量了事件相关电位。训练后，神经对分心刺激的响应发生了变化，包括早期的大脑前部 N1 潜伏期，这可能表明分心抑制增强。类似地，Mishra 等（2014）对老年人采用认知训练范式进行训练，其中包括识别音调三元组"寻呼机"中的不同目标音调。在 4~6 周的训练过程中，分心音在频率上与目标音相似，这需要参与者积极抑制它们。事实上，训练后的行为结果显示，分心相关错误减少，训练益处可推广泛化到工作记忆（working memory，WM）和持续注意力提高（图 10.2），还观察到了神经对分心因素反应的选择性减少和额叶 θ 活动的变化，这两者都表明了分心的信息的自上而下的选择性调节。最近，作者在患有 ADHD 的青少年中使用了类似的训练范式，他们在 6 个月内总共训练了 30h（Mishra 等，2016b）。训练后，完成者表现出 ADHD 相关行为的改善，这与训练驱动的分心抑制能力的改善有关。

值得注意的是，尽管很有前景，但相对较低的训练合规率表明，它可能不如娱乐业能够提供的丰富、高度复杂的视频游戏类型的训练那么引人入胜和回报丰厚。然而，这些工作为可能有助于为在治疗性视频游戏中实现的机制提供指示。

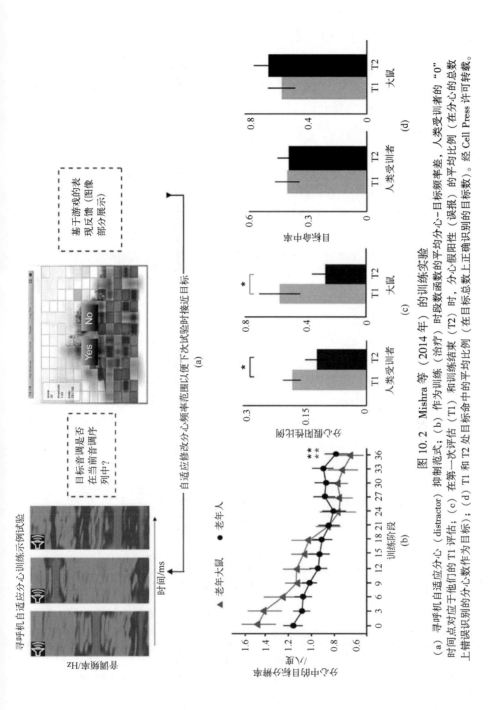

图 10.2 Mishra 等（2014 年）的训练实验

（a）寻呼机自适应分心（distractor）抑制范式；（b）作为训练（治疗）时段数函数的平均分心—目标频率差，人类受训者的 "0" 时间点对应于他们的 T1 评估；（c）在第一次评估 (T1) 和训练结束 (T2) 时，分心假阻性（误报）的平均比例（在分心的总数上错误识别的分心数作为目标）；（d）T1 和 T2 处目标命中率的平均比例（在目标总数中正确识别的目标数）。经 Cell Press 许可转载。

10.4.4　促进大脑可塑性的电子游戏机制

随着这一领域的研究进一步展开，必须澄清视频游戏促进大脑可塑性所需的实际"活性成分"，以便更好地理解和潜在可塑性更高的新型游戏设计。已经提出了几个框架，长期以来，有关学习研究的文献均知道，可变条件下的训练是促进学习泛化的关键（Shapiro 和 Schmidt，1982；Nahum 等，2010；Ranganathan 和 Newell，2010；Willey 和 Liu，2018）。最近，Moreau 和 Conway（2014）提出，为了诱导广泛迁移到各种各样的情况，训练计划应包括三个关键组成部分：复杂性、新颖性和多样性。他们指出，情境数量有限、任务挑战重复、刺激或目标集减少的小游戏设计不当或拙劣，不能引发突出广泛可塑性的普遍益处。同样，Bavelier 等（2018）最近认为，最好的训练方案是通过不断挑战执行功能来防止完全自动化的训练方案，即使受训者改进了训练方案本身。根据这一观点，今天看来最有前景的少数训练方案包括丰富的沉浸式活动，如乐器演奏、冥想和运动锻炼，以及动作和类似动作的视频游戏，所有这些均显示出能促进更好的执行功能。

最后，对动作类电子游戏和其他有前景的电子游戏类型共享的游戏机制的分析提出了一些关键的游戏设计特征，以增强大脑可塑性和学习能力。这些特征包括节奏或需要受训者在时间限制下做出反应，分散注意力的沉重负担，需要在注意力的集中和分散模式、目标和子目标之间快速转换，不断演变以避免完全自动化，以及包含不同延迟和奖励幅度的奖励计划，在诱导条件反射中，充分利用已有文献证明了的可变值、可变时间奖励的有效方法（Cardoso-Leite 等，2020）。这个列表当然不是详尽无遗的，我们仍然无法全面描述最佳电子游戏的机制，这种情况的部分原因是一个令人烦恼的问题，即当单独测试时，这些成分中的每一种都明显低于组合时观察到的效果。然而，在开发治疗性电子游戏时，适当结合这些游戏机制的时机似乎已经成熟。

10.5　用于临床人群康复的真实电子游戏示例

在以下章节中，我们回顾了为临床人群康复而开发的基于电子游戏或基于计算机的干预措施的几个具体示例。近年来，电子游戏技术在康复方面的使用明显增加，例如健康游戏及其关于心理健康游戏的专刊和改变的最佳游戏机制等新期刊（http://www. liebertpub. com/lpages/g4h-cfp-spiss-game-mechanics/186/）。这种驱动力在一定程度上是由于一款引人入胜、身临其境的电子游戏可以提供潜在的任务时间。事实上，有充分的证据表明，依从性/合规是康复的主要障碍之一。然而，完成任务的时间可能是促进大脑功能恢复的必要条件，但不是充分条件。相反，如前所述，游戏体验可能还需要复杂性、新颖性和多样性。制作如此丰富、身临其境的，并持续数十小时体验的游戏，是真正的游戏设计师挑战。虽然商用动作类电子游戏经常这样做，但这些游戏中的大多数都需要数千万美元的开发预算。虽然随着基于群组的软件（如 Unity）降低了电子游戏开发的障碍成本，这种情况可能会在未来几年得到改善，但了解如何将治疗目标与迄今为止证明的促进大脑可塑性的游戏机制自然地结合起来，在很大程度上仍是一个尚未解决的挑战。

这里需要注意的是，制作用于娱乐的电子游戏及其用于治疗手段，这些游戏是由该行业为已熟悉电子游戏的年轻人设计的，简而言之，在商业形式下，这些游戏对于大多数患者来说往往太难玩了。因此，患者不太可能从中受益，事实上，电子游戏训练与任何训练都遵循相同的学习规则（Stafford 和 Dewar，2014）。特别是，如果受训者保持在所谓的"最可能发展区"或任务具有挑战性但可行的区域，为了避免无聊和挫折，学习影响将最大化（Belmont，1989；Sanders 和 Welk，2005）。除非增加入门级的基本游戏水平，以缓解动作类电子游戏的高门槛或进入壁垒，否则这些游戏很可能会失败。事实上，现在商业化发行的商用动作电子游戏对个人（如老年人）来说需要太多的知识，他们不擅长电子游戏，因此无法参与此类活动（见 Boot 等，2013）。

10.5.1　电子游戏训练用于视觉：弱视（因少用而致的弱视眼）案例

弱视（Amblyopia）是一种发育障碍，由早期视觉皮层的生理改变引起（Ciuffreda 等，1991），除屈光误差外，弱视被认为是婴幼儿视力丧失的最常见原因，因为它影响着全世界大约 1% ~ 4% 的人口（Drover 等，2008；Friedman 等，2009；多种族儿童眼病研究（MEPEDS）小组，2009；Birch，2013；McKean Cowdin 等，2013）。弱视患者除了视力下降外，还经历了广泛的视觉缺陷，包括对比灵敏度下降（Levi 和 Harwerth，1977；Bradley 和 Freeman，1981；Hess 和 Holliday，1992）、空间扭曲（Bedell 和 Flom，1981、1983）、立体视觉受损和阅读能力受损（Levi 等，2007；见 Kiorpes 的评论，2006；Levi，2006）。

最近的几项研究采动作类和非动作类电子游戏来治疗成人弱视（李等，2011、2013、2015；To 等，2011；Hess 等，2014；Vedamurthy 等，2015a、b）。总地来说，这些研究表明，玩电子游戏 10~20 小时后的益处与在数月的重复感知学习训练中进行 kilo-trials 后观察到的益处相似。视力的改善在视力表上约为 1~2 行，立体视锐度有一定程度的恢复，主要是在不对称性弱视中。还记录了视力的改善可推广到对比敏感度和读取速度，以及可改善对失去好视力的主观恐惧（李等，2011；Vedamurthy 等，2015b）。最后，正如文献中所述，不对称性弱视可获得比斜视性弱视更大的益处（Vedamurthy 等，2015b）。

与更标准的单眼训练方案相比，许多电子游戏的实现自然有助于为患者提供游戏的双视视图，允许向每只眼睛呈现不同的游戏元素（图 10.3）。在双视光学系统中，可以降低非弱视眼的对比度，以匹配弱视眼中较弱的感知信号强度和极限抑制；注意力挑战也可以添加到弱视眼中，只会迫使患者的注意力转移到被剥夺的眼睛上。假设反过来促进弱视的恢复（Hess 等，2014；Li 等，2015），尽管希望减少抑制，但不幸的是，最近的一项综述和两项随机对照试验（RCTs）表明，弱视患者在训练后从抑制中释放与视觉或视力恢复之间几乎没有联系（Levi 等，2015）。鉴于这些结果，下一个前沿是基于立体电子游戏的训练，在这种训练中，游戏玩法自然需要使用立体视觉，并与其他深度线索结合在一起，希望重新训练两只眼睛共同工作，这可能是克服弱视眼功能缺陷最有效的方法。

图 10.3　用于弱视治疗的动作类电子游戏（Vedamurthy 等，2015a，b）。虚拟锦标赛游戏已经过修改，允许向双眼呈现不同的图像。在这种情况下，弱视眼（左眼）会出现增强对比度图像以及专用的 Gabor 贴片或眼罩。参与者通过融合图像的立体视镜在实验室玩游戏

10.5.2　电子游戏可提高脑损伤后的表现

对于有运动控制问题的临床人群来说，电子游戏干预已被提议作为一种潜在的治疗途径。事实上，基于电子游戏的技术，如虚拟现实（virtual reality，VR）或"运动游戏"，可以提供一个可变但安全的环境来练习运动技能。然

而，迄今为止的证据仍然很少，未来几年的出版物将使我们能够更好地确定此类工具在运动康复中的潜力。在下面，我们描述了一些最近尝试将基于电子游戏的技术应用于运动康复。

1. EVERST 试验

全世界每年有 1500 万新增中风患者，其中 2/3 的幸存者表现出运动障碍（Krishnamurthi 等，2015）。最近的一项元分析审查了中风康复干预方法的有效性，包括在传统康复的基础上增加虚拟现实辅助康复，其主要目的是改善运动功能，而不是认知功能或活动表现（Laver 等，2015）。对照组未接受干预或基于标准护理方法的治疗，该评述包括了 37 项试验，共涉及 1019 名中风参与者，结论是干预后上肢功能和日常生活活动（activities of daily living，ADL）指标有适度改善。然而，握力、步态速度或整体运动功能的次要指标在统计学上没有显著差异。

尽管前景看好，但这些先前评述的研究的一个重大局限性是缺乏主动的对照组。最近由 Saposnik 等（2016）进行的一项研究，即 EVERST 试验，解决了这一局限性，是第一个比较非沉浸式虚拟现实和主动对照（娱乐性活动）作为附加疗法与急性中风后常规康复效果的随机对照试验。训练计划包括为期 2 周，10 次，每次 1h 的治疗，由康复治疗师进行管理。作者采用了商用的 Wii Nintendo 非沉浸式虚拟现实设备游戏平台，以及 Wii Sports 和 Game Party 3。主动对照，即娱乐活动其强度和复杂性与 VR-Wii 组所需的技能相似，并允许在各种活动（扑克牌、bingo 游戏、Jenga 游戏或球类游戏）中进行选择。

在干预完成后几天，4 周后再次进行的评估显示，非沉浸式虚拟现实和简单娱乐活动在卒中后的运动恢复方面没有显著差异，尽管各组相对于基线有显著改善，在后测和 4 周后，运动性能分别平均提高 30% 和 40%。具体来说，两组之间在手部功能、握力、运动表现、日常生活能力、运动质量或生活质量方面没有显著差异。产生这些结果的一个潜在原因可能是控制活动中存在的复杂性、新颖性和多样性。活动的自由选择以及从一种活动切换到另一种活动的能力可能提供了学习所需的多样性，强调了这一因素的重要性，而不是传递信息的媒体。

该试验的结果证明需要额外的、良好对照的试验来测试此类干预措施的有效性。这项研究已经强调了这类研究需要包括深思熟虑的主动控制。

2. 主动大脑训练程序（Active Brain Trainer，ABT）

Intendu 的 ABT 平台是一款 VR 运动游戏，它使用动作交互潜在地促进更好的运动和认知康复，并将改善转化为中风后或获得性脑损伤患者的日常功能

（图10.4）。游戏在现实环境中呈现，并实时适应患者的表现。最近的一项可行性研究（Shochat 等，2017）对 6 名居住在社区的慢性期 ABI 患者的便利样本进行了研究，要求在几周内进行 15~20 次治疗训练。这些游戏是专门针对认知控制和执行功能能力设计的。这个小样本的初步结果表明，游戏的满意度很高，并打算继续将其作为康复过程的一部分。此外，参与者能够在游戏环境中执行越来越具有挑战性的执行任务，这从所有游戏中游戏阶段的逐渐增加可以看出。训练后，评估认知控制和执行功能的标准化神经心理学测试有改善的趋势，但运动控制的变化没有记录在案。

图 10.4　Intendu 的主动大脑训练程序（ABT）。用户必须使用其身体来
执行屏幕上显示的认知控制任务。假设这种类型的运动游戏可以促进
运动技能和认知技能之间更好的互动

我们得出结论，虽然人们对基于电子游戏和 VR 的运动康复干预越来越感兴趣，但证据仍然很少：需要更多的数据来确定这种方法是否是一种可行的运动相关障碍的康复方法。

10.5.3　训练情绪调节和情绪控制的电子游戏

另一个尚处于起步阶段的领域是用于训练情绪调节的电子游戏，以缓解情绪障碍，如抑郁症。情绪调节与注意力控制密切相关，事实上，执行功能的基本方面可能有助于成功的自我调节（自我监管）（Hofmann 等，2012）。此外，功能神经解剖学证据显示，情绪障碍和执行功能障碍的相关区域重叠（Gunning-Dixon 等，2010；Alexopoulos 等，2012；Etkin 等，2013；Admon 和 Pizzagalli，2015；Kaiser 等，2016）。因此，一些研究指出了商业电子游戏在情绪调节和治疗情绪障碍（如抑郁症）方面的潜力，因为它们影响认知控制机制及其参与度，有助于缓解压力（Granic 等，2014；Villani 等，2018）。

　　大多数针对情绪调节和抑郁症的电子游戏通常是游戏化的或基于虚拟现实的流行认知行为疗法（Cognitive Behavioral Therapy，CBT）、心理教育（psych-oeducation）或暴露疗法（rexposure therapy），这是抑郁症最广泛使用的非药物干预措施，涉及采用自适应性的应对策略。例如，SPARX 是一款交互式/互动奇幻游戏，旨在为抑郁症患者提供 CBT 干预（Fleming 等，2012；Merry 等，2012）。该游戏由七个模块组成，通过引人入胜的 3D 交互环境，提供 CBT 原理，如问题求解和情绪调节。迄今为止，测试 SPARX 疗效的研究得出结论，SPARX 可以作为青少年和抑郁症学生标准化治疗的潜在替代方案（Fleming 等，2012；Merry 等，2012）。另一个例子是 SuperBetter（SB）（https://www.superbetter.com/），这是一款基于网络的游戏，在游戏环境中融合了认识行为疗法（CBT）、积极心理学和社会交互的原则，其中阻碍因素在游戏中被标记为"反面角色"，而帮助因素被标记为"积极启动"。最近的一项随机对照试验（RCT）研究了两种版本的 SB，并与患有抑郁症的成年人等待名单对照进行了比较，发现在每天使用该游戏 1 个月后，抑郁症状的疗效从中等到较大（Roepke 等，2015）。

　　另一种替代方法是以认知控制为目标，旨在增强情绪调节。Anguera 等（2017）最近的试验报告了使用旨在增强认知控制的电子游戏干预进行概念验证性研究的结果（项目：EVOTM。图 10.5）。22 名晚发性抑郁症患者被随机分为问题求解疗法组（problem-solving therapy，PST；$n=10$）或旨在提高认知控制技能的电子游戏组（项目：EVOTM。$n=12$）。经过 4 周的训练，EVOTM 参与者表现出与 PST 参与者类似的情绪和自我报告的功能的改善。与问题求解训练组不同的是，EVOTM 参与者还表现出对未经训练的工作记忆、注意力和情绪负性偏向测量指标的泛化推广。作者假设 EVOTM 干预针对认知控制网络，特别是扣带回皮层，该皮层是抑郁症模型中的一个关键区域（Pizzaglli 等，2003；Alexopoulos 等，2008）。

　　早期的元分析将各种基于游戏的数字干预划分为四类：心理教育和训练游戏（主要由传统 CBT 技术开发）、VR 曝光游戏、锻炼（即运动游戏）和娱乐电子游戏（李等，2014）。作者得出结论，所有干预措施训练后总体为中等效果，VR 暴露治疗游戏的效果最好（科恩 d 为−0.67），其次是娱乐游戏（−0.42）、心理教育和训练游戏（−0.41）。尽管这些结论很有趣，但在解释这些结论时应谨慎，因为每一类中只有少数研究，而具有大样本量的良好对照研究更少。Fleming 及其同事（Fleming 等，2016）描述了类似的游戏类别，这些类别可能有助于针对抑郁症和情绪调节，但添加了生物反馈和认知训练，作为可能有效缓解抑郁症的额外潜在游戏化干预。最近的综述包括了 23 项研究，涵盖娱乐和严肃电子游戏的横向和干预研究。在李等人的论文中，使用娱乐电子游戏仍然是增强情绪健康的最有效手段之一。

图 10.5　项目：EVOTM 电子游戏截图。玩家需要在不同的场景中快速导航
Evo 角色，不断地在环境中短暂呈现的对象中选择目标对象，同时避免干扰对象

训练注意力控制和心理教育的电子游戏，在使用自适应性情绪调节策略（如灵活的重新评估）时，分享奖励玩家的益处，但不奖励使用非适应性策略（如沉思）的玩家（Granic 等，2014）。未来的研究应有助于确定此类干预措施是否可以补充或扩展现有的心境障碍和相关疾病的治疗干预措施。

10.6　未来：结合游戏和神经反馈来增强注意力控制

在本章的最后一节中，我们将重点转向未来。特别是，我们考虑如何在电子游戏中结合 NF 信号，以增强注意力控制和奖赏的效果，从而增强大脑可塑性。我们回顾了这一未成熟但快速增长领域的初步证据。

10.6.1　神经反馈与注意力控制的调节

NF 是脑-机接口的一种形式，对大脑认知状态的实时 EEG 生物反馈是最常见的。NF 利用操作性反应学习机制（Sherlin 等，2011）实时改变大脑的神经活动，目的是无创地改善人类的认知和身体表现（Daly 和 Wolpaw，2008；Machado，2013；Chaudhary 等，2016）。近年来，在 BCI 实现方面取得了很大进展，例如 NF 及其在治疗中的潜在用途（见 OrdikhaniSeyedlar 等 2016 年评论）。

通过特定频率的 EEG 振荡测量的同步神经过程已被证明是认知状态的基础（Herrmann 和 Knight，2001；Basar 和 Guntekin，2008）。特别令人感兴趣的是一些与大脑注意力控制过程相关的频谱脑电频率。具体来说，θ（4~7Hz）振荡似乎与工作记忆（WM）过程中的海马活动（Tesche 和 Karhu，2000）和空间注意力（Landau 等，2015）有关。α 波（8~13Hz）来源于包括前扣带回皮层在内的额叶部位，已被证明与注意力和工作记忆（WM）有关，重要的是，与抑制未注意的刺激有关（Handel 等，2011）。最后，尽管 β 波在认知中的确切作用尚不清楚，但它参与了空间注意过程（见 Gregoriou 等，2015 年评述）。

事实上，用于通过 NF 调节注意力过程的协议通采用 α、β、θ 波或它们的比率作为待调制信号，并已证明在调制注意力控制和相关执行功能方面取得了成功（Hillard 等，2013；Holtmann 等，2014；Steiner 等，2014；deBettencourt 等，2015；Fernandez 等，2016）。然而，关于 NF 是否可以作为注意力缺陷，如 ADHD（Vollebregt 等，2014；OrdikhaniSeyedlar 等，2016；Jiang 等，2017）的可行治疗工具，文献中仍存在争议。

10.6.2　神经反馈提供信息的电子游戏：可塑性的近期驱动力

NF 似乎有望改善大脑功能，包括注意力和奖赏（MacInnes 等，2016；Sitaram 等，2017）。然而，当前的神经反馈方法通常采用由神经信号驱动的简单、孤立的"练习"，甚至是被动观察。例如，由于监测到的频谱频率的变化，角色或对象在屏幕上的移动可以更快或更慢。其他 NF 训练方案采用记录的 EEG 信号来调整被动观看的电影的对比度或播放的音乐片段的音量。鉴于本节回顾的关于电子游戏驱动神经可塑性的能力的证据，下一代可能将 NF 和电子游戏结合起来。相关频谱带中的实时神经信息可以与手动控制台控制相结合，以通知电子游戏中的事件序列。这样，注意力控制可以通过电子游戏本身来增强，注意力控制相关的神经信号（通过在线 EEG 频谱分析测量）通过直接的游戏元素反馈进行调制，以进一步驱动所需方向的可塑性。

考虑到无线、易于佩戴耳机的最新发展，例如由 Emotiv、Muse 和其他人开发的耳机，此类由 NF 提供信息的电子游戏可能易于应用（Badcock 等，2013）。事实上，创建脑波提供信息的游戏的能力往往推动了新技术的发展，如移动 EEG，然后可用于家庭治疗。这种移动 EEG 技术已应用于 NF，并取得了初步的有前景的结果。例如，Ramirez 等（2015）采用 Emotive EPOC 头戴式耳机治疗老年人抑郁症，让他们根据唤醒和效价的 NF 信号操纵他们所选音乐中的相关参数。经过 10 次 NF 治疗后，抑郁评分提高了约 17%。在不久的将来，我们可能会看到更多基于家庭的 NF 治疗，利用融入先进游戏平台的移动 EEG 设备。

值得注意的是，Mishra 及其同事最近提出了一个类似的想法（Mishra 等，2016a），其中传感器技术可以在游戏过程中收集实时信息，并用于驱动电子游戏机制。作者进一步提出，未来的游戏将通过机器学习和贝叶斯建模方法，结合 NF 以及其他身体生理信号（例如心率变异性、GSR、眼动、运动），以自适应游戏挑战。

这一领域虽然前景广阔，但仍处于初级阶段。事实上，我们可以找到一些将 NF 整合到电子游戏中的论文（Friedrich 等，2014、2015；Schoneveld 等，2016）。Schoneveld 等（2016）进行了一项控制良好的随机对照试验（RCT），以测试 NF 电子游戏的功效，该游戏旨在预防学龄儿童（7~13 岁）的童年焦虑。该游戏通过使用 NF（调节 β 和 α 功率）和其他技术（暴露、注意力偏差修正），首先引发一些焦虑感，并激励玩家学习如何控制他们的焦虑和放松，从而有趣地训练儿童应对焦虑。该游戏包括在可怕的大厦中导航，当参与者设法将其 EEG 保持在所需范围内时，前灯会越来越亮。因此，NF 被用来训练参与者通过强化学习机制来减少焦虑并调节他们的情绪。

136 名儿童被随机分为 MindLight 或 Max 和 Magic Marker，这是一款获奖游戏，游戏角色 Max 使用 Marker 克服游戏挑战并击败敌人，进行为期 5 次、每次 1h 的训练。有趣的是，与作者的假设相反，在 3 个月没有接触后，两组的焦虑症状都显著减轻，而且两组之间没有显著差异。考虑到所选择的控制游戏，这可能并不奇怪，控制游戏还包括前面描述的一些电子游戏特征，尽管不是专门为缓解焦虑而设计的，但它是通过注意力控制机制和动机的组合来实现的。此外，尽管 MindLight 游戏包括 NF，但可能需要更多的训练次数来展示 NF 和电子游戏结合的全部效果。

在 Friedrich 等的论文（Friedrich 等，2014、2015）中，作者测量了 μ 节律抑制（体感皮层上 8~12Hz）作为一种信号，该信号在功能上与镜像神经元系统相关，并被假设为自闭症社交缺陷的基础，他们的电子游戏"社交镜像游戏"（Friedrich 等，2014）通过奖励玩家在儿童化身和游戏角色之间的社交互动中抑制 μ 节律，以及在非社交游戏情节中增强 μ 节律，如此，将 μ 节律 NF 信号纳入其中。这种 NF 方案旨在增强自闭症谱系障碍儿童的社会参与、模仿和情绪反应。除了 NF 研究中常用的标准 θ-β 方案外，还实现了 μ 节律抑制方案。

这项小型研究包括 15 名儿童（$N=13$ 名完成者），他们在 6~10 周内完成了 16 次、每次 1h 的治疗训练。训练后，与基线测量相比，儿童表现出更多的 μ 抑制。在行为上，儿童在训练后表现出情绪识别能力的增强和自发模仿行为的改善。根据家长的报告，自闭症（ASD）症状显著减少，日常生活中的行为适应更好。虽然有前景，但鉴于研究样本量较小，应谨慎对待结果。我们预计未来几年将发表更多研究，在适当的随机对照试验中与适当的主动对照组下，评估这种组合方法的潜力。

10.7　结　束　语

我们在此回顾了基于电子游戏或基于计算机的干预领域为什么很有前景，该领域可以促进必要的大脑可塑性，从而在各种疾病状态下实现功能恢复。然而，我们注意到，虽然关于可塑性驱动因素的基础研究取得了很大进展，但将该研究的经验无缝地整合到沉浸式电子游戏体验中，以适当地针对患者的治疗需求，这在很大程度上仍然是一个未实现的目标。一个挑战是，增强注意力控制所需的复杂、新颖和多样的体验，以及维持高动机所需的适当奖励交付时间表，这需要开发比大多数治疗性电子游戏所能提供的要丰富得多。设计这样的游戏需要脑科学家和电子游戏开发者之间的真正整合，以及相当大的预算和进行临床试验的能力。Kakauer 及其同事的注册临床试验表明，这些努力正在进行中。很明显，这一领域正在迅速成熟，因为通过新的大学培训计划，计划包括神经科学、游戏设计和心理学，培养了这种多学科专业知识。

致谢：这项工作得到了国家卫生研究所（NEI-RO1EY020976 给 Dennis Levi，D. B. 和 Marty Banks）以及海军研究办公室（ONR-N00014-14-1-0512）的资助。

免责声明：D. B. 声明作为 Akili Interactive 股份有限公司的创始合伙人和科学顾问；M. N. 在 2008 年至 2016 年间是 Posit Science 股份有限公司的员工，在 2016 年至 2017 年间是该公司的有偿顾问。

参 考 文 献

[1] Abrahamse E, Braem S, Notebaert W et al.（2016）. Grounding cognitive control in associative learning. Psychol Bull 142：693-728.

[2] Admon R, Pizzagalli DA（2015）. Corticostriatal pathways contribute to the natural time course of positive mood. Nat Commun 6：10065.

［3］ Ahissar M, Hochstein S (1993). Attentional control of early perceptual learning. Proc Natl Acad Sci USA 90: 5718-5722.

［4］ Alexopoulos G, Gunning-Dixon F, Latoussakis V et al. (2008). Anterior cingulate dysfunction in geriatric depression. Int J Geriatr Psychiatry 23: 347-355.

［5］ Alexopoulos GS, Hoptman MJ, Kanellopoulos D et al. (2012). Functional connectivity in the cognitive control network and the default mode network in late-life depression. J Affect Disord 139: 56-65.

［6］ Anderson BA (2013). A value-driven mechanism of attentional selection. J Vis 13 (3): 7. https://doi. org/10. 1167/13. 3. 7.

［7］ Anderson BA, Laurent PA, Yantis S (2011). Value-driven attentional capture. Proc Natl Acad Sci USA 108: 10367-10371.

［8］ Anguera JA, Boccanfuso J, Rintoul JL et al. (2013). Video game training enhances cognitive control in older adults. Nature 501: 97-101.

［9］ Anguera JA, Gunning FM, Arean PA (2017). Improving late life depression and cognitive control through the use of therapeutic video game technology: a proof-of-concept randomized trial. Depress Anxiety 34: 508-517.

［10］ Aron A, Durston S, Eagle D et al. (2007). Converging evidence for a fronto-basal-ganglia network for inhibitory control of action and cognition. J Neurosci 27: 11860-11864.

［11］ Aston-Jones G, Cohen JD (2005). An integrative theory of locus coeruleus-norepinephrine function: adaptive gain and optimal performance. Annu Rev Neurosci 28: 403-450.

［12］ Badcock NA, Mousikou P, Mahajan Y et al. (2013). Validation of the Emotiv EPOC ((R)) EEG gaming system for measuring research quality auditory ERPs. PeerJ 1: e38.

［13］ Baldassare A, Lewis C, Committeri G et al. (2012). Individual variability in functional connectivity predicts performance of a perceptual task. Proc Natl Acad Sci USA 109 (9): 3516-3521. https://doi. org/10. 1073/pnas. 1113148109.

［14］ Basar E, Guntekin B (2008). A review of brain oscillations in cognitive disorders and the role of neurotransmitters. Brain Res 1235: 172-193.

［15］ Bavelier D, Achtman RL, Mani M et al. (2012a). Neural bases of selective attention in action video game players. Vision Res 61: 132-143.

［16］ Bavelier D, Green CS, Pouget A et al. (2012b). Brain plasticity through the life span: learning to learn and action video games. Annu Rev Neurosci 35: 391-416.

［17］ Bavelier D, Bediou B, Green CS (2018). Expertise and generalization: lessons from action video games. Curr Opin Behav Sci 20: 169-173.

［18］ Bedell HD, Flom MC (1981). Monocular spatial distortion in strabismic amblyopia. Invest Ophthalmol Vis Sci 20: 263-268.

［19］ Bedell HE, Flom MC (1983). Normal and abnormal space perception. Am J OptomPhysiol Opt 60: 426-435.

［20］ Bediou B, Adams DM, Mayer RE et al. (2018). Meta-analysis of action video game impact on perceptual, attentional, and cognitive skills. Psychol Bull 144: 77-110.

［21］ Bejjanki VR, Zhang R, Li R et al. (2014). Action video game play facilitates the development of better perceptual templates. Proc Natl Acad Sci USA 111: 16961-16966.

［22］ Belmont JM (1989). Cognitive strategies and strategic learning. The socio-instructional approach. Am Psychol 44: 142-148.

［23］ Berard AV, Cain MS, Watanabe T et al. (2015). Frequent video game players resist perceptual interference. PLoS One 10: e0120011.

［24］ Berryhill ME, Hughes HC (2009). On the minimization of task switch costs following long-term training. Atten Percept Psychophys 71: 503-514.

［25］ Besheer J, Jensen HC, Bevins RA (1999). Dopamine antagonism in a novel-object recognition and a novel-object placeconditioning preparation with rats. Behav Brain Res 103: 35-44.

［26］ Bherer L (2015). Cognitive plasticity in older adults: effects of cognitive training and physical exercise. Ann NY Acad Sci 1337: 1-6.

［27］ Bherer L, Kramer AF, Peterson MS et al. (2008). Transfer effects in task-set cost and dual-task cost after dual-task training in older and younger adults: further evidence forcognitive plasticity in attentional control in late adulthood. Exp Aging Res 34: 188-219.

［28］ Birch EE (2013). Amblyopia and binocular vision. Prog Retin Eye Res 33: 67-84.

［29］ Boot WR, Kramer AF, Simons DJ et al. (2008). The effects of video game playing on attention, memory, and executive control. Acta Psychol (Amst) 129: 387-398.

［30］ Boot WR, Champion M, Blakely DP et al. (2013). Video games as a means to reduce age-related cognitive decline: attitudes, compliance, and effectiveness. Front Psychol 4: 31.

［31］ Bradley A, FreemanRD (1981). Contrast sensitivityin anisometropic amblyopia. Invest Ophthalmol Vis Sci 21: 467-476.

［32］ Buckley D, Codina C, Bhardwaj P et al. (2010). Action video game players and deaf observers have larger Goldmann visual fields. Vision Res 50: 548-556.

［33］ Cain MS, Prinzmetal W, Shimamura AP et al. (2014). Improved control of exogenous attention in action video game players. Front Psychol 5: 69.

［34］ Carcea I, Froemke RC (2013). Cortical plasticity, excitatoryinhibitory balance, and sensory perception. Prog Brain Res 207: 65-90.

［35］ Cardoso-Leite P, Kludt R, Vignola G et al. (2016). Technology consumption and cognitive control: contrasting action video game experience with media multitasking. Atten Percept Psychophys 78: 218-241.

［36］ Cardoso-Leite P, Joessel A, Bavelier D (2020). Games for enhancing cognitive abilities. In: J Plass, R Mayer, B Homer (Eds.), Handbook of Game-based Learning. MIT Press, Boston. ISBN: 9780262043380.

[37] Chaudhary U, Birbaumer N, Ramos-Murguialday A (2016). Brain-computer interfaces for communication and rehabilitation. Nat Rev Neurol 12: 513-525.

[38] Chisholm JD, Kingstone A (2012). Improved top-down control reduces oculomotor capture: the case of action video game players. Atten Percept Psychophys 74: 257-262.

[39] Chisholm JD, Kingstone A (2015a). Action video game players' visual search advantage extends to biologically relevant stimuli. Acta Psychol (Amst) 159: 93-99.

[40] Chisholm JD, Kingstone A (2015b). Action video games and improved attentional control: disentangling selection-and response-based processes. Psychon Bull Rev 22: 1430-1436.

[41] Chisholm J, Hickey C, Theeuwes J et al. (2010). Reduced attentional capture in action video game players. Atten Percept Psychophys 72: 667-671.

[42] Ciuffreda K, Levi D, Selenow A (1991). Amblyopia: basic and clinical aspects, The University of Michigan, Butterworth-Heinemann.

[43] Clemenson GD, Deng W, Gage FH (2015). Environmental enrichment and neurogenesis: from mice to humans. Curr Opin Behav Sci 4: 56-62.

[44] Colzato LS, Van Leeuwen PJ, Van Den Wildenberg WP et al. (2010). DOOM'd to switch: superior cognitive flexibility in players of first person shooter games. Front Psychol 1: 8.

[45] Corbetta M, Shulman GL (2002). Control of goal-directed and stimulus-driven attention in the brain. Nat Rev Neurosci 3: 201-215.

[46] Dahlin E, Nyberg L, Bäckman L et al. (2008). Plasticity of executive functioning in young and older adults: immediate training gains, transfer, and long-term maintenance. Psychol Aging 23: 720-730.

[47] Dale G, Shawn Green C (2017). The changing face of video games and video gamers: future directions in the scientific study of video game play and cognitive performance. J Cogn Enhanc 1 (3): 280-294.

[48] Daly JJ, Wolpaw JR (2008). Brain-computer interfaces in neurological rehabilitation. Lancet Neurol 7: 1032-1043.

[49] Daw ND, Doya K (2006). The computational neurobiology of learning and reward. Curr Opin Neurobiol 16: 199-204.

[50] Dayan P, Berridge KC (2014). Model-based and model-free Pavlovian reward learning: revaluation, revision, and revelation. Cogn Affect Behav Neurosci 14: 473-492.

[51] deBettencourt MT, Cohen JD, Lee RF et al. (2015). Closedloop training of attention with real-time brain imaging. Nat Neurosci 18: 470-475.

[52] Desimone R, Duncan J (1995). Neural mechanisms of selective visual attention. Annu Rev Neurosci 18: 193-222.

[53] Diamond A (2013). Executive functions. Annu Rev Psychol 64: 135-168.

[54] Diamond A, Ling DS (2016). Conclusions about interventions, programs, and approaches for improving executive functions that appear justified and those that, despite much hype, do

not. Dev CognNeurosci 18: 34-48.

[55] Dommett E, Coizet V, Blaha CD et al. (2005). How visual stimuli activate dopaminergic neurons at short latency. Science 307: 1476-1479.

[56] Donohue S, Woldorff M, Mitroff S (2010). Video game players show more precise multisensory temporal processing abilities. Atten Percept Psychophys 72: 1120-1129.

[57] Drover J, Kean P, Courage M et al. (2008). Prevalence of amblyopia and other vision disorders in young Newfoundland and Labrador children. Can J Ophthalmol 43: 89-94.

[58] Easton A, Ridley RM, Baker HF et al. (2002). Unilateral lesions of the cholinergic basal forebrain and fornix in one hemisphere and inferior temporal cortex in the opposite hemisphere produce severe learning impairments in rhesus monkeys. Cereb Cortex 12: 729-736.

[59] Enriquez-Geppert S, Huster RJ, Herrmann CS (2013). Boosting brain functions: improving executive functions with behavioral training, neurostimulation, and neurofeedback. Int J Psychophysiol 88: 1-16.

[60] Etkin A, Gyurak A, O'Hara R (2013). A neurobiological approach to the cognitive deficits of psychiatric disorders. Dialogues Clin Neurosci 15: 419-429.

[61] Fahle M (2005). Perceptual learning: specificity versus generalization. Curr Opin Neurobiol 15: 154-160.

[62] Failing M, Theeuwes J (2018). Selection history: how reward modulates selectivity of visual attention. Psychon Bull Rev 25: 514-538.

[63] Feng J, Spence I, Pratt J (2007). Playing an action video game reduces gender differences in spatial cognition. Psychol Sci 18: 850-855.

[64] Fernandez T, Bosch-Bayard J, Harmony T et al. (2016). Neurofeedback in learning disabled children: visual versus auditory reinforcement. Appl Psychophysiol Biofeedback 41: 27-37.

[65] Fleming T, Dixon R, Frampton C et al. (2012). A pragmatic randomized controlled trial of computerized CBT (SPARX) for symptoms of depression among adolescents excluded from mainstream education. Behav Cogn Psychother 40: 529-541.

[66] Fleming TM, Bavin L, Stasiak K et al. (2016). Serious games and gamification for mental health: current status and promising directions. Front Psychiatry 7: 215.

[67] Focker J, Cole D, Beer AL et al. (2018). Neural bases of enhanced attentional control: lessons from action video game players. Brain Behav 8: e01019.

[68] Frank MJ, Woroch BS, Curran T (2005). Error-related negativity predicts reinforcement learning and conflict biases. Neuron 47: 495-501.

[69] Frank MJ, Santamaria A, O'Reilly RC et al. (2007). Testing computational models of dopamine and noradrenaline dysfunction in attention deficit/hyperactivity disorder. Neuropsycho-pharmacology 32: 1583-1599.

[70] Friedman D, Repka M, Katz J et al. (2009). Prevalence of amblyopia and strabismus in

white and African American children aged 6 through 71 months the Baltimore Pediatric Eye Disease Study. Ophthalmology 116: 2128-2134. e1-e2.

[71] Friedrich EV, Suttie N, Sivanathan A et al. (2014). Braincomputer interface game applications for combined neurofeedback and biofeedback treatment for children on the autism spectrum. Front Neuroeng 7: 21.

[72] Friedrich EV, Sivanathan A, Lim T et al. (2015). An effective neurofeedback intervention to improve social interactions in children with autism spectrum disorder. J Autism Dev Disord 45: 4084-4100.

[73] Fulvio JM, Green CS, Schrater PR (2014). Task-specific response strategy selection on the basis of recent training experience. PLoS Comput Biol 10: e1003425.

[74] Granic I, Lobel A, Engels RC (2014). The benefits of playing video games. Am Psychol 69: 66-78.

[75] Green CS, Bavelier D (2006a). Effect of action video games on the spatial distribution of visuospatial attention. J Exp Psychol Hum Percept Perform 32: 1465-1478.

[76] Green CS, Bavelier D (2006b). Enumeration versus multiple object tracking: the case of action video game players. Cognition 101: 217-245.

[77] Green CS, Bavelier D (2007). Action-video-game experience alters the spatial resolution of vision. Psychol Sci 18: 88-94.

[78] Green CS, Bavelier D (2012). Learning, attentional control, and action video games. Curr Biol 22: R197-R206.

[79] Gregoriou GG, Paneri S, Sapountzis P (2015). Oscillatory synchrony as a mechanism of attentional processing. Brain Res 1626: 165-182.

[80] Griffith JL, Voloschin P, Gibb GD et al. (1983). Differences in eye-hand motor coordination of video-game users and nonusers. Percept Mot Skills 57: 155-158.

[81] Guitart-Masip M, Duzel E, Dolan R (2014). Action versus valence in decision making. Trends Cogn Sci 18: 194-202.

[82] Gunning-Dixon FM, Walton M, Cheng J et al. (2010). MRI signal hyperintensities and treatment remission of geriatric depression. J Affect Disord 126: 395-401.

[83] Handel BF, Haarmeier T, Jensen O (2011). Alpha oscillations correlate with the successful inhibition of unattended stimuli. J Cogn Neurosci 23: 2494-2502.

[84] Hazeltine E, Teague D, Ivry RB (2002). Simultaneous dualtask performance reveals parallel response selection after practice. J Exp Psychol Hum Percept Perform 28: 527-545.

[85] Heimler B, Pavani F, Donk M et al. (2014). Stimulus-and goaldriven control of eye movements: action videogame players are faster but not better. Atten Percept Psychophys 76: 2398-2412.

[86] Herrmann CS, Knight RT (2001). Mechanisms of human attention: event-related potentials and oscillations. Neurosci Biobehav Rev 25: 465-476.

[87] Hess RF, Holliday IE (1992). The spatial localization deficit in amblyopia. Vision Res 32: 1319-1339.

[88] Hess RF, Babu RJ, Clavagnier S et al. (2014). The iPod binocular home-based treatment for amblyopia in adults: efficacy and compliance. Clin Exp Optom 97: 389-398.

[89] Hillard B, El-Baz AS, Sears L et al. (2013). Neurofeedback training aimed to improve focused attention and alertness in children with ADHD: a study of relative power of EEG rhythms using custom-made software application. Clin EEG Neurosci 44: 193-202.

[90] Hochstein S, Ahissar M (2002). View from the top: hierarchies and reverse hierarchies in the visual system. Neuron 36: 791-804.

[91] Hofmann W, Schmeichel BJ, Baddeley AD (2012). Executive functions and self-regulation. Trends Cogn Sci 16: 174-180.

[92] Hollerman JR, Schultz W (1998). Dopamine neurons report an error in the temporal prediction of reward during learning. Nat Neurosci 1: 304-309.

[93] Holtmann M, Sonuga-Barke E, Cortese S et al. (2014). Neurofeedback for ADHD: a review of current evidence. Child Adolesc Psychiatr Clin N Am 23: 789-806.

[94] Hopfinger JB, Buonocore MH, Mangun GR (2000). The neural mechanisms of top-down attentional control. Nat Neurosci 3: 284-291.

[95] Howe MW, Tierney PL, Sandberg SG et al. (2013). Prolonged dopamine signalling in striatum signals proximity and value of distant rewards. Nature 500: 575-579.

[96] Hubert-Wallander B, Green C, Sugarman M et al. (2011). Changes in search rate but not in the dynamics of exogenous attention in action videogame players. Atten Percept Psychophys 73: 2399-2412.

[97] Jiang Y, Chun M (2001). Selective attention modulates implicit learning. Q J Exp Psychol A 54: 1105-1124.

[98] Jiang Y, Abiri R, Zhao X (2017). Tuning up the old brain with new tricks: attention training via neurofeedback. Front Aging Neurosci 9: 52.

[99] Juliano SL, Ma W, Eslin D (1991). Cholinergic depletion prevents expansion of topographic maps in somatosensory cortex. Proc Natl Acad Sci USA 88: 780-784.

[100] Kaiser RH, Whitfield-Gabrieli S, Dillon DG et al. (2016). Dynamic resting-state functional connectivity in major depression. Neuropsychopharmacology 41: 1822-1830.

[101] Karbach J, Kray J (2009). How useful is executive control training? Age differences in near and far transfer of task switching training. Dev Sci 12: 978-990.

[102] Karle JW, Watter S, Shedden JM (2010). Task switching in video game players: benefits of selective attention but not resistance to proactive interference. Acta Psychol (Amst) 134: 70-78.

[103] Katz B, Shah P (2016). The jury is still out on working memory training. JAMA Pediatr 170: 907-908.

[104] Kempermann G, Gage FH, Aigner L et al. (2018). Human adult neurogenesis: evidence and remaining questions. Cell Stem Cell 23: 25–30.

[105] Kilgard MP, Merzenich MM (1998). Cortical map reorganization enabled by nucleus basalis activity. Science 279: 1714–1718.

[106] Kim X, Kang X, Kim D et al. (2015). Real-time strategy video game experience and visual perceptual learning. J Neurosci 35: 10485–10492.

[107] Kiorpes L (2006). Visual processing in amblyopia: animal studies. Strabismus 14: 3–10.

[108] Koepp M, Gunn R, Lawrence A et al. (1998). Evidence for striatal dopamine release during a video game. Nature 393: 266–268.

[109] Krishnamurthi RV, Moran AE, Feigin VL et al. (2015). Stroke prevalence, mortality and disability-adjusted life years in adults aged 20 – 64 years in 1990 – 2013: data from the Global Burden of Disease 2013 Study. Neuroepidemiology 45: 190–202.

[110] Krishnan L, Kang A, Sperling G et al. (2013). Neural strategies for selective attention distinguish fast-action video game players. Brain Topogr 26: 83–97.

[111] Landau AN, Schreyer HM, Van Pelt S et al. (2015). Distributed attention is implemented through theta-rhythmic gamma modulation. Curr Biol 25: 2332–2337.

[112] Latham A, Patston L, Tippett L (2014). The precision of experienced action video-game players: line bisection reveals reduced leftward response bias. Atten Percept Psychophys 76: 2193–2198.

[113] Laver KE, George S, Thomas S et al. (2015). Virtual reality for stroke rehabilitation. Cochrane Database Syst Rev 11 (2): CD008349. https://doi.org/10.1002/14651858.CD008349.pub3.

[114] Leh S, Petrides M, Strafella A (2010). The neural circuitry of executive functions in healthy subjects and Parkinson's disease. Neuropsychopharmacology 35: 70–85.

[115] Levi DM (2006). Visual processing in amblyopia: human studies. Strabismus 14: 11–19.

[116] Levi DM, Harwerth RS (1977). Spatio-temporal interactions in anisometropic and strabismic amblyopia. Invest Ophthalmol Vis Sci 16: 90–95.

[117] Levi DM, Song S, Pelli DG (2007). Amblyopic reading is crowded. J Vis 7: 21.1–17.

[118] Levi DM, Knill DC, Bavelier D (2015). Stereopsis and amblyopia: a mini-review. Vision Res 114: 17–30.

[119] Li R, Polat U, Makous W et al. (2009a). Enhancing the contrast sensitivity function through action video game training. Nat Neurosci 12: 549–551.

[120] Li S, Mayhew S, Kourtzi Z (2009b). Learning shapes the representation of behavioral choice in the human brain. Neuron 62: 441–452.

[121] Li KZ, Roudaia E, Lussier M et al. (2010). Benefits of cognitive dual-task training on balance performance in healthy older adults. J Gerontol A Biol Sci Med Sci 65: 1344–1352.

[122] Li RW, Ngo C, Nguyen J et al. (2011). Video-game play induces plasticity in the visual system of adults with amblyopia. PLoS Biol 9: e1001135.

[123] Li J, Thompson B, Deng D et al. (2013). Dichoptic training enables the adult amblyopic brain to learn. Curr Biol 23: R308-R309.

[124] Li J, Theng YL, Foo S (2014). Game-based digital interventions for depression therapy: a systematic review and meta-analysis. Cyberpsychol Behav Soc Netw 17: 519-527.

[125] Li J, Spiegel DP, Hess RF et al. (2015). Dichoptic training improves contrast sensitivity in adults with amblyopia. Vision Res 114: 161-172.

[126] Liepelt R, Strobach T, Frensch P et al. (2011). Improved intertask coordination after extensive dual-task practice. Q J Exp Psychol (Hove) 64: 1251-1272.

[127] Lussier M, Gagnon C, Bherer L (2012). An investigation of response and stimulus modality transfer effects after dual-task training in younger and older. Front Hum Neurosci 6: 129.

[128] Machado A (2013). New frontier: the brain machine interface. Neuromodulation 16: 6-7.

[129] MacInnes JJ, Dickerson KC, Chen NK et al. (2016). Cognitive neurostimulation: learning to volitionally sustain ventral tegmental area activation. Neuron 89: 1331-1342.

[130] McAvinue LP, Habekost T, Johnson KA et al. (2012). Sustained attention, attentional selectivity, and attentional capacity across the lifespan. Atten Percept Psychophys 74: 1570-1582.

[131] McKean-Cowdin R, Cotter SA, Tarczy-Hornoch K et al. (2013). Prevalence of amblyopia or strabismus in asian and non-Hispanic white preschool children: multi-ethnic pediatric eye disease study. Ophthalmology 120: 2117-2124.

[132] Melara RD, Tong Y, Rao A (2012). Control of working memory: effects of attention training on target recognition and distractor salience in an auditory selection task. Brain Res 1430: 68-77.

[133] Merry SN, Stasiak K, Shepherd M et al. (2012). The effectiveness of SPARX, a computerised self help intervention for adolescents seeking help for depression: randomised controlled non-inferiority trial. BMJ 344: e2598.

[134] Merzenich MM (2001). Cortical plasticity contributing to child development. In: J McClelland, R Siegler (Eds.), Mechanisms in cognitive development. L. Erlbaum, Mahwah, NJ.

[135] Meyer D, Kieras D (1997). A computational theory of executive cognitive processes and multiple-task performance: part 1. Basic mechanisms. Psychol Rev 104: 3-65.

[136] Minear M, Shah P (2008). Training and transfer effects in task switching. Mem Cognit 36: 1470-1483.

[137] Mishra J, Zinni M, Bavelier D et al. (2011). Neural basis of superior performance of action videogame players in an attention-demanding task. J Neurosci 31: 992-998.

[138] Mishra J, De Villers-Sidani E, Merzenich M et al. (2014). Adaptive training diminishes distractibility in aging across species. Neuron 84: 1091-1103.

[139] Mishra J, Anguera JA, Gazzaley A (2016a). Video games for neuro-cognitive optimization. Neuron 90: 214-218.

[140] Mishra J, Sagar R, Joseph AA et al. (2016b). Training sensory signal-to-noise resolution in children with ADHD in a global mental health setting. Transl Psychiatry 6: e781.

[141] Miyachi S, Hikosaka O, Lu X (2002). Differential activation of monkey striatal neurons in the early and late stages of procedural learning. Exp Brain Res 146: 122-126.

[142] Miyake A, Friedman NP (2012). The nature and organization of individual differences in executive functions: four general conclusions. Curr Dir Psychol Sci 21: 8-14.

[143] Moore T, Armstrong K (2003). Selective gating of visual signals by microstimulation of frontal cortex. Nature 421: 370-373.

[144] Moreau D, Conway AR (2014). The case for an ecological approach to cognitive training. Trends Cogn Sci 18: 334-336.

[145] Multi-Ethnic Pediatric Eye Disease Study (MEPEDS) Group (2009). Prevalence and causes of visual impairment in African-American and Hispanic preschool children: the multi-ethnic pediatric eye disease study. Ophthalmology 116: 1990-2000. e1.

[146] Nahum M, Nelken I, Ahissar M (2010). Stimulus uncertainty and perceptual learning: similar principles govern auditory and visual learning. Vision Res 50: 391-401.

[147] Nahum M, Lee H, Merzenich MM (2013). Principles of neuroplasticity-based rehabilitation. Prog Brain Res 207: 141-171.

[148] Niv Y, Daniel R, Geana A et al. (2015). Reinforcement learning in multidimensional environments relies on attention mechanisms. J Neurosci 35: 8145-8157.

[149] O'Doherty JP (2004). Reward representations and rewardrelated learning in the human brain: insights from neuroimaging. Curr Opin Neurobiol 14: 769-776.

[150] Oei A, Patterson M (2013). Enhancing cognition with video games: a multiple game training study. PLoS One 8: e58546.

[151] Oei AC, Patterson MD (2014). Are videogame training gains specific or general? Front Syst Neurosci 8: 54.

[152] Ordikhani-Seyedlar M, Lebedev MA, Sorensen HB et al. (2016). Neurofeedback therapy for enhancing visual attention: state-of-the-art and challenges. Front Neurosci 10: 352.

[153] Owen A, Hampshire A, Grahn J et al. (2010). Putting brain training to the test. Nature 465: 775-778.

[154] Parsons B, Magill T, Boucher A et al. (2016). Enhancing cognitive function using perceptual-cognitive training. Clin EEG Neurosci 47: 37-47.

[155] Pizzagalli D, Oakes T, Davidson RJ (2003). Coupling of theta activity and glucose metabolism in the human rostral anterior cingulate cortex: an EEG/Pet study of normal and de-

pressed subjects. Psychophysiology 40: 939-949.

[156] Polley DB, Steinberg EE, Merzenich MM (2006). Perceptual learning directs auditory cortical map reorganization through top-down influences. J Neurosci 26: 4970-4982.

[157] Powers K, Brooks P, Aldrich N et al. (2013). Effects of videogame play on information processing: a meta-analytic investigation. Psychon Bull Rev 20: 1055 - 1079. https://doi. org/10. 3758/s13423-013-0418-z.

[158] Ramirez R, Palencia-Lefler M, Giraldo S et al. (2015). Musical neurofeedback for treating depression in elderly people. Front Neurosci 9: 354.

[159] Ranganathan R, Newell KM (2010). Motor learning through induced variability at the task goal and execution redundancy levels. J Mot Behav 42: 307-316.

[160] Rizzolatti G, Riggio L, Dascola I et al. (1987). Reorienting attention across the horizontal and vertical meridians: evidence in favor of a premotor theory of attention. Neuropsychologia 25: 31-40.

[161] Roelfsema PR, Van Ooyen A, Watanabe T (2010). Perceptual learning rules based on reinforcers and attention. Trends Cogn Sci 14: 64-71.

[162] Roepke AM, Jaffee SR, Riffle OM et al. (2015). Randomized controlled trial of SuperBetter, a smartphone-based/Internet-based self-help tool to reduce depressive symptoms. Games Health J 4: 235-246.

[163] Rueda MR, Posner MI, Rothbart MK (2004). Attentional control and self-regulation. In: RF Baumeister, KD Vohs (Eds.), Handbook of self-regulation: Research, theory, and applications. The Guilford Press. 283-300.

[164] Saffell T, Matthews N (2003). Task-specific perceptual learning on speed and direction discrimination. Vision Res 43: 1365-1374.

[165] Sagi D (2011). Perceptual learning in Vision Research. Vision Res 51: 1552-1566.

[166] Sanders D, Welk DS (2005). Strategies to scaffold student learning: applying Vygotsky's Zone of Proximal Development. Nurse Educ 30: 203-207.

[167] Saposnik G, Cohen LG, Mamdani M et al. (2016). Efficacy and safety of non-immersive virtual reality exercising in stroke rehabilitation (EVREST): a randomised, multicentre, single-blind, controlled trial. Lancet Neurol 15: 1019-1027.

[168] Sara SJ, Bouret S (2012). Orienting and reorienting: the locus coeruleus mediates cognition through arousal. Neuron 76: 130-141.

[169] Sarter M, Givens B, Bruno JP (2001). The cognitive neuroscience of sustained attention: where top-down meets bottomup. Brain Res Brain Res Rev 35: 146-160.

[170] Sarter M, Gehring WJ, Kozak R (2006). More attention must be paid: the neurobiology of attentional effort. Brain Res Rev 51: 145-160.

[171] Schmidt RA, Bjork RA (1992). New conceptualizations of practice: common principles in three paradigms suggest new concepts for training. Psychol Sci 3: 207-217.

[172] Schneiders J, Opitz B, Krick C et al. (2011). Separating intramodal and across-modal training effects in visual workingmemory: an fMRI investigation. Cereb Cortex 21: 2555–2564.

[173] Schönberg T, Daw ND, Joel D, O'Doherty JP (2007). Reinforcement learning signals in the human striatum distinguish learners from nonlearners during reward-based decision making. J Neurosci 27 (47): 12860–12867.

[174] Schoneveld EA, Malmberg M, Lichtwarck-Aschoff A et al. (2016). A neurofeedback video game (MindLight) to prevent anxiety in children: a randomized controlled trial. Comput Hum Behav 63: 321–333.

[175] Schultz W (1997). Dopamine neurons and their role in reward mechanisms. Curr Opin Neurobiol 7: 191–197.

[176] Schultz W (2002). Getting formal with dopamine and reward. Neuron 36: 241–263.

[177] Schultz W (2007). Behavioral dopamine signals. Trends Neurosci 30: 203–210.

[178] Schumacher E, Seymour T, Glass J et al. (2001). Virtually perfect time sharing in dual-task performance: uncorking the central cognitive bottleneck. Psychol Sci 12: 101–108.

[179] Shapiro DC, Schmidt RA (1982). The schema theory: recent evidence and developmental implications. In: JAS Kelso, JE Clark (Eds.), The development of movement control and co-ordination. Wiley, New York.

[180] Sherlin LH, Arns M, Lubar J et al. (2011). Neurofeedback and basic learning theory: implications for research and practice. J Neurother 15: 292–304.

[181] Shochat G, Maoz S, Stark-Inbar A, Blumenfeld B, Rand D, Preminger S, Sacher Y (2017). Motion-based virtual reality cognitive-training targeting executive functions in acquired brain injury community-dwelling individuals: a feasibility and initial efficacy pilot. Proc IEEE. https://doi. org/10. 1109/CVR. 2017. 8007530.

[182] Sitaram R, Ros T, Stoeckel L et al. (2017). Closed-loop brain training: the science of neurofeedback. Nat Rev Neurosci 18: 86–100.

[183] Spang K, Grimsen C, Herzog MH et al. (2010). Orientation specificity of learning vernier discriminations. Vision Res 50: 479–485.

[184] Spencer-Smith M, Klingberg T (2015). Benefits of a working memory training program for inattention in daily life: a systematic review and meta-analysis. PLoS One 10: e0119522.

[185] Stafford T, Dewar M (2014). Tracing the trajectory of skill learning with a very large sample of online game players. Psychol Sci 25: 511–518.

[186] Steiner NJ, Frenette EC, Rene KM et al. (2014). Neurofeedback and cognitive attention training for children with attention-deficit hyperactivity disorder in schools. J Dev Behav Pediatr 35: 18–27.

[187] Strobach T, Liepelt R, Schubert T et al. (2012). Task switching: effects of practice on switch and mixing costs. Psychol Res 76: 74–83.

[188] Sutton RS, Barto AG (2018). Reinforcement learning: an introduction, second ed. MIT Press, Cambridge, MA.

[189] Takesian AE, Hensch TK (2013). Balancing plasticity/stability across brain development. Prog Brain Res 207: 3-34.

[190] Tesche CD, Karhu J (2000). Theta oscillations index human hippocampal activation during a working memory task. Proc Natl Acad Sci USA 97: 919-924.

[191] Thiele A, Pooresmaeili A, Delicato LS et al. (2009). Additive effects of attention and stimulus contrast in primary visual cortex. Cereb Cortex 19: 2970-2981.

[192] To L, Thompson B, Blum JR et al. (2011). A game platform for treatment of amblyopia. IEEE Trans Neural Syst Rehabil Eng 19: 280-289.

[193] Turk-Browne N, Pratt J (2005). Attending to eye movements and retinal eccentricity: evidence for the activity distribution model of attention reconsidered. J Exp Psychol Hum Percept Perform 31: 1061-1066.

[194] Ullman S (1995). Sequence seeking and counterstreams: a computational model for bidirectional information flow in the visual cortex. Cereb Cortex 5: 1-11.

[195] Vallett DB, Lamb RL, Annetta LA (2013). The gorilla in the room: the impacts of video-game play on visual attention. Comput Hum Behav 29: 2183-2187.

[196] Vedamurthy I, Nahum M, Bavelier D et al. (2015a). Mechanisms of recovery of visual function in adult amblyopia through a tailored action video game. Sci Rep 5: 8482.

[197] Vedamurthy I, Nahum M, Huang SJ et al. (2015b). A dichoptic custom-made action video game as a treatment for adult amblyopia. Vision Res 114: 173-187.

[198] Villani D, Carissoli C, Triberti S et al. (2018). Videogames for emotion regulation: a systematic review. Games Health J 7: 85-99.

[199] Vollebregt MA, Van Dongen-Boomsma M, Buitelaar JK et al. (2014). Does EEG-neurofeedback improve neurocognitive functioning in children with attention-deficit/hyperactivity disorder? A systematic review and a double-blind placebocontrolled study. J Child Psychol Psychiatry 55: 460-472.

[200] Warburton EC, Koder T, Cho K et al. (2003). Cholinergic neurotransmission is essential for perirhinal cortical plasticity and recognition memory. Neuron 38: 987-996.

[201] Watanabe T, Sasaki Y (2015). Perceptual learning: toward a comprehensive theory. Annu Rev Psychol 66: 197-221.

[202] West GL, Stevens SA, Pun C et al. (2008). Visuospatial experience modulates attentional capture: evidence from action video game players. J Vis 8: 1-9.

[203] Wickens JR, Reynolds JN, Hyland BI (2003). Neural mechanisms of reward-related motor learning. Curr Opin Neurobiol 13: 685-690.

[204] Willey CR, Liu Z (2018). Long-term motor learning: effects of varied and specific practice. Vision Res 152: 10-16. https://doi.org/10.1016/j.visres.2017.03.012.

[205] Winkler J, Suhr ST, Gage FH et al. (1995). Essential role of neocortical acetylcholine in spatial memory. Nature 375: 484-487.

[206] Wood DA, Rebec GV (2004). Dissociation of core and shell single-unit activity in the nucleus accumbens in free-choice novelty. Behav Brain Res 152: 59-66.

[207] Wu S, Cheng C, Feng J et al. (2012). Playing a first-person shooter video game induces neuroplastic change. J Cogn Neurosci 24: 1286-1293.

[208] Wulf G (2013). Attentional focus and motor learning: a review of 15 years. Int Rev Sport Exerc Psychol 6: 77-104.

[209] Wulf G, Hoss M, Prinz W (1998). Instructions for motor learning: differential effects of internal versus external focus of attention. J Mot Behav 30: 169-179.

[210] Zhou X, Merzenich MM (2007). Intensive training in adults refines A1 representations degraded in an early postnatal critical period. Proc Natl Acad Sci USA 104: 15935-15940.

[211] Zhou X, Merzenich MM (2008). Enduring effects of early structured noise exposure on temporal modulation in the primary auditory cortex. Proc Natl Acad Sci USA 105: 4423-4428.

[212] Zhou X, Merzenich MM (2009). Developmentally degraded cortical temporal processing restored by training. Nat Neurosci 12: 26-28.

第 11 章　BCI 用于重度脑损伤患者 意识评估和交流

11.1　摘　　要

意识障碍（disorders of consciousness，DOC）患者存在意识缺陷。运动障碍或视力问题等共病（Comorbidities）妨碍了临床评估，这可能导致误诊意识水平，使患者无法交流。意识的客观测量可以减少误诊的风险，并且可以通过患者自愿调节大脑活动使其能够交流。本章概述了关于 DOC 患者脑-机接口研究的文献，讨论了不同的听觉、视觉和运动想象范式，以及它们各自的优缺点。目前，BCI 用于 DOC 患者的临床应用尚处于初步阶段。然而，BCI 用于 DOC 患者以期改善的观点似乎是积极的，康复期间的实施也显示出了希望。

11.2　引　　言

11.2.1　意识障碍（DOC）与临床指南

DOC 患者在重度获得性脑损伤后昏迷一段时间后，难以感知自己和周围环境。在昏迷和意识完全恢复之间，有许多临床症状表现出不同程度的唤醒和意识，这是意识的两大支柱。在生理和药理上改变意识状态期间，唤醒和意识通常是同时进行的（梦除外），而 DOC 中的情况并非如此（Laureys，2005）。DOC 谱系中最低程度的意识是昏迷。昏迷患者没有意识，并且不会自发或在强烈的外部刺激后唤醒（Laureys 等，2004）。无反应性觉醒综合征（unresponsive wakefulness syndrome，UWS）患者处于清醒状态，但完全没有意识，仅表现出反射行为（Laureys 等，2010），这种状态也称为植物人状态（Monti 等，2010a）。处于最小意识状态（minimally conscious state，MCS）的患者在一定程度上意识到自己或环境（Giacino 等，2002），他们表现出广泛的行为表现。

MCS 中的意识标志通常表现为可再现的视觉追踪或注视、自动运动反应、对命令的反应和伤害性刺激的定位（Wannez 等，2017b）。MCS 可以细分为 MCS 减号（MCS-）和 MCS 加号（MCS+），MCS-患者表现出行为独立于语言理解能力，如视觉追踪或自动运动反应，MCS+患者显示为保留有语言加工功能（Bruno 等，2011）。这些患者能够对命令做出反应，并可能将这些反应用作交流的手段。例如，如果当患者被问及，其是否能够始终如一地看着绿卡或红卡时，这些颜色可以与"是"和"否"相关联，使患者能够以非言语的二元方式进行交流。据说，能够可靠交流或能够以功能方式使用对象的患者是从 MCS 中恢复的（EMCS）（Giacino 等，2002）。一组相似但非常不同的患者由 LIS 患者组成，这些患者完全清醒，但由于脑干的皮质脊髓通路中断，没有（或非常有限的）肌肉控制（Patterson 和 Grabois，1986）。一些 LIS 患者在脑干外有额外的脑损伤，这种损伤可能导致认知功能障碍（Schnakers 等，2008a）。大多数情况下，LIS 患者随着时间的推移，运动功能的恢复很小，而完全 LIS（complete LIS，CLIS）患者没有残留的自主肌肉控制。在本章中，我们考虑了经历了一段昏迷期并且有典型的双侧脑桥腹侧病变的 LIS 患者。如果研究涉及患有 ALS 等神经退行性疾病的患者，则应特别提及。图 11.1 总结了 DOC（即 UWS 和 MCS）、EMCS 和 LIS 患者的不同临床状况，并说明了运动和意识功能之间可能的分离。

诊断的金标准是通过临床评估，最好使用修订的昏迷恢复量表（Giacino 和 Kalmar，2004）。临床测试寻找不同模式意识的微妙标志，如听觉、视觉和运动功能。然而，患者的缺陷往往不仅限于意识缺陷。耳聋、失明、失语症、注意力缺陷和运动障碍是不详尽的误诊可能原因列表（Giacino 等，2009）。事实上，基于临床共识（未使用标准化行为量表）的误诊率介于 32%~41% 之间（Schnakers 等，2008b；Stender 等，2014）。错误地将患者诊断为无意识可能会产生严重的医疗和伦理后果，治疗方法也因诊断而异。例如，tDCS 有助于约一半 MCS 患者恢复新的意识迹象，但在 UWS 患者中未观察到治疗效果（Thibaut 等，2014；Zhang 等，2017）。患者诊断对患者家属和潜在治疗退出相关的法律问题也有不同的影响。例如，医生发现，与 MCS 患者相比，对 UWS 患者停止治疗更容易接受（Demertzi 等，2013）。

BCI 可用于 UWS 和 MCS 患者的潜在意识检测和命令跟踪，而 EMCS 和 LIS 患者群体也可从 BCI 应用中受益匪浅，这些应用通过辅助技术（例如，计算机、轮椅、通信设备；图 11.2）来交流和控制其周围环境，后一种应用可以让用户重新获得自主权，并提高他们的生活质量。

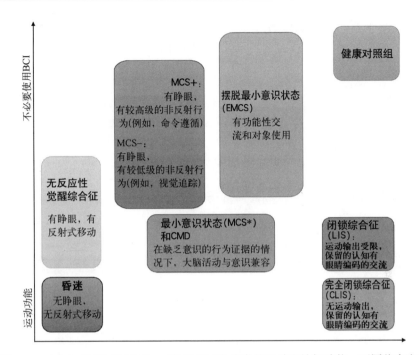

图 11.1　DOC（UWS 和 MCS）、EMCS 和 LIS 患者的运动和认知功能。不同临床疾病患者之间的区别可以在运动功能轴（不需要使用 BCI）、认知功能轴（需要 BCI）和唤醒轴（此处未表示）上表示。左下角，昏迷患者的特征是缺乏运动和认知功能。UWS 患者可能表现出有限的运动功能和无认知功能。MCS 阴性和阳性患者有残留的认知功能和运动功能，其中 MCS+患者可能比 MCS−患者有更多的运动和认知功能保留。EMCS 患者恢复了更多的认知和运动功能，表现为功能交流或物体使用。认知功能和运动功能之间最大的分离出现在 CLIS/LIS 患者中，他们的认知功能正常，但无运动功能或极其有限的运动功能。针对 DOC 患者的 BCI 研究面临的最大挑战是为运动能力太有限而无法表现出较高认知能力迹象的患者找到与环境交互的方式

　　患者家属对辅助技术的态度也是一个重要的伦理考虑因素（Jox 等，2012），高估和低估患者的能力都会产生有益和有害的影响。一方面，如果辅助技术证实临床评估预后不良，家庭成员可能会更好地应对退出治疗，但另一方面，若结果比预期更糟，他们可能会对患者失去希望，如果结果比预期的要好得多，可能会产生虚假的希望（有关 BCI 的更多伦理考虑，请参阅第 24 章伦理规范）。

　　在本章中，我们将回顾关于 DOC（即 UWS 和 MCS）、EMCS 和 LIS 患者意识检测、命令遵循和交流的研究（表 11.1）。理想情况下，BCI 应首先通过响应命令来检测意识；对于反应灵敏的患者，BCI 可用于建立交流方式。本章主

要重点是基于脑电（EEG）的 BCI，包括新奇范式（oddball paradigms）、运动想象、稳态视觉诱发电位和拼写设备，还将讨论康复研究的未来前景。

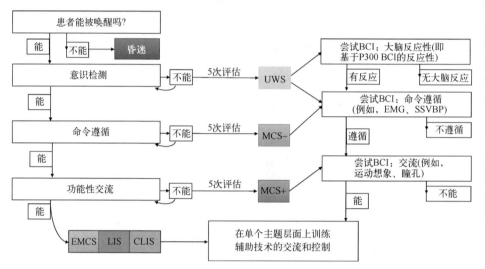

图 11.2　DOC 患者的意识检测和 BCI 使用示意图。鉴于 BCI 已成功用于健康志愿者，可以在 DOC 和重度运动障碍患者中进行测试。如果在任何阶段结果为阴性，建议至少重复评估 5 次，以避免唤醒波动影响评估。不建议对无法唤醒的患者进行意识测试和使用 BCI，应推迟到观察到睁眼为止。如果在至少 5 次评估中未观察到意识的行为测量，则患者可能是无反应性觉醒综合征（UWS）患者。然而，可以使用 BCI 应用查看是否可以检测到显性的意识标志。如果有意识的临床标志，患者就是 MCS，测试应该确定患者是否可以遵循命令。如果患者在行为层面上不遵守命令，则患者可能被诊断为 MCS−，但 BCI 应用可用于测试命令遵循的神经标志。如果患者确实公开遵守命令但不能交流，则患者为 MCS∗ 或 CMD。在这种情况下，可以尝试通过 BCI 进行交流，如果成功，可以确定为使用辅助技术的候选人。能够在行为层面进行交流（或遵循命令）的患者可以使用辅助技术来促进交流或控制环境。请注意，所提的流程安排或计划只是对临床评估和诊断的辅助，并不打算取代临床评估

表 11.1

BCI 类型	意识、指令遵循、交流	潜在问题	优势
fMRI-BCI 运动想象 （MI）–BCI EEG-BCI	指令，交流	耳聋，禁忌，不易重复	灵敏，独立于自愿肌肉控制

（续）

BCI 类型	意识、指令遵循、交流	潜在问题	优势
听觉 P3-BCI	意识、指令、交流	耳聋、惊吓反应，在测试指令遵循之前需要神经响应	灵活
视觉 P3-BCI	意识、指令、交流	失明，在测试指令遵循之前需要神经响应	灵活
振动触觉 P3-BCI	意识、指令、交流	痉挛，躯体感觉问题，需要在测试指令遵循之前做出神经响应	灵活
SSVEP-BCI	指令，交流	失明	独立注视，可用于多项选择
运动想象（MI）-BCI	指令，交流	假阴性（也适用于健康对照组），耳聋	可以适应其他想象任务
其他可选的 BCI fNIRS-BCI	指令，交流	与 EEG 相比，不常见	灵敏
结合 EMG 的 BCI	指令，交流	需要残留的运动功能，耳聋	（阈下）运动反应的客观测量
结合瞳孔/唾液测量的 BCI	指令，交流	应用可能性有限，耳聋	独立于自愿肌肉控制
颅内 BCI	指令，交流	侵入性，可能导致感染，植入禁忌	无需设置 EEG 采集，独立于自愿肌肉控制

11.2.2　针对 DOC 患者 BCI 研究的开始

Owen 等（2006 年）是第一个使用 fMRI 作为探测 DOC 患者遵守指令能力的手段的人（2006）。在这篇具有开创性意义的论文中，一名被诊断为 UWS 的患者躺在核磁共振扫描仪中，要求其想象打网球、想象在家中穿行、静息而无需特定的思考，采用区块设计，每个区块 30s。这种区块设计确保了观察到的测试响应不仅仅是被动处理口头指令的结果，而且在发出不执行任务的指令时，没有响应。想象打网球激活了辅助运动区，而穿行导航想象（navigation imagery）激活了海马旁回（parahippocampal gyrus），从而能够测量健康受试者的特定指令跟随。在随后的一项研究中，在 54 名 DOC 患者中，有 5 名患者（包括 2 名临床上表现为 UWS 的患者）成功使用了这种指令遵循 fMRI 范式。在一名 MCS 患者中，这两个命令与"是"和"否"相耦合，使患者能够正确回答 5/6 的有关自身的问题（Monti 等，2010b）。这一概念性验证导致了对 DOC 患者进一步的 BCI 研究（Bodien 等，2017；Edlow 等，2017；Haugg 等，

2018），并强调了 BCI 方法的一个重要可能缺陷：负面/阴性结果永远不能被解释为意识缺失。失语症、失用症、警觉波动，甚至患者不愿意参与，都可能对评估结果产生负面影响。因此，主动范式中的负面发现永远不能排除患者（最低限度）有意识的可能性（Comte 等，2015）。fMRI-BCI 的技术局限相当明显：例如，其价格昂贵，对运动敏感，不易重复，对金属植入物患者有禁忌，只有少数（约 10%）DOC 患者能够积极响应这种方法（Monti 等，2010b）。基于 EEG 的 BCI（EEG-BCI）具有便携性和价格合理性，因此，在DOC 患者在临床环境中可能更有前景。

11.3　意识检测、指令遵循和交流

在为 DOC 患者开发和实施 BCI 时，应遵循分级方案（图 11.2）。第一个挑战是采用客观和可量化的方法检测意识，辅助技术有助于识别意识的微妙迹象或标志。例如，利用移动目标刺激和 EEG 记录，采用 BCI 技术，一些 DOC 患者仅表现出视觉追踪和注视（Xiao 等，2018a，b）。然而，目前对于哪种客观的电生理测量无疑能证明（或反驳）有意识，还没有达成共识。发现这种神经测量方法与诊断具有临床相关性，它可能表明患者是 MCS，但由于身体限制，可能无法显示出意识的迹象；患者出现"认知运动分离"（cognitive motor dissociation，CMD；Schiff，2015），或患者可能应归类为"无行为 MCS"（nonbehavioral MCS，MCS∗）（Gosseries 等，2014）。最近的一项研究甚至表明，采用 EEG，多达 75% 的 DOC 患者显示出指令遵循的证据（Curley 等，2018），将这些患者确定为候选 BCI 用户非常重要。采用 BCI 显示 DOC 患者有意识的典型方法是测量患者在静息或被动范式期间的大脑反应，然后将其与一些指令遵循任务的反应进行比较。如果在指令遵循期间存在与大脑客观反映（包括特定的 ERP 或振幅增加）测量一致的隐蔽指令遵循，则应将患者视为MCS∗或 CMD（Cruse 等，2011、2012）；然而，其他观点请参见 Goldfine 等（2013）和 Forgacs 等（2014）的研究。

一旦我们知道患者（最低限度）有意识，第二个挑战就是找到交流的方式。在行为评估期间，可以采用以听觉或视觉为导向的二元问题（"我是不是在拍手/触摸鼻子？"）建立交流，或简单的询问其自身的问题（例如，"你叫约翰吗？"）。这类问题也可用于 BCI 采用隐蔽的指令遵循来评估交流，如果患者能够始终如一地回答这些问题，那么只有这样才能提出关于被问及的愿望和感受问题。

11.3.1　基于 P3 的 BCI

在新奇范式中，两个或多个不同（听觉）刺激的序列以随机的方式呈现，刺激出现的概率有低有高。在连续的 EEG 中，P3 为显著刺激开始后测量到的正向偏转，通常发生在刺激开始后 300ms（Chapman 和 Bragdon，1964）。然而，P3 在刺激开始后可能在 200~500ms 之间变化。在分类算法中应考虑较长的潜伏期，这与临床状况较差有关（Schettini 等，2015）。可以区分两种不同的 P3 反应，P3a 和 P3b（Comercherom 和 Polich，1999），自下而上的 P3a 是由不可预测的刺激诱发的，在额叶电极上最强，与任务表现无关。当觉醒和意识缺失时，P3a 也可以在睡眠和镇静期间出现，这为 P3a 对意识不敏进一步的证据（进一步阅读，请参阅 Chennu 和 Bekinschtein，2012）。P3b 是一种自上而下的响应，在执行任务时发生，例如计数偏差刺激的数量。P3b 潜伏期略长于 P3a，在后部电极上最强。P3b 与意识加工有关（Dehaene 和 Changeux，2011），因此该 ERP 是 BCI 感兴趣的一个成分。在本章中，当提到 P3 响应时，我们指的是 P3b（关于 P3 的进一步阅读，请参阅第 18 章）。

1. 主动 P3 任务

在急性期后状态（受伤后 > 1 个月）中 P3 的出现与意识恢复有关（Cavinato 等，2009 年），用 P3 测定急性期后和慢性 UWS 患者的体感识别力与 6 个月时的临床结局（用 CRS-R 测量）相关（Spataro 等，2018）。然而，与其他 EEG 测量（如频带功率、复杂性或连通性）相比，听觉 P3 似乎提供较少关于意识存在的信息（Sitt 等，2014）。P3 响应不仅限于听觉刺激，也发生于视觉和感觉刺激，在后一种情况下，可以在接受偏差刺激的肢体对侧的感觉运动皮层上观察到 P3 响应（图 11.3（a））。通过注意左手腕或右手腕上的振动，在 1 名 MCS 患者（Annen 等，2016）和 6 名 LIS 患者中的 4 名患者中检测到指令遵循，他们可以使用此编码进行功能性交流（Lugo 等，2014）。1 名被诊断为 MCS-的患者在主动接受偏差触觉刺激时，对偏差刺激产生了明显的 P3 响应，这种响应由整个（左侧）语言网络中保留的葡萄糖摄取量标记，通常也在 MCS+患者中保留这种标记（Annen 等人，2018）。这支持 BCI 在该患者身上发现（隐蔽）命令跟随。一些初步证据表明，少数行为上诊断为 UWS 的患者可以使用此类 BCI（Guger 等，2018）。P3 的一种特殊情况是采用患者自己的名字和其他人名字一起出现，因为与自我相关的信息可能会增加反应性（图 11.3b）。在 DOC 患者中，这种反应性可能表明保留有语义加工（Perrin 等，2006）。与健康对照组相似，当 MCS 患者计数自己的名字时，其 P3 响应似乎大于未执行主动任务时的，但 UWS 患者的情况并非如此（Schnakers 等，

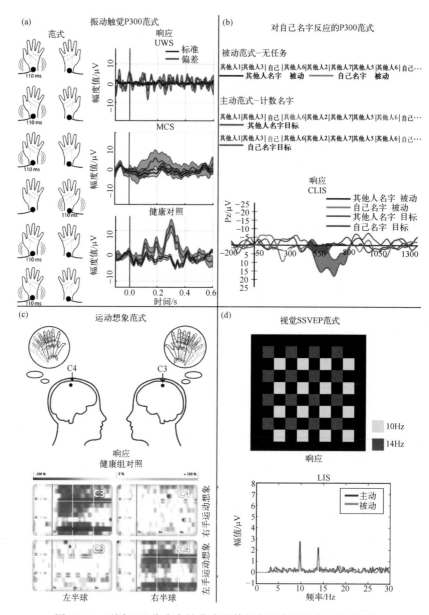

图 11.3　不同 BCI 范式中的范式及其相应的大脑响应（见彩插）

（a）振动触觉 P300 范式呈现了腕部上的振动，其中左腕为标准刺激，右腕为偏差刺激（UWS 患者、MCS 患者和正常对照组的 P3 响应具有代表性）；（b）在 CLIS 患者中，与对另一个人的名字和被动地听起反应的 P3 响应相比，对自己名字起反应的 P3 响应。在被动和主动的对自己名字反应的试验之间的响应差异以粉色显示，这表明患者成功完成了任务；（c）运动想象任务是一种心理任务，要求受试者想象左手和右手的动作。当持续一致的遵循命令时，可以观察到对侧感觉运动皮层上 μ 频带的 ERD；（d）SSVEP 范式采用棋盘格图案分别以 10Hz 和 14Hz 闪烁红灯和黄灯。频率分解显示两种频率的振幅峰值，当受试者注视特定颜色/频率时，激活状态的振幅更高。

2009a，b）。这些结果表明，MCS 患者部分保留了对特定刺激的主动加工，而 UWS 患者则没有。与这些早期研究相反，后来的研究报告显示，只有一半的 MCS 患者表现出自上而下的意志性注意迹象，作为对自己名字的反应（Schnakers 等，2014；Hauger 等，2015）。因此，P3 检测意识的灵敏度（真阳性率）和特异性（真阴性率）似乎很低，因此对自己名字的 P3 响应不能用于区分 UWS 和 MCS 患者。

更复杂的 P3 范式允许对探查（预测音调）的局部（在试次/短时间内）和全局（跨试次/长时间内）违例/违反情况进行测试。这种更为复杂的"局部-全局"范式最初在 8 名 DOC 患者身上进行了测试，似乎很有前景，因为只有在有残留意识的患者上才能观察到全局违例/违反的神经加工（Bekinschtein 等，2009）。因此，对这些全局球效应的检测似乎是意识的一个特定标记。这些结果在 49 名 DOC 患者中得到了证实（Faugeras 等，2012）。随后，采用单次试验分析，发现 14% 的 UWS 患者和 31% 的 MCS 患者出现了全局反应（King 等，2013）。这种明显缺乏灵敏性的现象指出了这种范式在临床实践中的局限性。

虽然 P3-BCI 测试通常呈现两个不同的刺激（一个刺激以较高的概率呈现，另一个为以较低概率呈现的偏差刺激），但可以呈现两个以上的刺激。除了音调外，还可以利用各种单词来诱发 P3 响应。四个选项（"是""否""停止""开始"）的听觉 P3-BCI 已被成功用于注意所需单词的健康志愿者以及 2 名 LIS 患者中的 1 名，而在 DOC 患者中，没有观察到典型的指令遵循和交流迹象/标志（Lul 等，2013）。

2. P3 用于预测急性期恢复

检测脑损伤后早期恢复可能性高的患者，对于治疗方法或前景以及生命终结的辩论很重要。对于 CLIS 患者，在任何行为恢复之前，观察到该患者对自己名字产生 P3 响应，因此在没有神经成像的情况下，P3 响应可能很有价值（图 11.3（b），Schnakers 等，2009a，b）。事实上，正如 Daltrozzo 等（2007）的元分析得出的结论，重度脑损伤后急性期 P3 的存在可能预示着非毒性病因的良好结局。最近的一项研究表明，在商用 BCI（以及运动想象）中开发的听觉和振动触觉 P3 范式与重症监护病房（intensive care unit，ICU）脑损伤患者的行为反应没有任何相关性，因此在急性 OC 人群中尚不可靠（Chatelle 等，2018）。因此，应记住，所研究样本的异质性很大，因此仍缺乏确凿证据证明 P3 在脑损伤后急性期的预后价值（Vanhaudenhuyse 等，2008）。然而，据报道，对自己名字起反应的更为复杂的 P3（有两种不同 P3 反应）是 MCS 患者和醒来的 UWS 患者特有的（Li 等，2015a）。最近，在急性缺氧后昏迷患者中测试了局部-全局范式，其中作者报告了 78% ~ 93% 的昏迷患者存在全局效应（Tzvara 等，2015a，2016）。然而，范式和目标患者之间的差异可能会阻碍对慢性和昏迷患者结果的直接比较（Piarulli 等，2015；Tzvara 等，2015a，b）。总之，似乎已经取得了进展，但仍缺乏客观预测复苏的确凿证据。

3. 关于 P3 范式的考虑

关于 P3 范式，有一些重要的考虑因素。首先，在对 DOC 患者进行测试之前，最重要的是要有一个对于健康志愿者来说非常可靠的 BCI，以便能够以有意义的方式解释患者的结果。第二，有一些迹象表明，目前的 P3 技术不够灵敏，无法检测到 EEG 活动所测量的指令遵循情况，从而导致 DOC 患者的高假阴性率。例如，在一项结合 P3 和 fMRI 心理成像任务结果的研究中，1 名 UWS 患者在这两项任务中都遵循指令，而 6 名 DOC 患者仅在 fMRI 任务中表现出遵循指令的迹象，但在基于 EEG 的 BCI 中没有（Chennu 等，2013）。LIS 患者的 P3 也不如健康志愿者可靠（Lugo 等，2016）。最后，听觉新奇范式可以引发惊吓反应，因此，被提议作为行为惊吓的临床评估辅助工具（Xiao 等，2016）。同时，这些惊吓反应可能会引起噪声，影响听觉脑-机接口的性能，因此应避免。

11.3.2 基于运动想象的 BCI

与 fMRI-BCI 类似的方法（即采用运动想象和空间想象评估指令遵循和二元交流）可用于 EEG-BCI。在手部或脚部运动之前和期间，在对侧运动皮层上观察到感觉运动节律（β 波段，13 ~ 35Hz）的 ERD（Pfurtscheller 和 Lopes，1999）。运动后，在同一频段观察到 ERS。这种（去）同步不仅在实际运动之后观察到，而且在想象的运动后也观察到，这为 BCI 的使用提供了机会（Jeon 等，2011）。原理上，左右手/脚部的运动可以与"是"或"否"反应相关联或耦合，以便进行交流。在 19% 的 UWS 患者（Cruse 等，2011）（图 11.3（c））上发现了通过运动想象（例如想象挤压你的手）测量的隐蔽意识的证据。MCS 患者的比例稍高（22%），表现出对具有相同范式的指令的内隐反应（Cruse 等，2012）。请注意，这些患者都是创伤性病因，而非 TBI 患者中没有一个表现出指令遵循。然而，随后采用不同的方法对 UWS 患者的运动想象任务数据进行了重新分析，之后没有发现指令遵循的证据（Goldfine 等，2013），这表明应谨慎解释运动想象结果。一项较小且较晚的研究表明，在所有四名被评估的 MCS 患者（混合病因）中，仅用三个电极就可以可靠地检测到指令遵循（Coyle 等，2015），但考虑到研究的样本量，这些结果可能不能代表 MCS 群体。基于 EEG 的心理想象范式似乎对假阴性敏感，因为它并不适用于所有健康个体。例如，

10 名健康受试者中只有 2 名能够在两次想象的手部/脚部运动训练试验后使用该技术（Müller Putz 等，2013）。然而，另一项研究发现，20 名健康对照受试者中有 19 名在训练 60min 后取得高于机会水平的分类结果，表明这些受试者可能会使用这种 BCI 进行交流，但并未尝试实际交流（Ortner 等，2015）。基于运动想象的方法的一个考虑因素是，许多 DOC 和 LIS 患者的感觉运动功能（和通路）受到影响。因此，以其他想象任务为目标可能更为合理，例如空间导航（想象在某个空间中穿梭）。然而，与运动相关 EEG 任务相比，该任务对识别指令遵循的敏感性较低（Horki 等，2014）。当研究高级认知功能时，对 5 名晚期 ALS 患者，可能会解码他们是否在思考自我参照记忆，或者他们是否在进行准确度与 14 名健康对照组相似的与记忆无关的任务（Hohmann 等，2016）。

11.3.3　稳态视觉诱发电位（SSVEP）

SSVEP 是特定频率下对视觉刺激的神经响应（Regan，1977）。视觉皮层在视网膜受到刺激的同一频带（和谐波频率）显示出电活动（评述见 Vialatte 等，2010）。如果多个选项以重叠的棋盘格图案呈现，受试者可以注视网格中的任何位置，而不会影响神经响应，从而使该方案独立于注视（Lesenfants 等，2014）。这对于没有自主肌肉控制的患者来说尤其有趣。通过注视所需的选项（例如与"是"或"否"相关的），BCI 可以利用在视觉皮层观察到的频率来解码注视的目标。在一项包括 14 名健康对照者的研究中，大约一半的受试者能够实现有效的在线交流（Allison 等，2008）。LIS 患者和健康对照组采用了类似的方法，在 2/3 的健康对照组和 4 名 LIS 患者中的一名患者中取得了良好的效果（图 11.3（d））（Lesenfants 等，2014）。5 名 LIS 患者也成功地使用了由 4 种不同频率实现的有 4 个选项的 SSVEP，这为更快的交流提供了机会（Hwang 等，2016）。与被动观看的情况相比，LIS 患者在注视期间（专注于特定频率）的谱熵测量值显著增加，而 UWS 患者则没有增加，这表明 SSVEP 方案（SSVEP-BCI）可以用作意识诊断和交流的工具（Lesenfants 等，2016b）。

11.3.4　拼写装置

除了检测意识外，P3 被证明对拼写有用。P3 响应可用于选择行和列重复闪烁的网格中显示的字母和字符。要实现拼写，用户必须注视/注意所需的目标字符，并计数字符闪烁的次数。在混合的 LIS 患者组（ALS 患者和获得性/后天性脑损伤患者）中，视觉 P3 拼写 BCI 的总体准确率为 70%，而健康受试者的准确率达到 90%（Ortner 等，2011）。这表明健康受试者的结果不能总是外推到患者身上。在视力受损或注视有问题的情况下，视觉 P3 拼写方法具有挑战性。然而，它也可以根据听觉方法进行调整，健康受试者的结果只比视觉拼写范式稍差（Furdea 等，2009）。另一方面，在晚期 ALS 患者中，听觉拼写器的表现明显不如视觉拼写器（Kübler 等，2009）。另一项研究发现了一致的结果，与所有 7 名使用基于 SSVEP 的 BCI 的患者相比，7 名 LIS 患者中只有 3 名能够使用基于 P3 的听觉拼写器，取得高于机会水平的准确度（Combaz 等，2013）。当比较基于听觉 P3 和基于 SSVEP 的拼写 BCI 时，似乎 SSVEP 方法更容易用于 LIS 患者。然而，未来的调整可能会改善系统，以适应没有自主注视控制的患者。在健康志愿者上获得的结果令人鼓舞，并表明，经过充分训练，听觉 P3 拼写器的工作效率可能与视觉拼写器一样高（Klobassa 等，2009）。

在一项非常创新的 fMRI 研究中，采用不同的心理任务和任务延迟，测量并解码血液动力学响应，以选择字母（Sorger 等，2012）。这种范式能够在单次试验的基础上实时拼写，不需要预先训练。fMRI 似乎是一种用于交流目的的强大工具，将这些技术用于 DOC 患者将是有益的（Sorger 等，2009）。有关此主题的进一步阅读，请参阅第 21 章中的"实时 fMRI-BCI"。

11.3.5　基于大脑活动的 BCI 的替代方案

作为 BCI 的替代方案，通过大脑活动发挥作用，其他生理活动可用于探测指令遵循和交流。14 名 MCS 患者中有一名能够通过用力呼吸（使用嗅探工具）来停止正在播放的音乐以进行发送指令，但该患者无法通过运动输出来显示指令遵循（CharlandVerville 等，2014）。这种辅助设备也用于 LIS 患者，要求患者们主动嗅探以控制拼写器，其速度和准确性与基于 P3 的拼写器相似（Plotkin 等，2010）。另一种检测自主行为指令遵循的客观方法是肌电（electromyography，EMG），即使反应低于行为识别的阈值（阈下值）。在 2 名 MCS 患者（1 名 MCS-和 1 名 MCS+）和 8 名 UWS 患者中的 1 名患者（Bekinschtein 等，2008）观察到与指令遵循（例如，"移动左手""移动右手"）相关的阈上 EMG 活动。在一项针对更多患者组成队列的后续研究中，10 名 UWS 患者中只有 1 名和 20 名 MCS+患者中有 3 名（以及 8 名 MCS-患者中没有一名）表现出遵循指令的迹象（Habbal 等，2014）。这表明，高假阴性率与 EMG 技术有关，可能是因为很难知道患者对哪种指令的反应最好。然而，当患者接受更多的试次时，8 名 MCS-中的 2 名，以及所有 MCS+（$n=14$）、EMCS（$n=3$）和 LIS（$n=2$）患者显示阈上指令遵循的迹象（Lesenfants 等，2016a，b）。有趣的是，在 14 名 MCS+患者中，只有 6 名在 EMG 评估当天表现出指令遵循的行为体征或迹象，这表明该技术可能有助于更敏感的临床诊断。

上述方法都需要一定程度的（尽管是最低程度的）残留的自主运动控制。在 CLIS 患者中，可以在（非）指令遵循后测量瞳孔反应。细微的瞳孔扩张可能与多种心理功能有关。事实上，约 50% 的 LIS 患者能够通过执行与 "是" 响应相关的复杂无节奏任务（而 "否" 与静息相关）进行可靠的交流（Stoll 等，2013）。采用这种方法，即使是一名 MCS 患者也能够遵守指令（Stoll 等，2013）。此外，唾液 pH 值可以用来交流。当想象柠檬的味道时，唾液的 pH 值会降低，而想象牛奶的味道时会升高。该方法不需要任何自主的肌肉控制，已在一名晚期 ALS 患者中成功测试和使用（Wilhelm 等，2006）。基于最少肌肉控制和其他不需要肌肉控制的生理反应的辅助技术是很有吸引力的解决方案，因为它们稳健、简单，并允许各种应用。与基于 fMRI 的交流和基于 EEG 的 BCI 相比，这使得它们成为临床实践中很有前景的工具，而 BCI 通常需要更多的训练和注意力，并且对噪声更敏感。

11.4　针对 DOC 患者的 BCI 研究：未来方向

由于专门针对 DOC 患者的 BCI 研究领域相对有限，未来还有许多方向。患者人数相对较少，因此，研究每个患者的需求很重要。基于需求研究，可以进一步研究先验成功率最高的 BCI，可能会导致为患者定制的 BCI 系统。在本节中，将从 BCI 设置和数据分析两方面进一步讨论对 DOC 患者的 BCI 研究的各种未来方向，为 DOC 患者的 BCI 研究提供一般性建议。

11.4.1　现有 BCI 方法的未来方向

针对多种感觉（不止一种感觉）的 BCI 应用可能是针对一种感觉模式的普通范式的有价值的扩展。在健康志愿者和 DOC 患者中，与仅听觉和仅视觉任务相比，同时进行视听 P3 任务时，目标刺激和非目标刺激之间的可分性增加（Wang 等，2015）。在一个案例研究中，显示了一名临床 MCS 患者的视听整合功能，该患者通过注意由视听呈现的 "是" 和 "否"，能够以 86.5% 的准确率进行交流（Wang 等，2016）。更进一步，混合 BCI 系统旨在将 BCI 与另一个 BCI 或不同类型的生理输入相结合，例如眼动跟踪器或心率监测器（更多信息，请参阅 Pfurtscheller 等，2010）。应用的可能性比单个 BCI 系统要大得多，因为不同的模式可以组合在一个系统中，为不同的功能服务，例如注意一个选项并选择它。结合 SSVEP 和 P3 实验注视熟悉但不陌生的照片，成功地探测了两名无法在行为层面显示指令遵循的 DOC 患者的指令遵循情况（Pan 等，2014）。重要的是，SSVEP 和 P3 任务的组合比单独的范式更成功。在类似的实验中，结合 SSVEP 和 P3 对数字识别、数字比较和心理计算的响应进行了测试（Li 等，2015b），1/3 的 UWS 和 MCS 患者表现出高于机会水平的准确性，这表明可以通过这种混合 BCI 系统评估指令遵循和失常能力。关于混合 BCI 用于 DOC 患者的文献仍然有限，但在不久的将来，可能会取得新的进展，以促进 BCI 用于 DOC 患者，从而增加可能从 BCI 获益的患者数量。此外，当同时使用多种策略时，注意力缺陷、注视问题或视觉缺陷以及听觉缺陷的问题可能会减少。

对 DOC 患者的 BCI 研究的另一个有趣的未来方向是认知评估。P3 范式的创造性应用将标准刺激和偏差刺激的闪现与情感电影剪辑（即哭和笑）结合在一起，3/8 的 DOC 患者都能正确识别并应要求注意目标（Pan 等，2018）。另一项研究利用 fNIRS 评估 DOC 患者的运算能力，但遗憾的是，成功率有限（Kurz 等，2018）。尽管如此，对 DOC 患者认知能力的评估仍然是一个值得研究的领域。实际上，对于任何类型的 BCI，在开始用 BCI 治疗之前，让患者处于最佳状态是至关重要的。当患者感觉昏昏欲睡时，应唤醒患者，否则应停止治疗。提高患者意识水平的一种更积极的方法是在额顶叶皮质上应用低强度经颅电流刺激，这可以提高约一半 MCS 患者的意识（Thibaut 等，2014），并且可以在使用 BCI 之前或在闭环系统中使用 BCI 期间轻松应用。tDCS 可能会增加 DOC 患者的皮层兴奋性，因此可能会增加 BCI 利用的大脑状态变化的可检测性（Bai 等，2017）。然而，预测 tDCS 和 BCI 之间的具体相互作用是一个挑战。有证据表明 MCS-患者丧失了语言网络的完整性（Bruno 等，2012），因此，这些患者在受到提示时很可能难以感知和产生语言。专门针对 MCS-和失语症患者，可以开发独立于语言的 BCI，例如使用符号而不是字母的 BCI（Koul 等，1998；Müller 等，2009）。侵入式 BCI 将记录探针植入患者头部或身体，其优点是对噪声不太敏感。一名晚期 ALS 患者（有关 BCI 技术用于交流的更多信息，请参见第 7 章关于交流的内容）将电极植入运动皮层，并可以通过想象手部的运动拼写字母（Vansteensel 等，2016）。这一成功的案例可能为未来的 LIS 和 DOC 患者打开了一扇门，特别是对于 DOC 患者，他们的大脑活动水平通常较低，很容易在噪声中消失，侵入式 BCI 可用于采集到更稳定、更强的信号。最近在其他患者群体中的应用表明，BCI 可用于解码感觉运动皮层（Ramsey 等，2017）和腹侧运动皮层（Ibayashi 等，2018）中的音素。即使语音解码 BCI 的实施和使用具有挑战性（Martin 等，2018），它们也可能会为其他无法交流的 DOC、EMCS 或 LIS 患者发出声音。无法交流的 DOC 患者的一个缺点是很难获得患者对实施的知情同意。然而，（Wilhelm 等，2006）描述的一名患者的研究证明，可以通过使用另一种非侵入式 BCI，即基于 pH

的 BCI，来同意手术。

DOC 患者通常患有重度痉挛，因此没有或有限的运动控制（Thibaut 等，2015），辅助技术可用于恢复一定程度的运动控制。一些四肢瘫患者可以使用基于 EEG 的 BCI 控制机械臂（Onose 等，2012）。脊髓损伤者可以通过控制基于 EEG 的 BCI 在虚拟现实环境中行走和完成任务。一旦这种系统可靠工作，它就可以与外骨骼结合，恢复患者的运动控制（King 等，2012）。然而，这种辅助技术需要进一步发展才能应用于 DOC、EMCS 或 LIS 患者。

11.4.2　数据处理进展

更先进的数据处理和分析技术有助于改善用于 DOC 患者的 BCI，用于 DOC 患者的 BCI 的主要挑战之一是受试者表现的确定性较低（即受试者的表现可能接近机会水平）。采用更先进的机器学习技术可能有助于克服这个问题（有关更多详细信息，请参阅第 23 章 "机器学习"）。事实上，在特征选择步骤之前应用稀疏字典提高了健康志愿者的分类器性能水平，希望将来应用于 DOC 患者（Victorino 等，2015）。正如本章前面提到的，基于听觉的 BCI 不依赖于视觉注意，但它们的缺点是性能下降，因此准确率较低。贝叶斯方法等更复杂的分析技术可以通过将先验精度定义为信噪比的函数来克服这个问题（Lopez Gordo 等，2012）。这些改进的分析技术可能会为视力障碍的患者提供未来基于其他模式使用 BCI 的可能性。然而，重要的是要记住，除用于健康受试者的分类技术外，其他分类技术可能更适合 DOC 患者（Hüller 等，2013），这阻碍了对健康受试的研究向 DOC 患者的转化。

11.4.3　用于 DOC 患者的 BCI 的一般性原则

对于在 DOC 患者中成功应用 BCI，需要考虑一些一般/通用准则。最重要的是，BCI 应在对照组受试者中达到较高的准确性，并在对照试验中获得阴性/负面结果（被动倾听/指示受试者不要执行任务）。信号应具有抗噪声能力，或者至少具有很好的信噪比。为使用 BCI，需要不同的认知功能，但（DOC）患者可能并不总是如此。语言理解需要完好无损（才能理解任务）；患者必须能够选择正确的对象/目标并将其保存在工作记忆中（以便记住任务指导语）；患者必须能够持续注意/专注目标。如果缺少其中一个要素，BCI 评估可能会失败。基于这些原因，重要的是要认识到，阴性/负面结果并不是缺乏意识或指令遵循的证据（Sanders 等，2013）。事实上，健康志愿者也可能出现负面或阴性结果（Guger 等，2009；Allison 等，2010），如 MCS 患者的静息状态 EEG 所示，有意识迹象的患者通常以波动的方式出现意识迹象（Piarulli 等，

2016）。这些觉醒波动也会影响行为诊断，只有在 2 周内进行 5 次 CRS-R 评估后，行为诊断才是可靠的（Wannez 等，2017a）。BCI 结果往往会因试验时段或治疗时段和条件或者而变化（Pokorny 等，2013），可能需要多个 BCI 试验时段才能得出一致的结论。因此，为了获得可靠的结果，信号采集必须快速且可重复。康复中心是该类人群使用 BCI 的理想环境，因为受伤后不久在急诊医院环境进行多次评估的时间有限。大多数 BCI 任务性质复杂，重复的试验或治疗时段可以帮助患者进行训练，以便学习任务并提高长期表现。或者，可以在 BCI 中实施重复测量唤醒波动，以确定尝试使用 BCI 的最佳时机，如在闭环设置中。

超过一半（62%）的 LIS 患者使用辅助技术，这表明在这一人群中，技术广泛可用（Lugo 等，2015），LIS 患者因身体瘫痪而经历身份改变（Nizzi 等，2012），由于这些技术可以帮助克服与瘫痪有关的限制，生活质量可能会得到改善。事实上，一名晚期 ALS 患者已经使用 P3 拼写器 BCI 超过了 2.5 年，使患者能够继续他的科学事业，并为提高生活质量做出贡献（Sellers 等，2010）。另一方面，对 35 名 ALS-LIS 患者使用基于 EEG 的 BCI 进行的元分析发现，在 7 名 CLIS 患者中，从未通过 BCI 建立交流（Kübler 和 Birbaumer，2008）。也许 EEG 信号不够灵敏，无法检测到接连产生的心理指令循和交流，而 fNIRS 等其他技术可能对未来更有希望（Chaudhary 等，2016）。推断这些发现以了解 BCI 如何影响 DOC 患者群体是很有挑战性的，但 LIS 人群中辅助技术的可用性对于改善 DOC 患者的生活质量非常有希望。DOC 和 LIS 患者群体协会，例如，法国闭锁综合征协会（Association of Locked-in Syndrome，ALIS）（http://www. ALIS-asso. fr），可以成为向患者更新最新发展和可能性的关键组织，并且他们可以帮助最大限度地缩小研究与实际应用之间的差距。尽管康复期间使用的 BCI 似乎仍处于初级阶段，但到目前为止，至少有两种商业系统可用于康复：g. tec 的 mindBEAGLE（Annen 等，2016、2018；Guger 等，2017；Chatelle 等，2018；Spataro 等，2018）和 AssisTech 的 C-Eye 系统。

11.5 结 束 语

DOC 患者不仅存在意识缺陷，还经常出现听觉、视觉和语言加工问题、唤醒波动和肌肉缺陷。因此，针对 DOC 患者的 BCI 研究是一个具有挑战性的领域，在探测交流或使用辅助技术之前，必须检测到意识和一致的指令遵循。自第一个 fMRI-BCI 出现以来（该接口使看似无意识的患者能够遵循指令并进行交流），已经利用了各种 EEG 和其他便携式方法，不同的 P3 范式、视觉诱发电位、运动想象任务以及与运动无关的任务的使用效果各不相同，已获得不同程度的成功。采用混合系统和更复杂分析技术的进一步研究有望在 DOC 患者中未来使用 BCI。

　　致谢：作者感谢列日大学和大学医院、比利时国家科学研究基金（FRS-FNRS）、欧盟地平线 2020 研究与创新框架计划（根据第 720270 号专项拨款协议（人脑项目 SGA1）和第 785907 号专项拨款协议（人脑项目 SGA2））、欧洲航天局（ESA），比利时联邦科学政策办公室（BELSPO）在 PRODEX 计划、Luminous 项目（EU-H2020-fetopenga686764）、BIAL 基金会、阿斯利康基金会、法语社区协调研究行动（ARC-06/11-340）、詹姆斯·麦克唐纳基金会、心灵科学基金会、比利时政府 IAP 研究网络 P7/06 的框架内（比利时科学政策），欧盟委员会、公共事业基金会"欧洲劳工大学（UniversitéEuropéeenne du Travail)"和"欧洲生物医学研究基金会"。J. A. 和 O. G. 是博士后研究员，S. L. 是 FRS-FNRS 的研究主任。

参 考 文 献

[1] Allison BZ et al. (2008). Towards an independent brain-computer interface using steady state visual evoked potentials. Clin Neurophysiol 119：399 – 408. https://doi. org/10. 1016/j. clinph. 2007. 09. 121.

[2] Allison B et al. (2010). BCI demographics：how many (and what kinds of) people can use an SSVEP BCI? IEEE Trans Neural Syst RehabilEng 18：107–116.

[3] Annen J et al. (2016). MindBEAGLE：an EEG-based BCI developed for patients with disorders of consciousness. In：BCI meeting proceedings.

[4] Annen J et al. (2018). BCI performance and brain metabolism profile in severely brain-injured patients without response to command at bedside. Front Neurosci 12：1 – 8. https://doi. org/10. 3389/fnins. 2018. 00370.

[5] Bai Y et al. (2017). TDCS modulates cortical excitability in patients with disorders of consciousness. Neuroimage Clin 15：702–709. https://doi. org/10. 1016/j. nicl. 2017. 01. 025.

[6] Bekinschtein TA et al. (2008). Can electromyography objectively detect voluntary movement in disorders of consciousness? J Neurol Neurosurg Psychiatry 79：826–828. https://doi. org/10. 1136/jnnp. 2007. 132738.

[7] Bekinschtein TA et al. (2009). Neural signature of the conscious processing of auditory regularities. Proc Natl Acad Sci U S A 106：1672–1677. https://doi. org/10. 1073/pnas. 0809667106.

[8] Bodien YG, Giacino JT, Edlow BL (2017). Functional MRI motor imagery tasks to detect command following in traumatic disorders of consciousness. Front Neurol 8：688. https://doi. org/10. 3389/fneur. 2017. 00688.

[9] Bruno M-A et al. (2011). From unresponsive wakefulness to minimally conscious PLUS and functional locked-in syndromes: recent advances in our understanding of disorders of consciousness. J Neurol 258: 1373-1384. https://doi. org/10. 1007/s00415-011-6114-x.

[10] Bruno MA et al. (2012). Functional neuroanatomy underlying the clinical subcategorization of minimally conscious state patients. J Neurol 259: 1087-1098. https://doi. org/10. 1007/s00415-011-6303-7.

[11] Cavinato M et al. (2009). Post-acute P300 predicts recovery of consciousness from traumatic vegetative state. Brain Inj 23: 973-980. https://doi. org/10. 3109/02699050903373493.

[12] Chapman RM, Bragdon HR (1964). Evoked responses to numerical and non-numerical visual stimuli while problem solving. Nature 203: 1155-1157.

[13] Charland-Verville V et al. (2014). Detection of response to command using voluntary control of breathing in disorders of consciousness. Front Hum Neurosci 8: 1020. https://doi. org/10. 3389/fnhum. 2014. 01020.

[14] Chatelle C et al. (2018). Feasibility of an EEG-based brain-computer interface in the intensive care unit. Clin Neurophysiol 129: 1519 - 1525. https://doi. org/10. 1016/j. clinph. 2018. 04. 747.

[15] Chaudhary U, Birbaumer N, Ramos-Murguialday A (2016). Brain-computer interfaces in the completely locked-in state and chronic stroke. In: Progress in brain research, first edn. Elsevier B. V. https://doi. org/10. 1016/bs. pbr. 2016. 04. 019.

[16] Chennu S, Bekinschtein TA (2012). Arousal modulates auditory attention and awareness: insights from sleep, sedation, and disorders of consciousness. Front Psychol 3: 1-9. https://doi. org/10. 3389/fpsyg. 2012. 00065.

[17] Chennu S et al. (2013). Dissociable endogenous and exogenous attention in disorders of consciousness. Neuroimage Clin 3: 450 - 461. https://doi. org/10. 1016/j. nicl. 2013. 10. 008.

[18] Combaz A et al. (2013). A comparison of two spelling brain-computer interfaces based on visual P3 and SSVEP in locked-in syndrome. PLoS One 8: 1-14. https://doi. org/10. 1371/journal. pone. 0073691.

[19] Comercherom DM, Polich J (1999). P3a and P3b from "novel" and "typical" stimuli. Psychophysiology 110: 24-30.

[20] Comte A et al. (2015). On the difficulty to communicate with fMRI-based protocols used to identify covert awareness. Neuroscience 300: 448-459. https://doi. org/10. 1016/j. neuroscience. 2015. 05. 059.

[21] Coyle D et al. (2015). Sensorimotor modulation assessment and brain-computer interface training in disorders of consciousness. Arch Phys Med Rehabil 96: S62 - S70. https://doi. org/10. 1016/j. apmr. 2014. 08. 024.

238

［22］ Cruse D et al. (2011). Bedside detection of awareness in the vegetative state: a cohort study. Lancet 378: 2088-2094. https://doi. org/10. 1016/S0140-6736(11)61224-5. Elsevier Ltd.

［23］ Cruse D et al. (2012). Relationship between etiology and covert cognition in the minimally conscious state. Neurology 78: 816-822. https://doi. org/10. 1212/WNL. 0b013e318249f6f0.

［24］ Curley WH et al. (2018). Characterization of EEG signals revealing covert cognition in the injured brain. Brain 141: 1404-1421. https://doi. org/10. 1093/brain/awy070.

［25］ Daltrozzo J et al. (2007). Predicting coma and other low responsive patients outcome using event-related brain potentials: a meta-analysis. Clin Neurophysiol 118: 606-614. https://doi. org/10. 1016/j. clinph. 2006. 11. 019.

［26］ Dehaene S, Changeux JP (2011). Experimental and theoretical approaches to conscious processing. Neuron 70: 200 - 227. https://doi. org/10. 1016/j. neuron. 2011. 03. 018. Elsevier Inc.

［27］ Demertzi A et al. (2013). Pain perception in disorders of consciousness: neuroscience, clinical care, and ethics in dialogue. Neuroethics 6: 37 - 50. https://doi. org/10. 1007/s12152-011-9149-x.

［28］ Edlow BL et al. (2017). Early detection of consciousness in patients with acute severe traumatic brain injury. Brain 140: 2399-2414. https://doi. org/10. 1093/brain/awx176.

［29］ Faugeras F et al. (2012). Event related potentials elicited by violations of auditory regularities in patients with impaired consciousness. Neuropsychologia 50: 403-418. https://doi. org/10. 1016/j. neuropsychologia. 2011. 12. 015. Elsevier Ltd.

［30］ Forgacs PB et al. (2014). Preservation of electroencephalographic organization in patients with impaired consciousness and imaging-based evidence of command-following. Ann Neurol 76: 869-879. https://doi. org/10. 1002/ana. 24283.

［31］ Furdea A et al. (2009). An auditory oddball (P300) spelling system for brain-computer interfaces. Psychophysiology 46: 617 - 625. https://doi. org/10. 1111/j. 1469 - 8986. 2008. 00783. x.

［32］ Giacino JT, Kalmar K (2004). Coma recovery scale revised administration and scoring guidelines, Solaris Health System.

［33］ Giacino JT et al. (2002). The minimally conscious state: definition and diagnostic criteria. Neurology 58: 349-353. https://doi. org/10. 1212/WNL. 58. 3. 349.

［34］ Giacino JT et al. (2009). Behavioral assessment in patients with disorders of consciousness: gold standard or fool's gold? Prog Brain Res 177: 33-48. https://doi. org/10. 1016/S0079-6123(09)17704-X. Elsevier.

［35］ Goldfine AM et al. (2013). Reanalysis of "Bedside detection of awareness in the vegetative state: a cohort study". Lancet 381: 289-291. https://doi. org/10. 1016/S0140-6736(13)60125-7. Reanalysis.

［36］ Gosseries O, Zasler ND, Laureys S (2014). Recent advances in disorders of consciousness:

focus on the diagnosis. Brain Inj 28: 1141-1150. https://doi. org/10. 3109/02699052. 2014. 920522.

[37] Guger C et al. (2009). How many people are able to control a P300-based brain-computer interface (BCI)? Neurosci Lett 462: 94-98. https://doi. org/10. 1016/j. neulet. 2009. 06. 045.

[38] Guger C et al. (2017). Complete locked-in and locked-in patients: command following assessment and communication with vibro-tactile P300 and motor imagery brain-computer interface tools. Front Neurosci 11: 1-11. https://doi. org/10. 3389/fnins. 2017. 00251.

[39] Guger C et al. (2018). Assessing command-following and communication with vibro-tactile P300 brain-computer interface tools in patients with unresponsive wakefulness syndrome. Front Neurosci 12: 1-9. https://doi. org/10. 3389/fnins. 2018. 00423.

[40] Habbal D et al. (2014). Volitional electromyographic responses in disorders of consciousness. Brain Inj 28: 1171-1179. https://doi. org/10. 3109/02699052. 2014. 920519.

[41] Hauger SL et al. (2015). Neurophysiological indicators of residual cognitive capacity in the minimally conscious state. Behav Neurol 2015: 1-12. https://doi. org/10. 1155/2015/145913.

[42] Haugg A et al. (2018). Do patients thought to lack consciousness retain the capacity for internal as well as external awareness? Frontiers Neurol 9: 492. https://doi. org/10. 3389/fneur. 2018. 00492.

[43] Hohmann MR et al. (2016). A cognitive brain-computer interface for patients with amyotrophic lateral sclerosis. Prog Brain Res 228: 221-239. https://doi. org/10. 1016/bs. pbr. 2016. 04. 022. Höller Y et al. (2013). Comparison of EEG-features and classification methods for motor imagery in patients with disorders of consciousness. PLoS One 8: e80479. https://doi. org/10. 1371/journal. pone. 0080479.

[44] Horki P et al. (2014). Detection of mental imagery and attempted movements in patients with disorders of consciousness using EEG. Front Hum Neurosci 8: 1009. https://doi. org/10. 3389/fnhum. 2014. 01009.

[45] Hwang H-J et al. (2016). Clinical feasibility of brain-computer interface based on steady-state visual evoked potential in patients with locked-in syndrome: case studies. Psychophysiology 54: 444-451. https://doi. org/10. 1111/psyp. 12793.

[46] Ibayashi K et al. (2018). Decoding speech with integrated hybrid signals recorded from the human ventral motor cortex. Front Neurosci 12: 221. https://doi. org/10. 3389/fnins. 2018. 00221.

[47] Jeon Y et al. (2011). Event-related (De) synchronization (ERD/ERS) during motor imagery tasks: implications for brain-computer interfaces. Int J Ind Ergon 41: 428-436. https://doi. org/10. 1016/j. ergon. 2011. 03. 005. Elsevier Ltd.

[48] Jox RJ et al. (2012). Disorders of consciousness: responding to requests for novel diagnostic and therapeutic interventions. Lancet Neurol 11: 732 - 738. https://doi. org/

10. 1016/S1474-4422(12)70154-0. Elsevier Ltd.

[49] King CE et al. (2012). Operation of a brain-computer interface walking simulator by users with spinal cord injury. J NeuroengRehabil 10: 1–14.

[50] King JR et al. (2013). Single-trial decoding of auditory novelty responses facilitates the detection of residual consciousness. Neuroimage 83: 726–738. https://doi. org/10. 1016/j. neuroimage. 2013. 07. 013. Elsevier Inc.

[51] Klobassa DS et al. (2009). Toward a high-throughput auditory P300-based brain-computer interface. Clin Neurophysiol 120: 1252 – 1261. https://doi. org/10. 1016/j. clinph. 2009. 04. 019.

[52] Koul RK et al. (1998). Comparison of graphic symbol learning in individuals with aphasia and right hemisphere brain damage. Brain Lang 62: 398–421. https://doi. org/10. 1006/ brln. 1997. 1908.

[53] Kübler A, Birbaumer N (2008). Brain-computer interfaces and communication in paralysis: extinction of goal directed thinking in completely paralyzed patients? Clin Psychol 119: 2658– 2666. https://doi. org/10. 1016/j. clinph. 2008. 06. 019.

[54] Kübler A et al. (2009). A brain-computer interface controlled auditory event-related potential (p300) spelling system for locked-in patients. Ann N Y Acad Sci 1157: 90–100. https://doi. org/10. 1111/j. 1749–6632. 2008. 04122. x.

[55] Kurz E et al. (2018). Towards using fNIRS recordings of mental arithmetic for the detection of residual cognitive activity in patients with disorders of consciousness (DOC). Brain Cogn 125: 78–87. https://doi. org/10. 1016/j. bandc. 2018. 06. 002. Elsevier.

[56] Laureys S (2005). The neural correlate of (un) awareness: lessons from the vegetative state. Trends Cogn Sci 9: 556–559. https://doi. org/10. 1016/j. tics. 2005. 10. 010.

[57] Laureys S, Owen AM, Schiff ND (2004). Brain functionin coma, vegetative state, and related disorders. Lancet 3: 537–546.

[58] Laureys S et al. (2010). Unresponsive wakefulness syndrome: a new name for the vegetative state or apallic syndrome. BMC Med 8: 1–4. https://doi. org/10. 1186/1741–7015–8–68. BioMed Central Ltd.

[59] Lesenfants D, Habbal D, Lugo Z et al. (2014). An independent SSVEP-based brain-computer interface in locked-in syndrome. J Neural Eng 11: 035002. https://doi. org/10. 1088/ 1741–2560/11/3/035002.

[60] Lesenfants D et al. (2016a). Electromyographic decoding of response to command in disorders of consciousness. Neurology 87: 2099–2107. https://doi. org/10. 1212/WNL. 0000000000003333.

[61] Lesenfants D et al. (2016b). Toward an attention-based diagnostic tool for patients with locked-in syndrome. Clin EEG Neurosci 49: 122–135. https://doi. org/10. 1177/1550059 416674842. Nov.

[62] Li R et al. (2015a). Connecting the P300 to the diagnosis and prognosis of unconscious pa-

tients. Neural Regen Res 10: 473-480. https://doi. org/10. 4103/1673-5374. 153699.

[63] Li Y et al. (2015b). Detecting number processing and mental calculation in patients with disorders of consciousness using a hybrid brain-computer interface system. BMC Neurol 15: 259. https://doi. org/10. 1186/s12883-015-0521-z.

[64] Lopez-Gordo MA et al. (2012). An auditory brain-computer interface with accuracy prediction. Int J Neural Syst 22: 1250009. https://doi. org/10. 1142/S0129065712500098.

[65] Lugo ZR et al. (2014). A vibrotactile P300-based brain-computer Interface for consciousness detection and communication. Clin EEG Neurosci 45: 14 - 21. https://doi. org/10. 1177/1550059413505533.

[66] Lugo ZR et al. (2015). Beyond the gaze: communicating in chronic locked-in syndrome. Brain Inj 9052: 1-6. https://doi. org/10. 3109/02699052. 2015. 1004750.

[67] Lugo ZR et al. (2016). Cognitive processing in noncommunicative patients: what can event-related potentials tell us? Front Hum Neurosci 10: 569. https://doi. org/10. 3389/fnhum. 2016. 00569.

[68] Lulé D et al. (2013). Probing command following in patients with disorders of consciousness using a brain-computer interface. Clin Neurophysiol 124: 101 - 106. https://doi. org/10. 1016/j. clinph. 2012. 04. 030.

[69] Martin S et al. (2018). Decoding inner speech using electrocorticography: progress and challenges toward a speech prosthesis. Front Neurosci 12: 422. https://doi. org/10. 3389/fnins. 2018. 00422.

[70] Monti M, Laureys S, Owen AM (2010a). The vegetative state. Br Med J 341: 292-296. https://doi. org/10. 1136/bmj. c3765.

[71] Monti M et al. (2010b). Willful modulation of brain activity in disorders and consciousness. N Engl J Med 362: 579-589.

[72] Müller IM, Buchholz M, Ferm U (2009). Text messaging with picture symbols— possibilities for persons with cognitive and communicative disabilities. Assist Technol Res Ser 25: 879. https://doi. org/10. 3233/978-1-60750-042-1-879.

[73] Müller-Putz GR et al. (2013). A single-switch Bci based on passive and imagined movements: toward restoring communication in minimally conscious patients. Int J Neural Syst 23: 1250037. https://doi. org/10. 1142/S0129065712500372.

[74] Nizzi MC et al. (2012). From armchair to wheelchair: how patients with a locked-in syndrome integrate bodily changes in experienced identity. Conscious Cogn 21: 431 - 437. https://doi. org/10. 1016/j. concog. 2011. 10. 010. Elsevier Inc.

[75] Onose G et al. (2012). On the feasibility of using motor imagery EEG-based brain-computer interface in chronic tetraplegics for assistive robotic arm control: a clinical test and long-term post-trial follow-up. Spinal Cord 50: 599-608. https://doi. org/10. 1038/sc. 2012. 14.

[76] Ortner R et al. (2011). Clinical EEG and neuroscience accuracy of a P300 speller for

people with motor impairments: a comparison. Clin EEG Neurosci 42: 214-218. https://doi. org/10. 1177/155005941104200405.

[77] Ortner R et al. (2015). How many people can control a motor imagery based BCI using common spatial patterns? In: 7th annual international IEEE EMBS conference on neural engineering, pp. 22-24.

[78] Owen AM et al. (2006). Detecting awareness in the vegetative state. Science 313: 1402. https://doi. org/10. 1126/science. 1130197.

[79] Pan J et al. (2014). Detecting awareness in patients with disorders of consciousness using a hybrid brain-computer interface. J Neural Eng 11: 056007. https://doi. org/10. 1088/1741-2560/11/5/056007. IOP Publishing.

[80] Pan J et al. (2018). Emotion-related consciousness detection in patients with disorders of consciousness through an EEGbased BCI system. Front Hum Neurosci 12: 1-11. https://doi. org/10. 3389/fnhum. 2018. 00198.

[81] Patterson JR, Grabois M (1986). Locked-in syndrome: a review of 139 cases. Stroke 17: 758-764. https://doi. org/10. 1161/01. STR. 17. 4. 758.

[82] Perrin F et al. (2006). Brain response to one's own name in vegetative state, minimally conscious state, and locked-in syndrome. Arch Neurol 63: 562 - 569. https://doi. org/10. 1001/archneur. 63. 4. 562.

[83] Pfurtscheller G, Lopes FH (1999). Event-related EEG/MEG synchronization and desynchronization: basic principles. Clin Neurophysiol 110: 1842 - 1857. https://doi. org/10. 1016/S1388-2457(99)00141-8.

[84] Pfurtscheller G et al. (2010). The hybrid BCI. Front Neurosci 4: 4-30. https://doi. org/10. 3389/fnpro. 2010. 00003.

[85] Piarulli A, Charland-Verville V, Laureys S (2015). Cognitive auditory evoked potentials in coma: can you hear me? Brain 138: 1129-1137. https://doi. org/10. 1093/brain/awv041.

[86] Piarulli A et al. (2016). EEG ultradian rhythmicity differences in disorders of consciousness during wakefulness. J Neurol 263: 1746 - 1760. https://doi. org/10. 1007/s00415 - 016 - 8196-y. Springer Berlin Heidelberg, June.

[87] Plotkin A et al. (2010). Sniffing enables communication and environmental control for the severely disabled. Proc Natl Acad Sci U S A 107: 14413-14418. https://doi. org/10. 1073/pnas. 1006746107.

[88] Pokorny C et al. (2013). The auditory P300-based singleswitch brain-computer interface: paradigm transition from healthy subjects to minimally conscious patients. Artif Intell Med 59: 81-90. https://doi. org/10. 1016/j. artmed. 2013. 07. 003. Elsevier B. V.

[89] Ramsey NF et al. (2017). Decoding spoken phonemes from sensorimotor cortex with high-density ECoG grids. Neuroimage 180: 301-311. https://doi. org/10. 1016/j. neuroimage. 2017. 10. 011. Elsevier Ltd, (April).

[90] Regan D (1977). Steady-state evoked potentials. J Oct Soc Am 67: 1475–1489.

[91] Sanders RD et al. (2013). Unconsciousness≠unresponsiveness. Anesthesiology 116: 946–959. https://doi. org/10. 1097/ALN. 0b013e318249d0a7.

[92] Schettini F et al. (2015). P300 latency Jitter occurrence in patients with disorders of consciousness: toward a better design for brain computer interface applications. In: Proceedings of the annual international conference of the IEEE engineering in medicine and biology society, EMBS, 2015-November, pp. 6178–6181. https://doi. org/10. 1109/EMBC. 2015. 7319803.

[93] Schiff ND (2015). Cognitive motor dissociation following severe brain injuries. JAMA Neurol 72: 1413–1415. https://doi. org/10. 1001/jamaneurol. 2015. 2899.

[94] Schnakers C et al. (2008a). Cognitive function in the locked-in syndrome. J Neurol 255: 323–330. https://doi. org/10. 1007/s00415-008-0544-0.

[95] Schnakers C et al. (2008b). Voluntary brain processing in disorders of consciousness. Neurology 71: 1614–1620. https://doi. org/10. 1212/WNL. 0b013e3181bd68bc.

[96] Schnakers C, Perrin F et al. (2009a). Detecting consciousness in a total locked-in syndrome: an active event-related paradigm. Neurocase 15: 271–277. https://doi. org/10. 1080/13554790902724904.

[97] Schnakers C, Vanhaudenhuyse A et al. (2009b). Diagnostic accuracy of the vegetative and minimally conscious state: clinical consensus versus standardized neurobehavioral assessment. BMC Neurol 9: 35. https://doi. org/10. 1186/1471-2377-9-35.

[98] Schnakers C et al. (2014). Preserved covert cognition in noncommunicative patients with severe brain injury? Neurorehabil Neural Repair 29: 308–317. https://doi. org/10. 1177/1545968314547767.

[99] Sellers EW, Vaughan TM, Wolpaw JR (2010). A brain-computer interface for long-term independent home use. Amyotroph Lateral Scler 11: 449–455. https://doi. org/10. 3109/17482961003777470.

[100] Sitt JD et al. (2014). Large scale screening of neural signatures of consciousness in patients in a vegetative or minimally conscious state. Brain 137: 2258–2270. https://doi. org/10. 1093/brain/awu141.

[101] Sorger B et al. (2009). Another kind of 'BOLD response': answering multiple-choice questions via online decoded single-trial brain signals. Prog Brain Res 177: 275–292. https://doi. org/10. 1016/S0079-6123 (09) 17719-1. Elsevier.

[102] Sorger B et al. (2012). A real-time fMRI-based spelling device immediately enabling robust motor-independent communication. Curr Biol 22: 1333–1338. https://doi. org/10. 1016/j. cub. 2012. 05. 022. Elsevier Ltd.

[103] Spataro R, Heilinger A, Allison B et al. (2018). Preserved somatosensory discrimination predicts consciousness recovery in unresponsive wakefulness syndrome. Clin Neurophysiol 129: 1130–1136. https://doi. org/10. 1016/j. clinph. 2018. 02. 131.

[104] Stender J et al. (2014). Diagnostic precision of PET imaging and functional MRI in disorders of consciousness: a clinical validation study. Lancet 6736: 8-16. https://doi.org/10.1016/S0140-6736 (14) 60042-8.

[105] Stoll J et al. (2013). Pupil responses allow communication in locked-in syndrome patients. Curr Biol 23: R647-R648. https://doi.org/10.1016/j.cub.2013.06.011. Elsevier.

[106] Thibaut A et al. (2014). tDCS in patients with disorders of consciousness. Neurology 82: 1-7. https://doi.org/10.1212/WNL.0000000000000260.

[107] Thibaut FA, Chatelle C, Wannez S et al. (2015). Spasticity in disorders of consciousness: a behavioral study. Eur J Phys Rehabil Med 51 (4): 389-397. Epub 2014 Nov 6. PMID: 25375186.

[108] Tzovara A et al. (2015a). Neural detection of complex sound sequences in the absence of consciousness. Brain 138: 1160-1166. https://doi.org/10.1093/brain/awv041.

[109] Tzovara A et al. (2015b). Reply: neural detection of complex sound sequences in the absence of consciousness? Brain 138: 1160-1166. https://doi.org/10.1093/brain/awv041.

[110] Tzovara A et al. (2016). Prediction of awakening from hypothermic postanoxic coma based on auditory discrimination. Ann Neurol 79: 748-757. https://doi.org/10.1002/ana.24622.

[111] Vanhaudenhuyse A, Laureys S, Perrin F (2008). Cognitive event-related potentials in comatose and post-comatose states. Neurocrit Care 8: 262-270. https://doi.org/10.1007/s12028-007-9016-0.

[112] Vansteensel MJ et al. (2016). Fully implanted brain-computer interface in a locked-in patient with ALS. N Engl J Med 375: 2060-2066. https://doi.org/10.1056/NEJMoa1608085. Nov.

[113] Vialatte FB et al. (2010). Steady-state visually evoked potentials: focus on essential paradigms and future perspectives. Prog Neurobiol 90: 418-438. https://doi.org/10.1016/j.pneurobio.2009.11.005.

[114] Victorino J et al. (2015). Improving EEG-BCI analysis for low certainty subjects by using dictionary learning, IEEE, pp. 1-7.

[115] Wang F et al. (2015). A novel audiovisual brain-computer interface and its application in awareness detection. Sci Rep 5: 9962. https://doi.org/10.1038/srep09962. Nature Publishing Group.

[116] Wang F et al. (2016). An auditory BCI system for assisting CRS-R behavioral assessment in patients with disorders of consciousness. Sci Rep 6: 1536-1539. https://doi.org/10.1038/srep32917.

[117] Wannez S et al. (2017a). The repetition of behavioral assessments in diagnosis of disorders of consciousness. Ann Neurol 81: 883-889. https://doi.org/10.1002/ana.24962.

[118] Wannez S et al. (2017b). Prevalence of coma-recovery scalerevised signs of consciousness in patients in a minimally conscious state. Neuropsychol Rehabil 28: 1350-1359. https://

doi. org/10. 1177/1352458506070750. in press.

[119] Wilhelm B, Jordan M, Birbaumer N (2006). Communication in locked-in syndrome: effects of imagery on salivary pH. Neurology 67: 534 - 535. https://doi. org/ 10. 1212/01. wnl. 0000228226. 86382. 5f.

[120] Xiao J et al. (2016). An auditory BCI system for assisting CRSR behavioral assessment in patients with disorders of consciousness. Sci Rep 6: 32917. https://doi. org/10. 1038/ srep32917. Nature Publishing Group.

[121] Xiao J, Xie Q et al. (2018a). Assessment of visual pursuit in patients with disorders of consciousness based on a brain-computer interface. IEEE Trans Neural Syst Rehabil Eng 4320 (Study 1): 1-12. https: //doi. org/10. 1109/TNSRE. 2018. 2835813.

[122] Xiao J, Pan J et al. (2018b). Visual fixation assessment in patients with disorders of consciousness based on brain-computer interface. Neurosci Bull 26: 679-690. Springer Singapore. doi: 10. 1007/s12264-018-0257-z.

[123] Zhang Y et al. (2017). Transcranial direct current stimulation in patients with prolonged disorders of consciousness: combined behavioral and event-related potential evidence. Front Neurol 8: 620. https://doi. org/10. 3389/fneur. 2017. 00620.

第 12 章　运动障碍的智能神经调节

12.1　摘　　要

脑深部刺激（Deep brain stimulation，DBS）是一种采用完全植入式永久装置进行侵入性皮质下神经调节的技术，它是一种有效的运动障碍治疗方法，目前正在研究用于治疗许多其他疾病，包括抽动秽语综合征、癫痫和抑郁症。传统的 DBS 受到劳动密集型手动编程、高电流要求以及对患者体征和症状波动缺乏反应的限制。该领域正朝着由外周或颅内传感器调节刺激的自适应闭环系统发展，通常把这种技术称为“智能神经调节”。理解与特定神经症状相关的脑节律并引入新型双向神经接口的进展，正在促进运动障碍闭环刺激的研究。这些研究表明，运动障碍闭环刺激具有更大的疗效和更少的不良反应的潜力，有可能将开发的硬件平台和控制策略推广到其他脑部疾病。

12.2　引　　言

脑深部刺激是一种长期侵入式神经调节，其中电刺激通过完全植入的神经接口传递，该方法是一种治疗药物难以治疗的运动障碍的有效方法，包括特发性帕金森病（Parkinson disease，PD）、肌张力障碍（dystonia）和震颤（tremor），目前正在研究用于治疗许多其他脑部疾病，包括抑郁症、记忆障碍和创伤后应激障碍。直到最近，所有设计用于持续刺激脑深部靶点的设备都提供了开环治疗，其中刺激参数是恒定的，只能由患者或训练有素的临床医生更改。“智能神经调节”是指利用神经信号或外围传感器控制设备，使刺激参数自动调整以适应不断变化的大脑状况或疾病表现。从这个意义上讲，智能神经调节是由类似于所有形式的脑-机接口的原理引导的，通过处理替代信号来控制植入的硬件。新一代 DBS 设备包括传感功能，能够嵌入用于反馈控制或闭环刺激的算法，但也可以用于连续刺激。早期关于闭环刺激的研究主要集中在 PD 上，但正在开发的平台和控制策略可能在许多新出现的侵入式神经调节适应症中普遍适用。值得注意的是，对癫痫的闭环皮质刺激在临床上已经建立，本章不详细讨论"智能神经调节"的这种特殊情况，因为已发表了关于该技术的临床研究（Sun 等，2008；癫痫研究组的 Morrell 和 RNS 系统，2011；Heck 等，2014）。在这里，我们重点关注运动障碍，特别是 PD 中智能神经调节的新兴技术和原理。

PD 的 DBS 有着悠久的历史，随着 PD 的进展，左旋多巴的最佳治疗往往会因禁用运动波动、异动症（dyskinesias）和直立（orthostasis）、恶心和精神病的非运动副作用而变得复杂。第一次尝试中断基底节的病理回路是对苍白球或丘脑的手术损伤，在 20 世纪 50 年代和 60 年代广泛进行。虽然部分有效，但在出现并发症或疾病症状改变时，这些固定病变是不可调节的，双侧病变手术会导致严重的言语和平衡问题。

自左旋多巴（levodopa）治疗 PD 以来，20 世纪 90 年代出现了可调高频电刺激的连续 DBS，是治疗运动障碍最有效的方法。在丘脑切除术的定位过程中，研究人员发现高频刺激丘脑可以抑制 PD 和原发性震颤（essential tremor，ET）患者的震颤。这一发现促进了对丘脑的长期刺激，具有持续的震颤抑制和较少的不良反应（Benabid 等，1991）。随后对丘脑底核（subthalamic nucleus，STN）进行双侧刺激，基于 STN 损害改善非人灵长类动物模型中帕金森病的证明（Bergman 等，1990），并结合早期理论（现已证明），表明了频率为 100~200Hz 的 DBS 使神经元失活（inactivated），从而产生"可逆性病变（reversible lesion）"。该手术对强直（rigidity）、迟动症（bradykinesia）和震颤产生了持续的益处（Limousin 等，1998；Rodriguez-Oroz 等，2005）。随机对照试验表明，与最佳医疗管理相比，长期 DBS 可改善运动残障（motor disability）、运动障碍（dyskinesia）、运动"开启"状态下的时间百分比和生活质量（Deuschl 等，2006；Weaver 等，2009）。PD 患者 DBS 的确切机制尚不清楚，但被认为涉及在多巴胺耗尽状态下出现的病理网络振荡活动（pathologic network oscillatory activity）的失同步（Herrington 等，2016）。在美国，DBS 已获得美国食品和药物管理局（Food and Drug Administration，FDA）对 PD 和 ET 的批准，以及 FDA 对肌张力障碍（dystonia）和强迫症（obsessive-compulsive disorder）的"人道主义器械的豁免"。

虽然传统的 DBS 仍然是运动障碍的有力治疗方法，但当前的开环刺激配置有几个局限性，刺激器对一段时间内不断变化的体征和症状，甚至对一天内的波动没有反应，这就需要去诊所手动重新规划。规划是劳动密集型的，并且基于经验测试。此外，症状控制所需的高强度电流通常会将 DBS 的电气效应传播到相邻结构，造成不利影响。DBS 中未满足的主要需求是开发闭环系统，该系统根据个体大脑信号特征标识或外围传感器自动调整刺激参数，目的是提高能效、减少副作用、提高临床效益，以及自动规划（可快速实现临床效益，而无需制定规划的临床医生）。实现闭环神经调节目标的关键一步是识别从植入或外周传感器记录的与刺激症状或不良反应相关的生物标记物。本章将评述运动障碍闭环刺激装置和控制策略的现状。

12.3　外部记录设备和震颤调节

一种相对简单的闭环控制策略采用可穿戴设备，提供异常运动的直接读数值，附属的震颤是运动障碍中的常见问题，为震颤频率大脑活动的直接神经元记录提供了一个可见的、持久的和可量化的替代。可穿戴加速计可以将震颤特征传递到计算机接口，并驱动 DBS 刺激参数。

连续开环 DBS 对运动障碍患者的附属震颤控制有效，然而，治疗效果需要高频刺激（>120Hz）。在开环丘脑刺激中，由于靠近小脑束，构音障碍（dysarthria）和步态不稳定的副作用很常见（Pahwa 等，2006）。振荡活动可以通过在抑制其振幅的振荡期间传递能量来有效抑制，100~200Hz 的传统 DBS 可以抑制 3~10Hz 的震颤（最典型的运动障碍）。然而，平均频率低得多的相位触发刺激将具有预期的震颤抑制效果，而不会产生高能/高频刺激的不良反应。

在一项研究中，患者接受了对丘脑的低频刺激，震颤相位（tremor phase）由患肢上的可穿戴加速计确定。确定了特定的震颤相位，采用与震颤相同的频率对丘脑进行夹带刺激，将增强或抑制震颤幅度（Cagnan 等，2013）。这也适用于对运动皮层的定时震颤相位非侵入式经颅磁刺激（Brittain 等，2013），ET 患者在震颤频率下的适应性、特定相位刺激被证明能显著抑制震颤，能效是标准高频刺激的 1.7 倍。值得注意的是，强劲的反应仅限于 ET，因为肌张力障碍性震颤患者没有获得类似的益处（Cagnan 等，2017）。此外，有一部分患者具有不同近端和远端震颤频率的多个丘脑振荡器，这使得锁相刺激（phase-locked stimulation）更具挑战性。

闭环刺激的另一种策略是利用标准的高频刺激，但仅在震颤期间触发有限的刺激脉冲。可行性研究利用腕部加速计数据触发刺激，并在预定义的震颤幅度阈值下调节电压，这种适应性刺激所需的平均电压显著低于连续 DBS，刺激时间只有一半左右（Malekmohammadi 等，2016）。还对患肢的表面肌电（EMG）进行了视觉分析，以预测震颤发作并触发刺激（Graupe 等，2010）。改进的机器学习正在将这项技术推向更自动化的刺激过程（Khobragade 等，2015）。

12.4　帕金森病患者的 β 振荡和运动迟缓症的控制

虽然基于可穿戴监测仪的反馈控制的这些进展可能很快会指导 DBS 治疗以震颤为主要运动症状的运动障碍，但其他运动症状，包括僵硬（强直）、运动迟缓症和肌张力障碍，可能需要使用神经信号进行最佳控制。目前帕金森病运动迟缓症（bradykinesia）和失动症（akinesia）的闭环控制研究基于这样一种理论，即这些运动障碍是由基底神经节-丘脑皮质运动环路中振荡活动的异常模式和振幅过大驱动的。STN 中记录的 β 频率（13～30Hz）振荡活动是在实验闭环 DBS 中测试的第一个神经生物标记物。

在 DBS 手术期间，经常进行微电极记录，以通过采样单个神经元动作电位来确认准确的电极放置，直到达到背侧 STN 的特征模式，然后用宏电极触点（普通电极触点）代替微电极引线用于治疗刺激。宏电极（Macroelectrodes）不能检测单个神经元的发放/放电（individual neuronal firing），但可以记录局部场电位（local field potentials, LFP）。在 STN 中，振荡 LFP 与微电极记录的锁时的神经元发放爆发在相位上关联（Kühn 等，2005）。因此，LFP 提供了 DBS 植入后神经元群体同步活动的测量方法，这种同步活动被认为是运动迟缓的主要驱动因素。帕金森病患者服用左旋多巴后（levodopa administration），STN-LFP 记录中 β 频率的频谱功率减弱，运动迟缓和强直同时改善（Kühn 等，2006），治疗性的 DBS 也可减少 STN-β 振荡，其减少程度与症状改善相关（Kühn 等，2008）。此外，在短期的刺激后，β 振荡保持抑制状态约 10～15s。患者手臂运动幅度（运动迟缓的标志）与停止刺激后 β 频谱功率的逐渐恢复呈负相关（Kühn 等，2008）。带状运动区上 STN 和皮质 EEG 之间 5～12Hz 范围内振荡的相干性也随着刺激而消失（Kühn 等，2008）。这些电生理数据表明，STN 中 β 振荡的局部抑制与整个基底节和皮质的广泛失同步以及临床改善相关。此外，当受到刺激时，β 振荡最强区域的特定 DBS 引线触点具有最稳健的临床反应，强调了该神经信号在闭环 DBS 中的潜在效用（Zaidel 等，2010）。一些研究表明，STN-β 振荡的幅度是疾病严重程度和有效治疗的标志，在这种典型的不对称疾病中，临床确定的受影响最严重的半球的 β 振荡更强（Shreve 等，2017），在接受 DBS 的大量患者中，静息状态 β 频谱功率与 PD 运动体征的严重程度相关（Neumann 等，2016a）。

在第一个针对振荡活动的闭环 DBS 实验中，在电极放置双侧 STN 1 周后，通过外部化引线记录 STN-LFP（图 12.1）（Little 等，2013）。当 β 振荡幅度达到频谱分析确定的阈值时，在典型的临床环境下进行刺激，直到 β 活性被抑制，然后暂停刺激。接受这种适应性刺激的患者显示，尽管接受的持续刺激电流不到一半，但其运动障碍评分仍有较大改善。随机生成的刺激模式低于自适应和连续的刺激，表明观察到的效果不仅仅是由于独立于反馈控制的刺激模式的改变。与连续刺激相比，相同的闭环 DBS 算法也导致更少的构音障碍，这是 DBS 的常见副作用（Little 等，2016）。

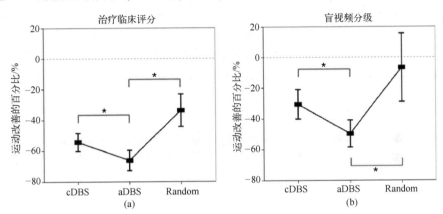

图 12.1　闭环 "自适应" DBS（aDBS）的结果与标准连续（cDBS）和 "随机" DBS 进行比较，其中脉冲以与 aDBS 相同的平均频率发出，但以随机模式。在临床上的一项简短试验中，在手术植入几天后通过临时外接导线进行刺激。图中显示了接受对侧 DBS 的 8 名患者的联合帕金森病评定量表（UPDRS）第 20、22 和 23 项的半身运动障碍分数的百分比变化。在非盲法（A）和盲法（B）临床评分中，与接受标准连续 DBS（cDBS）或随机刺激模式的患者相比，接受由 STN-β 振荡幅度增加触发的闭环自适应刺激（aDBS）的患者在运动障碍方面的改善更显著。参考自
Little S、Pogosyan A、Neal S 等（2013），Adaptive deep brain stimulation in advanced Parkinson disease. Ann Neurol 74：449–457

　　尽管 STN-β 振荡是迄今为止研究最多的适应性刺激生物标志物，但该技术存在一些重要局限性。由于大幅度的刺激伪迹，在同时刺激时从 STN 记录 LFP 在技术上具有挑战性，并且通常需要大量的信号处理（Sun 和 Hinrichs，2016；Qian 等，2017）。STN 中显著的 β 振荡也不是帕金森病特有的，孤立性局灶性肌张力障碍患者的 STN-LFP 在 β 频率上与 PD 患者具有相似的频谱功率（Wang 等，2016）。由于伦理原因，没有对健康对照组患者的 STN-LFP 进行研究，目前尚不清楚这种 β 活性在运动障碍患者中是否异常突出。

　　此外，正常运动降低了整个基底节–丘脑皮质运动环路的 β 振荡幅度（Qasim 等，2016；Shreve 等，2017）。基于 β 频谱功率阈值的反馈控制将导致自愿运动期间刺激减少，这可能会影响其有效性。事实上，在一项采用 β 振

荡作为适应性刺激生物标记物的非人灵长类研究中，受试者的僵硬程度有所改善，但运动迟缓评分没有改善（Johnson 等，2016）。帕金森病患者震颤伴运动迟缓的共同存在带来了另一个挑战，因为震颤会减少基底节和皮层的 β 振荡（卡西姆，等，2016）。正如预期的，运动障碍评分与帕金森病震颤显性表型（tremor dominant phenotype）人群中的 β 频谱功率呈负相关，这与帕金森病无运动僵硬亚型（akinetic rigid subtype）患者的发现相反（Trager 等，2016）。前几段讨论的闭环研究排除了明显震颤的患者，因为 β 振荡驱动的刺激可能会在这些患者中失败。提议的替代方案是将 STN-LFP β 频率记录和外部震颤监测相结合，以在闭环系统中协调震颤与帕金森病其他主要症状之间极不相同的生理机能（Shreve 等，2017）。

在帕金森病的动物模型中，基底节或皮质的动作电位被用来触发刺激，由于动作电位时序在统计学上与网络振荡活动的相位相关，因此这提供了一种相位触发刺激的形式。与连续 DBS 相比，反馈控制刺激在能量效率、抑制振荡活动和改善运动障碍评分方面具有优势（Rosin 等，2011）。通过永久性完全植入（非外部化）设备对人类动作电位放电进行长期记录尚未完成。

12.5　长期记录和刺激装置

闭环刺激的人体试验通常依赖于临时外接基底神经节导联进行记录，因此长期闭环刺激的疗效尚不清楚。具有同时刺激和长期记录能力的完全植入式双向设备现在可用于研究，为长期范式中的算法开发提供了一个新平台。

其中一种装置已经在临床上用于治疗难治性局灶性癫痫（refractory focal epilepsy）。RNS 系统（Neuropace，Mountain View，CA）在记录异常皮层电信号时触发对致痫灶（epileptogenic foci）的皮层刺激，从而避免癫痫发作（Sun 等，2008 年；用于癫痫研究组的 Morrell 和 RNS 系统，2011 年；Heck 等，2014 年）。在对丘脑定时歇性 DBS 的概念验证实验中，该装置也已用于多动秽语综合征（Tourette syndrome）进行探索（Okun 等，2013 年）。随着生物标志物在未来得到完善，该设备对丘脑的记录可能会触发短暂的刺激期。虽然 RNS 系统在阵发性（paroxysmal）神经疾病中有潜力，但该设备不是为大多数运动障碍所需的更频繁刺激而设计的。

Activa PC+S 是一种新型双向 DBS 设备，设计用于通过皮质下或皮质导联进行长期记录和刺激（Rouse 等，2011）。采用 Activa PC+S 的早期研究侧重于复制已知的生物标记物，希望利用它们进行长期的闭环刺激。第一项研究揭示了先前采用外部导联识别 STN 中的 β 带振荡，并且这些振荡随着刺激而衰减

（Quinn 等，2015；Hanrahan 等，2016；Neumann 等，2016b；Blumenfeld 等，2017）。值得注意的是，这些研究在技术上受到腹侧接触点心电（EKG）伪迹（Quinn 等，2015）和强刺激伪迹的限制，STN-LFP 功率谱中的 β 峰值在患者中并不总是像之前采用外部化导联的研究那样突出或一致（Neumann 等，2016b）。改善记录信号的标定和滤波技术正在开发中。

12.6　基于皮质 β 频带同步的控制策略

克服在同一结构中刺激和记录的技术挑战的一种策略是在基底神经节-丘脑皮质环路的不同部分引入传感电极。在我们的方法中，在 M1 下方放置一根永久的桨型导联，以采集 ECoG 电位（图 12.2）。在 STN 刺激期间，M1 记录受刺激伪迹的影响较小，并显示出较高振幅的 β 振荡。此外，与 STN 导联相比，从 M1-ECoG 触点更容易检测到场电位功率谱中的 β 峰值（Swann 等，2017）。M1-ECoG 记录在 ET 中也有潜在效用，ET 通常通过刺激丘脑进行治疗。采用预期的皮质 β 去同步和自愿动作的启动作为对 ET 刺激的触发器，可提供更具针对性的特定表型的刺激，其中 ET 是一种以姿势和动作震颤为主的疾病（Herron 等，2017a，b）。

帕金森病的动物模型表明，运动皮层受到治疗性 DBS 的强烈影响。研究人员发现，在偏侧帕金森病大鼠中，高频刺激 STN 产生使运动皮层兴奋的逆向动作电位。临床改善与 M1 中逆向皮质兴奋频率相关，而不是与直接对 STN 的刺激频率相关，最大的改善发生在 125Hz，这是一种典型的临床 DBS 设置。DBS 还通过使 LFP-β 振荡引起的神经元尖峰爆发去同步来破坏皮质 β 相干性（李等，2012）。这些数据表明，STN-DBS 的临床疗效可能基于皮质去同步，而不是基于 STN 神经元放电，对 STN 刺激的效果可能通过超直接路径（运动皮质区和 STN 之间的单突触连接）进行逆向传递。

采用 ECoG 从皮层记录场电位，可用于获得神经元池同步的测量值。在频域中，宽带（50~200Hz）上的"γ 高频段"活动振幅被认为是神经元群尖峰的替代标记（Manning 等，2009）。在运动皮层中，宽带 γ 振幅往往与低频振荡同相对齐，这种现象称为相位-振幅耦合（PAC）（Canolty 等，2006）。在帕金森病中，与其他疾病（如局灶性肌张力障碍和癫痫）相比，PAC 被夸大了，而从皮层记录的 β 振荡的频谱功率并不能区分疾病状态。增强 PAC 的这种相对特异性表明该指标是一种有用的生物标记物（de Hemptinne 等，2013），PAC 可在基底节-丘脑皮质运动网络的多个部位检测到，并可能为 PD 网络的病理同步提供有力的测量手段。对 STN 的 DBS 中断运动皮层中的 PAC，PAC

中断的程度与运动改善相关，这类似于上述偏侧帕金森病大鼠的逆向皮层去同步（de Hemptinne 等，2015）。尽管自愿性主动运动会减弱皮质 PAC，就像 STN-β 振荡一样，但 DBS 在静息、运动准备和运动期间进一步降低 M1-PAC。此外，DBS 比 M1-β 振荡更能持续降低皮质 PAC（de Hemptinne 等，2015）。有趣的是，与手臂有关的全身性肌张力障碍患者也有突出的皮质 PAC，治疗性 DBS 可减少该信号，这表明 PD 和全身性肌张力障碍之间的神经元病理生理存在一些重叠（Miocinovic 等，2015）。采用带有 ECoG 的双向 DBS 设备的实验目前正在将皮质 PAC 作为闭环刺激的触发器。

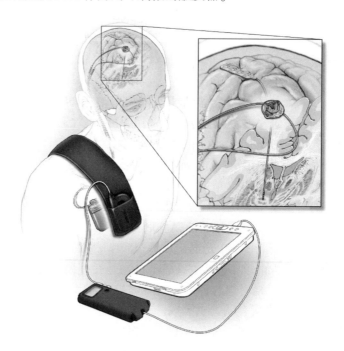

图 12.2　由 Ken Probst 举例说明。双向神经接口（Medtronic Activa PC+S）植入胸部区域，连接到 STN 的四极圆柱形导联以及在"数据流"模式下位于运动皮层上方的四极桨型导联。利用皮质或皮质下信号，外部计算机（如图所示平板电脑）可用于构建闭环刺激算法原型，并直接与内置植入式脉冲发生器通信

12.7　γ振荡和运动障碍

多巴胺能药物引起的运动障碍或舞蹈样不自主运动是帕金森病药物治疗的常见并发症，也是 DBS 的主要指征。然而，DBS 也会引起运动障碍，这可能

会减少其治疗窗口。在帕金森病的中晚期，运动障碍通常与帕金森病的主要运动症状一样具有致残性。采用暂时外部化导联对人类运动障碍的研究是有限的，因为运动障碍通常在术后即刻由于微损伤效应而减轻。我们采用具有相关长期 ECoG 记录的 Activa PC+S 的研究（图 12.2）阐明了运动障碍的生理学，并提出了闭环神经调节的另一个潜在控制信号。

使用 2 名患者在运动障碍和非运动障碍状态下超过 1 年的纵向记录，我们发现 M1 中存在非常突出的窄带 γ 振荡，STN 中的窄带 γ 荡程度较低，同样与运动障碍的存在密切相关（Swann 等，2016）。据报道，运动障碍的啮齿动物模型也出现了类似的窄带皮质振荡（Halje 等，2012），自愿性运动对 γ 峰值的幅度影响很小，与 β 振荡相比，是将 γ 振荡用作控制信号的一个主要优势（图 12.3）。运动皮层中 60～90Hz 的 γ 频带振荡的幅度要高得多，这突出了结合脑深部记录的皮层监测在识别智能神经调节的生物标记物方面的重要性（Swann 等，2016）。窄带 γ 振荡在反馈控制刺激中作为"关闭"开关提供了强大的潜力。考虑到其与动作诱发的肌张力障碍的相关性，这些可能在孤立性肌张力障碍（孤立性肌张力障碍）的自适应刺激中也很有用（Miocinovic 等，2018）。值得注意的是，这些窄带振荡不同于皮质宽带 γ 信号（50～200Hz），后者通过自主运动增强。宽带活动是局部神经元群尖峰发放的标志，不是振荡现象（Manning 等，2009）。

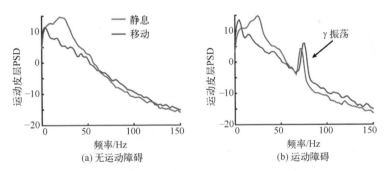

(a) 无运动障碍   (b) 运动障碍

图 12.3　窄带 γ 节律是运动障碍的潜在生物标志物，运动障碍是左旋多巴和 DBS治疗帕金森病时常见的多动并发症。在无运动障碍（a）和有运动障碍（b）的 PD患者中，从中央前回记录的 ECoG 电位计算功率谱密度（PSD）。运动障碍（b）期间出现显著的窄带 γ 振荡，相对而言不受自主运动的影响，而 β 波段频谱功率随自主运动而衰减（在（a）和（b）中有显示）。（修改自 Swann NC, de Hemptinne C, Miocinovic S et al.（2016）. *Gamma oscillations in the hyperkinetic state detected with chronic human brain recordings in Parkinson's disease*. J Neurosci 36：6445-6458.）. 治疗帕金森病的左旋多巴和 DBS（见彩插）

12.8　闭环神经调节用于其他神经系统疾病

帕金森病和相关运动障碍是最常采用侵入式神经调节治疗的疾病，但许多其他疾病可能受益于这种策略。闭环刺激已被 FDA 批准用于难治性癫痫（Sun 等，2008；Morrell 和 RNS 系统用于癫痫研究组，2011；Heck 等，2014）。一种能够对纹状体多巴胺（striatal dopamine）进行微量化学测量以进行反馈控制的新装置在各种神经递质缺陷障碍中具有潜在应用价值（Chang 等，2013）。情绪障碍中 ECoG 驱动的前额叶皮质刺激的生物标记物（Biomarkers）正在探索中（Deeb 等，2016）。研究人员正在测试脑卒中患者运动开始时皮质 β 振荡的减少，把其作为经颅磁刺激的触发器。运动驱动刺激可以使皮质兴奋与动作同步，以促进运动恢复（Gharabaghi 等，2014；Biasiucci 等，2018）。这些发现将转化为更智能、更个性化的脑−机接口，用于治疗致残性神经疾病。

12.9　未 来 方 向

智能神经调节的发展与技术进步密切相关。改进的软件和神经信号处理将过滤伪迹和其他"噪声"，以更准确地触发刺激。用于测量僵硬、运动迟缓和步态障碍的更复杂可穿戴技术将有助于发现与病理生理相关的准确和相关的信号。探索记录和刺激的新靶点也将增强针对更难以捉摸的非运动表现的神经疾病，如抑郁症和焦虑症。

12.10　结 束 语

智能神经调节是一种脑−机接口，采用神经和可穿戴传感来触发靶向 DBS 治疗（targeted DBS therapy）。运动障碍领域的广泛研究旨在将连续开环神经调节范式转变为反馈控制闭环治疗。智能神经调节的未来涉及适应性技术，该技术通过个性化反馈控制刺激来对神经系统疾病不断变化的症状做出反应，同时最大限度地减少刺激引起的副作用。整体而言，这些智能神经调节原理可以作为自适应 BCI 的一种形式应用于神经疾病。

参 考 文 献

［1］Benabid AL, Pollak P, Gervason C et al. (1991). Long-term suppression of tremor by chronic stimulation of the ventral intermediate thalamic nucleus. Lancet 337: 403-406.

[2] Bergman H, Wichmann T, DeLong MR (1990). Reversal of experimental parkinsonism by lesions of the subthalamic nucleus. Science 249: 1436-1438.

[3] Biasiucci A, Leeb R, Iturrate I et al. (2018). Brain-actuated functional electrical stimulation elicits lasting arm motor recovery after stroke. Nat Commun 9: 2421.

[4] Blumenfeld Z, Koop MM, Prieto TE et al. (2017). Sixty-hertz stimulation improves bradykinesia and amplifies subthalamic low-frequency oscillations. Mov Disord 32: 80-88.

[5] Brittain JS, Probert-Smith P, Aziz TZ et al. (2013). Tremor suppression by rhythmic transcranial current stimulation. Curr Biol 23: 436-440.

[6] Cagnan H, Brittain JS, Little S et al. (2013). Phase dependent modulation of tremor amplitude in essential tremor through thalamic stimulation. Brain 136: 3062-3075.

[7] Cagnan H, Pedrosa D, Little S et al. (2017). Stimulating at the right time: phase-specific deep brain stimulation. Brain 140: 132-145.

[8] Canolty RT, Edwards E, Dalal SS et al. (2006). High gamma power is phase-locked to theta oscillations in human neocortex. Science 313: 1626-1628.

[9] Chang SY, Kimble CJ, Kim I et al. (2013). Development of the Mayo Investigational Neuromodulation Control System: toward a closed-loop electrochemical feedback system for deep brain stimulation. J Neurosurg 119: 1556-1565.

[10] de Hemptinne C, Ryapolova-Webb ES, Air EL et al. (2013). Exaggerated phase-amplitude coupling in the primary motor cortex in Parkinson disease. Proc Natl Acad Sci USA 110: 4780-4785.

[11] de Hemptinne C, Swann NC, Ostrem JL et al. (2015). Therapeutic deep brain stimulation reduces cortical phaseamplitude coupling in Parkinson's disease. Nat Neurosci 18: 779-786.

[12] Deeb W, Giordano JJ, Rossi PJ et al. (2016). Proceedings of the fourth annual deep brain stimulation think tank: a review of emerging issues and technologies. Front Integr Neurosci 10: 38.

[13] Deuschl G, Schade-Brittinger C, Krack P et al. (2006). A randomized trial of deep-brain stimulation for Parkinson's disease. N Engl J Med 355: 896-908.

[14] Gharabaghi A, Kraus D, Leão MT et al. (2014). Coupling brain-machine interfaces with cortical stimulation for brain-state dependent stimulation: enhancing motor cortex excitability for neurorehabilitation. Front Hum Neurosci 8: 122.

[15] Graupe D, Basu I, Tuninetti D et al. (2010). Adaptively controlling deep brain stimulation in essential tremor patient via surface electromyography. Neurol Res 32: 899-904.

[16] Halje P, Tamtè M, Richter U et al. (2012). Levodopa-induced dyskinesia is strongly associated with resonant cortical oscillations. J Neurosci 32: 16541-16551.

[17] Hanrahan SJ, Nedrud JJ, Davidson BS et al. (2016). Long-term task-and dopamine-dependent dynamics of subthalamic local field potentials in Parkinson's disease. Brain Sci

6：57.

[18] Heck CN, King-Stephens D, Massey AD et al. (2014). Twoyear seizure reduction in adults with medically intractable partial onset epilepsy treated with responsive neurostimulation: final results of the RNS System Pivotal trial. Epilepsia 55：432-441.

[19] Herrington TM, Cheng JJ, Eskandar EN (2016). Mechanisms of deep brain stimulation. J Neurophysiol 115：19-38.

[20] Herron JA, Thompson MC, Brown T et al. (2017a). Chronic electrocorticography for sensing movement intention and closed-loop deep brain stimulation with wearable sensors in an essential tremor patient. J Neurosurg 127：580-587.

[21] Herron JA, Thompson MC, Brown T et al. (2017b). Cortical brain-computer interface for closed-loop deep brain stimulation. IEEE Trans Neural Syst Rehabil Eng 25：2180-2187.

[22] Johnson LA, Nebeck SD, Muralidharan A et al. (2016). Closed-loop deep brain stimulation effects on Parkinsonian motor symptoms in a non-human primate—is beta enough? Brain Stimul 9：892-896.

[23] Khobragade N, Graupe D, Tuninetti D (2015). Towards fully automated closed-loop Deep Brain Stimulation in Parkinson's disease patients: a LAMSTAR-based tremor predictor. Conf Proc IEEE Eng Med Biol Soc 2015：2616-2619.

[24] Kühn AA, Trottenberg T, Kivi A et al. (2005). The relationship between local field potential and neuronal discharge in the subthalamic nucleus of patients with Parkinson's disease. Exp Neurol 194：212-220.

[25] Kühn AA, Kupsch A, Schneider GH et al. (2006). Reduction in subthalamic 8-35 Hz oscillatory activity correlates with clinical improvement in Parkinson's disease. Eur J Neurosci 23：1956-1960.

[26] Kühn AA, Kempf F, Brücke C et al. (2008). High-frequency stimulation of the subthalamic nucleus suppresses oscillatory beta activity in patients with Parkinson's disease in parallel with improvement in motor performance. J Neurosci 28：6165-6173.

[27] Li Q, Ke Y, Chan DC et al. (2012). Therapeutic deep brain stimulation in Parkinsonian rats directly influences motor cortex. Neuron 76：1030-1041.

[28] Limousin P, Krack P, Pollak P et al. (1998). Electrical stimulation of the subthalamic nucleus in advanced Parkinson's disease. N Engl J Med 339：1105-1111.

[29] Little S, Pogosyan A, Neal S et al. (2013). Adaptive deep brain stimulation in advanced Parkinson disease. Ann Neurol 74：449-457.

[30] Little S, Tripoliti E, Beudel M et al. (2016). Adaptive deep brain stimulation for Parkinson's disease demonstrates reduced speech side effects compared to conventional stimulation in the acute setting. J Neurol Neurosurg Psychiatry 87：1388-1389.

[31] Malekmohammadi M, Herron J, Velisar A et al. (2016). Kinematic adaptive deep brain stimulation for resting tremor in Parkinson's disease. Mov Disord 31：426-428.

[32] Manning JR, Jacobs J, Fried I et al. (2009). Broadband shifts in local field potential power spectra are correlated with singleneuron spiking in humans. J Neurosci 29: 13613-13620.

[33] Miocinovic S, de Hemptinne C, Qasim S et al. (2015). Patterns of cortical synchronization in isolated dystonia compared with Parkinson disease. JAMA Neurol 72: 1244-1251.

[34] Miocinovic S, Swann NC, de Hemptinne C et al. (2018). Cortical gamma oscillations in isolated dystonia. Parkinsonism RelatDisord 49: 104-105.

[35] Morrell MJ, RNS System in Epilepsy Study Group (2011). Responsive cortical stimulation for the treatment of medically intractable partial epilepsy. Neurology 77: 1295-1304.

[36] Neumann WJ, Degen K, Schneider GH et al. (2016a). Subthalamic synchronized oscillatory activity correlates with motor impairment in patients with Parkinson's disease. Mov Disord 31: 1748-1751.

[37] Neumann WJ, Staub F, Horn A et al. (2016b). Deep brain recordings using an implanted pulse generator in Parkinson's disease. Neuromodulation 19: 20-24.

[38] Okun MS, Foote KD, Wu SS et al. (2013). A trial of scheduled deep brain stimulation for Tourette syndrome: moving away from continuous deep brain stimulation paradigms. JAMA Neurol 70: 85-94.

[39] Pahwa R, Lyons KE, Wilkinson SB et al. (2006). Long-term evaluation of deep brain stimulation of the thalamus. J Neurosurg 104: 506-512.

[40] Qasim SE, de Hemptinne C, Swann NC et al. (2016). Electrocorticography reveals beta desynchronization in the basal ganglia-cortical loop during rest tremor in Parkinson's disease. Neurobiol Dis 86: 177-186.

[41] Qian X, Chen Y, Feng Y et al. (2017). A method for removal of deep brain stimulation artifact from local field potentials. IEEE Trans Neural Syst Rehabil Eng 25: 2217-2226.

[42] Quinn EJ, Blumenfeld Z, Velisar A et al. (2015). Beta oscillations in freely moving Parkinson's subjects are attenuated during deep brain stimulation. Mov Disord 30: 1750-1758.

[43] Rodriguez-Oroz MC, Obeso JA, Lang AE et al. (2005). Bilateral deep brain stimulation in Parkinson's disease: amulticentre study with 4 years follow-up. Brain 128: 2240-2249.

[44] Rosin B, Slovik M, Mitelman R et al. (2011). Closed-loop deep brain stimulation is superior in ameliorating parkinsonism. Neuron 72: 370-384.

[45] Rouse AG, Stanslaski SR, Cong P et al. (2011). A chronic generalized bi-directional brain-machine interface. J Neural Eng 8: 036018.

[46] Shreve LA, Velisar A, Malekmohammadi M et al. (2017). Subthalamic oscillations and phase amplitude coupling are greater in the more affected hemisphere in Parkinson's disease. Clin Neurophysiol 128: 128-137.

[47] Sun L, Hinrichs H (2016). Moving average template subtraction to remove stimulation artefacts in EEGs and LFPs recorded during deep brain stimulation. J Neurosci Methods 266:

259

126-136.

[48] Sun FT, Morrell MJ, Wharen RE (2008). Responsive cortical stimulation for the treatment of epilepsy. Neurotherapeutics 5: 68-74.

[49] Swann NC, de Hemptinne C, Miocinovic S et al. (2016). Gamma oscillations in the hyperkinetic state detected with chronic human brain recordings in Parkinson's disease. J Neurosci 36: 6445-6458.

[50] Swann NC, de Hemptinne C, Miocinovic S et al. (2017). Chronic multisite brain recordings from a totally implantable bidirectional neural interface: experience in 5 patients with Parkinson's disease. J Neurosurg 128: 1-12.

[51] Trager MH, Koop MM, Velisar A et al. (2016). Subthalamic beta oscillations are attenuated after withdrawal of chronic high frequency neurostimulation in Parkinson's disease. Neurobiol Dis 96: 22-30.

[52] Wang DD, de Hemptinne C, Miocinovic S et al. (2016). Subthalamic local field potentials in Parkinson's disease and isolated dystonia: an evaluation of potential biomarkers. Neurobiol Dis 89: 213-222.

[53] Weaver FM, Follett K, Stern M et al. (2009). Bilateral deep brain stimulation vs best medical therapy for patients with advanced Parkinson disease: a randomized controlled trial. JAMA 301: 63-73.

[54] Zaidel A, Spivak A, Grieb B et al. (2010). Subthalamic span of beta oscillations predicts deep brain stimulation efficacy for patients with Parkinson's disease. Brain 133: 2007-2021.

第13章　双向脑–机接口

13.1　摘　　要

脑–机接口是与大脑接口以实现与环境交互的设备。BCI 有可能通过与神经系统的直接接口，改善许多受大脑、脊柱、四肢和感觉器官衰弱性疾病影响的个体的生活质量。虽然在 BCI 运动控制方面已取得了很大的进展，但对触觉或皮肤感觉的恢复却很少关注，这在抓取或操纵物体时可能非常重要。BCI 需要整合运动模式和感觉模式，以真正恢复手臂和手的功能。这里我们描述了一种双向 BCI 系统，该系统将从运动皮层记录的神经信号转换为控制设备的信号，并通过将外部传感器信息转换为传递到皮层的电刺激模式来提供体感反馈。在本章中，我们回顾了躯体感觉的神经科学、BCI 应用中感觉反馈的历史，特别是手功能和皮肤感觉的恢复，并描述了使双向 BCI 成为临床实际应用需要完成的其他工作。

13.2　引　　言

脑–机接口是允许计算机系统记录或调节大脑神经活动的设备。BCI 可作为探索大脑功能的基础研究工具（见第 17 章），但更常见的是，BCI 与改善受大脑、脊柱、四肢和感觉器官衰弱性疾病影响的个体生活质量的潜力有关。虽然有许多方法可以创建与大脑的接口，也有许多符合 BCI 定义的技术，但我们关注的是植入皮质本身（皮质内 BCI）或大脑表面的设备。BCI 要实现完全复制健全功能的最终目标，需要整合运动和感觉能力。在这里，我们描述了双向 BCI 的基本概念和原理，双向 BCI 不仅将从初级运动皮层（primary motor cortex，M1）记录的神经活动转换为设备的控制信号，还通过将外部传感器信息（如来自假手的信息）转换为传递到初级体感皮层（primary somatosensory cortex，S1）的电刺激模式（electric stimulation patterns，图 13.1），以提供体感反馈。

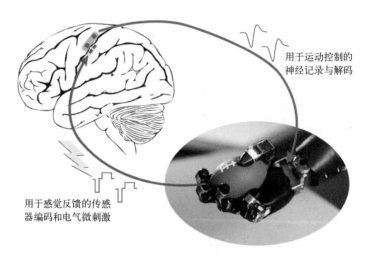

用于运动控制的
神经记录与解码

用于感觉反馈的传感
器编码和电气微刺激

图 13.1　双向 BCI 记录神经活动，为末端执行器（如机械臂）获得控制信号，
同时也通过基于末端执行器的传感器输出刺激大脑来提供感觉反馈

近年来，在开发恢复手臂和手部运动的假肢方面取得了重大进展（Carmena 等，2003；Hochberg 等，2006；Santhanam 等，2006；Velliste 等，2008；Collinger 等，2013；Bouton 等，2016；Ajiboye 等，2017），展示了多达 10 个维度的同时和连续控制（Wodlinger 等，2015）。这种水平的控制允许手臂在空间中定位和定向，可以把手指运动组合成不同的功能性抓握姿势。最近，皮质内 BCI 与刺激肌肉的功能性电刺激相结合，以恢复猴子（Moritz 等，2008；Ethier 等，2012）和人类（Bouton 等，2016；Ajiboye 等，2017）的手臂或手部运动。

虽然这些报告说明了 BCI 在运动控制方面取得的进展，但对恢复触觉或皮肤感觉的关注却少得多，触觉或皮肤感觉对抓取和操纵物体至关重要。对于简单的任务，触觉反馈可以发出重要的状态变化信号，例如物体接触（Johansson 和 Flanagan，2009）。感觉反馈对于需要灵巧的任务来说变得更加重要，比如点燃火柴或确定钥匙的方向（Robles De La Torre，2006）。感觉和运动功能不作为不同的过程存在（需要整合）；相反，我们的大脑会创建复杂的运动规划，并将预期结果与感觉反馈进行比较，以做出适当的调整（Wolpert 等，1995）。这些运动规划是由感觉反馈形成的经验的产物，这激发了 BCI 临床应用中对感觉反馈的需求。

基础科学研究为植入式 BCI 系统的临床试验提供了信息。这项研究的大部分起源于对难治性癫痫患者进行大脑监测。如今，该研究已扩展到脊髓损伤患者，作为开发双向 BCI 临床试验的一部分，已在这些患者的初级体感皮层

（primary somatosensory cortex）植入皮质内电极。这些植入物能够唤起感觉，感觉它们起源于手部（Flesher 等，2016）或手臂（Armenta Salas 等，2018）的焦点位置。虽然诱发的感官知觉具有自然的性质，但需要额外的工作来最佳地产生自然且有用的感觉。本章评述了躯体感觉的神经科学、对躯体感觉皮层刺激的历史、当前创建双向 BCI 的方法，以及使双向 BCI 成为临床实际应用需要完成的其他工作。

13.3　双向 BCI 的神经科学

开发与神经系统接口的技术以恢复异常的运动和感觉功能，需要对基础神经科学有深刻的理解。尽管加深对体感神经科学的深入理解是许多研究实验室的重点，但我们目前对运动和体感的神经控制有很多了解，可以应用于 BCI 技术。

13.3.1　从运动皮层获取运动指令

本书的其他部分描述了 BCI 用于运动控制，包括第 2 章和第 8 章。这里我们只讨论与双向 BCI 相关的概念。手臂和手部的运动学在 M1 神经元的活动模式中有很好的体现（Georgopoulos 等，1982；Hamed 等，2007；Velliste 等，2008；Saleh 等，2010；Aggarwal 等，2013；Mollazadeh 等，2014；Schaffelhofer 等，2015），证据表明，M1 还包含关于抓取力的信息（Maier 等，1993；HeppReymond 等，1999；Mason 等，2002；Hendrix 等，2009）。由于 M1 对运动学有很好的表征，通常把该区域的神经元发放率转化为 BCI 设备的端点速度指令，尤其是用于到抓取任务（Taylor 等，2002；Velliste 等，2008；Collinger 等，2013）。使用这种端点速度控制方法，一个人能够同时连续控制拟人手臂的 10 个维度，包括 4 个手形维度（Wodlinger 等，2015）。研究还表明，猴子可以控制四种抓取形状的速度（Rouse，2016）。所有这些实验的一个相关事实是，它们依赖于手臂的视觉反馈。然而，对于 BCI 用于恢复自然运动能力而言，体感反馈可能至关重要，除了通过 BCI 调节运动学参数外，还可能需要结合调节动力学运动参数的能力。

13.3.2　感觉反馈在手部控制中的重要性

在抓取过程中，体感反馈提供了有关制定运动规划的手形、接触物体以及释放的关键线索（Flanagan 等，2006；Nowak 等，2013）。这种触感信息是多方面的，包括施加在皮肤上的力的时间、大小、方向和空间分布，从中可以确定有关表面形状和物体摩擦的信息（Gordon 等，1991；Jenmalm 和 Johansson，1997；Jenmalm 等，2000；Birznieks 等，2001）。感觉反馈为未来的交互提供运动计划，但也允许随时进行错误纠正（Johansson 和 Westling，1988；Gordon 等，1993；Jenmalm 等，2006；Johansson 和 Flanagan，2009）。

通过观察感觉障碍时运动表现的局限性，我们发现了这些感觉信号重要性的有力例子。例如，当手指上有感受野的皮肤传入神经被麻醉时，对物体的操纵受到损害，导致难以对意外的负载条件或移动抓取的物体做出反应（Johansson 等，2004；Monzee 等，2006）。一个有趣的慢性感觉障碍患者案例研究涉及一名因严重周围感觉神经病变而失去知觉的男子（Rothwell 等，1982）。这个人可以在实验室环境中进行指导性的运动项目（包括手部定位和力量匹配任务），几乎没有问题，但在执行需要精细灵巧动作的日常任务时有严重困难，例如扣衬衫或用笔写字。也有病例报告称，由于大直径传入变性，患者失去本体感觉反馈，导致运动控制严重受损，尤其是没有视力的人（Sanes 等，1984；Sainburg 等，1993，1995）。这些观察结果表明，体感反馈是正常运动控制的重要组成部分：对执行正常的伸展运动以及抓取和操纵物体至关重要。因此，BCI 开发的一个重要挑战是创造出一些技术，这些技术以一种能够实现熟练动作和物体操纵的方式，将感觉信息传达给用户。对于那些有兴趣进一步探索感觉反馈在运动控制中作用的人，我们建议你参考一些优秀的评论（如，Schmidt 和 Lee，2005；Flanagan 等，2006；Johansson 和 Flanagan，2009）。

13.3.3 体感受体及与大脑的通路

触觉的感知源于许多类型的外周受体检测到的皮肤形变和振动的复杂模式，包括四种类型的皮肤机械敏感性受体：Merkel 盘、Meissner 小体（触觉小体）、Pacinian 小体和 Ruffini 末梢。这些受体类型中的每一种都与特定的功能有关；然而，在正常的交互中，同时激活是常见的。Merkel 盘位于基底表皮，通常与刺激物的纹理和空间特性的辨别有关。位于真皮层内的 Meissner 小体，在出现滑动时对手部调节非常重要，并对中频振动做出反应。位于皮下的 Pacinian 小体对检测高频振动感觉很重要，但对静态力不敏感。位于网状真皮中的 Ruffini 末端主要对皮肤拉伸做出反应，随后提供有关物体运动方向和力的信息。Merkel 盘和 Ruffini 末端适应缓慢，这意味着它们在有刺激的情况下会长时间发放，而 Meissner 小体和 Pacinian 小体都能快速适应刺激，对持续的输入没有反应。这些受体在人类手部的无毛皮肤中也有不同的密度，其中 Meissner 小体和 Merkel 盘在手指（尤其是指尖）最为突出，Pacinian 小体和 Ruffini 末端广泛分布于整个手部，但总体密度较低。关于这些机械感受器及其功能的深入评述，见 Johnson（2001）和 Johnson 和 Flanagan（2009）。

　　嵌入在肌肉和关节中的是一组完全不同的机械感觉传入，它们产生了我们的本体感觉。本体感觉（知道我们的四肢在空间中位置的能力）主要是通过肌肉腹部和肌腱内的肌梭和高尔基腱器，以及关节内的各种感受器（受体）来传递的。肌梭（muscle spindle）是一种非常复杂的感觉结构，由多种初级感觉传入神经支配，但也受平行运动系统的控制，称为 γ 运动神经元系统。从广义上讲，肌梭对肌肉本身的长度和长度变化敏感，而 γ 运动神经元系统调节拉伸灵敏度的增益。高尔基体肌腱器（Golgi tendon organs）分布在肌腱中，并产生大致与肌腱张力成比例的输出。最后，关节囊受体（joint capsule receptors）可以产生由关节角度调节的输出，并且通常在运动范围的极限附近发放特别强烈。本体感受系统及其在感知和运动控制中的作用是许多近期评论文章的主题，读者可以参考这些文献获取更多信息（如 Proske 和 Gandevia，2009、2012；Prochazka 和 Ellaway，2012）。

　　初级传入神经元的轴突支配手部和手臂的这些外周感受器（外周受体），这些轴突形成外周神经，最终通过颈脊髓神经（cervical spinal nerves）进入脊髓。脊髓神经分为背侧和腹侧两部分，感觉传入在背侧部分传导。这些初级传入神经元的细胞体位于背根神经节（dorsal root ganglia），其感觉根的扩大，最常见于椎间孔。携带触感和本体感受信息的轴突随后向脊髓和脊髓各层的突触发送投射，然后通过背柱-内侧丘系通路（dorsal column-medial lemniscus pathway）上升至背柱核团（dorsal column nuclei）的第一个突触。然后，二级神经元投射到丘脑腹后外侧核，该核向初级体感皮层输出（图 13.2）。并不是所有通过这些区域的信息都能到达 S1，而通过这些区域的信息是由从皮质到通路中间部分的相互投射调节的（KÜnzle，1977；Nothias 等，1988）。通过脊髓到达的感觉信号也通过不同的脊髓束投射到小脑（cerebellum），并通过不同的丘脑通路（thalamic pathways）投射到大脑的其他区域。有关这些感觉通路的更详细描述，请参见 Patestas 和 Gartner（2006）。

13.3.4　体感皮层

　　源自身体上特定位置的感觉投射到 S1 的相应区域，形成身体特定位置的躯体表征（Kaas 等，1981）。这种躯体表征是沿着大脑的内侧-外侧轴组织的，其中，中央后回最内侧区域与腿部相对应，并向外侧移动，进展到躯干、手臂、手部和面部。身体的某些部位在 S1 中的表征比其他部位更大，这取决于该区域的相对重要性以及周围感受器（受体）的数量：感受器数量的增加对应于皮质中表征的增加，这可导致更精细的两点辨别感觉。正如人们所预料的

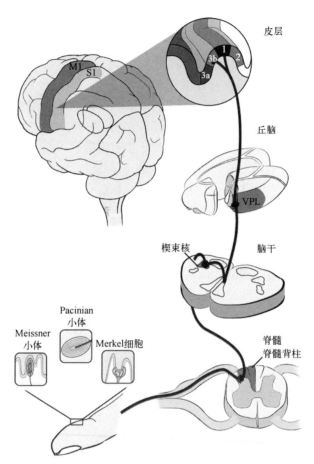

图 13.2　指尖的外周感受器通过脊髓、脑干和丘脑向上游发送感觉信息至初级体感皮层。
体感皮层分为四个亚区，即 3a 区、3b 区、1 区和 2 区，每个亚区根据来自外围的
输入和执行的计算具有不同的功能。图片来源：Kenzie Green

那样，指尖和手部的表征特别大。在喙侧-尾侧（rostral-caudal）方向，S1 分
为 Brodmann 区 1、2、3a 和 3b 的区域（Brodmann，1909 年）（图 13.2）。这
些区域中的每一个都与整个皮质层细胞的不同分布、独特的皮质内和皮质下连
接以及不同的功能有关。3a 区通过肌梭的大量输入接收有关运动的信息，因
此在本体感觉中发挥着重要作用（Mima 等，1997）。区域 3b 和 1 包含有关物
体结构和纹理的信息，并与触觉感知相关（Paul 等，1972）。这些区域的神经
元可能接收来自不同外周感受器群体的汇聚输入（Saal 和 Bensmaia，2014）。
区域 2 包含关于振动类型感觉的信息，可能有助于本体感觉和触觉信息的综合
处理（Pons 和 Kaas，1986）。

由于初级体感皮层的组织结构，在大脑表面只有 1 区，可能还有 2 区的一部分很容易看到，尽管丘脑等更具挑战性的靶点也已成为靶点，但这些区域的设备植入大大简化了（Heming 等，2010）。体感皮层有六层，每层都有不同的属性功能。第四层（layer IV）接收来自丘脑的输入，因此可能是模拟来自外周的感觉输入的理想刺激靶点（目标），尽管另一个可能的刺激靶点是第三层（layer III），该层主要接收皮质-皮质输入。

13.4　对人类皮质刺激的历史

试图通过对大脑皮层刺激来恢复人类的意识知觉的大部分灵感来自加拿大神经外科医生 Wilder Penfield 的里程碑式发现，他在 20 世纪 30 年代开始的侵入性手术中利用电刺激对癫痫患者的体感和运动皮层进行了著名的研究（Penfield 和 Boldrey，1937）。虽然这些手术是在考虑到临床益处的情况下进行的，即定位和移除与癫痫发作相关的脑组织，但这些研究的神经科学发现是深刻的。Penfield 和 Boldrey 清楚地证明了大脑皮质中存在强大的功能组织，并提供了最早的证据之一，证据表明电刺激皮质可以激发神经活动，最终引发记忆、运动和意识感觉。

虽然 Penfield 被广泛认为是临床上率先使用电刺激大脑皮层的人，但 Fritsch 和 Hitzig 在 1870 年证明了大脑对电刺激有反应（Fritsch 和 Hitzig，1870）。后来在 20 世纪 20 年代末，Foerster 能够通过刺激枕叶在人类视野中唤起"光视幻（phosphenes）"或光点（Foerster，1929）。这些发现启发了包括 Giles Brindley 和 Walpole Lewin 实验室在内的许多研究组，他们进一步研究如何将电刺激应用于神经科学研究。Brindley 和 Lewin 将植入式的无线电接收器与人类视觉皮层表面上的铂刺激电极相连（Brindley 和 Lewin，1968）。在接收器上方放置一个发射线圈，控制植入的刺激器，刺激器在盲人体内诱发光幻视。这项实验是 Dobelle（Dobelle 和 Mladejovsky，1974）采用的皮质视觉假体的前身。Dobelle 在 20 世纪 70 年代开始研究对视觉系统的刺激，并在 2000 年发表了初步视觉假体（假眼）的研究结果（Dobelle，2000）。在这两种系统中，电极都相对较大（直径为 0.5~2mm），并放置在视觉皮层表面。

表面刺激的另一种方法是将微丝电极直接放置在皮质中，这会使活动电极区域更接近第四层周围皮质中更深处的目标神经群，该层接收来自皮质下结构的皮层区的感觉输入（Viaene 等，2011）。在 20 世纪 90 年代，进行了两项实验，首先是术中操作（Bak 等，1990），然后是长期植入（Schmidt 等，1996），其中将多个微丝电极植入视觉皮层。这些患者报告说看到了光视幻，但其电流强度远低于皮质表面刺激所需的电流强度。最终，对电极-脑组织安全以及技术和基础设施挑战的担忧结束了这项研究，直到最近，还没有关于人类皮层的长期微刺激的进一步报道。

尽管 Penfield 早在 1937 年就报道了体感皮层的组织（Penfield 和 Boldrey，1937），但直到最近，这一区域才成为在神经修复方面激发体感知觉的靶区（目标）。其中一个重要原因是，皮质运动修复直到 20 世纪 90 年代末才开始开发，当时证明促动器可以通过大鼠的运动皮质活动来控制（Chapin 等，1999）。直到 21 世纪第一个 10 年中期，运动神经修复的首次人体试验才开始（Hochberg 等，2006）。运动 BCI 和机器人技术现在已经发展到这样的程度：体感反馈有可能在设备性能中发挥重要作用。本书的其他章节，包括第 8 章，更详细地评述了运动神经修复。

13.5　人类双向 BCI 的研究现状

目前，有两类植入电极已被用于人体，通过电刺激大脑皮层来激发皮肤感觉：位于大脑表面的电极和穿透皮层表面的电极（植入皮层的电极）。在这两种情况下，这些刺激方法使用或适应了更常用于记录大脑神经活动的电极技术。在此，我们重点介绍了支持使用上述每种技术开发双向 BCI 的皮层刺激工作，并总结了正在开发的几种新的皮层刺激方法。

13.5.1　皮质表面刺激

对皮质表面的电刺激通常与皮质脑电（electrocorticography，ECoG）有关，ECoG 是一种电生理监测方法，采用放置在大脑表面（硬脑膜上方或下方）上的电极。ECoG 网格最常用于监测难治性癫痫（intractable epilepsy）患者的大脑活动，通常是直径为 4~5mm、电极中心间距为 1cm 的电极，尽管在研究应用中使用了更小的电极和自定义间距（Wang 等，2013；Lee 等，2018；Kramer 等，2019）。ECoG 电极由镶嵌在硅片中的铂盘电极阵列组成，由于铂通常被认为是一种可接受的刺激材料（Cogan，2008），这些相同的电极网格也可用于刺激大脑皮层。临床上，在神经外科干预之前，通过 ECoG 电极进行电刺激通常用于了解/确定运动性语言中枢的区域（Borchers 等，2012）。

在过去 15 年中，几个研究组利用将 ECoG 电极放置在皮质表面的机会，研究人们是否可以自主调节大脑活动来控制计算机和设备（Leuthardt 等，2004；Schalk 等，2008；Yanagisawa 等，2012；Wang 等，2013；Cronin 等，2016；Vansteensel 等，2016）。最近，在类似于 Penfield 几十年前所做的测绘研究中，人们的注意力转向通过电极刺激来恢复皮肤感知。这些实验要么作为顽固性癫痫监测研究的一部分（Johnson 等，2013；Cronin 等，2016；Collins 等，2017；Lee 等，2018；Caldwell 等，2019；Kramer 等，2019）进行，要么作为 BCI 研究的一部分（Hiremath 等，2017）（图 13.3）。

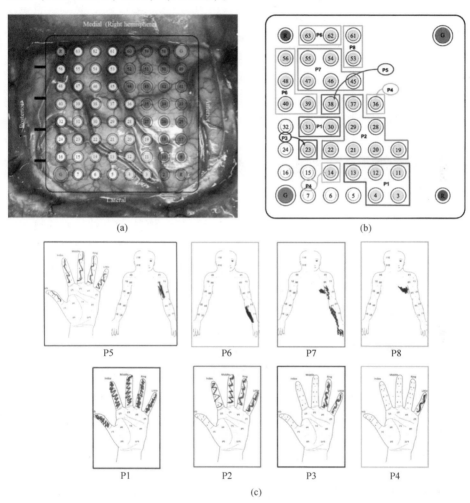

图 13.3 （a）在一名臂丛神经损伤导致手臂瘫痪的患者身上，硬脑膜下植入 ECoG 网格（黄色圆圈对应 S1 中的电极，蓝色圆圈对应 M1 中的电极）。（b）与参与者报告的 8 种诱发感觉模式相对应的电极组，如（c）所示。白色电极对皮质刺激无反应。（c）中的草图由参与者用右手在模板上绘制。图是经 Hiremath SV、Tyler Kabara EC、Wheeler JJ 等（2017）许可改编，人对体感皮层表面电刺激的感知（参考文献：Hiremath S V，Tyler-Kabara E C，Wheeler J J et al.（2017）. Human perception of electrical stimulation on the surface of somatosensory cortex. PLoS One 12（5）：1-16）（见彩插）

在人类身上进行这些研究的一个特殊优势是，我们可以记录关于这种刺激感觉的口头描述。在 Penfield 的研究中，患者通常将诱发的感觉描述为"嗡嗡作响"，并覆盖身体的大部分区域（整个手部、手臂等）。在最近的研究中，Johnson 等（2013 年）报告称，两名受试者感知到了性质的不同感觉（"风从手上吹过"和"轻微摩擦或轻微嗡嗡声"），这些感觉的性质不会随着刺激幅度或频率的变化而改变。然而，Hiremath 等（2017 年）报告，通过改变脉冲宽度，可以改变高密度 ECoG 阵列上刺激诱发的感觉的感知性质，尽管受试者通常报告感觉不自然的感觉，较大的脉冲宽度通常对应于"电嗡嗡声"，较小的脉冲宽度通常对应于"刺痛"。从那时起，接受癫痫监测的人中的类似报告证实了，皮层表面刺激往往会产生刺痛感或电感觉，偶尔会出现更自然的报告，如"刷牙""轻敲"或"运动感"诱发感觉的位置在很大程度上取决于电极的位置。据报道，标准电极和定制电极都能在手部或手臂的大面积区域产生感觉，以及覆盖 1 或 2 个手指的更多焦点感觉（Johnson 等，2013）。

除了刺激引起的意识感觉外，这些研究还探索了与双向 BCI 相关的其他有趣现象。首先，电极阵列上彼此靠近的电极往往会从身体的同一区域唤起感觉。相邻的电极在空间上很难区分，由至少一个中间电极隔开的电极对在空间上很容易区分（Hiremath 等，2017）。其次，刺激频率、振幅和脉冲持续时间的增加会导致所报告的诱发知觉强度增加（Johnson 等，2013 年；Lee 等，2018）。最后，在癫痫监测室进行了另一项研究，以探查皮质刺激是否会诱导对假肢的归属感（Collins 等，2017）。为了做到这一点，研究人员向受试者展示了一个假肢，并用探针触碰假肢，同时把 500ms 的脉冲序列传送到大脑的相应区域。这个过程引发了对假肢的归属感。然而，当通过刺激不匹配的投射区或延迟相对于视觉刺激的皮质刺激来改变刺激时，归属感幻觉降低（Collins 等，2017）。总地来说，这些研究表明，通过放置在大脑表面的电极网格对皮层进行刺激有可能作为双向 BCI 应用中的反馈源，旨在恢复皮肤感知，尽管参与者和电极位置之间的感觉的质量和位置差异很大。

13.5.2 皮质内微刺激

皮质内微刺激（Intracortical microstimulation，ICMS）是一种更具侵入性的激活神经元的方法，包括将微电极尖端植入大脑皮层本身，使电极靠近目标神经元（靶向神经元）。与刺激皮层表面相比，这种方法具有一个关键的潜在优势，因为皮层内微电极通常离神经元足够近，可以记录它们的活动，因此需要更小的刺激电流（通常为 $1\sim100\text{mA}$）来激活这些神经元。这反过来允许刺激非常小体积的脑组织，从而激活附近的神经元（Bak 等，1990；Otto 等，

2005；Tehovnik 和 Slocum，2007；Flesher 等，2016；Armenta Salas 等，2018）。因此，ICMS 可以比表面刺激具有更大的选择性，是恢复单个手指甚至手指部位体感能力的潜在重要标准。

几十年来，研究人员一直在研究体感皮层中的 ICMS，以发现其诱发猴子触觉感知的潜力。在一项具有里程碑意义的研究中，研究表明，猴子可以用机械刺激手指或模式化的 ICMS，在频率辨别任务中同等地诱发同一手指的知觉（Romo 等，1998，2000）。这表明 ICMS 诱发的知觉与自然触感之间存在直接关系。进一步的研究描述了 ICMS 的心身特征，并证明了振幅、频率和脉冲持续时间如何调节猴子的检测阈值（Kim 等，2015a）。此外，区分不同刺激参数的能力产生了特征心理测量曲线，该曲线由刺激参数的变化与检测性能相关的 S 形函数描述（图 13.4）。猴子检测和辨别不同 ICMS 参数的能力已在多个实验中得到利用，其中猴子在皮质内微刺激（ICMS）的提示下利用 BCI 移动光标（O'Doherty，2009）或到达移动（Fitzsimmons 等，2007；Dadarat 等，2014）。

猴子 ICMS 的一个明显局限性是，它们无法描述这些感知的感觉是什么，也不容易训练它们报告这种感觉起源于身体上的部位。为了解决这些问题，为了验证猴子的发现对人类是正确的，并加速双向 BCI 的开发，我们研究组开始了对人类 ICMS 的研究。基于术前成像，将微电极阵列植入初级体感皮层（S1）的区域 1，目的是从脊髓损伤导致上肢瘫痪的患者手部诱发触感（Flesher 等，2016）。我们第一次记录了 S1 中 ICMS 的"感觉如何"，以及这些感知如何映射到体表。在第一位参与者中，我们发现通过植入电极的刺激诱发了与 S1 中预期的躯体反应相对应的感觉（图 13.5）。这些感觉跨越手部的手掌上部区域和食指的部分，通常是聚焦性的。皮质内微电极的预期局限性之一是，由于电极阵列的尺寸较小，与涉及手部触感的区域 1 相比，空间覆盖有限。最终，在感受的特异性或聚焦性与产生这些感受的范围之间存在权衡。回想一下，对大脑表面的刺激通常会诱发感觉异常的"嗡嗡"感受，这种感受通常在整个手指甚至整个手部和手臂上都能感受到。在这里，参与者报告了"刺痛""压力""振动""触摸"和"温暖"的感觉，其中 36.9% 的报告出现"压力"，79.2% 的报告出现"刺痛"。尽管我们发现很难准确描述 ICMS 诱导的感知与自然感受相比的特性，但许多这些感受被描述为"可能"和"几乎"自然的。这项工作的一个重要发现是，自受试者开始报告电极的感受以来，各个电极的投影区域随时间基本保持不变，没有重大变化。有趣的是，在实验期间，引发可检测感受的电极数量增加了（图 13.6）。这与以往皮质内电极记录质量的研究形成对比，后者显示出随时间的推移而下降（Tolias 等，2007；

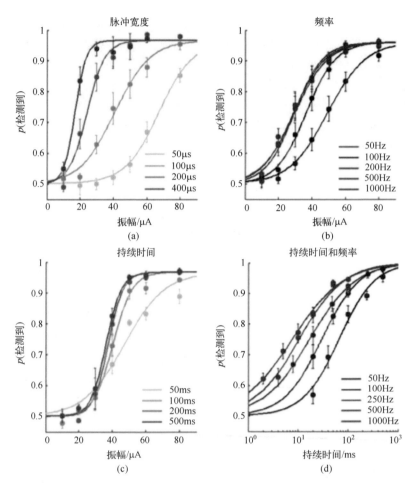

图 13.4 皮质内微刺激的各种刺激参数的表征及其对猴子检测刺激能力的影响（见彩插）。
经 Kim S、Callier T、Tabot G A 等许可改编（2015a）（参考文献：Kim S, Callier T, Tabot G A, et al.（2015a）. Behavioral assessment of sensitivity to intracortical microstimulation of primate somatosensory cortex. Proc Natl Acad Sci USA 112（49）：15202–15207）

Dickey 等，2009；Fraser 和 Schwartz，2012；Downey 等，2018）。当然，刺激附近神经元的能力可能取决于不同于从给定电极记录的能力的那些因素，而这种能力尚未严格量化。

作为这些人体实验的一部分，我们还对 ICMS 进行了心理测量评估。我们使用两种可选的强制选择任务设计来测量检测阈值，发现电极的电流范围为 15～88mA，中位数为 34.8mA（Flesher 等，2016）。我们还发现电流幅度与刺激的感知强度之间存在高度的线性关系，并发现刺激幅度的最小可觉差（just

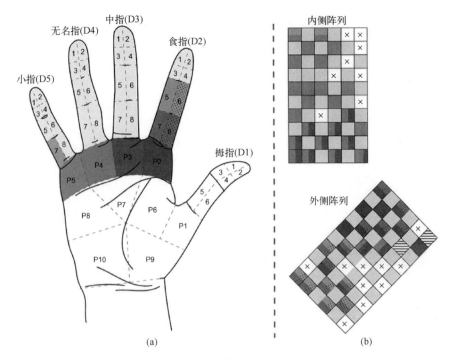

图 13.5　(a) 受试者根据刺激的电极指示感知到的感觉区域。彩色区域显示报告的所有投射区。(b) 犹他州 (Utah) 32 通道阵列植入电极的表示区。彩色图对应于 (a) 中报告的手部投射区的各个通道。电极与手部投射区的对应关系与已知的躯体学完全一致。该图经 Flesher SN、Collinger JL、Foldes ST 等 (2016) 许可改编 (参考文献：Flesher SN, Collinger JL, Foldes ST, et al. (2016) Intracortical microstimulation of human somatosensory cortex. Sci Transl Med 8 (361)：1-11) (见彩插)

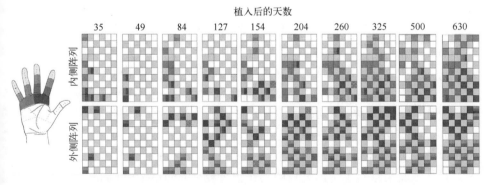

图 13.6　一名在体感皮层 1 区植入两个微电极阵列的人类受试者，研究表明，在近似对数曲线后报告的通道数量增加，该受试者在 6 个月后报告的通道数没有下降 (未公布结果) (见彩插)

noticeable difference，JND）为 15mA（Flesher 等，2016）。这些结果与具有相同刺激参数的猴子实验报告一致（Kim 等，2015a），尽管猴子实验无法解决感知质量的问题，如感知强度。总地来说，我们在一名人类参与者身上进行的实验表明，来自手部的聚焦性自然感觉可以通过 ICMS 诱发，刺激的感知强度可以通过刺激幅度进行调节。这表明 ICMS 可以用来传递接触事件的位置和压力，同时保持在安全的刺激范围内。

另一组还证明了在人类 S1 中使用 ICMS 进行触感反馈（Armenta Salas 等，2018）。这组人不是在手部激发感觉，而是主要在手臂上发现感觉，这有时是本体感觉。这两名参与者之间的结果差异可能是由于阵列放置不同。该受试者的阵列位置比我们的受试者的更为何内侧（Flesher 等，2016），并且也与预期的体感皮层体感相一致，内侧电极阵列激发更多的上臂感觉，外侧阵列唤起更多的前臂感觉。研究的参与者报告了许多自然的感觉，报告的最常见的感知是"挤压"和"轻拍"。一个显著的区别是缺乏"刺痛"感觉的报告，而这在我们的工作中很常见（Flesher 等，2016）。感觉知觉质量的变化可能与阵列位置和诱发感觉位置的差异有关。它们还可能突出触感知觉（主观评估的挑战），为躯体感觉感知的严格心理生理量化提供支持。Armenta Salas 等（2018）证实了之前关于猴子和人类的报告，即刺激幅度的增加导致可检测性和强度的增加。然而，他们也报告说，刺激幅度的增加更容易引起本体感觉，而不是皮肤感觉。一种假设是，刺激幅度的增加激活了更大体积的组织，包括体感皮层的第 2 区，该区域与本体感觉有关。虽然在诱发感觉的位置和感知质量方面存在一些差异，但两项对人的研究均表明，即使在慢性脊髓损伤（chronic spinal cord injury）后，ICMS 也可以产生局部和自然的感觉（Flesher 等，2016；Armenta Salas 等，2018）。

最终，恢复体感知觉的主要目标是改善 BCI 控制的末端效应器。目前，基于 ICMS 的反馈对人类 BCI 控制的影响仍有待评估，尽管初步实验已经开始。在一个实验中，受试者执行了一项手指辨别任务，其中来自机械手的传感器数据用于驱动有许多电极的 ICM，这些电极在相应的手指中诱发感觉。受试者 84% 的时间都能分辨出哪根假指被触碰，错误报告大多发生在相邻手指上（Flesher 等，2017）。

除了用 ICMS 恢复触觉感知之外，一些实验室还在研究本体感觉反馈的恢复。虽然触觉信息对于精细灵巧的动作很重要（Johnsson 和 Flanagan，2009），但本体感觉对我们产生协调优美动作的能力至关重要，尤其是在没有视觉的情况下。3a 区是接受来自丘脑的本体感觉传入投射的初级皮质区域，位于中央沟的底部，非常不方便。鉴于其位置，它是一个难以刺激的目标，因为常用的多电极阵列，如犹他阵列，无法进入该区域。因此，3a 区的 ICMS 尚未在人类中进行。然而，在猴子身上进行的实验表明，这一领域的 ICMS 反馈可以提高运动任务的表现（London 等，2008）。在这项实验中，猴子用操纵杆执行光标移动任务，其被训练将两种不同频率的 ICM 与左右移动相关联。ICMS 可以改善这些光标移动任务的反应时间。在另一个实验中，刺激与皮肤和本体感受信息相关的区域 2，以提供与任务相关的本体感受反馈（Tomlinson 和 Miller，2014）。虽然这些实验试图利用这一皮质区域神经元的生物功能，但可能不需要通过 ICM 重建自然的输入模式。这在一项实验中得到了很好的证明，在该实验中，手部的位置信息被编码在植入体感皮层的 8 个电极的模式活动中（Dadarat 等，2014）。重要的是，这些电极并没有放置在内在编码本体感觉信息的区域。相反，这些猴子被训练在手部运动和刺激之间建立新的联系，以便它们最终能够在只有 ICMS 反馈的情况下执行移动任务。

13.5.3 替代方法

虽然皮层电刺激是探索感觉知觉生理的有效工具，也是目前正在开发的一种恢复 BCI 中躯体感觉的方法，但电刺激技术有几个重要的局限性。众所周知，微电极植入物的寿命有限（Chestek 等，2011；Kane 等，2013），这意味着它们可能无法为患者提供永久的解决方案，或者可能需要通过多次手术多次更换电极。此外，即使在极低的刺激电流下，电刺激也会以非特异性且通常是非生理性的方式同时激活许多细胞（Nowak 和 Bullier，1998a，b；Gaunt 等，2006；Histed 等，2009；Tehovnik，1996）。然而，刺激单个细胞或少量细胞群以恢复真正的自然感觉可能在功能上至关重要。最后，电刺激伪迹和电极-组织界面的电化学安全性是不平凡的挑战，必须在实际系统中加以解决，并且与电刺激有着独特的关联。在这里，我们简要地讨论了几种替代电刺激皮层以恢复躯体感觉的方法。

1. 光遗传学

光遗传学泛指利用光观察和激活遗传修饰细胞的能力。绿色荧光蛋白（Green fluorescent protein，GFP）可与其他蛋白质结合，形成对细胞内钙的存在有反应的结构（Nakai 等，2001；Chen 等，2013），这有效地创建了一些细胞，当它们变得活跃时就发出荧光。通过这种方式，可以采用图像传感器代替电极来监测神经元群的活动。然而，该领域最令人兴奋的是通过照射神经元激活它们的能力。细胞经过基因改造，可以表达对特定波长光敏感的离子通道。从基因上可识别的细胞可以作为靶点，并通过不同波长的光照射使其兴奋（Zhang 等，2006）或抑制（Zhao 等，2008）。这种针对特定类型细胞并实时操纵其行为的能力提供了电刺激无法实现的控制水平。此外，刺激脉冲期间发生在记录电极上的刺激伪迹可以通过使用光遗传刺激在很大程度上消除。因此，光遗传学技术已在神经科学研究中得到广泛应用，并可能最终为 BCI 应用提供一种替代电刺激的方法。有关光学神经接口的评述，请参见 Warden 等（2014）。

2. 磁刺激

采用电刺激激活细胞的另一个潜在替代方法是使用快速变化的磁场，因为这会产生一个可以激活神经元的电场。最常见的磁刺激方法是经颅磁刺激（transcranial magnetic stimulation，TMS），这是一种激活大量细胞的无创方法（Hallett，2000）。典型的 TMS 系统需要大型外部设备和头部线圈，因此此时双向 BCI 的应用可能较低。然而，与标准电刺激系统相比，植入式磁刺激系统的最新发展提供了几个潜在优势。植入大脑皮层的微线圈可以产生高度聚焦的磁场，进而激发附近神经元的电活动（Lee 等，2016）。最简单地说，这些微线圈是一个单一的连续导电材料环，至少有两个独特的特性。首先，磁场在特定方向上感应电流，这与单极电刺激不同，在单极电刺激中，电场从点源电极均匀地向外辐射。对于皮质内刺激，这意味着具有特定方向的神经元可以被优先激活。其次，在电刺激下，当电极界面处的电压过高时，可能会发生不可逆的氧化还原反应，这可能导致电极随着时间的推移而退化。采用磁刺激，线圈本身完全绝缘，因此完全消除了在电刺激方法中难以控制的不必要电化学反应。

3. 外周神经刺激

对于一些脊髓完整的潜在 BCI 使用者，如截肢者，可以通过外周神经刺激提供体感反馈。外围接口具有在最远端位置激活感觉系统的优势，那里的信号更具确定性，并且正在为其开发良好的传入激活模型（Saal 和 Bensmaia，2015；Oddo 等，2016）。在更为中心的位置，感觉信号被转换并变得更加复杂，这可能会使创建完全自然的感知变得更加困难。数十年来，刺激周围神经以激发截肢者的体感知觉一直是一个活跃的研究领域（Clippinger 等，1974年），最近又重新引起人们的兴趣。利用现代技术，不同的研究组已经表明，通过外围神经刺激的感觉反馈可以让受试者区分许多独特的投射场（Tan 等，2014；Davis 等，2016）。与肌电假体控制（myoelectric prosthesis control）相结合，它还使用户能够转移物体（Schiefer 等，2016；Wendelken 等，2017；Valle 等，2018a，b；Clemente 等，2019）和调节抓握力（modulate grasp force）（Raspopovic 等，2014；D'Anna 等，2017；Valle 等，2018a，b；Clemente 等，2019），而无需任何视觉或听觉反馈。有关外围接口的更深入评述请参见 Navarro 等（2005）和

Micera 和 Navarro（2009）。

4. 丘脑刺激

激发躯体感觉知觉的另一种可能方法是刺激丘脑（Heming 等，2010）。丘脑的刺激可以使脊髓损伤患者能够感知，但其计算水平也低于皮质刺激。在接受深部脑刺激植入的人类中进行探索性丘脑刺激表明，可以诱发感知，并且受刺激神经元的投射野与其感受野基本一致（Heming 等，2010）。据报道，有多种不同的感知，包括机械感知和刺痛感知，类似于通过 ICMS 诱发的感知（Flesher 等，2016）。尽管丘脑位于大脑深处，但丘脑刺激作为一种临床技术有着重要的先例，它可以唤起慢性植入患者的感知（Heming 等，2010）。

13.6　实施双向 BCI 面临的挑战

很明显，需要提供体感反馈的 BCI，到目前为止，我们已描述了实现这一目标的许多方法。然而，要解决双向 BCI 的当前局限性并加快该技术的临床转化，还必须克服一些挑战。其他评述（Ryu 和 Shenoy，2009；Gilja 等，2011；Lega 等，2011；Bensmaia 和 Miller，2014）侧重于将 BCI 技术转化为临床实践的一般挑战，因此我们在此重点关注对双向 BCI 特别重要的问题。

13.6.1　刺激伪迹

电刺激脉冲产生以电极尖端为中心的快速变化的电场，可由附近的任何记录电极进行采样。不幸的是，刺激伪迹电压通常比动作电位本身大得多（有时大几个数量级），并且在记录电极上被检测为尖峰。此外，刺激通常以脉冲串的形式传递，随着在多个电极上同时产生复杂脉冲串/序列的尝试的发展，很快就会出现没有刺激的情况。在 BCI 的情况下，这基本上消除了记录神经活动以提供控制信号的能力。一个挑战是，刺激伪迹电压经常超过标准神经放大器的输入范围，导致它们饱和，在这个饱和期，理论上不可能恢复任何神经信号。除了记录植入组织中变化的电场外，通过附近电极引线和信号通路中其他位置之间的电容耦合，刺激伪迹也可以出现在记录的信号中。

幸运的是，有许多方法可以减少伪迹的发生，包括限制或安排刺激脉冲时序。对于放大器饱和的实验，可以通过在刺激传递期间对神经放大器输出进行消隐或归零来消除伪迹（O'Doherty 等，2011）。当放大器不饱和时，可以使用模板或高比特深度记录对整个伪迹进行采样，并启用信号提取（Limnuson 等，2014；Mena 等，2017；O'Shea 和 Shenoy，2018）。然而，目前还没有一个最佳的解决方案，这个实际问题仍然是双向 BCI 的一个重要技术考虑因素，也是一个积极发展的领域。目前，最简单的方法包括消隐，或者通过交替记录和刺激间隔（例如，50ms 间隔）（O'Doherty 等，2011），或者通过在每个刺激脉冲之间记录。信号消隐与数字滤波器相结合的简单方法足以控制人类的双向 BCI，其中硬件仅限于批准供人类使用的硬件（Weiss 等，2018）。消隐技术（Blanking techniques）虽然在技术上简单且稳健，但由于用于解码目的的信息量减少，因此具有显著的缺点，即会影响 BCI 性能。更先进的技术试图最小化伪迹本身，并在刺激脉冲期间恢复神经数据（Culacli 等，2016）。随着刺激模式变得更加先进（例如，变频或多电极刺激），几乎肯定需要这些更复杂的伪迹去除方法。

13.6.2 电极设计和放置

采用皮质内微电极阵列进行的临床 BCI 研究均使用贝莱德微系统（犹他州盐湖城）制造的 NeuroPort 阵列（通常称为犹他（Utah）阵列），并在美国食品和药物管理局的研究设备豁免下进行。这些设备通常由 10×10 网格上的 100 个电极组成，每个电极之间的间距为 400mm，每个电极从硅基板伸出 1.0~1.5mm（Maynard 等，1997）。由于这些电极的设计，它们只能植入大脑表面容易触及的区域。使用犹他阵列无法获得深部结构或沟中的皮质区域的信号。如前所述，在中央后回表面可见的人体躯体感觉皮质区域只有 1 区，可能还有 2 区（图 13.2）。因此，采用当前技术，只有这些区域可以用于双向 BCI。

我们之前的研究中，在一个人类受试者的躯体感觉皮质的 1 区植入了两个 60 通道微电极阵列（Flesher 等，2016），目标是专门针对区域 1 的手指区域。然而，这两个阵列（2.4×4.0mm）远小于中央后回的可见部分，该部分对手指的输入做出响应（大约 10×30mm）。通过电极的刺激在第二至第五指根部附近的手掌上以及第二指的近端两段上诱发感觉。相邻电极的刺激通常会引起不同的感知，但投射场在皮肤表面彼此靠近。尽管 ICMS 诱发的感觉的空间特异性远远好于 ECoG 研究中的报告（Johnson 等，2013；Hiremath 等，2017），但感知本身覆盖的皮肤区域要小得多。这突出了 ICMS 当前的一个问题：微电极阵列太小，无法在大面积范围内引发感知。从这些结果来看，未来的电极需要进入更大的体感皮层区域，以广泛覆盖手部，尤其是指尖。最终，对于刺激来说，空间分辨率和覆盖范围的理想组合是什么仍然是未知的，尽管更广泛的覆盖范围可能更可取，可以至少恢复整个手部和手掌的一些感觉。

除了开发能够实现广泛、高密度覆盖表面可见的皮质区域的电极外，还需要在能够接触更深结构的临床电极方面取得进展。触感和本体感觉的两个重要区域，区域 3a 和 3b，分别位于中央沟的底部和后壁。猴子身上使用的是具有较长柄的合适电极（Kipke 等，2003；London 等，2008；Dadarlat 等，2014），但未来需要开发此类设备供人类使用。

13.6.3 仿生与非仿生刺激

提供感觉反馈有两种概念性方法。在第一种方法中，刺激是以任意但有原则的方式进行的，从根本上忽视了生物框架。相反，受试者通过适应或学习，学会将刺激整合到他们的感觉运动活动中。另一种方法以完全模拟正常生理活动的方式刺激大脑，这种仿生方法利用有关皮质神经元正常功能的知识，为刺激编码算法以及电极设计和放置提供信息。

这种基于学习或非仿生的方法利用了大脑对新颖输入的适应和调整能力，为运动计划提供信息。最近，研究表明，猴子可以学习任意映射，以通知由 S1 的 ICMS 提供的移动（Dadarlat 等，2014）。猴子能够以这种方式利用用感觉反馈来对看不见的目标完成目标捕获任务。这些实验得出的推论是，即使刺激是以根本不自然的方式传递的，大脑中固有的学习网络也可以使人学会以有用的方式适当区分不同的感觉信息。这是一种类似于感觉替代实验的方法，视觉信息映射到背部或舌部的触感刺激，并用作视觉障碍患者的辅助设备（White 等，1970；Bach-y-Rita 和 Kercel，2003）。

能够完全再生完整神经系统的功能将是理想的，因为这将允许患者完全恢复功能，并消除潜在的长训练时间。这是一个令人望而生畏的挑战，也许是不可能的挑战，但这种常规方法已应用于外围神经刺激研究中，把刺激脉冲设计成模拟完整神经功能的某些特征（Tan 等，2014；Saal 和 Bensmaia，2015；Oddo 等，2016）。研究人员正在进一步研究这种方法如何应用于本体感觉皮层（Tomlinson 和 Miller，2016）和皮肤感知（Bensmaia 和 Miller，2014；Saal 等，2017）。然而，这种方法需要深入了解皮层神经元如何响应输入和刺激技术，这种技术具有足够高的分辨率，能够以生物相关的方式刺激神经元。最近，一个研究组研究了在外围神经系统中使用仿生脉冲序列来恢复触觉（Valle 等，2018b）。他们的研究表明，使用仿生脉冲序列可以使参与者产生更自然的触觉。他们还报告，它改进了特定任务的性能，并改进了设备表现的一些方面。迄今为止，还没有发表研究人类皮质植入物仿生原理的研究成果。令人鼓舞的是，调节刺激幅度可以改变诱发感觉的强度，这些感觉就像压力和触摸感（Flesher 等，2016；Armenta Salas 等，2018）。然而，通过 ICMS 唤起真正自然和仿生感觉仍有很大的改进空间。

13.6.4　电刺激安全性

与任何正在开发的技术一样，必须对风险进行监控并将其降至最低。双向 BCI 对许多使用植入电极的设备具有类似的风险，包括局部组织损伤或感染。其中许多风险已在其他地方得到广泛描述（Ryu 和 Shenoy，2009；Gilja 等，2011；Lega 等，2011；Bensmaia 和 Miller，2014）。然而，与采用 ICMS 的 BCI 相关的一个特殊问题是刺激本身可能导致电极和组织损伤。在刺激脉冲期间，电极-组织界面的电化学会损坏电极和组织（Cogan，2008），最终导致电极功能丧失。为了降低电极和周围组织受损的风险，刺激参数应限于先前动物研究中安全的参数（McCreery 等，2010；Parker 等，2011；Torab 等，2011；Kane 等，2013；Kim 等，2015b）。如果在刺激脉冲期间传递的总电荷超过安全限制，随着时间的推移，电极或周围的神经组织可能会受损（Agnew 等，1986；McCreery 等，1986；Negi 等，2010）。不幸的是，对于电荷注入的安全水平有着广泛不同的估计，这可能源于不同研究中使用的刺激方案的细节不同。然而，许多研究使用了至少一部分额外研究认为是安全的范围内的刺激参数，并且没有报告慢性 ICMS 的功能性后果（Romo 等，1998，2000；Rousche 和 Normann，1999；Rajan 等，2015；Flesher 等，2016）。在动物（Chen 等，2014 年；Rajan 等，2015 年）和人类（Flesher 等，2016 年；Armenta Salas 等，2018 年）的长期实验中，如果遵守额外的占空比（duty cycle）和其他预防措施，则已证明高达 20nC/相位的刺激是安全的。在我们的实验中（Flesher 等，2016），使用了具有 200μs 阴极相位和 400μs 阳极相位的不对称电荷平衡脉冲，阳极相位振幅设置为阴极相位振幅的一半，相隔 100μs 的相间周期。对于这些脉冲，阴极相位振幅可高达 100μA，同时保持在 20nC/相位范围内。

皮质刺激也有引起癫痫发作的风险，尽管这种风险对于双向 BCI 中通常使用的刺激水平较低。在这些设备的早期开发阶段，筛查个人或家族癫痫病史也可能是谨慎的。另一个风险是，植入的设备可能会改变一个人可能保留的任何残留或保留的感觉。我们之前报道过，在 ICMS 治疗 6 个月后，受试者受伤后仍感觉灵敏的皮肤区域的检测阈值没有变化（Flesher 等，2017）。然而，随着植入物的增多，监测参与者的备用感觉（spared sensations）的任何变化，以记录长时间刺激人类皮层的效果，将是至关重要的。

13.6.5　结果评估

对于人类个体，电刺激诱发的感觉可以通过调查和心理测量技术记录下来，这些技术旨在测量包括检测阈值、感知强度、位置和感知质量在内的特征（Flesher 等，2016）。尽管通过繁琐耗时的实验步骤，其中一些因素可以方便可靠地记录下来。然而，感知特征，本质上是"感觉如何？"这一问题，其更难量化（Light 等，2002 年；Hermansson 等，2005 年）。在使用外周刺激时，也观察到类似的障碍（Graczyk 等，2016）。显微神经学家提出了一个词汇来评估外周神经刺激对感知的影响（Vallbo 等，1979），Lenz（Lenz 等，1993）和 Kiss（Heming 等，2010）的研究也提供了结构化的方法来评估电诱导感觉的感知特性。然而，准确地探测和记录这些感觉仍然是一个挑战，这在很大程度上取决于报告者的个性和内省（introspectiveness）。为了在这一领域取得更大的进展，需要更多的工具来探索感知特性，或者可能需要一种新的方法来界定电刺激"感觉"如何的问题。

除了记录诱发感觉的感知特性外，我们还需要考虑恢复的感觉对运动表现和具体化的影响。为了使双向 BCI 在临床上可行，需要证明其功能优势。存在一些评估假肢功能的测试（Light 等，2002；Hermansson 等，2005；Resnik 等，2013）；然而，它们的设计或验证并没有考虑到感觉反馈，因此可能不是敏感的性能指标。BCI 研究还使用了康复的结果评估，如动作研究手臂测试（Action Research Arm Test，ARAT）（Yozbatiran 等，2008；Collinger 等，2013），以评估 BCI 的性能表现。ARAT 评估受试者拾取和搬运不同形状和大小物体的能力。当前的机器人效应器（robotic effectors）在性能要求精细、灵巧的动作时可能会受到限制，而这些动作更依赖于感觉反馈。一些假肢控制研究已开始纳入需要搬动精密或易碎物体或力协调的任务（Raspopovic 等，2014；Tan 等，2014；Valle 等，2018a，b；Clemente 等，2019），但这仍然是一个活跃的研究领域。

13.7　结　束　语

关于如何通过 BCI 以安全的方式提供感觉反馈以唤起局部和分级的感觉，已有许多经发现。早期对双向 BCI 的研究在猴子上显示了良好的结果（Fagg 等，2007；O'Doherty 等，2011；Dadarlat 等，2014），近年来对人类受试者的研究也很有前景（Johnson 等，2013；Flesher 等，2016；Collins 等，2017；Hiremath 等，2017；Armenta Salas 等，2018）。需要开展进一步的研究，以便更好地理解感觉运动过程的神经生理学基础，并测试这项技术的有效性。

参 考 文 献

［1］ Aggarwal V, Mollazadeh M, Davidson AG et al. (2013). State-based decoding of hand and finger kinematics using neuronal ensemble and LFP activity during dexterous reach-to-grasp movements. J Neurophysiol 109 (12): 3067-3081.

［2］ Agnew WF, Yuen TGH, McCreery DB et al. (1986). Histopathologic evaluation of prolonged intracortical electrical stimulation. Exp Neurol 92 (1): 162-185.

［3］ Ajiboye AB, Willett FR, Young DDR et al. (2017). Restoration of reaching and grasping movements through braincontrolled muscle stimulation in a person with tetraplegia: a proof-of-concept demonstration. Lancet 389 (10081): 1821-1830.

［4］ Armenta Salas M, Bashford L, Kellis S et al. (2018). Proprioceptive and cutaneous sensations in humans elicited by intracortical microstimulation. eLife 7: e32904.

［5］ Bach-y-Rita P, Kercel SW (2003). Sensory substitution and the human-machine interface. Trends Cogn Sci 7 (12): 541-546.

［6］ Bak M, Girvin JP, Hambrecht FT et al. (1990). Visual sensations produced by intracortical microstimulation of the human occipital cortex. Med Biol Eng Comput 28 (3): 257-259.

［7］ Bensmaia SJ, Miller LE (2014). Restoring sensorimotor function through intracortical interfaces: progress and looming challenges. Nat Rev Neurosci 15 (5): 313-325.

［8］ Birznieks I, Jenmalm P, Goodwin a W et al. (2001). Encoding of direction of fingertip forces by human tactile afferents. J Neurosci 21 (20): 8222-8237.

［9］ Borchers S, Himmelbach M, Logothetis N et al. (2012). Direct electrical stimulation of human cortex—the gold standard for mapping brain functions? Nat Rev Neurosci 13 (1): 63-70.

［10］ Bouton CE, Shaikhouni A, Annetta NV et al. (2016). Restoring cortical control of functional movement in a human with quadriplegia. Nature 533 (7602): 247-250.

［11］ Brindley GS, Lewin WS (1968). The sensations produced by electrical stimulation of the visual cortex. J Physiol 196 (2): 479-493.

［12］ Brodmann K (1909). Vergleichende Lokalisationslehre der Grosshirnrinde in ihren Prinzipien dargestellt auf Grund des Zellenbaues, Barth, Leipsig, Germany. German. Caldwell DJ, Cronin JA, Wu J et al. (2019). Direct stimulation of somatosensory cortex results in slower reaction times compared to peripheral touch in humans. Sci Rep 9 (1): 3292.

［13］ Carmena JM, Lebedev MA, Crist RE et al. (2003). Learning to control a brain-machine interface for reaching and grasping by primates. Idan Segev (ed.), PLoS Biol 1 (2): e42.

［14］ Chapin JK, Moxon KA, Markowitz RS et al. (1999). Real-time control of a robot arm using simultaneously recorded neurons in the motor cortex. Nat Neurosci 2 (7): 664-670.

［15］ Chen T-W, Wardill TJ, Sun Y et al. (2013). Ultrasensitive fluorescent proteins for imaging neuronal activity. Nature 499 (7458): 295-300.

[16] Chen KH, Dammann JF, Boback JL et al. (2014). The effect of chronic intracortical microstimulation on the electrode tissue interface. J Neural Eng 11 (2): 026004.

[17] Chestek C, Gilja V, Nuyujukian P et al. (2011). Long-term stability of neural prosthetic control signals from silicon cortical arrays in rhesus macaque motor cortex. J Neural Eng 8 (4): 045005.

[18] Clemente F, Valle G, Controzzi M et al. (2019). Intraneural sensory feedback restores grip force control and motor coordination while using a prosthetic hand. J Neural Eng 16 (2): 026034.

[19] Clippinger FW, Avery R, Titus BR (1974). A sensory feedback system for an upper-limb amputation prosthesis. Bull Prosthet Res 247−258.

[20] Cogan SF (2008). Neural stimulation and recording electrodes. Annu Rev Biomed Eng 10 (1): 275−309.

[21] Collinger JL, Wodlinger B, Downey JE et al. (2013). Highperformance neuroprosthetic control by an individual with tetraplegia. Lancet 381 (9866): 557−564.

[22] Collins KL, Guterstam A, Cronin J et al. (2017). Ownership of an artificial limb induced by electrical brain stimulation. Proc Natl Acad Sci USA 114 (1): 166−171.

[23] Cronin JA, Wu J, Collins KL et al. (2016). Task-specific somatosensory feedback via cortical stimulation in humans. IEEE Trans Haptic 9 (4): 515−522.

[24] Culaclii S, Kim B, Lo Y-K et al. (2016). A hybrid hardware and software approach for cancelling stimulus artifacts during same-electrode neural stimulation and recording. In: 2016 38th Annual international conference of the IEEE engineering in medicine and biology society (EMBC), August 2016, IEEE, pp. 6190−6193.

[25] D'Anna E, Petrini FM, Artoni F et al. (2017). A somatotopic bidirectional hand prosthesis with transcutaneous electrical nerve stimulation based sensory feedback. Sci Rep 7 (1): 10930.

[26] Dadarlat MC, O'Doherty JE, Sabes PN (2014). A learning-based approach to artificial sensory feedback leads to optimal integration. Nat Neurosci 18 (1): 138−144.

[27] Davis TS, Wark HAC, Hutchinson DT et al. (2016). Restoring motor control and sensory feedback in people with upper extremity amputations using arrays of 96 microelectrodes implanted in the median and ulnar nerves. J Neural Eng 13 (3): 036001.

[28] Dickey AS, Suminski A, Amit Y et al. (2009). Single-unit stability using chronically implanted multielectrode arrays. J Neurophysiol 102 (2): 1331−1339.

[29] Dobelle W (2000). Artificial vision for the blind by connecting a television camera to the visual cortex. ASAIO J 46 (1): 3−9.

[30] Dobelle WH, Mladejovsky MG (1974). Phosphenes produced by electrical stimulation of human occipital cortex, and their application to the development of a prosthesis for the blind. J Physiol 243 (2): 553−576.

[31] Downey JE, Schwed N, Chase SM et al. (2018). Intracortical recording stability in human

brain-computer interface users. J Neural Eng 15 (4): 046016.

[32] Ethier C, Oby ER, Bauman MJ et al. (2012). Restoration of grasp following paralysis through brain-controlled stimulation of muscles. Nature 485 (7398): 368-371.

[33] Fagg AH, Hatsopoulos NG, de Lafuente V et al. (2007). Biomimetic brain machine interfaces for the control of movement. J Neurosci 27 (44): 11842-11846.

[34] Fitzsimmons NA, Drake W, Hanson TL et al. (2007). Primate reaching cued by multichannel spatiotemporal cortical microstimulation. J Neurosci 27 (21): 5593-5602.

[35] Flanagan JR, Bowman MC, Johansson RS (2006). Control strategies in object manipulation tasks. Curr Opin Neurobiol 16 (6): 650-659.

[36] Flesher SN, Collinger JL, Foldes ST et al. (2016). Intracortical microstimulation of human somatosensory cortex. Sci Transl Med 8 (361): 1-11.

[37] Flesher S, Downey J, Collinger J et al. (2017). Intracortical microstimulation as a feedback source for brain-computer interface users. In: Proceedings of the 6th international brain-computer interface meeting, pp. 43-54.

[38] Foerster O (1929). Beitrage zur Pathophysiologie der Sehbahn und der Sehsphare. J Psychol Neurol 39: 463-485.

[39] Fraser GW, Schwartz AB (2012). Recording from the same neurons chronically in motor cortex. J Neurophysiol 107 (7): 1970-1978.

[40] Fritsch G, Hitzig E (1870). Über die elektrische Erreg-barkeit des Grosshirns. Arch Anat Physiol Wiss Med 37: 300-332.

[41] Gaunt RA, Prochazka A, Mushahwar VK et al. (2006). Intraspinal microstimulation excites multisegmental sensory afferents at lower stimulus levels than local alpha-motoneuron responses. J Neurophysiol 96 (6): 2995-3005.

[42] Georgopoulos AP, Kalaska JF, Caminiti R et al. (1982). On the relations between the direction of two-dimensional arm movements and cell discharge in primate motor cortex. J Neurosci 2 (11): 1527-1537.

[43] Gilja V, Chestek CA, Diester I et al. (2011). Challenges and opportunities for next-generation intracortically based neural prostheses. IEEE Trans Biomed Eng 58 (7): 1891-1899.

[44] Gordon AM, Forssberg H, Johansson RS et al. (1991). Integration of sensory information during the programming of precision grip: comments on the contributions of size cues. Exp Brain Res 85 (1): 226-229.

[45] Gordon AM, Westling G, Cole KJ et al. (1993). Memory representations underlying motor commands used during manipulation of common and novel objects. J Neurophysiol 69 (6): 1789-1796.

[46] Graczyk EL, Schiefer MA, Saal HP et al. (2016). The neural basis of perceived intensity in natural and artificial touch. Sci Transl Med 8 (362): 362ra142.

[47] Hallett M (2000). Transcranial magnetic stimulation and the human brain. Nature 406

(6792): 147-150.

[48] Hamed SB, Schieber MH, Pouget A (2007). Decoding M1 neurons during multiple finger movements. J Neurophysiol 98 (1): 327-333.

[49] Heming E, Sanden A, Kiss ZHT (2010). Designing a somatosensory neural prosthesis: percepts evoked by different patterns of thalamic stimulation. J Neural Eng 7 (6): 064001.

[50] Hendrix CM, Mason CR, Ebner TJ (2009). Signaling of grasp dimension and grasp force in dorsal premotor cortex and primary motor cortex neurons during reach to grasp in the monkey. J Neurophysiol 102 (1): 132-145.

[51] Hepp-Reymond M-C, Kirkpatrick-Tanner M, Gabernet L et al. (1999). Context-dependent force coding in motor and premotor cortical areas. Exp Brain Res 128 (12): 123-133.

[52] Hermansson LM, Fisher AG, Bernspång B et al. (2005). Assessment of capacity for myoelectric control: a new Rasch-built measure of prosthetic hand control. J Rehabil Med 37 (3): 166-171.

[53] Hiremath SV, Tyler-Kabara EC, Wheeler JJ et al. (2017). Human perception of electrical stimulation on the surface of somatosensory cortex. PLoS One 12 (5): 1-16.

[54] Histed MH, Bonin V, Reid RC (2009). Direct activation of sparse, distributed populations of cortical neurons by electrical microstimulation. Neuron 63 (4): 508-522.

[55] Hochberg LR, Serruya MD, Friehs GM et al. (2006). Neuronal ensemble control of prosthetic devices by a human with tetraplegia. Nature 442 (7099): 164-171.

[56] Jenmalm P, Johansson RS (1997). Visual and somatosensory information about object shape control manipulative fingertip forces. J Neurosci 17 (11): 4486-4499.

[57] Jenmalm P, Dahlstedt S, Johansson RS (2000). Visual and tactile information about object-curvature control fingertip forces and grasp kinematics in human dexterous manipulation. J Neurophysiol 84 (6): 2984-2997.

[58] Jenmalm P, Schmitz C, Forssberg H et al. (2006). Lighter or heavier than predicted: neural correlates of corrective mechanisms during erroneously programmed lifts. J Neurosci 26 (35): 9015-9021.

[59] Johansson RS, Flanagan JR (2009). Coding and use of tactile signals from the fingertips in object manipulation tasks. Nat Rev Neurosci 10 (5): 345-359.

[60] Johansson RS, Westling G (1988). Coordinated isometric muscle commands adequately and erroneously programmed for the weight during lifting task with precision grip. Exp Brain Res 71 (1): 59-71.

[61] Johansson RS, Häger C, Bäckström L (2004). Somatosensory control of precision grip during unpredictable pulling loads. Exp Brain Res 89 (1): 204-213.

[62] Johnson KO (2001). The roles and functions of cutaneous mechanoreceptors. Curr Opin Neurobiol 11 (4): 455-461.

[63] Johnson LA, Wander JD, Sarma D et al. (2013). Direct electrical stimulation of the soma-

tosensory cortex in humans using electrocorticography electrodes: a qualitative and quantitative report. J Neural Eng 10（3）: 036021.

[64] Kaas JH, Nelson RJ, Sur M et al.（1981）. Organization of somatosensory cortex in primates. In: The organization of the cerebral cortex, Proceedings of a Neurosciences Research Program Colloquium. MIT Press（10）: 237-261.

[65] Kane SR, Cogan SF, Ehrlich J et al.（2013）. Electrical performance of penetrating microelectrodes chronically implanted in cat cortex. IEEE Trans Biomed Eng 60（8）: 2153-2160.

[66] Kim S, Callier T, Tabot GA et al.（2015a）. Behavioral assessment of sensitivity to intracortical microstimulation of primate somatosensory cortex. Proc Natl Acad Sci USA 112（49）: 15202-15207.

[67] Kim SS, Callier T, Tabot GA et al.（2015b）. Sensitivity to microstimulation of somatosensory cortex distributed over multiple electrodes. Front Syst Neurosci 9（April）: 47.

[68] Kipke DR, Vetter RJ, Williams JC et al.（2003）. Siliconsubstrate intracortical microelectrode arrays for long-termrecording of neuronal spike activity in cerebral cortex. IEEE Trans Neural Syst Rehabil Eng 11（2）: 151-155.

[69] Kramer DR, Kellis S, Barbaro M et al.（2019）. Technical considerations for generating somatosensation via cortical stimulation in a closed-loop sensory/motor brain-computer interface system in humans. J Clin Neurosci 63: 116-121.

[70] Künzle H（1977）. Projections from the primary somatosensory cortex to basal ganglia and thalamus in the monkey. Exp Brain Res 30（4）: 481-492.

[71] Lee B, Kramer D, Armenta Salas M et al.（2018）. Engineering artificial somatosensation through cortical stimulation in humans. Front Syst Neurosci 12: 12-24.

[72] Lee SW, Fallegger F, Casse BDF et al.（2016）. Implantable microcoils for intracortical magnetic stimulation. Sci Adv 2（12）: e1600889.

[73] Lega BC, Serruya MD, Zaghloul KA（2011）. Brain-machine interfaces: electrophysiological challenges and limitations. Crit Rev Biomed Eng 39（1）: 5-28.

[74] Lenz FA, Seike M, Richardson RT et al.（1993）. Thermal and pain sensations evoked by microstimulation in the area of human ventrocaudal nucleus. J Neurophysiol 70（1）: 200-212.

[75] Leuthardt EC, Schalk G, Wolpaw JR et al.（2004）. A brain-computer interface using electrocorticographic signals in humans. J Neural Eng 1（2）: 63-71.

[76] Light CM, Chappell PH, Kyberd PJ（2002）. Establishing a standardized clinical assessment tool of pathologic and prosthetic hand function: normative data, reliability, and validity. Arch Phys Med Rehabil 83（6）: 776-783.

[77] Limnuson K, Lu H, Chiel HJ et al.（2014）. Real-time stimulus artifact rejection via template subtraction. IEEE Trans Biomed Circuits Syst 8（3）: 391-400.

［78］ London BM, Jordan LR, Jackson CR et al. (2008). Electrical stimulation of the proprioceptive cortex (area 3a) used to instruct a behaving monkey. IEEE Trans Neural Syst Rehabil Eng 16 (1): 32–36.

［79］ Maier MA, Bennett KM, Hepp-Reymond M-C et al. (1993). Contribution of the monkey corticomotoneuronal system to the control of force in precision grip. J Neurophysiol 69 (3): 772–785.

［80］ Mason CR, Gomez JE, Ebner TJ (2002). Primary motor cortex neuronal discharge during reach-to-grasp: controlling the hand as a unit. Arch Ital Biol 140 (3): 229–236.

［81］ Maynard EM, Nordhausen CT, Normann RA (1997). The Utah intracortical electrode array: a recording structure for potential brain-computer interfaces. Electroencephalogr Clin Neurophysiol 102 (3): 228–239.

［82］ McCreery DB, Bullara LA, Agnew WF (1986). Neuronal activity evoked by chronically implanted intracortical microelectrodes. Exp Neurol 92 (1): 147–161.

［83］ McCreery D, Pikov V, Troyk PR (2010). Neuronal loss due to prolonged controlled-current stimulation with chronically implanted microelectrodes in the cat cerebral cortex. J Neural Eng 7 (3): 036005.

［84］ Mena GE, Grosberg LE, Madugula S et al. (2017). Electrical stimulus artifact cancellation and neural spike detection on large multi-electrode arrays. Hennig, M. H (ed), PLoS Comput Biol 13 (11): e1005842.

［85］ Micera S, Navarro X (2009). Chapter 2 Bidirectional interfaces with the peripheral nervous system. Int Rev Neurobiol 86: 23–38.

［86］ Mima T, Ikeda A, Terada K et al. (1997). Modality-specific organization for cutaneous and proprioceptive sense in human primary sensory cortex studied by chronic epicortical recording. Electroencephalogr Clin Neurophysiol 104 (2): 103–107.

［87］ Mollazadeh M, Aggarwal V, Thakor NV et al. (2014). Principal components of hand kinematics and neurophysiological signals in motor cortex during reach to grasp movements. J Neurophysiol 112 (8): 1857–1870.

［88］ Monzée J, Lamarre Y, Smith AM (2006). The effects of digital anesthesia on force control using a precision grip. J Neurophysiol 89 (2): 672–683.

［89］ Moritz CT, Perlmutter SI, Fetz EE (2008). Direct control of paralysed muscles by cortical neurons. Nature 456 (7222): 639–642.

［90］ Nakai J, Ohkura M, Imoto K (2001). A high signal-to-noise Ca (2+) probe composed of a single green fluorescent protein. Nat Biotechnol 19 (2): 137–141.

［91］ Navarro X, Krueger TB, Lago N et al. (2005). A critical review of interfaces with the peripheral nervous system for the control of neuroprostheses and hybrid bionic systems. J Peripher Nerv Syst 10 (3): 229–258.

［92］ Negi S, Bhandari R, Rieth L et al. (2010). Neural electrode degradation from continuous electrical stimulation: comparison of sputtered and activated iridium oxide. J Neurosci Methods 186 (1): 8–17.

[93] Nothias F, Peschanski M, Besson J-M (1988). Somatotopic reciprocal connections between the somatosensory cortex and the thalamic Po nucleus in the rat. Brain Res 447 (1): 169–174.

[94] Nowak LG, Bullier J (1998a). Axons, but not cell bodies, are activated by electrical stimulation in cortical gray matter. I. Evidence from chronaxie measurements. Exp Brain Res 118 (4): 477–488.

[95] Nowak LG, Bullier J (1998b). Axons, but not cell bodies, are activated by electrical stimulation in cortical gray matter. II. Evidence from selective inactivation of cell bodies and axon initial segments. Exp Brain Res118 (4): 489–500.

[96] Nowak DA, Glasauer S, Hermsdörfer J (2013). Force control in object manipulation-A model for the study of sensorimotor control strategies. Neurosci Biobehav Rev 37 (8): 1578–1586.

[97] O'Doherty JE (2009). A brain-machine interface instructed by direct intracortical microstimulation. Front Integr Neurosci 3: 20.

[98] O'Doherty JE, Lebedev MA, Ifft PJ et al. (2011). Active tactile exploration using a brain-machine-brain interface. Nature 479 (7372): 228–231.

[99] O'Shea DJ, Shenoy KV (2018). ERAASR: an algorithm for removing electrical stimulation artifacts from multielectrode array recordings. J Neural Eng 15 (2): 026020.

[100] Oddo CM, Raspopovic S, Artoni F et al. (2016). Intraneural stimulation elicits discrimination of textural features by artificial fingertip in intact and amputee humans. elife 5: e09148.

[101] Otto KJ, Rousche PJ, Kipke DR (2005). Microstimulation in auditory cortex provides a substrate for detailed behaviors. Hear Res 210 (12): 112–117.

[102] Parker RA, Davis TS, House PA et al. (2011). The functional consequences of chronic, physiologically effective intracortical microstimulation. Prog Brain Res 194: 145–165.

[103] Patestas M, Gartner L (2006). Ascending sensory pathways. In: A textbook of neuroanatomy, John Wiley & Sons, pp. 137–170.

[104] Paul RL, Merzenich M, Goodman H (1972). Representation of slowly and rapidly adapting cutaneous mechanoreceptors of the hand in Brodmann's areas 3 and 1 of Macaca mulatta. Brain Res 36: 229–249.

[105] Penfield W, Boldrey E (1937). Somatic motor and sensory representation in the cerebral cortex of man as studied by electrical stimulation. Brain 60 (4): 389–443.

[106] Pons TP, Kaas JH (1986). Corticocortical connections of area 2 of somatosensory cortex in macaque monkeys: a correlative anatomical and electrophysiological study. J Comp Neurol 248 (3): 313–335.

［107］ Prochazka A, Ellaway P (2012). Sensory systems in the control of movement. Compr Physiol 2 (4): 2615-2627.

［108］ Proske U, Gandevia SC (2009). The kinaesthetic senses. J Physiol 587 (17): 4139-4146.

［109］ Proske U, Gandevia SC (2012). The proprioceptive senses: their roles in signaling body shape, body position and movement, and muscle force. Physiol Rev 92 (4): 1651-1697.

［110］ Rajan AT, Boback JL, Dammann JF et al. (2015). The effects of chronic intracortical microstimulation on neural tissueand fine motor behavior. J Neural Eng 12 (6): 066018.

［111］ Raspopovic S, Capogrosso M, Petrini FM et al. (2014). Restoring natural sensory feedback in real-time bidirectional hand prostheses. Sci Transl Med 6 (222): 222ra19.

［112］ Resnik L, Adams L, Borgia M et al. (2013). Development and evaluation of the activities measure for upper limb amputees. Arch Phys Med Rehabil 94 (3): 488-494.

［113］ Robles-De-La-Torre G (2006). The importance of the sense of touch in virtual and real environments. IEEE Multimedia 13 (3): 24-30.

［114］ Romo R, Hernández A, Zainos A et al. (1998). Somatosensory discrimination based on cortical microstimulation. Nature 392 (6674): 387-390.

［115］ Romo R, Hernández A, Zainos A et al. (2000). Sensing without touching: psychophysical performance based on cortical microstimulation. Neuron 26 (1): 273-278.

［116］ Rothwell JC, Traub MM, Day BL et al. (1982). Manual motor performance in a deafferented man. Brain105 (3): 515-542.

［117］ Rousche PJ, Normann RA (1999). Chronic intracortical microstimulation (ICMS) of cat sensory cortex using the Utah intracortical electrode array. IEEE Trans Rehabil Eng 7 (1): 56-68.

［118］ Rouse AG (2016). A four-dimensional virtual hand brain-machine in terface using active dimension selection. J Neural Eng 13: 036021.

［119］ Ryu SI, Shenoy KV (2009). Human cortical prostheses: lost in translation? Neurosurg Focus 27 (1): E5.

［120］ Saal HP, Bensmaia SJ (2014). Touch is a team effort: interplay of submodalities in cutaneous sensibility. Trends Neurosci 37 (12): 689-697.

［121］ Saal HP, Bensmaia SJ (2015). Biomimetic approaches to bionic touch through a peripheral nerve interface. Neuropsychologia 79: 344-353.

［122］ Saal HP, Delhaye BP, Rayhaun BC et al. (2017). Simulating tactile signals from the whole hand with millisecond precision. Proc Natl Acad Sci USA 114 (28): E5693-E5702.

［123］ Sainburg RL, Poizner H, Ghez C (1993). Loss of proprioception produces deficits in interjoint coordination. J Neurophysiol 70 (5): 2136-2147.

［124］ Sainburg RL, Ghilardi MF, Poizner H et al. (1995). Control of limb dynamics in normal subjects and patients without proprioception. J Neurophysiol 73 (2): 820–835.

[125] Saleh M, Takahashi K, Amit Y et al. (2010). Encoding of coordinated grasp trajectories in primary motor cortex. J Neurosci 30 (50): 17079–17090.

[126] Sanes JN, Mauritz K-HH, Evarts EV et al. (1984). Motor deficits in patients with large-fiber sensory neuropathy. Proc Natl Acad Sci USA 81 (3): 979–982.

[127] Santhanam G, Ryu SI, Yu BM et al. (2006). A highperformance brain-computer interface. Nature 442 (7099): 195–198.

[128] Schaffelhofer S, Agudelo-Toro A, Scherberger H (2015). Decoding a wide range of hand configurations from macaque motor, premotor, and parietal cortices. J Neurosci 35 (3): 1068–1081.

[129] Schalk G, Miller KJ, Anderson NR et al. (2008). Two-dimensional movement control using electrocortico graphic signals in humans. J Neural Eng 5 (1): 75–84.

[130] Schiefer M, Tan D, Sidek SM et al. (2016). Sensory feedback by peripheral nerve stimulation improves task performance in individuals with upper limb loss using a myoelectric prosthesis. J Neural Eng 13 (1): 016001.

[131] Schmidt R, Lee T (2005). Motor control and learning: a behavioral emphasis, fourth ed. Human Kinetics, Champaign, IL.

[132] Schmidt EM, Bak MJ, Hambrecht FT et al. (1996). Feasibility of a visual prosthesis for the blind based on intracortical micro stimulation of the visual cortex. Brain 119 (2): 507–522.

[133] Tan DW, Schiefer MA, Keith MW et al. (2014). A neural inter-face provides long-term stable natural touch perception. Sci Transl Med 6 (257): 257ra138.

[134] Taylor DM et al. (2002). Direct cortical control of 3D neuroprosthetic devices. Science 296 (5574): 1829–1832.

[135] Tehovnik EJ (1996). Electrical stimulation of neural tissue to evoke behavioral responses. J Neurosci Methods 65 (1): 1–17.

[136] Tehovnik EJ, Slocum WM (2007). Phosphene induction by microstimulation of macaque V1. Brain Res Rev 53 (2): 337–343.

[137] Tolias AS, Ecker AS, Siapas AG et al. (2007). Recording chronically from the same neurons in awake, behaving primates. J Neurophysiol 98 (6): 3780–3790.

[138] Tomlinson T, Miller L (2014). Multi-electrode stimulation in somatosensory area 2 induces a natural sensation of limb movement. Neuromodulation 17 (5): e114.

[139] Tomlinson T, Miller LE (2016). Toward a proprioceptive neural interface that mimics natural cortical activity. Adv Exp Med Biol 957: 367–388.

[140] Torab K, Davis TS, Warren DJ et al. (2011). Multiple factors may influence the performance of a visual prosthesis based on intracortical microstimulation: nonhuman primate.

behavioural experimentation. J Neural Eng 8 (3): 035001.

[141] Vallbo AB, Hagbarth KE, Torebjork HE et al. (1979). Somatosensory, proprioceptive, and sympathetic activity in human peripheral nerves. Physiol Rev 59 (4): 919-957.

[142] Valle G, D'Anna E, Strauss I et al. (2018a). Comparison of linear frequency and amplitude modulation for intraneural sensory feedback in bidirectional hand prostheses. Sci Rep 8 (1): 1-13.

[143] Valle G, Mazzoni A, Iberite F et al. (2018b). Biomimetic intra-neural sensory feedback enhances sensation naturalness, tactile sensitivity, and manual dexterity in a bidirectional prosthesis. Neuron 100 (1): 37-45.

[144] Vansteensel MJ, Pels EGM, Bleichner MG et al. (2016). Fully implanted brain-computer interface in a locked-in patient with ALS. N Engl J Med 375 (21): 2060-2066.

[145] Velliste M, Perel S, Spalding MC et al. (2008). Cortical control of a prosthetic arm for self-feeding. Nature 453 (7198): 1098-1101.

[146] Viaene AN, Petrof I, Sherman SM (2011). Synaptic properties of thalamic input to layers 2/3 and 4 of primary somatosensory and auditory cortices. J Neurophysiol 105 (1): 279-292.

[147] Wang W, Collinger JL, Degenhart AD et al. (2013). An electrocorticographic brain interface in an individual with tetraplegia. Hochman, S (ed), PLoS One 8 (2): e55344.

[148] Warden MR, Cardin JA, Deisseroth K (2014). Optical neural interfaces. Annu Rev Biomed Eng 16 (1): 103-129.

[149] Weiss JM, Flesher SN, Franklin R et al. (2018). Artifact-free recordings in human bidirectional brain-computer interfaces. J Neural Eng 16 (1): 016002.

[150] Wendelken S, Page DM, Davis T et al. (2017). Restoration of motor control and proprioceptive and cutaneous sensation in humans with prior upper-limb amputation via multiple Utah slanted electrode arrays (USEAs) implanted in residual peripheral arm nerves. J Neuroeng Rehabil 14 (1): 121.

[151] White BW, Saunders FA, Scadden L et al. (1970). Seeing with the skin. Percept Psychophys 7 (1): 23-27.

[152] Wodlinger B, Downey JE, Tyler-Kabara EC et al. (2015). Ten-dimensional anthropomorphic arm control in a human brain-machine interface: difficulties, solutions, and limitations. J Neural Eng 12 (1): 016011.

[153] Wolpert DM, Ghahramani Z, Jordan MI (1995). An internal model for sensorimotor integration. Science 269 (5232): 1880-1882.

[154] Yanagisawa T, Hirata M, Saitoh Y et al. (2012). Electrocorticographic control of a prosthetic arm in paralyzed patients. Ann Neurol 71 (3): 353-361.

[155] Yozbatiran N, Der-Yeghiaian L, Cramer SC (2008). A standardized approach to performing

the action research arm test. Neurorehabil Neural Repair 22 (1): 78-90.

[156] Zhang F, Wang L-P, Boyden ES et al. (2006). Channelrhodopsin-2 and optical control of excitable cells. Nat Methods 3 (10): 785-792.

[157] Zhao S, Cunha C, Zhang F et al. (2008). Improved expression of halorhodopsin for light-induced silencing of neuronal activity. Brain Cell Biol 36 (14): 141-154.

第 14 章　脑-机接口和虚拟现实用于神经康复

14.1　摘　　要

　　脑-机接口（BCI）和虚拟现实（VR）是两项技术进步，正在改变我们与世界交互的方式。BCI 可用于影响并作为导航任务、通信或其他辅助功能的控制方法。VR 技术可以创建涉及我们所有感觉的即席交互场景，以多感觉方式刺激大脑，并在类似游戏的环境中增加动机和乐趣。VR 和运动跟踪能够在认知和身体层面实现自然的人机交互。在设计有意义的虚拟现实体验时，这包括了大脑和身体；在这些实例中，参与者体验到自然的临场感，这有助于增强 BCI 在辅助和神经康复应用中的优势，以重新学习运动技能和认知技能。由于价格合理的头戴式显示器（head-mounted displays，HMD）的激增，VR 技术现在可以在消费者层面上使用，将这两种技术合并到简易、实用的设备中可能有助于使这些技术民主化。

14.2　引　　言

　　你有没有从一个非常生动的梦中醒来？在梦中，你可以做你一生中做不到或从未做过的事情，或者可以使用你以前失去的能力？在梦中你的思想力量可以移动石墙？虽然，你有"在那里"的感觉，但你并没有被束缚在地球上，你可以根据自己的意愿改变物理规则或世界的颜色。做梦非常生动，它向我们展示了大脑的巨大力量，并为我们提供了可以在现实世界中尝试实施的想法。为什么我们不想将其中一些能力转化为技术解决方案，并利用方案克服现有的边界？想象一下，这种力量用于康复领域，患者因事故而受到限制，或者在中风患者中，功能已经丧失，必须重新获得。在本章中，我们评估了两种可以帮助残疾人实现梦想的技术：BCI 和 VR 的现状以及它们组合的未来。

　　目前，BCI 技术的发展势头强劲，不仅用于神经科学研究，还应用于康复治疗。一般来说，BCI 是在人脑和计算机或其他外部设备之间建立直接通信通道的系统。在这样做的过程中，实时测量和分析大脑活动，以识别和解释用户的想法或行为。因此，它可以用来传递信息，这些信息可以直接从大脑转化为控制信号，因此不需要运动活动。从历史上看，BCI 研究的主要目标是为严重残疾患者设计通信和控制解决方案（Wolpaw 等，2002）。BCI 的最终目标不仅是为处于"闭锁"状态的患者提供一个可能的新的交流通道，而且还针对患者以及健康人来修复或增强其认知或感觉运动功能。正如本书所展示的那样，BCI 控制假体或假肢、轮椅和机器人设备已经取得了巨大的进步。在过去几年中，BCI 主要通过拼写器或用于监测或预测动作的辅助技术，来应用于交流或通信目的，以及神经/认知康复（neuro/cognitive rehabilitation）（van Dokkum 等，2015）。

　　同步并独立于 BCI 的 VR 场景为我们提供了模拟世界的可能性，并能够用感觉替代来使我们的大脑产生错觉，并相信特定的现实。自 2012 年以来，由于 Oculus Rift、HTC Vive、Microsoft HoloLens 和 Gear VR 等 HMD，大众市场对 VR 产生了巨大的兴趣，VR 技术已经发展到可以以合理价格在消费者层面提供高质量 VR 体验的地步。然而，仍有少数技术公司将这项研究转化为实际的商业 VR 应用，尤其是在医疗领域。

　　除了吸引游戏和娱乐等其他领域追随者的动机和乐趣因素外，VR 还可以帮助提供个性化医疗。因为我们可以很容易地调整训练的强度或难度，可以刺激和涉及所有感觉。VR 有助于实时提供多模式反馈，以便在生态和有益的环境中优化运动和认知技能，在康复的每一刻不断适应患者的特定需求和状态。

　　在中风康复中，按照目前的护理标准，许多患者在出院后仍需要康复，10 名患者中有 6 名在日常生活活动中在功能上持续依赖护理者，通常无法重返工作岗位（Wilkinson 等，1997）。从神经科学研究中我们知道，在遭受脑损伤后的头几周内，运动功能的恢复更快（Lee 等，2015）。事实上，在前 15 天内恢复能力最强（Salter 等，2006），提倡的这一时间窗与受伤后发生的独特神经可塑性现象相一致。

　　这里，VR 可以从早期阶段开始提供针对特定任务的强化训练，以加强补偿恢复之前的真实恢复，通过训练活动整合标准治疗技术的增强版本。例如，通过动作观察调节的运动想象（motor imagery，MI）（Harmsen 等，2015），更重要的是镜像治疗，即使在严重偏瘫的情况下也可以进行干预（Thieme 等，2012）。事实上，已经证明，特定的任务训练在丰富的环境（如 VR）中效果最好，并且当重点放在具有最大泛化机会的任务（如伸手、抓取或指点）上时（Zeiler 和 Krakauer，2013）。当添加游戏化元素时，动机有助于增加训练量，这是最佳恢复的关键。VR 和电子游戏可以提供的治疗量约为 1h 内治疗训练 700~1000 个目标导向运动，这个数字可能比标准治疗高 10~15 倍（Lang等，2009；Chevalley 等，2015）。

最近，Cochrane 对使用 VR 进行中风运动康复进行了评述，发现 VR 在改善上肢功能方面明显比传统疗法更有效（Laver 等，2015）。已证明基于 VR 的系统也是一种通过参与运动区域等大脑回路来促进功能恢复的工具（Adamovich等，2009）。在一项针对中风患者的初步研究中，4 周的基于 VR 机动性、任务导向性训练（60min×20 天）足以抑制改变的激活，并且在同侧斜视区主要是反应性的，这种皮层重组与运动表现的改善有关（Jang 等，2005；You 等，2005）。

14.3　基于 BCI 的虚拟现实交互

本节概述了基于 BCI 控制虚拟现实应用的现状，并提供了对各种方法的实际见解。一般来说，存在不同类型的 BCI 和 VR，可以沿着两个主线进行分类：基于潜在神经生理信号的主动式 BCI、反应式 BCI 或被动式 BCI，以及基于所用技术的浸入式与非浸入式 VR 系统。

反应式 BCI（其实更准确称为"被动反应式 BCI"）是指用户的大脑对外部刺激做出反应或响应的系统，这些刺激触发诱发了神经活动（如 P300 或SSVEP），然后进行识别。相反，主动式 BCI 基于用户可以通过诱导方式改变其大脑活动的事实，主动式 BCI 最常用的变种是运动想象，通过运动想象可以记录运动皮层的变化。被动式 BCI 是用于记录用户心理状态的系统（监测并评估大脑状态的系统），但通常不用于控制目的。请参阅第 2 章，了解各种类型的 BCI 系统。在本章中，我们只关注基于脑电（EEG）的 BCI，其他地方提供了关于其他类型 BCI 的最新评论（Krusienski 等，2011；Ahn 等，2014；Huggins 和 Wolpaw，2014），有关获取大脑活动的不同技术的更多详细信息，请参阅第 18 章和第 21 章。

沉浸式 VR 可以为用户提供一种临场感，一种在虚拟世界中"身临其境"的感觉（Burdea 和 Coiffet，2003；Sanchez Vives 和 Slater，2005）。由于两类交互设备，这种看似合理的交互是可能的，首先，用户必须能够实时主动地与虚拟世界交互，这是通过利用输入设备实现的，如游戏控制器、数据手套、运动跟踪系统或如本章所述的 BCI；其次，必须向用户的感官提供有关虚拟世界状态的实时反馈，为此，采用各种输出设备来呈现虚拟世界内容。例如，视觉显示器、空间声音系统或触觉设备。简单的投影墙或计算机显示器可以显示计算机生成的 3D 内容。然而，只有立体呈现技术（stereoscopic presentation techniques)，如 HMD 或完全浸入式多投影显示器（通常称为"CAVE"（Cruz Neira 等，1992））被认为是完全浸入式系统。在本章中，我们只关注结合浸入式系统的 BCI（BCI 与浸入式系统相结合）。

Friedman 最近评述了 BCI 和 VR 领域，并沿着 VR 交互轴线从人机交互角度对这些工作进行了划分：①导航；②控制虚拟身体；③控制世界；④超越直接控制的范式（Friedman，2015）。然而，在本节中，重点分析了不同的 BCI 系统如何根据其融入的程度影响 VR 体验。

14.3.1　主动控制

对于基于 MI 的 BCI，必须在中央区和感觉运动皮层记录 EEG，MI 被描述为没有任何明显运动输出的运动动作的心理预演（Decety，1996），MI 激活大脑区域，类似于在规划和准备真实动作期间所参与的大脑区域（Ehrsson 等，2003）。受试者在想象不同类型的运动（例如右手、左手或脚）时，在其感觉运动皮质区记录的 μ 节律（7～13Hz）和 β 节律（13～30Hz）出现振幅降低（称为事件相关去同步，event-related desynchronization，ERD（Pfurtscheller 和 Lopes da Silva，1999））或振幅增加（称为事件相关同步，event-related synchronization，ERS）（Pfurtscheller 和 Neuper，2001）。由于这些变化（上述振幅的抑制和增强，即 ERD/ERS）是特定于用户的：首先，计算机必须学习潜在的神经特征标识才能理解它们；然后，这些变化可以用于交互，通过简单地想象右手或左手的运动来实现垂直竖条向左或向右运动，这是经典的 BCI 控制（Leeb 等，2013b）。同样的原理也可以用于控制虚拟环境中的简单运动。

该方法已成功应用于第一个示例中，参与者的位置移动或其方位（主要从第一人称角度）直接由 BCI 输出控制。在最初的一项研究中，用户感受到左右匀速旋转的感觉，左右旋转方向取决于想象的手部运动，而旋转信息通过一次试验进行了整合（Leeb 等，2007b）。与标准条形反馈相比，所有用户在 VR 条件下（通过 HMD 或在 CAVE 中）表现更好。然而，用户提到，他们在旋转时失去了空间定向能力，旋转干扰了他们。在一个类似的试验中，人们利用脚部运动的想象在虚拟街道上向前行走（Leeb 等，2006）。足部 MI 的正确分类伴随着匀速向前移动，而手部 MI 的正确分类使移动停止。所有用户在 CAVE 中都取得了最好的结果，在标准 BCI 条件下取得了最差的结果，因此我们可以假设使用 VR 作为反馈促进或激发了参与者的表现。后期研究中改进的性能表明，脚部 MI 是控制虚拟环境（VE）中事件的合适心理策略，因为对脚部运动的想象是与自然行走非常接近的心理任务。与此结果相反的是前面描述的旋转活动的结果，其中应用的心理策略与映射的 VR 动作不匹配，正常意图和应用意图之间的这种不匹配，导致参与者的行为违反直觉且效率低下，并可能导致疲劳和困惑（Pfurtscheller 等，2006），因为感知和行动之间的感觉运动关联性（激发幻觉和沉浸感）被打破了（Slater 等，2009）。

从用户交互的角度来看，这些基于采用同步 BCI（一种基于提示方法的 BCI）的工作，显示出局限性。仅在定义的时间窗口内经过训练的心理状态之间分析大脑数据，这限制了交互的时间段和速度。相反，异步 BCI 将大脑模式分为有意控制期（periods of intentional control，IC），如运动想象（MI）和有意非控制期（intentional noncontrol，INC）。困难的部分是在 INC 期间减少假阳性检测，在 INC 期间参与者不想主动发送任何 BCI 命令，也不参与定义的想象过程。一项研究演示了让用户完全控制时序和速度的结果，用户必须在 CAVE 设置中探索虚拟图书馆，他们以自己的步调沿着图书馆大厅前进，但不得不在几个特定点停下（如雕像、柱子（Leeb 等，2007c））。经过不同的暂停时间（高达 95s）后，实验者发出继续移动的命令，导航发生在用户执行脚 MI 时。

在 Leeb 及其同事的一项研究中，一名四肢瘫痪患者利用想象其瘫痪的双脚运动来控制其轮椅在 VR 中向前移动（Leeb 等，2007a）。任务是沿着虚拟街道前进/移动，并通过异步 BCI 在街道沿线排列的每个化身处停下。患者在一些轮次的试验中取得了 100%的性能，所有轮次的平均性能超过 90%。这项工作首次证明，坐在轮椅上的四肢瘫痪患者可以通过使用基于单次 EEG 记录的自定节奏 BCI 来控制其在 VE 中的移动。必须提到的是，VE 对坐轮椅的人特别有吸引力。首先，简单地使用 VE 可以让这些人获得可能早已忘记（或他们从未有过）的体验。事实上，在受伤导致无法使用脚的几年后，用户仍然可以进行脚部 MI，这证明了人脑的可塑性（类似于 Kübler 等，2005 的研究）。

尽管这些应用展示了创新的可能性，但有人可能会说，它们中的大多数只向用户提供一个或两个命令。这可能会给用户带来不便，因为它限制了可能的应用和虚拟现实交互的范围。一些研究组最近提出了解决方案，通过向用户提供三个或更多命令（前进、左转或右转）来缓解这些问题。尽管 BCI 仅识别一个或两个 MI 状态，但 Velasco Álvarez 等（2010）提出了一种基于扫描原理的特定交互技术，类似于 hex-ospell（Williamson 等，2009）。这意味着，要选择给定的交互命令，用户必须在给定的时间段内执行想象任务，每一时间段都与不同的命令相关联。他们的评估表明，使用这种方法，用户实际上可以通过简单的大脑开关在 VE 中自由导航（Velasco-Álvarez 等，2010）。

通过查看 MI 控制的 VR 应用领域的众多出版物，得出以下结论：正如 Lotte 等（2012）所述，大多数作者将其用于导航任务，并使用非沉浸式 VR

297

解决方案。大多数应用为用户提供的命令数量与采用的 MI 任务数量相同，尽管通过使用适当的交互技术已经有可能以提供比 MI 任务更多的命令。事实上，MI 似乎特别适合于这样的任务，因为它可以实现自发和自定步调的控制，导航应该是这样的方式。相反，使用 MI 执行选择任务并不方便，因为它们只提供少数心理状态，因此只有少数命令，而要选择的虚拟对象可能会非常多。正如后续章节所强调的，基于诱发电位（SSVEP，P300）的 BCI 更适合于选择任务，因为它们可以使用大量刺激和相应的大脑响应。然而，将 VR 用于基于 MI 的 BCI 是一个非常有趣的问题，并且对用户有益处。人们可以尝试在现实世界中永远做不到的动作，如四肢瘫痪者可以再次行走（Leeb 等，2007a），VR 还可以提高动机（Badia 等，2016），触发更快的学习（Alkadhi 等，2005），并有助于空间学习（Larrue 等，2012）。

增加命令数量和扩大交互可能性的另一种方法是采用混合 BCI 系统（Millán 等，2010；MÜller-Putz 等，2015）。一般来说，把混合 BCI 定义为以下系统：①必须提供有意志的控制；②必须依赖大脑信号；③必须提供反馈；④必须在线工作（Pfurtscheller 等，2010）。存在各种类型的混合 BCI，因为这样的系统可能通过在多个输入通道之间切换（Kreilinger 等，2011）顺序使用多个输入通道，或通过融合各种输入而结合在一起（Leeb 等，2011），或并行使用多个通道来增加控制通道的数量。这样，可以把 BCI 视为一组交互工具和控制维度的一部分（GürkÜk 和 Nijholt，2012）。

参与者使用这种多模式 BCI 或混合 BCI 来控制企鹅的动作，使其作为高度沉浸式 CAVE 中 VR 游戏的主角滑下雪山斜坡（Leeb 等，2013a）。受试者通过 BCI 触发跳跃动作，并用游戏控制器控制企鹅的方向（图 14.1（a））。这是第一项可以证明使用辅助运动任务（在本例中为操纵杆控制）不会在游戏期间使 BCI 性能下降的工作。因此，参与者可以与 BCI 并行执行其他任务。

14.3.2　反应式交互

基于稳态视觉诱发电位（SSVEP）的 BCI 利用了当用户感知到以恒定频率闪烁的视觉刺激时发生的 EEG 响应（Vialatte 等，2010），可在视觉皮层（枕区电极）上观察到这种响应，由与闪烁刺激（5~40Hz）及其谐波相同频率振荡的 EEG 模式组成。SSVEP 可以通过注意力进行调节，这意味着当用户将注意力集中在该刺激上时，SSVEP 对给定刺激的响应将更强（即具有更大的幅度）。

最初，SSVEP 响应通过 VE 中包含的棋盘格图案触发。Lalor 和同事们利用这一点来稳定 3D 游戏环境中角色的平衡，3D 游戏环境沿着钢丝绳从一个平台移动到另一个平台（Lalor 等，2005）。在侧面放置两个大棋盘，以触发 SSVEP 响应，分别恢复怪兽向左或向右的平衡。静态地覆盖屏幕上闪烁的正方形或棋盘是一个很大的限制，因为 VE 可能看起来不自然，不太可能引起用户强烈的临场感。

　　Legény 及其同事采用了更自然的方法（Legény 等，2011）。在他们旨在虚拟森林（a virtual forest）中导航的工作中，生成 SSVEP 所必需的闪烁刺激显示在蝴蝶翅膀上（图 14.1（b）），其中三只蝴蝶显示在屏幕上，在用户面前上下飞舞，用户必须将注意力集中在左边、中间或右边的蝴蝶上，才能分别向左、向前或向右移动。也把蝴蝶的触须用来向用户提供反馈，蝴蝶的两根触须距离越远，分类器越有可能选择这只蝴蝶作为用户关注的目标。因此，这种 SSVEP 刺激更自然地融入 VE 中，正式评估表明，它确实增加了用户的主观偏好、临场感，或主体感（Giron 和 Friedman，2014）。

　　Faller 及其同事将导航原理扩展到增强现实（augmented reality，AR），其中 SSVEP 刺激固定在手上，并动态跟踪每个化身的动作。摄像机安装在 HMD 上，障碍赛场景 3D 图形通过跟踪基准标记注入实时真实的视频中（Faller 等，2010）。AR 中 SSVEP-BCI 系统的构想具有很大的潜力，因为刺激目标可以在空间上与现实世界中的不同兴趣点相关联。这些可能是抽象的，也可能与设备、人或控制能力等现实对象重叠，这是一种优雅、直观的方式，可以向用户提供所有可能的交互选项。通过引入更直观有效的智能家居控制，这些系统可以为患者提供更高程度的自主性和功能独立性。AR-SSVEP-BCI 可以为需要免提操作或从免提操作中受益的用户群（如飞行员、汽车驾驶员或办公室工作人员）进一步引入有价值的额外通信或控制通道。

　　要使用基于 P300 的 BCI，用户必须将注意力集中在许多其他刺激中随机出现的给定刺激上，其中每个刺激对应于一个给定的命令（Donchin 等，2000）。由于期望刺激的出现罕见且相关，因此预计刺激用户大脑活动后 300ms，会触发 P300 响应。Bayliss 和 Ballard 是第一个利用 P300 与 HMD 中显示的虚拟智能家居进行交互的人（Bayliss，2003），用户可以控制不同的设备（如电视或灯光），其中 3D 球体随机出现在对象上，用户只需通过计算球体出现在所期望的那个对象上的次数来打开或关闭这些设备。

　　最近，实现了更具互动性和更丰富的智能家居虚拟版本（Groenegress 等，2010）。这个智能家居由几个房间组成，在每个房间里可以控制若干设备：电视、MP3 播放器、电话、灯光、门等。为了让用户控制所有不同的元素，交互命令总结在 7 个控制掩码中（灯光掩码、音乐掩码、电话掩码、温度掩码、电视掩码、移动掩码和前往掩码），见图 14.1（c）。用户可以先看电视符号打开电视，然后看节目台，最后看要调节的音量。在 go-to（前往）掩码内，字母表示智能家居中在实验期间闪烁的不同的可访问点。在 BCI 系统做出决定后，VR 程序移动到公寓的鸟瞰视图，并缩放到用户选择的位置点。这是一种面向目标的 BCI 控制方法，与 MI 导航任务不同，MI 导航任务控制每个小的导航步骤。与 MI 系统相比，P300 系统的一个优点是，即使命令数量增加，精度也不会降低。相反，如果目标符号的可能性（出现的概率）下降，P300 响应会更明显（Krusienski 等，2006）。最后，添加命令时不需要训练新的大脑响应，因为响应只取决于用户注意的焦点（注意力）。然而，与基于 P300 控制相同的 VE 相比，受试者报告在基于注视的情况下有更好的临场感（Groenegress 等，2010）。P300−BCI 和 SSVEP-BCI 的混合系统用于控制相同的智能家居环境（Edlinger 等，2011），其中 P300−BCI 用于选择命令，SSVEP 用于打开和关闭 BCI。这些混合式 BCI 系统已表明，BCI 可以实际用于与虚拟智能家居交互，有可能为家中的患者提供新的和有前景的应用。Rutkowski 回顾了机器人设备（Robotic device）和基于 VR-BCI 的空间触感（spatial tactile）和听觉新奇（oddball）范式，他强调了采用基于共生思想的 BCI 技术与机器人设备或 VR 智能体（VR agent）交互的可能性（Rutkowski，2016）。

(a)　　　　　　　　　　(b)　　　　　　　　　　(c)

图 14.1　BCI 控制的 VR 应用示例

（a）运动想象控制的滑动企鹅的跳跃，而位置则通过混合方式的操纵杆控制（Leeb 等，2013a）；
（b）SSVEP 刺激集成到 VR 场景中，蝴蝶的翅膀在不同的 SSVEP 刺激频率下闪烁（Legeny 等，2011），
蝴蝶的触角（蝶形天线）用于显示分类器反馈；（c）P300 选择矩阵用于虚拟的智能家居应用。

除了 VR 中的经典控制任务外，VE 还可以用于研究大脑的神经相关（因素和机制），因为 VR 的刺激强度和沉浸感会触发更强的响应。Yazmir 及其同事在一个生态化较好的虚拟游戏中研究了错误行为（an erroneous action）引起的响应，称为错误电位，他们分析了网球运动错误估计的运动−感知−认知过程产生的错误，可以把这些错误视为自启动的错误（Yazmir 和 Reiner，2016）。视觉舒适度的估计和视觉劳损的减少，尤其是立体显示的深度感估计，表现为事件相关电位的变化，可用于用户视觉（感知）条件的调试（Frey 等，2016）。

14.3.3　精神状态

到目前为止,大多数研究利用 BCI 直接控制选择、导航或移动。每当检测到刺激或主动诱发想象后的诱发活动时,BCI 就会触发一个动作,并通过 VR 反馈给参与者形成闭环回路。然而,我们也可以研究用户的心理和情绪状态,他是忙碌还是害怕,是高兴还是只是犯了个错误?在被动式 BCI 中,此类信息将修改 VE 并驱动交互(Zander 和 Kothe,2011)。被动式 BCI 可以实时更新参与者的身体和精神状态,而无须他有意识地与系统交互(Gürkök 和 Nijholt,2012)。

情感心境是从 EEG 中提取出来的,并与大规模多用户游戏《魔兽世界》中的化身相结合(Plass-OudeBos 等,2010)。在这个游戏中,玩家使用经典键盘控制他的化身,但可以利用 BCI 将其从脆弱的小精灵变成强壮的熊。具体地说,化身形状(熊或精灵)取决于 α 频带(8~12Hz)的功率,α 节律功率与玩家的放松状态有关。换句话说,当玩家受到压力时,化身变成了熊,玩家必须放松才能变回精灵。评估表明,尽管 BCI 表现平平,但这种游戏受到了欢迎,玩家们认为这更像是一种挑战,而不是缺点。

BCI 除了应用于心理/精神状态监测外,人们对其作为命令的附加控制通道的应用评价很高,这些命令不能通过其他设备直观地发送(Lotte,2011)。游戏可以根据用户的当前状态进行动态调整或反应。专业游戏测试人员可以佩戴 BCI 设备,在游戏创建过程中评估游戏,这将使游戏设计者能够精细地评估应该改进或删除游戏的哪些部分,以最大限度地提高玩家的愉快感或享受。想象一下这样一种自适应性游戏的应用,你在游戏中与一个智能生物对抗,这个智能生物可以通过 BCI 预测你的动作,因此它可以以某种方式预测你在做什么。玩家必须保护自己的大脑免受入侵者的攻击才能成功,或者虚张声势来迷惑生物。

在艺术和戏剧领域,Gilroy 及其同事利用额叶 α 不对称来调节医疗剧中虚拟角色的同理心支持,他们的成功程度影响了叙事的展开(Gilroy 等,2013)。

有时把另一种信号视为被动式或主动式 BCI 的一部分,即错误电位,这种与错误相关的大脑功能可以在额中央区的 EEG 信号中观察到,当用户意识到系统做出错误的决定或交互时,就会出现错误电位(Schalk 等,2000)。与刺激后约 200~500ms 出现的对错误外部反馈的响应相反,自生错误(的诱发响应(正确和错误条件之间的差异)发生在动作后约 120ms。了解用户何时感知到 BCI 错误可以用于纠正或改善系统的性能,或驱动智能控制器的自适应(Chavarriaga 和 Millán,2010)。

Pavone 等(2016)研究了对自己和他人行为(通过虚拟化身表示)中错误响应的观察。他们发现,第一人称视角和第三人称视角下的错误正波(error positivity）相似，这表明对错误的有意识编码对于自我和他人来说是相似的。因此，当他人的错误被编码为自己的错误时，具身化（embodiment）在激活动作监控系统的特定成分中起着重要作用。在实验中，从第一人称角度观察错误抓取增强了错误相关负波和内侧-额叶 θ 功率，其中人类旁观者体现了虚拟角色，暗示了错误检测的早期自动编码和具身感（sense of embodiment）之间的紧密联系（Pavone 等，2016）。

14.4 基于虚拟现实的 BCI 神经康复应用

VR 可以为康复阶段的有效干预提供独特的设置，并已用于运动康复相当长一段时间（Keshner，2004）。在没有 VR 的情况下，非侵入式 BCI 已用于慢性卒中患者的康复（Ramos Murguialday 等，2013；Ang 等，2014；van Dokkum 等，2015；Remsik 等，2016；Biasiucci 等，2018），见本书第 3 章和第 9 章。除了前面描述的神经反馈、训练和 BCI 用于 VE 的功能控制外，本节重点介绍了采用具有虚拟身体表示的 BCI-VR 进行康复的示例。

在一项对健康参与者的初步研究中，Badia 及其同事测试了用于康复系统的 BCI-VR 概念性验证，该系统将同步运动和想象训练相结合，以使用基于 2D 屏幕的设置来控制虚拟肢体。这种方法被认为可招募更多与任务相关的网络，目的是对那些运动控制水平不足以进行体育锻炼的神经病患者进行早期干预。参与者在尝试功能性（在他们的情况下，拦截虚拟球）而非精确（移动到特定位置）控制预期动作时表现更好（Badia 等，2013）。当采用这种基于 VR 的训练时，慢性中风患者显著改善，这种训练由呈现给用户的特定感觉运动关联事件调节，例如，视觉反馈与视觉-触觉联合反馈（Cameirão 等，2012）。然而，本研究最终没有应用 BCI。

在此背景下，已完成了对大量中风患者样本的一些临床试验。Pichiorri 及其同事在一项随机对照研究中对 28 例亚急性中风患者进行了 MI-BCI 干预的功能和神经生理学评估（Pichiorry 等，2015）。参与者控制在 2D 中投影的虚拟手部的打开和关闭，作为真实手部的覆盖，如图 14.2 所示（Morone 等，2015）。他们观察到，Fugl-Meyer 评估的改善与 BCI 组静息时同侧半球内连通性的变化相关（Pichiorri 等，2015）。研究人员指出，干预的主要因素是通过患者瘫痪的手部闭合或打开的视觉再现，建立在线和积极的奖励反馈。患者运动意图的神经活动与视觉结果之间的这种外部显式联系是有效运动恢复的关键（Soekadar 等，2015）。然而，可以假设，通过机器人设备（Ramos Murguialday 等，2013）或通过 BCI 控制的功能性电刺激（Biasiucci 等，2018）增加 BCI

触发的运动的触觉反馈（haptic feedback of the BCI triggered movement），这两种刺激都显示出慢性中风患者康复的改善，应能提供更强的效果。另一个积极的帮助是采用 HMD 来丰富虚拟手部的具身化和归属感。

图 14.2　中风患者的康复设置，通过 BCI 控制投影在真实手臂位置上的虚拟手臂的打开和关闭（Morone 等，2015；Pichiorri 等，2015）

虽然不属于本研究的重点，但我们不想排除 VR 在治疗注意力缺陷多动障碍（attention deficit hyperactivity disorder，ADHD）儿童中的应用。VR 应用的潜力在于消除干扰，提供虚拟环境，吸引受试者的注意，从而提高他们的注意力，基于 EEG 的生物反馈对 ADHD 儿童的研究表明，多动、注意力不集中或破坏性行为显著减少。研究者已证明 VR 和基于 EEG 的生物反馈疗法相结合可以增加注意力（Cho 等，2002）。

14.5　具身认知

沉浸式的 VR 和 AR 通过引发身体错觉来改变自我的物理表征，从而实现对身体感知的研究（和操纵）。对于虚拟的具身，我们指的是将我们的体像投影到虚拟身体或身体部位的概念，即以大脑将其整合为自己的方式，用虚拟的身体或身体部位替换虚拟现实中的真实事物。经典的例子是虚拟手错觉（Slater 等，2008），即原始橡胶手错觉的虚拟实现（Botvinick 和 Cohen，1998）。在这种错觉中，对虚拟橡胶臂的同步触觉刺激（出现在真实手臂所在的位置）会诱使大脑相信虚拟橡胶臂是参与者自己的手臂。遵循多传感器集成的类似原则，可以将这种错觉扩展到整个虚拟身体（Lenggenhager 等，2007；Maselli 和 Slater，2013）。

通过在有意义的应用程序设计中同时包括大脑和身体,嵌入式 VR 可以用于影响感知和运动系统。最近嵌入式 VR 被提议在不同的情景中用于治疗,例如,用于治疗体像障碍(Riva,2008)和神经康复(Perez-Marcos 等,2012;Badia 等,2016)。康复领域中的一个示例性应用是从第一人称角度投影虚拟身体,并与参与者的真实身体搭配,以研究疼痛阈值的变化(Martini 等,2014),当皮肤颜色变红时,疼痛阈值会降低,但只有当虚拟身体已被整合到体像中才会发生(Martini 等,2013)。

当与虚拟的具身(virtual embodiment)结合时,BCI 可以增强当前的方法,但也可以作为特定临床病例的替代方法。基于 MI 的 BCI 可用于诱导对虚拟手的身体归属感和主体感,虚拟手是通过自主控制来打开和关闭,并从第一人称角度来观察的(Perez-Marcos 等,2009)。BCI 准确性的提高也会导致更强的感觉反馈和更强的身体归属感(Evans 等,2015)。此外,当其他人的错误被编码为自己的错误时,虚拟身体的具身化在激活动作监控系统的特定部分发挥着重要作用(Pavone 等,2016)。

VR 很容易实现多传感器集成,例如,除了视觉和听觉反馈之外,还提供振动触觉反馈。在一个很好的实验设置中,Vourvopoulos 和他的同事采用了两种不同的 HMD(Oculus Rift DK1 与 Cardboard)和通过 MI-BCI 控制的基于桌面 web 的划船游戏,来比较用户体验。该游戏从第一人称角度展示了用户手臂划船的虚拟表示,并结合用户抓住的管状物(模拟桨)上的振动触觉反馈来传达运动的错觉(Vourvopoulos 等,2016)。这种多传感器方法似乎有利于 MI 的生动性、BCI 性能和较低的实际需求,这可能有利于其在医疗目的中的应用。

作为基于 BCI 的虚拟化身应用的扩展,采用基于 HMD 的立体视觉和基于 MI(Alimardani 等,2013、2016)或基于 SSVEP(Kishore 等,2014)的 BCI 系统的类似设置已用于具体表现仿人机器人。这为现实世界真实的 AR 应用打开了大门,在应用中,虚拟信息与真实图像重叠显示。例如,在导航任务中为用户提供提示。

虽然早期文献中提到的许多设置都是为了康复目的而开发的,但很少经过测试,很少在患者中得到广泛验证。在一个案例研究中,采用 MI 的 VR-BCI 组合方法已用于缓解慢性肌张力障碍患者的疼痛,其中使用了 HMD(Llobera 等,2013)。在 AR 中,利用肌电(EMG)而不是 EEG 作为生物信号来控制虚拟肢体动作的类似应用,提供了对投影在屏幕上的虚拟肢体的控制,该虚拟肢体连接到参与者的截肢残端,以治疗其幻肢疼痛(phantom limb pain)(Ortiz Catalan 等,2016),该方法可用于安全训练用户控制神经假肢(Braun 等,2016)。在另一项针对健康人和脊髓损伤(SCI)患者的试点初步研究中,

Tidoni 及其同事在合作 BCI 游戏中结合了 P300-BCI、沉浸式具体表现（身临其境）的 VR、机器人（使用 HMD 和第一人称视角）以及本体感觉（振动）刺激。虽然健康和 SCI 参与者显示出相当高的 BCI 性能，但两组在具体化、同现和错觉运动方面的错觉体验均较低（Tidoni 等，2016）。

14.6 神经护目镜装置

为了满足本章前面提到的需求和要求，我们开始开发神经护目镜设备（Neuro-Goggles™ device）（MindMaze SA，瑞士洛桑），这是同类产品中的第一款将 VR 和生物传感功能结合到一个独特的头戴式耳机中的设备（图 14.3（a））。它将电生理测量整合到嵌入 HMD 网络的特定 31 通道 EEG、1 个眼电（EOG）通道、5 导联临床心电（electrocardiograms，ECG）和人体肌肉的 8 个肌电（EMG）通道中，与运动跟踪（真实环境中的手臂、手和物体）和配备立体摄像机的 HMD 一起，集成到一个便携式平台上，以用于虚拟和增强现实应用。简而言之，它在你的头上，为你提供了一个完整的神经生理实验室。该系统在硬件级别以毫秒精度同步所有多模式数据和输入，并实时处理它们，以提供适当的 VR 或 AR 反馈（Cardin 等，2016）。此外，它绕过了将 EEG 电极放置在 HMD 头带下方的常见问题，这会对电极产生干扰。这样的系统将能够增强动作观察和执行、虚拟镜像治疗和 MI 的神经康复能力（Garipelli 等，2016）。Neurable Inc.（美国马萨诸塞州剑桥）最近宣布了一个类似的系统。

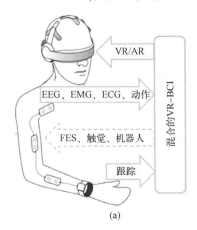
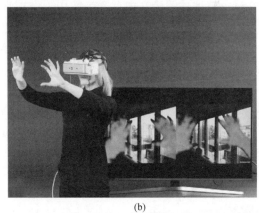

图 14.3 神经护目镜装置

（a）AR/VR 和生物传感能力相结合的功能原理；（b）一名参与者正在演示 AR 和手部跟踪功能，而栩栩如生叠加的手部的色彩是通过 BCI 控制的。背后的屏幕显示了在 HMD 中看到的立体图像。

虚拟镜像治疗中，非麻痹性的动作可以转换到化身的麻痹侧，或者甚至可以在 AR 中叠加在参与者的真实麻痹手臂上，这将支持具身化和身体的归属感，这反过来将促进神经康复过程。通过深度传感器跟踪参与者的真实手臂，虚拟手臂叠加在真实手臂上，同时摄像机前馈显示参与者所处的完整真实环境（图 14.3（b））。此外，每当大脑信号显示正确的激活模式时，激活虚拟叠加的手臂并使其栩栩如生，这将极大地有助于实现错觉、归属感和主体感。想象一下，脊髓损伤（SCI）患者会感觉到自己的手臂再次移动，通过功能性电刺激（FES）或机器人装置同时移动手臂，可以进一步促进这种感觉（图 14.3（a））。这种装置将为中风或其他认知或神经疾病（如幻肢疼痛和脊髓损伤）后运动康复的多模式策略开辟新的研究途径。

14.7　未来方向

在过去几年中，BCI 在神经康复领域的应用以及 VR 技术在康复、游戏和大众市场应用方面取得了巨大进展。欧盟委员会的 BCI 路线图确定了 BCI 在不久的将来的几种可能用途（Brunner 等，2015），以下 6 个案例都可以受益于 VR 技术：①通过 BCI 控制的神经假肢进行恢复；②在解锁闭锁综合征患者时进行功能替换；③增强计算机游戏中的用户体验；④补充新功能，如通过大脑控制 AR 眼镜；⑤改善中风后的上肢康复；⑥认知神经科学研究。

最近对 90 多篇关于 BCI 在康复中应用的文章进行了评述（Bamdad 等，2015），被评述的论文中近一半使用了虚拟现实反馈。这篇元分析的评述强调了 BCI 在康复中的潜在应用，特别是在改善神经障碍患者的生活质量方面。Ahn 及其同事对近 300 人进行了调查，这些人分布在潜在的 BCI/VR 用户和研究人员/游戏开发者之间（Ahn 等，2014）。他们的调查显示，人们认为控制假肢、康复和游戏是最有前景的 BCI 应用。易用性和开发平台（游戏和应用程序）的潜力是技术进步后的主要要求。特别是，有三个因素被视为是将 BCI 扩展到游戏市场的关键：标准、游戏体验和适当的集成。这些元素也适用于康复，在商用硬件上设计有趣的游戏是中风患者和临床治疗师非常期望的功能（Hung 等，2016）。

BCI 技术的另一个挑战是固有的缺乏可见性以及意图和交互效应之间的松散耦合（loose coupling）。在这一背景下，O'Hara 和同事在 2011 年强调了将身体（真实的身体）和身体动作整合到实际的 BCI 应用中的重要性，正如在其他形式的人机交互（human-computer interaction，HCI）中已经做过的那样，这也是与现实世界交互时的逻辑结果（O'Hara 等，2011）；因此，需要使用嵌入式技术和经验。多重感觉刺激是模拟或再现逼真现实（vivid realities）的另一个关键词。多重感觉关联性（例如，通过视觉触觉或视觉运动相关性）有助于增强身体错觉，这会对用户体验产生积极影响（Tidoni 等，2016）。需要自然交互的应用对于非侵入式 BCI 来说是一个困难的挑战，其固有的低分辨率限制了对精细运动控制的记录及其一对一的虚拟（或机器人）再现（Slater 和 Sanchez Vives，2016）。这可能会对需要自然体现 BCI 控制的神经假肢的患者使用非侵入式 BCI 技术造成实际限制，这在侵入式高分辨率解决方案中仍然是一个挑战。同时，功能策略（用户关注动作的目标，而不是运动轨迹的细节）将有助于在需要帮助的患者的日常生活活动中使用 BCI（和外围方法）（Courtine 等，2013）。

　　另一个可用性挑战是 BCI 和 VR 应用中的心理负荷和疲劳。特别是，对于主动式 BCI 方法，长时间的工作负荷可能会导致心理疲劳，从而影响性能和可用性（Myrden 和 Chau，2015）。类似地，VE 中的导航可能会对用户要求更高的认知资源，因为它会将用户暴露在一个为他们提供可能不同于真实世界的多感官刺激的环境中。当与高级命令保持交互时，可以有效地利用 BCI 识别的少量 MI 任务，将这些风险降至最低（Lotte 等，2010）。然后，应用负责执行交互任务的复杂而乏味的细节（低级方面）。可以把这视为共享控制的一种形式（Nijholt 等，2008）。用户可以通过选择感兴趣的点，如导航点（如交叉路口、房间入口等）或艺术品来探索虚拟环境（VE）。在探索虚拟博物馆的背景下进行的评估表明，使用这种方法，用户可以从一个房间导航到另一个房间，速度几乎是使用低级命令的两倍，并且疲劳程度更低。这种共享控制的方法已成功地用于通过 BCI 控制机器人设备，尤其是在导航任务的框架中。因此，用户将注意力集中在高级任务上（如路线或最终目的地），而与导航任务相关的低级问题（如避障）由智能设备处理。这种共享控制系统甚至允许残疾的最终用户在远程环境中使用临场感机器人成功完成导航任务，其性能与健康对照组的性能相匹配（Leeb 等，2015）。

　　当提到集成时，我们指的是在不久的将来集成到临床实践中，以及稍后集成到其他控制较少的环境中（如家庭使用）。因此，从长远来看，该领域应努力提高实用性。图 14.4 显示了 BCI-VR 结合用于上肢修复或改善的家用示例。在这个家庭康复场景中，用户正在考虑对其当前无功能（或缺失）的左臂进行功能性运动，以完成日常生活活动（ADL）。主动式 BCI 系统检测运动意图并将运动转换到 VR 中，在 VR 中以第一人称视角（通过 HMD）显示的虚拟左臂执行任务。虚拟手臂逼真的视觉外观和完美的身体协调，以及显式的交互效应（虚拟手臂根据用户的自愿命令移动）引发了归属感和主体感的错觉，这有助于减少患者的疼痛（Martini 等，2014）。通过手腕上的手镯或手套的功能性电刺激或触感刺激，闭合了感觉运动回路，这种闭合刺激由于增强了具身感，使用户体验更自然。

图 14.4　BCI-VR 结合用于上肢修复或改善的家用示例。BCI 识别想象瘫痪的
左手抓握动作的活动，并将其转换为左臂的虚拟闭合和相应的触觉反馈

最后，该领域需要更有力的临床证据，以说服不仅是研究人员，还包括临床医生，进而说服医疗行业的所有利益相关者。目前，证据主要来自一系列结果不一致的案例研究，高度依赖于使用的技术和设置。从技术角度来看，将这两种技术合并为简化、实用的设备可能有助于使这些技术民主化，特别是在中风患者的神经康复方面。神经护目镜等设备通过无线耳机和干式嵌入式电极，以及通过认证程序促进可扩展的工业化和大规模、经济高效的生产，展示了当前和未来在硬件小型化、减少设置时间（并促进即插即用）和系统复杂性方面的努力。回顾 Ahn 的调查（Ahn 等，2014）中对标准定义的需求，令人鼓舞的是，最近成立了针对 BCI 和 VR 的 IEEE 标准开发工作组。该领域将从这些举措中受益匪浅，这些举措将提高临床验证研究的结果的同质性。总之，回答前面提到的挑战也将为 BCI 和 VR 医疗解决方案的成功提供道路，特别是在神经康复方面。

总之，使用基于 BCI 的 VR 应用控制假肢、康复和游戏被视为近期最有前景的方向。为了取得成功，短期和中期努力应侧重于解决以下各种不同性质的挑战。

（1）意图和交互效应之间的有意义耦合，将身体动作自然地整合到现实世界的应用中；

（2）专注于丰富的多重感觉环境，具有连贯的体验和引人入胜的游戏体验；

（3）改善 BCI 和 VR 系统的实用性和用户体验；

（4）建立坚实的科学和临床证据；

（5）协调所有利益相关者（工程师、临床医生、商业、营销、质量和监管部门），将经验证的原型转化为面向市场的产品；

（6）协同推进 BCI 和 VR 标准的定义、实施和采用。

参 考 文 献

［1］Adamovich SV, Fluet GG, Tunik E et al. (2009). Sensorimotor training in virtual reality: a review. NeuroRehabilitation 25: 29. https://doi. org/10. 3233/NRE-2009-0497.

［2］Ahn M, Lee M, Choi J et al. (2014). A review of brain-computer interface games and an opinion survey from researchers, developers and users. Sensors 14: 14601-14633. https://doi. org/10. 3390/s140814601.

［3］Alimardani M, Nishio S, Ishiguro H (2013). Humanlike robot hands controlled by brain activity arouse illusion of ownership in operators. Sci Rep 3: 2396. https://doi. org/10. 1038/srep02396.

［4］Alimardani M, Nishio S, Ishiguro H (2016). The importance of visual feedback design in BCIs: from embodiment to motor imagery learning. PLoS One 11: e0161945. https://doi. org/10. 1371/journal. pone. 0161945.

［5］Alkadhi H, Brugger P, Boendermaker SH et al. (2005). What disconnection tells about motor imagery: evidence from paraplegic patients. Cereb Cortex 15: 131-140. https://doi. org/10. 1093/cercor/bhh116.

［6］Ang KK, Guan C, Phua KS et al. (2014). Brain-computer interface-based robotic end effector system for wrist and hand rehabilitation: results of a three-armed randomized controlled trial for chronic stroke. Front Neuroeng 7: 30. https://doi. org/10. 3389/fneng. 2014. 00030.

［7］Badia SBi, García Morgade A, Samaha H et al. (2013). Using a hybrid brain computer interface and virtual reality system to monitor and promote cortical reorganization through motor activity and motor imagery training. IEEE Trans Neural Syst Rehabil Eng 21: 174-181. https://doi. org/10. 1109/TNSRE. 2012. 2229295.

［8］Badia SBi, Fluet GG, Llorens R et al. (2016). Virtual reality for sensorimotor rehabilitation post stroke: design principles and evidence. In: DJ Reinkensmeyer, V Dietz (Eds.), Neurorehabilitation technology. Springer International Publishing 573-603. https://doi. org/10. 1007/978-3-319-28603-7_28.

［9］ Bamdad M, Zarshenas H, Auais MA（2015）. Application of BCI systems in neurorehabilitation: a scoping review. Disabil Rehabil Assist Technol 10: 355-364. https://doi. org/10. 3109/ 17483107. 2014. 961569.

［10］ Bayliss JD（2003）. Use of the evoked potential P3 component for control in a virtual apartment. IEEE Trans Neural Syst Rehabil Eng 11: 113-116. https://doi. org/10. 1109/TNSRE. 2003. 814438.

［11］ Biasiucci A, Leeb R, Iturrate I et al.（2018）. Brain-actuated functional electrical stimulation elicits lasting arm motor recovery after stroke. Nat Commun 9: 2421. https://doi. org/ 10. 1038/s41467-018-04673-z.

［12］ Botvinick M, Cohen J（1998）. Rubber hands "feel" touch that eyes see. Nature 391: 756. https://doi. org/10. 1038/35784.

［13］ Braun N, Emkes R, Thorne JD et al.（2016）. Embodied neurofeedback with an anthropomorphic robotic hand. Sci Rep 6: 37696. https://doi. org/10. 1038/srep37696.

［14］ Brunner C, Birbaumer N, Blankertz B et al.（2015）. BNCI Horizon 2020: towards a roadmap for the BCI community. Brain Comput Interfaces 2: 1 - 10. https://doi. org/ 10. 1080/2326263X. 2015. 1008956.

［15］ Burdea GC, Coiffet P（2003）. Virtual reality technology, John Wiley & Sons.

［16］ Cameirão MS, BadiaSBi, Duarte E et al.（2012）. The combined impact of virtual reality neurorehabilitation and its interfaces on upper extremity functional recovery in patients with chronic stroke. Stroke 43: 2720-2728. https://doi. org/10. 1161/STROKEAHA. 112. 653196.

［17］ Cardin S, Ogden H, Perez-Marcos D et al.（2016）. Neurogoggles for multimodal augmented reality. In: Proceedings of the 7th augmented human international conference 2016, AH'16. ACM, New York, NY, pp. 48: 1-48: 2. https://doi. org/10. 1145/2875194. 2875242.

［18］ Chavarriaga R, Millán JDR（2010）. Learning from EEG errorrelated potentials in noninvasive brain-computer interfaces. IEEE Trans Neural Syst Rehabil Eng18: 381-388. https://doi. org/10. 1109/TNSRE. 2010. 2053387.

［19］ Chevalley O, Schmidlin T, Perez-Marcos D et al.（2015）. Improved upper limb motor control with intensive virtual reality training in chronic stroke. Presented at the European congress of neurorehabilitation, Vienna.

［20］ Cho BH, Lee JM, Ku JH et al.（2002）. Attention enhancement system using virtual reality and EEG biofeedback. In: Proceedings IEEE virtual reality 2002. Presented at the proceedings IEEE virtual reality. 2002: 156-163. https://doi. org/10. 1109/VR. 2002. 996518.

［21］ Courtine G, Micera S, DiGiovanna J et al.（2013）. Brain-machine interface: closer to therapeutic reality? Lancet 381: 515-517. https://doi. org/10. 1016/S0140-6736（12）62164-3.

［22］ Cruz-Neira C, Sandin DJ, DeFanti TA et al.（1992）. The CAVE: audio visual experience automatic virtual environment. Commun ACM 35: 64-72. https://doi. org/10. 1145/129888. 129892.

[23] Decety J (1996). The neurophysiological basis of motor imagery. Behav Brain Res 77: 45-52.

[24] Donchin E, Spencer KM, Wijesinghe R (2000). The mental prosthesis: assessing the speed of a P300-based braincomputer interface. IEEE Trans RehabilEng 8: 174-179. https://doi. org/10. 1109/86. 847808.

[25] Edlinger G, Holzner C, Guger C (2011). A hybrid brain-computer interface for smart home control. In: Human-computer interaction. Interaction techniques and environments. Presented at the international conference on human-computer interaction. Springer, Berlin, Heidelberg, pp. 417-426. https://doi. org/10. 1007/978-3-642-21605-3_46.

[26] Ehrsson HH, Geyer S, Naito E (2003). Imagery of voluntary movement of fingers, toes, and tongue activates corresponding body-part-specific motor representations. J Neurophysiol 90: 3304-3316. https://doi. org/10. 1152/jn. 01113. 2002.

[27] Evans N, Gale S, Schurger A et al. (2015). Visual feedback dominates the sense of agency for brain-machine actions. PLoS One10: e0130019. https://doi. org/10. 1371/journal. pone. 0130019.

[28] Faller J, Müller-Putz G, Schmalstieg D et al. (2010). An application framework for controlling an avatar in a desktopbased virtual environment via a software SSVEP brain-computer interface. Presence Teleop Virt 19: 25-34. https://doi. org/10. 1162/pres. 19. 1. 25.

[29] Frey J, Appriou A, Lotte F et al. (2016). Classifying EEG signals during stereoscopic visualization to estimate visual comfort. Comput Intell Neurosci 2016: 2758103. https://doi. org/10. 1155/2016/2758103.

[30] Friedman D (2015). Brain-computer interfacing and virtual reality. In: R Nakatsu, M Rauterberg, P Ciancarini (Eds.), Handbook of digital games and entertainment technologies. Springer Singapore1-22. https://doi. org/10. 1007/978-981-4560-52-8_ 2-1.

[31] Garipelli G, Perez-Marcos D, Bourdaud N et al. (2016). Neurogoggles for stroke rehabilitation. In: Proceedings of the sixth international brain-computer interface meeting: brain-computer interfaces past, present, and future. https://doi. org/10. 3217/978-3-85125-467-9-92.

[32] Gilroy SW, Porteous J, Charles F et al. (2013). A brain-computer interface to a plan-based narrative. In: Proceedings of the twenty-third international joint conference on artificial intelligence, IJCAI'13. AAAI Press, Beijing, China, pp. 1997-2005.

[33] Giron J, Friedman D (2014). Eureka: realizing that an application is responding to your brainwaves, in: universal access in human-computer interaction. In: Design and development methods for universal access. presented at the international conference on universal access in humancomputer interaction, Springer, Cham, pp. 495-502. https://doi. org/10. 1007/978-3-319-07437-5_47.

[34] Groenegress C, Holzner C, Guger C et al. (2010). Effects of P300-based BCI use on re-

ported presence in a virtual environment. Presence 19: 1-11. https://doi.org/10.1162/pres.19.1.1.

[35] Gürkök H, Nijholt A (2012). Brain-computer interfaces for multimodal interaction: a survey and principles. Int J Hum Comput Interact 28: 292-307. https://doi.org/10.1080/10447318.2011.582022.

[36] Harmsen WJ, Bussmann JBJ, Selles RW et al. (2015). A mirror therapy-based action observation protocol to improve motor learning after stroke. Neurorehabil Neural Repair 29: 509-516. https://doi.org/10.1177/1545968314558598.

[37] Huggins JE, Wolpaw JR (2014). Papers from the fifth international brain-computer interface meeting. Preface. J Neural Eng 11: 030301. https://doi.org/10.1088/1741-2560/11/3/030301.

[38] Hung Y-X, Huang P-C, Chen K-T et al. (2016). What do stroke patients look for in game-based rehabilitation. Medicine 95: e3032. https://doi.org/10.1097/MD.0000000000003032.

[39] Jang SH, You SH, Hallett M et al. (2005). Cortical reorganization and associated functional motor recovery after virtual reality in patients with chronic stroke: an experimenterblind preliminary study. Arch Phys Med Rehabil 86: 2218-2223. https://doi.org/10.1016/j.apmr.2005.04.015.

[40] Keshner EA (2004). Virtual reality and physical rehabilitation: a new toy or a new research and rehabilitation tool? J Neuroeng Rehabil 1: 8. https://doi.org/10.1186/1743-0003-1-8.

[41] Kishore S, González-Franco M, Hintemüller C et al. (2014). Comparison of SSVEP BCI and eye tracking for controlling a humanoid robot in a social environment. Presence 23: 242-252. https://doi.org/10.1162/PRES_a_00192.

[42] Kreilinger A, Kaiser V, Breitwieser C (2011). Switching between manual control and brain-computer interface using long term and short term quality measures. Front Neurosci 5: 147. https://doi.org/10.3389/fnins.2011.00147.

[43] Krusienski DJ, Sellers EW, Cabestaing F et al. (2006). A comparison of classification techniques for the P300 Speller. J Neural Eng 3: 299-305. https://doi.org/10.1088/1741-2560/3/4/007.

[44] Krusienski DJ, Grosse-Wentrup M, Galán F et al. (2011). Critical issues in state-of-the-art brain-computer interface signal processing. J Neural Eng 8: 025002. https://doi.org/10.1088/1741-2560/8/2/025002.

[45] Kübler A, Nijboer F, Mellinger J et al. (2005). Patients with ALS can use sensorimotor rhythms to operate a braincomputer interface. Neurology 64: 1775-1777. https://doi.org/10.1212/01.WNL.0000158616.43002.6D.

[46] Lalor EC, Kelly SP, Finucane C et al. (2005). Steady-state VEP-based brain-computer interface control in an immersive 3D gaming environment. EURASIP J Adv Signal Process 2005: 706906. https://doi.org/10.1155/ASP.2005.3156.

[47] Lang CE, Macdonald JR, Reisman DS et al. (2009). Observation of amounts of movement practice provided during stroke rehabilitation. Arch Phys Med Rehabil 90: 1692–1698. https://doi.org/10.1016/j.apmr.2009.04.005.

[48] Larrue F, Sauzeon H, Aguilova L et al. (2012). Brain computer interface vs walking interface in VR: the impact of motor activity on spatial transfer. ACM symposium on virtual reality software and technology (VRST'2012), Toronto, Canada. 113–120. https://doi.org/10.1145/2407336.2407359.

[49] Laver KE, George S, Thomas S et al. (2015). Virtual reality for stroke rehabilitation. Cochrane Database Syst Rev (2): CD008349. https://doi.org/10.1002/14651858.CD008349.pub3.

[50] Lee KB, Lim SH, Kim KH et al. (2015). Six-month functional recovery of stroke patients: a multi-time-point study. Int J Rehabil Res 38: 173–180. https://doi.org/10.1097/MRR.0000000000000108.

[51] Leeb R, Keinrath C, Friedman D et al. (2006). Walking by thinking: the brainwaves are crucial, not the muscles!. Presence Teleop Virt15: 500–514. https://doi.org/10.1162/pres.15.5.500.

[52] Leeb R, Friedman D, Müller-Putz G et al. (2007a). Self-paced (asynchronous) BCI control of a wheelchair in virtual environments: a case study with a tetraplegic. Comput Intell Neurosci 2007: 79642. https://doi.org/10.1155/2007/79642.

[53] Leeb R, Scherer R, Friedman D et al. (2007b). Combining BCI and virtual reality: scouting virtual worlds. In: G Dornhege, JR del Millán, T Hinterberger, DJ McFarland, K-R Muller (Eds.), Toward brain-computer interfacing. MIT Press, Cambridge, MA.

[54] Leeb R, Settgast V, Fellner D et al. (2007c). Self-paced exploring of the Austrian National Library through thoughts. Int J Bioelectromagn 9: 237–244.

[55] Leeb R, Sagha H, Chavarriaga R et al. (2011). A hybrid braincomputer interface based on the fusion of electroencephalographic and electromyographic activities. J Neural Eng 8: 025011. https://doi.org/10.1088/1741-2560/8/2/025011.

[56] Leeb R, Lancelle M, Kaiser V et al. (2013a). Thinking pen-guin: multimodal brain-computer interface control of a VR game. IEEE Trans ComputIntell AI Games 5: 117–128. https://doi.org/10.1109/TCIAIG.2013.2242072.

[57] Leeb R, Perdikis S, Tonin L et al. (2013b). Transferring braincomputer interfaces beyond the laboratory: successful application control for motor-disabled users. Artif Intell Med 59: 121–132. https://doi.org/10.1016/j.artmed.2013.08.004.

[58] Leeb R, Tonin L, Rohm M et al. (2015). Towards independence: a BCI telepresence robot for people with severe motor disabilities. Proc IEEE 103: 969–982. https://doi.org/10.1109/JPROC.2015.2419736.

[59] Legény J, Abad RV, Lecuyer A (2011). Navigating in virtual worlds using a self-paced SS-

VEP-based brain-computer interface with integrated stimulation and real-time feedback. Presence Teleop Virt 20: 529−544. https://doi. org/10. 1162/PRES_a_00075.

[60] Lenggenhager B, Tadi T, Metzinger T et al. (2007). Video ergo sum: manipulating bodily self-consciousness. Science 317: 1096−1099. https://doi. org/10. 1126/science. 1143439.

[61] Llobera J, González-Franco M, Perez-Marcos D et al. (2013). Virtual reality for assessment of patients suffering chronic pain: a case study. Exp Brain Res 225: 105 − 117. https:// doi. org/10. 1007/s00221-012-3352-9.

[62] Lotte F (2011). Brain-computer interfaces for 3D games: hype or hope? In: Proceedings of the 6th international conference on foundations of digital games, FDG'11. ACM, New York, NY, pp. 325−327. https://doi. org/10. 1145/2159365. 2159427.

[63] Lotte F, van Langhenhove A, Lamarche F et al. (2010). Exploring large virtual environments by thoughts using a brain-computer interface based on motor imagery and high-level commands. Presence Teleop Virt 19: 54−70. https://doi. org/10. 1162/pres. 19. 1. 54.

[64] Lotte F, Faller J, Guger C et al. (2012). Combining BCI with virtual reality: towards new applications and improved BCI. In: BZ Allison, S Dunne, R Leeb, JDR Millán, A Nijholt (Eds.), Towards practical brain-computer interfaces, biological and medical physics, biomedical engineering. Springer, Berlin Heidelberg, pp. 197−220. https://doi. org/10. 1007/ 978-3-642-29746-5_10.

[65] Martini M, Perez Marcos D, Sanchez-Vives MV (2013). What color is my arm? Changes in skin color of an embodied virtual arm modulates pain threshold. Front Hum Neurosci 7: 438. https://doi. org/10. 3389/fnhum. 2013. 00438.

[66] Martini M, Perez-Marcos D, Sanchez-Vives MV (2014). Modulation of pain threshold by virtual body ownership. Eur J Pain 18: 1040 − 1048. https://doi. org/10. 1002/j. 1532 − 2149. 2014. 00451. x.

[67] Maselli A, Slater M (2013). The building blocks of the full body ownership illusion. Front Hum Neurosci 7: 83. https://doi. org/10. 3389/fnhum. 2013. 00083.

[68] Millán JDR, Rupp R, Müller-Putz GR et al. (2010). Combining brain-computer interfaces and assistive technologies: stateof-the-art and challenges. Front Neurosci 4: 161. https:// doi. org/10. 3389/fnins. 2010. 00161.

[69] Morone G, Pisotta I, Pichiorri F et al. (2015). Proof of principle of a brain-computer interface approach to support poststroke arm rehabilitation in hospitalized patients: design, acceptability, and usability. Arch Phys Med Rehabil 96: S71 − S78. https://doi. org/ 10. 1016/j. apmr. 2014. 05. 026.

[70] Müller-Putz G, Leeb R, Tangermann M et al. (2015). Towards noninvasive hybrid braincomputer interfaces: framework, practice, clinical application, and beyond. Proc IEEE 103: 926−943. https://doi. org/10. 1109/JPROC. 2015. 2411333.

[71] Myrden A, Chau T (2015). Effects of user mental state on EEG-BCI performance. Front

Hum Neurosci 9：308. https：//doi. org/10. 3389/fnhum. 2015. 00308.

[72] Nijholt A, Tan D, Pfurtscheller G et al. (2008). Brain-computer interfacing for intelligent systems. IEEE Intell Syst 23：72–79. https：//doi. org/10. 1109/MIS. 2008. 41.

[73] O'Hara K, Sellen A, Harper R (2011). Embodiment in braincomputer interaction. Proceedings of the SIGCHI conference on human factors in computing systems, CHI '11. ACM, New York, NY, pp. 353–362. https：//doi. org/10. 1145/1978942. 1978994.

[74] Ortiz-Catalan M, Guðmundsdóttir RA, Kristoffersen MB et al. (2016). Phantom motor execution facilitated by machine learning and augmented reality as treatment for phantom limb pain：a single group, clinical trial in patients with chronic intractable phantom limb pain. Lancet 388：2885–2894. https：//doi. org/10. 1016/S0140-6736 (16) 31598-7.

[75] Pavone EF, Tieri G, Rizza G et al. (2016). Embodying others in immersive virtual reality：electro-cortical signatures of monitoring the errors in the actions of an avatar seen from a first-person perspective. J Neurosci 36：268–279. https：//doi. org/10. 1523/JNEUROSCI. 0494-15. 2016.

[76] Perez-Marcos D, Slater M, Sanchez-Vives MV (2009). Inducing a virtual hand ownership illusion through a brain-computer interface. Neuroreport 20：589–594.

[77] Perez-Marcos D, Solazzi M, Steptoe W et al. (2012). A fully immersive set-up for remote interaction and neurorehabilitation based on virtual body ownership. Front Neurol 3：110. https：//doi. org/10. 3389/fneur. 2012. 00110.

[78] Pfurtscheller G, Lopes da Silva FH (1999). Event-related EEG/MEG synchronization and desynchronization：basic principles. Clin Neurophysiol 110：1842–1857.

[79] Pfurtscheller G, Neuper C (2001). Motor imagery and direct brain-computer communication. Proc IEEE 89：1123–1134. https：//doi. org/10. 1109/5. 939829.

[80] Pfurtscheller G, Leeb R, Keinrath C et al. (2006). Walking from thought. Brain Res 1071：145–152. https：//doi. org/10. 1016/j. brainres. 2005. 11. 083.

[81] Pfurtscheller G, Allison BZ, Brunner C et al. (2010). The hybrid BCI. Front Neurosci 4：30. https：//doi. org/10. 3389/fnpro. 2010. 00003.

[82] Pichiorri F, Morone G, Petti M et al. (2015). Brain-computer interface boosts motor imagery practice during stroke recovery. Ann Neurol 77：851 – 865. https：//doi. org/10. 1002/ana. 24390.

[83] Plass-Oude Bos D, Reuderink B, Laar B et al. (2010). Braincomputer interfacing and games. In：DS Tan, A Nijholt (Eds.), Brain-computer interfaces, human-computer interaction series. Springer, London, pp. 149–178. https：//doi. org/10. 1007/978-1-84996-272-8_10.

[84] Ramos-Murguialday A, Broetz D, Rea M et al. (2013). Brainmachine interface in chronic stroke rehabilitation：a controlled study. Ann Neurol 74：100–108. https：//doi. org/10. 1002/ana. 23879.

［85］ Remsik A, Young B, Vermilyea R et al. (2016). A review of the progression and future implications of brain-computer interface therapies for restoration of distal upper extremity motor function after stroke. Expert Rev Med Devices 13: 445-454. https://doi. org/10. 1080/ 17434440. 2016. 1174572.

［86］ Riva G (2008). From virtual to real body: virtual reality as embodied technology. J Cyber-Therapy Rehabil 1: 7-23.

［87］ Rutkowski TM (2016). Robotic and virtual reality BCIs using spatial tactile and auditory oddball paradigms. Front Neurorobot 10: 20. https://doi. org/10. 3389/fnbot. 2016. 00020.

［88］ Salter K, Jutai J, Hartley M et al. (2006). Impact of early vs delayed admission to rehabilitation on functional outcomes in persons with stroke. J Rehabil Med 38: 113-117. https:// doi. org/10. 1080/16501970500314350.

［89］ Sanchez-Vives MV, Slater M (2005). From presence to consciousness through virtual reality. Nat Rev Neurosci 6: 332-339. https://doi. org/10. 1038/nrn1651.

［90］ Schalk G, Wolpaw JR, McFarland DJ et al. (2000). EEG-based communication: presence of an error potential. Clin Neurophysiol 111: 2138-2144.

［91］ Slater M, Sanchez-Vives MV (2016). Enhancing our lives with immersive virtual reality. Front Robot AI 3: 74. https://doi. org/10. 3389/frobt. 2016. 00074.

［92］ Slater M, Pérez Marcos D, Ehrsson H et al. (2008). Towards a digital body: the virtual arm illusion. Front Hum Neurosci 2: 6. https://doi. org/10. 3389/neuro. 09. 006. 2008.

［93］ Slater M, Pérez Marcos D, Ehrsson H et al. (2009). Inducing illusory ownership of a virtual body. Front Neurosci 3: 214-220. https://doi. org/10. 3389/neuro. 01. 029. 2009.

［94］ Soekadar SR, Birbaumer N, Slutzky MW et al. (2015). Brain-machine interfaces in neurorehabilitation of stroke. Neurobiol Dis 83: 172-179. https://doi. org/10. 1016/j. nbd. 2014. 11. 025.

［95］ Thieme H, Mehrholz J, Pohl M et al. (2012). Mirror therapy for improving motor function after stroke. Cochrane Database Syst Rev (3): CD008449. https://doi. org/10. 1002/ 14651858. CD008449. pub2.

［96］ Tidoni E, Abu-Alqumsan M, Leonardis D et al. (2016). Local and remote cooperation with virtual and robotic agents: a P300 BCI study in healthy and people living with spinal cord injury. IEEE Trans Neural Syst Rehabil Eng 25: 1622-1632. https://doi. org/10. 1109/ TNSRE. 2016. 2626391.

［97］ van Dokkum LEH, Ward T, Laffont I (2015). Brain computer interfaces for neurorehabilitation-its current status as a rehabilitation strategy post-stroke. Ann Phys Rehabil Med 58: 3-8. https://doi. org/10. 1016/j. rehab. 2014. 09. 016.

［98］ Velasco-Á lvarez F, Ron-Angevin R, Blanca-Mena MJ (2010). Free virtual navigation using motor imagery through an asynchronous brain-computer interface. Presence Teleop Virt 19: 71-81. https://doi. org/10. 1162/pres. 19. 1. 71.

[99] Vialatte F-B, Maurice M, Dauwels J et al. (2010). Steady-state visually evoked potentials: focus on essential paradigms and future perspectives. Prog Neurobiol 90: 418-438. https:// doi. org/10. 1016/j. pneurobio. 2009. 11. 005.

[100] Vourvopoulos A, BadiaSBi (2016). Motor priming in virtual reality can augment motor-im-agery training efficacy in restorative brain-computer interaction: a within-subject analysis. J Neuroeng Rehabil 13: 69. https://doi. org/10. 1186/s12984-016-0173-2.

[101] Vourvopoulos A, Ferreira A, Badia SBi (2016). NeuRow: an immersive VR environment for motor-imagery training with the use of brain-computer interfaces and vibrotactile feed-back. In: Presented at the 3rd international conference on physiological computing systems. 43-53.

[102] Wilkinson PR, Wolfe CD, Warburton FG et al. (1997). A longterm follow-up of stroke patients. Stroke 28: 507-512.

[103] Williamson J, Murray-Smith R, Blankertz B et al. (2009). Designing for uncertain, asym-metric control: interaction design for brain-computer interfaces. Int J Hum Comput Stud 67: 827-841.

[104] Wolpaw JR, Birbaumer N, McFarland DJ et al. (2002). Braincomputer interfaces for com-munication and control. Clin Neurophysiol 113: 767-791.

[105] Yazmir B, Reiner M (2016). Neural correlates of user-initiated motor success and failure—a brain-computer interface perspective. Neuroscience378: 100 – 112. https://doi. org/ 10. 1016/j. neuroscience. 2016. 10. 060.

[106] You SH, Jang SH, Kim Y-H et al. (2005). Virtual realityinduced cortical reorganization and associated locomotor recovery in chronic stroke: an experimenter-blind randomized stud-y. Stroke36: 1166-1171. https://doi. org/10. 1161/01. STR. 0000162715. 43417. 91.

[107] Zander TO, Kothe C (2011). Towards passive brain-computer interfaces: applying brain-computer interface technology to human-machine systems in general. J Neural Eng 8: 025005. https://doi. org/10. 1088/1741-2560/8/2/025005.

[108] Zeiler SR, Krakauer JW (2013). The interaction between training and plasticity in the post-stroke brain. Curr Opin Neurol 26: 609-616. https://doi. org/10. 1097/WCO. 0000000000000025.

第 15 章 监测专业和职业操作员的表现

15.1 摘 要

人类个体同时执行多个任务的能力取决于心理加工信息的数量和模式，心理加工的信息由任务施加。由于操作环境是高度动态的，随着任务的进展，预计任务之间的优先级会发生变化，因此，根据这些变化动态重新分配心理资源的能力非常重要。在非常复杂的情况下，如空中交通管理（air traffic management，ATM），所需的心理资源可能超过用户的可用资源，从而导致工作负荷增加和表现或绩效下降。在这方面，关于操作员在处理任务时所承受的工作负荷信息的可用性，对于在接近过负荷时向他们发出提醒，以及改善与系统的交互都是至关重要的。我们工作的想法是利用从专业的空中交通管制员（air traffic controller，ATCO）收集的神经生理数据，为评估空中交通管制人员专业技能的标准方法提供额外信息，并使用基于机器学习 EEG 的指标来评估他们在执行空中交通管制（ATC）任务期间的工作负荷。结果表明，所提方法能够跟踪在执行逼真 ATM 场景过程中的心理负荷量，并为客观评估 ATCO 的专业技能提供附加指标值。

15.2 产业环境中的被动 BCI（pBCI）

在过去几年中，BCI 技术以测量装置的形式出现，可以实时评估和跟踪心理状态，具有这种功效的测量装置很受欢迎（见第 2 章）。这种 BCI 称为被动 BCI（passive BCI，pBCI），其目的是通过用户的自发大脑活动来估计隐蔽的认知和情绪状态，而不需要辅助任务或行动（Aricò 等，2018a，b）。这项技术甚至可以在用户意识到特定的大脑状态之前，以及在大脑状态转化为行为动作之前，对其进行表征。基于生理数据分析的机器学习算法在心理状态估计中的应用在过去几十年中经历了快速扩展（见第 23 章）。这种方法能够提供解码和表征任务相关脑状态的手段，并将其与未提供有用信息的脑信号区分开。

pBCI 系统采用这种机器学习来跟踪用户的大脑活动，为开发应用提供有用的信息，这些应用也涉及现实生活中的健康受试者，以改善人机交互（human-machine interaction，HMI）。特别是，这些系统可用于 3 个主要目的：①向用户提供反馈；②在闭环中修改用户正在交互的接口行为；③在没有任何言语交流的情况下提供关于用户感受的指示（Aricò 等，2016a；Blankertz 等，2016）。在过去 10 年中，已在许多不同的情景中设计了许多 pBCI 应用，如航空、驾驶和神经营销（见以下章节）。即使其中大多数已在受控环境中进行了测试，但最近，新技术的发展促进了它们在自然情景中的应用。目前，许多用于监测人脑活动的设备可用于医疗行业；最常见的是：脑电（EEG）、功能性近红外光谱（fNIRs）、功能性磁共振成像（fMRI）和脑磁图（MEG）。除这些测量设备外，其他类型的生物信号通常被集成用于监测人类个体行为，利用心电（ECG）、眼电（EOG）和皮肤电反应（galvanic skin response，GSR）等设备。在 pBCI 的情况下，从监测日常活动中的电生理活动的角度来看，需要便携式和舒适的设备。由于其尺寸、重量和功率，将 MEG 和 fMRI 纳入 pBCI 系统用于操作性应用并不方便（Aricò 等，2016b）。在这方面，在生态情景中进行研究时，通常首选其他电生理测量：EEG、fNIRs、ECG、EOG 和瞳孔扩张。EOG、ECG、GSR 和眼部活动测量结果显示与某些心理状态（压力、精神疲劳、困倦）相关，但只有与其他直接同中枢神经系统（即大脑）相关的神经成像技术相结合时，这种相关性才显示出有用的信息和稳健性（Borghini 等，2014）。鉴于此，EEG 和 fNIRS 是在操作环境中实现 HMI 应用的最佳候选，然而 fNIRS 与 EEG 不同，在检测某些脑活动变化时具有较低的灵敏度（Derosière 等，2013）。因此，已证明 EEG 是开发 pBCI 系统的最合适设备（Dehais 等，2019），尤其是在最近，由于干电极的出现，该技术在可用性和适用性方面得到了显著改善。在这方面，Di Flumeri 等（2019）最近证明，干电极在可用性和信号质量方面达到了高的水平。通过比较干电极和湿电极，他们发现干电极除了更舒适和易于佩戴外，还能够获得与湿电极相同的结果。尽管在过去 10 年中，许多研究对 pBCI 系统的潜在应用感兴趣，但直到最近，由于其增强的适用性，pBCI 已在自然情景中使用，并在多种操作情景中找到应用。

15.3　被动 BCI 应用

在职业和工业环境中，已成功探索了若干 pBCI 应用。已测试过 pBCI 系统的主要领域之一是职业活动期间的精神/心理状态评估，以改进人为因素评估、人机交互和/或预测人为错误。在这些情况下，个体可能在同一感知通道（例如，两个听觉输入），甚至在不同通道（例如听觉和视觉刺激）上接收到不同的刺激，在这些情况中，用户的错误行为可能导致相关后果，因为注意力资源在不同刺激之间持续分配（Ma 等，2017）。

15.3.1 驾驶

专业的驾驶情境可能是 pBCI 非常有价值的应用之一。Brouwer 等（2017）提出了一项最新研究，他们记录了 15 名健康受试者在真实驾驶实验和使用自动巡航控制技术期间的各种生理反应。该研究的目的在于探查驾驶员在心理和情绪状态方面的体验，记录了心率、眨眼和大脑信号。作者证明，生理反应可用于评估驾驶员的心理状态。在另一篇论文中，作者（Krol 等，2017）证明，在 CUDA 架构上应用伪迹子空间重构和 infomax 独立分量分析的方法，可以实现可靠的 pBCI 应用，达到 77% 的分类准确率（优于偶然性或机会水平）。由于伪迹去除技术的最新进展，尽管有许多伪迹源（如肌肉伪迹、机械性伪迹和汽车电气系统产生的噪声）可能干扰真实驾驶体验中感兴趣的信号，但该研究已成功完成。在 fNIRS 领域，Khan 等（2019）证明，使用支持向量机和线性判别分析等 EEG 分类方法可以区分驾驶员的困倦状态和活跃状态。最近的其他论文研究了将用户的大脑活动分类以预测困倦和疲劳的可能性。在这种情况下，Liang 等（2019）开发并测试了基于 EEG 的实时困倦检测器，能够区分困倦程度，避免相关的机动车碰撞和损失。这项研究由 16 名夜班工人进行，他们在封闭的测试跑道上使用真实车辆进行了两次 2h 的驾驶。

15.3.2 航空

另一个成功探索 pBCI 的应用背景是航空领域，研究已经表明，在模拟和真实的飞行任务中都可以记录神经生理信号。Dehais 等（2018）表明，尽管这种环境相对困难，但干式 EEG 系统可以在真实驾驶舱中实施和使用。他们在真实飞行中记录了 4 名飞行员，目的是调查听觉警报引起的注意力不集中性耳聋（inattentional deafness），这是航空领域的一个令人困扰的问题。最近，Kenny 等（2019）采用 EEG 信号分类来评估个体在虚拟环境模拟器中执行训练任务时神经活动的变化，结果表明，神经活动的变化可能反映认知效率的提高，可以提供超越时间绩效和感知确定性的额外洞察。所有这些发现表明，EEG 记录可能有助于确定飞行员在具有挑战性的真实和模拟场景中的认知表现，从而有助于预防事故。

15.3.3　空中交通管理

　　除了航空领域，pBCI 也在 ATM 工作情境中进行了测试。空中交通管制员（air traffic controllers，ATCO）必须同时执行多个任务，每个任务具有不同的优先级，众所周知，人类在认知上是有界限的，因为认知能力从根本上是有限的（Saltzman，2014）。多元资源理论（Wickens 等，2012）解释了不同类别资源的存在，作为输入模态的函数，即信息补偿（视觉通道、听觉通道等）、代码处理和响应执行。如果多个任务需要使用同一条通道的资源，则脑力负荷将增加。过度的脑力负荷最终会导致认知隧道或超负荷现象，这可以定义为操作员无法将注意力从一项任务重新分配到另一项任务，或无法正确处理来自周围环境的信息（Wickens 和 Alexander，2009）。然而，当这种情况要求适度时，心理负荷水平相对较低，即使增加，也会制定补偿策略，以保持良好的表现水平（Borghini 等，2017）。这些发现可能因专业水平而有所不同。事实上，经验水平可以调节任务要求（即心理负荷）对信息加工模式（受控的与自动的）的影响，同样的任务可能会降低对专家的心理需求。事实上，由于专家们过去的经验以及处理更多的信息，他们能够调整策略，这有助于在高水平的脑力负荷下保持良好的表现（Borghini 等，2017）。在这方面，心理负荷通常可由以下三方面进行评估：①自我报告问卷；②绩效评估；③神经生理数据（Parasuraman 和 Rizzo，2008；Borghini 等，2014；Arico 等，2017）。最近研究中描述的方法依赖于将神经生理测量与标准测量、行为测量和主观测量相结合，以更完整地描述精神状态（即精神负荷）和被研究的现象，这是对专业操作员客观的专家评估。事实上，每种评价方法都有利弊，例如，性能显示了用户完成建议任务的程度，但没有关于认知要求的信息。自我报告的方法有助于更好地理解用户何时开始感知面对的活动，因为这是熟悉它的标志；但通过这种数据类型，将无法获得关于认知要求的客观信息。因此，EEG 等神经成像技术应解决这一差距（Scerbo 等，2001；Di Flumeri 等，2015）（见第 18 章）。在这方面，已广泛证明了工作负荷增加如何影响大脑活动，即对特定 EEG 变化的影响。事实上，几项研究报告，与精神负荷增加量相对应的最明显的 EEG 变化是同时增强的额叶 θ 节律和减少的顶叶 α 节律（Klimesch 等，2005；Borghini 等，2014；Toppi 等，2016）。在空中交通管理情境下，未来的 pBCI 系统可以设计为帮助训练师评估受训者如何学习超越其公开行为的特定运动认知任务，因为管理特定类型的空中交通工作负荷的"专业技能水平"概念对于 ATCO 从"新手"转变为"专家"至关重要。ATM 的专业技能水平是否可以通过 pBCI 系统得出的一些认知指标的行为来反映，目前是一个开放研究的主题（Aricò 等，2017）。

15.3.4　其他应用

其他操作环境也可作为 pBCI 应用的场景，在这方面，Miklody 等（2017）测试并开发了一个系统，该系统能够通过使用专业船舶模拟器驾驶台操作员的 EEG 活动来评估他们的工作负荷量，同时管理针对拖船任务优化的高度逼真现实的场景。Ko 等（2017）提出了另一个有趣的应用，该应用评估了真实课堂情境中的持续注意力，使用 32 通道系统（Compumedics Neuro Scan，德国）记录 18 名健康学生的 EEG 信号。特别是，要求学生们尽可能快地识别在大学常规讲座中显示的特殊视觉目标。这项研究对于证明在高度分散注意力的情况下（如真实课堂环境）执行持续视觉注意力任务的可行性非常重要，为开发一个能够通过监测 EEG 相关特征的变化来驱动真实课堂活动的系统奠定了基础。Zander 等（2016）提出了另一项最新应用，特别是，它实现了一个 pBCI 系统，以评估在不同难度级别执行外科训练任务的专业外科医生的工作负荷量。根据正在执行的特定任务，使用 BCILAB 工具箱对 9 名参与者的 EEG 信号进行分类，以估计操作员负荷是低还是高。这种分类甚至在线进行了模拟，以证明在实际应用过程中连续监测用户心理状态（即工作负荷量）的可能性。总之，pBCI 系统可用于评估不同的技术（例如，新技术与旧技术）所需的注意力资源或使用的心理或脑力负荷量。在这一主题上，Borghini 等（2015）对专业直升机飞行员进行了一项研究，他们在英国耶奥维尔（Yeovil）的阿古斯塔韦斯特兰（Agusta Westland）设施执行逼真的模拟任务，目的是比较不同的航空电子技术，比较不仅在性能表现方面，而且在所用的有经验的工作负荷量方面。Aricò 等（2018a，b）开展了一项研究，旨在探索基于神经生理的测量来评估 HMI 效率的可能性。特别是，通过在法国图卢兹法国国立民航大学（ENAC）的控制塔模拟环境中让 10 名专业 ATCO 参与，比较了与 ATM 领域相关的两种不同交互模式（正常和增强）下行为表现和基于 EEG 的工作负荷度量指标（额叶 θ 和顶叶 α 比率）。行为绩效与基于 EEG 的工作负荷量指标呈显著负相关，证实了从神经生理学角度比较不同技术的可能性。对 pBCI 系统进行测试的另一个应用领域是神经营销（neuromarketing），在过去几年中，已经发表了几项研究，通过使用神经生理学记录（Cartocci 等，2017a；Guixeres 等，2017），证明了有可能检测记忆过程和情感投入的隐藏标志，如观看广告时感受到的愉悦感。这些指标也已成功应用于视觉以外的刺激评估，如听觉（Cartocci 等，2017b）、嗅觉（Di Flumeri 等，2016 6b）和味觉（Flumeri 等，2017）。

15.4　被动脑−计算机接口（pBCI）的未来趋势

通过开发新的算法和技术，在神经科学领域取得的进展鼓励研究界采用神经生理测量，不仅用于研究，也用于日常生活中的应用（Di Flumeri 等，2016a）。如今，可以实时确定用户的心理和情绪状态，并在不干扰任务的情况下修改与用户交互的环境或技术的性能。在这种情况下，pBCI 中使用的神经生理测量证明了其在替代传统行为和主观测量方面的效率，允许实时收集信息并确保测量的可靠性。由于使用 pBCI 系统进行的客观、非侵入性和瞬时的测量，持续跟踪了用户的心理和情绪状态（Aricò 等，2016a；Blankertz 等，2016），这些有利的特性，加上设备的可用性和适用性的提高，鼓励了在不同情境中开发多种应用。上一段描述的不同领域的所有研究表明，pBCI 技术接近于在实际环境中实现可用的应用。例如，在不久的将来，结合本章介绍的不同方法，有可能将基于 pBCI 的方法集成到实际的专业环境中。这样的系统将能够在工作环境事件之后提供实时建议，在线量化用户的心理状态，而不会干扰他的工作。此类系统旨在保证工作环境中的适当安全程度，将改善 HMI（Zander 和 Kothe，2011；Giraudet 等，2015；Aricò 等，2016a）。在专业背景/情景下，pBCI 可用于触发自适应自动化的工具中，目的是实时调整系统接口，并在要求高的条件下支持操作员，Aricò 等（2016a）证明了这一点。在这样的系统中，将神经生理测量与标准测量相结合，可以提供关于操作员工作活动和专业技能的重要评估或洞见，从而更好地调整训练计划或工作更替。改善作业环境中工作状况的此类 pBCI 非常昂贵，需要合格的工作人员，因此它们是为大公司设计的。然而，pBCI 行业另一个分支的目标是更便宜、更精致的商用产品，这些产品可以由小型用户购买，此类系统适用于游戏和娱乐应用，但其技术不如医疗行业开发的更昂贵但质量非常高的干式设备可靠（van Erp 等，2012）。综上所述，考虑到过去几年发表的大量关于 pBCI 和真实环境的研究工作，并考虑到为改进该领域的新技术和算法所做的努力，我们可以推断，pBCI 即将成为一种新的消费产品，面向大型客户和小型客户。在不久的将来，人们可以期待智能设备能够根据对用户的评估或洞察来调整其（智能设备）行为并提高其性能。

参　考　文　献

[1] Aricò P, Borghini G, Di Flumeri G et al. (2016a). Adaptive automation triggered by EEG-

based mental workload index: a passive brain-computer interface application in realistic air traffic control environment. Front Hum Neurosci 10: 539. https://doi. org/10. 3389/fnhum. 2016. 00539.

[2] Aricò P, Borghini G, Di Flumeri G et al. (2016b). A passive brain-computer interface application for the mental workload assessment on professional air traffic controllers during realistic air traffic control tasks. In: Progress in brain research, Elsevier, pp. 295-328. https://doi. org/10. 1016/bs. pbr. 2016. 04. 021.

[3] Arico P, Borghini G, Di Flumeri G et al. (2017). Human factors and neurophysiological metrics in air traffic control: a critical review. IEEE Rev Biomed Eng 10: 250-263. https://doi. org/10. 1109/RBME. 2017. 2694142.

[4] Aricò P, Borghini G, Flumeri GD et al. (2017). Passive BCI in operational environments: insights, recent advances, and future trends. IEEE Trans Biomed Eng 64: 1431-1436. https://doi. org/10. 1109/TBME. 2017. 2694856.

[5] Aricò P, Borghini G, Di Flumeri G et al. (2018a). Passive BCI beyond the lab: current trends and future directions. Physiol Meas 39: 08TR02. https://doi. org/10. 1088/1361 - 6579/aad57e.

[6] Aricò P, Reynal M, Imbert J et al. (2018b). Human-machine interaction assessment by neurophysiological measures: a study on professional air traffic controllers. In: 2018 40th annual international conference of the IEEE engineering in medicine and biology society (EMBC). Presented at the 2018 40th annual international conference of the IEEE engineering in medicine and biology society (EMBC), pp. 4619-4622. https://doi. org/10. 1109/EMBC. 2018. 8513212.

[7] Blankertz B, Acqualagna L, Dähne S et al. (2016). The Berlin brain-computer interface: progress beyond communication and control. Front Neurosci 10: 530. https://doi. org/10. 3389/fnins. 2016. 00530.

[8] Borghini G, Astolfi L, Vecchiato G et al. (2014). Measuring neurophysiological signals in aircraft pilots and car drivers for the assessment of mental workload, fatigue and drowsiness. Neurosci Biobehav Rev 44: 58-75. https://doi. org/10. 1016/j. neubiorev. 2012. 10. 003.

[9] Borghini G, Aricò P, Flumeri GD et al. (2015). Avionic technology testing by using a cognitive neurometric index: a study with professional helicopter pilots. In: 2015 37th annualinternational conference of the IEEE engineering in medicine and biology society (embc). Presented at the 2015 37th annual international conference of the IEEE engineering in medicine and biology society (EMBC), pp. 6182-6185. https://doi. org/10. 1109/EMBC. 2015. 7319804.

[10] Borghini G, Aricò P, Di Flumeri G et al. (2017). EEG-based cognitive control behaviour assessment: an ecological study with professional air traffic controllers. Sci Rep 7: 547. https://doi. org/10. 1038/s41598-017-00633-7.

[11] Brouwer A-M, Snelting A, Jaswa M et al. (2017). Physiological effects of adaptive cruise

control behaviour in real driving. In: Proceedings of the 2017 ACM workshop on an application-oriented approach to BCI out of the laboratory, BCI for Real'17, ACM, New York, NY, USA, pp. 15–19. https://doi. org/10. 1145/3038439. 3038441.

[12] Cartocci G, Caratù M, Modica E et al. (2017a). Electroencephalographic, heart rate, and galvanic skin response assessment for an advertising perception study: application to antismoking public service announcements. J Vis Exp: e55872. https://doi. org/10. 3791/55872.

[13] Cartocci G, Maglione AG, Modica E et al. (2017b). The "NeuroDante project": neurometric measurements of participant's reaction to literary auditory stimuli from Dante's "Divina Commedia". In: L Gamberini, A Spagnolli, G Jacucci, B Blankertz, J Freeman (Eds.), Symbiotic interaction, lecture notes in computer science. Springer International Publishing, pp. 52–64.

[14] Dehais F, Roy RN, Durantin G et al. (2018). EEG-engagement index and auditory alarm misperception: an inattentional deafness study in actual flight condition. In: C Baldwin (Ed.), Advances in neuroergonomics and cognitive engineering, advances in intelligent systems and computing. Springer International Publishing, pp. 227–234.

[15] Dehais F, Duprès A, Blum S et al. (2019). Monitoring pilot's mental workload using ERPs and spectral power with a six-dry-electrode EEG system in real flight conditions. Sensors 19: 1324. https://doi. org/10. 3390/s19061324.

[16] Derosière G, Mandrick K, Dray G et al. (2013). NIRSmeasured prefrontal cortex activity in neuroergonomics: strengths and weaknesses. Front Hum Neurosci 7: 583. https://doi. org/10. 3389/fnhum. 2013. 00583.

[17] Di Flumeri G, Borghini G, Aricò P et al. (2015). On the use of cognitive neurometric indexes in aeronautic and air traffic management environments. In: B Blankertz, G Jacucci, L Gamberini, A Spagnolli, J Freeman (Eds.), Symbiotic interaction. Springer International Publishing, Cham, pp. 45–56.

[18] Di Flumeri G, Arico P, Borghini G et al. (2016a). A new regression-based method for the eye blinks artifacts correction in the EEG signal, without using any EOG channel. In: 2016 38th annual international conference of the IEEE engineering in medicine and biology society (EMBC). Presented at the 2016 38th annual international conference of the IEEE engineering in medicine and biology society (EMBC), IEEE, Orlando, FL, USA, pp. 3187–3190. https://doi. org/10. 1109/EMBC. 2016. 7591406.

[19] Di Flumeri G, Herrero MT, Trettel A et al. (2016b). EEG frontal asymmetry related to pleasantness of olfactory stimuli in young subjects. In: K Nermend, M Łatuszynska (Eds.), Selected issues in experimental economics, springer proceedings in business and economics. Springer International Publishing, pp. 373–381.

[20] Di Flumeri G, Aricò P, Borghini G et al. (2019). The dry revolution: evaluation of three

different EEG dry electrode types in terms of signal spectral features, mental states classification and usability. Sensors 19: 1365. https://doi.org/10.3390/s19061365.

[21] Flumeri GD, Aricò P, Borghini G et al. (2017). EEG-based approach-withdrawal index for the pleasantness evaluation during taste experience in realistic settings. In: 2017 39th annual international conference of the IEEE engineering in medicine and biology society (EMBC). Presented at the 2017 39th annual international conference of the IEEE engineering in medicine and biology society (EMBC), IEEE Xplore, pp. 3228 – 3231. https://doi.org/10.1109/EMBC.2017.8037544.

[22] Giraudet L, Imbert J-P, Berenger M et al. (2015). The neuroergonomic evaluation of human machine interface design in air traffic control using behavioral and EEG/ERP measures. Behav Brain Res 294: 246–253. https://doi.org/10.1016/j.bbr.2015.07.041.

[23] Guixeres J, Bigne E, Ausín Azofra JM et al. (2017). Consumer neuroscience-based metrics predict recall, liking and viewing rates in online advertising. Front Psychol 8: 1808. https://doi.org/10.3389/fpsyg.2017.01808.

[24] Kenny B, Veitch B, Power S (2019). Assessment of changes in neural activity during acquisition of spatial knowledge using EEG signal classification. J Neural Eng 16: 036027. https://doi.org/10.1088/1741-2552/ab1a95.

[25] Khan RA, Naseer N, Khan MJ (2019). Drowsiness detection during a driving task using fNIRS. In: Neuroergonomics, Elsevier, pp. 79–85. https://doi.org/10.1016/B978-0-12-811926-6.00013-0.

[26] Klimesch W, Schack B, Sauseng P (2005). The functional significance of theta and upper alpha oscillations. Exp Psychol 52: 99–108.

[27] Ko L-W, Komarov O, Hairston WD et al. (2017). Sustained attention in real classroom settings: an EEG study. Front Hum Neurosci 11: 388. https://doi.org/10.3389/fnhum.2017.00388.

[28] Krol LR, Freytag S-C, Zander TO (2017). Meyendtris: a hands-free, multimodal tetris clone using eye tracking and passive BCI for intuitive neuroadaptive gaming. In: Proceedings of the 19th ACM international conference on multimodal interaction, ICMI'17, ACM, New York, NY, USA, pp. 433–437. https://doi.org/10.1145/3136755.3136805.

[29] Liang Y, Horrey WJ, Howard ME et al. (2019). Prediction of drowsiness events in night shift workers during morning driving. Accid Anal Prev 126: 105 – 114. https://doi.org/10.1016/j.aap.2017.11.004. 10th international conference on managing fatigue: managing fatigue to improve safety, wellness, and effectiveness.

[30] Ma T, Li H, Deng L et al. (2017). The hybrid BCI system for movement control by combining motor imagery and moving onset visual evoked potential. J Neural Eng 14: 026015. https://doi.org/10.1088/1741-2552/aa5d5f.

[31] Miklody D, Uitterhoeve W, Heel D et al. (2017). Maritime cognitive workload assessment,

102-114. https://doi. org/10. 1007/978-3-319-57753-1_9.

[32] Parasuraman R, Rizzo M (2008). Neuroergonomics: the brain at work, first edn. Oxford University Press, New York.

[33] Saltzman E (2014). Modes of perceiving and processing information, Psychology Press.

[34] Scerbo MW, Freeman FG, Mikulka PJ et al. (2001). The efficacy of psychophysiological measures for implementing adaptive technology, NASA Center for AeroSpace Information.

[35] Toppi J, Borghini G, Petti M et al. (2016). Investigating cooperative behavior in ecological settings: an EEG hyperscanning study. PLoS One 11: e0154236. https://doi. org/10. 1371/journal. pone. 0154236.

[36] van Erp J, Lotte F, Tangermann M (2012). Brain-computer interfaces: beyond medical applications. Computer 45: 26-34. https://doi. org/10. 1109/MC. 2012. 107.

[37] Wickens CD, Alexander AL (2009). Attentional tunneling and task management in synthetic vision displays. Int J Aviat Psychol 19: 182 – 199. https://doi. org/10. 1080/105084 10902766549.

[38] Wickens CD, Hollands JG, Banbury S et al. (2012). Engineering psychology & human performance, fourth edn. Psychology Press, Boston.

[39] Zander TO, Kothe C (2011). Towards passive brain-computer interfaces: applying brain-computer interface technology to human-machine systems in general. J Neural Eng 8: 025005. https://doi. org/10. 1088/1741-2560/8/2/025005.

[40] Zander TO, Shetty K, Lorenz R et al. (2016). Automated task load detection with electro-encephalography: towards passive brain-computer interfacing in robotic surgery. J Med Robot Res 02: 1750003. https://doi. org/10. 1142/S2424905X17500039.

拓展阅读

[41] Ayaz H, Shewokis PA, Bunce S et al. (2012). Optical brain monitoring for operator training and mental workload assessment. Neuroimage 59: 36-47. https://doi. org/10. 1016/j. neuroimage. 2011. 06. 023.

[42] Brookings JB, Wilson GF, Swain CR (1996). Psychophysiological responses to changes in workload during simulated air traffic control. Biol Psychol 42: 361-377.

[43] Cherubino P, Trettel A, Cartocci G et al. (2016). Neuroelectrical indexes for the study of the efficacy of TV advertising stimuli. In: K NermendM Łatuszyńska (Eds.), Selected issues in experimental economics, springer proceedings in business and economics. Springer International Publishing, pp. 355-371.

[44] Cinaz B, Arnrich B, Marca R et al. (2013). Monitoring of mental workload levels during an everyday life office-work scenario. Pers Ubiquit Comput 17: 229 – 239. https://doi. org/10. 1007/s00779-011-0466-1.

[45] Kahneman D (1973). Attention and effort, Prentice-Hall. Kirsh D (2000). A few thoughts on cognitive overload. Intellectica 30: 19-51.

[46] Lei S, Roetting M (2011). Influence of task combination on EEG spectrum modulation for driver workload estimation. Hum Factors 53: 168 – 179. https://doi. org/10. 1177/00187 20811400601.

[47] Maglione A, Borghini G, Aricò P et al. (2014). Evaluation of the workload and drowsiness during car driving by using high resolution EEG activity and neurophysiologic indices. Conf Proc IEEE Eng Med Biol Soc 2014: 6238 – 6241. https://doi. org/10. 1109/EMBC. 2014. 6945054.

[48] Marsella P, Scorpecci A, Cartocci G et al. (2017). EEG activity as an objective measure of cognitive load during effortful listening: a study on pediatric subjects with bilateral, asymmetric sensorineural hearing loss. Int J Pediatr Otorhinolaryngol 99: 1–7. https://doi. org/ 10. 1016/j. ijporl. 2017. 05. 006.

[49] Meister D (Ed.), (1999). The history of human factors and ergonomics, first edn. CRC Press, Mahwah, NJ.

[50] Rudner M, Lunner T (2014). Cognitive spare capacity and speech communication: a narrative overview. Biomed Res Int 2014: 869726. https://doi. org/10. 1155/2014/869726.

[51] Vecchiato G, Flumeri GD, Maglione AG et al. (2014). An electroencephalographic peak density function to detect memorization during the observation of TV commercials. In: 2014 36th annual international conference of the IEEE engineering in medicine and biology society. Presented at the 2014 36th annual international conference of the IEEE engineering in medicine and biology society, IEEE Xplorepp. 6969 – 6972. https://doi. org/10. 1109/ EMBC. 2014. 6945231.

[52] Vecchiato G, Borghini G, Aricò P et al. (2016). Investigation of the effect of EEG-BCI on the simultaneous execution of flight simulation and attentional tasks. Med Biol Eng Comput 54: 1503–1513. https://doi. org/10. 1007/s11517–015–1420–6.

[53] Waard D (1996). The measurement of drivers' mental workload, University of Groningen, Traffic Research Centre, Netherlands.

[54] Yu Y-H, Chen S-H, Chang C-L et al. (2016). New flexible silicone-based EEG dry sensor material compositions exhibiting improvements in lifespan, conductivity, and reliability. Sensors 16: 1826. https://doi. org/10. 3390/s16111826.

第 16 章　自我健康监测和可穿戴神经技术

16.1　摘　要

BCI 和可穿戴神经技术现在用于测量来自人体的实时神经和生理信号，在医学诊断、预防和干预方面具有巨大的发展潜力。鉴于可穿戴神经技术未来可能在卫生领域发挥的作用，有必要对最先进的关键技术进行评估，以更好地了解其当前的优势和局限性。在本章中，我们介绍了可穿戴 EEG 系统，该系统反映了实时数据采集和健康监测方面的突破性创新和改进。我们关注反映技术优势和劣势的规范，讨论其在基础研究和临床研究中的应用、当前应用、局限性和未来方向。虽然仍然存在许多方法学和伦理方面的挑战，但这些系统具有促进大规模数据收集的潜力，远远超出了传统研究实验室的范围。

16.2　引　言

我们的社会面临着越来越大的健康差距、有限的医疗保健机会和不断上升的医疗成本。同时，科技领域已进入生物和神经技术时代，生产可穿戴的神经技术，其能提供生理和神经活动的实时和纵向监测，并可能为其中许多问题提供可行的解决方案（Ghose 等，2012）。消费者现在可以使用多种可穿戴技术来测量、监控和接收来自生理和神经活动的反馈。可穿戴技术提供的信息有许多重叠的应用。例如，在家中测量患者的生命体征（vital signs，如血压和体温等）可能会产生更高质量的个性化治疗方案，其中包含关于患者持续生理状态的连续详细信息（Muse 等，2017）。最近开发了多种原型和商业产品，可直接向用户或医疗中心/专业医师提供实时的健康数据，并可在潜在威胁或迫在眉睫的健康紧急情况下向个人或护理提供者发出警报（Kumar 等，2012）。随着获取、共享、处理、存储、检索和应用大数据方法的能力不断提高，可穿戴技术可能会显著提高我们应对当今社会一些重大挑战的能力（Zheng 等，2014）。

虽然可穿戴技术的应用以前仅限于生理测量（例如，心率、步进计数器），但无线 EEG 的最新进展现在正促进新应用的开发。虽然可穿戴 EEG 技术在匹配最先进的（state-of-the-art，SoA）研究级 EEG 设备（例如，电极数量和电极位置、信噪比和打标签）方面面临许多局限和挑战，但它们确实具有巨大的潜力，允许在临床和研究基础设施以外的环境中，以更广泛的人群负担得起的价格，直接连接个人的大脑活动和数字记录设备。这些设备最终将使我们能够训练并针对特定的认知技能集（Vernon 等，2003），强化特定的大脑节律（Brandmeyer 和 Delorme，2013），玩电子游戏（Schoneveld 等，2016），并根据测量的实时神经活动创作艺术和音乐（Grandchamp 和 Delorm，2016）。

EEG 测量反映与皮层神经元去极化相关的累积电活动，可以反映节律性和瞬态活动（Buzsáki，2006），并有助于以非常高的时间分辨率分析神经成像数据。无论是对环境刺激的反应（即事件相关电位），还是与心理/精神状态（例如睡眠、昏迷和认知活动）相关的反应，脑震荡反映神经元群体的突触后电位。EEG 头皮电极测量在头皮上传播的电波（有关 EEG 的更多信息，请参阅第 18 章）。然后在时域（即频域）中分析大脑的这种节律活动，最常见的是在特定频率的子带内，通常根据其频谱内容定义，如 $\delta(<4Hz)$、$\theta(4\sim7Hz)$、$\alpha(8\sim13Hz)$、$\beta(14\sim30Hz)$、$\beta(>30Hz)$。研究者把频带认为在功能上与特定的认知过程或特定的加工步骤相关，这取决于它们的测量位置或它们在特定过程中的延迟（潜伏期：通常事件先于反应）。EEG 的高时间精度还提供了有关大脑加工的精确时间信息，EEG 在临床上也用于诊断和定位大脑信息加工通路中哪些步骤出现故障（例如，视觉、听觉和触觉加工）。

干电极（Taheri 等，1994）和无线技术的最新发展导致了创新的可穿戴EEG 系统，该系统提供快速实用的 EEG 数据采集解决方案（即无凝胶、清洁或无电缆），通常包括实时数据预处理以及头部运动校正。现在有几个新系统完全可便携，其中数据记录可以直接存储在设备上（MicroSD）或无线传输到智能手机（Stopczynski 等，2014；Debener 等，2015）。由于这些技术改进，基础研究和临床研究领域出现了新的可能性，精心设计（设计精良）的可穿戴技术具有轻量级便携性、易于使用干电极和相对快速的设置时间等特点，使该其能够为以前难以纳入研究实验室设置的人群接受。

这种神经技术可被更广泛的人群（如幼儿、残疾人和老年人）接受（Ramirez 等，2015；Neale 等，2017），其可以通过更大样本的研究实现纵向设计（Kovacevic 等，2015；Hashemi 等，2016），并提高我们在自然情景中研究人脑的能力（Debener 等，2012）。许多现代可穿戴式 EEG 耳机佩戴舒适，融入了优雅的设计，对一般公众越来越有吸引力（Nijboer 等，2015）。创新应用，包括实用、简单和高保真的家庭用记录，有可能实现基于神经反馈（NF）和 BCI 的认知干预、应用、队列研究（即同时记录不同的参与者）、大数据分析等。

目前，可穿戴 EEG 技术仍然是自我健康监测解决方案的实际应用中最有希望的候选技术之一（有关 BCI 原理、概念和领域的更多详细信息，请参阅第 1 章）。可穿戴耳机设计的最新创新实现了经颅电流刺激（tCS）和功能性近红外光谱（fNIRS）的传输，以及这些方法与 EEG 的同时结合（表 16.1）。在第 17 章中，除了结合 EEG、具有 fNIRS 的 TCS，或 TCS 的系统外，我们还回顾了目前可用的几种高保真 EEG 可穿戴系统（消费者级和研究级产品）。然后，我们探究了使用可穿戴技术已经存在的不同应用，并讨论了与此类技术相关的限制（局限）、前景和预防措施。

传感器： EEG 活动通常采用凝胶电极从头皮记录，以实现源（大脑活动）和测量设备（电极）之间的高信噪比（SNR）。有源电极包含单个微型放大器，可显著提高 SNR 并缩短应用时间。使用无源电极时，为获得高 SNR，必须对皮肤进行适当的准备和研磨。凝胶有源电极的主要优点是其高信噪比，缺点包括成本高以及相对较长的准备和清洁时间。干电极的最新发展（Taheri 等，1994）以及无线技术导致了创新的可穿戴 EEG 系统的发展，虽然干电极对运动伪迹、电缆移动和静电电荷具有较高的灵敏度，但它们不需要长时间固定电极帽、磨损皮肤或洗发。

传感器位置： 国际 10-20 系统是一种国际公认的方法，用于描述和定位测量 EEG 的头皮电极位置（Klem 等，1999）。10-20 系统对于比较从不同实验室收集的大脑数据是必要的，包括在受试者和人群、设备的变化以及电极分布的变化之间进行比较。在 10-20 系统中，每个电极放置位置根据头皮前额叶（prefrontal，Pf）、额叶（frontal，F）、颞叶（temporal，T）、顶叶（parietal，P）、枕叶（occipital，O）和中央（central，C）上的相应地形位置进行标记。

运动传感器： 为了防止信号质量损失，大多数使用干电极技术的高端可穿戴设备通常包含运动传感器。陀螺仪指示物体在空间中的方位（即沿 3 轴：X、Y、Z），加速计测量加速度（也沿着 3 轴）。它们的采样率与 EEG 的采样率相似，此信息可用于剔除数据中的伪迹。然而，运动传感器，尤其是陀螺仪，通常会严重消耗电池电量，并可能缩短电池寿命。

采样率： 采样率通常从 128Hz 到 2048kHz 不等。低成本 EEG 通常使用单个模/数（A/D）转换器的多路复用，A/D 转换器顺序扫描每个通道。因此 2048kHz A/D 转换器可以以 256Hz 采样率转换 8 个信道。请注意，研究系统通常每个通道有一个 A/D 转换器，这不仅允许更高的采样率，还确保同时采集所有通道（对于顺序解决方案，每个通道的采集时间稍微延迟，这可能会影响后续处理，尽管可以使用重采样技术重新调整每个通道的数据采集时间）。

表 16.1 一系列不同的可穿戴式耳机及其不同的功能和特性，从低成本到高成本功能（包括有关每种设备的传感器、采样率、连续类型和数据类型和数据分辨率的信息）

传感器	价格/美元	电池续航时间/h	连接/存储	信号分辨率/位	采样率/Hz	质量/g	附加功能	辅助测量(EXG)	EEG	NF/BCI（包括在内）	fNIRS	神经调节	受众（潜在用户）和应用
Muse（Interaxon）4个干式有源电极（TP9、TP10、AF7、AF8）；两个银和两个导电硅橡胶参比 Fpz（DRL/DMS）可调节头带（52~60cm）	180	5	BLE	12	256	60	允许直接在 iPod、智能手机或平板计算机上记录原始 EEG 数据 NF 应用程序允许在计算机上同时记录来自多个设备的数据 实时阻抗检查 触发器	6 轴运动传感器 一个输入用于定制生理传感器 心率（HR）(Muse 2) 呼吸（Muse 2）	×				为研究人员和公众提供：家庭使用，真实环境里记录、注意力/冥想训练、放松、原始 EEG 记录、睡眠数据分析、眼眠研究、BCI
EPOC+（Emotiv）14个盐水浸泡的导棉（AF3、AF4、F3、F4、FC5、FC6、F7、F8、T7、T8、P7、P8、O1、O2）参考 CMS/DRL（P3/P4）可通过压力控制进行调节	800	6	BLE	14/16	18/256	120	原始 EEG 数据 可检测心理指令（中性+每个训练方案最多 4 个预训练项目），表现/绩效指标与参考（兴奋度、放松度、压力度、兴趣度、专注度、面部表情（眨眼、皱眉、眼色示意 L/R（左/右）、惊讶、微笑、咬紧牙关、大笑、傻笑） 实时阻抗检查	9 轴运动传感器	×	×			为研究人员和公众使用：家庭使用，真实环境里记录、原始 EEG 记录、大脑表现、3D 大脑可视化、增强 BCI

（续）

传感器	价格/美元	电池续航时间/h	连接/存储	信号分辨率/位	采样率/Hz	质量/g	附加功能	辅助测量（EXG）	EEG	NF/BCI（包括在内）	fNIRS	神经调节	受众（潜在用户）和应用
Dreem（Rythm） 6 个通道（4 个额叶和两个枕叶） 一个微型放大器可调节头带 O1 和 O2 上的参考电极（但灵活）	500	12	Wi-Fi 和 BLE	24	250	120	声音通过前额分散到内耳（使用骨传导技术） 可以直接连接智能手机和 iPod 睡眠监测应用程序，在睡眠期间无需 BLE 和 Wi-Fi 即可使用（稍后传输数据以供报告）	3 轴运动传感器 2 个脉搏血含氧计（呼吸和心率）	×				睡眠监测、管理和改善
Sleep headband（Cognionics） 2~8 个有源干电极和半干电极（可沿条带放置在 14 个位置中的任何一个）	4500	4	BLE/micro SD	24	250/1000	110	实时阻抗监测 可选无线触发器 原始 EEG 可以通过 microSD 卡记录	EXG 可选附加模块	×				睡眠监测、管理和改善
Quick 20/30（Cognionics） 20/30 导有源干电极和半干电极（10/20 系统+10/5 系统的 10 个附加电极）可通过压力旋钮进行调节	24000	8	BLE/micro SD	24	500/1000	610		3 轴运动传感器 2 个可选 EXG	×				专为实际应用而设计，BCI

333

（续）

传感器	价格/美元	电池续航时间/h	连接/存储	信号分辨率/位	采样率/Hz	质量/g	附加功能	辅助测量（EXG）	EEG	NF/BCI（包括在内）	fNIRS	神经调节	受众（潜在用户）和应用
Ultracortex Mark IV（OpenBCI） 8个（细胞板）或16个（细胞板+菊花板）通道，35个可能的不同位置。使用凝胶膏电极的无源或使用适配器电缆的任何标准电极 DRL、正电压电源（Vdd）和负电压电源（Vss） 3种不同的头部尺寸和灵活的结构	约为850/1400	未知	BLE and Wi-Fi	24	250/500		与有源和无源（适配器）电极兼容 3D可打印 30s设置 用于本地存储的MicroSD输入 带有OpenBCI板的可打印EEG耳机。也可以购买组装的耳机，或者完全组装的耳机。不包括电池在内，但价格较高。成本约为10美元	3轴运动传感器 可选EXG（EMG、ECG）	×	×			原始EEG记录、BCI、NF、首个3D可打印设备
B-Alert X10/X20（ABM） 9或20个通道（额叶、中央区、顶叶），使用导电膏 参考于乳突 电极固定增益 3种传感器条带尺寸（S、M、L）	11500	12~24	BLE	16	256	11	超轻薄、舒适贴合，可进行8h以上的记录节次 获得专利的实时伪迹剔除 具有认知状态分类的软件（总价1.65万美元） 设置：10/20min	3轴运动传感器 1个EXG，用于B-Alert X10；4个EXG，用于B-lert X20（EOG、ECG、EMG）	×	×			原始EEG记录、BCI、认知训练、表现/绩效提升、睡眠研究、队列研究、军事研究

（续）

传感器	价格/美元	电池续航时间/h	连接/存储	信号分辨率/位	采样率/Hz	质量/g	附加功能	辅助测量（EXG）	EEG	NF/BCI（包括...在内）	fNIRS	神经调节	受众（潜在用户）和应用
DSI 10/20 (Quasar)	7000	24	BLE	16	300/600	500	获得专利保护的屏蔽和电路设计，降低了环境噪声 机械设计精心控制接触压力，全天穿着舒适 内部存储（1GB）每个传感器的阻抗监测 认知状态分类软件	测量心电（EKG），皮肤温度和 3D 身体加速度和位置的无线腰带 触发器输入	×				原始 EEG 记录，BCI 和 NF，认知、真实世界记录
Enobio (Neuroelectrics)	约为 4000/14000/20000	16/15/14	BLE	24	500	65	实时 3D 可视化 儿童专用帽子 用于 MicroSD 卡的内部存储 与 TES 和 TMS 兼容 儿童"米老鼠"头套	EOG/ECG	×				研究人员和临床医生：高质量原始 EEG，动态、真实世界研究，BCI 和 NF 应用

传感器列详细内容：
- DSI 10/20 (Quasar)：最多 21 个干式 EEG 电极（扁平手指状电极）Fpz 处接地和乳突上参考
- Enobio (Neuroelectrics)：8/16/32 通道，使用创新的固体凝胶电极或干式电极 一次性预胶电极或耳夹可用于 CMS/DRL 参考 6 种不同的氯丁橡胶、柔性、头帽尺寸

（续）

传感器	价格/美元	电池续航时间/h	连接/存储	信号分辨率/位	采样率/Hz	质量/g	附加功能	辅助测量（EXG）	NF/BCI（包括EEG在内） EEG	NF/BCI fNIRS	神经调节	受众（潜在用户）和应用
OctaMon (Artinis) 8 通道 fNIRS 头带	约为17000	6	BLE		10	230	8×2 波长：760/850（标准）光电极距离：35mm 不干扰 EEG、EOG、ECG、EMG TMSI 软件包：Octamon+EMG（2 个或更多通道）和 Octamon+EEG（16 个或更多通道）实时处理三维 fNIRS 数据	可与外部 EEG 和 EXGs 相结合		×		仅限研究人员和临床医生：对有极高机动力学响应的研究和现实世界实时血流动力学神经成像技术，BCI，教育等应用相结合
g. Nautilus (g. tec) 8、16、32、64 通道有源、干式或凝胶型 EEG 电极 接地（GND）和参考（REF）电极的灵活定位，对成人和儿童，均有 3 种头部尺寸的头帽	起步价 5000	6~10	2.4GHz ISM	24	250/500	<140	非接触式电池充电 防水 允许同时进行 tDCS 和 TMS 内部阻抗检测 八位数字触发器 MicroSD（最大 2GB）提供 BCI 软件应用程序	3 轴运动传感器 4 种可能的 exg(ECG、EMG、EOG、GSR、皮肤运动、血氧饱和度、呼吸强度、流量)	×			仅适用于研究人员和临床医生：高质量可能原始 EEG，可能同步与 EEG-fNIRS，并与 EEG tDCS 和 EEG-TMS 兼容（与外部设备兼容）。儿童接受体育活动期间的记录，此种技术灵活和成，也适用于康复，真实环境下的记录和 BCI 研究

（续）

传感器	价格/美元	电池续航时间/h	连接/存储	信号分辨率/位	采样率/Hz	质量/g	附加功能	辅助测量（EXG）	NF/BCI（包括在内）		神经调节	受众（潜在用户）和应用
									EEG	fNIRS		
8个fNIRS通道，与EEG相结合　适用于干电极和凝胶电极（8/16/32通道）电极的灵活定位，3种头部尺寸（包括儿童）	从25000开始	1.5~6	BLE		10	<140	4×2 波长：760/850nm　光电极距离：35mm　控制箱质量：230g，包括电池　基于LED					
Starstim 8, R20, R32, (Neuroelectrics) 有关EEG规格说明，请参阅上面的Enobio　多达20或32个电极，39个可能的位置　Pistim 混合电极允许在同一位置不同时进行TES（包括tDCS, tACS, tRNS）。凝胶电极和脊椎电极允许同时进行EEG/TES，但在不同的部位　多种头帽尺寸	11000/29000/43000	4	Wi-Fi	1μA	1000	65	频率刺激：tACS为0~250Hz, tRNS为0~500Hz　每个电极15V（30V电位差）最大电流2mA，最长刺激持续时间1h　可随时退出　MRI兼容刺激电极　Nube 云平台允许远程预定刺激　可与OctaMonf-NIRS结合使用	3轴运动传感器 心电（ECG）、眼电（EOG）	×	×	×	仅适用于研究人员和临床医生：EEG 记录，NF，同步EEG和TES/fNIRS（一体式耳机），BCI，远程医疗，家庭使用，真实记录

连接：蓝牙和 Wi-Fi 使用 2.4GHz 的同一频段（Wi-Fi 也可能使用 5.0GHz 频率）。Wi-Fi direct 承诺设备到设备的传输速度最高可达 250Mb/s，而蓝牙 4.0 承诺的速度与蓝牙 3.0 类似，最高可达 25Mb/s，蓝牙技术传输的数据不如 Wi-Fi。

数据分辨率（位）：一般认为 EEG 信号分辨率不超过 24 位（由于环境和电噪声）。然而，这意味着所有获取少于 24 位的系统都可能丢失重要数据，除非实现动态增益机制（a dynamical gain mechanism）以增加可能值的范围。大多数低成本可穿戴 EEG 系统使用 16 位 A/D 转换，导致一些数据丢失。

16.3　可穿戴神经技术

在本节中，我们提供了一个相对成本低（即低于 1000 美元）并且广泛使用（截至 2018 年）的可穿戴 EEG 系统列表，这些系统可用于基础研究和临床研究、NF、BCI 和基于家庭使用的应用。我们还审查了一份价格较低（即超过 1000 美元）和更先进的系统的不完全列表，这些系统专为能获得资金并对使用这些系统的应用感兴趣的专业人士设计，该审查排除了几种单通道 EEG 设备，基于当今的标准，这几种单通道相对有限（Picton 等，2000；Luck，2014），或是缺乏重要的技术或科学证据的 EEG 设备，或是被证明提供的信号质量较差的 EEG 设备（如 Emotiv Insight、Foc.us EEG 开发工具包、FocusBand、Imec、NeuroskyMindwave，以及两款 Kickstarter 产品：Melon 和 Melomind）（图 16.1）。

图 16.1　表 16.1 中审查的可穿戴 EEG 耳机的图示

第一行（从左到右）：Muse（Interaxon）、Epoc（Emotiv）、Dreem（Rythm）、Sleep headband（睡眠头带）（Cognionics）、Quick 30（Cognionics）、Ultracortex、Mark IV（OpenBCI）、B-Alert X10（ABM）。

第二行（从左到右）：DSI10/20（Quasar）、Enobio（Neuroelectrics）、Octamon（Artinis）、g.Nautilus（g.tec）、g.Nautilus EEG-fNIRS（g.tec）、Starstim8 和 32（Neuroelectrics）。经许可复制。

16.4　应　　用

16.4.1　基础研究

在 20 世纪，EEG 研究已成为人类认知、睡眠、神经退行性疾病和大脑疾病科学研究的关键方法工具（Regan，1989；Luck 和 Kappenman，2011）。虽然传统的 EEG 实验室记录需要长时间的涂抹导电膏和记录步骤，但其中一些技术因素可以通过越来越先进、轻巧、易于设置的可穿戴式 EEG 头戴式耳机和头带来克服，这些耳机和头带采用无线和干电极技术，并允许科学家为研究目的获取大量原始数据。

然而，重要的是要注意，在进行连续 EEG 和事件相关电位（event-related potential，ERP）研究时，需要几个技术规范来获得良好的数据质量（Picton 等，2000；Luck，2014）——使用的电极类型，解释所需的最小电极数量，头皮电极位置的重要性（即 10/20 和 10/10 系统的标准术语）、电极间阻抗、参考电极选择和放大器能力（例如，可用位数、共模抑制比或放大器增益）。低成本 EEG 系统的一个明显问题是实际硬件是否满足达到足够 EEG 信号质量所需的标准。如表 16.1 所列，并非全部，但一些可穿戴神经技术系统目前以高保真采样率（即 >256Hz）和高信号分辨率（即优于 8 位）记录数据。关于 Picton 等（2000）强调的增加电极数量的论点，"记录通道的最佳数量尚不清楚。该数量将取决于头皮记录中存在的空间频率（Srinivasan 等，1998），前提是这些频率由脑内发生器的几何结构决定，而不是由电极定位或头部阻抗建模的误差决定"（Picton 等，2000）。为了确定可穿戴神经技术是否满足此类信号质量要求，几项研究直接测试了一些先进的 EEG 可穿戴耳机的信号质量（表 16.1），以直接确定它们是否能够提供可靠的数据，从而产生可视的、统计上可量化的 ERP 成分。

Krigolson 等（2017b）在两个 5min 的实验范式中，通过 Muse EEG 头带，能够可靠地识别 N200、P300 和奖励积极性的 ERP 成分。De Vos 等（2014）采用线性判别分析对单个试次的 P300 进行分类，并显示了在室内（77%）和室外（69%）记录条件下的高分类精度。Barham 等（2017）表明，虽然从 EmotivEpoc 等系统获取的数据中剔除了更多的试次，但发现采集的原始 EEG 波形与 SoA 系统（如 SynAmps）测量的相应波形具有高度的相似性。同样，Mayaud 等（2013）比较了 6 个传统的 EEG 圆式电极（即由银金属和引线制成的电极）与 Emotive Epoc 可穿戴式耳机提供的电极性能，发现两者之间的性能没有显著差异。然而，他们确实发现，使用可佩戴式耳机进行长时间记录后（即使用 2~3h），性能和"舒适度"有所下降。Pinegger 等（2016）评估了三种不同的商用 EEG 采集系统，它们在电极类型（凝胶式、水式和干式）、放大器技术和数据传输方法方面有所不同。每个系统都从 3 个不同方面进行了测试，即技术、BCI 有效性和效率（即 P300 检测、通信和控制）以及用户满意度/舒适度。他们发现水式系统的短路噪声水平最低，水凝胶式系统的 P300 拼写准确率最高，干电极系统造成的不便最少。他们得出结论，在所有评估过的系统中，构建可靠的 BCI 是可能的，由用户决定哪个系统最符合给定的要求（Pinegger 等，2016）。

虽然这些发现表明这些可穿戴式 EEG 系统的硬件规格足以成功进行 ERP 研究，但一些研究发现，与临床级设备相比，此类低成本可穿戴式 EEG（如 Emotive Epoc）的性能较差（Duvinage 等，2013）。这突出了实验者采用的方法的重要性，当采用细致周到的方法时，例如提高信号质量的特定方法（干净的头发、干净的皮肤、屏蔽的环境、舒适的记录条件），可以获得准确的结果。事实上，许多研究现在已经使用了几种不同的、先进的、低成本的可穿戴式 EEG 耳机来研究各种基本主题，如视觉和听觉的注意力和感知（Debener 等，2012；Boutani 和 Ohsuga，2013；Wascher 等，2014；Badcock 等，2015；Abujelala 等，2016；Maskeliunas 等，2016；Barham 等，2017；Kuziek 等，2017；Krigolson 等，2017a，b）、情绪（Peter 等，2005；Brouwer 等，2011；Bashivan 等，2016；Jiang 等，2016、2017；Brouwer 等，2017）、学习和记忆（Berka 等，2005a、2007b）。

心理学和认知的实验室研究采用人工刺激和固定反应选项进行研究，不可避免地会得出以下结果：与现实世界的行为相比，它们在生态上有效性较低。先进的可穿戴式 EEG 系统可能有助于更准确地了解人脑及其在自然情景中发生的高度复杂的机制。现在已经收集了可穿戴式 EEG 的数据，这些数据来自大学校园户外行走的参与者（Debener 等，2012）以及在城市和绿地环境中行走的参与者（Aspinall 等，2015；Neale 等，2017；Tilley 等，2017）。可穿戴式 EEG 系统也有助于更好地招募之前由于漫长而不舒适的实验条件而难以纳入研究的人群，例如儿童研究（Badcock 等，2015）、在教室的研究（Mohamed 等，2020），以及对老年人群的研究（Abbate 等，2014；Ramirez 等，2015；Dimitriadis 等，2016；Neale 等，2017；Tilley 等，2017）。

对于在非实验室或非临床情景中进行 EEG 研究的可穿戴式 EEG 耳机的可行性，已经有一些批评（Przegalinska 等，2018）。EEG 可穿戴式系统将始终面临成功采集高保真 EEG 数据的挑战（几乎在任何数据采集环境中都可能存在的挑战)。虽然 EEG 可穿戴式设备允许更大的移动性,但它们对运动伪迹仍然高度敏感。高保真 EEG 数据要求个体尽可能限制所有身体和面部移动,这在信号分析中始终是一个挑战。必须开发更先进的机器学习算法,以增加可以实时校正各种伪迹的能力,同时不丢失感兴趣的信号。在自然情景下,另一个相当大的挑战涉及无法直接控制环境中发生的事件,而在实验室情景下,刺激时序是实验事件发生的非常准确的标志。据我们所知,除了使用同步视频记录,然后离线手动同步外,还没有找到任何简单的解决方案来标记自然事件的发生。重要的是要注意,当采用细致周到的方法时,其中一些设备可能提供较高的信噪比和较高的波形质量,但在记录 EEG 时,其他技术方面同样重要,如电极的数量和准确的电极放置。可穿戴式 EEG 耳机通常使用实用的干电极,然而,据报道,它们在长时间内使用往往不太舒适。与 SoA 系统一样,可穿戴式耳机对运动伪迹也同样敏感,它们不允许将标记信息和事件直接嵌入原始数据中,用户经常会处理不当,并且不同设备的优缺点差异很大(表 16.1)。虽然这些限制是必须牢记的,但先进、低成本的可穿戴式 EEG 系统已经出现了一些有前途的应用。

1. 从虚拟现实到现实应用

日益先进的 VR 平台的加速发展正在提升我们在实验室环境中研究真实世界情景模拟的能力。VR 目前正被应用于神经科学研究,并通过创建沉浸式和高度受控的环境来扩展临床干预的发展(Bohil 等,2011),其中可以模拟自然环境的生态条件。在一系列研究中,可穿戴式 EEG 与 VR 相结合,这些研究调查了(模拟)驾驶条件下的认知过程,如警觉性、警惕性、反应时间、疲劳,以及模拟中汽车驾驶员的困倦(Johnson 等,2011;Brown 等,2013;Lin 等,2014;Wascher 等,2014;Armanfard 等,2016;Foong 等,2017;Wang 和 Phyo Wai,2017)。这种组合允许开发新的闭环系统,该系统可能在不久的将来集成到新制造的车辆的技术中。除了基于 EEG 活动的虚拟汽车控制(Zhao 等,2009)外,该技术还具有通过引入反馈警报(Berka 等,2005b)、基于 EEG/ERP 特征标志的紧急制动预测(Haufe 等,2011)、红色和黄色停车灯区分(Bayliss 和 Ballard,2000)等功能确保更安全驾驶性能的潜力。虽然在研究 VR 环境中涉及的特定神经机制和过程时,继续采用标准研究级设备更为合适,但这些发现稍后可用于为实现可穿戴式 EEG 技术的真实世界研究的模型提供信息。

可穿戴式 EEG 设备具有以下优点:增加了研究参与者的活动/运动自由度,增加了可购买获取性(即低成本的设备),以及开展运动特性的研究(REF)。然而,与采用传统的金标准(即 64 通道研究级 EEG 设备,该标准包含大于 32 个电极，并提供更高的信号质量和 SNR，例如凝胶式系统）的研究相比，这些技术通常尚未更好地理解大脑过程。新的研究可以突出可穿戴系统的应用，这可能会产生第一个"预防系统"，该系统利用从飞行员或驾驶员大脑记录的实时数据，能够检测到思维漫游、注意力丧失或困倦，并能向驾驶员提供听觉、触觉或视觉反馈提示，以避免发生事故（Healey 和 Picard，2005；Akbar 等，2017；Wei 等，2018）。最近，新的研究（Zhang 等，2015；Chavarriaga 等，2018；Martínez 等，2018）在 EEG 范式方面提出了创新，以便在真实驾驶情景下，识别个人在十字路口刹车或转弯意图的 EEG 标记。虽然这些发现是开创性的，但这些 BCI 系统采用的机器学习方法仍需改进，以将误差幅度降至零。正如 Chavarriaga 等（2018）所建议的，一种补偿驾驶时 SNR 变化的方法是纳入额外的生理测量，如驾驶员的眼球运动、心率或 EMG，以及车载传感器收集的环境信息，这将使智能车能够提供及时、量身定制的帮助。

2. 科学和教育

在科学和教育领域培养和增强创造力是另一个潜在的应用途径，这些可穿戴式神经技术可能有助于促进改善和参与教育机会，同时以更具吸引力和互动性的方式教育下一代神经科学家。Grandchamp 和 Delorme 于 2016 年开发了"Brainarium"，这是一种便携式天文馆圆顶形的 EEG 装置，利用该装置记录了受试者的实时 EEG 数据，并将其直接转换，以视觉方式直观地将实时活动表示为生动多彩的多媒体内容。这些项目表明了此种技术的日益重要性和它对科学的贡献，但在过去几十年中一直被忽视了（Andujar 等，2015）。现已开发出了 BCI 用于诸如"Encephalophone"系统等设备来创作音乐（Deuel 等，2017）以及可视化音乐表演（Mullen 等，2015）。

3. 队列（群组）研究和大数据

可穿戴技术还可以同时记录多个个体，从而开辟了 EEG 研究的新应用：研究群体动力学、团队凝聚力或社会同步性（Stevens 等，2012、2013）。大数据研究有可能彻底改变我们研究个体差异并辨别不同受试者大脑活动共性的方式，因为大量的参与者样本在区分细微差别的个体特征方面提供了能力。大多数神经影像学研究都是在小样本上进行的，这是因为对大量参与者测量 EEG 的成本和耗时性。样本越大，对一般人群的统计推断就越稳健有力，更好地表示社会人口差异。例如，Hashemi 等（2016）使用 Interxon 无线四通道 EEG 头带分析了 6029 名年龄在 18~88 岁之间的受试者的大脑数据（受试者正在进行神经反馈（NF）正念任务，如专注呼吸练习），并能够识别出按年计算的 EEG 活动（EEG 功率、峰值频率、额叶和颞顶部位之间的不对称测量）中细微但稳健的与年龄相关的变化，以及在不受控制的自然环境中完成任务的具有代表性的个体群体中，这些变化在男性和女性之间有何差异。在另一项研究中，Kovacevic 等（2015）使用相同的可穿戴 EEG 系统对集体沉浸式 NF 多媒体科学-技术装置中的 523 名受试者记录了 12h。他们发现，参与者的 EEG 基线活动预测了随后的 NF 训练，表明 NF 期间学习能力存在状态依赖效应。

　　智能手机/平板计算机上可用的 NF 应用记录的大脑数据目前正在汇集历史上最大的 EEG 数据库（Hashemi 等，2016）。这些大数据库将允许开发由机器学习实现的新型统计分析，并可能突出并标记大脑活动的模式和趋势，这是以前在较小的数据集上无法实现的。此类数据库的有效性和价值将取决于用户测量的信号质量，鉴于这些用户缺乏 EEG 方面的高级培训和经验，记录到运动伪迹和不准确地放置电极位置是不可避免的（尽管一些应用提供了关于电极阻抗的清晰说明和视觉反馈）。因此，由于这些低质量记录，通常会丢失大部分数据。此外，这些设备仅从几个电极测量 EEG，因此得到的脑信号缺乏准确性和利用价值，通常应从头皮多个部位记录脑信号。结果是，这些数据库的使用仅限于与电极放置相关的大脑中小的区域（例如，Muse 头带的额叶和颞叶）。此外，智能手机应用程序使用的 NF 算法是该公司的商业秘密（有时未经验证），这使得研究人员无法了解所获得的这些结果，是针对哪些大脑机制和活动。

　　总之，经验丰富的 EEG 从业者应该使用先进的可穿戴式神经技术，并将其保留给现实世界的应用，因为它们（可穿戴式神经技术）还不能在受控条件下取代 SoA 系统（例如基于凝胶的电极/凝胶式电极）来测试基本问题。与其他设备相比，每种设备都有优缺点，因此研究人员应考虑设备的所有特征（即采样率、电极位置、SNR、预期使用时间、系统设置所需熟练劳力的可用性和患者舒适度），以确定最适合其需要的设备。我们建议收集原始数据并开发定制的 NF 代码，而不是使用设计这些设备的公司所提供的不透明程序。

16.4.2　临床应用

　　可穿戴式 EEG 更重要的临床应用之一涉及事件相关电位（ERP）的利用，ERP 反映了环境事件诱发的 EEG 活动的典型变化，它们在我们理解物理刺激和大脑活动之间的关系方面发挥了关键作用（Luck 和 Kappenman，2011），并已广泛用于认知障碍的研究，如发展性阅读障碍（Hämäläinen 等，2013）、特定语言障碍（McArthur 和 Bishop，2004）、精神障碍（Park 等，2010），以及孤独症（Ceponiene 等，2003）。BCI 系统中利用的 4 种主要 EEG 模式包括 P300（即 300ms 时出现的正的脑震荡），通常用于双向通信 BCI；μ（即 8～12Hz）和 β（即 18～26Hz）节律，通常用于感觉运动 BCI；稳态视觉诱发电位（SSVEP），其对应于测量的主动视觉焦点（见第 7~11 章和第 14 章）。

如 16.4.1 节所述，已证明一些可穿戴式 EEG 能够准确测量某些类型的 ERP，如通过峰值振幅、潜伏期和失配负性评估的 P1/P100、N1/N100、P2/P200（Badcock 等，2015），以及通过听觉新奇任务期间的潜伏期与峰值振幅评估的 N2/N200 和 P3/P300（Mayaud 等，2013；Barham 等，2017），通过分类准确度（Jijun 等，2015）以及视觉新奇任务和奖励学习任务（Krigolson 等，2017b）进行评估的 N2/N200 和 P3/P300。

随着 BCI 集成了 ERP 的实时分析（Sullivan 等，2012），以及可穿戴式 EEG 的不断改进，新的潜在应用出现了；可穿戴式 EEG 技术的改进可通过当个体移动时在现实情景中保持对这种类型的脑电波辨别，并监测环境中发生的事件，以及在离散性和设计方面的改进来实现。例如，通过检测与特定疾病相关的特定 EEG 成分和标记物，可以在患者家中对大脑疾病进行早期诊断（例如，癫痫患者的不明发作；Askamp 和 van Putten，2014；Nunes 等，2014）。Hofmeijer 等（2018）能够检测到创伤性脑损伤和缺血性中风（ischemic stroke）患者大脑中产生有害影响的皮层扩散去极化。Abbate 等（2014）在疗养院对晚期阿尔茨海默病（Alzheimer's disease，AD）的老年患者测试了可穿戴技术的可用性（生理和 EEG 活动）。Nieuwhof 等（2016）测试了使用新型便携式无线 fNIRS 设备测量帕金森病（Parkinson's disease，PD）患者在不同双任务行走方案期间前额叶皮质活动的可行性。Billeci 等（2016）证明了自闭症儿童从脱离状态到参与状态的神经生理和自主神经反应的变化。Maddox 等（2015）测量了大脑活动，以评估腹腔镜手术模拟器执行任务期间的注意力和压力水平，以确定专家外科医生与中级和新手外科医生相比是否具有不同的大脑活动模式。

1. 体育活动/身体活动

久坐被认为是影响健康的高风险因素，并且科学文献中已广泛记录了体育活动的益处（Tremblay 等，2010；de Rezende 等，2014）。一些研究表明，规律的体育活动会促使大脑生成神经血管（即生成新血管）和神经元（即生成新神经元）（Fabel 等，2003；Olson 等，2006；Pereira 等，2007）。虽然大多数关于运动锻炼的研究都评估了前/后测量，但缺乏对运动锻炼期间发生的神经机制的研究，这是由于电缆造成的移动性降低以及受试者运动产生的信号伪迹。然而，随着可穿戴技术的发展，研究人员现在能够研究运动期间、户外行走时执行注意力任务期间（Debener 等，2012；Aspinal 等，2015；Armanford 等，2016）、在跑步机上行走（Lin 等，2014）或骑固定自行车（Scanlon 等，2017）时大脑的电活动。一些专业运动员终生训练，以发展放松技巧，在有压力和肌肉疲劳时保持稳定的表现。一些研究人员能够记录精英射箭运动员的 EEG 数据，以研究他们在压力和肌肉活动下的放松能力（Lee，2009），而其他研究人员则使用 NF 策略加速了射箭运动员、高尔夫运动员和步枪射手的训练（Berka 等，2010）。研究个体在进行体育活动时的大脑将带来关于体育活动对大脑的影响和机制的宝贵信息，这可能对体育科学（如训练策略）和医学应用产生重要影响。此外，使用可穿戴神经技术进行更长时间的记录将允许长期评估（从几天到几个月或几年）定期体育活动对大脑的影响，而不是仅测量治疗前后的差异。这些研究可以比较不同类型的体育活动（例如，每周训练次数、中断、强度和锻炼的性质）对不同类型人群的长期影响，这也适用于临床治疗。

2. 神经反馈

压力对心理系统和生理系统都有强烈的影响，因此，已证明长期压力会引发导致发病率和死亡率的不健康行为（Jackson 等，2010），如抑郁症、肥胖症、睡眠不足、注意力缺陷、心境障碍、大脑灰质萎缩（gray matter atrophy）或药物滥用等（Sapolsky，1996；Dallman 等，2003；Duman 和 Monteggia，2006；Miller 等，2011）。然而，人们发现冥想可以改善与压力相关的结果（Goyal 等，2014），冥想技术包括有助于直接调节心血管系统的专注呼吸练习（Steinhubl 等，2015）、消极情绪、压力、疼痛、焦虑和思维漫游（Zeidan 等，2010；Bhasin 等，2013；Prinsloo 等，2013；Brandmeyer 和 Delorme，2016）。此外，已发现冥想练习可以增加局部脑区灰质密度（Hälzel 等，2011）。NF 提供了内源性操纵大脑活动作为独立变量的可能性，使其成为强大的神经科学工具。NF 训练导致与训练的大脑回路以及与行为变化相关的特定神经变化，这些变化在训练后持续数小时到数月，并与灰质和白质结构的变化相关（Sitaram 等，2017）。因此，通过实施冥想技术，NF 可以帮助用户意识到他们的情绪或与压力相关的消极思维漫游（Brandmeyer 和 Delorme，2013；Mooney-ham 和 Schooler，2013），并制定克服它们的策略（Brandmeyer 和 Delrome，2016），以及减缓神经元结构的神经退化过程（Hölzel 等，2011）。证明稳健的临床效果仍然是 NF 研究的主要障碍。注意力缺陷和多动障碍，以及中风康复的随机对照试验结果参差不齐，并受到研究设计差异、识别响应者的困难以及同质患者群体稀少的影响（Sitaram 等，2017）。

这些益处也适用于认知，因为研究结果表明，NF 增加了记忆、注意力和认知表现（Zoefel 等，2011 年；Nan 等，2012；Wang 和 Hsieh，2013；Mishra 和 Gazzaley，2015）。NF 提供的脑波训练可诱导神经可塑性变化（neuroplastic changes）（Ros 等，2010），这对与皮层异常节律相关的脑疾病的治疗具有重要意义，并支持将 NF 用作非侵入式工具，以建立皮层节律性活动与其功能之间的因果关系。NF 在治疗 ADHD 方面已得到了很好的研究，并显示出临床疗效（Gevensleben 等，2009；Arns 等，2014）。

　　计算机处理能力的急剧提高解决了 20 世纪 70 年代（Dewan，1967）和 80 年代（Vidal，1977）NF 和 BCI 先驱所面临的许多困难。现在，已把一些先进的软件和硬件设计为能够实时处理 EEG 数据（Hu 等，2015），为消费者提供可靠的 NF 和 BCI，已证明电子游戏是强大的 NF 伙伴。研究表明，NF 方法和电子游戏界面的结合显著改善了与 ADHD 和焦虑等病症相关的症状（deBeus 和 Kaiser，2011；Muñoz 等，2015；Schoneveld 等，2016；Perales 和 Amengal，2017）。此外，一些研究将 NF、电子游戏和 VR 结合起来，以获得更具沉浸感的结果（Lecuyer 等，2008）。人们也正在开发音乐 NF 范式，通过向用户提供使用其情绪状态操纵音乐表演中的表现参数的能力，为其他治疗提供一种有趣的替代方法（Ramirez 等，2015）。然而，这些系统现在作为认知增强和娱乐的形式向消费者销售（Sandford，2009），可能存在潜在危险，因为它们不涉及专业监督。不仅应该采用适当的方法，而且还必须加强这些私人软件公司正使用的算法的透明度，以便研究人员能够验证它们的使用。

　　NF 还可以与其他技术结合以增强其功效（如提高 BCI 的功效）。加利福尼亚大学转化神经科学 Neuroscape 中心开发了多种实现神经反馈（NF）、神经调节和虚拟现实/增强现实的游戏，如 NeuroRacer、Meditrain、Ace 或 Beep seeker 等。Neuroelectrics 开发了 Neurosurfer 软件，用于先进的 NF 应用，首次提供了将 NF 与脑刺激相结合的可能性（Aguilar Domingo，2015）。与 VR 相结合，NF 训练可用于增强注意力（Cho 等，2002）和学习（Hubbard 等，2017）。在另一个实验中，设计了一种多模态具体化界面，用于模块化可穿戴式 3D 导航，用户悬挂在由用户的 EEG 活动直接控制的背带中，这允许在沉浸式虚拟环境中进行实际的和虚拟的位移，从而模拟飞行体验（Perusquía-Hernández 等，2016）。

　　心率变异性（Heart rate variability，HRV）是相邻心跳之间的时间间隔变化，可用于预测未来的健康状况（Tsuji 等，1994；Dekker 等，1997；Shaffer 等，2014）。已证明降低 HRV 与疾病发病和死亡率相关，因为它反映了身体对运动/应激或压力源等挑战的适应性反应的调节能力降低（Dekker 等，1997；Beauchaine，2001）。人们已发现自我调节技术（Alabdulgader，2012）可以改善认知功能、副交感神经系统以及广泛的临床结局（Lehrer 等，2003；McCraty 和 Zayas，2014），它可以通过心率变异性（HRV）反馈得到增强（McCraty 等，2003），代表了一种医疗成本显著降低的治疗工具（Bedell 和

346

Kaszkin-Bettag，2010）。一些可穿戴式耳机提供了能同时记录心率、血压、呼吸和 EEG 的功能（表 16.1），通过结合神经和生理测量，如 EEG 和 HRV（Steinhubl 等，2015；Billeci 等，2016），可以开发 NF 范式，以改善与焦虑、压力、情绪、认知和表现相关的指标（Shaw 等，2012；Thompson 等，2013；Gruzelier 等，2014）。鉴于已把一些 NF 方案作为 ADHD 儿童的一线治疗方案（Gevensleben 等，2009；Arns 等，2014），新的 NF 方案可能很快成为应对压力管理和相关躯体结局的选择。

3. 睡眠

睡眠质量差关系到三分之一的成年人（Roth 等，2007），并与许多临床和医疗疾病有关，如抑郁症和疼痛（Giron 等，2002），对社会和个人来说代价高昂（即丧失生产力和健康）。长期缺乏睡眠的有害影响及其相关结局具有潜在的危险和代价昂贵的后果，因为会导致个人在工作、家庭和人生路上的神经心理功能受损（Pilcher 和 Huffcutt，1996；Van Dongen 等，2003）。此外，与健康相关的长期问题包括代谢和心血管疾病风险增加（Cappuccio 等，2011），以及免疫力总体下降（Bryant 等，2004）。研究表明，90% 的美国人在睡眠前一小时使用科技设备（如电视、便携式计算机或智能手机）（Gradisar 等，2013）。过去几十年开发的一些可穿戴技术（如腕带、移动应用、智能枕头）以监测睡眠质量为目标，但未关注对更健康睡眠支持的干预措施，或未关注利用睡眠认知的干预措施（Ravichandran 等，2017；Bianchi，2018）。

虽然采用可穿戴式 EEG 系统进行的睡眠研究数量有限（Berka 等，2007a；Debellemaniere 等，2018），但神经成像研究的最新进展提供了新思路。这些研究包括在快速眼动睡眠期间在 γ 频带利用经颅直流电刺激（transcranial direct current stimulation，tDCS）以提高梦中的自我反射意识（Voss 等，2014）、利用经颅磁刺激（TMS）以及使用粉红噪声来有效控制睡眠深度，从而提高睡眠效率（Suzuki 等，1991；Massimini 等，2009）。这些发现可以在 BCI 或 NF 应用中借助可穿戴式耳机（如 Starstim）实现，该耳机允许同时进行 EEG 和 TCS（表 16.1）。一些可穿戴式 EEG 头带，在头部后面没有放电极，专注于额叶和颞顶脑活动，这些头带提供了在用户家庭环境中记录睡眠期间 EEG 的可能性（Onton 等，2016；Debellemaniere 等，2018）。虽然这些研究很容易在健康个体上进行，因为健康个体能够意识到状况并有意识地努力限制他们自身的运动，但对于患有 AD 等病理性疾病的患者来说，这可能会更加困难（Abbate 等，2014）。此外，这些可穿戴式神经技术中的一些可以允许闭环听觉刺激，通过利用睡眠周期分类，在合适的时刻调节大脑的振荡（Chambon 等，2018；Debellemaniere 等，2018），从而提高夜间睡眠质量（Arnal 等，2017）。为了更进一步，麻省理工学院（MIT）媒体实验室的一个团队开发了首款睡眠 BCI，称为"Dormio"的交互接口（Haar Horowitz 等，2018）。当用户进入催眠睡眠阶段（与高的创造力相关）时，EEG 和运动信号检测到它，并触发由位于睡眠用户旁边的机器人提供的听觉反馈响应。声音使用户更加意识到处于这种状态，并延长了半清醒催眠期的持续时间，增强了他/她的创造力。可以利用语义而非声音来影响用户的梦想。因此，最先进的可穿戴式 EEG 系统在睡眠研究、管理和监测方面具有广阔的前景。

4. 生物医学脑-机接口

现代 BCI 为残疾人提供了一系列解决方案，在某些情况下，如果提供有效的康复，患者可以恢复部分甚至恢复全部失去的运动控制。基于运动想象的 BCI（Curran 和 Stokes，2003）已被用作一种手段，通过计算机屏幕上具有代表性的典型模拟，为患者提供肢体运动（对应于患肢）的实时视觉反馈。BCI 方案具有通过重复激活潜在神经通路来加速康复的潜力（Güneysu 和 Akin，2013；Pfurtscheller 等，2006；见第 9 章）。患者康复中存在的一个常见障碍是保持必要的动机水平，以便在重复和要求高的体力任务中保持持续性或坚持下来。NF 和 BCI 康复范式可以通过提供更具娱乐性和吸引力的接口（例如，电子游戏）来提高患者的幸福感和动力，而不是通过更传统的临床/医疗环境。

当不可能康复时，假肢控制仍然可以提供更好的移动辅助，并且 BCI 控制轮椅移动的有前景的研究可能很快会成为瘫痪患者的一种选择（Carlson 和 Millán，2013；见第 8 章）。过去几十年来，BCI 科学家一直回避机械假肢或外骨骼所需的复杂控制命令；然而，最近的系统已经克服了几个关键限制（McFarland 等，2010）。BCI 患者现在能够以更高的精度和灵活性移动假体（Clement 等，2011），假肢也变得更便宜（使用 3D 打印技术；Sullivan 等，2017）。一项令人兴奋的新研究提出了一种方法，使得闭锁的 ALS 患者（见第 4 章）使用其 EEG 活动远程控制人形机器人（Spataro 等，2017），他们的发现表明，四分之三的受试者能够控制机器人，使机器人能够为他们说话、移动和行动。这些技术对于无法使用由眨眼或呼吸等动作操作的单开关系统的患者（例如，晚期 ALS、高位脊髓损伤、中风/失语、自闭症、严重脑瘫；见第 3~6 章）具有巨大的潜力。BCI 也可用于促进语言交流，最著名的 BCI 范式是 Cipresso 等（2012）、Farwell 和 Donchin（1988），以及 Mellinger 等（2004）设计的 P300 拼写器。其他 BCI 允许患者浏览文本、控制计算机屏幕上的光标、前后浏览或使用书签（Kübler 等，2005；Krusienski 等，2007；Fruittet 等，2010；Mugler 等，2010）。虽然只有少数研究将 fNIRS 集成到 BCI 应用中（Coyle 等，2007；Aranyi 等，2015），但越来越多的研究人员正在通过同时使用 fNIRS 和

EEG 开发基于 P300 的混合 BCI（Coyle 等，2007；Pfurtscheller 等，2010；Fazli 等，2012；Liu 等，2013；Blockland 等，2014；Kaiser 等，2014；Khan 等，2014）；Tomita 等，2004；Yin 等，2015；Buccino 等，2016）。这些研究表明，fNIRS 和 EEG 的同时测量可以显著提高脑信号分类的准确性，提高用户表现，并可能成为一种适用于未来 BCI 应用的可行的多模式成像技术。

5. 家庭远程监控

基于 BCI 的应用当前已在基于家庭的环境中交付使用（Askamp 和 van Putten，2014；Käthner 等，2017；Wolpaw 等，2018），并揭示了未来基于临床的干预的潜力。"基于家庭"的设置在这里很关键，因为它可以促进可获得的高质量治疗方案，减少通勤时间，减少诊所的咨询量，提高医疗专业人员收集的患者信息的质量和数量，并改善护理质量的纵向措施。随着可穿戴式 EEG 耳机的可用性和集成度不断提高，基于电话的 BCI 应用已开发出来，以实现实用且负担得起的日常使用。

神经电话（Neurophones）是大脑-手机接口，使用无线 EEG 耳机，允许神经信号驱动 iPhone 上的手机应用程序（Campbell 等，2010；Wang 等，2011；Kumar 等，2012）。NF 设备在家庭环境中的应用可以通过提高参与治疗的动机，以及通过使用训练正念和减压技术的应用程序直接改善继发症状，为脑外伤、ADHD 等患者提供重要的帮助（Gray，2017）。先进的可穿戴式 EEG 系统可以帮助支持居家生活的残疾人的自主性和独立性，改善对某些疾病的早期检测，监测睡眠质量，并最终提供关于衰老对大脑和身体影响的大规模纵向数据（Light 等，2011）。专注于移动神经病学诊断设备的公司正在开发使用移动和连续 EEG 记录、智能服装、智能手机应用程序和云平台的癫痫潜在解决方案（Valenza 等，2015）。在荷兰，目前有 30% 的医院使用这种基于家庭的 EEG 应用来治疗和监测癫痫患者（Askamp 和 van Putten，2014）。

在 Valenza 等（2015）的一项研究中，他们采用可穿戴纺织技术来表征双相情感障碍患者在正常日常活动期间的抑郁状态。一些非常先进的可穿戴式神经技术，如由 neuroelectrics 开发的那些，对于家庭使用也可能非常有价值，因为它们能够同时记录 EEG 和脑刺激（Dutta 和 Nitsche，2013；Helfrich 等，2016），这是通过训练运动功能和学习过程来改善神经康复效果的（Gandiga 等，2006）。这些技术进步为癫痫、抑郁症或帕金森病等许多临床疾病提供了有价值的应用。neuroelectrics 的 NUBE Cloud Service 提供了一个远程医疗平台（a telemedicine platform），临床医生和研究人员可以在该平台上准备一般刺激方案，为患者安排刺激治疗，确认治疗是否已执行，并创建刺激前/刺激后问卷调查，临床医生还可以远程引导患者在家中自己进行的刺激治疗。虽然

Starstim 目前根据美国联邦法律被归类为研究设备，但它在加拿大被批准用于医疗用途，并符合欧洲临床研究立法（如抑郁症、疼痛、成瘾和中风）。

另一个不断发展的领域是智能家居的开发（Stefanov 等，2004；Yin 等，2015）。嵌入家庭环境中的许多智能设备可以为住户提供移动辅助（如智能床、智能轮椅和机械升降机，方便用户在床和轮椅之间轻松转移）和 24h 健康监测。因此，它们对老年人和残疾人特别重要，因为它有助于恢复独立和自主。然而，这些设备缺乏解码残疾居民意图的方法，这在未来可能通过整合 BCI 和可穿戴式耳机来解决（Vaughan 等，2006；Lee 等，2013；Mirales 等，2015）。

16.5　讨　　论

16.5.1　局限和可能的解决方案

虽然大多数 NF 和 BCI 系统仅需要最低水平的经验和知识就能有效获取高质量的数据，但在评估科学发现的有效性时，歪曲事实的发现和应用始终是需要考虑潜在的混淆因素。确保可穿戴技术的正确应用至关重要。文档中提供的手册和教程通常不足以涵盖测量、分析和解释生理数据的复杂性，更不用说考虑可能干扰技术正确使用的潜在混淆和安慰剂效应。此外，在不同类别的人群（如儿童、老年人、精神障碍患者）中观察到大脑活动的结构性（即解剖）和功能性（即大脑活动）差异（Reiss 等，1996；Schlaggar 等，2002；Bjork 等，2004；Paus，2005）。另外，关于参考电极的选择，还没有建立金标准，当选择适当的措施以获得良好的信号质量时，感兴趣区域起着关键作用。因此，比较不同的 EEG 系统仍然是一个挑战。未来的研究应旨在确定可跨方案和耳机的标准化参考系统。此外，电极在头皮上的正确定位对于涉及神经调节的应用至关重要，其中选择的皮质区域作为靶区，并发挥神经调节作用（Villamar 等，2013）。电极类型、位置、软件、文件格式或接口的变化成为试图跨越一系列源组合大型数据库的障碍。新开发的研究资源标识符（如 SciCrunch）可能有助于解决这些问题，因为它们提供了一个平台，可以支持直接搜索与使用特定类型技术进行的研究相关的信息，并包含有关设备、信号质量和文献的用户信息。与更一般的搜索引擎不同，它们提供了对与其社区相关的一组集中资源的广泛访问，并提供了对传统上对 web 搜索引擎"隐藏"的内容的访问。用户还可以向平台添加自己的数据，正在积极开发新的工具，以帮助记录和流式传输来自消费者耳机的 EEG 数据，这些数据可以与各种编程语言和软件包接口，允许跨设备互换。MuSAE 实验室正在开发 MuSAE 实验室 EEG 服务器（MuSAE Lab EEG Server，MuLESe），这是一种 EEG 采集和流式服务器，旨在为便携式 EEG 头戴式耳机创建标准接口，以加速 BCI 的开发和新情景下的一般 EEG 应用。类似地，OpenBCI 的实验室流传输层（Lab Streaming Layer，LSLf）允许通过 MATLAB 等应用程序同步流传输数据进行现场分析或记录。可以利用这些服务器进行成功的大型研究，并将开源数据用于未来的研究，从而减少收集新数据的成本和时间。

关于可穿戴设备的另一个限制涉及事件相关信号开始的识别。在实验室环境中，这些触发由受控系统或实验范式产生，而在现实生活条件下，这些事件可能源自实验者或开发人员无法控制的环境。虽然一些公司提供了标记和触发器的功能，以指示数据中数据段的开始和结束，但有几家公司没有纳入这些功能，这使得数据分析耗时，在试图识别事件相关活动时是一个挑战。对于比较试验条件的研究，关键是在所有可穿戴式 EEG 设备中实现这些功能。一种解决方案（虽然不是理想的）是指导受试者在每次试验开始和结束时进行一系列眨眼，因为在 EEG 信号中很容易识别。虽然该替代方案不足以用于需要高时间精度标记（即毫秒）的 ERP 类型研究，但它强调了可以实现简单和新颖的方法以推进可穿戴方法。虽然在现实生活条件下发生的事件的正确标注方面的重大挑战很可能会持续存在（即此类触发器的生成器），但需要新颖的方案来解决这一关键缺陷。

16.5.2　可穿戴式神经技术的未来

可穿戴设备的日常集成的一个主要限制仍然是人们在公共场所穿戴此类设备感到舒适的可行性。Abbate 等（2014）表明，在一项针对 AD 患者的研究中，对可穿戴式 EEG 系统的放置、其颜色以及其如何与服装结合进行了一些简单的修改，显著提高了其可用性和可接受性，尤其是在老年人群中。虽然在设计、重量和舒适性方面的巨大改进正在积极开发中，但可穿戴式神经技术最终将需要使其设计多样化，以满足用户的文化差异、个人特征和敏感性。此外，老年人等人群通常更喜欢简单、宽松和舒适的服装，因此难以将贴身的可穿戴式设备放置在身体附近（Abbate 等，2014）。提供创新解决方案的公司开发的新技术，如生产智能服装，将生物传感器嵌入材料中（见"家庭远程监控"一节；Valenza 等，2015），前景广阔；然而，需要更多的研究来建立和确保高信噪比以及用户的舒适度。

在 BCI 领域内，易懂的 EEG 系统（如"耳脑电"）包括位于耳道内的两个微电极（即"耳内 EEG"）（Goverdovsky 等，2016；Nakamura 等，2017）

以及 cEEGrids，一种柔性印刷的 C 形 10 通道栅格，可放置在外耳周围（Bleichner 等，2015；Bleicher 和 Debener，2017）。Ear-EEG 能够提取相关局灶性颞区神经特征，如 P300 ERP，可为增强听力技术提供潜在的创新解决方案和应用（Fiedler 等，2016；Christensen 等，2018）。传感器也被集成到附属物中，如智能眼镜（Vahabzadeh 等，2018）、智能 EEG 眼镜（例如，Jiang 等，2017）、粘贴式电子纹身（Zheng 等，2014）和化学可穿戴式传感器（Matzeu 等，2015）。可穿戴神经技术未来的另一个必要特征是开发先进的机器学习算法，能实时监测和校正伪迹，从而使运动和肌肉活动不再干扰 BCI 系统的性能。为了实现这一目标，必须开发出能够在数据中添加标记的技术，这些标记将反映真实环境中发生的不受控制的事件，以便更好地理解这些事件对大脑和身体活动的影响。鉴于机器学习技术和分析的快速发展（见第 23 章），在不远的将来，我们很可能会获得更广泛的对未知 EEG 伪迹的认知和理解，还会在不损失大脑活动（即非伪迹）兴趣的情况下，获得（实时）校正这些伪迹所需的方法。

16.5.3　伦理和安全问题

生物医学技术领域的快速发展提出了明确的伦理问题，如正式的同意、数据保护和身份（Trimper 等，2014；见第 25 章）。目前，无论是在治疗上，还是在临床和研究环境之外，都没有立法规范知情同意和保护通过 BCI 提取的个人数据。虽然全球 BCI 的研究和临床应用受到国家法律和机构审查委员会的监管，但私人和商业用途不属于这些立法范围，因此有可能出现不符合伦理的技术实践和应用。此外，这些技术的非侵入性、相关硬件的易用性，以及对认知增强感兴趣的"自己动手"（DIY）文化，使得探索这些伦理问题变得尤为紧迫。在观察到公众对以往科学技术进步的愤怒和反对（例如克隆多利羊）之后，伦理学家和科学家必须共同努力，确保以最高伦理标准开发技术，并向公众通报相关信息（Wolpe，2006）。

虽然可以肯定地说，大多数可穿戴式技术是在改善健康监测和结局，或调节认知和情绪加工的前提下设计的，但这些技术也具有巨大的力量和潜力，可以极大地影响用户的选择和行为（即如何呼吸、饮食、锻炼、工作、睡眠）。短期的现实是，用户经常误以为所提供的反馈非常准确，这会严重影响用户的生活方式。很多公司声称他们的设备可以"读懂用户的思想、想法或意图"，这一点很明显。通过为消费者提供一种管理生活的方式，该方式可以同时接受和外包管理生活，人们可以想象，这些产品既体现了文化理想，又将其与个人责任和自我监管联系起来（Schüll，2016）。在电气模拟技术（例如，tDCS）

变得广泛可供公众使用的可能性方面，这一担忧甚至更大。遵循商业应用的建议，其中要求参与者在没有任何验证或控制的情况下，使用 tDCS 等技术主动调节其大脑，这是一个主要问题（Walsh，2013）。最终，公司依赖于客户的参与，因此，消费者的角色是教育自己，并对未来技术的质量和发展轨迹施加"消费者影响"。

随着生活方式、健康和技术变得越来越一体化和接口化，这些设备仍然作为支持和帮助人类需求的工具至关重要。随着对我们技术的依赖率越来越高，人类越来越容易受到这种依赖的潜在危险和陷阱的影响。此外，当某技术用于增强或辅助功能时，该功能不再需要由身体完成，从而进一步将注意力转向附加系统（例如，损伤后肌肉萎缩）。这可能适用于大脑本身，因为太多的认知功能需要技术支持或替代。另外，技术支持也有可能参与训练超出其初始潜能的自然能力（如检测通常难以察觉的线索以警告危险的系统可以训练大脑检测这些刺激）。此外，有人可以认为，大脑资源不再是必要的，因为它们还可以通过技术来补充新的能力（如书写的发明为人类认知提供了许多新的可能性）。如果可能的话，未来的研究应侧重于如何开发旨在产生长期效益的技术。例如，NF 系统用于帮助用户训练认知调节（如增加注意力和改善情绪调节）。

随着新的可穿戴式技术的发展，围绕射频（RF）、手机（Pyrpasopoulou等，2004；Krause 等，2006；Hung 等，2007；Croft 等，2010；Vecchio 等，2010；Laudisi 等，2012；Cassani 等，2015；Mohan 等，2016）、蓝牙和 Wi-Fi 频率（Balachandran 等，2012；Banaceur 等，2013；Mandalà 等，2014；Saili 等，2015；Othman 等，2017）对生物系统的潜在有害影响的担忧也浮出水面。通常认为有害影响不仅取决于给定物体的距离和相对大小，而且还取决于环境参数，个体间对暴露的敏感性可能存在额外的差异，使得对这些风险的评估变得困难。然而，研究表明，定期和长期使用 RF 发射装置（特别是在离身体很近的地方）可能会对生物系统产生负面影响，尤其是对大脑（Ishak 等，2011；Volkow 等，2011；Avendaño 等，2012；Megha 等，2012、2015；Atasoy 等，2013；Kesari 等，2013；Shahin 等，2012）。可穿戴式神经技术将蓝牙和 Wi-Fi 的 RF 能量集中在大脑区域及其周围，其幅度比之前研究的要大。每日使用 BCI 可能导致长期暴露于 RF 频率，这要求未来的研究探索 RF 保护或替代救助模式的解决方案。

16.6 结 束 语

EEG 无线技术的进步使研究人员和临床医生能够在自然环境中轻松研究大脑，并更容易对广泛的人群（即儿童、老年人）进行研究。虽然一些新的无线设备能够采集具有高时间和高空间分辨率的数据（如组合的 EEG 和 fNIRS），但它们还通过添加管理 TCS 的刺激传感器，以促进调节大脑活动。在家使用无线和可穿戴式技术有可能显著降低患者和医疗中心在诊断和长期治疗方案方面的医疗成本。在线平台现在使临床医生能够安排医疗评估和治疗干预，如患者（如癫痫或残疾患者）的 EEG 记录或 TCS 治疗疗程，而无需离开舒适的家。先进的可穿戴式神经技术，如表 16.1 中列出的技术，在信号质量、采样率容量、电池寿命、可负担性、设置速度、信号中手动触发的实现、数据存储、舒适性和设计方面显示了最近的改进。然而，在使用这些设备时必须谨慎，因为它们仍然会遇到一些限制，例如它们对运动的敏感性、电极的数量和位置有限（即限制了可以研究的认知过程的多样性）、对环境中发生的事件缺乏控制（当在现实生活中使用时），以及基于软件和电话的应用的有效性和可靠性，这些应用声称训练某些神经功能，但未能提供其设计方式的透明度（这主要是由于所有权原因）。因此，我们建议这些技术主要由知情和受过教育的用户使用，用于在非正常情况下（例如，现实生活环境）以受控方式采集原始数据。这些技术通过采用简单而稳健的 EEG 特征（如 ERP、额叶 θ、感觉运动 μ 和枕骨 α），这些特征已由先进的可穿戴式 EEG 系统精确测量，其在家庭使用 BCI 和 NF 疗法方面具有巨大的潜力。随着时间的推移，可广泛使用的穿戴式 EEG 技术和大规模数据采集将不可避免地导致对大脑和我们与技术接口的能力的进一步理解。通过允许患者移动、交流和创造，这些技术不仅有助于康复，而且有助于帮助个人重新获得幸福感、自主性和独立性。这些技术还可应用于健康人群，如娱乐、艺术、教育和认知增强。

技术领域的重大进步与先进的数据处理相结合，必将为可穿戴式技术带来一个激动人心的、不可预测的未来。虽然这些技术进步有可能显著改善对个人健康和康复的监测，但需要采取谨慎措施，引导可穿戴式神经技术的发展朝着在伦理上服务于公众普遍利益的积极应用方向发展。

参 考 文 献

[1] Abbate S, Avvenuti M, Light J (2014). Usability study of a wireless monitoring system

among Alzheimer's disease elderly population. Int J Telemed Appl2014: 617495. https://doi. org/10. 1155/2014/617495.

[2] Abujelala M, Abellanoza C, Sharma A et al. (2016). Brain-EE: brain enjoyment evaluation using commercial EEG headband. In: Proceedings of the 9th ACM international conference on pervasive technologies related to assistive environments, PETRA'16, ACM, New York, NY, 33. https://doi. org/10. 1145/2910674. 2910691.

[3] Aguilar Domingo MA (2015). Brain therapy system and method using noninvasive brain stimulation. US2 0150105837A1.

[4] Akbar IA, Rumagit AM, Utsunomiya M et al. (2017). Three drowsiness categories assessment by electroencephalogram in driving simulator environment. In: Presented at the 2017 39th annual international conference of the IEEE engineering in medicine and biology society (EMBC), pp. 2904-2907. https://doi. org/10. 1109/EMBC. 2017. 8037464.

[5] Alabdulgader AA (2012). Coherence: a novel non-pharmacological modality for lowering blood pressure in hypertensive patients. Glob Adv Health Med 1: 56-64. https://doi. org/10. 7453/gahmj. 2012. 1. 2. 011.

[6] Andujar M, Crawford CS, Nijholt A et al. (2015). Artistic brain-computer interfaces: the expression and stimulation of the user's affective state. Brain Comput Interfaces 2: 60-69. https://doi. org/10. 1080/2326263X. 2015. 1104613.

[7] Aranyi G, Charles F, Cavazza M (2015). Anger-based BCI using fNIRS neurofeedback. In: Proceedings of the 28th annual ACM symposium on user interface software & technology, UIST'15, ACM, New York, NY, pp. 511-521. https://doi. org/10. 1145/2807442. 2807447.

[8] Armanfard N, Komeili M, Reilly JP et al. (2016). Vigilance lapse identification using sparse EEG electrode arrays. In: Presented at the 2016 IEEE Canadian conference on electrical and computer engineering (CCECE), pp. 1-4. https://doi. org/10. 1109/CCECE. 2016. 7726846.

[9] Arnal PJ, El Kanbi K, Debellemaniere E et al. (2017). Auditory closed-loop stimulation to enhance sleep quality. J Sci Med Sport 20: S95. ICSPP Abstracts. https://doi. org/10. 1016/j. jsams. 2017. 09. 447.

[10] Arns M, Heinrich H, Strehl U (2014). Evaluation of neurofeedback in ADHD: the long and winding road. Biol Psychol 95: 108 - 115. https://doi. org/10. 1016/j. biopsycho. 2013. 11. 013.

[11] Askamp J, van Putten MJAM (2014). Mobile EEG in epilepsy. Int J Psychophysiol 91: 30-35. https://doi. org/10. 1016/j. ijpsycho. 2013. 09. 002.

[12] Aspinall P, Mavros P, Coyne R et al. (2015). The urban brain: analysing outdoor physical activity with mobile EEG. Br J Sports Med 49: 272 - 276. https://doi. org/10. 1136/bjsports-2012-091877.

[13] Atasoy HI, Gunal MY, Atasoy P et al. (2013). Immunohistopathologic demonstration of deleterious effects on growing rat testes of radiofrequency waves emitted from conventional Wi-Fi

devices. J Pediatr Urol 9: 223–229. https://doi. org/10. 1016/j. jpurol. 2012. 02. 015.

[14] Avendaño C, Mata A, Sanchez Sarmiento CA et al. (2012). Use of laptop computers connected to internet through WiFi decreases human sperm motility and increases sperm DNA fragmentation. Fertil Steril 97: 39–45. e2. https://doi. org/10. 1016/j. fertnstert. 2011. 10. 012.

[15] Badcock NA, Preece KA, de Wit B et al. (2015). Validation of the Emotiv EPOC EEG system for research quality auditory event-related potentials in children. PeerJ 3: e907. https://doi. org/10. 7717/peerj. 907.

[16] Balachandran R, Prepagaran N, Rahmat O et al. (2012). Effects of bluetooth device electromagnetic field on hearing: pilot study. J LaryngolOtol 126: 345.

[17] Banaceur S, Banasr S, Sakly M et al. (2013). Whole body exposure to 2. 4GHz WIFI signals: effects on cognitive impairment in adult triple transgenic mouse models of Alzheimer's disease (3xTg-AD). Behav Brain Res240: 197 – 201. https://doi. org/10. 1016/j. bbr. 2012. 11. 021.

[18] Barham MP, Clark GM, Hayden MJ et al. (2017). Acquiring research-grade ERPs on a shoestring budget: a comparison of a modified Emotiv and commercial SynAmps EEG system. Psychophysiology 54: 1393–1404. https://doi. org/10. 1111/psyp. 12888.

[19] Bashivan P, Rish I, Heisig S (2016). Mental state recognition via wearable EEG. arXiv: 1602. 00985 [cs].

[20] Bayliss JD, Ballard DH (2000). A virtual reality testbed for brain-computer interface research. IEEE Trans Rehabil Eng 8: 188–190. https://doi. org/10. 1109/86. 847811.

[21] Beauchaine T (2001). Vagal tone, development, and Gray's motivational theory: toward an integrated model of autonomic nervous system functioning in psychopathology. Dev Psychopathol 13: 183–214.

[22] Bedell W, Kaszkin-Bettag M (2010). Coherence and health care cost—RCA actuarial study: a cost-effectiveness cohort study. Altern Ther Health Med 16 (4): 26–31.

[23] Berka C, Levendowski DJ, Davis G et al. (2005a). EEG indices distinguish spatial and verbal working memory processing: implications for real-time monitoring in a closed-loop tactical tomahawk weapons simulation, Advanced Brain Monitoring Inc, Carlsbad, CA.

[24] Berka C, Levendowski DJ, Westbrook P et al. (2005b). Implementation of a closed-loop real-time EEG-based drowsiness detection system: effects of feedback alarms on performance in a driving simulator, Advanced Brain Monitoring Inc, Carlsbad, CA, p. 11.

[25] Berka C, Davis G, Johnson R et al. (2007a). Psychophysiological profits of sleep deprivation and stress during marine corps training, Advanced Brain Monitoring Inc, Carlsbad, CA.

[26] Berka C, Levendowski DJ, Lumicao MN et al. (2007b). EEG correlates of task engagement and mental workload in vigilance, learning, and memory tasks. Aviation, Space, and Environmental Medicine 78: 14.

[27] Berka C, Behneman A, Kintz N et al. (2010). Accelerating training using interactive neuro-educational technologies: applications to archery, golf and rifle marksmanship. Int J Sport Soc 1: 87-104. https://doi.org/10.18848/2152-7857/CGP/v01i04/54040.

[28] Bhasin MK, Dusek JA, Chang B-H et al. (2013). Relaxation response induces temporal transcriptome changes in energy metabolism, insulin secretion and inflammatory pathways. PLoS One 8: e62817. https://doi.org/10.1371/ journal. pone. 0062817.

[29] Bianchi MT (2018). Sleep devices: wearables and nearables, informational and interventional, consumer and clinical. Metabolism 84: 99 - 108. https://doi.org/10.1016/ j. metabol. 2017. 10. 008.

[30] Billeci L, Tonacci A, Tartarisco G et al. (2016). An integrated approach for the monitoring of brain and autonomic response of children with autism spectrum disorders during treatment by wearable technologies. Front Neurosci 10: 276. https://doi.org/10.3389/fnins. 2016. 00276.

[31] Bjork JM, Knutson B, Fong GW et al. (2004). Incentiveelicited brain activation in adolescents: similarities and differences from young adults. J Neurosci 24: 1793-1802. https://doi.org/10.1523/JNEUROSCI. 4862-03. 2004.

[32] Bleichner MG, Debener S (2017). Concealed, unobtrusive ear-centered EEG acquisition: cEEGrids for transparent EEG. Front Hum Neurosci 11: 163. https://doi.org/ 10.3389/ fnhum. 2017. 00163.

[33] Bleichner MG, Lundbeck M, Selisky M et al. (2015). Exploring miniaturized EEG electrodes for brain-computer interfaces. An EEG you do not see? Physiol Rep 3 (4). https://doi.org/10.14814/phy2. 12362.

[34] Blokland Y, Spyrou L, Thijssen D et al. (2014). Combined EEG-fNIRS decoding of motor attempt and imagery for brain switch control: an offline study in patients with tetraplegia. IEEE Trans Neural Syst Rehabil Eng 22: 222 - 229. https://doi.org/10.1109/ TNSRE. 2013. 2292995.

[35] Bohil CJ, Alicea B, Biocca FA (2011). Virtual reality in neuroscience research and therapy. Nat Rev Neurosci 12: 752-762. https://doi.org/10.1038/nrn3122.

[36] Boutani H, Ohsuga M (2013). Applicability of the "Emotiv EEG Neuroheadset" as a user-friendly input interface. Conf Proc IEEE Eng Med Biol Soc 2013: 1346-1349. https://doi.org/10.1109/EMBC. 2013. 6609758.

[37] Brandmeyer T, Delorme A (2013). Meditation and neurofeedback. Front Psychol 4: 688. https://doi.org/10.3389/ fpsyg. 2013. 00688.

[38] Brandmeyer T, Delorme A (2016). Reduced mind wandering in experienced meditators and associated EEG correlates. Exp Brain Res 4: 1-10. https://doi.org/10.1007/s00221-016-4811-5.

[39] Brouwer A-M, Hogervorst MA, Grootjen M et al. (2017). Neurophysiological responses

during cooking food associated with different emotions. Food Qual Prefer 62: 307–316. https://doi. org/10. 1016/j. foodqual. 2017. 03. 005.

[40] Brown L, Grundlehner B, Penders J (2011). Towards wireless emotional valence detection from EEG. In: Presented at the 2011 annual international conference of the IEEE engineering in medicine and biology society, pp. 2188–2191. https://doi. org/10. 1109/IEMBS. 2011. 6090412.

[41] Brown T, Johnson R, Milavetz G (2013). Identifying periods of drowsy driving using EEG. Ann Adv Automot Med 57: 99–108.

[42] Bryant PA, Trinder J, Curtis N (2004). Sick and tired: does sleep have a vital role in the immune system? Nat Rev Immunol 4: 457–467. https://doi. org/10. 1038/nri1369.

[43] Buccino AP, Keles HO, Omurtag A (2016). Hybrid EEG-fNIRS asynchronous brain-computer interface for multiple motor tasks. PLoS One 11: e0146610. https://doi. org/10. 1371/journal. pone. 0146610.

[44] Buzsáki G (2006). Rhythms of the brain, Oxford University Press. https://doi. org/10. 1093/acprof: oso/9780195301069. 001. 0001.

[45] Campbell A, Choudhury T, Hu S et al. (2010). NeuroPhone: brain-mobile phone interface using a wireless EEG headset. Proceedings of the second ACM SIGCOMM workshop on networking, systems, and applications on mobile handhelds, MobiHeld'10, ACM, New York, NY, pp. 3–8. https://doi. org/10. 1145/1851322. 1851326.

[46] Cappuccio FP, Cooper D, D'Elia L et al. (2011). Sleep duration predicts cardiovascular outcomes: a systematic review and meta-analysis of prospective studies. Eur Heart J32: 1484–1492. https://doi. org/10. 1093/eurheartj/ehr007.

[47] Carlson T, MillánJdR (2013). Brain-controlled wheelchairs: a robotic architecture. IEEE Robot Autom Mag 20: 65–73. https://doi. org/10. 1109/MRA. 2012. 2229936.

[48] Cassani R, Banville H, Falk TH (2015). MuLES: an open source EEG acquisition and streaming server for quick and simple prototyping and recording. Proceedings of the 20th international conference on intelligent user interfaces companion, IUI Companion'15, ACM, New York, NY, pp. 9–12. https://doi. org/10. 1145/2732158. 2732193.

[49] Čeponienė R, Lepistö T, Shestakova A et al. (2003). Speech-sound-selective auditory impairment in children with autism: they can perceive but do not attend. Proc Natl Acad Sci U S A 100: 5567–5572. https://doi. org/10. 1073/pnas. 0835631100.

[50] Chambon S, Galtier MN, Arnal PJ et al. (2018). A deep learning architecture for temporal sleep stage classification using multivariate and multimodal time series. IEEE Trans Neural Syst Rehabil Eng 26: 758–769. https://doi. org/10. 1109/TNSRE. 2018. 2813138.

[51] Chavarriaga R, Ušćumlic M, Zhang H et al. (2018). Decoding neural correlates of cognitive states to enhance driving experience. IEEE Trans Emerg Top Comput Intell 2: 288–297. https://doi. org/10. 1109/TETCI. 2018. 2848289.

[52] Cho BH, Lee JM, Ku JH et al. (2002). Attention enhancement system using virtual reality and EEG biofeedback. In: Presented at the proceedings IEEE virtual reality, 2002, 156–163. https://doi.org/10.1109/VR.2002.996518.

[53] Christensen CB, Harte JM, Lunner T et al. (2018). Ear-EEG-based objective hearing threshold estimation evaluated on normal hearing subjects. IEEE Trans Biomed Eng 65: 1026–1034. https://doi.org/10.1109/TBME.2017.2737700.

[54] Cipresso P, Carelli L, Solca F et al. (2012). The use of P300-based BCIs in amyotrophic lateral sclerosis: from augmentative and alternative communication to cognitive assessment. Brain Behav 2: 479–498. https://doi.org/10.1002/brb3.57.

[55] Clement RGE, Bugler KE, Oliver CW (2011). Bionic prosthetic hands: a review of present technology and future aspirations. Surgeon 9: 336 – 340. https://doi.org/10.1016/j.surge.2011.06.001.

[56] Coyle SM, Ward TE, Markham CM (2007). Brain-computer interface using a simplified functional near-infrared spectroscopy system. J Neural Eng 4: 219–226. https://doi.org/10.1088/1741-2560/4/3/007.

[57] Croft RJ, Leung S, McKenzie RJ et al. (2010). Effects of 2G and 3G mobile phones on human alpha rhythms: resting EEG in adolescents, young adults, and the elderly. Bioelectromagnetics 31: 434–444. https://doi.org/10.1002/bem.20583.

[58] Curran EA, Stokes MJ (2003). Learning to control brain activity: a review of the production and control of EEG components for driving brain-computer interface (BCI) systems. Brain Cogn 51: 326–336. https://doi.org/10.1016/S0278-2626(03)00036-8.

[59] Dallman MF, Pecoraro N, Akana SF et al. (2003). Chronic stress and obesity: a new view of "comfort food". Proc Natl Acad Sci U S A 100: 11696–11701. https://doi.org/10.1073/pnas.1934666100.

[60] de Rezende LFM, Rey-López JP, Matsudo VKR et al. (2014). Sedentary behavior and health outcomes among older adults: a systematic review. BMC Public Health 14: 333. https://doi.org/10.1186/1471-2458-14-333.

[61] De Vos M, Kroesen M, Emkes R et al. (2014). P300 speller BCI with a mobile EEG system: comparison to a traditional amplifier. J Neural Eng 11: 036008. https://doi.org/10.1088/1741-2560/11/3/036008.

[62] Debellemaniere E, Chambon S, Pinaud C et al. (2018). Performance of an ambulatory dry-EEG device for auditory closed-loop stimulation of sleep slow oscillations in the home environment. Front Hum Neurosci 12: 88. https://doi.org/10.3389/fnhum.2018.00088.

[63] Debener S, Minow F, Emkes R et al. (2012). How about taking a low-cost, small, and wireless EEG for a walk? Psychophysiology 49: 1617 – 1621. https://doi.org/10.1111/j.1469-8986.2012.01471.x.

[64] Debener S, Emkes R, Vos MD et al. (2015). Unobtrusive ambulatory EEG using a smart-

phone and flexible printed electrodes around the ear. Sci Rep 5: 16743. https://doi. org/10. 1038/srep16743.

[65] deBeus RJ, Kaiser DA (2011). Chapter 5—Neurofeedback with children with attention deficit hyperactivity disorder: a randomized double-blind placebo-controlled study. In: Neurofeedback and neuromodulation techniques and applications, Academic Press, San Diego, pp. 127-152. https://doi. org/10. 1016/B978-0-12-382235-2. 00005-6.

[66] Dekker JM, Schouten EG, Klootwijk P et al. (1997). Heart rate variability from short electrocardiographic recordings predicts mortality from all causes in middle-aged and elderly men. The Zutphen study. Am J Epidemiol 145: 899-908. https://doi. org/10. 1093/oxfordjournals. aje. a009049.

[67] Deuel TA, Pampin J, Sundstrom J et al. (2017). The encephalophone: a novel musical biofeedback device using conscious control of electroencephalogram (EEG). Front Hum Neurosci 11: 213. https://doi.org/10. 3389/fnhum. 2017. 00213.

[68] Dewan EM (1967). Occipital alpha rhythm eye position and lens accommodation. Nature 214: 975-977. https://doi. org/10. 1038/214975a0.

[69] Dimitriadis SI, Tarnanas I, Wiederhold M et al. (2016). Mnemonic strategy training of the elderly at risk for dementia enhances integration of information processing via cross-frequency coupling. Alzheimers Dement 2: 241-249. https://doi. org/10. 1016/j. trci. 2016. 08. 004.

[70] Duman RS, Monteggia LM (2006). A neurotrophic model for stress-related mood disorders. Biol Psychiatry 59: 1116-1127. https://doi. org/10. 1016/j. biopsych. 2006. 02. 013.

[71] Dutta A, Nitsche MA (2013). Neural mass model analysis of online modulation of electroencephalogram with transcranial direct current stimulation. Presented at the 2013 6th international IEEE/EMBS conference on neural engineering (NER). 206-210. https://doi. org/10. 1109/NER. 2013. 6695908.

[72] Duvinage M, Castermans T, Petieau M et al. (2013). Performance of the Emotiv Epoc headset for P300-based applications. BioMed Eng Online 12: 56. https://doi. org/10. 1186/1475-925X-12-56.

[73] Fabel K, Fabel K, Tam B et al. (2003). VEGF is necessary for exercise-induced adult hippocampal neurogenesis. Eur J Neurosci 18: 2803-2812. https://doi. org/10. 1111/j. 1460-9568. 2003. 03041. x.

[74] Farwell LA, Donchin E (1988). Talking off the top of your head: toward a mental prosthesis utilizing event-related brain potentials. Electroencephalogr Clin Neurophysiol 70: 510-523. https://doi. org/10. 1016/0013-4694 (88) 90149-6.

[75] Fazli S, Mehnert J, Steinbrink J et al. (2012). Enhanced performance by a hybrid NIRS-EEG brain computer interface. NeuroImage 59: 519 - 529. https://doi. org/10. 1016/j. neuroimage. 2011. 07. 084.

[76] Fiedler L, Obleser J, Lunner T et al. (2016). Ear-EEG allows extraction of neural

responses in challenging listening scenarios—a future technology for hearing aids? Conf Proc IEEE Eng Med Biol Soc 2016: 5697-5700. https://doi. org/10. 1109/EMBC. 2016. 7592020.

[77] Foong R, Ang KK, Quek C (2017). Correlation of reaction time and EEG log bandpower from dry frontal electrodes in a passive fatigue driving simulation experiment. Presented at the 2017 39th annual international conference of the IEEE engineering in medicine and biology society (EMBC). 2482-2485. https://doi. org/10. 1109/EMBC. 2017. 8037360.

[78] Fruitet J, McFarland DJ, Wolpaw JR (2010). A comparison of regression techniques for a two-dimensional sensorimotor rhythm-based brain-computer interface. J Neural Eng 7: 016003. https://doi. org/10. 1088/1741- 2560/7/1/016003.

[79] Gandiga PC, Hummel FC, Cohen LG (2006). Transcranial DC stimulation (tDCS): a tool for double-blind shamcontrolled clinical studies in brain stimulation. Clin Neurophysiol 117: 845-850. https://doi. org/10. 1016/j. clinph. 2005. 12. 003.

[80] Gevensleben H, Holl B, Albrecht B et al. (2009). Is neurofeedback an efficacious treatment for ADHD? A randomised controlled clinical trial. J Child Psychol Psychiatry 50: 780-789. https://doi. org/10. 1111/j. 1469-7610. 2008. 02033. x.

[81] Ghose A, Bhaumik C, Das D et al. (2012). Mobile healthcare infrastructure for home and small clinic. Proceedings of the 2nd ACM international workshop on pervasive wireless healthcare, MobileHealth'12. ACM, New York, NY, pp. 15 – 20. https://doi. org/ 10. 1145/2248341. 2248347.

[82] Giron MST, Forsell Y, Bernsten C et al. (2002). Sleep problems in a very old population drug use and clinical correlates. J Gerontol A Biol Sci Med Sci 57: M236-M240. https://doi. org/10. 1093/gerona/57. 4. M236.

[83] Goverdovsky V, Looney D, Kidmose P et al. (2016). In-ear EEG from viscoelastic generic earpieces: robust and unobtrusive 24/7 monitoring. IEEE Sens J 16: 271-277. https://doi. org/10. 1109/JSEN. 2015. 2471183.

[84] Goyal M, Singh S, Sibinga EMS et al. (2014). Meditation programs for psychological stress and well-being: a systematic review and meta-analysis. JAMA Intern Med 174: 357-368. https://doi. org/10. 1001/jamainternmed. 2013. 13018.

[85] Gradisar M, Wolfson AR, Harvey AG et al. (2013). The sleep and technology use of Americans: findings from the national sleep foundation's 2011 sleep in America poll. J Clin Sleep Med 9: 1291-1299. https://doi. org/10. 5664/ jcsm. 3272.

[86] Grandchamp R, Delorme A (2016). The brainarium: an interactive immersive tool for brain education, art, and neurotherapy. Comput Intell Neurosci 2016: 4204385. https://doi. org/10. 1155/2016/4204385.

[87] Gray SN (2017). An overview of the use of neurofeedback biofeedback for the treatment of symptoms of traumatic brain injury in military and civilian populations. Med Acupunct 29: 215-219. https://doi. org/10. 1089/acu. 2017. 1220.

[88] Gruzelier JH, Thompson T, Redding E et al. (2014). Application of alpha/theta neurofeedback and heart rate variability training to young contemporary dancers: state anxiety and creativity. Int J Psychophysiol 93: 105–111. https://doi. org/10. 1016/j. ijpsycho. 2013. 05. 004.

[89] Güneysu A, Akin HL (2013). An SSVEP based BCI to control a humanoid robot by using portable EEG device. Conf Proc IEEE Eng Med Biol Soc 2013: 6905 – 6908. https:// doi. org/ 10. 1109/EMBC. 2013. 6611145.

[90] Haar Horowitz A, Grover I, Reynolds-Cuellar P et al. (2018). Dormio: interfacing with dreams. Extended abstracts of the 2018 CHI conference on human factors in computing systems, CHI EA'18. ACM, New York, NY, pp. alt10: 1 – alt10: 10. https://doi. org/ 10. 1145/3170427. 3188403.

[91] Hämäläinen JA, Salminen HK, Leppänen PHT (2013). Basic auditory processing deficits in dyslexia: systematic review of the behavioral and event-related potential/field evidence. J Learn Disabil 46: 413–427. https://doi. org/10. 1177/0022219411436213.

[92] Hashemi A, Pino LJ, Moffat G et al. (2016). Characterizing population EEG dynamics throughout adulthood. eNeuro 3. https://doi. org/10. 1523/ENEURO. 0275–16. 2016.

[93] Haufe S, Treder MS, Gugler MF et al. (2011). EEG potentials predict upcoming emergency brakings during simulated driving. J Neural Eng 8: 056001. https://doi. org/ 10. 1088/1741–2560/8/5/056001.

[94] Healey JA, Picard RW (2005). Detecting stress during realworld driving tasks using physiological sensors. IEEE Trans Intell Transp Syst 6: 156 – 166. https://doi. org/10. 1109/ TITS. 2005. 848368.

[95] Helfrich RF, Herrmann CS, Engel AK et al. (2016). Different coupling modes mediate cortical cross-frequency interactions. NeuroImage 140: 76 – 82. https://doi. org/10. 1016/j. neuroimage. 2015. 11. 035.

[96] Hofmeijer J, Van Kaam CR, van de Werff B et al. (2018). Detecting cortical spreading depolarization with full band scalp electroencephalography: an illusion? Front Neurol 9: 17. https://doi. org/10. 3389/fneur. 2018. 00017.

[97] Hölzel BK, Carmody J, Vangel M et al. (2011). Mindfulness practice leads to increases in regional brain gray matter density. Psychiatry Res 191: 36–43. https://doi. org/ 10. 1016/ j. pscychresns. 2010. 08. 006.

[98] Hu J, Wang C, Wu M et al. (2015). Removal of EOG and EMG artifacts from EEG using combination of functional link neural network and adaptive neural fuzzy inference system. Neurocomputing 151: 278–287. https://doi. org/10. 1016/j. neucom. 2014. 09. 040.

[99] Hubbard R, Sipolins A, Zhou L (2017). Enhancing learning through virtual reality and neurofeedback: a first step. Proceedings of the seventh international learning analytics & knowledge conference, LAK'17. ACM, New York, NY, pp. 398–403. https://doi. org/ 10. 1145/3027385. 3027390.

[100] Hung C-S, Anderson C, Horne JA et al. (2007). Mobile phone "talk-mode" signal delays EEG-determined sleep onset. Neurosci Lett 421: 82-86. https://doi. org/10. 1016/j. neulet. 2007. 05. 027.

[101] Ishak NH, Ariffin R, Ali A et al. (2011). Biological effects of WiFi electromagnetic radiation. Presented at the 2011 IEEE international conference on control system, computing and engineering. 551-556. https://doi. org/10. 1109/ICCSCE. 2011. 6190587.

[102] Jackson JS, Knight KM, Rafferty JA (2010). Race and unhealthy behaviors: chronic stress, the HPA axis, and physical and mental health disparities over the life course. Am J Public Health 100: 933-939. https://doi. org/10. 2105/AJPH. 2008. 143446.

[103] Jiang S, Zhou P, Li Z et al. (2016). Poster abstract: emotiondriven lifelogging with wearables. Presented at the 2016 IEEE conference on computer communications workshops (INFOCOM WKSHPS). 1091-1092. https://doi. org/10. 1109/INFCOMW. 2016. 7562268.

[104] Jiang S, Zhou P, Li Z et al. (2017). Memento: an emotion driven lifelogging system with wearables. Presented at the 2017 26th international conference on computer communication and networks (ICCCN). 1-9. https://doi. org/10. 1109/ICCCN. 2017. 8038411.

[105] Jijun T, Peng Z, Ran X et al. (2015). The portable P300 dialing system based on tablet and EmotivEpoc headset. Presented at the 2015 37th annual international conference of the IEEE engineering in medicine and biology society (EMBC). 566-569. https://doi. org/10. 1109/EMBC. 2015. 7318425.

[106] Johnson RR, Popovic DP, Olmstead RE et al. (2011). Drowsiness/alertness algorithm development and validation using synchronized EEG and cognitive performance to individualize a generalized model. Biol Psychol 87: 241-250. https://doi. org/10. 1016/j. biopsycho. 2011. 03. 003.

[107] Kaiser V, Bauernfeind G, Kreilinger A et al. (2014). Cortical effects of user training in a motor imagery based brain-computer interface measured by fNIRS and EEG. NeuroImage 85: 432-444. https://doi. org/10. 1016/j. neuroimage. 2013. 04. 097.

[108] Käthner I, Halder S, Hintermüller C et al. (2017). A multifunctional brain-computer interface intended for home use: an evaluation with healthy participants and potential end users with dry and gel-based electrodes. Front Neurosci 11: 286. https://doi. org/10. 3389/fnins. 2017. 00286.

[109] Kesari KK, Siddiqui MH, Meena R et al. (2013). Cell phone radiation exposure on brain and associated biological systems. Indian J Exp Biol 51: 187-200.

[110] Khan MJ, Hong MJ, Hong K-S (2014). Decoding of four movement directions using hybrid NIRS-EEG brain-computer interface. Front Hum Neurosci 8: 224. https:// doi. org/10. 3389/fnhum. 2014. 00244.

[111] Kovacevic N, Ritter P, Tays W et al. (2015). 'My Virtual Dream': collective neurofeedback in an immersive art environment. PLoS One 10: e0130129. https://doi. org/

10. 1371/journal. pone. 0130129.

[112] Klem GH, Lüders HO, Jasper HH et al. (1999). The ten-twenty electrode system of the international federation. The international federation of clinical neurophysiology. Electroencephalogr Clin Neurophysiol Suppl 52: 3-6.

[113] Krause PCM, Björnberg CH, Pesonen M et al. (2006). Mobile phone effects on children's event-related oscillatory EEG during an auditory memory task. Int J Radiat Biol 82: 443-450. https://doi. org/10. 1080/09553000600840922.

[114] Krigolson OE, Williams CC, Colino FL (2017a). Using portable EEG to assess human visual attention. In: Augmented cognition. Neurocognition and machine learning, lecture notes in computer science, Springer, Cham, pp. 56-65. https://doi. org/10. 1007/978-3-319-58628-1_5.

[115] Krigolson OE, Williams CC, Norton A et al. (2017b). Choosing MUSE: validation of a low-cost, portable EEG system for ERP research. Front Neurosci 11: 109. https://doi. org/10. 3389/fnins. 2017. 00109.

[116] Krusienski DJ, Schalk G, McFarland DJ et al. (2007). A mu-rhythm matched filter for continuous control of a brain-computer interface. IEEE Trans Biomed Eng 54: 273-280. https://doi. org/10. 1109/TBME. 2006. 886661.

[117] Kübler A, Nijboer F, Mellinger J et al. (2005). Patients with ALS can use sensorimotor rhythms to operate a brain-computer interface. Neurology 64: 1775-1777. https://doi. org/10. 1212/01. WNL. 0000158616. 43002. 6D.

[118] Kumar N, Aggrawal A, Gupta N (2012). Wearable sensors for remote healthcare monitoring system. Int J Eng Trends Technol 3 (1): 6.

[119] Kuziek JWP, Shienh A, Mathewson KE (2017). Transitioning EEG experiments away from the laboratory using a Raspberry Pi 2. J Neurosci Methods 277: 75-82. https://doi. org/10. 1016/j. jneumeth. 2016. 11. 013.

[120] Laudisi F, Sambucci M, Nasta F et al. (2012). Prenatal exposure to radio frequencies: effects of WiFi signals on thymocyte development and peripheral T cell compartment in an animal model. Bioelectromagnetics 33: 652-661. https://doi. org/10. 1002/bem. 21733.

[121] Lécuyer A, Lotte F, Reilly RB et al. (2008). Brain-computer interfaces, virtual reality, and videogames. Computer 41: 66-72. https://doi. org/10. 1109/MC. 2008. 410.

[122] Lee K (2009). Evaluation of attention and relaxation levels of archers in shooting process using brain wave signal analysis algorithms. Sci Emot Sens 12 (3): 341-350.

[123] Lee WT, Nisar H, Malik AS et al. (2013). A brain computer interface for smart home control. Presented at the 2013 IEEE international symposium on consumer electronics (ISCE). 35-36. https://doi. org/10. 1109/ISCE. 2013. 6570240.

[124] Lehrer PM, Vaschillo E, Vaschillo B et al. (2003). Heart rate variability biofeedback increases baroreflex gain and peak expiratory flow. Psychosom Med 65: 796. https://

doi. org/10. 1097/01. PSY. 0000089200. 81962. 19.

[125] Light J, Li X, Abbate S (2011). Developing cognitive decline baseline for normal ageing from sleep-EEG monitoring using wireless neurosensor devices. Presented at the 2011 24th Canadian conference on electrical and computer engineering (CCECE). 001527-001531. https://doi. org/10. 1109/CCECE. 2011. 6030721.

[126] Lin CT, Chuang CH, Huang CS et al. (2014). Wireless and wearable EEG system for evaluating driver vigilance. IEEE Trans Biomed Circuit Syst 8: 165-176. https://doi. org/10. 1109/TBCAS. 2014. 2316224.

[127] Liu Y, Ayaz H, Curtin A et al. (2013). Towards a hybrid P300-based BCI using simultaneous fNIR and EEG. Foundations of augmented cognition, lecture notes in computer science. Presented at the international conference on augmented cognition. Springer, Berlin, Heidelberg, pp. 335-344. https://doi. org/10. 1007/978-3-642-39454-6_35.

[128] Luck SJ (2014). An introduction to the event-related potential technique, MIT Press.

[129] Luck SJ, Kappenman ES (2011). The Oxford handbook of event-related potential components, Oxford University Press.

[130] Maddox MM, Lopez A, Mandava SH et al. (2015). Electroencephalographic monitoring of brain wave activity during laparoscopic surgical simulation to measure surgeon concentration and stress: can the student become the master? J Endourol 29: 1329-1333. https://doi. org/10. 1089/end. 2015. 0239.

[131] Mandalà M, Colletti V, Sacchetto L et al. (2014). Effect of bluetooth headset and mobile phone electromagnetic fields on the human auditory nerve. Laryngoscope 124: 255-259. https://doi. org/10. 1002/lary. 24103.

[132] Martínez E, Hernández LG, Antelis JM (2018). Discrimination between normal driving and braking intention from driver's brain signals. In: Bioinformatics and biomedical engineering, lecture notes in computer science, Springer, Cham, pp. 129-138. https://doi. org/10. 1007/978-3-319-78723-7_11.

[133] Maskeliunas R, Damasevicius R, Martisius I et al. (2016). Consumer-grade EEG devices: are they usable for control tasks? PeerJ 4: e1746. https://doi. org/10. 7717/peerj. 1746.

[134] Massimini M, Tononi G, Huber R (2009). Slow waves, synaptic plasticity and information processing: insights from transcranial magnetic stimulation and high-density EEG experiments. Eur J Neurosci 29: 1761-1770. https://doi. org/10. 1111/j. 1460-9568. 2009. 06720. x.

[135] Matzeu G, Florea L, Diamond D (2015). Advances in wearable chemical sensor design for monitoring biological fluids. Sens Actuators B Chem 211: 403-418. https://doi. org/10. 1016/j. snb. 2015. 01. 077.

[136] Mayaud L, Congedo M, Van Laghenhove A et al. (2013). A comparison of recording modalities of P300 eventrelated potentials (ERP) for brain-computer interface (BCI) paradigm.

Neurophysiol Clin 43: 217–227. https:// doi. org/10. 1016/j. neucli. 2013. 06. 002.

[137] McArthur GM, Bishop DVM (2004). Which people with specific language impairment have auditory processing deficits? Cogn Neuropsychol 21: 79 – 94. https://doi. org/ 10. 1080/02643290342000087.

[138] McCraty R, Zayas MA (2014). Cardiac coherence, selfregulation, autonomic stability, and psychosocial wellbeing. Front Psychol 5: 1090. https://doi. org/10. 3389/fpsyg. 2014. 01090.

[139] McCraty R, Atkinson M, Tomasino D (2003). Impact of a workplace stress reduction program on blood pressure and emotional health in hypertensive employees. J Altern Complement Med 9: 355–369. https://doi. org/10. 1089/107555303765551589.

[140] McFarland DJ, Sarnacki WA, Wolpaw JR (2010). Electroencephalographic (EEG) control of three-dimensional movement. J Neural Eng 7: 036007. https://doi. org/10. 1088/1741–2560/7/3/036007.

[141] Megha K, Deshmukh PS, Banerjee BD et al. (2012). Microwave radiation induced oxidative stress, cognitive impairment and inflammation in brain of Fischer rats. Indian J Exp Biol 50: 889–896.

[142] Megha K, Deshmukh PS, Banerjee BD et al. (2015). Low intensity microwave radiation induced oxidative stress, inflammatory response and DNA damage in rat brain. Neurotoxicology 51: 158–165. https://doi. org/10. 1016/j. neuro. 2015. 10. 009.

[143] Mellinger J, Nijboer F, Pawelzik H et al. (2004). P300 for communication: evidence from patients with amyotrophic lateral sclerosis (ALS). Biomedizinische Technik (Sup) 49: 71–74.

[144] Miller GE, Chen E, Parker KJ (2011). Psychological stress in childhood and susceptibility to the chronic diseases of aging: moving toward a model of behavioral and biological mechanisms. Psychol Bull 137: 959–997. https://doi. org/10. 1037/a0024768.

[145] Miralles F, Vargiu E, Rafael-Palou X et al. (2015). Brain-computer interfaces on track to home: results of the evaluation at disabled end-users' homes and lessons learnt. Front ICT2: 25. https://doi. org/10. 3389/fict. 2015. 00025.

[146] Mishra J, Gazzaley A (2015). Closed-loop cognition: the next frontier arrives. Trends Cogn Sci 19: 242–243. https://doi. org/10. 1016/j. tics. 2015. 03. 008.

[147] Mohamed Z, Halaby ME, Said T et al. (2020). Facilitating classroom orchestration using EEG to detect the cognitive states of learners. In: AE Hassanien, AT Azar, T Gaber et al. (Eds.), The international conference on advanced machine learning technologies and applications (AMLTA2019); Advances in intelligent systems and computing. Springer International Publishing, Cham, pp. 209 – 217. https://doi. org/10. 1007/978 – 3 – 030 – 14118-9_21.

[148] Mohan M, Khaliq F, Panwar A et al. (2016). Does chronic exposure to mobile phones af-

fect cognition? Funct Neurol 31: 47-51.

[149] Mooneyham BW, Schooler JW (2013). The costs and benefits of mind-wandering: a review. Can J Exp Psychol 67 (1): 11-18. https://doi. org/10. 1037/a0031569.

[150] Mugler EM, Ruf CA, Halder S et al. (2010). Design and implementation of a P300-based brain-computer interface for controlling an internet browser. IEEE Trans Neural Syst Rehabil Eng 18: 599-609. https://doi. org/10. 1109/TNSRE. 2010. 2068059.

[151] Mullen T, Khalil A, Ward T et al. (2015). Mind Music: playful and social installations at the interface between music and the brain. In: A Nijholt (Ed.), More playful user interfaces: interfaces that invite social and physical interaction, gaming media and social effects. Springer, Singapore, Singapore, pp. 197-229. https://doi. org/10. 1007/978-981-287-546-4_9.

[152] Muñoz JE, Lopez DS, Lopez JF et al. (2015). Design and creation of a BCI videogame to train sustained attention in children with ADHD. Presented at the 2015 10th computing Colombian conference (10CCC). 194-199. https://doi. org/10. 1109/ColumbianCC. 2015. 7333431.

[153] Muse ED, Barrett PM, Steinhubl SR et al. (2017). Towards a smart medical home. Lancet 389: 358. https://doi. org/10. 1016/S0140-6736 (17) 30154-X.

[154] Nakamura T, Goverdovsky V, Morrell MJ et al. (2017). Automatic sleep monitoring using Ear-EEG. IEEE J Trans Eng Health Med 5: 1-8. https://doi. org/10. 1109/JTEHM. 2017. 2702558.

[155] Nan W, Rodrigues JP, Ma J et al. (2012). Individual alpha neurofeedback training effect on short term memory. Int J Psychophysiol 86: 83-87. https://doi. org/10. 1016/j. ijpsycho. 2012. 07. 182.

[156] Neale C, Aspinall P, Roe J et al. (2017). The aging urban brain: analyzing outdoor physical activity using the emotiv affectiv suite in older people. J Urban Health 94: 869-880. https://doi. org/10. 1007/s11524-017-0191-9.

[157] Nieuwhof F, Reelick MF, Maidan I et al. (2016). Measuring prefrontal cortical activity during dual task walking in patients with Parkinson's disease: feasibility of using a new portable fNIRS device. Pilot Feasibility Stud 2: 59. https://doi. org/10. 1186/s40814-016-0099-2.

[158] Nijboer F, van de Laar B, Gerritsen S, et al. Poel M (2015). Usability of three electroencephalogram headsets for brain-computer interfaces: a within subject comparison. Interact Comput 27: 500-511. https://doi. org/10. 1093/iwc/iwv023.

[159] Nunes TM, Coelho ALV, Lima CAM et al. (2014). EEG signal classification for epilepsy diagnosis via optimum path forest—a systematic assessment. Neurocomputing 136: 103-123. https://doi. org/10. 1016/j. neucom. 2014. 01. 020.

[160] Olson AK, Eadie BD, Ernst C et al. (2006). Environmental enrichment and voluntary ex-

ercise massively increase neurogenesis in the adult hippocampus via dissociable pathways. Hippocampus 16: 250-260. https://doi. org/10. 1002/hipo. 20157.

[161] Onton JA, Kang DY, Coleman TP (2016). Visualization of whole-night sleep EEG from 2-channel mobile recording device reveals distinct deep sleep stages with differential electrodermal activity. Front Hum Neurosci 10: 605. https://doi. org/10. 3389/fnhum. 2016. 00605.

[162] Othman H, Ammari M, Sakly M et al. (2017). Effects of repeated restraint stress and WiFi signal exposure on behavior and oxidative stress in rats. Metab Brain Dis 32: 1459-1469. https://doi. org/10. 1007/s11011-017-0016-2.

[163] Park Y-M, Lee S-H, Kim S et al. (2010). The loudness dependence of the auditory evoked potential (LDAEP) in schizophrenia, bipolar disorder, major depressive disorder, anxiety disorder, and healthy controls. Prog NeuroPsychopharmacol Biol Psychiatry 34: 313-316. https://doi. org/10. 1016/j. pnpbp. 2009. 12. 004.

[164] Paus T (2005). Mapping brain maturation and cognitive development during adolescence. Trends Cogn Sci 9: 60-68. https://doi. org/10. 1016/j. tics. 2004. 12. 008.

[165] Perales FJ, Amengual E (2017). Combining EEG and serious games for attention assessment of children with cerebral palsy. In: Converging clinical and engineering research on neurorehabilitation II, biosystems & biorobotics, Springer, Cham, pp. 395-399. https://doi. org/10. 1007/978-3-319-46669-9_66.

[166] Pereira AC, Huddleston DE, Brickman AM et al. (2007). An in vivo correlate of exercise-induced neurogenesis in the adult dentate gyrus. Proc Natl Acad Sci U S A 104: 5638-5643. https://doi. org/10. 1073/pnas. 0611721104.

[167] Perusquía-Hernández M, Martins T, Enomoto T et al. (2016). Multimodal embodied interface for levitation and navigation in 3D space. Proceedings of the 2016 symposium on spatial user interaction, SUI'16. ACM, New York, NY p. 215. https://doi. org/10. 1145/2983310. 2989207.

[168] Peter C, Ebert E, Beikirch H (2005). A wearable multi-sensor system for mobile acquisition of emotion-related physiological data. In: Affective computing and intelligent interaction, lecture notes in computer science, Springer, Berlin, Heidelberg, pp. 691-698. https://doi. org/10. 1007/11573548_89.

[169] Pfurtscheller G, Brunner C, Schlögl A et al. (2006). Mu rhythm (de) synchronization and EEG single-trial classification of different motor imagery tasks. NeuroImage 31: 153-159. https://doi. org/10. 1016/j. neuroimage. 2005. 12. 003.

[170] Pfurtscheller G, Allison BZ, Bauernfeind G et al. (2010). The hybrid BCI. Front Neurosci4: 30. https://doi. org/10. 3389/fnpro. 2010. 00003.

[171] Picton TW, Bentin S, Berg P et al. (2000). Guidelines for using human event-related potentials to study cognition: recording standards and publication criteria. Psychophysiology

37: 127-152.

[172] Pilcher JJ, Huffcutt AI (1996). Effects of sleep deprivation on performance: a meta-analysis. Sleep 19: 318-326. https://doi. org/10. 1093/sleep/19. 4. 318.

[173] Pinegger A, Wriessnegger SC, Faller J et al. (2016). Evaluation of different EEG acquisition systems concerning their suitability for building a brain-computer interface: case studies. Front Neurosci 10: 441. https://doi. org/10. 3389/fnins. 2016. 00441.

[174] Prinsloo GE, Derman WE, Lambert MI et al. (2013). The effect of a single session of short duration biofeedback-induced deep breathing on measures of heart rate variability during laboratory-induced cognitive stress: a pilot study. Appl Psychophysiol Biofeedback 38: 81-90. https://doi. org/10. 1007/s10484-013-9210-0.

[175] Przegalinska A, Ciechanowski L, Magnuski M et al. (2018). Muse headband: measuring tool or a collaborative Gadget? In: Collaborative innovation networks, studies on entrepreneurship, structural change and industrial dynamics, Springer, Cham, pp. 93-101. https://doi. org/10. 1007/978-3-319-74295-3_8.

[176] Pyrpasopoulou A, Kotoula V, Cheva A et al. (2004). Bone morphogenetic protein expression in newborn rat kidneys after prenatal exposure to radiofrequency radiation. Bioelectromagnetics 25: 216-227. https://doi. org/10. 1002/bem. 10185.

[177] Ramirez R, Palencia-Lefler M, Giraldo S et al. (2015). Musical neurofeedback for treating depression in elderly people. Front Neurosci 9: 354. https://doi. org/10. 3389/fnins. 2015. 00354.

[178] Ravichandran R, Sien S-W, Patel SN et al. (2017). Making sense of sleep sensors: how sleep sensing technologies support and undermine sleep health. Proceedings of the 2017 CHI conference on human factors in computing systems, CHI '17. ACM, New York, NY, pp. 6864-6875. https://doi. org/10. 1145/3025453. 3025557.

[179] Regan D (1989). Human brain electrophysiology: evoked potentials and evoked magnetic fields in science and medicine, Elsevier.

[180] Reiss AL, Abrams MT, Singer HS et al. (1996). Brain development, gender and IQ in children. A volumetric imaging study. Brain 119: 1763-1774. https://doi. org/10. 1093/brain/119. 5. 1763.

[181] Ros T, Munneke MAM, Ruge D et al. (2010). Endogenous control of waking brain rhythms induces neuroplasticity in humans. Eur J Neurosci 31: 770-778. https://doi. org/10. 1111/j. 1460-9568. 2010. 07100. x.

[182] Roth T, Roehrs T, Pies R (2007). Insomnia: pathophysiology and implications for treatment. Sleep Med Rev 11: 71-79. https://doi. org/10. 1016/j. smrv. 2006. 06. 002.

[183] Saili L, Hanini A, Smirani C et al. (2015). Effects of acute exposure to WIFI signals (2. 45GHz) on heart variability and blood pressure in Albinos rabbit. Environ Toxicol Phar-

macol 40: 600-605. https://doi. org/10. 1016/j. etap. 2015. 08. 015.

[184] Sandford JA (2009). Method to improve neurofeedback training using a reinforcement system of computerized gamelike cognitive or entertainment-based training activities. US20090069707A1.

[185] Sapolsky RM (1996). Stress, glucocorticoids, and damage to the nervous system: the current state of confusion. Stress 1: 1-19. https://doi. org/10. 3109/10253899609001092.

[186] Scanlon JEM, Sieben AJ, Holyk KR et al. (2017). Your brain on bikes: P3, MMN/N2b, and baseline noise while pedaling a stationary bike. Psychophysiology 54: 927-937. https://doi. org/10. 1111/psyp. 12850.

[187] Schlaggar BL, Brown TT, Lugar HM et al. (2002). Functional neuroanatomical differences between adults and schoolage children in the processing of single words. Science 296: 1476-1479. https://doi. org/10. 1126/science. 1069464.

[188] Schoneveld EA, Malmberg M, Lichtwarck-Aschoff A et al. (2016). A neurofeedback video game (MindLight) to prevent anxiety in children: a randomized controlled trial. Comput Hum Behav 63: 321-333. https://doi. org/10. 1016/j. chb. 2016. 05. 005.

[189] Schüll ND (2016). Data for life: wearable technology and the design of self-care. BioSocieties 11: 317-333. https://doi. org/10. 1057/biosoc. 2015. 47.

[190] Shaffer F, McCraty R, Zerr CL (2014). A healthy heart is not a metronome: an integrative review of the heart's anatomy and heart rate variability. Front Psychol 5: 1040. https://doi. org/10. 3389/fpsyg. 2014. 01040.

[191] Shahin S, Singh VP, Shukla RK et al. (2013). 2. 45 GHz microwave irradiation-induced oxidative stress affects implantation or pregnancy in mice, Mus musculus. Appl Biochem Biotechnol 169: 1727-1751. https://doi. org/10. 1007/s12010-012-0079-9.

[192] Shaw L, Zaichkowsky L, Wilson V (2012). Setting the balance: using biofeedback and neurofeedback with gymnasts. J Clin Sport Psychol 6: 47-66. https://doi. org/10. 1123/jcsp. 6. 1. 47.

[193] Sitaram R, Ros T, Stoeckel L et al. (2017). Closed-loop brain training: the science of neurofeedback. Nat Rev Neurosci 18: 86-100. https://doi. org/10. 1038/nrn. 2016. 164.

[194] Spataro R, Chella A, Allison B et al. (2017). Reaching and grasping a glass of water by locked-in ALS patients through a BCI-controlled humanoid robot. Front Hum Neurosci 11: 68. https://doi. org/10. 3389/fnhum. 2017. 00068.

[195] Srinivasan R, Tucker DM, Murias M (1998). Estimating the spatial Nyquist of the human EEG. Behav Res Methods Instrum Comput 30: 8 - 19. https://doi. org/10. 3758/BF03209412.

[196] Stefanov DH, Bien Z, Bang W-C (2004). The smart house for older persons and persons with _physical disabilities: structure, technology arrangements, and perspectives. IEEE

370

Trans Neural Syst RehabilEng 12: 228 - 250. https://doi.org/10.1109/TNSRE. 2004.828423.

[197] Steinhubl SR, Wineinger NE, Patel S et al. (2015). Cardiovascular and nervous system changes during meditation. Front Hum Neurosci 9: 145. https://doi.org/10.3389/fnhum.2015.00145.

[198] Stevens RH, Galloway TL, Wang P et al. (2012). Cognitive neurophysiologic synchronies: what can they contribute to the study of teamwork? Hum Factors 54: 489- 502. https://doi.org/10.1177/0018720811427296.

[199] Stevens R, Galloway T, Wang P et al. (2013). Modeling the neurodynamic complexity of submarine navigation teams. Comput Math Organ Theory 19: 346-369. https://doi.org/ 10.1007/s10588-012-9135-9.

[200] Stopczynski A, Stahlhut C, Larsen JE et al. (2014). The smartphone brain scanner: a portable real-time neuroimaging system. PLoS One 9: e86733. https://doi.org/10.1371/ journal.pone.0086733.

[201] Sullivan T, Delorme A, Luo A (2012). EEG control of devices using sensory evoked potentials. US8155736B2.

[202] Sullivan M, Oh B, Taylor I (2017). 3D printed prosthetic hand. In: Mechanical engineering design project class.

[203] Suzuki S, Kawada T, Ogawa M et al. (1991). Sleep deepening effect of steady pink noise. J Sound Vib 151: 407-414. https://doi.org/10.1016/0022-460X (91) 90537-T.

[204] Taheri BA, Knight RT, Smith RL (1994). A dry electrode for EEG recording. Electroencephalogr Clin Neurophysiol 90: 376-383. https://doi.org/10.1016/0013-4694 (94) 90053-1.

[205] Thompson M, Thompson L, Reid-Chung A et al. (2013). Managing traumatic brain injury: appropriate assessment and a rationale for using neurofeedback and biofeedback to enhance recovery in postconcussion syndrome. Biofeedback 41: 158 - 173. https:// doi.org/10.5298/1081-5937-41.4.07.

[206] Tilley S, Neale C, Patuano A et al. (2017). Older people's experiences of mobility and mood in an urban environment: a mixed methods approach using electroencephalography (EEG) and interviews. Int J Environ Res Public Health 14: 151. https://doi.org/ 10.3390/ijerph 14020151.

[207] Tomita Y, Vialatte FB, Dreyfus G et al. (2014). Bimodal BCI using simultaneously NIRS and EEG. IEEE Trans Biomed Eng 61: 1274 - 1284. https://doi.org/10.1109/ TBME.2014.2300492.

[208] Tremblay MS, Colley RC, Saunders TJ et al. (2010). Physiological and health implications of a sedentary lifestyle. Appl PhysiolNutrMetab 35: 725-740. https://doi.

org/10. 1139/H10-079.

[209] Trimper JB, Root Wolpe P, Rommelfanger KS (2014). When "I" becomes "We": ethical implications of emerging brainto-brain interfacing technologies. Front Neuroeng 7: 4. https://doi. org/10. 3389/fneng. 2014. 00004.

[210] Tsuji H, Venditti FJ, Manders ES et al. (1994). Reduced heart rate variability and mortality risk in an elderly cohort. The Framingham heart study. Circulation 90: 878-883. https://doi. org/10. 1161/01. CIR. 90. 2. 878.

[211] Vahabzadeh A, Keshav NU, Salisbury JP et al. (2018). Improvement of attention-deficit/ hyperactivity disorder symptoms in school-aged children, adolescents, and young adults with autism via a digital smart glasses-based socioemotional coaching aid: short-term, uncontrolled pilot study. JMIR Ment Health 5: e25. https://doi. org/10. 2196/mental. 9631.

[212] Valenza G, Citi L, Gentili C et al. (2015). Characterization of depressive states in bipolar patients using wearable textile technology and instantaneous heart rate variability assessment. IEEE J Biomed Health Inform 19: 263-274. https://doi. org/10. 1109/JB-HI. 2014. 2307584.

[213] Van Dongen HP, Maislin G, Mullington JM et al. (2003). The cumulative cost of additional wakefulness: dose-response effects on neurobehavioral functions and sleep physiology from chronic sleep restriction and total sleep deprivation. Sleep 26: 117-126. https:// doi. org/10. 1093/sleep/26. 2. 117.

[214] Vaughan TM, McFarland DJ, Schalk G et al. (2006). The wadsworth BCI research and development program: at home with BCI. IEEE Trans Neural Syst RehabilEng 14: 229-233. https://doi. org/10. 1109/TNSRE. 2006. 875577.

[215] Vecchio F, Babiloni C, Ferreri F et al. (2010). Mobile phone emission modulates interhemispheric functional coupling of EEG alpha rhythms in elderly compared to young subjects. Clin Neurophysiol 121: 163-171. https://doi. org/10. 1016/j. clinph. 2009. 11. 002.

[216] Vernon D, Egner T, Cooper N et al. (2003). The effect of training distinct neurofeedback protocols on aspects of cognitive performance. Int J Psychophysiol 47: 75-85. https:// doi. org/10. 1016/S0167-8760 (02) 00091-0.

[217] Vidal JJ (1977). Real-time detection of brain events in EEG. Proc IEEE 65: 633-641. https://doi. org/10. 1109/PROC. 1977. 10542.

[218] Villamar MF, Volz MS, Bikson M et al. (2013). Technique and considerations in the use of 4x1 ring high-definition transcranial direct current stimulation (HD-tDCS). J Vis Exp e50309. https://doi. org/10. 3791/50309.

[219] Volkow ND, Tomasi D, Wang G-J et al. (2011). Effects of cell phone radiofrequency signal exposure on brain glucose metabolism. JAMA 305: 808 - 813. https://doi. org/ 10. 1001/jama. 2011. 186.

[220] Voss U, Holzmann R, Hobson A et al. (2014). Induction of self awareness in dreams through frontal low current stimulation of gamma activity. Nat Neurosci 17: 810 – 812. https://doi. org/10. 1038/nn. 3719.

[221] Walsh VQ (2013). Ethics and social risks in brain stimulation. Brain Stimul 6: 715−717. https://doi. org/10. 1016/j. brs. 2013. 08. 001.

[222] Wang J-R, Hsieh S (2013). Neurofeedback training improves attention and working memory performance. Clin Neurophysiol 124: 2406 – 2420. https://doi. org/10. 1016/j. clinph. 2013. 05. 020.

[223] Wang H, Phyo Wai AA (2017). Empirical evaluation of multimodal mental fatigue assessment using low-cost commercial sensors. IRC conference on science, engineering and technology.

[224] Wang Y-T, Wang Y, Jung T-P (2011). A cell-phone-based brain-computer interface for communication in daily life. J Neural Eng 8: 025018. https://doi. org/10. 1088/1741 – 2560/8/2/025018.

[225] Wascher E, Heppner H, Hoffmann S (2014). Towards the measurement of event-related EEG activity in real-life working environments. Int J Psychophysiol 91: 3 – 9. https://doi. org/10. 1016/j. ijpsycho. 2013. 10. 006.

[226] Wei CS, Wang YT, Lin CT et al. (2018). Toward drowsiness detection using non-hair-bearing EEG-based brain-computer interfaces. IEEE Trans Neural Syst Rehabil Eng 26: 400−406. https://doi. org/10. 1109/TNSRE. 2018. 2790359.

[227] Wolpaw JR, Bedlack RS, Reda DJ et al. (2018). Independent home use of a brain-computer interface by people with amyotrophic lateral sclerosis. Neurology 91: e258 – e267. https://doi. org/10. 1212/WNL. 0000000000005812.

[228] Wolpe PR (2006). Reasons scientists avoid thinking about ethics. Cell 125: 1023−1025. https://doi. org/10. 1016/j. cell. 2006. 06. 001.

[229] Yin X, Xu B, Jiang C et al. (2015). A hybrid BCI based on EEG and fNIRS signals improves the performance of decoding motor imagery of both force and speed of hand clenching. J Neural Eng 12: 036004. https://doi. org/10. 1088/1741 – 2560/12/3/036004.

[230] Zeidan F, Gordon NS, Merchant J et al. (2010). The effects of brief mindfulness meditation training on experimentally induced pain. J Pain 11: 199 – 209. https://doi. org/10. 1016/j. jpain. 2009. 07. 015.

[231] Zhang H, Chavarriaga R, Khaliliardali Z et al. (2015). EEG-based decoding of error-related brain activity in a real-world driving task. J Neural Eng 12: 066028. https://doi. org/10. 1088/1741−2560/12/6/066028.

[232] Zhao Q, Zhang L, Cichocki A (2009). EEG-based asynchronous BCI control of a car in

3D virtual reality environments. Chin Sci Bull 54: 78 - 87. https://doi. org/10. 1007/ s11434-008-0547-3.

[233] Zheng YL, Ding XR, Poon CCY et al. (2014). Unobtrusive sensing and wearable devices for health informatics. IEEE Trans Biomed Eng 61: 1538 - 1554. https://doi. org/ 10. 1109/TBME. 2014. 2309951.

[234] Zoefel B, Huster RJ, Herrmann CS (2011). Neurofeedback training of the upper alpha frequency band in EEG improves cognitive performance. NeuroImage 54: 1427 - 1431. https://doi. org/10. 1016/j. neuroimage. 2010. 08. 078.

第 17 章　脑-机接口用于基础神经科学

17.1　摘　　要

脑-机接口（BCI）为基础神经科学研究人员提供了一个强大的新工具。这是因为 BCI 方法在神经活动的观察和神经活动控制良好的操作之间建立了紧密的联系，这是由 BCI 用户自己的意愿驱动的（神经活动显式表示或可视化及其作用，通过 BCI 技术呈现出来）。正如所有科学分支一样，神经科学的进步依赖于观察和操作。在神经科学中，我们的观察通常是对神经活动和行为的测量，通过直接的神经刺激来损伤和增加神经活动，从而导致行为和其他神经元活动的变化。BCI 直接将观察和操作联系起来，因为实验参与者观察到自己的神经活动图或映射，并通过意志控制来操作该活动。在基础神经科学背景下采用 BCI 方法的研究人员在理解运动控制、学习和认知的神经基础方面取得了新的进展。迄今为止，大多数采用 BCI 方法的基础研究已被用于理解运动系统，但采用 BCI 方法的未来基础科学研究目标包括认知和情感功能的神经基础，以及探索神经回路的计算极限。

17.2　动　　机

BCI 是从神经元群中提取电信号以提供控制信号的系统，从而使因神经退行性疾病（neurodegenerative conditions）、截肢或中风而瘫痪或不能移动的个体可以控制外部设备或其自身肢体（Humphrey 等，1970；Wessberg 等，2000；Hochberg 等，2006，2012；Collinger 等，2013b；Gilja 等，2015；Capogrosso 等，2016；Shaikhouni 等，2016），该领域的最终目标是尽可能地恢复自然运动功能（Moritz 等，2008；Ethier 等，2012；Bouton 等，2016；Ajiboye 等，2017）。采用这种方法已经实现了具有显著程度的控制，但仍然存在着广泛临床应用的重大障碍。这些障碍包括需要进一步发展无创记录技术，以提供与神经外科植入设备同等的控制。这种非侵入式装置将减轻异物的反应，从而使假体能够持续个体的一生。

除了临床潜力外（BCI 具有临床潜力），BCI 还为基础神经科学的发现提供了一个强大的新工具（Fetz，1969；Green 和 Kalaska，2010；Shenoy 和 Carmena，2014；Golub 等，2016）。关键的洞察力在于 BCI 为用户提供有关其神经活动状态的直接反馈，这使得用户（人类个体、猴子或啮齿动物；如 Clancy 等，2014）能够有意识地为特定目标塑造他们的神经活动。BCI 这项技术可以解决的科学问题包括：当我们学习时，大脑是如何变化的？大脑如何构建我们身体和环境的表征？神经元群体的计算能力（极限）是什么？伴随特定神经活动模式的心理过程是什么？

BCI 以新的方式应对基础神经科学中长期存在的挑战（Golub 等，2016）。为了理解行为、学习或认知的神经基础，研究人员必须首先确定相关神经元群，这些神经元群控制被研究的行为；然后研究人员需要一种方法以自然的方式控制或操纵这些神经元的活动，以便他们能够观察这些神经元的活动对行为的因果影响。如果研究人员想理解学习，那么了解神经活动和行为之间的原始关系将使他们能够确定神经活动的变化对学习行为是否有意义。当研究自然行为时，这些要求中的每一项都是具有挑战的，但采用 BCI 可以使其易于处理，因为在 BCI 中，从神经活动到行为的映射是由实验者指定的，所以知道哪些神经元控制行为以及它们是如何控制行为的。当 BCI 用户自愿调节他们的神经活动以取得预期的行为结果时，他们通过产生完全自然的神经活动模式来实现；相反，外部对大脑的刺激不能保证产生自然的神经活动模式。这些优势意味着 BCI 为我们提供了一个独特的视角来观察神经信息加工，尽管通常是在控制外部效应器而非受试者自身的情况下进行的。可以预期，从 BCI 控制期间研究神经元群中获得的见解，将产生一般原理，这种原理在肢体的运动控制以及学习和认知过程中也发挥作用。

本章首先概述了 BCI 框架；然后讨论了迄今为止采用 BCI 取得的一些发现；最后介绍了 BCI 方法在基础神经科学中日益增多的应用。本章大量借鉴了在恒河猴上进行的研究。这些动物由于其行为的复杂性、巨大的大脑以及进化上与我们人类的接近性，为临床神经技术的发展提供了理想的试验平台。

17.3　背景：BCI 工具和技术

通常在生物医学研究中，临床需要推动新工具的开发。这些工具反过来又为基础研究开辟了新的前景。这种关系是完全的循环的，因为基础科学发现的一个重要应用是提高生物医学工程的临床护理水平。用于基础科学发现的 BCI

领域的增长也不例外。因此，我们从临床 BCI 系统的工具和技术概要开始，重点介绍 BCI 作为基础科学工具的关键概念和发展。本书的其他章节更详细地描述了这些工具。

任何 BCI 都由 3 个主要部分组成：输入、效应器，以及它们之间的解码算法。在基础科学环境中使用 BCI 系统时，通常还需要进行多维数据分析。

17.3.1　BCI 系统的神经输入

BCI 的输入是一些神经活动的记录。每种神经记录技术都体现了测量点的数量（例如，成像设备中的电极或像素）、记录的粒度（尤其是每个电极或像素中产生信号（对信号起作用）的神经元数量）、覆盖面积和采样密度之间的权衡。理想情况下，我们可以从许多单独的组成部分（如细胞体）同时记录，这些组成部分既紧密相连，又覆盖一大片神经组织。就粒度而言，清醒受试者电记录的"金标准"是能够解析单个神经元的动作电位（Cash 和 Hochberg，2015）。众所周知，动作电位是神经元远距离传播信息的过程，它在生物物理和分子细节方面已被充分理解。目前，使用穿透皮层的电极，可以在动作电位分辨率下同时记录多达数百个神经元（Schwarz 等，2014；Wodlinger 等，2014）。例如，高密度采样（如著名的贝莱德（Blackrock）阵列的 0.4mm 电极间距；盐湖城贝莱德微系统（Blackrock Microsystems））可以通过穿透电极实现，尽管覆盖面积相当小，通常覆盖运动皮质体感地图中的一个或几个身体部位。结果可能是，对于良好的 BCI 控制来说，粒度较小的记录就足够了（甚至是称心如意）。穿透电极可以采集多神经元活动和局部电场电位，这两种电位在临床 BCI 应用中都很有用（如 Gilja 等，2015）。如果不需要植入电极，则皮层电极网格可提供更大的覆盖范围，但粒度更小，并且在临床系统中提供日益良好的 BCI 控制（Leuthardt 等，2004；Daly 和 Wolpaw，2008；Schalk 等，2008；Wang 等，2013；Collinger 等，2014；Rouse 等，2016；Vansteensel 等，2016；Branco 等，2017；Ramsey 等，2018；Anumanchipalli 等，2019；Thomas 等，2019）。

这些电极是直径约 2mm 的圆盘，位于颅骨下方、硬脑膜下方或硬脑膜上方。他们记录了每个电极上可能几百到几千个神经元的尖峰放电和突触活动（Buzsaki 等，2012），每个植入物上有十几个或更多的电极。一些人认为，这些电极在记录保真度和长期可靠性之间提供了最佳的权衡（Collinger 等，2013a），并且据报道，在打字任务中每分钟有近 9 个字母的性能表现（SpEuruler，2017）。最常见的 BCI 记录技术是 EEG（Berger，1929），头皮上有几十个电极，它们记录聚合的神经活动，并用于控制机械臂和手部等外部设备

（Meng 等，2016）。在过去十年左右的时间里，超越传统电极的神经记录方式有了巨大的发展，其中许多似乎对 BCI 系统有前景。例如，利用 fMRI（Weiskopf，2012）、MEG（Mellinger 等，2007）和近红外光谱（near-infrared spectroscopy，NIRS）等光学技术（Gallegos Ayala 等，2014）采集的信号实现 BCI 控制。每种成像模式都有独特的优势，混合系统可能会提供最佳的整体性能（Pfurtscheller，2010）。我们可以乐观地认为，非侵入性方法最终将提供与目前手术植入设备相同的记录保真度和 BCI 设备控制程度。即便如此，一些人可能会因为美观而选择植入设备，因为可以随时使用内置设备。

17.3.2 BCI 效应器

BCI 解码器将神经活动作为输入，并将其生成的命令作为输出以移动效应器。效应器的常见选择包括机械肢体（Collinger 等，2013b）或计算机屏幕上的光标（Hochberg 等，2006），但 BCI 研究中也采用了其他效应器，如直接电刺激手臂肌肉（Moritz 等，2008；Ethier 等，2012；Bouton 等，2016；Ajiboye 等，2017）、听觉的音调（Koralek 等，2012），或计算机键盘（Nuyujukian 等，2015）。关于效应器的行为方式需要做出一些重要的决定。从神经活动到效应器运动的映射可以非常直接，如映射为效应器的位置（Carmena 等，2003）、速度（Chase 等，2009）或终点（Santhanam 等，2006），或者效应器可以有其自身的物理特性。例如，它可能拥有冗余的自由度（Wodlinger 等，2014），也可能是"智能的"，因为它可以纠正错误（Jarosiewicz 等，2015），或接受高级命令，移动复杂的设备，如轮椅（Rajangam 等，2016），超越神经命令信号中提供的信息。

17.3.3 BCI 解码算法

我们如何将神经活动模式转换为移动效应器的命令？BCI 解码算法的设计基于工程、统计学和机器学习，以及基础神经生物学的知识。

尽管具体算法因构建解码器所采用的方法不同而有所不同，但它们都有一个共同的两阶段结构，即首先标定或校准算法（利用已知神经活动和预期或实际运动的数据集拟合特定解码算法的参数）；然后标定后的算法用于控制设备。

Humphrey 等（1970）采用了一种工程师的方法解决 BCI 解码器的构建问题，这种方法在今天仍然很有价值（如 Ethier 等，2012）。该方法在神经活动与运动指令的细节之间建立了简单的线性关系，产生了良好的性能，但在泛化性和有效工作范围方面可能存在不足（Rouse 和 Schieber，2015；Rasmussen 等，

2017）。

Schwartz 和他的团队采用了一种受神经生物学启发的 BCI 解码方法（Taylor 等，2002）。Schwartz 和他的博士后导师 Georgopoulos 等（1986）证明，初级运动皮层（primary motor cortex，M1）的神经元在够取/触及运动时被广泛调节。也就是说，每个神经元都有一个触及的"首选方向"，当动物朝那个方向够取时，M1 神经元最活跃。M1 神经元在这种意义上被广泛调节，即当动物朝着稍微不同的方向够取时，神经元活动只会略有减少。通常，只有当动物朝着与其首选方向完全相反的方向够取时，M1 神经元才会被抑制。被广泛调节的结果是，对于任何够取方向，都有大量神经元处于活跃状态。通过将神经元群体的活动结合起来，每个神经元"投票"其首选方向的数量与神经元的放电率成比例，可以非常精确地指定够取的方向，即使任何单个神经元的活动仅提供够取方向的粗略指示。这种"群体向量算法"已成为 BCI 解码技术的支柱。

BCI 解码的最新方法利用了统计和机器学习技术。流行的卡尔曼滤波器（Wu 等，2006；Gilja 等，2012）假设存在无法直接观察到的潜在运动指令（是潜伏状态的实例），但可以从观察到的神经元活动中推断出来。潜伏状态随时间演化，遵循动力学规则，在每个时间点，通过有噪声的过程产生神经活动，也可能丢失信息。挑战在于首先从这些神经观察中推断出潜在的过程，根据对神经活动的观察，从机器学习中提取的算法可用于估计潜在状态及其动力学（Yu 等，2009）；然后将这些潜在状态的估计值用作控制效应器的命令。原理上，卡尔曼滤波器应提供更平滑、更稳健的 BCI 控制，因为有关潜在空间的信息可以减少神经测量中的任何噪声，它们将被视为与潜在系统的动力学不一致。

最近，研究人员开始将新兴的深度学习领域应用于 BCI 解码算法的开发（Sussillo 等，2016）。BCI 解码是一个完美的"大数据"问题，受深度卷积网络的影响（LeCun 等；Pandarinath 等，2018）。虽然这些算法并不是出于关于神经活动和行为之间真正关系的任何特定哲学立场，但如果它们能产生更好的性能，也是无关紧要的。

没有一种 BCI 解码算法是完美的。M1 中的神经活动通过大约 100 万个神经元的活动直接控制身体，这些神经元首先投射到脊髓；然后投射到肌肉；最后肌肉旋转关节产生运动。即使我们能找到这些神经元，也无法从所有神经元中进行记录。即使我们可以记录所有这些神经元，也不知道它们协调动作的原理。因此，在可预见的未来，任何 BCI 解码算法都只能提供一个非常粗略的近似值，即非常粗略的近似于大脑天生的运动控制"解码算法"：脊髓和肌肉骨骼系统。因此，尽管通过学习提高 BCI 控制的程度有限（Sadtler 等，2014；Zhou 等，2019），但动物产生的神经活动随着经验的发展而演变，以更适合于具体的解码器（Taylor 等，2002；Sadtler 等，2014；Golub 等，2018）。

17.3.4　用降维方法解释神经元群数据

神经元是相互联系的，因此它们的活动是相互关联的。这当然并不奇怪：这些联系是记忆和信息加工的基础，但神经元之间活动的这些相关性的功能含义才刚刚开始被理解。尽管 50 年来成对相关性一直是研究的主题（Gerstein 和 Perkel，1969），但只是在过去 10 年里，我们才试图了解数十个或更多神经元的相关活动。人们越来越认识到，几十年来通过一次记录一个神经元来构建的神经功能图本身并不足以揭示神经信息加工的所有原理。相反，通过检查同时记录的神经元群的活动，可以更好地观察神经功能的某些规则。正如科学中常见的那样，我们回答（甚至设想）关于神经元群功能问题的能力是由新技术的出现所驱动的，在这里，即为最初为 BCI 系统设计的多电极记录设备。

几乎所有对神经元群活动的分析都是从降维开始的（Cunningham 和 Yu，2014），这种情况下的"维度"是单个神经元的活动。也就是说，如果同时记录 100 个神经元，那么这些神经元的活动（测量为放电频率，即每秒动作电位）可以相互对比。在任何时刻，100 个神经元的联合活动都是 100D（D 表示维度）空间中的一个点，我们称为"神经群体活动模式"。现在，因为神经元的活动是相互关联的，所以并不是 100D 空间的每个区域都被同等地探索过，事实上，这个空间的大部分从未被访问过。有意思的是，思考一下为什么没有被访问过，如果曾经以某种方式达到了这些区域，这意味着什么，我们将回到这些问题上来。

我们如何描述被访问的神经空间部分？降维提供了这样做的方法。如果两个神经元的活动是完全相关的，那么一条线就可以拟合出它们活动状态的分布：在每一个时间点，这一小群神经元的状态都会位于这条线的某个地方。如果神经元的相关性较弱，那么这条线仍然是每个神经元活动的良好描述，尽管在 1D 描述中会丢弃一些信息。我们可以将这种直觉扩展到同时记录的 3 个神经元。对于每一对，一条线捕捉它们的相关性；平面捕捉所有三者之间的任何相关性。如果这 3 个神经元都彼此紧密相关，那么一条线（在 3D 空间中定向）就足以描述这 3 个神经元的活动。

这种逻辑适用于神经记录的任何维度。N 个记录的神经元之间的相关性可以由一维到 $N-1$ 维的子空间来捕捉。主成分分析（Principal component analysis，PCA）可能是最著名的工具，可以发现需要多少维度才能捕获任何多变量数据集中存在的结构，包括神经元群记录。然而，PCA 缺乏任何信号和噪声的概念，这意味着它有时无法准确捕捉神经元群中固有的关系（Yu 等，2009）。PCA 的概率扩展称为因子分析（factor analysis，FA），其工作原理是假设每个维度由信号分量（共享）和噪声分量（该维度专用）组成。这对于真实的神经元来说是一个合理的假设，因为我们假设它们的活动是由集体计算（"信号"）决定的，并且也是每个神经元所特有的噪声，至少部分是由膜通道的随机特性引起的。当 FA 算法应用于多通道神经记录时，它会返回少量的单个分量，这些分量（因子）几乎占据了原始测量中所有数据的散布。我们（Sadtler 等，2014）观察到，大约 10 个因子（10D 子空间）足以解释约 100 个神经元记录中存在的可变性。虽然在皮层记录中，强的快速时间尺度成对相关性很少见（Cohen 和 Kohn，2011），但通过 FA 识别的较弱的共调制很普遍。

FA 可以接受一种有趣的哲学解释，它发现的因素有时被称为"潜在变量"，它们共同构成了一个潜在空间。潜在变量是一个无法直接观察到的过程，但它会激发我们能够进行的测量。潜变量的值根据其自身的动态而变化，我们希望了解这些规则。

考虑一部关于篮球弹跳的简单电影。想象一下，在观看电影之前，像素已被置乱。你可以在屏幕上看到一些事情正以协调的方式发生，但很难弄清楚它是什么。降维将向您报告，只有一个实体正在改变并导致您观察到的像素强度改变。弹跳的球是潜在变量，它会引起您观察到的像素强度变化，可以使用 FA 从观察到的像素激活来推断球的反弹。球的反弹受物理定律控制，一旦我们从像素测量中提取出它的运动，就可以利用它的动力学来推断这些定律。本章前面在卡尔曼滤波器的背景下提到了潜在变量（潜变量）的概念，该变量是一种强大的统计工具，在神经科学中有着许多应用。

如果您使用的不是一部每个像素都同步（但被置乱）的电影，而是一台单像素的摄像机，您可以用它拍摄多次弹球，那么值得停下来考虑一下这种情况。如果没有记录的同时性，就很难推断出一个根本原因是你记录的像素时间过程的动画，更不用说推断运动的基本规律了。这正是单个神经元生理学的情况：即使在单个神经元的记录中尽可能匹配行为，重建驱动这些神经元的潜在因素也是一项艰巨的任务。现在，我们可以看到一个世纪以来我们在解剖学基础上所知道的功能（神经元连接成网络），我们可以利用降维和潜在变量的见解，提出有关神经信息加工本质的新问题。例如，我们可以问：数十个或数百个（最终数千个）神经元的放电率需要考虑多少潜在因素？这个维度是否取决于考虑因素，例如正在执行的任务或受试者的技能水平，还是纯粹反映了神经元之间的局部连通性？哪些感觉和运动参数是调整的潜在因素？潜在神经回路的哪些方面会引起神经元间观察到的共调制？这些问题已成为系统神经科学中备受关注的主题（如 Machens，2010；Ahrens 等，2012；Mante 等，2013；Kaufman 等，2014），并且（见 17.4 节）解决这些潜在空间问题的一种特别有效的方法是将降维与 BCI 范式相结合。

17.4　发　　现

17.4.1　运动控制的挑战

每次我们伸手去拿玻璃杯、开车、打网球或骑自行车时，大脑都会快速执行无数复杂的计算，通常没有缺陷。我们接受感觉信息，并利用它来根据我们当时的具体情况定制练习动作（Sternad 等，2011）。在多种可能的行动路线中迅速做出决定（Todorov 和 Jordan，2002）。与我们行动预期结果的偏差将得到无缝纠正，不另行通知（我们没有被明确告知）。我们可以对每个动作进行重新校准（Tseng 等，2007；Wu 等，2014），以便使我们后续的动作可以更快、更准确。20 世纪 30 年代，俄罗斯生理学家尼古拉·伯恩斯坦（Nikolai Bernstein，1967）是第一个阐明大脑在协调行动中必须面对的问题，然后提出许多我们仍然认为是正确的解决方案的人。

运动控制的神经基础研究面临着几个艰巨/严峻的挑战，我们必须记录参与（希望是直接）行为的单个神经元组成的群。我们需要丰富且可重复的行为、高分辨率的行为记录、（设计）一些任务，这些任务让运动皮层和大脑其他地方的相关神经群体参与任务。此外，掌握控制神经活动的方法，了解我们记录的神经元与运动输出之间的关系，也是有益的。获得任何此类信息都是一个实验性的巧妙成功方案。因此，进展缓慢，只有少数有影响力的论文（如 Georgopoulos 等，1986；Kakei 等，1999）掌握了我们的先入之见。相反，在 BCI 中，所有这些都是可用的。本节介绍如何在 BCI 控制的环境下解决运动控制的一些子问题。

17.4.2　运动学习

在 1969 年的一项关于早熟的研究中，Eb Fetz 首次利用神经反馈提出了一个基本的科学问题：猴子能学会自主调节单个皮质神经元的活动吗？令人惊讶的答案是"是的"。Eb-Fetz 通过向动物提供有关 M1 中单个神经元放电频率

(发放率，每秒动作电位) 的视觉或听觉反馈实现这一点。动物们了解到，如果它们能够使神经元的活动高于或低于实验者设定的阈值，它们将获得食物奖励。

虽然这项研究没有提到"脑-计算机接口"，实际上在当时，只有最早的迹象表明使用神经记录控制外部设备的前景 (如 Humphrey 等，1970)，但今天的 BCI 系统与 Eb-Fetz 的系统相比，有更多的不同 (更多的神经元，更多的控制自由度，更快的计算机)。因此，从一开始，BCI 领域在很大程度上就是一项基础科学研究。

Eb Fetz 的发现比它的时代早了几十年，不仅在方法上，而且在科学目标上：学习的神经基础。Eb-Fetz 专注于学习的一个特定方面 (操作性条件反射，通过积极的结果强化行为)，但与此同时，理解神经可塑性的努力正在顺利进行；距离发现长时程突触增强效应只有 4 年的时间 (Bliss 和 Lomo，1973)。在灵长类大脑皮层学习诱导变化的研究在实验上变得易于处理之前，还需要 20 多年的时间 (Nudo 等，1996)。

学习是 BCI 领域科学研究的第一个 (也是最主要的) 主题。21 世纪初，灵长类动物 BCI 技术的首次概念验证演示出现在几个不同的实验室 (Wessberg 等，2000；Serruya 等，2002；Taylor 等，2002；Shenoy 等 2003)。但是，从基础科学的角度来看，有一项研究尤其突出。2002 年，Taylor 和 Schwartz 证明，当猴子一次使用 BCI 很多天时，它们控制 BCI 光标的性能会提高。特别令人感兴趣的是伴随着性能改进的神经变化，神经元发展出了与 BCI 解码算法更好匹配的调谐特性，这是一种非常特殊的神经可塑性形式。

Schwartz 实验室继续研究学习的神经基础，正如 BCI 控制所揭示的那样。Jarosiewicz、Chase 和他们的同事研究了猴子可以学习如何控制受干扰的 BCI 解码器的规则 (Jarosiewicz 等，2008)。原则上，可以使用几种不同的学习策略，他们发现，至少在一整天的实验中，动物们倾向于采用全局重新调整策略来抵消干扰。这类似于将方向盘稍微向右握，使汽车向左"拉动"。只有随着时间的推移，更细微的学习形式才会变得明显 (Zhou 等，2019)。

Carmena 及其同事 (包括 Ganguli 和 Costa) 的研究路线可能最直接地延续了 Fetz (1969) 提出的轨迹。他们有力地结合猴子和啮齿动物的研究，研究了 BCI 学习的神经可塑性基础。作为从他们的工作中学习到的例子，我们知道，通过充分的训练，可以学习复杂、新颖的 BCI 映射 (Ganguly 和 Carmena，2009)，基底节是大脑皮层神经可塑性的关键驱动因素 (Koralek 等，2012)。

Eb-Fetz 和他的同事们继续利用一种新的刺激和记录植入物——神经芯片探索神经可塑性 (Jackson et al.，2006)。神经芯片通过尖峰时间依赖性可塑性机制在两个先前不相连的神经元之间建立了直接联系（Dan 和 Poo，2004）。每当一个神经元激活时，电刺激就会通过位于不同位置的电极传入运动皮层。几天后，这些神经元在功能上联系在一起，因此在任何一个位置的刺激现在都会导致类似的运动。

在这个 BCI 学习的新领域中，存在一些争议和未解决的问题。例如，Andersen 和他的同事表明，当两个神经元中的一个用于 BCI 控制时，BCI 学习保留了神经元对之间存在的自然调谐特性（Hwang et al.，2013）。相比之下，Schieber 及其同事发现，当 4 个神经元都用于 BCI 控制时，由 4 个神经元组成的组会迅速获得新的调制特性（Law 等，2014）。有必要了解支配神经元群如何通过学习自我重组的规则。我们假设，BCI 学习和真实学习的神经元群活动规则相似，但只有时间才能证明这一点。

我的同事 Yu 和 Chase，以及我们的学员 Sadtler 和 Oby 一直在探索学习使用 BCI 的神经元群机制。我们想知道，是否有任何新的 BCI 映射是可以学习的，正如 Ganguly 和 Carmena（2009）的工作所表明的那样，或者是否可以快速学习一些新的 BCI 映射，有些学习起来更慢，也许还有其他一些是无法学习的。是否存在确定新型 BCI 映射是否可学习的总体原则？我们通过将降维与闭环 BCI 控制相结合来解决这一问题。我们从寻找神经活动模式倾向于驻留的低维空间开始。将该子空间称为本征流形，以表达这样一种观点：即通过降维发现的子空间捕获了神经加工的一些内在方面，即运动意图的潜在空间，我们观察到 M1 中的神经活动。这个子空间称为"流形"，因为尽管我们将其建模为线性空间，但真正的形状可能不是线性的。

假设内在流形（本征流形）代表了对神经元如何协同调节的约束。如果这是真的，那么新的 BCI 解码器应该易于学习控制，因为这样做只需要内在流形内的神经活动模式。相比之下，需要内在流形之外的神经活动模式的新型 BCI 解码器应该更难学习控制。这些预测得到了证实（Sadtler 等，2014；Oby 等，2019），这表明我们和许多其他人在多神经元活动中观察到的低维结构实际上反映了神经元群中存在的对神经活动的实际约束。当新的 BCI 映射允许仅使用位于内在流形内的群体神经活动模式进行良好控制时，这些新的 BCI 映射将很容易学习。

在更抽象的层面上，都知道有些东西比其他东西更容易学习，也知道有专业知识的影响：钢琴演奏家，相比提高他们的高尔夫挥杆，可以更快地掌握新的钢琴旋律。现在我们知道，学习内容和所需时间的限制，在一定程度上是神经系统。这些约束是由神经回路设置的，它们表现在学习者在学习之前表现出的神经活动模式中。学习控制一种新的 BCI 需要一周或更长的时间，通过形成新的活动模式来实现，这种新的神经活动模式违反了先前存在的活动模式（Oby 等，2019）。

在实验中，BCI 范式为神经元群（群体）活动中存在低维结构这一观点提供了强有力的检验。仅从观察来看，我们无法排除这样一种可能性，即许多人在神经元群体记录中观察到的低维子空间仅仅是动物执行特定任务的伪迹。因此，BCI 可以为探寻神经回路提供一种因果工具。从另一个角度来看，BCI 可以提供一种随意操纵神经活动的方法。通过仔细构建 BCI 映射，我们可以指导 BCI 用户（尝试）生成具有特定属性的神经活动模式。然后，可以观察用户对自己神经活动的意志操纵对神经活动和行为的影响。微扰技术在科学和神经科学中都很常见，传统上，它们的形式为损伤（永久性的损伤可通过组织或基因工程消融，可逆性的损伤可通过化学注射到大脑或经颅磁刺激干预）或刺激（经典的电刺激，以及最近的光遗传学技术；Boyden 等，2005；Lindbloom Brown 等，2012）。BCI 提供了另一种特色干扰：通过精心设计的 BCI 任务诱发的神经活动模式是由受试者的意志驱动的。因此，这些扰动会导致神经活动的自然变化，而直接改变神经活动的扰动可能不会发生这种变化。由于受试者自身的神经活动控制着对扰动的反应，因此 BCI 提供了一种工具，我们可以通过这种工具，以比传统扰动技术更加可控、更自然的方式控制神经元群体的活动。

把前面提到的所有研究放在一起，关于运动学习的神经基础，BCI 能教给我们什么？首先，我们知道运动皮层足够灵活，它可以改变自己的活动来控制任意效应器，而不仅仅是身体。其次，我们知道，单个神经元在 BCI 学习过程中会改变其调谐特性（Ganguly 等，2011），正如我们所知，它们在手臂运动学习过程中也会改变一样（Li 等，2001）。似乎可以合理地假设，这些单个神经元调节曲线的变化是神经回路支持的神经活动模式在神经元群范围内重组的表现。我们知道学习是一种全脑现象，在运动皮质中观察到的变化是由基底节的活动驱动的，可以推测，小脑和其他皮质区域也是如此。最后，我们知道，预先存在的神经活动模式对可以学习的新行为施加了限制：当学习符合预先存在的结构时，学习可以在几个小时内发生，而学习违反该结构的新技能需要一周或更长的时间。

BCI 范式能否揭示支配自然运动学习的原理？虽然还不能肯定地说，但我们可以希望，一旦我们能够以 BCI 目前提供的相同控制程度来研究自然运动学习时，BCI 研究中出现的学习的神经基础的图景将成为现实。真实运动学习的神经机制可能是 BCI 学习机制的超集。事实上，如果大脑有特殊的 BCI 学习机制，而这些机制在运动学习过程中没有参与，那将是很奇怪的。

17.4.3　内部模型

运动控制理论家提出，精确的运动是由内部模型推动的（Atkeson，1989；Wolpert 等，1995；Mehta 和 Schaal，2002）。也就是说，通过经验，我们学习肢体和世界的特性，以便我们可以选择适当的动作，并预测我们动作的结果。这样做可以让我们准确而迅速地执行动作。在我们执行动作之前，可以选择神经活动的模式，该模式可能会产生一个动作，从而达到我们想要的结果。

这两种功能（动作−选择和预测动作结果的能力）是相辅相成的，但它们可能代表不同的神经过程（Shadmehr 和 Krakauer，2008），它们有不同的名称。第一种，大脑中的某个地方存在身体的逆模型，据推测，运动控制中心使用它来生成和测试各种可能的运动指令。因此，最可能产生所需动作的指令实际上是由运动皮层发出的这被称为"逆模型"，因为它反转肌肉骨骼系统的行为，而肌肉骨骼系统将神经命令转换为运动输出。这一观点的行为和理论证据相当可靠（如 Shadmehr 和 MussaIvaldi，1994），但在大脑中实现逆模型的神经机制尚不清楚（尽管小脑内的突触连接是其原因的推测（Kawato，1999；Tseng 等，2007）似乎非常合理）。

第二种内部模型（称为"正向模型"）有一些令人信服的神经生理学证据。正向模型是一种理论结构，它接受运动指令并返回预期结果（Mehta 和 Schaal，2002；Enikolopov 等，2018）。正向模型将使神经系统能够克服其固有的感觉延迟，并比仅基于反馈的控制做出更快的反应。1992 年，Duhamel 和他的同事报告说，后顶叶皮质的神经元似乎可以预测眼球运动的感觉结果，视觉感受野甚至在眼球开始运动之前就发生了变化。

内省充分表明，我们一直在为自己的身体、世界甚至其他人建立内部模型，试想一下，如果你在说话之前没有正确预测配偶的反应，会发生什么情况。形成内部模型的替代方法是发出习惯性或随机命令，观察我们的行为如何受到影响，然后纠正它。考虑到神经系统固有的延迟，这种策略将导致危险（有时甚至致命）的行为。

使用 BCI 范式克服了内部模型神经生理学研究的关键障碍。障碍是我们不能轻易地改变我们的身体，因此观察新的内部模型的形成是一个挑战。然而，BCI 使我们能够为研究对象（受试者）提供从神经活动到行为的新映射。有了这些，我们可以观察大脑形成新型效应器新模型的过程。Golub 与 Yu 和 Chase 合作，并使用 Schwartz 实验室收集的 BCI 数据（Golub 等，2015），发现猴子产生的神经活动模式几乎（但不完全）适合给动物的（动物所获得的）特定 BCI 映射。利用猴子产生的神经活动模式的完整历史，他们可以推断出动物对

BCI 映射的估计，即其 BCI 的内部模型。动物形成的内部模型很好，但并不完美，事实上，光标移动的错误几乎完全可由实际 BCI 映射与动物内部模型之间的不匹配来解释。虽然仍然不知道内部模型在大脑中创建和存储的神经机制，但基于 Golub 的工作，我们确实知道 BCI 足以触发新内部模型的形成，并且该模型至少部分地表现为 M1 中神经元群活动的变化。因此，BCI 范式提供了一个有效且控制良好的环境，可以在此环境中开始寻找内部模型的神经基础。

17.4.4　解决冗余问题

Nikolai Bernstein 最感兴趣的问题是运动系统如何解决冗余问题。我们的大脑包含 1000 亿个神经元，其中约 100 万个投射到脊髓。我们的手臂和手部有 35 块肌肉，这些控制 17 个关节的旋转。手在 3D 空间中操作，这意味着从神经活动到运动的每一步都有信息漏斗，在这条路径中的任何两个阶段之间，一个阶段的无数配置与下一阶段的系统状态一致。运动系统如何从具有完全相同结果的巨大可能性空间中选择一种配置？注意，这是一个不同于拟由内部模型解决的问题。内部模型的提出是为了解决在一组有效的动作可能性中找到最有效的可能性的问题。这里的问题是在一组同等有效的可能性中仅选择一个。

如何解决冗余已在运动外围水平上进行了广泛研究（从肌肉活动到关节旋转，从关节旋转到手部和手臂运动）。出现了一些原则，尽管它们不是相互排斥的，但研究人员经常寻找证据，证明一种或另一种策略本身就足够了。候选解释包括随意改变不直接影响运动的运动参数（Scholz 和 Schoner，1999；Todorov 和 Jordan，2002；Latash，2012），还包括养成习惯（可能是任意养成的），甚至在习惯导致不理想的表现时仍然沿用习惯（de Rugy 等，2012），以及选择最有活力的运动（Throughman 和 Shadmehr，1999；Huang 等，2012）。我们（Hennig 等，2018）研究了在 BCI 控制期间，神经元群体之间的冗余是如何解决的。因为在 BCI 中，完全知道从神经活动到行为的映射，所以我们也精确地知道冗余的神经子空间是什么。神经系统如何从冗余集合中选择一种特定的神经活动模式？通过消除过程，我们发现能量原理似乎无法解释选择（事实上，神经系统似乎并不过分关注限制其释放的动作电位的数量）。此外，神经活动模式不是从冗余空间中随机选择的。相反，当动物试图在任何 BCI 映射下移动光标时，它们似乎会利用先前存在的功能表。我们的发现与习惯假说不同，因为运动指令会随着 BCI 映射的变化而变化，所以它们是从一个大的指令库中提取出来的，但似乎是从该指令库中适合给定行为的模式的小子集中随机提取出来的。

这项研究提供了另一个例子，说明了 BCI 方法如何使自然运动控制中存在的问题变得易于处理，而这个问题目前很难回答。必须再次指出的是，如果大脑在 BCI 控制中解决神经冗余的方式与在自然运动控制中解决神经冗余的方式完全不同，那将是令人惊讶的。

贯穿本章的一个次要主题是，只有当我们考虑神经元群体的联合活动时，才会出现一些问题。如何解决神经冗余的问题是运动控制中一个基本问题的神经模拟（Bernstein，1967）。然而，这个问题甚至不能只用从单个神经元收集的数据来表述。

在进入下一节之前，我们注意到冗余神经空间的同义词是零空间。零空间的概念来自线性代数，当应用于多个神经元活动时，它指的是对行为有同等影响的所有神经活动模式的空间。与零空间正交的空间，其中的神经活动确实影响行为，该种空间被称为"输出有效空间"（Kaufman 等，2014）。

17.4.5　零空间

零空间（对行为具有同等影响的神经活动模式的空间）是 17.4.4 节中介绍的自由度问题的直接结果。生物学中的一个普遍原则是，当一个结构或组织由于某种原因出现时，进化会找到一种方法来利用该结构达到某种新的目的，而这种新的目的往往是不相关的（Gould 和 Lewontin，1979）。考虑到神经活动可能会有很大的变化，而不会对行为产生任何影响，存在着明显的可能性，即该空间已被用于一些有用的目的，而不是用于控制行为（Kaufman 等，2014；Perich 等，2018）。

Shenoy 和他的同事（包括 Bill Newsome）以及他们的学员研究了在 BCI 控制和决策过程中如何利用神经零空间进行神经计算。Shenoy 研究组的第一个建议是利用零空间中的神经活动来规划运动。我们至少已经知道 40 年了（Mountcastle 等，1975；Bushnell 等，1981；Funahashi 等，1989），大脑皮层的神经元在运动执行之前就变得活跃。我们至少已经知道 40 年了（Mountcastle 等，1975；Bushnell 等，1981；Funahashi 等，1989），大脑皮层的神经元在运动执行之前就变得活跃。已经证明这种"计划活动（plan activity）"编码了即将到来的运动的许多细节，如选择目标（Basso 和 Wurtz，1997；Cisek 和 Kalaska，2005）、选择效应器（Snyder 等，1997），以及确定运动的细节，如手部的路径（Hocherman 和 Wise，1991）。运动规划带来一些优势，例如提高即将到来的运动的速度和准确性（Churchland 等，2006）。还有证据表明，运动前的皮层活动也对认知因素进行编码，如注意力（Bisley 和 Goldberg，2003）、对动作动机结果的预期（Leathers 和 Olson，2012），如即将到来的奖励（Sugrue 等，2004），以及即将到来的动作的感觉结果（Duhamel 等，1992；Sommer 和 Wurtz，2002）。许多表现出规划活动的神经元与直接驱动运动的神经元相连（Johnson 等，1996），而许多在运动规划过程中活跃的神经元在运动过程中也同样活跃，这就提出了一个有趣的问题，即大脑如何防止规划的活动"溢出"，并在适当的时间之前引发运动。Kaufman 与 Shenoy 及其同事合作（Kaufman 等，2014），通过指出规划活动往往存在于运动的零空间，从而解释这个谜团。他们对运动期间测量的神经活动进行降维，以找到神经活动的"输出有效"子空间，即运动期间神经活动模式倾向于驻留的神经空间区域。结果表明，在运动规划过程中，空间很大程度上没有被神经活动模式所占据。尽管神经元是活跃的，但它们的活动在某种程度上是协调的，以保持在零空间中运动。

在一项重要的因果检验中，假设输出零空间可用于影响运动的计算。Stavisky、Shenoy 和他们的同事（Stavisky 等，2017）在移动中间"碰撞"到 BCI 光标（或手臂）后，立即研究了群体神经动力学。需要校正扰动，但在校正影响效应器之前，神经活动的变化仅限于零空间。研究人员提出，这可以解释一个事实，即当我们的肢体在运动中受到干扰时，不会乱动，而是平稳地纠正动作。

Miri 与 Jessell 指导的一个研究团队合作（Miri 等，2017），最近证明零空间概念可以解释行为的灵活性。啮齿动物在伸展和行走过程中也有同样的神经元是活跃的，但它们的活动由控制不同行为的脊髓回路以不同的方式"读出"。

就像前面描述的解决冗余的问题一样，零空间的概念在单独考虑的神经元水平上是无法理解的。也就是说，你无法判断任何神经元的活动是对有效空间还是对零空间起作用。打个比方，如果你只知道一个人的二头肌的活动，仅凭这一点，你无法知道肘关节是在屈伸、伸展还是根本不动。二头肌中任何可测量的活动水平都可能与上述任何可能性一致，只有在知道三头肌和其他手臂肌肉如何动作的情况下，才能确定二头肌活动对肘关节旋转的影响（如果有）。

输出有效空间是根据功能和环境定义的，而不是以任何绝对项定义的。也就是说，如果一组神经元参与多个功能（这几乎肯定是真的），那么支持一个特定计算的输出有效空间可能与支持不同计算的空间大不相同。Mante 和 Sussillo（2013）与 Shenoy 和 Newsome 合作，在前额叶皮层（对高阶认知和规划至关重要的区域）进行的神经元群记录中发现了令人信服的证据。通过将相同的神经活动投射到不同的子空间，他们发现在不同的环境中支持不同感觉判断所需的信息可以从相同的神经元中提取出来。最近的证据表明，大脑区域之间的灵活交流可能通过改变"交流子空间"来实现（Semedo 等，2019）。

17.4.6　认知：注意力、心理想象和意志

虽然 BCI 范式主要用于研究运动控制的神经机制，但最近已成功应用于研究认知方面的神经机制，如注意、心理想象和意志力控制。Schafer 和 Moore 将 Eb-Fetz 最初的操作性条件反射范式应用于额叶眼动区的神经元（Schafer 和 Moore，2011）。猴子可以学习在感觉反馈下自主调节单个 FEF 神经元的活动。这些调节增强了感觉辨别能力，模仿注意力的效果。作者将他们的发现与最近通过神经反馈训练注意缺陷多动障碍儿童自我调节认知状态的努力联系起来。

当然，如果我们想研究认知的神经基础，最好是研究人脑。记录人脑单个神经元活动的机会很少，大多数人脑记录都是聚合的神经活动，缺乏单个神经元记录所能达到的粒度。Cerf 与 Koch、Fried 及其同事合作（Cerf 等，2010），在癫痫手术期间获得了内侧颞叶（medial temporal lobe，MTL）两个或多个神经元的短期记录。MTL 神经元对视觉图像（如面部和物体）很敏感，而且它们倾向于进行微调，只对非常特定的刺激做出反应。Cerf 及其同事在 Eb-Fetz 范式的巧妙折痕中利用了这一事实：随着研究参与者自主增加特定 MTL 神经元的放电频率，该神经元敏感的视觉图像以越来越高的亮度呈现在屏幕上。通过将它们的内部反刍转换为调节不同 MTL 神经元的刺激，人们可以随意打破这种正反馈循环。这项研究揭示了单个神经元响应的感觉驱动和意志驱动方面之间有趣的相互作用。

Schultze Kraft 等（2016）巧妙地运用了 BCI 范式，在用户与其 BCI 之间建立了敌对关系。他们研究的对象是公认的脑电信号发现，即运动前 1s 的脑电信号，称为"准备就绪电位"。"当受试者决定采取行动时，准备电位甚至先于他们自己的感觉（Libet 等，1983）。研究人员要求受试者每当按钮亮起绿色时，按自己的节奏轻敲按钮。BCI 解码器检测受试者的准备电位，当准备电位发生时，将按钮转为红色，反向控制动作。研究人员使用这种设置询问受试者是否可以在准备电位出现后阻止运动。他们发现，在准备就绪电位首次出现后有一个短暂的时期，在运动开始前约 200ms 结束，在此期间，受试者仍然能够取消运动。这项研究为意志控制的时间进程提供了一个新的窗口，它表明，意志控制不是一个全有或无的过程，而是随着时间的推移而展开的，可能会经历进一步的细化，直到运动执行的时候。

17.5　展望未来

在这些早期成功的基础上，显然，BCI 作为基础神经科学研究的工具，将提供持续的价值。使用 BCI 框架，哪些问题可能产生新的见解？也许开拓新领域的最大机会是在运动系统之外。通过将受试者（无论是人类、猴子或其他动物）"置于环路中"，BCI 使受试者直接意识到自己的神经活动状态，并能够对其进行修改。如果这种修改需要一些脑力劳动呢？我们知道，一些脑力计算（例如，长除法）会让人感觉费力，而另一些（如解决字谜）会让人感觉有内在的激励。有什么区别？BCI 研究的另一个未来前景是确定零空间中神经活动的认知相关性。正如运动区域有一个神经零空间（Kaufman 等，2014），在该空间中，神经状态不会驱动运动，参与感知、记忆和认知的区域也有零空间。如果 BCI 被用来驱动神经活动进入这些零空间，会产生什么认知或感知状态？语言为未来的发展提供了另一个舞台。BCI 的最初目的是作为严重闭锁患者的交流（Nuyujukian 等，2015）和言语（Pasley 等，2012；Anumanchipalli 等，2019）假体。如果临床医生和研究人员已经将语言区作为开发交流假肢的目标，那么将有机会研究语言的神经基础（Tankus 等，2012；Bouchard 等，2013）。抑郁和成瘾的情绪自我调节可能是未来临床 BCI 方法的候选，因为它们已经是电刺激干预的目标（Holtzheimer 和 Mayberg，2011）。这意味着在情绪的基础科学研究中可能有机会使用 BCI（Sani 等，2018）。

17.6　生产循环

当然，理解神经功能的主要动机是为了能够治疗神经系统的紊乱和疾病，对基础科学的深刻见解可以推动临床进步。由于 BCI 最初被认为是一种运动障碍的临床治疗方法，它使得人们对神经功能有了新的认识，这些认识将带来更好的治疗。自然，这将采取扩展 BCI 可解决的临床疾病的形式，这些疾病可能包括强迫症（OCD）（Holtzheimer 和 Mayberg，2011）、持续性植物状态（Goldman 和 Schiff，2015）、中风（Ramos Murguialday 等，2013；Biasiucci 等，2018）、注意力缺陷障碍（Schafer 和 Moore，2011），这也使我们对健康和疾病中的神经环路功能有了更深入的了解，还可能有助于改进更常规或传统的治疗。

参 考 文 献

［1］ Ahrens MB et al. （2012）. Brain-wide neuronal dynamics during motor adaptation in zebrafish. Nature 485 （7399）: 471-477.

［2］ Ajiboye AB et al. （2017）. Restoration of reaching and grasping movements through brain-controlled muscle stimulation in a person with tetraplegia: a proof-of-concept demonstra-tion. Lancet 389 （10081）: 1821-1830.

［3］ Anumanchipalli GK, Chartier J, Chang EF （2019）. Speech synthesis from neural decoding of spoken sentences. Nature 568 （7753）: 493-498.

［4］ Atkeson CG （1989）. Learning arm kinematics and dynamics. Annu Rev Neurosci 12 （1）: 157-183.

［5］ Basso MA, Wurtz RH （1997）. Modulation of neuronal activity by target uncertainty. Nature 389 （6646）: 66-69.

［6］ Berger H （1929）. Über das electrenkephalogramm des menchen. Arch Psychiatr Nervenkr 87: 527-570.

［7］ Bernstein NA （1967）. The co-ordination and regulation of movements, Pergamon Press.

［8］ Biasiucci A et al. （2018）. Brain-actuated functional electrical stimulation elicits lasting arm motor recovery after stroke. Nat Commun 9: 1-13.

［9］ Bisley JW, Goldberg ME （2003）. Neuronal activity in the lateral intraparietal area and spatial attention. Science 299 （5603）: 81-86.

［10］ Bliss TV, Lomo T （1973）. Long-lasting potentiation of synap-tic transmission in the dentate area of the anaesthetized rab-bit following stimulation of the perforant path. J Physiol 232 （2）: 331-356.

［11］ Bouchard KE et al. （2013）. Functional organization of human sensorimotor cortex for speech articulation. Nature 495 （7441）: 327-332.

［12］ Bouton CE et al. （2016）. Restoring cortical control of functional movement in a human with quadriplegia. Nature 533 （7602）: 247-250.

［13］ Boyden E et al. （2005）. Millisecond-timescale, genetically targeted optical control of neural activity. Nat Neurosci 8 （9）: 1263-1268.

［14］ Branco MP et al. （2017）. Decoding hand gestures from primary somatosensory cortex using high-density ECoG. Neuroimage 147: 130-142.

［15］ Bushnell MC, Goldberg ME, Robinson DL （1981）. Behavioral enhancement of visual re-sponses in monkey cerebral cor-tex. I. Modulation in posterior parietal cortex related to se-lective visual attention. J Neurophysiol 46 （4）: 755-772.

［16］ Buzsaki G, Anastassiou CA, Koch C （2012）. The origin of extracellular fields and cur-rents—EEG, ECoG, LFP and spikes. Nat Rev Neurosci 13 （6）: 407-420.

[17] Capogrosso M et al. (2016). A brain-spine interface alleviat-ing gait deficits after spinal cord injury in primates. Nature 539 (7628): 284-288.

[18] Carmena J et al. (2003). Learning to control a brain-machine interface for reaching and grasping by primates. PLoS Biol 1 (2): E42.

[19] Cash SS, Hochberg LR (2015). The emergence of single neurons in clinical neurology. Neuron 86 (1): 79-91.

[20] Cerf M et al. (2010). On-line, voluntary control of human temporal lobe neurons. Nature 467 (7319): 1104-1108.

[21] Chase SM, Schwartz AB, Kass RE (2009). Bias, optimal linear estimation, and the differences between open-loop simula-tion and closed-loop performance of spiking-based brain-computer interface algorithms. Neural Netw 22: 1203-1213.

[22] Churchland MM, Afshar A, Shenoy KV (2006). A central source of movement variability. Neuron 52 (6): 1085-1096.

[23] Cisek P, Kalaska J (2005). Neural correlates of reaching decisions in dorsal premotor cortex: specification of multi-ple direction choices and final selection of action. J Neurophysiol 45 (5): 801-814.

[24] Clancy KB et al. (2014). Volitional modulation of optically recorded calcium signals during neuroprosthetic learning. Nat Neurosci 17: 807-809.

[25] Cohen MR, Kohn A (2011). Measuring and interpreting neuronal correlations. Nat Neurosci 14 (7): 811-819.

[26] Collinger JL, Kryger MA et al. (2013a). Collaborative approach in the development of high-performance brain-computer interfaces for a neuroprosthetic arm: translation from animal models to human control. Clin Transl Sci 7 (1): 52-59.

[27] Collinger JL, Wodlinger B et al. (2013b). High-performance neuroprosthetic control by an individual with tetraplegia. Lancet 381 (9866): 557-564.

[28] Collinger JL et al. (2014). Motor-related brain activity during action observation: a neural substrate for electrocortico-graphic brain-computer interfaces after spinal cord injury. Front Integr Neurosci 8: 17.

[29] Cunningham JP, Yu BM (2014). Dimensionality reduction for large-scale neural recordings. Nat Neurosci 17 (11): 1500-1509.

[30] Daly JJ, Wolpaw JR (2008). Brain-computer interfaces in neu-rological rehabilitation. Lancet Neurol 7 (11): 1032-1043.

[31] Dan Y, Poo M-M (2004). Spike timing-dependent plasticity of neural circuits. Neuron 44 (1): 23-30.

[32] de Rugy A, Loeb GE, Carroll TJ (2012). Muscle coordination is habitual rather than optimal. J Neurosci 32 (21): 7384-7391.

[33] Duhamel JR, Colby CL, Goldberg ME (1992). The updating of the representation of visual

space in parietal cortex by intended eye movements. Science 255 (5040): 90-92.

[34] Enikolopov AG, Abbott LF, Sawtell NB (2018). Internally generated predictions enhance neural and behavioral detection of sensory stimuli in an electric fish. Neuron 99 (1): 135-146. e3.

[35] Ethier C et al. (2012). Restoration of grasp following paralysis through brain-controlled stimulation of muscles. Nature 485 (7398): 368-371.

[36] Fetz EE (1969). Operant conditioning of cortical unit activity. Science 163 (3870): 955-958.

[37] Funahashi S, Bruce CJ, Goldman-Rakic PS (1989). Mnemonic coding of visual space in the monkey's dorsolateral pre-frontal cortex. J Neurophysiol 61 (2): 331-349.

[38] Gallegos-Ayala G et al. (2014). Brain communication in a completely locked-in patient using bedside near-infrared spectroscopy. Neurology 82 (21): 1930-1932.

[39] Ganguly K, Carmena JM (2009). Emergence of a stable cortical map for neuroprosthetic control. PLoS Biol 7 (7): e1000153.

[40] Ganguly K et al. (2011). Reversible large-scale modification of cortical networks during neuroprosthetic control. Nat Neurosci 14 (5): 662-667.

[41] Georgopoulos AP, Schwartz A, Kettner RE (1986). Neuronal population coding of movement direction. Science 233 (4771): 1416-1419.

[42] Gerstein G, Perkel D (1969). Simultaneously recorded trains of action potentials: analysis and functional interpretation. Science 164 (881): 828-830.

[43] Gilja V et al. (2012). A high-performance neural prosthesis enabled by control algorithm design. Nat Neurosci 15 (12): 1752-1757.

[44] Gilja V et al. (2015). Clinical translation of a high-performance neural prosthesis. Nat Med 21 (10): 1142-1145.

[45] Goldman S, Schiff ND (2015). Functional imaging to uncover willful brain behavior in non-communicative patients. Neurology 84 (2): 114-115.

[46] Golub MD, Yu BM, Chase SM (2015). Internal models for interpreting neural population activity during sensorimotor control. eLife 4: e10015.

[47] Golub MD et al. (2016). Brain-computer interfaces for dissect-ing cognitive processes underlying sensorimotor control. Curr Opin Neurobiol 37: 53-58.

[48] Golub MD et al. (2018). Learning by neural reassociation. Nat Neurosci 21 (4): 607-616.

[49] Gould SJ, Lewontin RC (1979). The spandrels of San Marco and the Panglossian paradigm: a critique of the adaptation-ist programme. Proc R Soc London Ser B 205 (1161): 581-598.

[50] Green AM, Kalaska JF (2010). Learning to move machines with the mind. Trends Neurosci 34: 61-75.

[51] Hennig JA et al. (2018). Constraints on neural redundancy. eLife 7: 1-34.

[52] Hochberg L et al. (2006). Neuronal ensemble control of prosthetic devices by a human with tetraplegia. Nature 442 (7099): 164-171.

[53] Hochberg LR et al. (2012). Reach and grasp by people with tetraplegia using a neurally controlled robotic arm. Nature 485 (7398): 372-375.

[54] Hocherman S, Wise SP (1991). Effects of hand movement path on motor cortical activity in awake, behaving rhesus monkeys. Exp Brain Res 83 (2): 285-302.

[55] Holtzheimer PE, Mayberg HS (2011). Deep brain stimulation for psychiatric disorders. Annu Rev Neurosci 34 (1): 289-307.

[56] Huang HJ, Kram R, Ahmed AA (2012). Reduction of meta-bolic cost during motor learning of arm reaching dynamics. J Neurosci 32 (6): 2182-2190.

[57] Humphrey DR, Schmidt EM, Thompson WD (1970). Predicting measures of motor perform-ance from multiple cortical spike trains. Science 170 (3959): 758-762.

[58] Hwang EJ, Bailey PM, Andersen RA (2013). Volitional con-trol of neural activity relies on the natural motor repertoire. Curr Biol 23 (5): 353-361.

[59] Jackson A, Mavoori J, Fetz EE (2006). Long-term motor cortex plasticity induced by an electronic neural implant. Nature 444 (7115): 56-60.

[60] Jarosiewicz B et al. (2008). Functional network reorganization during learning in a brain-computer interface paradigm. Proc Natl Acad Sci U S A 105 (49): 19486-19491.

[61] Jarosiewicz B et al. (2015). Virtual typing by people with tetraplegia using a self-calibrating intracortical brain-computer interface. Sci Transl Med 7 (313): 313ra179.

[62] Johnson PB et al. (1996). Cortical networks for visual reach-ing: physiological and ana-tomical organization of frontal and parietal lobe arm regions. Cereb Cortex 6 (2): 102-119.

[63] Kakei S, Hoffman DS, Strick PL (1999). Muscle and move-ment representations in the pri-mary motor cortex. Science 285 (5436): 2136-2139.

[64] Kaufman MT et al. (2014). Cortical activity in the null space: permitting preparation with-out movement. Nat Neurosci 17: 440-448.

[65] Kawato M (1999). Internal models for motor control and trajectory planning. Curr Opin Neurobiol 9 (6): 718-727.

[66] Koralek AC et al. (2012). Corticostriatal plasticity is necessary for learning intentional neu-roprosthetic skills. Nature 483 (7389): 331-335.

[67] Latash ML (2012). The bliss (not the problem) of motor abundance (not redundancy). Exp Brain Res 217: 1-5.

[68] Law AJ, Rivlis G, Schieber MH (2014). Rapid acquisition of novel interface control by small ensembles of arbitrarily selected primary motor cortex neurons. J Neurophysiol 112 (6): 1528-1548.

[69] Leathers ML, Olson CR (2012). In monkeys making value-based decisions, LIP neurons encode cue salience and not action value. Science 338 (6103): 132-135.

［70］LeCun Y, Bengio Y, Hinton G (2015). Deep learning. Nature 521 (7553): 436-444.

［71］Leuthardt EC et al. (2004). A brain-computer interface using electrocorticographic signals in humans. J Neural Eng 1 (2): 63-71.

［72］Li CS, Padoa-Schioppa C, Bizzi E (2001). Neuronal correlates of motor performance and motor learning in the primary motor cortex of monkeys adapting to an external force field. Neuron 30 (2): 593-607.

［73］Libet B et al. (1983). Time of conscious intention to act in rela-tion to onset of cerebral activity (readiness-potential). The unconscious initiation of a freely voluntary act. Brain 106 (Pt. 3): 623-642.

［74］Lindbloom-Brown Z, Horwitz GD, Jazayeri M (2012). Saccadic eye movements evoked by optogenetic activation of primate V1. Nat Neurosci 15: 1368-1370.

［75］Machens CK (2010). Demixing population activity in higher cortical areas. Front Comput Neurosci 4: 126.

［76］Mante V, Sussillo D, Shenoy KV et al. (2013). Context-dependent computation by recurrent dynamics in prefrontal cortex. Nature 503 (7474): 78-84.

［77］Mehta B, Schaal S (2002). Forward models in visuomotor control. J Neurophysiol 88 (2): 942-953.

［78］Mellinger J et al. (2007). An MEG-based brain-computer interface (BCI). Neuroimage 36 (3): 581-593.

［79］Meng J et al. (2016). Noninvasive electroencephalogram based control of a robotic arm for reach and grasp tasks. Sci Rep 6: 1-15.

［80］Miri A et al. (2017). Behaviorally selective engagement of short-latency effector pathways by motor cortex. Neuron 95 (3): 683-696. e11.

［81］Moritz CT, Perlmutter SI, Fetz EE (2008). Direct control of paralysed muscles by cortical neurons. Nature 456 (7222): 639-642.

［82］Mountcastle VB et al. (1975). Posterior parietal association cortex of the monkey: command functions for operations within extrapersonal space. J Neurophysiol 38 (4): 871-908.

［83］Nudo RJ et al. (1996). Use-dependent alterations of movement representations in primary motor cortex of adult squirrel monkeys. J Neurosci 16 (2): 785-807.

［84］Nuyujukian P et al. (2015). A high-performance keyboard neural prosthesis enabled by task optimization. IEEE Trans Biomed Eng 62 (1): 21-29.

［85］Oby ER et al. (2019). New neural activity patterns emerge with long-term learning. Proc Natl Acad Sci 116: 15210-15215.

［86］Pandarinath C et al. (2018). Inferring single-trial neural population dynamics using sequential auto-encoders. Nat Methods 15 (10): 805-815.

［87］Pasley BN et al. (2012). Reconstructing speech from human auditory cortex. PLoS Biol 10 (1): e1001251.

［88］Perich MG, Gallego JA, Miller LE (2018). A neural population mechanism for rapid learning. Neuron 100 (4): 964-976. e7.

［89］Pfurtscheller G (2010). The hybrid BCI. Front Neurosci: 4: 1-11.

［90］Rajangam S et al. (2016). Wireless cortical brain-machine interface for whole-body navigation in primates. Sci Rep 6: 1-13.

［91］Ramos-Murguialday A et al. (2013). Brain-machine interface in chronic stroke rehabilitation: a controlled study. Ann Neurol 74 (1): 100-108.

［92］Ramsey NF et al. (2018). Decoding spoken phonemes from sensorimotor cortex with high-density ECoG grids. Neuroimage 180: 301-311.

［93］Rasmussen RG, Schwartz A, Chase SM (2017). Dynamic range adaptation in primary motor cortical populations. eLife 6: 9189.

［94］Rouse AG, Schieber MH (2015). Advancing brain-machine interfaces: moving beyond linear state space models. Front Syst Neurosci 9 (85): 108.

［95］Rouse AG et al. (2016). Spatial co-adaptation of cortical con-trol columns in a micro-ECoG brain-computer interface. J Neural Eng 13 (5): 056018.

［96］Sadtler PT et al. (2014). Neural constraints on learning. Nature 512 (7515): 423-426.

［97］Sani O, Yang Y, Lee M et al. (2018). Mood variations decoded from multi-site intracranial human brain activity. Nat Biotechnol 36: 954-961. https://doi. org/10. 1038/nbt. 4200.

［98］Santhanam G et al. (2006). A high-performance brain-computer interface. Nature 442 (7099): 195-198.

［99］Schafer RJ, Moore T (2011). Selective attention from volun-tary control of neurons in prefrontal cortex. Science 332 (6037): 1568-1571.

［100］Schalk G et al. (2008). Two-dimensional movement control using electrocorticographic signals in humans. J Neural Eng 5 (1): 75-84.

［101］Scholz JP, Schoner G (1999). The uncontrolled manifold concept: identifying control variables for a functional task. Exp Brain Res 126 (3): 289-306.

［102］Schultze-Kraft M et al. (2016). The point of no return in vetoing self-initiated movements. Proc Natl Acad Sci U S A 113 (4): 1080-1085.

［103］Schwarz DA et al. (2014). Chronic, wireless recordings of large-scale brain activity in freely moving rhesus monkeys. Nat Methods 11 (6): 670-676.

［104］Semedo JD et al. (2019). Cortical areas interact through a communication subspace. Neuron 102: 249-259.

［105］Serruya M et al. (2002). Instant neural control of a movement signal. Nature 416 (6877): 141-142.

［106］Shadmehr R, Krakauer JW (2008). A computational neuroanat-omy for motor control. Exp Brain Res 185 (3): 359-381.

［107］Shadmehr R, Mussa-Ivaldi F (1994). Adaptive representation of dynamics during learning of a motor task. J Neurosci 14 (5 Pt. 2): 3208-3224.

[108] Shaikhouni A et al. (2016). Restoring cortical control of functional movement in a human with quadriplegia. Nature 533 (7602): 1-13.

[109] Shenoy KV, Carmena JM (2014). Combining decoder design and neural adaptation in brain-machine interfaces. Neuron 84 (4): 665-680.

[110] Shenoy KV et al. (2003). Neural prosthetic control signals from plan activity. Neuroreport 14 (4): 591-596.

[111] Snyder LH, Batista AP, Andersen RA (1997). Coding of inten-tion in the posterior parietal cortex. Nature 386 (6621): 167-170.

[112] Sommer M, Wurtz R (2002). A pathway in primate brain for internal monitoring of movements. Science 296 (5572): 1480-1482.

[113] Spüler M (2017). A high-speed brain-computer interface (BCI) using dry EEG electrodes. PLoS One 12 (2): e0172400.

[114] Stavisky SD et al. (2017). Motor cortical visuomotor feedback activity is initially isolated from downstream targets in output-null neural state space dimensions. Neuron 95 (1): 195-208. e9.

[115] Sternad D et al. (2011). Neuromotor noise, error tolerance and velocity-dependent costs in skilled performance. PLoS Comput Biol 7 (9): e1002159.

[116] Sugrue LP, Corrado GS, Newsome WT (2004). Matching behavior and the representation of value in the parietal cortex. Science 304 (5678): 1782-1787.

[117] Sussillo D et al. (2016). Making brain-machine interfaces robust to future neural variability. Nat Commun 7: 13749.

[118] Tankus A, Fried I, Shoham S (2012). Structured neuronal encoding and decoding of human speech features. Nat Commun 3 (1): 1015.

[119] Taylor D, Tillery S, Schwartz A (2002). Direct cortical control of 3D neuroprosthetic devices. Science 296 (5574): 1829-1832.

[120] Thomas TM et al. (2019). Decoding native cortical represen-tations for flexion and extension at upper limb joints using electrocorticography. IEEE Trans Neural Syst Rehabil Eng 27 (2): 293-303.

[121] Thoroughman KA, Shadmehr R (1999). Electromyographic correlates of learning an internal model of reaching move-ments. J Neurosci 19 (19): 8573-8588.

[122] Todorov E, Jordan M (2002). Optimal feedback control as a theory of motor coordination. Nat Neurosci 5 (11): 1226-1235.

[123] Tseng YW, Diedrichsen J, Krakauer JW et al. (2007). Sensory prediction errors drive cerebellum-dependent adaptation of reaching. J Neurophysiol 98 (1): 54-62.

[124] Vansteensel MJ et al. (2016). Fully implanted brain-computer interface in a locked-in patient with ALS. N Engl J Med 375 (21): 2060-2066.

[125] Wang W et al. (2013). An electrocorticographic brain interface in an individual with tetraplegia. PLoS One 8 (2): e55344.

[126] Weiskopf N (2012). Real-time fMRI and its application to neurofeedback. Neuroimage 62 (2): 682–692.

[127] Wessberg J, Stambaugh C, Kralik J et al. (2000). Real-time prediction of hand trajectory by ensembles of cortical neu-rons in primates. Nature 408 (6810): 361–365.

[128] Wodlinger B et al. (2014). Ten-dimensional anthropomorphic arm control in a human brain-machine interface: difficulties, solutions, and limitations. J Neural Eng 12 (1): 1–17.

[129] Wolpert DM, Ghahramani Z, Jordan MI (1995). An internal model for sensorimotor integration. Science 269 (5232): 1880–1882.

[130] Wu W et al. (2006). Bayesian population decoding of motor cortical activity using a Kalman filter. Neural Comput 18 (1): 80–118.

[131] Wu HG et al. (2014). Temporal structure of motor variability is dynamically regulated and predicts motor learning ability. Nat Neurosci 17: 312–321.

[132] Yu BM et al. (2009). Gaussian-process factor analysis for low-dimensional single-trial analysis of neural population activity. J Neurophysiol 102 (1): 614–635.

[133] Zhou X et al. (2019). Distinct types of neural reorganization during long-term learning. J Neurophysiol 121 (4): 1329–1341.

第18章 脑 电 波

18.1 摘 要

脑电（EEG）发现于近100年前，至今仍是许多研究问题的首选方法，甚至应用于从运动期间神经科学研究中的功能性脑成像到脑-计算机接口等。本章提供了一些关于脑电的建立及其性质的背景信息。

本章首先从微观或神经元水平上仔细考查脑电波的来源，然后是记录技术、电极类型和常见的脑电伪迹。接着，对脑电现象，即自发脑电和事件相关电位的概述构成了本章的中间部分。最后一部分讨论了当前BCI研究中使用的大脑信号，包括简短的描述和应用示例。

18.2 引 言

EEG作为一种科学工具已经使用了近100年。德国神经学家和精神病医生汉斯·伯杰于1924年发现了一种特定的脑电波节律，称为α振荡，并于1929年发表了他的发现（Berger，1929）。

EEG是许多领域测量大脑活动的标准方法之一，也是无创性BCI的主要信号源。本章重点介绍EEG特性的生理基础、不同的记录技术及其可能的影响。最后一节描述了当前使用不同脑电信号的BCI研究应用。

18.3 脑电的建立

18.3.1 从神经元到脑电图

据估计，人脑由1000亿个神经元组成，每个神经元与其他神经元有大约10000个连接。这个巨大的电活动神经元网络可以分为许多子网络。这些子网络中存在的离子电流引起局部细胞外电位的变化。这些电位差的叠加被称为局部场电位（LFP）（Buzsáki 等，2012），LFP 的频谱非常宽，从直流电（direct current，DC）到几百赫，突触传递和动作电位（action potentials，AP）被视为 LFP 的主要来源（Einevoll 等，2013）。一个合理的假设是，突触传递是低频成分的来源，而 AP 是高频成分（>500Hz）的来源（Buzsáki 等，2012）。如果假设脑组织具有欧姆阻抗（即电阻与频率无关）和电偶极子源，则单个源对 LFP 的贡献随距离的平方衰减（Nunez 和 Srinivasan，2006）。然而，脑组织中阻抗的类型是有争议的，通常，假设脑组织具有高通特性（即高频通过，低频衰减），但也存在低通特性的迹象（Grimnes 和 Martinsen，2000；Bedard 等，2004）。

Logothetis 等（2007）的一篇论文表明，对于低频（<1000Hz），纯欧姆阻抗是一个充分的假设（Logothetis 等，2007），Linden 等（2011）最近对 LFP 进行的建模表明，对于不相关的活动，200μm 的范围是一个现实的假设。对于相关活动，这一评估更为困难，但他们得出的结论是"……电极记录的 LFP 主要由记录层中具有大量突触过程的群体控制"（Linden 等，2011）。因此，近源对 LFP 的贡献最大，而远源的贡献衰减剧烈。因此，只能测量头皮上大量神经元的集体活动（Fabiani 等，2007）。

EEG 是迄今为止测量脑电活动最常用的非侵入方法。它可以通过各种类型的电极测量脑电位（见 18.4.2 节），这些电极在脑电帽的帮助下安装在头皮上。这些测量的头皮电位是 LFP 修改后的形式（Buzsáki 等，2012），修改至少有两个原因：首先，如前所述，电场随与源的距离的平方衰减，因此，LFP 到达头皮电极时会显著衰减；其次，头部组织（主要是大脑、脑脊液、颅骨和头皮）的容积电导会导致约 $10cm^2$ 区域上的空间平滑（Buzsáki 等，2012）。

由于衰减和平滑，只有同步的大脑活动（大脑区域上总的大脑活动）才能在头皮层面上测量。同步发生的节律是 LFP 低频段的典型节律。LFP 的低频成分主要由相关的突触传递引起，可以看作同步椎体细胞中的神经偶极子（图 18.1）（Buzsáki 等，2012；Einevoll 等，2013）。由于只有传入 AP 导致突触传递，也可以假设低频率下对 LFP 的主要贡献来自皮层 1~4 层的这些传入 AP（图 18.1）。

AP 引起突触传递，但编码在 AP 尖峰序列中的信息与 LFP 低频成分中的信息不是一一对应的（Hodgkin 和 Huxley，1990；Einevoll 等，2013）。事实上，AP 通过突触传递与 LFP 之间的联系尚不完全清楚。离子跨膜电流可以用模型很好地描述，然而我们的理解受到 LFP 对周围细胞活动的反馈和其他影响的限制（Hodgkin 和 Huxley，1952；Goldman，2004；Einevoll 等，2013）。

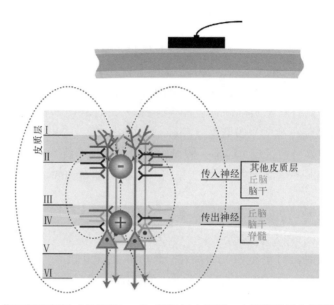

图 18.1 BCI 信号源示意图（见彩插）。Ⅰ－Ⅵ标记皮质层，皮质第Ⅴ层和第Ⅵ层的锥体细胞以绿色突出显示，它们的顶端和基底突触是彩色编码的。突触传递的时空树突整合导致偶极子的形成。如果数以百万计的神经元接收到同步的基底或顶端突触传递，产生的电场就会传播很远，甚至可以在头皮上检测到，将其称为 EEG（参考文献：Steyrl D., Kobler R. J. and Müller-Putz G. R. 2016. On similarities and differences of invasive and non-invasive electrical brain signals in brain-computer interfacing. J Biomed Sci Eng 9：393–398.）

总之，皮质传入纤维的 AP 可以引起突触传递，相关联的突触传递形成平行的神经偶极子，对 LFP 的同步低频成分贡献最大，因此也对头皮 EEG 贡献最大。

同步活跃的细胞群越大，电位偏移（EEG 的振幅）越高。相反，在脑深部结构（如杏仁核）中，神经元的电场通常朝向不同的方向，这阻碍了求和过程（即它们相互抵消）（Lorente de No，1947）。因此，这种结构不会产生较大的总和偶极子（Harmon-Jones 和 Beer，2012），故不能通过头皮的脑电振荡来评估，这在一定程度上也适用于脑沟的方向。

考虑到迄今为止已概述的 EEG 生理基础，正确解释 EEG 信号具有重要意义。头皮记录的 EEG 振荡仅代表特定时间点大脑电活动的一个子集。研究表明，低频振荡（如 θ）跨越较大的神经群体，而高频振荡（如 γ）跨越较小的神经群体（Buzsáki 和 Draguhn，2004）。

Gevins 和 Smith 概述了皮层电位在头皮层面上可测量程度的 5 个主要决定

因素（Gevins 和 Smith，2006）：①皮层信号振幅；②突触后电位同步发生区域的大小；③该区域同步细胞的比例；④激活皮质区域相对于头皮表面的位置和方向；⑤通过液体、颅骨和其他组织层传导产生的信号衰减和空间污染量。

18.4　记录、电极、放大器和伪迹

18.4.1　电极定位系统

在 EEG 记录中，电极位置基于标准位置系统，Jasper（1958）最初提出的 10-20 系统是国际公认的描述 EEG 头皮电极位置的方法之一，它确保电极间距离相等。在这里，电极放置在 4 个解剖标志点的 10% 和 20% 位置处：鼻根点、枕外部隆突、左和右耳前点。然而，为了获得更高的空间分辨率，可以在 10-20 系统中添加额外的电极，从而形成更详细的系统，如 10-10 或 10-5 系统。为此，在原来的 10-20 系统之间增加了中间位置（Oostenveld 和 Praamstra，2001）。图 18.2 所示为 10-5 系统，其中仅标记了原始的 10-20 系统电极。图 18.2 显示了电极位置的现有命名规则，以下规则适用。

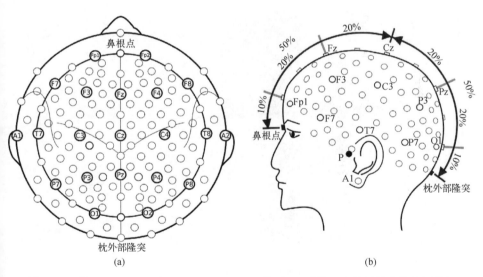

图 18.2　基于 Oostenveld 和 Praamstra（2001）的 10-5 系统。显示了选定的电极位置
（A1 为耳垂，P 为耳前点。它位于耳屏上方的鼻根和枕外部隆突之间）

（1）第一个字符指皮质区域（F=额叶区域、C=中央区域、P=顶叶区域、T=颞叶区域、O=枕叶区域）。这些区域之间的电极使用两个字符标记（如

FC = 额叶−中央 1）。

（2）一个数字（如 P3）或字符（如 Cz）表示左半球的位置，偶数表示右半球的位置。中线电极（在连接鼻和鼻的虚拟线上，顶点对应于它的一半长度）有"z"作为指示器。此外，数字随着与中线的距离增加而增加（如图 18.2 中的 Fz、F3、F7）。

然而，对于特定的 BCI 应用，研究人员通常会选择个性化和最终用户特定的电极位置。尽管如此，通常采用此处描述的一般规则。

18.4.2　测量 EEG 的电极原理

1924 年，科学家最开始将钢针插入头皮的皮下组织，并使用电流计对记录的信号进行可视化和解释（Berger，1929）。随着放大非常小的信号的技术发展，信号的质量和可解释性得到了改善。如今，氯化银（AgCl）覆盖电极仍是标准，Berger 于 1931 年推出（Colula，1993）。

测量 EEG 时，必须引入导电连接，以桥接电极和皮肤表面之间的间隙。目前，有 3 种常见类型的电极：凝胶基、水基或干电极。顾名思义，后者不需要额外的导电物质。图 18.3 所示为不同类型的脑电电极。

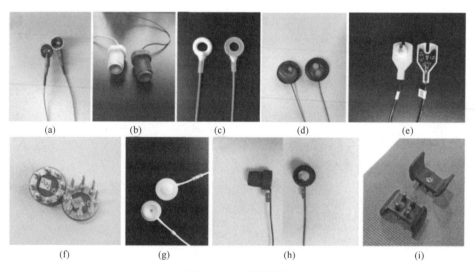

图 18.3　电极示例

（a）老式杯状电极；（b）老式被动烧结 AgCl 电极；（c）凝胶基（gel-based）被动 Ag/AgCl 环状电极（来自 EasyCap）；（d）凝胶基主动 Ag/AgCl 电极（g. tec 的 g. LADYbird）；（e）凝胶基主动 Ag/AgCl；（f）带镀金引脚的被动干式电极（g. tec 的 g. SAHARA 电极）；（g）（自来）水基（被动电极（Mobita，TMSi）；（h）（自来）水基无源电极；（i）带引脚的无源干式电极。

　　基于凝胶的电极可根据研磨凝胶或水凝胶（hydrogel）的使用情况进行细分。研磨凝胶主要与无源电极（电极和放大器输入之间的直接连接）结合使用。相比之下，水凝胶用于有源电极。在有源电极上，一个微型前置放大器安装在电极上，在信号传导到主放大器之前，提高信号的稳健性。这两种凝胶的主要区别在于，使用研磨性凝胶时，必须通过耗时的程序去除皮肤最顶层（由死亡细胞和少量脂肪组成），以降低阻抗，这可能导致皮肤刺激、感染或炎症。对于这两种类型的凝胶，参与者必须在测量后清洗头发。水基电极使用浸在水或盐水中的毛毡或其他织物材料将电极与皮肤连接，使用自来水浸泡的织物连接两个表面是一种相对较新且实用的方法。这种类型的电极应提供非常好的信号质量，设置时间较短，测量后无需洗发（Volosyak 等，2010；Pinegger 等，2016）。

　　相反，干式电极在没有任何导电物质的情况下工作，由金属合金或导电橡胶制成的针脚直接压在皮肤上，依靠少量现有汗液与皮肤相连。一些研究强调了不同干电极系统的优势（Zander 等，2011；Guger 等，2012；Mota 等，2013）。然而，经验表明，这种类型电极的一个主要缺点是对运动伪迹的敏感性。

　　从 BCI 最终用户的角度来看电极技术时，应最大限度地提高舒适度，并消除额外的不便（如洗头）。从技术角度来看，信号质量必须是最佳的，以使 BCI 高效地执行。因此，开发一种用户友好且同时提供必要信号质量的系统是一项挑战。最近的一项研究（Pinegger 等，2016）评估了 3 种不同的商用 EEG 采集系统。它们在电极类型（基于凝胶、基于水式或基于干式）、放大器技术和数据传输方法上有所不同。每个系统都从 3 个不同方面进行测试：①技术；②BCI 有效性和效率（P300 用于通信和控制）；③用户满意度（舒适度）。研究结果表明，基于水式的系统短路噪声水平最低，基于凝胶的系统 P300 拼写准确率最高，基于干式电极系统对用户造成的不便最小（Pinegger 等，2016）。

　　最近的另一项研究（Melnik 等，2017）调查了不同 EEG 系统之间的差异，并与受试者或疗程之间的差异进行了比较。作者测试了 4 种不同的系统，一种带有干电极的移动式 EEG 系统，另一种价格合理、通道数量少的系统，以及两种基于凝胶的标准研究级系统。他们在 6 种不同的标准 EEG 范式下，分别用 4 种 EEG 系统记录了 4 名受试者 3 次。作者描述了 2 个标准研究级 EEG 系统在所有范式中没有显著不同的方法。然而，另外 2 个 EEG 系统在至少一半的范式中显示出与 2 个标准研究级 EEG 系统中的一个或两个有不同的平均值。

　　可以得出结论，应用类型及其要求对于决定应使用哪种电极技术很重要

（Nijboer 等，2015）。当然，这通常与放大器的选择密切相关，因为许多电极都是公司特有的。如今，所有放大器都内置了模/数转换，并通过 USB 或网络连接与计算机相连。

18. 4. 3　EEG 伪迹

在进行 BCI 研究和单个试次分类时，处理干净的 EEG 数据非常重要。然而，EEG 信号总是有被污染的危险，因此 BCI 研究人员必须仔细考虑伪迹。一般来说，存在技术伪迹和生物伪迹。

技术伪迹的主要来源是电源线、电灯或其他领域的外部电气和电磁噪声。接触不良会导致高阻抗，从而产生电磁伪迹。不合适的电极材料会导致高通效应，从而隐藏请求的信号。此外，对 BCI 研究人员隐藏的主要是模拟数字转换的放大器噪声和量化噪声。由于错误调整滤波器而产生的混叠效应可能会有问题。经验表明，针对技术伪迹的主要对策包括：屏蔽记录系统、使用滤波器（如陷波滤波器以消除电源线噪声）和高质量放大器。参与者必须正确接地，以达到参与者和测量系统之间的电位平衡。

生物伪迹的主要来源是参与者的肌肉：肌电（EMG）活动（如颈部、面部）、眨眼和眼球运动。由于出汗引起的轻微基线漂移（信号零线漂移）也可能有问题。虽然 EMG 出现在 20~1500Hz 的范围内，但眼电（EOG）涵盖从直流到 10Hz 较窄的低频范围。根据 BCI 研究或应用的类型，建议同时记录 EOG 和 EMG，以用于检测或伪迹消除算法。必须在在线系统中检测并以某种方式指示伪迹，在该系统中处理 EEG 数据并生成对用户的反馈。根据离线或在线处理的类型，视觉和自动伪迹检测（Oostenveld 和 Praamstra，2001；Scherer 等，2007）或去除（SchlEurogl 等，2007；Daly 等，2015）对于记录正确的数据（即非伪迹特征）并由此获得可靠的分类结果非常重要。

18. 5　脑信号及其在 BCI 中的应用

EEG 研究区分了两种主要类型的大脑活动。因此，BCI 也有两种主要的无创和基于 EEG 的类型：①自发 EEG（也称为内源性或连续性 EEG），其基于主要产生持续 EEG 变化的内部诱发过程和心理任务；②基于事件或外部刺激的事件相关电位。

在本节中，将讨论这两种不同的现象，并随后给出突出的 BCI 示例。

18.5.1　自发脑电

自发或连续的 EEG 是在活着的个体中永久持续的大脑活动的可测量部分。在健康清醒的大脑中，该信号的峰间振幅通常低于 75μV，但有时会增加到 100μV（Gevins 和 Smith，2006）。相当一部分信号功率来自于频率带宽从 1Hz 以下到 40Hz 左右的节律振荡，即使更高的频率也可以测量到 100Hz（Schomer 和 da Silva，2012）。这种宽频率范围可细分为更小的功能范围，并带有相关名称（Schomer 和 da Silva，2012）。

α 节律以中频活动（8~13Hz）为特征，通常表示健康成年人的放松清醒状态（Berger，1929），这些振荡的振幅通常非常大，可达几十微伏，这种波型在人们闭眼休息期也很常见，在枕部波幅最大。基于这一发现，研究人员认为，α 波与认知不活跃的神经相关联，也被称为皮层“空闲”（Pfurtscheller 等，1996）。然而，对诱发 EEG 活动的研究（即 ERP 研究）发现，α 节律可能指示不同形式的信息加工，其中不同的 α 子代带（例如 8~10Hz 和 10~13Hz）用于不同的功能（Niedermeyer，1997；Klimesch，1999）。源自感觉运动区的 α 节律也称为 β 节律，可进一步细分为低频段 μ 节律和高频段 μ 节律（Pfurtscheller 等，2000），大的振幅指示静息感觉运动区。

β 振荡的特征是与各种精神状态相关的中高频活动（13~30Hz），精神状态如积极的专注、任务投入、兴奋、焦虑、注意力或警惕性，也是感觉运动活动的标志。该波的振幅通常为微伏。β 活动主要被认为是一种兴奋机制（Pfurtscheller 和 Lopes da Silva，1999）（图 18.4（e））。

γ 振荡的特征是非常高频的活动（30~200Hz，但当高于 100Hz 时，通常无法通过 EEG 测量）。这些振荡通常与唤醒和知觉绑定机制有关（即，将刺激的各个方面整合到连贯的整体感知中。γ 振幅已经相当小，通常在 1~2μV 之间（Hughes，2008）。

δ 波的特征是非常低频的活动（低于 1~4Hz），这通常与健康人的深度无意识睡眠有关。δ 波（振幅可以是 1μV 的十分之几）也与病理性神经状态有关，如昏迷或意识丧失。一般来说，δ 活动随着年龄的增长而减少，这表明 δ 活动主要是一种抑制机制（Hobson 和 Pace-Schott，2002）。

θ 波以低频活动（4~8Hz）出现，通常与特定的睡眠状态、嗜睡（drowsiness）和冥想有关。然而，在文献中，也描述了额叶中线 θ 的活动。这种类型的活动与脑力负荷有关，表明注意力指向现有刺激。通常，θ 波的振幅通常在 8~10μV 之间（Cahn 和 Polich，2006）。

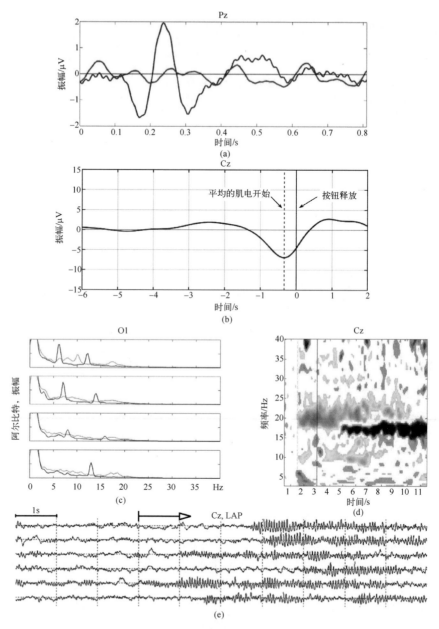

图 18.4　各种脑电图信号和模式（见彩插）

（a）P300 目标信号（蓝色）和平均非目标响应（红色）；（b）10 名受试者的 MRCP
平均超过 1000 项试验（Sburlea et al., 2015b）；（c）聚焦于 4 种不同闪光灯的 SSVEP 光谱：
6Hz、7Hz、8Hz、13Hz（Müller-Putz et al., 2005a）；（d）脚部运动想象中脊髓损伤的
最终用户 Cz 的拉普拉斯推导 ERD 图；（e）单个脑电图试验的拉普拉斯推导，对应于（d）的 Cz。

值得一提的是，这些节律可以锁时于事件，然而它们总是不锁相的。这意味着，当比较相似的试验时，振幅特性可能相似，EEG 节律的振荡不会具有相同的相位。因此，使用简单的平均技术不可能从信号中提取有意义的信息。然而，BCI 研究面临的主要挑战是，在不知道建立的时间点的情况下（即在异步 BCI 应用中）识别 EEG 中的振荡模式。最终用户可能希望在没有任何外部节奏、刺激或提示的情况下使用该系统。

有许多方法可以分析自发性 EEG，但与 ERP 分析相比，简单计算试次的平均值是行不通的（见 8.5.2 节）。为了获得与各种条件相关的自发 EEG 活动的第一个坚实的印象，BCI 研究中使用的标准方法之一是与参考期间的功率值相比较。Pfurtscheller 在 20 世纪 70 年代末引入的事件相关去同步（ERD）方法（Pfurtscheller 和 Aranibar，1977），在 Pfurtscheller 和 Lopes da Silva（1999）中有详细描述，该方法将活动期（an activity period）的频带功率值与参考（静息）期间的频带功率进行比较。这种比较会产生以百分比表示的相对频带功率变化。通过计算多个频带的这些值，可以获得表示为时频图的 ERD 图（Graimann et al.，2002）（图 18.4（d））。

还有许多其他方法可以利用这些 EEG 振荡成分进行直接反馈（神经反馈）（Birbaume 等，1999）或基于机器学习的 BCI。最常见的是频带功率（Guger 等，2000）、共空间模式（Ramoser 等，2000；Blankertz 等，2008）和许多其他模式（Wolpaw 和 Wolpaw，2012）。

然而，最重要的是，研究参与者或最终用户如何在心理上改变或影响这些振荡成分。

1. 运动想象和其他心理任务

最早的心理策略之一是手部的运动想象（MI）（Pfurtscheller 和 Neuper，1997；Cincotti 等，2003；Munzert 等，2009），MI 描述了运动任务在没有执行的情况下的心理预演。典型的动觉 MI 任务包括：①挤压训练球的想象（Kaiser 等，2014；Coyle 等，2015）；②手部的重复打开和关闭（Ramoser 等，2000；Pfurtscheller 等，2003）；③双脚的持续/重复运动想象，如双脚的背屈或跖屈（足底屈曲）（Müller-Putz 等，2007；Hashimoto 和 Ushiba，2013）。此外，这种动觉 MI 现象可以由外部事件触发，用户可以通过积极执行指定任务来诱发这种现象（Pfurtscheller 等，1997；Mason 和 Birch，2000；Millán 和 Mourino，2003）（有提示的运动想象，即同步 BCI 场景）。这一现象用于非提示引导的异步 BCI 场景，该场景下用户自行决定何时建立控制（Scherer 等，2004；Müller-Putz 等，2005a，b；Leeb 等，2007）。

MI 可能是控制基于感觉运动皮层节律调节的 BCI 的一种有效策略，这种

BCI 也称为术语感觉运动节律（SMR）的 BCI（Scherer 等，2008；Neuper 等，2009；Blankertz 等，2010；Pichiorri 等，2011；Faller 等，2012；Kreilinger 等，2013）。SMR-BCI 采用功率降低/增加作为特征来区分两种或多种不同的 MI。

除了运动想象，还有其他可以用来成功调节 EEG 模式的心理任务（Harmony 等，1996；Obermaier 等，2001；Millán 等，2002；Cabrera 等，2010；Jeunet 等，2016）。例如，在连续被动的动员任务中，不同程度或水平的动觉注意（从集中注意力到心不在焉）在 θ、α 和 β 频带水平上具有调节作用（Melinscak 等，2016）。另一项研究（Friedrich 等，2013）采用以用户为中心的方法探索了 7 项心理任务（心理旋转、单词联想、听觉想象、心理减法、空间导航、左手 MI、双脚 MI），并使用了最好的 4 个类别来构建 BCI。后来，该方法已成功在残疾最终用户中应用 BCI（Scherer 等，2015）。

18.5.2 事件相关电位

事件相关电位（ERP）主要来源于特定的外部刺激。Regan（1989）给出了以下定义：诱发电位（evoked potentials，EP）是由特定刺激或事件引发的瞬态波复合体，准确地说，该刺激或事件只重复一次。如果相关大脑机制在每次刺激之前处于静息状态，并且在下一次刺激之前恢复到静息状态，则平均的瞬态 EP 反映了真实的反应。因此，假设 EP 对单个事件的反应不依赖于上一个事件。

例如，当刺激是视觉、听觉、体觉，甚至嗅觉时，它们（刺激引发的脑电响应）称为诱发电位。然而，ERP 也可以由一个人执行任务的内在意愿产生的动作引发。例如，当开始一个动作时，甚至当尝试或想象这样的单次动作时（Shibasaki 等，1980）。这个 ERP 的特例是运动相关皮层电位（MRCP）。ERP 的另一个例子是错误相关电位（error-related potential，ErrP）。刺激后，由于与人的期望不匹配，对人来说似乎是错误的，因此诱发的脑电波可以从头皮中线记录下来（Falkenstein 等，1991）。稳态诱发电位（steady-state evoked potential，SSEP）是另一种仅在刺激（视觉或触觉的）呈现高重复率（通常高于 6Hz 的重复）时才会被诱发的电位。Regan（1989）定义：当感觉刺激以足够高的速率重复呈现，从而阻止相关神经元结构恢复到其静息状态时，SSEP 就会发生。理想情况下，离散频率分量在无限长的时间内保持振幅和相位不变。实际上，SSEP 从未完全满足理想 SSEP 的定义。

ERP 信号通常不是很强，因此很难在原始的单次试验数据中将其与自发 EEG 区分开来。然而，通过重复呈现刺激和平均 EEG 响应，这些 ERP 可以变得可见。由于进行中的 EEG 对刺激既不锁时也不锁相，平均值会增加信噪比

（Regan，1989；Fabiani 等，2007；Luck，2014）。然而，在 BCI 研究中，我们的目标通常是实现单次试验检测，在这种情况下，需要特定的范式设计、信号处理技术和机器学习方法（见第 2 章和第 23 章）。

接下来将讨论基于不同 ERP 的各种类型的 BCI 以及特定的 ERP 成分。

1. P300 成分

P300 被认为指示了与注意和记忆机制相关的信息加工，最早由 Sutton 等（1965 年）描述。最近的证据表明，P300 由两个子成分组成：①P3a，也称为"新奇 P3（novelty P3）"；②P3b，也称为"经典 P300（classical P300）"。P3a 是一种正电位，在额叶/中央电极位置具有最大振幅，峰值潜伏期（从新颖刺激开始到峰值的时间）在 250~280ms 之间。该波与吸引注意力（尤其是环境变化的定向、非自愿转移）和加工新奇事物有关。相反，P3b 是一种正电位，最大（潜伏期）约 300ms，尽管取决于任务，但峰值在 250~500ms 的潜伏期范围内变化，振幅通常在顶叶中线区域最高。一般来说，P3b 与事件发生的可能性有关，事件发生的可能性越小，P3b 越大（Katayama 和 Polich，1998；Simons 等，2001）。

P300 成分用于设计首批 BCI 系统之一。早在 1988 年，Farwell 和 Donchin（1988）就提出了第一个基于视觉 P300 的 BCI 范式。研究人员向受试者呈现计算机屏幕上显示的字符矩阵。矩阵的行和列以短时间间隔闪烁突出显示，要求受试者专注或聚焦于所需的字符（字符对应行和列的交叉点），并在内心计算其闪烁次数（对于每一行和列的闪烁）（图 18.4（a））。从那时起，已公布了许多 BCI 示例并仍在发表，探索 P300 的不同特性。Kaufmann 等（2011）做出了一项重大贡献，他引入了人脸图片作为刺激物，而不是简单的闪烁字符，面孔因其心理上的显著性而被认为能引发特别强烈的 ERP。2013 年，他发表了一项研究，表明该系统显著提高了 ALS 患者的准确性（Kaufmann 等，2013）。

从那时起，开发了许多应用，其中包括：大脑绘画、网络浏览、音乐创作（Pinegger 等，2017）。

由于许多人的视觉聚焦非常精确，触觉刺激可用于诱发 P300（Brouwer 和 van Erp，2010；Herweg 等，2016）。

此外，也已经开发出听觉 P300 BCI，现在提供了更多的方法来帮助或协助具有有限视觉通路的最终用户（Hohne 等，2010；Schreuder 等，2011；Pokorny 等，2013）。

2. 稳态诱发电位

这种电位表现为与刺激频率相同频率的正弦信号，有时频率更高，并且表现为次谐波（Herrmann，2001；Müller-Putz 等，2005a）。21 世纪初以来，人们研究了基于 SSVEP 的 BCI，该 BCI 首次由 Middendorf 等（2000）提出。从那时起，出现了许多论文，研究更多的类别（Gao 等，2003），图 18.4（c）所示的高次谐波（Müller Putz 等，2005a）以及其他特征，如叠加刺激以避免眼球运动（Allison 等，2008）。Pinegger 等展示了 SSVEP-BCI 的一个新应用，他们采用这种分析来检查用户是否专注 P300 拼写矩阵，当用户的注意力转移时，行-列闪烁引起的 SSVEP 也会减少，拼写可以停止（Pinegger 等，2014）。由于并非所有最终用户都能控制自己的眼球运动，Müller-Putz 提出了利用稳态体感诱发电位（steady-state somatosensory evoked potentials，SSSEP）创建 BCI 的想法，该 BCI 基于对两个食指的重复性触觉刺激（Müller-Putz 等，2006）。作为一个基本概念，提供了证据，然而，后来的尝试并没有将这种 BCI 提升到最终用户可以从中充分受益的水平（Breitwieser 等，2016；Pokorny 等，2016）。然而，健康的 BCI 用户在参与合作任务（如游戏）时，也可以利用 SSVEP（Cruz 等，2017）。

3. 错误电位

提高 BCI 性能的一种可能方法是，在对特定决策做出反应后，从记录的大脑信号中自动检测错误，从而允许 BCI 系统纠正或抑制错误的命令（构建数学模型，模拟自动控制系统的调节方法）。

在 20 世纪 90 年代初，ErrP 的概念出现了，由于其负极性，常被称为错误相关负性（ERN）。它被描述为一种特征波复合体，可在扣带回前部（ACC）上方的额叶中线电极上测量，其中 ACC 是一个以其在冲突监控和错误处理中的功能作用而闻名的大脑区域（Carter，1998；Botvinickdeng，1999，2004）。ERN 与反应同时发生，通常在反应开始后 100ms 内达到峰值，然而，根据错误峰值的类型，潜伏期也可能在响应开始后 500ms 内变化。通常，ErrP 发生在受试者感知到错误事件之后。

根据这些电位的产生方式，它们被定义为观测（Miltner 等，1997）、反馈（Miltner 等，1997）、反应（Falkenstein 等，1991）或交互 ErrP（Ferrez 和 Millán，2008；Chavarriaga 等，2014）。可以在 ACC 上的区域检测到交互 ErrPs（Mathalon 等，2003），并且可以在受试者目睹预期命令的错误执行后测量得到。从用户的角度来看，每当所使用的控制接口误解命令时，就会发生交互 ErrP。

与其他类型的 ErrP 相比，交互 ErrP 似乎最有希望为最终用户提高 BCI 应用的性能，因为其他类型的 ErrP 不需要用户的参与，也不出现在自定节奏的场景中。

通过利用这些交互 ErrP，可以通过检测对错误的特定反应来改进 BCI 的性能，这些反应不同于对正确事件的反应，可以抑制错误动作，从而提高 BCI 驱动系统的精确度。一些研究已经提到了各种范式的纠错技术能力（Ferrez 和 Millán，2008）。通常，这些实验中采用的范式设计能很好地用于 ErrP 加工。由于反馈的离散性，通过评估离散事件后的时间段，可以很容易地检测到 ErrP。

然而，现代 BCI 应用程序不再局限于离散程序，即在一个给定的时间点只能做出一个离散决策，相反，持续控制的应用程序越来越重要，因为它们为日常生活活动提供了更自然的 BCI 实现。相关的例子有可持续移动的轮椅（Galán 等，2008）或在电脑游戏中移动的汽车（Kreilinger 等，2016）。

最近的一项研究表明，在其中一次连续应用期间，也可以记录和利用 ErrP。以移动假肢的形式进行的连续反馈与其他离散事件（如触发器）相耦合，并且在离线分析（Kreilinger 等，2012；Omedes 等，2018）以及异步分析（Lopes-Dias 等，2018）中成功地发现了 ErrP。

Iturrate 及其同事最近提出了一种替代和补充的 BCI 范式（Iturrate 等，2015 年），在他们的方法中，机械臂执行参与者评估为错误或正确的动作，并利用该评估的相关大脑模式来学习合适的动作行为。

4. 运动相关皮层电位

运动相关皮层电位（MRCP）是由 Kornhuber 和 Deecke（1965）于 1965 年发现的，作为主动动作的肌电（EMG）开始之前的 EEG 电位（必须监测肌电信号，肌电爆发的开始时刻需要准确测量），在运动和感觉运动区域观察到了这些电位。在他们的研究中，研究了食指的弯曲，随后，研究了其他类型运动中的 MRCP，如手部运动（Jochumsen 等，2015；Ofner 等，2017；Pereira 等，2017；Schwarz 等，2018）、脚部运动（Shibasaki 等，1981；do Nascimento 等，2005）以及其他动作，如行走（Jiang 等，2015；Sburlea 等，2015b），见图 18.4（b）。

在所有类型的运动中，MRCP 在运动开始前以负斜率出现（这种以负斜率的变化称为准备电位，Bereitschafts-potential，BP），并且对于脚部和手部的运动具有相似的分布，并且在运动开始前 1.2~0.5s（-1.2~0.5s，肌电开始时刻为 0 时刻）开始。在肌电开始之前，最大负电位在 -0.5~0s 之间达到。在足部运动的情况下，MRCP 在中线中央前区可见并对称分布，而在手部运动的情况下，MRCP 定位于对侧中央前区。据认为，MRCP 的最大负电位与特定运动有关，而准备电位（BP）更多地与大脑皮层为自主运动所做的非特异性准备（或计划，a nonspecific preparation（or planning））有关

（Shibasaki 等，1980）。

MRCP 不仅在动作执行过程中观察到，而且在尝试执行和动作想象过程中也存在，这对应一个非常有价值的特性，可用于基于 EEG 的 BCI。MRCP 已在健康受试者（Niazi 等，2011；López-Larraz 等，2014；Jiang 等，2015；Jochumsen 等，2015；Sburlea 等，2015a；Pereira 等，2017；Pereira 等，2018）和患者（Sburlea 等，2015a；Miltner 等，2016；Sburlea 等，2017）中进行了研究，尤其是在较低的 δ 频率下检测运动意图。正在进行的研究专注于运动障碍患者（中风或脊髓损伤）康复，采用 MRCP 控制辅助机器人设备或神经假肢（López-Larraz 等，2016；Müller-Putz 等，2017）。MRCP 最早成分（BP）的检测也可以增强积极的神经可塑性（MrachaczKersting 等，2012 年；Xu 等，2014 年），并促进恢复。

对灵长类动物（Nicolelis 和 Chapin，2002）和人类（Hochberg 等，2006；Collinger 等，2013）的皮质内研究表明，大脑信号包含关于三维空间中手部运动轨迹的信息。根据类似的研究目标（解码运动轨迹），但通过无创性 EEG 活动，一些初步结果（Bradberry 等，2010；Ofner 和 Müller Putz，2012；Antelis 等，2013；Ofner 和 Müller Putz，2015）表明可以从低频 EEG 振幅中恢复运动轨迹信息。虽然这些研究报告了有前景的结果，但在最终用户可以使用这种无创性 BCI 之前，还有很多研究需要进行。有关该主题的详细评论请参见 Müller Putz 等（2016）。

18.6 总　　结

本章详细讨论了 EEG，从神经生理学基础到 EEG 现象、信号记录方法，以及 BCI 研究中使用的相应信号模式。凭借 EEG 的高时间分辨率和易用性，EEG 已经并将继续在针对残疾最终用户和健康用户的 BCI 应用中发挥重要作用（Nijholt 等，2009；Brunner 等，2015；Gürkök 等，2017）。此外，EEG 与其他记录技术的结合，如近红外光谱技术（Shin 等，2017）或 fMRI（Zich 等，2015；Steyrl 等，2017）在过去几年中变得越来越重要。最后，用于源定位的高密度脑电记录越来越受到对运动神经生理特别感兴趣的研究者的关注。这是因为与 fMRI 相比，EEG 允许在参与者进行身体运动时进行测量（Seeber 等，2016；Wagner 等，2016）。

参 考 文 献

[1] Allison BZ et al. (2008). Towards an independent braincomputer interface using steady state visual evoked potentials. Clin Neurophysiol 119: 399−408.

[2] Antelis JM et al. (2013). On the usage of linear regression models to reconstruct limb kinematics from low frequency EEG signals. PLoS One 8: e61976.

[3] Bédard C, Kröger H, Destexhe A (2004). Modeling extracellular field potentials and the frequency-filtering properties of extracellular space. Biophys J 86: 1829−1842.

[4] Berger H (1929). Über das Elektrenkephalogramm des Menschen. Arch Psychiatr Nervenkr 87: 527−570.

[5] Birbaumer N et al. (1999). A spelling device for the paralysed. Nature 398: 297−298.

[6] Blankertz B et al. (2008). Optimizing spatial filters for robust EEG single-trial analysis. IEEE Signal Process Mag 25: 41−56.

[7] Blankertz B et al. (2010). Neurophysiological predictor of SMR-based BCI performance. Neuroimage 51: 1303−1309. https://doi. org/10. 1016/j. neuroimage. 2010. 03. 022.

[8] Botvinick M et al. (1999). Conflict monitoring versus selection-for-action in anterior cingulate cortex. Nature 402: 179−181.

[9] Botvinick MM, Cohen JD, Carter CS (2004). Conflict monitoring and anterior cingulate cortex: an update. Trends Cogn Sci 8: 539−546.

[10] Bradberry TJ, Gentili RJ, Contreras-Vidal JL (2010). Reconstructing three-dimensional hand movements from noninvasive electroencephalographic signals. J Neurosci 30: 3432−3437.

[11] Breitwieser C, Pokorny C, Müller-Putz GR (2016). A hybrid three-class brain-computer interface system utilizing SSSEPs and transient ERPs. J Neural Eng 13: 066015.

[12] Brouwer A-M, van Erp JBF (2010). A tactile P300 braincomputer interface. Front Neurosci 4: https://doi. org/10. 3389/fnins. 2010. 00019.

[13] Brunner C et al. (2015). BNCI Horizon 2020: towards a roadmap for the BCI community. Brain Comput Interfaces 2: 1−10.

[14] Buzsáki G, Draguhn A (2004). Neuronal oscillations in cortical networks. Science 304: 1926−1929.

[15] Buzsáki G, Anastassiou CA, Koch C (2012). The origin of extracellular fields and currents—EEG, ECoG, LFP and spikes. Nat Rev Neurosci 13: 407−420.

[16] Cabrera AF, Farina D, Dremstrup K (2010). Comparison of feature selection and classification methods for a brain-computer interface driven by non-motor imagery. Med Biol Eng Comput 48: 123−132. https://doi. org/10. 1007/s11517-009-0569-2.

[17] Cahn BR, Polich J (2006). Meditation states and traits: EEG, ERP, and neuroimaging studies. Psychol Bull 132: 180-211.

[18] Carter CS (1998). Anterior cingulate cortex, error detection, and the online monitoring of performance. Science 280: 747-749.

[19] Chavarriaga R, Sobolewski A, Millán JDR (2014). Errare machinale est: the use of error-related potentials in brainmachine interfaces. Front Neurosci 8: 208.

[20] Cincotti F et al. (2003). The use of EEG modifications due to motor imagery for brain-computer interfaces. IEEE Trans Neural Syst Rehabil Eng 11: 131 – 133. https://doi.org/10.1109/tnsre.2003.814455.

[21] Collinger JL et al. (2013). High-performance neuroprosthetic control by an individual with tetraplegia. Lancet 381: 557-564.

[22] Collura TF (1993). History and evolution of electroencephalographic instruments and techniques. J Clin Neurophysiol 10: 476-504.

[23] Coyle D et al. (2015). Sensorimotor modulation assessment and brain-computer Interface training in disorders of consciousness. Arch Phys Med Rehabil 96: S62 – S70. https://doi.org/10.1016/j.apmr.2014.08.024.

[24] Cruz I et al. (2017). Kessel run—a cooperative multiplayer SSVEP BCI game. In: International conference on intelligent technologies for interactive entertainment, Springer, Cham, pp. 77-95.

[25] Daly I et al. (2015). FORCe: fully online and automated artifact removal for brain-computer interfacing. IEEE Trans Neural Syst Rehabil Eng 23: 725-736.

[26] do Nascimento OF, Nielsen KD, VoigtM (2005). Relationship between plantar-flexor torque generation and the magnitude of movement-related potentials. Exp Brain Res 160: 154-165.

[27] Einevoll GT et al. (2013). Modelling and analysis of local field potentials for studying the function of cortical circuits. Nat Rev Neurosci 14: 770-785.

[28] Fabiani M, Gratton G, Federmeier KD (2007). Event-related brain potentials: methods, theory, and applications. In: J Cacioppo, L Tassinary, G Berntson (Eds.), Handbook of psychophysiology, Cambridge University Press, pp. 85-119.

[29] Falkenstein M et al. (1991). Effects of crossmodal divided attention on late ERP components II. Error processing in choice reaction tasks. Electroencephalogr Clin Neurophysiol 78: 447-455.

[30] Faller J et al. (2012). Autocalibration and recurrent adaptation: towards a plug and play online ERD-BCI. IEEE Trans Neural Syst Rehabil Eng 20: 313-319.

[31] Farwell LA, Donchin E (1988). Talking off the top of your head: toward a mental prosthe-

sis utilizing event-related brain potentials. Electroencephalogr Clin Neurophysiol 70: 510-523.

[32] Ferrez PW, Millán JDR (2008). Error-related EEG potentials generated during simulated brain-computer interaction. IEEE Trans Biomed Eng 55: 923-929.

[33] Friedrich EVC, Neuper C, Scherer R (2013). Whatever works: a systematic user-centered training protocol to optimize brain-computer interfacing individually. PLoS one 8: e76214.

[34] Galán F et al. (2008). Abrain-actuated wheelchair: asynchronous and non-invasive brain-computer interfaces for continuous control of robots. Clin Neurophysiol 119: 2159-2169.

[35] Gao X et al. (2003). A BCI-based environmental controller for the motion-disabled. IEEE Trans Neural Syst Rehabil Eng 11: 137-140.

[36] Gevins A, Smith ME (2006). Electroencephalography (EEG) in neuroergonomics. In: R Parasuraman, M Rizo (Eds.), Neuroergonomics. Oxford University Press pp. 15-31.

[37] Goldman MS (2004). Enhancement of information transmission efficiency by synaptic failures. Neural Comput 16: 1137-1162.

[38] Graimann B et al. (2002). Visualization of significant ERD/ERS patterns in multichannel EEG and ECoG data. Clin Neurophysiol 113: 43-47.

[39] Grimnes S, Martinsen ØG (2000). Data and models. In: Bioimpedance and bioelectricity basics, Academic Press 195-239.

[40] Guger C, Ramoser H, Pfurtscheller G (2000). Real-time EEG analysis with subject-specific spatial patterns for a braincomputer interface (BCI). IEEE Trans Rehabil Eng 8: 447-456.

[41] Guger C et al. (2012). Comparison of dry and gel based electrodes for p300 brain-computer interfaces. Front Neurosci 6: 60.

[42] Gürkök H et al. (2017). Meeting the expectations from braincomputer interfaces. Comput Entertain 15: 5.

[43] Harmon-Jones E, Beer JS (2012). Methods in social neuroscience, Guilford Press.

[44] Harmony T et al. (1996). EEG delta activity: an indicator of attention to internal processing during performance of mental tasks. Int J Psychophysiol 24: 161-171. https://doi.org/10.1016/s0167-8760 (96) 00053-0.

[45] Hashimoto Y, Ushiba J (2013). EEG-based classification of imaginary left and right foot movements using beta rebound. Clin Neurophysiol 124: 2153-2160. https://doi.org/10.1016/j.clinph.2013.05.006.

[46] Herrmann CS (2001). Human EEG responses to 1-100Hz flicker: resonance phenomena in visual cortex and their potential correlation to cognitive phenomena. Exp Brain Res 137: 346-353.

[47] Herweg A et al. (2016). Wheelchair control by elderly participants in a virtual environment

with a brain-computer interface (BCI) and tactile stimulation. Biol Psychol 121: 117-124.

[48] Hobson JA, Pace-Schott EF (2002). The cognitive neuroscience of sleep: neuronal systems, consciousness and learning. Nat Rev Neurosci 3: 679-693.

[49] Hochberg LR et al. (2006). Neuronal ensemble control of prosthetic devices by a human with tetraplegia. Nature 442: 164-171.

[50] Hodgkin AL, Huxley AF (1952). A quantitative description of membrane current and its application to conduction and excitation in nerve. J Physiol 117: 500-544.

[51] Hodgkin AL, Huxley AF (1990). A quantitative description of membrane current and its application to conduction and excitation in nerve. Bull Math Biol 52: 25-71 (discussion 5-23).

[52] Hohne J et al. (2010). Two-dimensional auditory p300 speller with predictive text system. Conf Proc IEEE Eng Med Biol Soc 2010: 4185-4188.

[53] Hughes JR (2008). Gamma, fast, and ultrafast waves of the brain: their relationships with epilepsy and behavior. Epilepsy Behav 13: 25-31.

[54] Iturrate I et al. (2015). Teaching brain-machine interfaces as an alternative paradigm to neuroprosthetics control. Sci Rep 5: 13893.

[55] Jasper HH (1958). The ten-twenty electrode system of the international federation. Electroencephalogr Clin Neurophysiol 10: 371-375.

[56] Jeunet C, N'Kaoua B, Lotte F (2016). Advances in user-training for mental-imagery-based BCI control. Prog Brain Res 228: 3-35. https://doi. org/10. 1016/bs. pbr. 2016. 04. 002.

[57] Jiang N et al. (2015). A brain-computer interface for singletrial detection of gait initiation from movement related cortical potentials. Clin Neurophysiol 126: 154-159.

[58] Jochumsen M et al. (2015). Detecting and classifying movement-related cortical potentials associated with hand movements in healthy subjects and stroke patients from single-electrode, single-trial EEG. J Neural Eng 12: 056013.

[59] Kaiser V et al. (2014). Cortical effects of user training in a motor imagery based brain-computer interface measured by fNIRS and EEG. Neuroimage 85: 432-444. https://doi. org/10. 1016/j. neuroimage. 2013. 04. 097.

[60] Katayama J, Polich J (1998). Stimulus context determines P3a and P3b. Psychophysiology 35: 23-33.

[61] Kaufmann T et al. (2011). Flashing characters with famous faces improves ERP-based brain-computer interface performance. J Neural Eng 8: 056016.

[62] Kaufmann T et al. (2013). Face stimuli effectively prevent brain-computer interface inefficiency in patients with neurodegenerative disease. Clin Neurophysiol 124: 893-900.

[63] Klimesch W (1999). EEG alpha and theta oscillations reflect cognitive and memory perform-

ance: a review and analysis. Brain Res Brain Res Rev 29: 169-195.

[64] Kornhuber HH, Deecke L (1965). Hirnpotentialänderungen bei Willkürbewegungen und passiven Bewegungen des Menschen: Bereitschaftspotential und reafferente Potentiale. Pflugers Arch Gesamte Physiol Menschen Tiere 284: 1-17.

[65] Kreilinger A, Neuper C, Müller-Putz GR (2012). Error potential detection during continuous movement of an artificial arm controlled by brain-computer interface. Med Biol Eng Comput 50: 223-230.

[66] Kreilinger A et al. (2013). BCI and FES training of a spinal cord injured end-user to control a neuroprosthesis. Biomed Tech (Berl) 58. https://doi. org/10. 1515/bmt-2013-4443.

[67] Kreilinger A, Hiebel H, Müller-Putz GR (2016). Single versus multiple events error potential detection in a BCIcontrolled car game with continuous and discrete feedback. IEEE Trans Biomed Eng 63: 519-529.

[68] Leeb R et al. (2007). Self-paced (asynchronous) BCI control of a wheelchair in virtual environments: a case study with a tetraplegic. Comput Intell Neurosci 2007: 79642.

[69] Lindén H et al. (2011). Modeling the spatial reach of the LFP. Neuron 72: 859-872.

[70] Logothetis NK, Kayser C, Oeltermann A (2007). In vivo measurement of cortical impedance spectrum in monkeys: implications for signal propagation. Neuron 55: 809-823.

[71] Lopes Dias C, Sburlea AI, Müller-Putz GR (2018). Masked and unmasked error-related potentials during continuous control and feedback. J Neural Eng 15: 036031.

[72] López-Larraz E et al. (2014). Continuous decoding of movement intention of upper limb self-initiated analytic movements from pre-movement EEG correlates. J Neuroeng Rehabil 11: 153.

[73] López-Larraz E et al. (2016). Control of an ambulatory exoskeleton with a brain-machine Interface for spinal cord injury gait rehabilitation. Front Neurosci 10: 359.

[74] Lorente de No R (1947). Action potential of the motoneurons of the hypoglossus nucleus. J Cell Comp Physiol 29: 207-287.

[75] Luck SJ (2014). An introduction to the event-related potential technique, MIT Press.

[76] Mason SG, Birch GE (2000). A brain-controlled switch for asynchronous control applications. IEEE Trans Biomed Eng 47: 1297-1307. https://doi. org/10. 1109/10. 871402.

[77] Mathalon DH, Whitfield SL, Ford JM (2003). Anatomy of an error: ERP and fMRI. Biol Psychol 64: 119-141.

[78] Melinscak F, Montesano L, Minguez J (2016). Asynchronous detection of kinesthetic attention during mobilization of lower limbs using EEG measurements. J Neural Eng 13: 016018.

[79] Melnik A et al. (2017). Systems, subjects, sessions: to what extent do these factors influence EEG data? Front Hum Neurosci 11: 150.

[80] Middendorf M et al. (2000). Brain-computer interfaces based on the steady-state visual-evoked response. IEEE Trans Rehabil Eng 8: 211-214.

[81] Millán JDR, Mourino J (2003). Asynchronous BCI and local neural classifiers: an overview of the adaptive brain interface project. IEEE Trans Neural Syst Rehabil Eng 11: 159-161. https://doi. org/10. 1109/tnsre. 2003. 814435.

[82] Millán JDR et al. (2002). A local neural classifier for the recognition of EEG patterns associated to mental tasks. IEEE Trans Neural Netw 13: 678-686.

[83] Miltner WH, Braun CH, ColesMG (1997). Event-related brain potentials following incorrect feedback in a timeestimation task: evidence for a "generic" neural system for error detection. J Cogn Neurosci 9: 788-798.

[84] Miltner WHR, Bauder H, Taub E (2016). Change in movementrelated cortical potentials following constraint-induced movement therapy (CIMT) after stroke. Z Psychol 224: 112-124.

[85] Mota AR et al. (2013). Development of a quasi-dry electrode for EEG recording. Sensors Actuators A Phys 199: 310-317.

[86] Mrachacz-Kersting N et al. (2012). Precise temporal association between cortical potentials evoked by motor imagination and afference induces cortical plasticity. J Physiol 590: 1669-1682.

[87] Müller-Putz GR, Scherer R, Brauneis C et al. (2005a). Steadystate visual evoked potential (SSVEP) -based communication: impact of harmonic frequency components. J Neural Eng 2: 123-130.

[88] Müller-Putz GR, Scherer R, Pfurtscheller G et al. (2005b). EEG-based neuroprosthesis control: a step towards clinical practice. Neurosci Lett 382: 169-174.

[89] Müller-Putz GR et al. (2006). Steady-state somatosensory evoked potentials: suitable brain signals for brain-computer interfaces? IEEE Trans Neural Syst Rehabil Eng 14: 30-37.

[90] Müller-Putz GR et al. (2007). Event-related beta EEG-changes during passive and attempted foot movements in paraplegic patients. Brain Res 1137: 84-91.

[91] Müller-Putz GR et al. (2016). From classic motor imagery to complex movement intention decoding: the noninvasive Graz-BCI approach. Prog Brain Res 228: 39-70.

[92] Müller-Putz GR et al. (2017). Towards non-invasive EEGbased arm/hand-control in users with spinal cord injury. In: 2017 5th international winter conference on braincomputer interface (BCI), IEEE. https://doi. org/10. 1109/iww-bci. 2017. 7858160.

[93] Munzert J, Lorey B, Zentgraf K (2009). Cognitive motor processes: the role of motor imagery in the study of motor representations. Brain Res Rev60: 306-326. https://doi. org/10. 1016/j. brainresrev. 2008. 12. 024.

[94] Neuper C et al. (2009). Motor imagery and action observation: modulation of sensorimotor

brain rhythms during mental control of a brain-computer interface. Clin Neurophysiol 120: 239-247.

[95] Niazi IK et al. (2011). Detection of movement intention from single-trial movement-related cortical potentials. J Neural Eng 8: 066009.

[96] Nicolelis MAL, Chapin JK (2002). Controlling robots with the mind. Sci Am 287: 46-53.

[97] Niedermeyer E (1997). Alpha rhythms as physiological and abnormal phenomena. Int J Psychophysiol 26: 31-49.

[98] Nijboer F et al. (2015). Usability of three electroencephalogram headsets for brain-computer interfaces: a within subject comparison. Interact Comput 27: 500-511.

[99] Nijholt A, Plass-Oude Bos D, Reuderink B (2009). Turning shortcomings into challenges: brain-computer interfaces for games. Entertain Comput 1: 85-94.

[100] Nunez PL, Srinivasan R (2006). Electric fields of the brain: the neurophysics of EEG, Oxford University Press, USA.

[101] Obermaier B et al. (2001). Information transfer rate in a five-classes brain-computer interface. IEEE Trans Neural Syst Rehabil Eng 9: 283-288.

[102] Ofner P, Müller-Putz GR (2012). Decoding of velocities and positions of 3D arm movement from EEG. Conf Proc IEEE Eng Med Biol Soc 2012: 6406-6409.

[103] Ofner P, Müller-PutzGR (2015). Using a noninvasive decoding method to classify rhythmic movement imaginations of the arm in two planes. IEEE Trans Biomed Eng 62: 972-981.

[104] Ofner P, Schwarz A, Pereira J et al. (2017). Upper limb movements can be decoded from the time-domain of low-frequency EEG. PLoS One 12: e0182578.

[105] Omedes J et al. (2018). Factors that affect error potentials during a grasping task: toward a hybrid natural movement decoding BCI. J Neural Eng 15: 046023.

[106] Oostenveld R, Praamstra P (2001). The five percent electrode system for high-resolution EEG and ERP measurements. Clin Neurophysiol 112: 713-719.

[107] Pereira J et al. (2017). EEG neural correlates of goal-directed movement intention. Neuroimage 149: 129-140.

[108] Pereira J, Sburlea AI, Müller-Putz GR (2018). EEG patterns of self-paced movement imaginations towards externallycued and internally-selected targets. Sci Rep 8: 13394.

[109] Pfurtscheller G, Aranibar A (1977). Event-related cortical desynchronization detected by powermeasurements of scalp EEG. Electroencephalogr Clin Neurophysiol 42: 817-826.

[110] Pfurtscheller G, Lopes da Silva FH (1999). Event-related EEG/MEG synchronization and desynchronization: basic principles. Clin Neurophysiol 110: 1842-1857.

[111] Pfurtscheller G, Neuper C (1997). Motor imagery activates primary sensorimotor area in humans. Neurosci Lett 239 (2-3): 65-68.

421

[112] Pfurtscheller G, Stancák A, Neuper C (1996). Event-related synchronization (ERS) in the alpha band—an electrophysiological correlate of cortical idling: a review. Int J Psychophysiol 24: 39-46.

[113] Pfurtscheller G et al. (1997). EEG-based discrimination between imagination of right and left hand movement. Electroencephalogr Clin Neurophysiol 103: 642-651.

[114] Pfurtscheller G, Neuper C, Krausz G (2000). Functional dissociation of lower and upper frequency mu rhythms in relation to voluntary limb movement. Clin Neurophysiol 111: 1873-1879.

[115] Pfurtscheller G et al. (2003). 'Thought'—control of functional electrical stimulation to restore hand grasp in a patient with tetraplegia. Neurosci Lett 351: 33 – 66. https://doi. org/10. 1016/s0304-3940 (03) 00947-9.

[116] Pichiorri F et al. (2011). Sensorimotor rhythm-based brain-computer interface training: the impact on motor cortical responsiveness. J Neural Eng8: 025020. https://doi. org/10. 1088/1741-2560/8/2/025020.

[117] Pinegger A et al. (2014). Write, read and answer emails with a dry "n" wireless brain-computer interface system. Conf Proc IEEE Eng Med Biol Soc 2014: 1286-1289.

[118] Pinegger A et al. (2016). Evaluation of different EEG acquisition systems concerning their suitability for building a brain-computer Interface: case studies. Front Neurosci 10: 441.

[119] Pinegger A et al. (2017). Composing only by thought: novel application of the P300 brain-computer interface. PLoS One 12: e0181584.

[120] Pokorny C et al. (2013). The auditory P300-based singleswitch brain-computer interface: paradigm transition from healthy subjects to minimally conscious patients. Artif Intell Med 59: 81-90.

[121] Pokorny C, Breitwieser C, Müller-Putz GR (2016). The role of transient target stimuli in a steady-state somatosensory evoked potential-based brain-computer interface setup. Front Neurosci 10: 152.

[122] Ramoser H, Müller-Gerking J, Pfurtscheller G (2000). Optimal spatial filtering of single trial EEG during imagined hand movement. IEEE Trans Rehabil Eng 8: 441-446.

[123] Regan D (1989). Human brain electrophysiology: evoked potentials and evoked magnetic fields in science and medicine, Elsevier, Amsterdam 414.

[124] Sburlea AI et al. (2015a). Detecting intention to walk in stroke patients from pre-movement EEG correlates. J Neuroeng Rehabil 12: 113.

[125] Sburlea AI, Montesano L, Minguez J (2015b). Continuous detection of the self-initiated walking pre-movement state from EEG correlates without session-to-session recalibration. J Neural Eng 12: 036007.

[126] Sburlea AI, Montesano L, Minguez J (2017). Advantages of EEG phase patterns for the

detection of gait intention in healthy and stroke subjects. J Neural Eng 14: 036004.

[127] Scherer R et al. (2004). An asynchronously controlled EEGbased virtual keyboard: improvement of the spelling rate. IEEE Trans Biomed Eng 51: 979–984.

[128] Scherer R et al. (2007). The self-paced Graz brain-computer interface: methods and applications. Comput Intell Neurosci 2007: 79826.

[129] Scherer R et al. (2008). Toward self-paced brain-computer communication: navigation through virtual worlds. IEEE Trans Biomed Eng 55: 675–682.

[130] Scherer R et al. (2015). Individually adapted imagery improves brain-computer interface performance in endusers with disability. PloS One 10: e0123727.

[131] Schlögl A et al. (2007). A fully automated correction method of EOG artifacts in EEG recordings. Clin Neurophysiol 118: 98–104.

[132] Schomer DL, da Silva FL (2012). Niedermeyer's electroencephalography: basic principles, clinical applications, and related fields, Lippincott Williams & Wilkins.

[133] Schreuder M, Rost T, Tangermann M (2011). Listen, you are writing! Speeding up online spelling with a dynamic auditory BCI. Front Neurosci 5: 112.

[134] Schwarz A et al. (2018). Decoding natural reach-and-grasp actions from human EEG. J Neural Eng 15: 016005.

[135] Seeber M, Scherer R, Müller-Putz GR (2016). EEG oscillations are modulated in different behavior-related networks during rhythmic finger movements. J Neurosci 36: 11671–11681.

[136] Shibasaki H et al. (1980). Components of the movementrelated cortical potential and their scalp topography. Electroencephalogr Clin Neurophysiol 49: 213–226.

[137] Shibasaki H et al. (1981). Cortical potentials associated with voluntary foot movement in man. Electroencephalogr Clin Neurophysiol 52: 507–516.

[138] Shin J et al. (2017). Evaluation of a compact hybrid braincomputer interface system. Biomed Res Int 2017: 6820482.

[139] Simons RF et al. (2001). On the relationship of P3a and the novelty-P3. Biol Psychol 56: 207–218.

[140] Steyrl D et al. (2017). Reference layer adaptive filtering (RLAF) for EEG artifact reduction in simultaneous EEGfMRI. J Neural Eng 14: 026003.

[141] Sutton S et al. (1965). Evoked-potential correlates of stimulus uncertainty. Science 150: 1187–1188.

[142] Volosyak I et al. (2010). Brain-computer interface using water-based electrodes. J Neural Eng 7: 066007.

[143] Wagner J et al. (2016). Distinct β band oscillatory networks subserving motor and cognitive control during gait adaptation. J Neurosci 36: 2212–2226.

［144］ Wolpaw J, Wolpaw EW （2012）. Brain-computer interfaces principles and practice, Oxford University Press.

［145］ Xu R et al. （2014）. Enhanced low-latency detection of motor intention from EEG for closed-loop brain-computer interface applications. IEEE Trans Biomed Eng 61：288-296.

［146］ Zander TO et al. （2011）. A dry EEG-system for scientific research and brain-computer interfaces. FrontNeurosci 5：53.

［147］ Zich C et al. （2015）. Real-time EEG feedback during simultaneous EEG-fMRI identifies the cortical signature of motor imagery. Neuroimage 114：438-447.

第 19 章 颅内脑电（iEEG）：沿硬脑膜排列电极

19.1 摘　　要

颅内脑电（intracranial electroencephalography，iEEG）是通过放置在大脑内或大脑上的电极进行测量的。这些测量具有良好的信噪比，iEEG 信号通常用于解码大脑活动或驱动 BCI。iEEG 记录通常用于癫痫患者的癫痫监测，这些患者的电极放置是为了临床目：定位对功能至关重要的大脑区域和癫痫发作开始的其他区域。人们认为与癫痫无关的大脑区域功能正常，并提供了一个学习人类神经生理的独特机会。颅内电极测量大量神经元群体的总体或聚集活动，记录的信号包含许多特征。通过对这些信号进行时域和频域分析，提取出不同的特征，时域可以揭示事件发生后特定时间的诱发电位，分解到频域中可能会显示特定频率的频谱中的窄带峰值（narrowband peaks），或跨越广泛频率范围的宽带信号变化。当大脑区域处于活动状态时，宽带功率通常会增加，而大多数其他特征对大脑区域、输入和任务具有高度的特异性。在这里，我们描述了几种 iEEG 信号的时空动态性，这些信号通常用于解码大脑活动和驱动 BCI。

19.2 引　　言

有许多不同的方法用于记录大脑活动，该活动可以用来控制 BCI，每种方法都有各自的优点。本章描述了采用 iEEG 记录测量的信号。iEEG 信号可以通过多种方式记录，如把电极放置在大脑表面，沿硬脑膜排列（皮质脑电技术（electrocorticography，ECoG））（这是本章的重点），或者把电极植入大脑皮层（立体 EEG，sEEG）。植入 ECoG 电极以控制 BCI 有时被认为是"微创"的，因为只需要一个小的钻孔就可以在大脑表面植入几个电极，而不会植入脑组织（Leuthardt 等，2009；Zhang 等，2013）。

大多数关于 ECoG 信号的研究都是从难治性癫痫（intractable epilepsy）患者的记录中获得的。这些患者住院并植入电极约 1 周，在此期间，癫痫研究小组尝试通过检查记录的信号来寻找特有的癫痫标记，从而在解剖学上定位癫痫病灶。同时，需要描述大脑的基本功能，以理解它们与癫痫相关的区域重叠。为了定位这些基本的大脑功能，神经学家和神经外科医生在患者各种任务期间通过 ECoG 电极采用皮层电刺激（electrical cortical stimulation，ECS），以测试刺激是否会诱导或破坏大脑功能。这种类型的 ECS 映射是由 Wilder Penfield 在 20 世纪 30 年代首创的，他表明该方法可以用于绘制人脑中的感觉运动表征区（Penfield 和 Boldrey，1937）。20 世纪 70 年代，George Ojemann 确立了 ECS 可以用于绘制语言功能表征区，他发现，该方法在个体之间变化很大，没有严格的解剖学对应关系（Ojemann 和 Whitaker，1978；Ojemann1979），从那时起，ECS 已经成为定位语言功能的金标准。在 ECoG 记录期结束时，癫痫研究小组希望能够定位癫痫病灶，可以手术切除而不丧失功能。

在植入 ECoG 电极进行监测期间（通常为一周），一些患者自愿参与研究，ECoG 实验在床边进行，研究人员会带来一台单独的计算机，在计算机上呈现任务，任务与 ECoG 记录同步。记录的内容涉及多种任务，包括感觉运动、视觉、听觉、语言、记忆和注意力领域，并为这些功能带来了许多新的见解。

ECoG 记录提供了活体人脑的独特视角，以几毫秒的时间分辨率测量颅内场电位。ECoG 测量非常局部化，因为颅内电极在接触区约 $250\mu m$ 范围内的神经元群上进行平均值（Katzner 等，2009；Dubey 和 Ray，2019）。标准临床电极的接触面积为约 $5mm^2$，可测量约 50 万个神经元的信号。与 EEG 记录相比（见第 18 章 EEG 内容），ECoG 可以更直接地测量局部神经元群体的活动（ECoG 电极离神经元更近，具有偶极矩 p 的单个单元对测量电位 V 的贡献取决于 r 与 V_p/r_2 之间的距离（Krusienski 等，2011））。尽管 ECoG 测量局部区域的信号，但电极的覆盖范围很小，电极的放置取决于癫痫，不同的受试者位置不同。例如，在典型的表面 ECoG 记录中，植入大约 100 个 ECoG 电极，电极间距为 1cm（图 19.1（a））。电极阵列可以配置成单个条带或网格或深部探针，可跨越许多皮质区域，可以覆盖一个或两个大脑半球。近年来，有报道称记录密度较高，电极较小，电极间距减小。这些高密度电极表明，典型的临床电极之间的皮质区域提供了关于大脑功能的独特信息（Flinker 等，2011；Bouchard 等，2013）。

ECoG 记录具有极好的信噪比，研究通常只包括几个受试者，且电极位于大脑皮质的同一区域。与 MEG 和 EEG 记录相比，肌肉活动和眼部伪迹对 ECoG 信号的影响不大（眨眼对额叶区域记录的 ECoG 数据影响较小（Ball 等，

2009)）。由于数据质量，许多研究描述了单个试次的动力学，ECoG 数据非常适合 BCI。

在以下各节中，我们将讨论 ECoG 数据采集的各个方面，评述 ECoG 信号的几个特征，并描述这些特征如何用于解码大脑活动或控制 BCI。

19.3 ECoG 数据采集

记录 ECoG 数据和运行 BCI 实验需要特定的设置（Hill 等，2012），数据记录在临床环境中：患者刚刚接受手术，躺在医院病床上。患者参与研究任务的时间有限，研究人员需要接受培训，以便与患者和医院工作人员进行适当互动，并非常熟悉记录设置，以便在床边顺利设置记录设备。

需要向患者仔细解释任务，建议进行试运行，让患者提问，并确保任务得到充分理解。在实际记录的节次中，实验者需要持续关注患者和 ECoG 信号，并记录信号或患者注意力的任何变化。此外，建议记录任何其他中断的时间，例如门的关闭或打开。

在许多 ECoG 设置中，信号是分离的，使得临床系统和研究放大器独立记录信号。记录的信号需要与记录的任务、视频、声音或行为同步。在 BCI 设置中，需要实时提取 ECoG 信号特征，并将其转换为 BCI 的控制信号，例如以光标移动的形式（图 19.1）。在 BCI 设置中，信号记录、特征提取、刺激呈现和反馈都必须集成。在 ECoG 设置中执行此操作的一个有用程序是 BCI2000（Schalk 等，2004）。

19.3.1 记录设置（滤波和参考）

记录 ECoG 信号的硬件设置会影响可提取的特征类型和可进行的分析。这些包括采样频率和硬件滤波器，ECoG 信号的重要特征在于频率高达 $200 \sim 300\text{Hz}$ 的频谱功率变化。采样频率需要足够高，以可靠地记录这些频谱变化。即使 500Hz 可能足够（500Hz 的奈奎斯特频率为 250Hz），建议采样频率至少为 1000Hz。硬件滤波器影响可分析的最低和最高频率，这两个频率分别是避免缓慢漂移和混叠所必需的。在选择高通滤波器设置时，必须考虑低频功率变化（或记录直流电），在低通滤波器设置时，必须考虑高频功率变化。

必须仔细选择硬件接地和参考，以尽量减少噪声（Hill 等，2012）。作为参考电极，一些研究组采用了无声颅内电极（例如，倒置电极或远离癫痫病灶和已知脑功能的简单电极）或颅外电极，例如乳突上的电极。

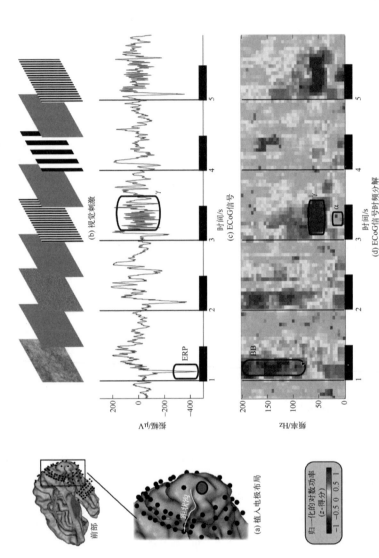

图 19. 1　在视觉皮层记录的 ECoG 时间序列和信号特征（见彩插）

（a）用黑色标记 ECoG 电极在大脑上分布（内侧视图），显示的示例数据来自 V_1/V_2（红色）上的电极；（b）受试者注视一系列噪声模式和格栅的静态图像，注视时间为 500ms，然后是一个空白屏幕，时间为 500ms；（c）原始时间序列显示每次刺激开始后的诱发电位（事件相关电位）。在第 3 个和第 5 个刺激期间，可以看到快速的 γ 振荡；（d）对应于（c）中原始时间序列的时间–频率分解，由每个频率对该基线前试次的频率进行归一化（z 评分）。在刺激开始后，宽带功率的增加在第 1 个和第 2 个刺激期间最为明显，范围内在 80~200Hz。在第 3 和第 5 个刺激期间，可以看到γ或γ功率（约 50Hz）的强劲增加。在第 3~5 个刺激中，可以看到低频率 α 的功率下降。[图中显示了 ERP、BB、γ 和 α 响应。原始数据来自第 3 和第 5 个刺激，可以看到数据中的一个例子。原始数据来自[Hermes, D., Miller, K.J., Wandell, B.A., et al., 2015. Stimulus dependence of gamma oscillations in human visual cortex. Cereb Cortex 25, 2951–2959]。

在进行在线或离线分析之前，通常会对信号进行重新参考，以减少所有通道共有的噪声，如线路噪声。不同的参考方法各有优势（Shirhatti 等，2016）。在 ECoG 中，通常使用共同平均参考，假设所有电极的平均值是共同噪声的良好估计值。然而，如果 50% 的电极中存在强劲的信号，则共同平均参考的风险是将该信号引入到其他 50% 的电极中。为了降低这种风险，还可以回归出共同平均数。另一种选择是采用双极性重参考，在这种情况下，假设两个采集点之间的公共信号是噪声，并且信号是来自两个采集点之间的差异。共同平均参考允许研究者分别释来自每个电极的信号，而在双极导联中，不清楚两个电极中的哪一个对信号起作用。在任何一种情况下，当重新参考 ECoG 信号时，只应包括没有过多噪声或伪迹的电极。

19.3.2　电极定位

大脑功能可以在几毫米范围内变化，了解每个受试者的电极位置至关重要。有几种定位电极的方法，已采用的方法包括：①采用 X 射线（Miller 等，2010a）；②手术图片（Dalal 等，2008）；③采用基准线和术前 MRI（Gupta 等，2014）；④将术前 MRI 与术后 CT 或 MRI 联合配准（Hermes 等，2010；Dykstra 等，2012）。将术后 CT 或 MRI 与术前 MRI 进行配准和叠加，可以让患者在植入后看到电极位置。然而，在植入电极后，可能会出现大脑移位，电极出现在大脑表面下方。已经开发了几种免费可用的算法来校正这种大脑移位（Hermes 等，2010；Dykstra 等，2012）。验证表明，对于这些软件包中的每一个，它们都可以在手术照片上定位电极的位置，精确到小于 2.5mm。可以渲染大脑表面（be rendered）（例如，使用 FreeSurfer，http://surfer.nmr.mgh.harvard.edu/），电极位置可以在大脑表面可视化（图 19.1（a））。近年来开发了多个工具箱，以帮助根据标准解剖图谱可视化和标记电极（Hermes 等，2010；Dykstra 等，2012；Gupta 等，2014；Groppe 等，2017；Branco 等，2018a，b；Stolk 等，2018）。

19.4　IEEG 信号特征

有很多方法可以观察 iEEG 信号，原始曲线中的峰值和不同频率下的功率变化具有不同的空间和时间动态特性，可以说明大脑功能的不同方面（图 19.1）。因此，重要的是要考虑哪个信号特征、哪个大脑区域以及哪个任务包含可以用于解码大脑功能的信息。在详细介绍 BCI 中利用的特定信号特征之前，我们简要描述了背景，并提供了本章将使用的不同特征的定义。

我们注意到,很难将特定的 ECoG 信号变化归因于特定的生理现象。ECoG 电极下的神经元群是一个复杂的电路回路,ECoG 信号整合了回路内所有过程的电活动。突触跨膜电流产生的电场是 ECoG 信号的主要贡献者(Buzsaki 等,2012)。突触跨膜电流受不同频率和不同同步性的兴奋性和抑制性输入的影响。因此,将 ECoG 信号的特定方面与潜在的神经生理联系起来是一个非常复杂的问题。两个不同脑区的两个完全不同的回路可能产生相同的信号(例如,视觉和运动皮质中的 10Hz 振荡)。考虑到这一点,我们描述了 ECoG 信号的一些特性。

观察 ECoG 信号的一种方法是观察诱发电位:与特定事件锁时的原始信号的峰值。在刺激呈现后的早期感觉区,通常会在特定时间观察到原始信号的峰值。众所周知的例子包括视觉诱发电位(图 19.1(c))、听觉诱发电位和感觉诱发电位(Niedermeyer 和 Da Silva,2005)。此外,感觉运动区(Schalk 等,2007)和语言区(Fried 等,1981)的平均电位波动较慢。

观察 ECoG 信号的另一种方法是研究功率谱。在休息期间,ECoG 功率谱中有几个观察结果(图 19.2)。首先,ECoG 信号在低频段功率最大,功率随着频率的变化(升高)而下降。其次,在不同频率下观察到功率谱中的峰值(除了线路上的峰值:50Hz 或 60Hz 的噪声频率和谐波)。运动皮层通常在 10~20Hz 出现峰值,视觉皮层通常在 8~13Hz 出现峰值,只有在特定频带显示具有特定频率、带宽和功率的峰值时,我们才称之为振荡(Lopes Da Silva,2013)。

希腊字母通常用于描述 ECoG 功率谱中峰值的频率范围。例如,γ 振荡的峰值范围在 30~80Hz,宽度约为 30Hz,β 振荡的范围为 13~24Hz,α 振荡的范围为 9~12Hz,θ 振荡的范围为 3~8Hz。我们使用这些字母表示频率范围,但这并不意味着一个脑区的功率变化与另一个脑区中功率变化的驱动方式相同。即使在一个脑区出现峰值,也可能有多种生成机制:在视觉皮层,功率变化与皮质下−皮质和皮质−皮质传递信号有关(Bollimunta 等,2011)。因此,在本章中,一个字母指的是频率范围,而不是特定的过程。

ECoG 频谱功率会随着大脑活动以各种方式变化。我们区分了两种类型的功率变化(图 19.1(d))。首先,窄带峰值(θ、α、β、γ)的功率可以随着任务的进行而增加或减少;其次,频谱功率的变化也可以跨越广泛的频率范围。这些宽带变化在功率谱中没有特定的峰值。宽带变化通常出现在频率超过 60Hz 时(Miller 等,2007b)(图 19.2),但也可以在整个频率范围内看到,直到测量极限(Miller 等,2009a;Winawer 等,2013)。

宽带信号变化被认为是潜在神经元群体活动的一般标志,许多 ECoG 研究

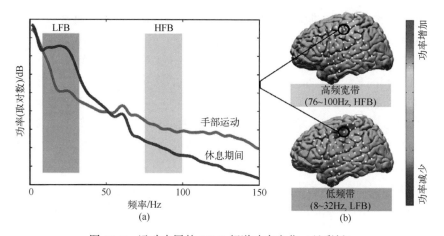

图 19.2 运动皮层的 ECoG 频谱功率变化（见彩插）

（a）手部运动（红色）和休息（蓝色）期间运动皮层上 ECoG 电极的功率谱。
休息期间的频谱显示峰值出现在约 20Hz 处。从 8~32Hz 的低频率表明，与休息期间相比，
运动期间的功率降低，大于 60Hz 范围较宽的较高频率表明，相比休息期间，运动期间功率增加，
在 60Hz 时，可见线路噪声；（b）把运动期间与休息期间相比的频谱功率变化绘制在大脑渲染图上。
顶部图显示了高频宽带功率的局部增加（此处的平均值在 76~100Hz 之间），底部图显示了较低频
率下功率的减少且更分散（此处的平均值范围在 8~32Hz）。图改编自［Miller, K. J., Leuthardt,
E. C., Schalk, G., et al., 2007b. Spectral changes in cortical surface potentials during motor movement.
J Neurosci 27, 2424-2432.］。

组已经使用它来解码不同的大脑功能。测量宽带变化是颅内记录的独特优势，
可以从 ECoG 中轻松提取。EEG 或 MEG 是否可以测量宽带变化仍存在争议，
相反，低频功率变化和诱发电位可以用 EEG 或 MEG 测量。由于本章的重点是
ECoG，我们首先回顾宽带信号（见 19.4.1 节），然后，讨论宽带和其他信号
特征之间的差异（19.4.1 节中的"视觉皮层 γ 振荡""低频功率变化"和
"腹侧颞皮质诱发电位"部分），以及"讨论：解码、反馈和学习"部分，然
后简要讨论如何使用一个或多个 ECoG 信号特征来解码大脑活动。

19.4.1 宽带高频功率：大脑皮层活动的一般标志

据报道，与休息时相比，ECoG 信号显示，在各种任务活动期间，许多皮质
区域的宽带功率增加，20 世纪 70 年代已经检测到高频宽带增加，当 Brindley 和
Craggs 观察到在运动过程中运动皮质电位时间序列在 80~250Hz 频率范围内的功
率呈躯体性增加，但这一现象在相当长的一段时间内没有引起太多关注
（Brindley 和 Cragggs，1972）。1998 年，Crone 等还观察到，与休息期间相比，运
动期间 ECoG 信号的高频功率增加（Crone 等，1998a），发现了这些高频功率增

加（在本研究中称为 γ 振荡）是在感觉运动区的电极上增加，对这些电极对应脑区的电刺激通常会引发相应的手部和舌部运动。然而，直到 2007 年才注意到这些高频功率变化是宽带的，跨越了很大的频率范围，并且在频谱中没有特定的峰值（Miller 等，2007b）（图 19.2）。根据 2009 年的观察结果，Miller 等表明，在运动皮层，这些高频功率变化是宽带的：它们延伸到所有其他频率，没有特定的峰值，并且仅受到低频信号和测量限值的限制，例如低通滤波器或放大器噪声底线（Miller 等，2009a）。在这项研究之后，几个研究组详细考察了 ECoG 测量到的高频功率变化，不同研究组的几项审查证实，由 ECoG 所观察到的高频功率变化通常是宽带的（Crone 等，2011；Burke 等，2015）。为了表示频率高于 60Hz 时的功率增加，文献中的术语仍然是可变的：用于表示没有特定峰值的高频功率增加的术语包括 "γ" "高频 γ" "宽带 γ" 和 "高频宽带"。在本章中，我们使用术语高频宽带（跨越许多频率，没有特定带宽）来避免与窄带 γ 振荡（具有特定峰值频率和带宽）混淆。此外，使用高频宽带这一术语强调，在 BCI 设置中，不需要特定的频率范围（除了必须高于低频交叉、低于测量上限和远离线路噪声）。我们注意到，宽带变化不一定局限于高频，也可能在低频中观察到（Miller 等，2009a；Winawer 等，2013）。

驱动高频宽带功率增加的基本脑回路动力学是什么？虽然目前仍有一些关于这个话题的持续讨论，但目前的观点是，高频宽带功率变化与皮质区域的整体输入放电率相关。一项研究模拟了具有随机（泊松）分布的输入神经元峰发放，然后被突触后电位过滤并整合到树突中（Miller 等，2009a）（图 19.3）。从这个模拟得到的信号功率谱与 ECoG 功率谱的形状很好地匹配。此外，输入神经元峰发放速率的模拟增加，会导致功率谱的宽带变化。其他人已经证明，频谱中的宽带功率变化确实与潜在神经元群的发放率相关（Manning 等，2009；Ray 和 Maunsell，2011）。

1. 高频宽带变化：空间分辨率

高频宽带变化在空间上高度局部化，在大脑皮质的几个区域，研究表明，相邻电极在宽带功率方面表现出不同的变化，在这里，我们提供了运动皮质、言语区域、颞语言区域和视觉皮质的一些例子。运动皮质具有躯体表征（Penfield 和 Boldrey，1937），所有身体部位从腹侧到背侧以特定顺序表征。在手部区域内，高频宽带功率的增加显示了手指的躯体感觉，不同的电极间距为 0.3~1cm，显示出对一根手指的偏好（Miller 等，2009b；Siero 等，2014）（图 19.4）。在口腔感觉运动皮质的言语区，高频宽带功率的高密度 ECoG 记录显示了不同发音器的特定组织（Bouchard 等，2013）。在颞叶语言区，相距 4mm 的电极在自发言语期间高频宽带功率表现出相反的响应（Flinker 等，2011）。早期视觉皮质

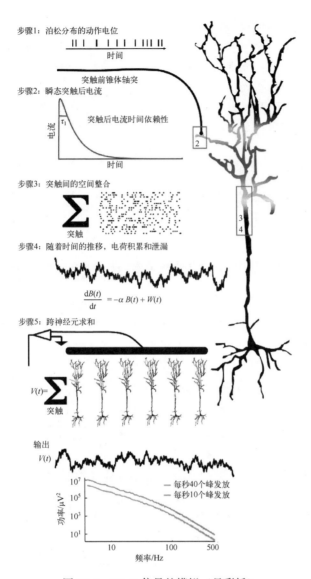

图 19.3　ECoG 信号的模拟（见彩插）

步骤 1—从随机分布中提取具有泊松分布的动作电位时间的 ECoG 信号模型；步骤 2—突触后电流呈指数衰减，形状为 $t^{0.13} \times \mathrm{e}^{1-\frac{t}{\tau_s}}$；步骤 3—在每个时间点对突触的输入进行求和；步骤 4—根据 $\dfrac{\mathrm{d}B(t)}{\mathrm{d}t} = -\alpha B(t) + W(t)$，通过与漏电阻的时间积分生成电位的时间曲线；步骤 5—对一群模型神经元进行建模；输出—输出是来自一个电极的模拟时间序列（$V(t)$），输入发放速率为每秒 10 个和 40 个神经元峰发放的两个模拟的功率谱表明，输入发放的增加导致宽带功率增加。图改编自参考文献 [Miller, K. J., Sorensen, L. B., Ojemann, J. G., et al., 2009a. Power-law scaling in the brain surface electric potential. PLoSComput Biol 5, e1000609.]。

（V_1、V_2、V_3）具有视网膜异位表征，其中每平方毫米的皮质表面代表视野的不同部分（Hubel 和 Wiesel，1963；Wandell，1995）。对早期视觉区的 ECoG 电极电刺激可以引起对光视幻的感知，光视幻是视野中特定部位的小白光点。最近的工作发现，这些光视幻的位置和大小可以通过电极的宽带功率变化很好地预测（Winawer 和 Parvizi，2016）。因此，高频宽带变化高度局部化，进一步表明它们反映了电极下方的神经元加工。

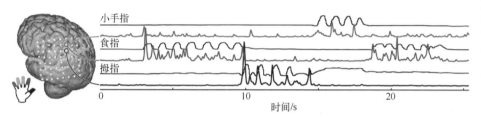

图 19.4　ECoG 高频宽带功率显示手指躯体感觉。在手指运动任务中记录的 ECoG 信号，并用数据手套记录手指屈曲。数据手套（黑色）的曲线显示小指、食指和拇指的移动。浅蓝色、绿色和深蓝色电极的 ECoG 宽带信号分别与小指、食指和拇指的运动相关（见彩插）。

图改编自［Miller，K. J.，Zanos，S.，Fetz，E. E.，et al.，2009b. Decoupling the cortical power spectrum reveals real-time representation of individual finger movements in humans. J Neurosci 29，3132－3137］

2. 高频宽带变化：时间动态变化

高频宽带功率变化的时间动态变化提供了神经元群体中神经元活动时间尺度的详细信息。在运动皮质、语言区和认知区，ECoG 提供了有关神经元活动时间序列的信息。

在运动皮质中，手指运动的宽带活动在运动开始前约 85ms 达到峰值，与非人灵长类记录在发放率开始时所发现的情况相当（Miller 等，2009b）。在语言区，高频宽带动态变化揭示了听觉动词生成任务期间的一系列活动（Edwards 等，2010）。当人们听到一个名词时，活动开始于颞上回（superior temporal gyrus），然后是运动前皮质、布罗卡区的不同部位和缘上回（supramarginal gyrus）。同样，活动始于产生动词前后的颞上回和运动前皮质。即使在颞上回内，用高密度 ECoG（电极间距为 4mm）测量的高频宽带变化也表明，在文字处理任务期间电极之间具有不同时间动态性的亚厘米组织（图 19.5）。高频宽带变化的时间动态性现已提供了关于许多认知任务期间活动序列的详细信息（Lachaux 等，2012；Potes 等，2013；Miller 等，2014；Vansteensel 等，2014）。因此，高频宽带功率的局部变化可以捕获有关潜在的神经元群体响应时间尺度的时间信息。

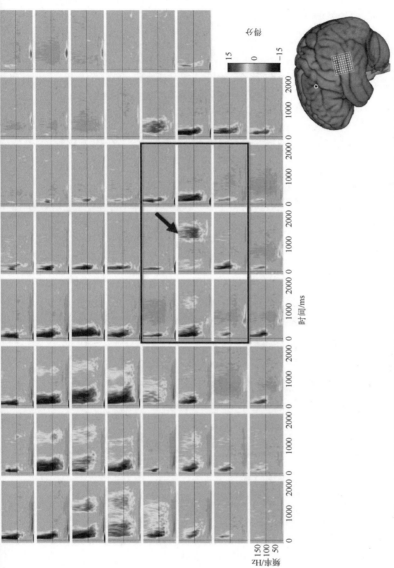

图 19.5　高频宽带信号揭示了颞上回上分布的详细时空动态变化特性。颞上回上测得的高密度 ECoG 信号对于每个电极信号的时-频变化。间距为 4mm 的电极显示出不同的时间动态特性（见彩插）。图改编自 [Flinker, A., Chang, E. F., Barbaro, N. M., et al. , 2011. Sub-centimeter language organization in the human temporal lobe. Brain Lang 117, 103-109]

3. 高频宽带变化与功能性磁共振成像（fMRI）

ECoG 数据相对较少，许多研究人员不容易获得。相反，功能性磁共振成像（fMRI）是研究人类大脑功能最常用的方法之一。有时可以从随后植入 ECoG 电极的受试者收集 fMRI 数据。在这种情况下，可以比较来自同一受试者和任务的 fMRI 和 ECoG 数据。手部和手指运动期间 fMRI 信号的时空动态变化与高频宽带变化密切相关（Hermes 等，2012a，b；Siero 等，2013，2014）。ECoG 记录进一步表明，fMRI 信号的较小增加与低频功率的降低相关，高频宽带功率增加和低频功率降低的组合可最好地解释 fMRI 信号（Hermes 等，2012a，2014）。

fMRI 和高频宽带信号之间的联系与 BCI 相关，用于控制 BCI 的植入电极的位置必须在手术前确定。然而，在植入电极之前，哪一个脑区的 ECoG 信号变化最好仍是一个问题。由于 fMRI 信号与高频宽带信号之间的关系，与休息时相比，任务期间 fMRI 信号的空间峰值可以提供对类似任务期间高频宽带信号增加区域的估计。在基于工作记忆和基于运动的 BCI 的设置中，利用了高频宽带特性进行控制，fMRI 已被用于成功预测控制电极（Vansteensel 等，2010、2016；Hermes 等，2011）（图 19.6）。

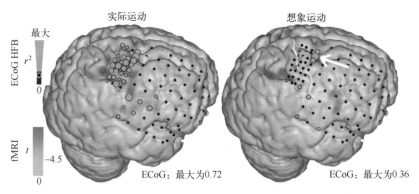

图 19.6　比较实际运动和想象运动期间 fMRI 和 ECoG 信号。fMRI 是在手指轻敲任务（受试者移动手指或想象移动手指）中进行的。与休息期间相比，把运动期间的 fMRI 信号变化进行平滑化并渲染以呈现在大脑表面。只有 $t>4.5$ 的 fMRI 信号变化显示为橙色-红色，随后在同一任务中，对同一受试者记录了 ECoG 信号，ECoG 电极显示为黑色，高频宽带（65~95Hz）显著增加的电极显示为绿色。fMRI 的一般模式增加与 ECoG 宽带的增加重叠。右边图上的白色箭头指向用于在 BCI 设置中成功控制光标的 ECoG 电极（见彩插）。图改编自

[Hermes, D., Vansteensel, M. J., Albers, A. M., et al., 2011. Functional MRI-based identification of brain areas involved in motor imagery for implantable brain-computer interfaces. J Neural Eng 8, 025007]

19.4.2　视觉皮质中的 γ 振荡

与许多 ECoG 记录相比，视觉皮质中的局部场电位记录经常报告 γ 振荡：在 30~80Hz 频率范围，功率出现窄带峰值增加。γ 振荡所涉及的脑回路已被广泛研究，认为兴奋性和抑制性神经元之间的特定相互作用会产生 50Hz 周期（Buzsaki 和 Wang，2012）。窄带 γ 振荡的作用目前正在讨论中（Fries，2009；Fries，2015；Ray 和 Maunsell，2015），一些科学家认为这些振荡对于意识、注意力和神经元交流来说是重要且必不可少的，其他科学家则问到它们是否只是正常神经元加工的副产品。我们想强调 γ 振荡的刺激依赖性，局部场电位的动物记录、人类受试者 ECoG 记录和人类受试者 MEG 记录现均表明，γ 振荡高度依赖于视觉输入（例如，动物记录，Jia 等，2011、2013；Ray 和 Maunsell，2011；人类受试者 ECoG，Hermes 等，2015；MEG，Muthukumaraswamy 和 Singh，2009；Swettenham 等，2013）。具体而言，每度约 1~4 周的高对比度、较大的光栅图案最有可能引发强劲的 γ 振荡（Ray 和 Maunsell，2015；Hermes 等，2017）。许多其他图像，包括噪声图案、许多面部和一些房屋，都不会引发较大的窄带 γ 振荡，这与宽带功率增加是不同的。

对于 BCI 来说，任何强劲的脑信号都可能是有趣的。当受试者注视光栅刺激时，γ 振荡很明显，功率比基线增加了几个数量级。因此，这些 γ 振荡可以提供关于视觉输入的一些非常特定的具体的信息。然而，所有可见图像刺激引起的宽带功率会增加，并可能提供有关加工的一般信息。

19.4.3　低频功率变化

视觉皮质中的 α 节律约为 10Hz，这是人类大脑中首次测量到的振荡之一（Berger，1929），当受试者闭眼时，从头皮记录的 EEG 信号显示约 10Hz 处功率增加。现在，许多研究人员采用 ECoG 测量不同皮质区的各种节律。在这里，我们讨论了其中一些节律的功率变化与高频宽带变化之间的差异，如前所述，我们讨论了在特定脑区和功能设定下的节律。此外，θ、α 和 β 都表示频率范围，功率谱中峰值的频率可能因受试者而异，可能一个受试者在 15Hz 时有 β 峰值，而另一个受试者在 20Hz 时可能有 β 峰值。

1. 感觉运动区的低频功率变化

在休息期间，从感觉运动区测得 α 和 β 范围（8~24Hz）的 ECoG 功率谱出现峰值，而在手、嘴和脚部运动过程中，这些低频节律的功率会降低（Crone 等，1998b；Miller 等，2007b）。研究表明，频谱中至少有两个峰值，一个在 α 范围内，另一个在 β 范围内（Pfurtscheller 等，2003；Hermes 等，

2012a；Brinkman 等，2014；Brinkma 等，2016）。这些 α 和 β 频率具有不同的动态特性，α 和 β 范围内的功率随运动而减小，但只有 β 功率在停止运动后高于基线，也称为运动后 β 反弹。在受试者执行 go-no-go 任务（注意的选择和抑制任务或对刺激反应/不反应的任务）期间，也注意到了停止运动时 β 波段功率的这种增加，其中前运动区的 β 波段功率因成功停止试次而增加（Swann 等，2009）。

运动期间 α~β 范围内的频谱功率下降在空间上是相对分布的，在运动期间，中央前回和中央后回的低频功率以相对非特定的方式降低（Crone 等，1998b），这些低频节律无法提供高频宽带增加中所见的详细的躯体特定区手指表征（Miller 等，2009b）。

与高频宽带变化相比，α 和 β 功率变化的时间动态变化要慢得多。当人们打开和关闭手部的速度超过每秒一次时，整个动作序列中的 β 能量会降低（Hermes 等，2012b），当患者移动速度低于每秒一次时，β 功率会在两次移动之间回到基线。

哪种脑回路动态变化被认为是驱动运动皮质的 β 节律？运动皮质的 β 节律与皮质下-皮质相互作用有关（Pfurtscheller 和 Lopes Da Silva，1999；Brown，2003；Schnitzler 等，2006；Jones 等，2009）。在运动皮质中较高的 β 功率情况下，皮质下核团可能产生脉冲抑制（Miller 等，2012），然后 β 功率的降低可能反映抑制的释放。帕金森病患者的记录支持了这一观点，他们在开始运动时有困难，运动期间 β 节律的抑制减弱（Lim 等，2006）。此外，脑深部刺激可缓解帕金森氏症症状并使 β 抑制正常化（De Hemptinne 等，2013、2015；Swann 等，2015）。

2. 视觉区的低频功率变化

用 EEG 在视觉皮层测得的 10Hz 节律也被称为视觉 α 振荡，正如在 EEG 信号中观察到的，当患者闭眼时，用 ECoG 测量的视觉区显示出功率增加（约 10Hz）（Osipova 等，2008），当呈现视觉刺激时，α 节律功率会减弱。最近的一个假设是，α 振荡反映了脉冲抑制（Jensen 和 Mazaheri，2010；Schalk，2015），α 相位反映了下方神经元的兴奋性。按照这种思路，α 功率的降低可能反映出抑制的释放，α 功率的增加可能与抑制有关（Harvey 等，2013）。

在早期视觉皮质和高级视觉联合区，如梭状回（fusiform gyrus），α 功率都有所下降（Jacques 等，2015）。与宽带变化相比，α 功率变化的时间动态性要慢得多，在注视视觉刺激时，只有在大约 250ms 后才能看到 α 功率的降低（Hermes 等，2015；Jacques 等，2015），因为最初的 ECoG 响应显示出强劲的诱发电位。这些诱发电位在低频段具有最大的功率，并且掩盖了 α 节律的任何变化。因此，在快速的时间尺度上，理顺 α 功率变化和诱发电位的关系是一项挑战。一些研究甚至认为，这些可能相关，因为 α 振荡可能是不对称的，功率的突然变化可能导致诱发电位（Mazaheri 和 Jensen，2008）。此外，在快速的刺激呈现率下，α 功率可能会影响刺激呈现（Schroeder 和 Lakatos，2009）。然而，最近的一项研究系统地分离了 α 功率变化和类似频率的诱发电位变化（Keitel 等，2019），未来的研究必须仔细区分 α 范围内的诱发电位变化和诱发的功率变化。

3. 其他脑区的低频功率变化

在研究低频振荡时，必须仔细识别功率谱中的峰值，因为这些峰值可能在不同的脑区之间变化，并且不同的受试者之间也会有所不同。许多皮质区在 5~24Hz 之间的较低频率下出现功率峰值。如前所述，在视觉和运动任务期间，视觉和运动区的低频功率通常会降低。然而，这并不是所有大脑皮质的普遍模式。一些研究报告称，在语言区的动词生成任务期间（Hermes 等，2014），或在额叶和顶叶区的空间注意任务期间（Gunduz 等，2011），低频功率大幅下降。其他研究表明，在记忆加工的不同阶段，不同的脑区可以显示特定频率功率的增加和减少（Burke 等，2013，2014）。为了解这些低频振荡如何有助于 BCI，我们首先必须了解认知任务期间特定的动态变化。

19.4.4　腹侧颞叶皮质的诱发电位

诱发电位已用于许多 BCI 目的（Brunner 等，2011；Spier 等，2013）和解码大脑活动。腹侧颞叶皮层包括梭状回和海马旁回，与面部和房屋等物体的感知有关。1994 年，Allison 等向 ECoG 受试者呈现了各种物体的图像，包括面部、房子和单词（Allison 等，1994a，b；Nobre 等，1994），他们测量了来自腹侧颞叶皮质的信号，并报告称，在刺激开始后约 200ms，不同的图像会引起 ECoG 信号出现较大的负向偏转，他们称为 N200 响应。这些响应具有高度的局部性，不同的脑区对特定的物体类别具有特异性。即使 N200 在 200ms 时达到峰值，也可以在刺激开始后 100ms 利用 ECoG 对物体类别进行解码（Liu 等，2009）。

N200 响应的空间分布已经与其他测量结果进行了比较，例如宽带功率增加。虽然 N200 和宽带响应都显示了特定类型的功率增加，但这些位置并不总是匹配（Vidal 等，2010；Engell 等，2012；Rangarajan 等，2014；Miller 等，2016），具有最大的特定面部宽带响应的电极并不总是具有最大的特定面部（face-specific）N200 响应。这表明 N200 和宽带响应是由不同的神经元动态变化产生的，可以提供关于物体感知的单独信息。

19.5 讨论：解码、反馈和学习

ECoG 信号是 BCI 的良好候选信号，ECoG 具有出色的时间分辨率和较高的信噪比。重要的是，高频宽带信号与神经元（输入）发放相关，可以在不植入大脑皮层的情况下测量。许多研究利用了这种信号特性，采用 ECoG 解码行为和感知（无反馈），并控制 BCI（有反馈）。可以或多或少地监督 BCI 中的特征选择，在强监督下，从特定电极提取特定脑信号并用于解码，在弱或无监督下，许多电极的许多特征以相对草率的方式输入到分类器中，而没有许多与解码最相关的信号或电极的先验知识。

强监督的一个例子是，把预定义电极上一个频带的功率转换为计算机屏幕上的光标移动。这种方法已在几种情况下采用，例如，一些研究基于定位信标任务（Leuthhardt 等，2004；Miller 等，2010b）或基于 fMRI 扫描（Vansteensel 等，2010；Hermes 等，2011）为 BCI 选择电极。然后，把感兴趣电极上一个频带的功率（如高频宽带变化）转换为计算机屏幕上光标的移动。一名 ALS 患者利用运动皮层上电极的高频宽带变化，实现了对驱动拼写设备的按钮按下的控制（见第 7 章）（Vansteensel 等，2016）。

弱监督的方法是采用一个信号特征，但利用多个电极。例如，一些研究利用多个电极记录的高频宽带变化来解码手势（Chestek 等，2013）或解码嘴部运动（Bouchard 等，2013）。在颞叶上回，利用多个电极的宽带功率来区分音素（Moses 等，2016），宽带活动的时间动态性提高了解码性能。一名四肢瘫患者利用感觉运动区多个电极的高频变化来实现三维光标移动（Wang 等，2013）。

其他方法采用了多种信号特征和多个电极。例如，在感觉运动区，组合局部运动电位（原始 ECoG 信号的平均值）和为特定频带滤波的信号可以解码单个手指的屈曲（Kubanek 等，2009），组合额叶和顶叶区的 ECoG 特征用于解码注意的空间位置（Gunduz 等，2012）。在腹侧颞叶皮质，在受试者感知一系列面部和房屋任务期间记录了 ECoG，并整合了诱发电位和宽带变化（Miller 等，2016），采用智能分类器，从整个时间序列，他们不仅可以预测屏幕上显示的对象是什么，还可以预测它何时显示。当同时使用宽带功率和诱发电位时，该分类器的性能最好。

19.6 未 来 方 向

对于基于 ECoG 的 BCI 的未来发展，有几个考虑因素：一个问题是人类受试者 ECoG 信号的长期稳定性，众所周知，在癫痫手术的临床情境中，ECoG 电极在约 1 周的植入期内提供了良好的信号质量，但 ECoG 信号特征会随着记录时间超过 100 天而下降（Ung 等，2017）。然而，一项基于 ECoG 的 BCI 在 28 周内显示出良好的信号质量（Vansteensel 等，2016），另一项研究表明，尽管信号功率整体下降，但高频宽带信号仍可以可靠地记录 184~766 天（Nurse 等，2018）。

本章讨论的一个重要 ECoG 信号特征是高频宽带信号，它可以在许多不同的皮质区以较高时间精度测量局部信号。我们还描述了窄带低频和高频振荡（α、β 和 γ）如何在不同皮层区变化，需要在特定脑区和特定脑回路下进行讨论。未来的研究将有助于我们进一步了解这些振荡如何被用作神经系统疾病相关回路的生物标记物。这在闭环神经刺激的情况下尤其重要（见 Sun 和 Morrell，2014 年或第 12 章关于智能神经调节）。

影响 BCI 性能的不仅仅是信号特征的选择，一些研究报告称，受试者可以学习控制特定的大脑活动，通过练习和反馈，与定位信标实验相比，受试者表现提高较大并且信号变化较大（Miller 等，2010b）。与多个电极的复杂加权信号相比，受试者是否更容易学习如何控制来自一个电极的一个信号，目前尚不清楚。在 BCI 设置中，必须仔细考虑分类器复杂性和受试者训练之间的相互作用。

19.7 总 结

ECoG 信号整合了大量神经元的活动，具有许多特征。之前的研究已经确定了解码大脑活动和控制 BCI 的一个鲁棒的特征：高频宽带（功率）变化。高频宽带功率变化与潜在神经元群的发放活动相关，并已用于许多 ECoG 研究。高频宽带功率携带大量关于大脑功能的信息，已用于 BCI。然而，结合其他特征，如诱发电位或窄带功率变化，有时可以提高解码性能。重要的是要考虑到诱发电位和窄带振荡对大脑区域和功能是特定的。了解 ECoG 记录的毫米级信号有助于描述和理解脑功能和疾病的潜在生物标记物，这些标记物可能会推动新型 BCI 的开发。

参 考 文 献

［1］ Allison T, Ginter H, McCarthy G et al. (1994a). Face recognition in human extrastriate cortex. J Neurophysiol 71: 821-825.

［2］ Allison T, McCarthy G, Nobre A et al. (1994b). Human extrastriate visual cortex and the perception of faces, words, numbers, and colors. Cereb Cortex 4: 544-554.

［3］ Ball T, Kern M, Mutschler I et al. (2009). Signal quality of simultaneously recorded invasive and non-invasive EEG. Neuroimage 46: 708-716.

［4］ Berger H (1929). Über das Elektrenkephalogramm des Menschen. Arch Psychiatr Nervenkr 87: 527-570.

［5］ Bollimunta A, Mo J, Schroeder CE et al. (2011). Neuronal mechanisms and attentional modulation of corticothalamic alpha oscillations. J Neurosci 31: 4935-4943.

［6］ Bouchard KE, Mesgarani N, Johnson K et al. (2013). Functional organization of human sensorimotor cortex for speech articulation. Nature 495: 327-332.

［7］ Branco MP, Gaglianese A, Glen DR et al. (2018a). ALICE: a tool for automatic localization of intra-cranial electrodes for clinical and high-density grids. J Neurosci Methods 301: 43-51.

［8］ Branco MP, Leibbrand M, Vansteensel MJ et al. (2018b). GridLoc: an automatic and unsupervised localization method for high-density ECoG grids. Neuroimage 179: 225-234.

［9］ Brindley GS, Craggs MD (1972). The electrical activity in the motor cortex that accompanies voluntary movement. J Physiol 223: 28P-29P.

［10］ Brinkman L, Stolk A, Dijkerman HC et al. (2014). Distinct roles for alpha-and beta-band oscillations during mental simulation of goal-directed actions. J Neurosci 34: 14783-14792.

［11］ Brinkman L, Stolk A, Marshall TR et al. (2016). Independent causal contributions of alpha-and beta-band oscillations during movement selection. J Neurosci 36: 8726-8733.

［12］ Brown P (2003). Oscillatory nature of human basal ganglia activity: relationship to the pathophysiology of Parkinson's disease. Mov Disord 18: 357-363.

［13］ Brunner P, Ritaccio AL, Emrich JF et al. (2011). Rapid communication with a "P300" matrix speller using electrocorticographic signals (ECoG). Front Neurosci 5: 5.

［14］ Burke JF, Zaghloul KA, Jacobs J et al. (2013). Synchronous and asynchronous theta and gamma activity during episodic memory formation. J Neurosci 33: 292-304.

［15］ Burke JF, Merkow MB, Jacobs J et al. (2014). Brain computer interface to enhance episodic memory in human participants. Front Hum Neurosci 8: 1055.

［16］ Burke JF, Ramayya AG, Kahana MJ (2015). Human intracranial high-frequency activity during memory processing: neural oscillations or stochastic volatility? Curr Opin Neurobiol

31：104-110.

[17] Buzsaki G, Wang XJ（2012）. Mechanisms of gamma oscillations. Annu Rev Neurosci 35：203-225.

[18] Buzsaki G, Anastassiou CA, Koch C（2012）. The origin of extracellular fields and currents—EEG, ECoG, LFP and spikes. Nat Rev Neurosci 13：407-420.

[19] Chestek CA, Gilja V, Blabe CH et al.（2013）. Hand posture classification using electrocorticography signals in the gamma band over human sensorimotor brain areas. J Neural Eng 10：026002.

[20] Crone NE, Miglioretti DL, Gordon B et al.（1998a）. Functional mapping of human sensorimotor cortex with electrocorticographic spectral analysis. II. Event-related synchronization in the gamma band. Brain 121（Pt. 12）：2301-2315.

[21] Crone NE, Miglioretti DL, Gordon B et al.（1998b）. Functional mapping of human sensorimotor cortex with electrocorticographic spectral analysis. I. Alpha and beta event-related desynchronization. Brain 121（Pt. 12）：2271-2299.

[22] Crone NE, Korzeniewska A, Franaszczuk PJ（2011）. Cortical gamma responses：searching high and low. Int J Psychophysiol 79：9-15.

[23] Dalal SS, Edwards E, Kirsch HE et al.（2008）. Localization of neurosurgically implanted electrodes via photograph-MRIradiograph coregistration. J Neurosci Methods 174：106-115.

[24] De Hemptinne C, Ryapolova-Webb ES, Air EL et al.（2013）. Exaggerated phase-amplitude coupling in the primary motor cortex in Parkinson disease. Proc Natl Acad Sci U S A 110：4780-4785.

[25] De Hemptinne C, Swann NC, Ostrem JL et al.（2015）. Therapeutic deep brain stimulation reduces cortical phase-amplitude coupling in Parkinson's disease. Nat Neurosci 18：779-786.

[26] Dubey A, Ray S（2019）. Cortical electrocorticogram（ECoG）is a local signal. J Neurosci 39：4299-4311.

[27] Dykstra AR, Chan AM, Quinn BT et al.（2012）. Individualized localization and cortical surface-based registration of intracranial electrodes. Neuroimage 59：3563-3570.

[28] Edwards E, Nagarajan SS, Dalal SS et al.（2010）. Spatiotemporal imaging of cortical activation during verb generation and picture naming. Neuroimage 50：291-301.

[29] Engell AD, Huettel S, McCarthy G（2012）. The fMRI BOLD signal tracks electrophysiological spectral perturbations, not event-related potentials. Neuroimage 59：2600-2606.

[30] Felton EA, Wilson JA, Williams JC et al.（2007）. Electrocorticographically controlled brain-computer interfaces using motor and sensory imagery in patients with temporary subdural electrode implants. Report of four cases. J Neurosurg 106：495-500.

[31] Flinker A, Chang EF, Barbaro NM et al.（2011）. Subcentimeter language organization in the human temporal lobe. Brain Lang 117：103-109.

[32] Fried I, Ojemann GA, Fetz EE (1981). Language-related potentials specific to human language cortex. Science 212: 353-356.

[33] Fries P (2009). Neuronal gamma-band synchronization as a fundamental process in cortical computation. Annu Rev Neurosci 32: 209-224.

[34] Fries P (2015). Rhythms for cognition: communication through coherence. Neuron 88: 220-235.

[35] Groppe DM, Bickel S, Dykstra AR et al. (2017). iELVis: an open source MATLAB toolbox for localizing and visualizing human intracranial electrode data. J Neurosci Methods 281: 40-48.

[36] Gunduz A, Brunner P, Daitch A et al. (2011). Neural correlates of visual-spatial attention in electrocorticographic signals in humans. Front Hum Neurosci 5: 89.

[37] Gunduz A, Brunner P, Daitch A et al. (2012). Decoding covert spatial attention using electrocorticographic (ECoG) signals in humans. Neuroimage 60: 2285-2293.

[38] Gupta D, Hill NJ, Adamo MA et al. (2014). Localizing ECoG electrodes on the cortical anatomy without postimplantation imaging. Neuroimage Clin 6: 64-76.

[39] Harvey BM, Vansteensel MJ, Ferrier CH et al. (2013). Frequency specific spatial interactions in human electrocorticography: V1 alpha oscillations reflect surround suppression. Neuroimage 65: 424-432.

[40] Hermes D, Miller KJ, Noordmans HJ et al. (2010). Automated electrocorticographic electrode localization on individually rendered brain surfaces. J Neurosci Methods 185: 293-298.

[41] Hermes D, Vansteensel MJ, Albers AM et al. (2011). Functional MRI-based identification of brain areas involved in motor imagery for implantable brain-computer interfaces. J Neural Eng 8: 025007.

[42] Hermes D, Miller KJ, Vansteensel MJ et al. (2012a). Neurophysiologic correlates of fMRI in human motor cortex. Hum Brain Mapp 33: 1689-1699.

[43] Hermes D, Siero JC, Aarnoutse EJ et al. (2012b). Dissociation between neuronal activity in sensorimotor cortex and hand movement revealed as a function of movement rate. J Neurosci 32: 9736-9744.

[44] Hermes D, Miller KJ, Vansteensel MJ et al. (2014). Cortical theta wanes for language. Neuroimage 85 (Pt. 2): 738-748.

[45] Hermes D, Miller KJ, Wandell BA et al. (2015). Stimulus dependence of gamma oscillations in human visual cortex. Cereb Cortex 25: 2951-2959.

[46] Hermes D, Kasteleijn-Nolst Trenite DGA, Winawer J (2017). Gamma oscillations and photosensitive epilepsy. Curr Biol 27: R336-R338.

[47] Hill NJ, Gupta D, Brunner P et al. (2012). Recording human electrocorticographic

(ECoG) signals for neuroscientific research and real-time functional cortical mapping. J Vis Exp (64): pii: 3993.

[48] Hubel DH, Wiesel TN (1963). Shape and arrangement of columns in cat's striate cortex. J Physiol 165: 559-568.

[49] Jacques C, Witthoft N, Weiner KS et al. (2015). Corresponding ECoG and fMRI category-selective signals in human ventral temporal cortex. Neuropsychologia 83: 14-28.

[50] Jensen O, Mazaheri A (2010). Shaping functional architecture by oscillatory alpha activity: gating by inhibition. Front Hum Neurosci 4: 186.

[51] Jia X, Smith MA, Kohn A (2011). Stimulus selectivity and spatial coherence of gamma components of the local field potential. J Neurosci 31: 9390-9403.

[52] Jia X, Xing D, Kohn A (2013). No consistent relationship between gamma power and peak frequency in macaque primary visual cortex. J Neurosci 33: 17-25.

[53] Jones SR, Pritchett DL, Sikora MA et al. (2009). Quantitative analysis and biophysically realistic neural modeling of the MEG mu rhythm: rhythmogenesis and modulation of sensory-evoked responses. J Neurophysiol 102: 3554-3572.

[54] Katzner S, Nauhaus I, Benucci A et al. (2009). Local origin of field potentials in visual cortex. Neuron 61: 35-41.

[55] Keitel C, Keitel A, Benwell CS et al. (2019). Stimulus-driven brain rhythms within the alpha band: the attentionalmodulation conundrum. J Neurosci 39: 3119-3129.

[56] Krusienski DJ, Grosse-Wentrup M, Galan F et al. (2011). Critical issues in state-of-the-art brain-computer interface signal processing. J Neural Eng 8: 025002.

[57] Kubanek J, Miller KJ, Ojemann JG et al. (2009). Decoding flexion of individual fingers using electrocorticographic signals in humans. J Neural Eng 6: 066001.

[58] Lachaux JP, Jerbi K, Bertrand O et al. (2007). A blueprint for real-time functional mapping via human intracranial recordings. PLoS One 2: e1094.

[59] Lachaux JP, Axmacher N, Mormann F et al. (2012). Highfrequency neural activity and human cognition: past, present and possible future of intracranial EEG research. Prog Neurobiol 98: 279-301.

[60] Leuthardt EC, Schalk G, Wolpaw JR et al. (2004). A brain-computer interface using electrocorticographic signals in humans. J Neural Eng 1: 63-71.

[61] Leuthardt EC, Freudenberg Z, Bundy D et al. (2009). Microscale recording from human motor cortex: implications for minimally invasive electrocorticographic brain-computer interfaces. Neurosurg Focus 27: E10.

[62] Lim VK, Hamm JP, Byblow WD et al. (2006). Decreased desynchronisation during self-paced movements in frequency bands involving sensorimotor integration and motor functioning in Parkinson's disease. Brain Res Bull 71: 245-251.

445

[63] Liu H, Agam Y, Madsen JR et al. (2009). Timing, timing, timing: fast decoding of object information from intracranial field potentials in human visual cortex. Neuron 62: 281–290.

[64] Lopes Da Silva F (2013). EEG and MEG: relevance to neuroscience. Neuron 80: 1112–1128.

[65] Manning JR, Jacobs J, Fried I et al. (2009). Broadband shifts in local field potential power spectra are correlated with single-neuron spiking in humans. J Neurosci 29: 13613–13620.

[66] Mazaheri A, Jensen O (2008). Asymmetric amplitude modulations of brain oscillations generate slow evoked responses. J Neurosci 28: 7781–7787.

[67] Miller KJ, Dennijs M, Shenoy P et al. (2007a). Real-time functional brain mapping using electrocorticography. Neuroimage 37: 504–507.

[68] Miller KJ, Leuthardt EC, Schalk G et al. (2007b). Spectral changes in cortical surface potentials during motor movement. J Neurosci 27: 2424–2432.

[69] Miller KJ, Sorensen LB, Ojemann JG et al. (2009a). Powerlaw scaling in the brain surface electric potential. PLoS Comput Biol 5: e1000609.

[70] Miller KJ, Zanos S, Fetz EE et al. (2009b). Decoupling the cortical power spectrum reveals real-time representation of individual finger movements in humans. J Neurosci 29: 3132–3137.

[71] Miller KJ, Hebb AO, Hermes D et al. (2010a). Brain surface electrode co-registration using MRI and X-ray. Conf Proc IEEE Eng Med Biol Soc 2010: 6015–6018.

[72] Miller KJ, Schalk G, Fetz EE et al. (2010b). Cortical activity during motor execution, motor imagery, and imagerybased online feedback. Proc Natl Acad Sci U S A 107: 4430–4435.

[73] Miller KJ, Hermes D et al. (2012). Human motor cortical activity is selectively phase-entrained on underlying rhythms. PLoS Comput Biol 8: e1002655.

[74] Miller KJ, Honey CJ, Hermes D et al. (2014). Broadband changes in the cortical surface potential track activation of functionally diverse neuronal populations. Neuroimage 85 (Pt. 2): 711–720.

[75] Miller KJ, Schalk G, Hermes D et al. (2016). Spontaneous decoding of the timing and content of human object perception from cortical surface recordings reveals complementary information in the event-related potential and broadband spectral change. PLoS Comput Biol 12: e1004660.

[76] Moses DA, Mesgarani N, Leonard MK et al. (2016). Neural speech recognition: continuous phoneme decoding using spatiotemporal representations of human cortical activity. J Neural Eng 13: 056004.

[77] Muthukumaraswamy SD, Singh KD (2009). Functional decoupling of BOLD and gamma-band amplitudes in human primary visual cortex. Hum Brain Mapp 30: 2000–2007.

[78] Niedermeyer E, Da Silva FHL (2005). Electroencephalography: basic principles, clinical applications, and related fields, Lippincott Williams & Wilkins.

第 19 章　颅内脑电（iEEG）：沿硬脑膜排列电极

[79] Nobre AC, Allison T, McCarthy G (1994). Word recognition in the human inferior temporal lobe. Nature 372: 260-263.

[80] Nurse ES, John SE, Freestone DR et al. (2018). Consistency of long-term subdural electrocorticography in humans. IEEE Trans Biomed Eng 65: 344-352.

[81] Ojemann GA (1979). Individual variability in cortical localization of language. J Neurosurg 50: 164-169.

[82] Ojemann GA, Whitaker HA (1978). Language localization and variability. Brain Lang 6: 239-260.

[83] Osipova D, Hermes D, Jensen O (2008). Gamma power is phase-locked to posterior alpha activity. PLoS One 3: e3990.

[84] Penfield W, Boldrey E (1937). Somatic motor and sensory representation in the cerebral cortex of man as studied by electrical stimulation. Brain 60: 389-443.

[85] Pfurtscheller G, Lopes Da Silva FH (1999). Event-related EEG/MEG synchronization and desynchronization: basic principles. Clin Neurophysiol 110: 1842-1857.

[86] Pfurtscheller G, Graimann B, Huggins JE et al. (2003). Spatiotemporal patterns of beta desynchronization and gamma synchronization in corticographic data during self-paced movement. Clin Neurophysiol 114: 1226-1236.

[87] Potes C, Gunduz A, Brunner P et al. (2012). Dynamics of electrocorticographic (ECoG) activity in human temporal and frontal cortical areas during music listening. Neuroimage 61: 841-848.

[88] Rangarajan V, Hermes D, Foster BL et al. (2014). Electrical stimulation of the left and right human fusiform gyrus causes different effects in conscious face perception. J Neurosci 34: 12828-12836.

[89] Ray S, Maunsell JH (2011). Different origins of gamma rhythm and high-gamma activity in macaque visual cortex. PLoS Biol 9: e1000610.

[90] Ray S, Maunsell JH (2015). Do gamma oscillations play a role in cerebral cortex? Trends Cogn Sci 19: 78-85.

[91] Schalk G (2015). A general framework for dynamic cortical function: the function-through-biased-oscillations (FBO) hypothesis. Front Hum Neurosci 9: 352.

[92] Schalk G, McFarland DJ, Hinterberger T et al. (2004). BCI2000: a general-purpose brain-computer interface (BCI) system. IEEE Trans Biomed Eng 51: 1034-1043.

[93] Schalk G, Kubanek J, Miller KJ et al. (2007). Decoding two-dimensional movement trajectories using electrocorticographic signals in humans. J Neural Eng 4: 264-275.

[94] Schnitzler A, Timmermann L, Gross J (2006). Physiological and pathological oscillatory networks in the human motor system. J Physiol Paris 99: 3-7.

[95] Schroeder CE, Lakatos P (2009). Low-frequency neuronal oscillations as instruments of

447

sensory selection. Trends Neurosci 32: 9-18.

[96] Shirhatti V, Borthakur A, Ray S (2016). Effect of reference scheme on power and phase of the local field potential. Neural Comput 28: 882-913.

[97] Siero JC, Hermes D, Hoogduin H et al. (2013). BOLD consistently matches electrophysiology in human sensorimotor cortex at increasing movement rates: a combined 7T fMRI and ECoG study on neurovascular coupling. J Cereb Blood Flow Metab 33: 1448-1456.

[98] Siero JC, Hermes D, Hoogduin H et al. (2014). BOLD matches neuronal activity at the mm scale: a combined 7T fMRI and ECoG study in human sensorimotor cortex. Neuroimage 101: 177-184.

[99] Speier W, Fried I, Pouratian N (2013). Improved P300 speller performance using electrocorticography, spectral features, and natural language processing. Clin Neurophysiol 124: 1321-1328.

[100] Stolk A, Griffin S, Van Der Meij R et al. (2018). Integrated analysis of anatomical and electrophysiological human intracranial data. Nat Protoc 13: 1699-1723.

[101] Sun FT, Morrell MJ (2014). Closed-loop neurostimulation: the clinical experience. Neurotherapeutics 11: 553-563.

[102] Swann N, Tandon N, Canolty R et al. (2009). Intracranial EEG reveals a time-and frequency-specific role for the right inferior frontal gyrus and primary motor cortex in stopping initiated responses. J Neurosci 29: 12675-12685.

[103] Swann NC, De Hemptinne C, Aron AR et al. (2015). Elevated synchrony in Parkinson disease detected with electroencephalography. Ann Neurol 78: 742-750.

[104] Swettenham JB, Muthukumaraswamy SD, Singh KD (2013). BOLD responses in human primary visual cortex are insensitive to substantial changes in neural activity. Front Hum Neurosci 7: 76.

[105] Ung H, Baldassano SN, Bink H et al. (2017). Intracranial EEG fluctuates over months after implanting electrodes in human brain. J Neural Eng 14: 056011.

[106] Vansteensel MJ, Hermes D, Aarnoutse EJ et al. (2010). Brain-computer interfacing based on cognitive control. Ann Neurol 67: 809-816.

[107] Vansteensel MJ, Bleichner MG, Freudenburg ZV et al. (2014). Spatiotemporal characteristics of electrocortical brain activity during mental calculation. Hum Brain Mapp 35: 5903-5920.

[108] Vansteensel MJ, Pels EG, Bleichner MG et al. (2016). Fully implanted brain-computer interface in a locked-in patient with ALS. N Engl J Med 375: 2060-2066.

[109] Vidal JR, Ossandon T, Jerbi K et al. (2010). Category-specific visual responses: an intracranial study comparing gamma, beta, alpha, and ERP response selectivity. Front Hum Neurosci 4: 195.

[110] Wandell BA (1995). Foundations of vision, Sinauer Associates.

[111] Wang W, Collinger JL, Degenhart AD et al. (2013). An electrocorticographic brain inter-
face in an individual with tetraplegia. PLoS One 8: e55344.

[112] Wilson JA, Felton EA, Garell PC et al. (2006). ECoG factors underlying multimodal con-
trol of a brain-computer interface. IEEE Trans Neural Syst Rehabil Eng 14: 246-250.

[113] Winawer J, Parvizi J (2016). Linking electrical stimulation of human primary visual
cortex, size of affected cortical area, neuronal responses, and subjective experience. Neuron
92: 1213-1219.

[114] Winawer J, Kay KN, Foster BL et al. (2013). Asynchronous broadband signals are the
principal source of the BOLD response in human visual cortex. Curr Biol 23: 1145-1153.

[115] Zhang D, Song H, Xu R et al. (2013). Toward a minimally invasive brain-computer inter-
face using a single subdural channel: a visual speller study. Neuroimage 71: 30-41.

第 20 章　局部场电位用于 BCI 控制

20.1　摘　　要

　　BCI 模式的金标准是初级运动皮层的多个单个单元记录，它产生最快和最精美的控制（即最多的自由度和比特率）。不幸的是，单个单元电极容易被包裹，这限制了它们的单个单元记录寿命。然而，包裹对皮质内局部场电位（LFP）没有显著影响。在 3 只猴子（束状猕猴）执行标准的 3D 从中心向外伸手任务和 3D 绘制圆形任务时，从运动皮层记录 LFP 和单个单元活动。已发现 LFP 子集的高频（high frequency，HF）（60~200Hz）功率谱振幅像单个单元一样进行定向调谐。事实上，同一电极上单个单元的稳定隔离增加了 HF-LFP 向手动方向进行显著余弦调谐的可能性。显著调谐的单个单元的存在进一步增加了调谐的 HF-LFP 的可能性，这表明该 HF-LFP 活动频带至少部分由局部神经元动作电位电流产生（单个单元活动）。鉴于包裹使长期记录单个单元变得困难，这些结果表明，HF-LFP 可能是监测 BCI 应用的神经活动的一种更稳定、更有效的方法。

20.2　引　　言

　　人类表现的所有行为都完全依赖于大脑控制肌肉的能力。大脑没有其他自然输出通道来表达行为，因此，行走、交谈、手势等都需要运动控制。尽管 BCI 本质上是非自然输出通道，这种通道可以从任何大脑区域获得，但在大脑中获取控制信号的最合理位置是在自然肌肉运动中发挥重要作用的运动皮层区域。例如，喙侧或头端（rostral）初级运动皮层（primary motor cortex，M1）和背侧、腹侧运动前皮质位于皮层脑回上，这两种皮层脑回都易于由有创和无创 BCI 技术采集得到神经活动信息。从大脑到脊髓再到脊髓中间神经元的所有皮质脊髓投射中，三分之一以上都是由它们组成的，这些中间神经元与控制肌肉组织的运动神经元形成突触（Porter 和 Lemon，1993）。深部运动结构，如基底神经节或位于脑沟深部的皮质运动结构（如 M1 尾侧、扣带回或辅助运动区），使用当前的记录技术很难获得这些深部运动结构的活动信息。因此，它们不是 BCI 应用的典型目标脑区。

记录大脑运动皮层活动的最具侵入性的方法之一是采用穿透性微电极。典型地，这些电极是由贵金属（铂-铱）制成的，其中细金属丝被蚀刻到一个锥形点上，并涂上玻璃，形成一个很小的（直径 20 mm）暴露的尖端，可以记录大脑实质内的细胞外电压（Evarts，1964）。更现代的穿透性微电极阵列是由陶瓷（如二氧化硅）制成的，它具有多个金属性尖端（如氧化铱）和聚合物绝缘涂层（如 Paralene-C），可以同时从多个（如 100 个）皮质部位记录（Norman 和 Fernandez，2016）。无论是使用单个电极还是大型阵列，记录单个神经元的单个单元活动的目标都要求电极尖端位于距神经元 50～100mm 的范围内。根据皮质区域和皮层，可以从单个位置记录几个单独的神经元。如果这些多个记录的神经元具有不同的动作电位形状，就有可能区分它们各自的放电频率，从而产生多个单个单元的响应。然而，如果它们的各种动作电位电压曲线非常相似，则可能无法区分产生多单元活动的神经元，即两个或多个神经元的总放电率。

在运动皮质区，大型神经元细胞体的主要层是第 3 层和第 5 层；M1 中几乎不存在第 4 层。第 3 层包含中等大小的锥体细胞体（pyramidalcell bodies），被认为是皮质-皮质连接的输出神经元。同样，第 5 层含有大量的锥体细胞体，其中许多形成皮质脊髓束（corticospinal tract）。大约 10% 的第 5 层锥体细胞是直径超过 100 um 的大型 Betz 细胞（Young 等，2013）。这些 Betz 细胞的体积（约 85000 um3）是典型锥体细胞的 20 倍（Rivara 等，2003）。当神经元发出动作电位时，这些较大的体积会产生巨大的细胞外电流，从而产生非常大的细胞外电位，这些电位可以在电极尖端几百微米处准确记录并区分。

能够同时记录数百个神经元的长期植入式多电极阵列的出现，导致了许多 BCI 研究，这些研究能够从皮质的单个单元的神经元群中获得高保真的控制信号（Serruya 等，2002；Taylor 等，2002；Carmena 等，2003）。然而，这些基于单个单元活动的 BCI 控制信号的主要缺点之一是，很难对单个神经元进行稳定、长期的记录（Williams 等，2007）。神经胶质组织对电极尖端的包裹随着时间的推移而增加，导致电阻抗增加，从而消除了单个单元的隔离。虽然包裹被证明是识别单个动作电位的一个问题（功率谱在 300～5000Hz 范围内），但仍可以记录低频信号（<250Hz）。这些低频信号由电极尖端附近区域的所有电活动之和组成，称为 LFP。

用于 BCI 控制的 LFP 的早期研究侧重于把 LFP 的时域分析用于控制。

Kennedy 及其同事长期将玻璃锥电极（glass cone electrodes）植入因脑干中风而重度残疾或"闭锁"的人类受试者体内，他们能够证明 LFP 的时域表征可以用于控制计算机光标（Kennedy 等，2004）。有几项对非人类灵长类动物的研究，着眼于在运动皮层 LFP 记录的时域表征中运动参数的编码（Rickert 等，2005）。然而，LFP 的时域分析表明，与单个单元数据相比，LFP 在预测运动参数（即手部速度）方面非常差。

LFP 数据的频谱分析最初侧重于相对较低的频率（<40Hz），因为这是 EEG 中可见的频率（Murthy 和 Fetz，1992，1996；Sanes 和 Donoghue，1993）。这些 LFP 发现与之前的 EEG 研究（Pfurtscheller，1981）和硬膜下 ECoG（subdural ECoG）研究（Toro 等，1994）相一致。所有这三种记录模式都证明了运动期间 β 波段（18~26Hz）的功率降低（称为去同步化）。然而，一旦你观察到 γ 频带，运动开始通常会导致 γ 频带功率的增加。由于已知单个单元活动随着运动的开始而增加，因此开始研究 γ 频带功率与单个单元活动之间的相关性。

最初，高频谱分析仅限于 LFP（Donoghue 等，1998；Pesaran 等，2002；O'Leary 和 Hatsopoulos，2006）和硬膜下 ECoG（Crone 等，1998；Miller 等，2007）的 γ 波段的低频段（30~80Hz）。可能的原因是 LFP 功率作为频率 f 的函数，随 $1/f$ 衰减。随着感兴趣的频带增加到更高的频率，更高频带中的功率量会减少。用音乐的术语来说，低音比高音大得多，因此，早期的频谱分析集中于低频。随着有更高动态范围的更好的放大器出现，再加上高分辨率模数转换器（例如，>24 位）以及用于 LFP 的最佳接地和参考技术，高频 γ 波段功率的精确测量成为可能。例如，在运动皮层中记录的皮质内 LFP 的高频成分（60~200Hz）可以在猴子的三维伸手任务中能被定向地调节（Heldman 等，2006），就像在单个单元活动中一样（Taylor 等，2002）。每个已调节的 LFP 均有一个特定的运动方向（首选的方向），其高频 γ 功率产生最大振幅。同样，如果受试者朝相反方向移动，则 LFP 中高频 γ 的振幅处于最小值。因此，通过同时从许多不同方向调制的 LFP 位置点记录，我们可以从 LFP 信号的总体中解码预期的运动方向。其他研究在 M1（Rickert 等，2005）和颞中区域（middle temporal area，MT）（Liu 和 Newsome，2006）发现了类似的 2D 调制结果。

迄今为止，大多数基于 LFP 的 BCI 研究都使用了一类典型的从中心点出发向外伸手任务来描述受试者的行为（Georgopoulos 等，1986）。通常，身体健全的受试者会将他们的手放在工作区的中央，同时计算机会跟踪他们的手部，并随机显示受试者必须到达的外周目标。然后将移动/运动期间记录的

LFP 数据线性回归到运动学（通常为手部速度），以确定 LFP 的调节方向。一旦确定了所有 LFP 的调节方向，受试者将执行闭环 BCI 任务，其中来自 LFP 的解码控制信号用于控制执行器（如计算机光标和机械臂），以执行相同的由中心点向外伸手的任务。采用完全相同类型的任务来确定调节的参数并执行 BCI 测试的问题是，无法确定编码是否会传输到不同类型的运动任务。为了使有效的临床 BCI 有用和可转化，解码新型运动类型的能力至关重要。虽然伸手是日常生活中常见的行为，但它并不是手臂运动任务的唯一类型。因此，有效的 BCI 系统必须能够无缝解码不同的运动行为。在本章中，我们研究了在标准的由中心点向外伸手任务和画圆任务期间，运动皮层中记录的低频 β（18～26Hz）和高频（60～200Hz）LFP 的频谱调制。然后，我们将这些结果与同时记录的单个单元活动进行比较：这是 BCI 技术中的金标准。

　　我们采用十分普遍的由中心点向外伸手任务来比较运动皮质区域中单个单元、β 波段 LFP，以及高频 γ 波段 LFP 活动中包含的手臂运动变量的运动学表征。一旦从伸手任务中确定了编码信息，我们就可以利用这些编码信息从画圆任务期间皮层活动中解码运动信息。

20.3　行　为　任　务

　　3 只猴子（猕猴）接受操作性训练，在 3D 虚拟现实环境中执行标准的 3D 由中心向外伸手任务和画圆任务（图 20.1）（Wang 等，2007）。对于由中心点向外伸手任务，一个目标（中心球体）出现在工作区的中心。然后，要求猴子随着它的手部移动将光标球体移动到中心球体，并将其保持一个随机的时间间隔。然后，中心球体将消失，目标球体将立即出现在虚拟立方体角的 8 个位置之一，该立方体以原始中心球体的位置为中心。一旦目标球出现，猴子有 600ms 的时间将其手移向目标。一旦到达目标，要求猴子在另一个随机的时间间隔内将手放在目标球上。对于运动皮层中每个 LFP/单个单元记录位点，在随机的组块设计中，猴子对八个目标中的每一个进行了五次伸手触碰。猴子手部的 3D 位置通过光学跟踪系统记录下来，该系统提供了伸手的运动学数据。

　　对于画圆任务（图 20.1），目标出现在立方体的中心或一个角，该立方体为由中心向外伸手任务中使用的。猴子用手抓住这个目标，这指示了要追踪的圆圈的起点。接下来会显示一条圆形轨迹，目标直接出现在原始目标的右侧或左侧。这个新的目标指示了猴子要沿着圆圈追踪的方向（顺时针或逆时针方向），要求猴子将球形光标保持在轨迹内，并连续 3 次跟踪圆圈。任务完成

453

后，给予了果汁奖励。如果猴子未能在 400ms 内将光标移动到新转移的目标，则实验中止。最初的目标圆圈出现在 9 个不同的位置，并顺时针和逆时针追踪，这样总共有 18 次绘图移动，以随机组块呈现。对于运动皮层中的每个 LFP/单个单元记录位置，重复该序列 3 次。

图 20.1　虚拟现实设置。受试者坐在灵长类动物的椅子上，看着从 3D 计算机显示器投射到镜子上的图像。它看不到自己的手，而是看到了一个球形光标，该光标表示其手部在空间中的位置（橙色球）。此处显示的示例表示绘圆任务，其中要求受试者沿顺时针和逆时针方向绕椭圆绘制 3 次（见彩插）

20.4　皮质活动的记录

把标准的圆柱形记录腔室植入运动皮质手臂近端区域上方的颅骨中，该脑区域位于训练手臂的对侧。采用阻抗为 1~2 MΩ 的钨微电极记录皮层内 LFP 和单个单元。采用四阶低通巴特沃斯滤波器对 LFP 滤波，在 200Hz 时衰减 12dB，并在 500Hz 下采样。电极排列成 16×1 线性阵列，并由 Microdrive 独立驱动。

20.5　频谱分析

采用自回归模型（McFarland 等，1997；Schalk 等，2004），在 3～200Hz 的范围内计算每个 LFP 通道的频谱振幅。对于时间序列分析，在 300ms 滑动窗中计算每个时间点（前后 150ms）的频谱振幅。β 频带 LFP 定义为 18～26Hz 的平均频谱振幅，而高频 LFP（HF-LFP）定义为 60～200Hz 的平均频谱振幅。当猴子把手放在中心目标上时，把基线 LFP 计算为 LFP 的频谱振幅。对于这两项行为任务，从持续移动频谱振幅中减去基线频谱振幅，以确定相对于基线的功率谱振幅。

将由中心向外伸手任务期间的皮质数据回归到运动方向（见方框 20.1），以确定单个单元活动（神经元放电率）、β 波段 LFP 活动（相对于基线的功率），以及高频 γ 波段 LFP 活动（相对于基线功率）的编码向量。然后，利用这些编码向量在绘图任务期间预测 LFP 功率（见方框 20.1），并生成总体响应，以从皮质活动预测（即解码）运动学。

方框 20.1　方向分析

由中心点向外伸手任务编码模型

把手部移动的速度线性回归为每个电极上记录的 HF-LFP 和 βLFP：

$$\overline{P} = B_o + B_x\,\overline{x} + B_y\,\overline{y} + B_z\,\overline{z} \tag{20.1}$$

式中：$\overline{P}$ 为反应和移动期间内的平均 LFP 频谱振幅；$\overline{x}$、$\overline{y}$ 和 $\overline{z}$ 为运动过程中的平均手部速度分量；B_o、B_x、B_y 和 B_z 为速度回归系数，B_x 和 B_y 以及 B_z 表示 LFP 的首选方向（preferred direction，PD）。回归模型给出了每个"特征"（电极-频带组合）的确定系数（r^2）和 p 值，把小于 0.05 的 p 值作为确定显著调制的标准。除了分析方向调制外，还使用 t 检验来确定运动期间有多少特征显著增加或减少。

绘圆解码分析

为了研究单个 LFP 的调制特性是否转移到单独的任务中，采用由中心向外伸手任务中计算的 PD 来预测画圆任务期间的 LFP，方法是将画圆任务期间手部移动速度代入式（20.1）。在总体分析中，将由中心向外移动任务期间记录的 LFP 数据作为最佳线性估计模型的训练集（Salinas 和 Abbott，1994），以预测画圆任务期间手部移动速度。该模型假定以下解码规则：

$$V_{\text{center-out}} = \sum_i P_i \boldsymbol{D}_i \qquad (20.2)$$

式中：P_i 和 $\boldsymbol{V}$ 分别为由中心向外任务期间的 LFP 信号和手部移动速度；$\boldsymbol{D}_i$ 为权重。输入频谱在时间上有滞后，滞后时间为手部移动速度和 LFP 频谱振幅之间的互相关达到最大值的时间。该模型用于预测画圆任务期间手部移动速度：

$$V_{\text{est,circle}} = \sum_i P_{i,\text{circle}} \boldsymbol{D}_{i,\text{center-out}} \qquad (20.3)$$

式中：$\boldsymbol{V}_{\text{est,circle}}$ 和 $P_{i,\text{circle}}$ 分别为在画圆任务期间预测的手部移动速度和 LFP；$\boldsymbol{D}_{i,\text{center-out}}$ 为通过最小化总的由中心向伸手量计算的权重。将 β 和高频 LFP 作为该模型的输入信号进行测试。这种手部移动速度预测可以用来确定 LFP 活动和手部移动之间的延迟，以及从一个任务到另一个任务的调节效果如何。

20.6　由中心向外伸手任务

在标准的 3D 由中心向外伸手任务中，共记录了三只猴子运动皮层 823 个位置的 LFP 和单个单元。采用相同的记录电极，在大约 75% 的记录位置同时记录了单个单元活动和 LFP。在大约 50% 的记录位置，同时识别了一个运动皮层细胞，而大约 25% 的记录位置显示出电极上分离的两个可辨别的单个单元。其余 25% 的位置没有显示可辨别的单个单元活动。图 20.2 显示了定向调制单个单元的典型示例（图 20.2（a））和同时记录的 LFP 的伴随功率谱（图 20.2（b））。对于这种记录，HF-LFP 提前大约 140ms 预测了手部移动的速度。图 20.2 所示的神经元和 HF-LFP 都有指向下方的编码向量（首选方向）。

通过确定频谱振幅和手部移动速度之间互相关最大值的时间，计算频谱振幅峰值和手部运动之间的平均滞后。对于 β 波段，频谱振幅的峰值下降比手部移动速度峰值平均提前 30ms。另外，HF-LFP 的峰值增加导致手部移动速度的峰值平均时延为 130ms，这与在运动皮质细胞的单个单元记录中发现的时延相似（Moran 和 Schwartz，1999a）。

除了记录 LFP 外，每个电极还可以记录零个、一个或两个神经元，这取决于实现稳定分离的能力。图 20.3（a）显示了显著调制的 LFP 的百分比（$P < 0.05$）

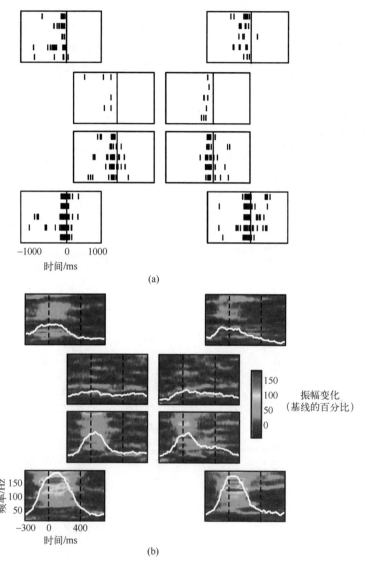

(a)

(b)

图 20.2　（a）在由中心向外伸手任务中，对八个目标中的每一个重复五次伸手的尖峰发放栅格信号。里面的四个图表示到达离受试者最远的四个目标，而外面的四个图表示到达最靠近受试者的四个目标。根据运动的开始点（即作为时间零点（虚线））对齐伸手到达。每条黑线表示一次尖峰脉冲放电。根据其活动，可以看出，在这些图中分离和表示的细胞在两个下部的近端靶点附近具有首选方向。（b）把频谱振幅绘制为与基线的百分比变化。这些 LFP 测量值与（a）中神经元的单个单元活动同时记录，采用与（a）中相同的电极获取。白线表示 60~200Hz LFP（HF-LFP）的平均频谱振幅。注意，HF-LFP 与同时记录的神经元具有相似的方向（定向）调制（见彩插）。

与记录的细胞数量。图 20.3（b）显示了显著调制的 LFP 的百分比（$P<0.05$），作为通道中显著调制细胞数量的函数，其中至少分离出一个细胞。发现记录分离良好且显著调制的单个单元可增加 HF-LFP 调制的可能性；然而，这对 β 波段 LFP 调制几乎没有影响。

进一步比较了同时对 HF-LFP 和单个单元活动具有显著 PD 的通道。HF-LFP 和同时记录的单个单元的 PD 通常相同（图 20.3（c））。然而，在 823 个记录点中，只有 15 个记录点记录了调制的 βLFP 和调制的神经元。在这 15 个位点，βLFP 和细胞 PD 没有相关性。

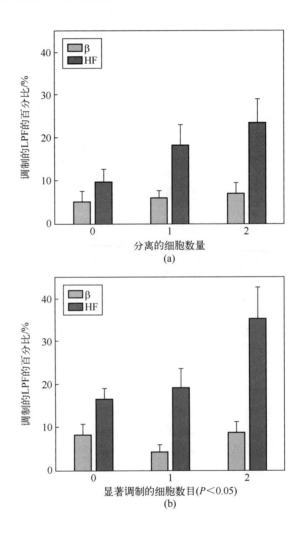

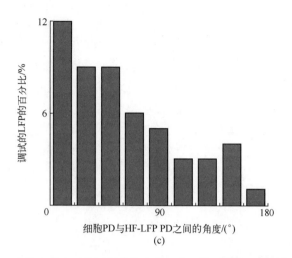

图 20.3 当从表现出显著调制的单个单元的区域记录时，LFP 调制增加

（a）显著调制的 LFP 的百分比（$P<0.05$）为同时分离的神经元数量的函数；（b）显著调制的 LFP 的百分比为同时记录的显著调制细胞数量的函数，在本实验中，（a）和（b）中的误差线均比 3 个受试者的平均值高出一个标准差；（c）HF-LFP 与同时记录的单个单元 PD 之间的角度。请注意，此直方图仅包括 HF-LFP 和一个单独单元均被显著调谐的通道

20.7 画圆任务

在完成由中心点向外伸手任务后，受试者执行画圆任务（图 20.1）。图 20.4 显示了在图 20.2（b）所示的相同 LFP 通道的绘圆任务期间，LFP 频谱幅度相对于基线的变化。请注意，对于顺时针和逆时针绘图，高频调制方向都是向下的方向。由于顺时针任务中在圆圈右侧和逆时针任务中在圆圈左侧时出现最高的频谱振幅，因此这种 HF-LFP 的调制基于速度而非位置。此绘圆任务中相对于基线的最大变化的位置也与由中心点向外伸手任务中发现的向下方向调制一致。

由中心向外任务中计算的 PD 或编码向量用于预测画圆任务中的 LFP（见方框 20.1）。图 20.5 比较了图 20.2 和图 20.4 所示同一通道实际和预测的 HF-LFP。该通道实际和预测的 HF-LFP 之间的平均相关性计算得到 $r=0.96$，平均延迟为 90ms。

由中心向外移动任务中记录的数据用于训练线性模型，以预测画圆任务期间的手部移动速度（见方框 20.1）。利用两只猴子（执行伸手和绘图任务）β 和 HF LFP 的所有显著调制的通道（由中心向外移动任务中的 $P<0.05$，24 个

β LFP，72 个 HF LFP）来创建此模型。图 20.6 显示了顺时针绘圆的实际和预测手部移动速度。对于 24 个调制的 β LFP，实际和预测的手部移动速度之间的相关系数平均为 0.36。然而，当采用 72 个调制的 HF LFP 时，实际和预测的手部移动速度之间相关系数为 0.91。当采用两只猴子的所有 391 个 LFP 时（无论调制情况如何），β 相关系数为 0.55，而 HF 相关系数为 0.85。在画圆过程中（采用 HF-LFP 解码），手部移动的实际速度和预测速度之间的平均延迟约为 110ms，这与之前的研究结果一致（Moran 和 Schwartz，1999b）。

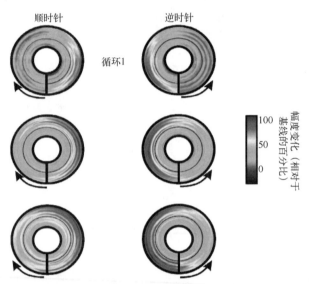

图 20.4　画圆任务期间的 LFP 频谱振幅变化（见彩插）。图 20.2 所示为同一电极的画圆任务的平均频谱振幅。颜色表示频谱振幅相对于基线的百分比变化；频率与半径成正比。对于顺时针方向的绘圆，HF-LFP 增幅最大位于圆圈的右侧，对应于向下的运动。对于逆时针方向的绘圆圈，HF-LFP 峰值位于圆圈的左侧，这也对应于向下伸运动。这些发现证实了在由中心向外伸手任务中发现的向下方向的调制（图 20.2）。最重要的是，顺时针任务中最大的频谱幅度增加在右侧，逆时针任务中的最大幅度增加在左侧，这表明 HF-LFP 调制是基于速度而不是位置的

　　长期稳定的皮层记录对于临床 BCI 的长期成功至关重要。不幸的是，随着时间的推移，穿透性微电极尖端的组织包裹长期以来一直是单个单元记录的障碍。包裹有效地阻断了 300～5000Hz 动作电位的主要信号，通常在植入后一年内，大部分单个单元的活动消失。然而，随着感兴趣的皮层频率降低，其对包裹的敏感性也降低了。由于 γ 波段 LFP 在频率范围上比单个单元频谱小一个数量级，因此它们不易被包裹，从而产生可以无限期持续的 BCI 信号。在手部

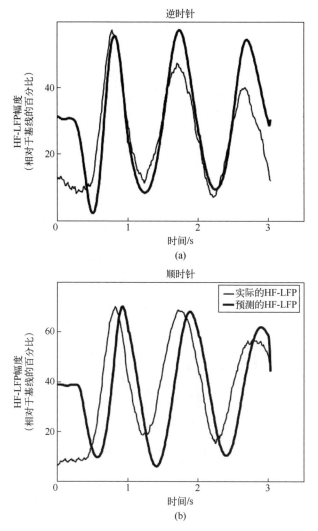

图 20.5　采用来自由中心向外任务的调制数据和来自绘图任务的速度，计算了
逆时针（a）和顺时针（b）绘图任务期间的模拟 LFP（粗线）。实际的 HF-LFP（细线）
比由手部运动生成的模拟 HF-LFP 平均提前 90ms，这也类似于单个单元的绘图数据
（Moran 和 Schwartz，1999b）

移动过程中，HF-LFP 频谱振幅有大幅增加，同时在运动之前，βLFP 振幅有
适度的降低。导致手部移动的 HF-LFP 的这种频谱振幅增加与移动开始前运动
皮质细胞中的放电率增加同时发生（Moran 和 Schwartz，1999a）。这种增加也
比 β 的减少更为明显。不幸的是，由于 $1/f$ 功率衰减以及 EEG 电极与大脑之

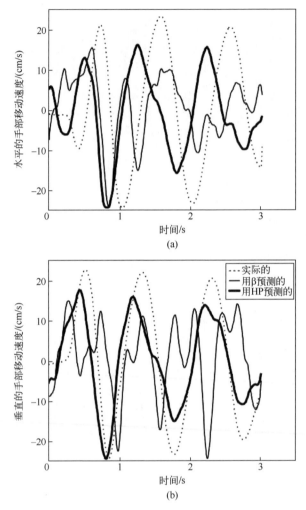

图 20.6　采用方框 20.1 中式（20.3）所述的线性模型预测受试者绘制顺时针圆时手部
移动速度的水平（a）和垂直（b）分量。虚线是受试者的平均实际手部移动速度。
采用高频 LFP（粗线）重建的效果远好于采用 βLFP（细线）重建的

间的距离较大（>2cm），采用无创 EEG 无法看到大部分高频增加。因此，必
须采用某种侵入式方法记录高频 γ 频带活动。

　　如前所示，附近调制神经元的存在大大增加了从该位置记录的 HF-LFP 也
被调制的机会。有趣的是，附近调制神经元的存在与 βLFP 无关（图 20.3）。
大约 20% 的包含一个调制的单个单元的 HF-LFP 通道和 35% 的包含两个调制的
单个单元的通道进行了自身调制，而只有 10% 的无可区分的单个单元的通道

显著调制了 HF LFP（图 20.3（a））。当仅考虑至少有一个单元被分离的通道时（图 20.3（b）），附近单元的调制大大增加了 HF-LFP 被调制的可能性。图 20.3（c）显示，HF-LFP 通常与通过同一电极记录的单个单元具有相同的 PD，这表明调制的 HF-LFP 是电极周围调制的单个单元活动的结果。

20.8　建模：模拟运动皮质神经元发放的 LFP 活动

在 M1 中，神经元的单个单元调制方向以半柱状的方式组织，相邻细胞或单元格（adjacent cells）具有相似的 PD（Amirikian 和 Georgopoulos，2003；Stark 等，2009；Hatsopoulos，2010）。众所周知，M1 神经元编码运动方向（Georgopoulos 等，1986）和速度（Moran and Schwartz，1999b），并且可以通过简单的矢量数学轻松解码，以预测手臂运动（见方框 20.1）。由于典型的动作电位尖峰脉冲宽度为 1ms 级，其主功率应出现在约 1kHz。然而，动作电位的频谱功率仍有显著的频率分量，其范围为 60~300Hz。为了研究运动期间附近细胞对 LFP 频谱振幅的影响，从单个单元活动模拟了 100 个 LFP。模拟的 LFP 是仅利用附近细胞的动作电位创建的，忽略了突触电流、同步性以及皮层的容积导电特性，这些特性有助于实际的 LFP。利用已确立的皮质编码模型（Moran 和 Schwartz，1999b）（方框 20.1）模拟了放电率。

给这些细胞分配随机 PD，基线发放率变化范围为 5~50Hz，调制深度在 25%~100% 之间变化。尖峰脉冲序列是采用非齐次泊松过程创建的（Dayan 和 Abbott，2005）。利用典型波形的两个主要成分随机生成 100 个样本细胞外动作电位波形。第一个主成分是高斯分布，其高度和宽度随机生成，第二个主要成分是高斯分布乘以正弦波，正弦波的振幅、频率和相位随机生成。将样本波形插入到 25kHz 的尖峰脉冲序列中，对信号进行低通滤波，以 500Hz 采样，就像实验记录的 LFP 一样。模拟的 LFP 的分析方式与记录的 LFP 相同，并在高频和 β 波段进行比较。

仅基于动作电位，这种 LFP 模型的结果如图 20.7 所示。所记录的 LFP 的频谱振幅在 β 波段减小，在高频段增加，这与预期相符。然而，仅利用附近动作电位生成的模拟 LFP 在运动期间的所有频率上都会增加。该模型与实验结果之间的这种差异表明，运动期间所有频率频谱振幅的增加都是由于附近神经元的尖峰发放活动所致。实验数据中观察到的 β 频带的减少，尽管不是在模拟中，但必须来自动作电位以外的其他来源（如去同步的突触活动）。如果 β 波段可以独立于高频段进行控制，则可以在不增加电极的情况下控制额外的自由度。例如，调制的 HF-LFP 可用于控制假肢臂的 3D 速度，而未调制的 β

波段可随着时间的推移进行训练，以打开和关闭夹持器。

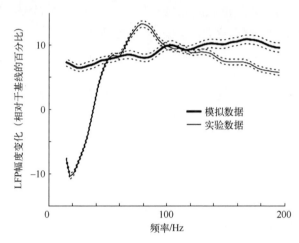

图 20.7　移动期间，平均实验（细线）和模拟（粗线）LFP 频谱振幅相对于基线的变化。
虚线表示标准误差。低于 40Hz 时，实际的 LFP 会在运动过程中功率降低（β 去同步）。
然而，该模型预测，由于单个单元放电活动增加，β 功率会增加。高于 60Hz 时，
模型和实际的 LFP 均匹配，表明 HF-LFP 是由单个单元活动引起的

20.9　总　　结

运动皮质区的 HF-LFP（高频-局部场电位）与单个单元活动和多个单元活动密切相关。由于运动区的半柱状性质，柱状结构中的皮质调制方向是相互关联的。因此，多个单元活动，即电极周围两个或更多尖峰放电神经元的总和，也被调制。由于皮层调制很好地由线性编码模型（即点积或余弦调制函数）表示，多个尖峰发放神经元基本上平均了其 PD（优选方向），从而形成单条余弦曲线，该曲线类似于对移动或运动方向的调制。这种类比可以进一步扩展到 LFP。电极周围所有被定向/有向调制的神经元的尖峰发放活动调节了电极上的 LFP 功率，这种调节在 γ 波段（60~200Hz）很明显，产生了许多可用于 BCI 控制的显著被调制的 HF-LFP。通过生物反馈，这些调制可以随着时间的推移通过闭环 BCI 训练得到增强。事实上，在最近的一项研究中，长期植入微电极的人类受试者能够利用生物反馈来增强 BCI 对 1D 光标的控制，在没有可辨别的单个单元的电极上利用了 LFP γ 活动（Milekovic 等，2019）。因此，即使设计用于记录单个单元的电极随着时间的推移被包裹起来，失去了隔离和辨别单个单元的能力，相应的 HF-LFP 也应继续提供能够获得精确的 BCI

控制的高保真控制信号（Milekovic 等，2018）。从临床 BCI 的角度来看，HF-LFP 活动可以代替不太持久的单个单元活动，用于对人工装置的长期皮质控制。

参 考 文 献

［1］ Amirikian B, Georgopoulos AP（2003）. Modular organization of directionally tuned cells in the motor cortex: is there a short-range order? Proc Natl Acad Sci U S A 100（21）: 12474.

［2］ Carmena JM et al.（2003）. Learning to control a brain-machine interface for reaching and grasping by primates. PLoS Biol 1（2）: E42.

［3］ Crone NE et al.（1998）. Functional mapping of human sensorimotor cortex with electrocorticographic spectral analysis. I. Alpha and beta event-related desynchronization. Brain J Neurol 121（Pt. 12）: 2271-2299.

［4］ Dayan P, Abbott L（2005）. Theoretical neuroscience, MIT Press.

［5］ Donoghue JP, Sanes JN, Hatsopoulos NG et al.（1998）. Neural discharge and local field potential oscillations in primate motor cortex during voluntary movements. J Neurophysiol 79（1）: 159-173.

［6］ Evarts EV（1964）. Temporal patterns of discharge of pyramidal tract neurons during sleep and waking in the monkey. J Neurophysiol 27: 152-171.

［7］ Georgopoulos AP, Schwartz AB, Kettner RE（1986）. Neuronal population coding of movement direction. Science 233（4771）: 1416-1419.

［8］ Hatsopoulos NG（2010）. Columnar organization in the motor cortex. Cortex 46（2）: 270-271.

［9］ Heldman DA, Wang W, Chan SS et al.（2006）. Local field potential spectral tuning in motor cortex during reaching. IEEE Trans Neural Syst Rehabil Eng 14（2）: 180-183.

［10］ Kennedy PR, Kirby MT, Moore MM et al.（2004）. Computer control using human intracortical local field potentials. IEEE Trans Neural Syst Rehabil Eng 12（3）: 339-344.

［11］ Liu J, Newsome WT（2006）. Local field potential in cortical area MT: stimulus tuning and behavioral correlations. J Neurosci Off J Soc Neurosci 26（30）: 7779-7790.

［12］ McFarland DJ, McCane LM, David SV et al.（1997）. Spatial filter selection for EEG-based communication. Electroencephalogr Clin Neurophysiol 103（3）: 386-394.

［13］ Milekovic T et al.（2018）. Stable long-term BCI-enabled communication in ALS and locked-in syndrome using LFP signals. J Neurophysiol 120（1）: 343-360.

［14］ Milekovic T et al.（2019）. Volitional control of singleelectrode high gamma local field potentials by people with paralysis. J Neurophysiol 121（4）: 1428-1450.

[15] Miller KJ et al. (2007). Spectral changes in cortical surface potentials during motor movement. J Neurosci 27 (9): 2424-2432.

[16] Moran DW, Schwartz AB (1999a). Motor cortical activity during drawing movements: population representation during spiral tracing. J Neurophysiol 82 (5): 2693.

[17] Moran DW, Schwartz AB (1999b). Motor cortical representation of speed and direction during reaching. J Neurophysiol 82 (5): 2676-2692.

[18] Murthy VN, Fetz EE (1992). Coherent 25-to 35-Hz oscillations in the sensorimotor cortex of awake behaving monkeys. Proc Natl Acad Sci U S A 89 (12): 5670-5674.

[19] Murthy VN, Fetz EE (1996). Synchronization of neurons during local field potential oscillations in sensorimotor cortex of awake monkeys. J Neurophysiol 76 (6): 3968-3982.

[20] Normann RA, Fernandez E (2016). Clinical applications of penetrating neural interfaces and Utah electrode array technologies. J Neural Eng 13 (6): 061003.

[21] O'Leary JG, Hatsopoulos NG (2006). Early visuomotor representations revealed from evoked local field potentials in motor and premotor cortical areas. J Neurophysiol 96 (3): 1492 -1506.

[22] Pesaran B, Pezaris JS, Sahani M et al. (2002). Temporal structure in neuronal activity during working memory in macaque parietal cortex. Nat Neurosci 5 (8): 805-811.

[23] Pfurtscheller G (1981). Central beta rhythm during sensorimotor activities in man. Electroencephalogr Clin Neurophysiol 51 (3): 253-264.

[24] Porter R, Lemon R (1993). Corticospinal function and voluntary movement, Clarendon Press.

[25] Rickert J, de Oliveira SC, Vaadia E et al. (2005). Encoding of movement direction in different frequency ranges of motor cortical local field potentials. J Neurosci Off J Soc Neurosci 25 (39): 8815-8824.

[26] Rivara C-B, Sherwood CC, Bouras C et al. (2003). Stereologic characterization and spatial distribution patterns of Betz cells in the human primary motor cortex. Anat Rec A Discov Mol Cell Evol Biol 270 (2): 137-151.

[27] Salinas E, Abbott LF (1994). Vector reconstruction from firing rates. J ComputNeurosci 1 (1-2): 89-107.

[28] Sanes JN, Donoghue JP (1993). Oscillations in local field potentials of the primate motor cortex during voluntary movement. Proc Natl Acad Sci U S A 90 (10): 4470-4474.

[29] Schalk G, McFarland DJ, Hinterberger T et al. (2004). BCI2000: a general-purpose brain-computer interface system. IEEE Trans Biomed Eng 51 (6): 1034-1043.

[30] Serruya MD, Hatsopoulos NG, Paninski L et al. (2002). Brain-machine interface: instant neural control of a movement signal. Nature 416 (6877): 141-142.

[31] Stark E, Drori R, Abeles M (2009). Motor cortical activity related to movement kinematics

exhibits local spatial organization. Cortex 45 (3): 418-431.

[32] Taylor DM, Tillery SI, Schwartz AB (2002). Direct cortical control of 3D neuroprosthetic devices. Science 296 (5574): 1829-1832.

[33] Toro C, Deuschl G, Thatcher R et al. (1994). Event-related desynchronization and movement-related cortical potentials on the ECoG and EEG. Electroencephalogr Clin. Neurophysiol 93 (5): 380-389.

[34] Wang W, Chan SS, Heldman DA et al. (2007). Motor cortical representation of position and velocity during reaching. J Neurophysiol 97 (6): 4258-4270.

[35] Williams JC, Hippensteel JA, Dilgen J et al. (2007). Complex impedance spectroscopy for monitoring tissue responses to inserted neural implants. J Neural Eng 4: 410.

[36] Young NA, Collins CE, Kaas JH (2013). Cell and neuron densities in the primary motor cortex of primates. Front Neural Circuits 7.

第 21 章　实时功能磁共振成像用于 BCI

21.1　摘　　要

　　基于功能性磁共振成像（fMRI）的 BCI 为其他非侵入性 BCI 提供了重要补充。虽然 fMRI 有几个缺点（不可移动或便携、方法上具有挑战性、成本高和噪声大），但它是提供高空间分辨率全脑覆盖脑激活的唯一方法。这些特性允许将心理活动与特定的大脑区域和网络相关联，为 BCI 用户提供了一种透明的方案来编码信息，并为实时 fMRI-BCI 系统提供解码用户意图的方案。迄今为止，各种心理活动已成功地应用于 fMRI BCI 系统中，可分为四类：①高级认知任务（如心理计算）；②隐蔽的言语相关任务（如心理言语语言和心理歌唱）；③想象任务（运动想象、视觉想象、听觉想象、触觉想象和情感想象）；④选择性注意任务（视觉、听觉和触觉注意力选择）。虽然 fMRI-BCI 的最终空间和时间分辨率受到血流动力学响应的生理特性的限制，但技术和分析的进步可能会导致未来大幅改善 fMRI-BCI，例如，使用 7T 时想象字母形状的解码作为更"自然"交流 BCI 的基础。

21.2　采用 fMRI 测量脑激活

　　自大约 30 年前发明 fMRI 以来（Ogawa 等，1990），其已成为最广泛使用的技术之一，并且可能是公开测量脑激活的可见性最好的无创技术。fMRI 在认知神经科学的发展中发挥了核心作用，并在几个新领域，包括社会神经科学、神经经济学和基因成像也发挥了重要作用。这项技术的优势在于其空间分辨率、深入皮质下结构的能力和全脑覆盖率，能够绘制功能连接网络的地图，并从分布在不同大脑区域的激活模式中提取信息。在精神病学领域，fMRI 对理解精神病理做出了重大贡献，在神经学领域，fMRI 已成为绘制神经可塑性的核心技术，如中风恢复（Seitz，2010），以及肿瘤和癫痫手术中的术前标测。

21. 2. 1　fMRI 的生理学原理

　　fMRI 是目前研究大脑激活的主要方法，因为它提供了一种（间接）测量神经元活动的方法，具有较高的空间分辨率和良好的时间分辨率（Logothetis等，2001），可在外部刺激或内部刺激（如精神任务执行）后进行测量。任务相关的神经元活动增加导致大脑氧代谢率（cerebral metabolic rate of oxygen，$CMRO_2$）、脑血流量（cerebral blood flow，CBF）和脑血容量（cerebral blood volume，CBV）的局部变化。因此，氧合血红蛋白和脱氧血红蛋白的浓度比发生变化。由于氧合血红蛋白和脱氧血红蛋白的磁性不同（分别为反磁性和顺磁性），浓度比的变化会产生可测量的血氧水平依赖（BOLD）效应（Ogawa等，1990）。因此，BOLD 的差异对比反映了几种生理变化的综合效应，这些变化通过神经–血管耦合与神经元活动相关。在短时间（如 100ms）事件后，通常观察到的血流动力学响应函数（hemodynamic response function，HRF）的特征是初始下降，信号快速增加，在 4~8s 左右达到峰值，随后缓慢下降，在大多数情况下，在返回基线之前出现下冲。图 21.1 显示了对较长事件（10s手指轻敲）的典型 fMRI 响应。由于 fMRI 信号的性质，血流动力学响应的时间（在秒范围内）和空间（在数百微米范围内）分辨率决定了时间和空间分

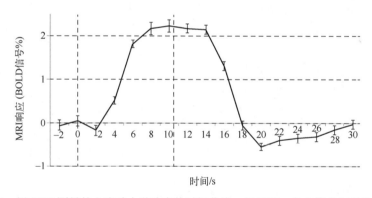

　　图 21.1　用 fMRI 测量的血流动力学响应的时间曲线。显示了一名个体参与者的左半球初级运动皮层中的 BOLD 信号变化的时间过程，该参与者连续进行右手指轻敲 10s（垂直虚线之间的间隔），其间有 20s 的休息时间。最初（2s 后），可观察到"初始下降"，这是由于神经元活动开始后，小血管中的氧合水平的短暂瞬态降低。然后，信号强度急剧增加（"过度代偿"，正的 BOLD 响应），在任务开始后约 10s 达到峰值。14s 后（任务执行停止后 4s），信号开始迅速衰减，最终降至初始基线水平以下（"下冲"）。最后，fMRI 信号缓慢返回基线，在原始任务开始后 30s 达到基线。备注：所示数据是在 3T 磁场强度下进行的 10 个试次的事件相关平均值；误差棒表示方差（平均值标准误差）

辨率的极限。使用标准的 1.5T 和 3T 扫描仪，fMRI 信号在所有三个空间维度上的分辨率通常为 1~3mm，时间分辨率为 1~3s；使用超高场 fMRI 扫描仪（7T 以上），可以实现亚毫米空间分辨率，从而将信号从皮质层和皮质柱中分离出来（De Martino 等，2015）。虽然 MR 物理学的最新发展如同步多层 MRI 脉冲序列（也称为"多频带"序列），允许快速获取全脑 fMRI 数据集（Moeller 等，2010），但稳健的 BOLD 信号增加时的血流动力学延迟限制了 fMRI-BCI 在快速响应时间方面的使用。虽然"难以捉摸"的初始下降（Uludag，2010）可以更快地检测到神经元的变化，但不幸的是，即使进行了大量（离线）平均，也不能可靠地检测到。

21.2.2　测量伪迹

与任务相关的 fMRI 测量结果显示，相对于基线信号水平，仅增加约 1%~5%，并与大小大致相似的物理和生理噪声波动混杂。此外，由于其速度，大多数 fMRI 研究使用了 BOLD 敏感 GE-EPI MR 脉冲序列，但其缺点是图像存在信号丢失和几何失真，特别是在靠近空气和液体的大脑区域（所谓的敏感性伪迹）。通过使用优化的 EPI 序列参数（Weiskopf 等，2006）和并行成像技术，可以大大减少这些伪迹。在存在大量头部运动的情况下，fMRI 数据的质量尤其受到阻碍。在大量头部运动的情况下，数据集甚至可能变得完全或部分不可用。如果头部移动很小（在几毫米的平移/旋转度范围内），3D 运动校正是提高后续数据分析数据质量的重要步骤。为了进一步增强信号质量，可以有选地使用例如有几毫米的在最大值一半处全宽（a full-width-at-half-maximum，FWHM）的高斯滤波器来执行空间平滑。大多数离线预处理程序，包括 3D 运动校正、消除信号漂移以及空间平滑，也用于实时分析，以提高 fMRI 的信噪比。对于 BCI 应用，这些预处理程序需要有效地实现，以便它们可以作为实时数据分析流程的一部分使用。线性和非线性趋势的去除通常不作为实时处理期间的预处理步骤执行，而是将其并入统计（全脑或局部脑区）分析中，在并入时采用递增估计的一般线性模型（general linear model，GLM）设计矩阵中的低频漂移预测器。

21.3　fMRI 作为 BCI 功能神经成像方法的适用性

21.3.1　BCI 对功能神经成像方法的要求或期望

自然，任何 BCI 都是一个复杂且具有技术挑战性的系统。尽管如此，BCI

设计和开发的总体目标是创建高度稳健、安全、用户友好和性价比高的 BCI 系统。满足这些要求将增加特定 BCI 系统最终应用于日常生活情况并可供广泛用户使用的机会。在 21.3.2 节中，我们将评估与 fMRI 相关的上述要求。

21.3.2　fMRI 作为 BCI 方法的评价

1. 稳健性

如果 BCI 系统能够达到较高的单试次解码精度，则该系统是稳健的。原理上，由于 fMRI 具有相对较高的单次试验可靠性、较高的信噪比和较高的 BOLD 信号空间分辨率，因此可以实现这一点（Sorger 等，2009，2012）。此外，高达 100% 的大脑可以用 fMRI 同时测量（即大范围脑覆盖）。然而，一些（常见）伪迹可能会影响信号质量（如头部运动和敏感性伪迹），从而降低解码精度。fMRI 的另一个缺点是其相对较低的时间分辨率大大限制了信息传输速率，目前信息传输速率（information-transfer rate，ITR）达到约 5bit/min（Sorger 等，2012），而使用基于 EEG 的通信，在利用刺激诱发反应时，BCI 的 ITR 可以达到约 80bit/min（Birbaumer 等，2008）。

2. 灵活性

MRI 扫描仪缺乏便携性，通常位于研究机构和临床环境中。因此，在日常生活中应用是不可能的。然而，我们认为，基于 fMRI 的 BCI 在个体化方面具有相当大的灵活性。在设计基于 fMRI 的 BCI 时，有意调节血流动力学响应的多种可能性（见 21.4.2 节）具有很高的个性化潜力。

3. 安全性

fMRI 是无创的，该技术本身通常被认为是安全的。然而，误入扫描室的铁磁性物体构成了潜在的危险因素，出于同样的原因，不允许人们在体内或身体上有顺磁性部件。因此，fMRI 参与者和操作 MRI 扫描仪的研究人员在进入扫描室之前必须仔细检查金属物。

4. 用户友好性

用户友好性是一项非常重要的 BCI 要求。大多数情况下，两种人参与 BCI 过程，首先是实际的 BCI 用户，即作为 BCI 系统的一部分并希望使用 BCI 实现移动或与环境进行独立交互，或者监测/有意改变其自身大脑激活的人。可能涉及的另一个人是 BCI 操作员，主要是支持 BCI 用户使用系统的专家（神经科学家、计算机科学家、技术工程师等）。在理想情况下，不需要 BCI 操作员。然而，到目前为止，这仅适用于极其基本的 BCI。显然，基于 fMRI 的 BCI 需要至少一名非常熟练的 BCI 操作员，他必须同时控制至少 3 台个人计算机（PC）（扫描仪控制台、刺激 PC 和实时数据分析 PC，图 21.2）。在 BCI 用户方面，有几个事实限制了基于 fMRI-BCI 的用户友好性，BCI 用户处于非常不自然的状况：由于特定的方法，用户位于与其他人隔离的单独扫描室中，这严重阻碍了 BCI 用户和操作员之间的交互。此外，BCI 用户必须保持在紧密孔中的平躺位置，并且必须避免移动，以确保足够的数据质量，这使得该方法大多不适用于幽闭恐惧症。此外，不可避免的扫描仪噪声构成了相当大的额外负担。最后，一些人，特别是暴露于超高磁场时，会出现令人不快的副作用（如眩晕、光幻视）（Rauschenberg 等，2014）。

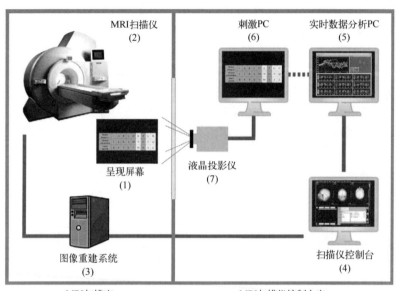

图 21.2　实时 fMRI 字母拼写实验中的技术设置和数据流。说明了基于 fMRI 的字母拼写实验中技术设置的组成部分和数据流的不同阶段。在通过 MRI 扫描仪（2）获取功能图像的同时，通过呈现屏幕（1）视觉引导参与者对字母进行编码。紧接着，图像被实时重建（3）并发送到扫描仪控制台（4）的硬盘。执行实时数据分析的 PC（5）可以即时存取重建的图像，并且字母解码软件立即解码编码的字母。在向参与者提供关于解码的字母（未示出）信息的情况下，实时数据分析 PC（5）连接到刺激 PC（6）（红色虚线），并将其输出（关于解码的字母的信息）传输到刺激 PC。定制开发的呈现程序生成包含关于解码字母的信息的视觉刺激，该信息通过投影仪（7）呈现在呈现屏幕（1）上（见彩插）

　　总之，基于 fMRI 的 BCI 系统的用户友好性相当有限。与其他功能性神经成像方法相比，fMRI-BCI 方法的一个优势可能是其相对较短的准备时间，因为不需要耗时放置电极（EEG）或光电二极管（功能性近红外光谱）。

5. 成本

与其他无创 BCI（EEG、fNIRS）相比，fMRI 成本较高。测量与高昂的采集和维护成本以及大量人员费用相关，后者是由于控制 MRI 扫描仪所需的高水平专业知识。虽然 MRI 扫描仪确实是标准的医疗设备，因此被频繁使用，但由于上述原因，fMRI 作为 BCI 技术的使用将受到限制。

21.4　基于 fMRI 的 BCI 方法

21.4.1　BCI 中信息编码和解码概况

在 BCI 设置中，BCI 用户（例如"闭锁症"患者）传达特定意图或消息，例如回答"是"或"否"，不是通过公开行为（言语、手势等），而是通过大脑信号。可以说，大脑信号是从内部到外部世界的信息的"载体"。如何实现这一点？

当然，如果我们可以简单地利用与仅仅想"是"或"否"相关的神经活动（以及由此产生的大脑信号），这将是最方便的。理论上，这是可能的，因为想"是"，引发的大脑活动一定与想"否"引起的大脑活动在某种程度上不同。然而，这种活动差异很可能很小，目前可用的功能神经成像方法不适合测量这些微小的差异。由于这种"直接"信息编码方法不可行，因此必须采用替代方法。研究表明，人们可以通过执行不同的心理活动，有意且有效地产生可区分的脑活动/脑信号。这在"间接"信息编码方法中得到了利用，其中不使用自然发生的脑活动，而是使用"代理"脑活动。这种方法需要实现由 BCI 用户共享的用于编码的特定翻译代码和由 BCI 系统共享的用于解码的特定翻译代码。例如，为了对二元（如是/否）问题的回答进行编码，BCI 用户可以在心里背诵一首诗（用于编码"是"），或者想象在空间上导航穿过一所房屋（用于编码"否"）。这两种心理活动引起了明显不同的脑活动模式（当观察产生的 fMRI 激活图时很容易观察到；图 21.3）。这两种脑活动模式可以以产生的（电的或血管）脑信号的形式获得，所述脑信号通过神经电或血流动力学功能神经成像方法测量。

但哪种间接信息编码方法最适合功能性神经成像 BCI？这个问题没有明确的答案，因为有许多方面需要考虑才能回答。在当前情景下，重要的是要记住，BCI 用户执行的特定心理活动必须在一定程度上反映在脑信号中，并且功能性神经成像方法必须足够敏感，以检测该特定脑信号方面的信息。因此，这意味着对于每种功能性神经成像方法，必须开发特定的编码策略，以充分利用

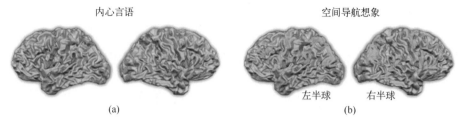

内心言语　　　　　　　　　　　　　空间导航想象

左半球　　　右半球

(a)　　　　　　　　　　　　　　　　　　　　　(b)

图 21.3　两种不同心理活动诱发的 fMRI 激活模式。显示了通过执行（a）内心言语（例如，在心里背诵诗歌）和（b）空间导航想象（例如，想象在心里穿过房子时的三维场景）而诱发的不同 fMRI 激活模式。虽然激活模式表现出一定程度的空间重叠（例如，在左侧运动前皮层内），但大多数脑区仅与两种心理活动中的一种有关（见彩插）

每种方法所带来的优势。

　　在"基于 fMRI 的 BCI 信息中的信息编码"一节中，我们介绍了在血流动力学 BCI 情况中有前景或甚至已经证明是成功的心理活动和其他信息编码策略。此后，在"采用实时 fMRI 数据分析的信息解码"一节中，我们概述了当前可用的 BCI 实时 fMRI 数据分析（解码）方法。

21.4.2　基于 fMRI BCI 的信息编码

　　如前所述，开发任何 BCI 时的一个重要方面是使 BCI 用户能够有效和方便地将不同的意图和信息（待传输的信息）转化为不同的心理状态，从而产生可区分的脑信号。到目前为止，在实时 fMRI-BCI 设置中仅使用了间接编码方法，其中 BCI 用户调制（组合的）空域、时域或极大的 fMRI 信号特征以编码意图。

1. 空域 fMRI 信号特征的调制

　　编码单独的 BCI 命令的一种方法是利用脑功能的空间定位，通过有意地执行不同的心理活动，不同的脑区组合参与其中，从而产生空间上不同的大脑激活模式。fMRI 特别适合于获取这些空间上不同的神经激活模式，因为可以同时测量大脑很宽的部分（覆盖高达 100%）。此外，fMRI 信号表现出高度的空间特异性（即可以很好地确定信号源的位置）。这种方法已经在健康参与者和无反应患者的几个 fMRI 实验中进行了测试。在一项开创性研究（Yoo 等，2004）中，要求健康参与者在 2D 虚拟迷宫中导航，方法是在 4 个运动方向（右、左、上和下）中的每一个执行特定的心理活动（引发独特的脑激活模式）。在随后的研究中，证明了该方法还能够充分控制机械臂的 2D 运动（Lee 等，2009b）。值得注意的是，至少当使用具有常规（临床可用）场强（1.5T 或 3T）的 MRI 扫描仪时，引起 fMRI 脑激活模式的心理活动数量仅限于十几种模式，这些模式充分不同，可以以较高的单试次解码精度（在 BCI 通信和控制的情况下所需的）进行解码。超高磁场强度（7T 或 9.4T）下的 fMRI 允许具有相当高的空间分辨率的功能性神经成像，从而增加区分更相似（但仍然不同）的脑激活模式的机会。例如，一些7T fMRI 研究集中于公开行为（与心理活动相比）的亚类别解码，如不同的口腔部运动（Bleichner 等，2015）和手势（Bleickner 等，2016）。迄今为止，在一项个人研究中，最多调查了6 种不同的心理活动（Lee 等，2009a）。一般来说，过去已测试过的心理活动可分为以下 4 类：①高级认知任务（如心理计算（Yoo 等，2004））；②隐蔽的语言相关任务（例如心理言语和心理歌唱）；③想象任务（运动、视觉、听觉、触觉和情感的想象）；④选择性注意任务（视觉、听觉和触觉注意）。表 21.1 概述了在 BCI 情况下应用在线或离线解码研究的心理活动。

表 21.1　探索和应用 fMRI-BCI 各种心理活动的研究概况

参 考 文 献	fMRI-BCI 使用的心理活动调查
Yoo 等（2004）	心算 心理言语 右手运动想象 左手运动想象
Sorger 等（2009）	运动想象（心理绘画） 心算
Sorger 等（2012）	运动想象（心理绘画） 心算 心理言语 心理歌唱
Boly 等（2007）	视觉想象（空间导航） 视觉想象（面部想象） 心理歌唱 运动想象（网球想象）
Owen 等（2006，2007）	视觉想象（空间导航）
Monti 等（2010）	运动想象（网球想象）
Yoo 等（2001）	听觉想象
Yoo 等（2003）	触感想象
Kaas 等（2014）	
Lee 等（2006）	右手运动想象 左手运动想象 右脚运动想象 心算 心理言语（言语想象?） 视觉想象

（续）

参 考 文 献	fMRI-BCI 使用的心理活动调查
Senden 等（2019）	视觉想象（4 个不同的字母）
Yoo 等（2007）	运动想象
Lee 等（2008）	心理言语
LaConte（2011）	情感想象（快乐和悲伤） 心理语言（英语和普通话） 运动想象（左手和右手）
Andersson 等（2010，2011）	视觉空间注意
Sorger 等（2014）	体感注意
Naci 等（2013）；Naci 和 Owen（2013）	听觉注意

2. 时域 fMRI 信号特征的调制

作为对 BCI 用户的单独的意图进行明确编码的第二种方法，研究人员研究了系统地改变时域 BOLD 信号特征的可能性，即为特定意图分配特定的编码时间间隔（在整个编码周期内）（Sorger，2010；Bardin 等，2011；Sorger 等，2012）。该方法基于作者的观察：即使在查看感兴趣脑区/网络的试验时间过程图时，也可以可靠地检测由各种心理活动诱发的单次试验 fMRI 响应的起始、偏移和持续时间。

3. 幅度大小表征的 BOLD 信号特征的调制

作为第三种可选择的方法，我们的研究小组探索了通过在特定大脑区域内达到的不同的 fMRI 信号水平/大小来编码不同意图的可行性。在早期的实时 fMRI 神经反馈超扫描研究中，采用了幅度大小表征的 BOLD 信号特征，使得两个互动的参与者可以通过调节局部脑激活水平来控制球拍的垂直位置，从而玩"脑乒乓"（Goebel 等，2004）。最近，对这一想法进行了更系统的研究，以回答以下问题：在提供和不提供有关当前大脑激活水平的神经反馈信息的情况下，可以达到多少不同的大脑激活水平（Sorger，2010；Krause 等，2016；Zilverstand 等，2017；Sorger 等，2018）。有趣的是，当仔细指导参与者时（即提供适当的调制策略），即使不提供神经反馈，也存在有差异地调节 BOLD 信号水平的能力。然而，在当前脑激活水平上提供神经反馈进一步增强了渐进自我调节性能（Sorger 等，2018），可以区分多达 5 种不同的大脑激活水平（Sorger，2010）。然而，请注意，这一结果仅在大量的试次中取平均值时获得。当然，试次平均会导致相当低的信息传输速率。然而，对于没有任何其他交流和控制手段的患者来说，所提的方法仍然是一个有价值的选择。

4. BOLD 信号特征的组合调制

BCI 开发的总体目标是最大化 BCI 用户编码不同意图的自由度，即允许 BCI 用户从尽可能多的选项中进行选择。在这种情况下，一个必要条件是使 BCI 用户能够自主激发同样多的可区分的心理状态（从而产生不同的可区分的 fMRI 激活模式）。然而，如前所述，在单个（或少数）试次中，很可能上述 BOLD 信号特征类别（空域、时域和幅度）中只有少数变化可以可靠区分。然而，它们的组合利用可能进一步增加编码不同信息单元的自由度，或增加诱发的脑激活模式的可区分性，从而最大限度地提高解码精度。在多项选择范式中成功测试了空域和时域 BOLD 信号特征的组合利用，获得了 94.9% 的平均应答解码准确率（理论的机会水平为 25.0%）（Sorger 等，2009）。该方法进一步发展，以允许对英语字母表中的所有字母进行编码和解码，并允许空白区启用基于 fMRI 的自由字母拼写，取得了 82% 的平均字母解码准确率（理论的机会水平约为 3.7%）（Sorger 等，2012）。然而，请注意，对一个多项选择的应答或字母进行编码需要大约 1min。

21.4.3　采用实时 fMRI 数据分析进行信息解码

如上所述，基于自主调制脑信号的 BCI 需要由 BCI 用户共享用于编码以及由 BCI 系统共享用于解码的特定翻译代码。开源（Hinds 等，2011；Koush 等，2017）和商业软件（荷兰，马斯特里赫特，Brain Innovation BV，Turbo Brain-Voyager）用于解码 BCI 用户发送的意图或信息，过去已经开发出来，实时分析局部或全脑活动。

1. 实时 fMRI 数据分析

为了实现或使 BCI 应用成为可能，需要在功能扫描期间在线处理测得的 fMRI 数据。数据分析应优先实时运行，即新测量时间点的数据分析（提供由所有测量切片组成的一个功能体积）应在下一个时间点的数据可用之前完成。因此，实时处理（与近实时 fMRI 相反）将处理时间限制在由连续功能体积之间的时间间隔定义的最长持续时间内，通常假设值在 1~3s 之间（采集–"期"图像的重复时间，volume time-to-repeat，TR）。虽然预处理和全脑统计分析通常是即时处理数据，但特定的 BCI 解码计算通常在较小的时间窗口中对数据进行操作，该窗口聚集多个数据点用于参数估计。在有限的时间窗口内进行递增式分析的要求与常规的 fMRI 分析离线处理数据形成对比，即常规的数据分析仅在 fMRI 扫描时段结束后开始，计算时间没有具体限制。

自引入实时 fMRI（Cox 等，1995）以来，数据采集技术和分析软件有了显著改进。第一个实时 fMRI 设置提供有限的处理能力，例如，缺乏运动校正或即时统计分析。最近的实时 fMRI-BCI 采用了分析管道，包括几乎所有预处理（见"采用 fMRI 测量大脑激活"）和常规离线分析中使用的分析步骤，以及用于感兴趣区域（region-of-interest，ROI）时间过程提取、多体素模式分析（multivoxel pattern analyses，MVPA）和可视化例程的专门程序（Caria 等，2012；Weiskopf，2012）。为了保证恒定（和快速）的处理时间，通常递归地执行单变量统计数据分析，即估计的统计参数由下一个可用的功能体积到达的信息来更新，而不是使用从第一个体积到当前时间点的体积的整个可用时程进行估计（Bagarinao 等，2006）。如果采用整个时间过程，则常规算法（如相关性分析）的计算时间随着数据集的增长而增加，数据集在某一点上有滞后于输入数据的风险。相反，增量算法为每个数据点（体积）提供恒定的计算时间，并且即使对于非常长的功能扫描，也能实现实时处理。

虽然在早期实时 fMRI 研究中使用了相关性分析（Cox 等，1995），但现在进行了全（增量）GLM 分析（Goebel，2001；Smyser 等，2001；Bagarinao 等，2003；Weiskopf 等，2004；Hinds 等，2011）。虽然主要实验条件的设计矩阵可以为计划的实验提前构建，但复杂的实现支持逐步构建设计矩阵，允许将实时成像和可用的行为数据合并。例如，这允许将试次"动态"分配给与扫描仪中参与者的逐个试验表现相关的特定实验条件。增量构建的设计矩阵还允许合并从 3D 运动校正例程逐期图像获取的参数，其中的校正例程可能有助于减少残余运动伪迹。实时 GLM 设计矩阵还可以包含混淆预测器，用于对体素时间过程中的漂移进行建模。基本低频漂移消除可通过添加线性趋势预测器来实现；对于非线性趋势，离散余弦变换（discrete cosine transform，DCT）混淆预测器可以递增地添加到设计矩阵中。消除漂移对于 BCI 研究尤其重要，以确保活动的增加或减少是由心理任务引起的，而不是无关信号漂移的结果。

注意，所描述的（增量）统计分析通常在单个体素水平上进行，提供动态全脑统计图，其整合了从功能扫描开始到当前处理的一期图像的整个体素时程数据的信息。还可以将统计值的计算限定为滑动窗口，根据指定的滑动窗口大小，获得的结果反映了更多的动态变化（短的滑动窗口）或更稳定的效果（长的滑动窗口）。虽然当人们对特定区域的 BCI 效应感兴趣时，计算全脑体素水平的全脑图并非绝对必要，但全脑图在功能扫描期间非常有用，可作为一种质量保证的工具，例如，允许检查情绪网络、注意网络和控制网络中的活动，以指示参与者是否正在专心执行心理任务。

2. 基于多脑区域统计分析的解码

根据编码/解码方法（如心理任务 A 表示"是"，心理任务 B 表示"否"），（对解码有）贡献的信号限于相关脑区/网络和时间窗口。通常在单独的定位器运行中确定脑区，参与者在实际 BCI 运行之前执行相关的心理任务。当将特定任务与基线或其他任务进行对比时，超阈值活动的体素形成了特定任务的 ROI 或功能网络。虽然任务相关 ROI 的规范化可以自动进行（Lührs 等，2017），但这一步骤通常由经验丰富的实验者执行。也可以使用先验知识来确定特定心理任务下的相关脑区/网络，但是使用功能定位器运行通常提供比使用解剖 ROI 时更高的信号调制值和更低的噪声波动，因为脑区的选择是针对参与者的大脑和特定任务进行优化的。用于解码事件的时程数据通常从限定的时间窗口中提取，该时间窗口从休息时段开始，以计算最新的基线信号水平，随后是主动的心理任务期。休息和心理任务期为 10~30s 的加窗分析方法的优势在于，缓慢漂移对 BCI 信号的影响最小，因为所有相关时间点在时间上非常接近。

在解码时，为了找到多个脑区域中哪个脑区域最活跃，在 BCI 事件（心理任务）结束时，采用加窗时程并利用单个试次 GLM 分别计算每个脑区域的调制估计。对于 GLM，创建了一个特定的基于试次的设计矩阵，其中包含一个预测器，该预测器模拟了参与者执行心理任务时的预期血流动力学响应形状，即时程形状是图 21.1 所示形状的理想化结果，根据基线前后的持续时间和任务执行的持续时间进行调整。可以添加额外的混杂时程，例如线性漂移预测器。最后，比较每个 ROI 的任务调制预测器的估计 β（或 t）值，并选择具有最大调制值的 ROI。因此，所选择的 ROI 提供了对所执行的心理任务的估计，并且可以基于共享翻译代码检索 BCI 用户的相关意图。所描述的脑区域统计解码方法可以很容易地进行调整，以结合时间和幅度特征，如 21.4.2 节所述，从而增加可从单个脑-机接口试次中解码的意图数量。

3. 基于多体素模式分类的解码

虽然多变量机器学习技术被广泛用于 EEG-BCI，但其在实时 fMRI-BCI 应用中的兴趣与日俱增（Laconte 等，2007；Laconte，2011）。MVPA 受欢迎的一个原因是，与传统统计分析一样，它有可能以更高的灵敏度检测心理状态的神经相关性之间的差异，因为分布式活动模式可能比基于 ROI 的统计方法更好地反映活动调制（21.4.3 节）。采用实时支持向量机（SVM）分类器，志愿者成功控制了情绪相关的激活模式（Sitaram 等，2011）。虽然多体素模式分类器可用于限定的区域，但该方法对于识别整个大脑的复杂和相互作用的活动模式可能特别有用（Laconte 等，2007）。

在这种多元方法中，联合分析来自许多源的数据（如 fMRI 中的体素、fNIRS 中的通道和 EEG），以解码（预测）特定的心理状态或表征内容。在完成训练阶段后，解码/预测阶段计算负荷较小，因此，它适合实时 BCI 应用，包括心理状态的解码。在实时 fMRI 中，MVPA 通常基于广泛使用的 SVM 学习算法，该算法有非常好的泛化性能，SVM 分类器由实时的一次学习的一轮或多轮完成的数据进行训练，根据采用的编码/解码翻译代码，将不同的大脑模式与相应的心理任务相关联。学习阶段可以通过估计权重值来灵活调整特定的大脑，这些权重值可以区分参与者执行的两个或多个心理任务的模式。值得注意的是，与 EEG-BCI 相反，通常只需重复几次心理任务执行，即可成功训练 SVM 分类器。训练阶段结束后，将开启在线分类，以便 BCI 运行基于估计的分类器权重以生成预测值，其中分类器权重表示生成的分布式活动模式属于哪个类别。

为了在训练和测试期间获得不同类别的输入模式，需在每个体素（特征）估计每个单独试次的响应值。然后跨体素估计的单次试验响应形成用于训练或测试分类器的特征向量。估计的试次响应可能与某个时间点（例如，在预期的血液动力学峰值响应的时间点）的活动水平或相对于刺激前基线的峰值响应周围几个测量点的平均响应一样简单。通过采用单次试验 GLM 估计（见前述内容）对时间点进行积分，可以获得更稳健的估计值。跨体素估计的单次试验响应（β 或 t 值）形成多元模式，可用于训练阶段和试次结束时的在线分类。MVPA 的一个吸引人的特性是，分类器是自适应的，因此能够在长期使用 BCI 期间进行调整以适应参与者（变化的）大脑模式。

4. 其他多元解码方法：ICA 和连通性

除了单变量统计和分布式模式分析之外，数据驱动的多元分析工具还可以提供重要的补充实时信息。例如，加窗的独立成分分析（independent component analysis, ICA）已被引入实时 fMRI 分析（Esposito 等，2003），允许检测并可视化功能性脑网络的动态活动变化，这些变化是在实时 fMRI 实验期间不可预知的时刻发生的。因此，实时加窗的 ICA 可能允许不需要严格时间引导的 BCI（例如，"on" 与 "baseline" 时段）。

另一种可能性是采用功能性或有效的连通性度量作为 BCI 事件的特征标志，而不是体素或区域平均激活水平。功能连通性是指体素或区域之间的无向耦合强度（undirected coupling strength），通常利用标准的相关性度量进行计算。有效连通性试图估计设计的模型节点之间的定向调节效应（Koush 等，2017）。可以把不同的信息内容指定为大脑区域之间较强或较弱的耦合，而不是（仅）相关区域的平均激活水平。然而，在线估计两个或多个大脑区域之间的功能性或有效的连通性需要使用足够长的滑动窗口来计算可靠的 "瞬时" 耦合强度值。最近的一项离线研究表明，约 20 个时间点的时间窗足以计算可靠的（偏）相关系数（Zilverstand 等，2014）。这项研究表明（在各种单手和双手运动任务的情况下），瞬时的功能相关性确实可以提供相关且独特的信息，而标准的基于激活的测量方法并不能很好地捕捉到连续的大脑过程的信息。由于估计功能性和特别有效的连通性度量需要比活动和 MVPA 方法更长的时间窗口，此类 BCI 将受益于最近的技术进步，如加速的同时多层成像序列（见 21.2 节和 21.6 节）。

21.5　当前和未来基于实时 fMRI 的 BCI 应用

实时 fMRI-BCI 的可能性丰富了 BCI 系统的当前系列或范围。由于上述缺陷（见 21.3.2 节），尤其是非便携性和具有挑战性的方法，其在瘫痪患者基于大脑的交流和控制方面的直接应用仅限于少数例外情况。然而，它的无创性、使用时准备速度相对较快以及 MRI 扫描仪在临床环境中的普遍可用性，使其无疑是应用基于 fMRI 的交流的候选者。例如，在闭锁综合征（LIS）的急性期，其他交流手段尚不可用，或无法控制其他（如神经电）BCI 系统的患者（Sorger 等，2012）。此外，fMRI-BCI 可以在线检测"神经行为"，因此可以作为一种重要的诊断工具，用于评估无反应患者的保留意识，或监测意识障碍患者的疾病进展（Owen 等，2006；Monti 等，2010）。当然，fMRI-BCI 方法的临床应用不适合长时间使用。最后，我们想提及 fMRI-BCI 的可替代方案，可以采用便携式 fNIRS 开发更实用的交流和控制 BCI，fNIRS 方法也是基于脑血流动力学响应的。

fMRI-BCI 的另一个很有前景的应用领域是将其用作神经反馈技术。例如，实时 fMRI 神经反馈治疗是一种新兴的非侵入性神经调节方法，目前正在研究其临床潜力：通过提供与脑疾病和功能障碍相关的持续的局部特异性脑激活信息，患者能够"自我调节"脑病理性过程，使其朝着期望的方向发展，从而减轻神经和精神症状。许多转化研究探索了实时 fMRI 神经反馈治疗与神经和精神疾病症状相关的病理性脑激活的可行性和有效性，包括重度抑郁症（Linden 等，2012；Hamilton 等，2016；Young 等，2017）、注意缺陷多动障碍（Zilverstand 等，2017）、精神分裂症（Ruiz 等，2008、2013；Cordes 等，2015；Dyck 等，2016）、帕金森病（Subramanian 等，2011；Linden 和 Turner，2016）、蜘蛛恐惧症（spider phobia）（Zilverstand 等，2015）、慢性疼痛（deCharms 等，2005；Chapin 等，2012；Guan 等，2015；Emmert 等，2016）、耳鸣（Haller 等，2010；Emmert 等，2017）、成瘾（Canterberry 等，2013；Hanlon 等，2013；Hartwell 等，2013；Li 等，2013；Karch 等，2015；Kirsch 等，2016）、肥胖（Frank 等，2012）、孤独症（Caria 和 de Falco，2015）和中风（Liew 等，

2016）。此外，一些研究探索了基于 fMRI 的神经反馈训练对增强健康人大脑功能的有用性（例如，Shibata 等，2011；Scharnowski 等，2012）。同样，这种方法可能有助于阻止与年龄相关的认知和运动能力下降（Rana 等，2016）。大多数基于 fMRI 的神经反馈研究显示了令人鼓舞的结果，但有必要对适当的对照组进行进一步的广泛研究（Sorger 等，2019 年），并进行仔细评估（"随访"研究、成本效益分析等）。

最后，我们想强调实时 fMRI-BCI 作为一种有前景的神经科学研究工具的潜力。一个机会是实现依赖大脑状态刺激的实验，在这些实验中，感觉刺激的内容和/或时序是根据大脑持续的活动来确定的。这种方法为解决全新的研究课题提供了可能性，包括对因果性的大脑—行为关系的研究。fMRI-BCI 另一个有利的神经科学应用可能是它在超扫描研究中的应用，实时解码大脑状态并随后在连续的实验中利用所得的信息，可以为研究社交情境中的大脑交互提供一种有趣的方法。

21.6　实时 fMRI 的结论和未来方法展望

fMRI-BCI 为其他非侵入式 BCI 提供了重要补充。尽管 fMRI 有其缺点（不便携、方法学上具有挑战性、成本高、环境噪声大），但它是唯——种能够提供脑激活的高分辨率全脑覆盖的方法。这些特性允许将心理任务与特定的区域和网络相关联，从而提供透明的编码/解码方案。深入大脑的可能性还允许利用情绪加工区域，如杏仁核和腹侧纹状体，这些区域与 BCI 神经反馈在患者中的应用相关性强（Mehler 等，2018）。虽然 fMRI-BCI 的最终空间和时间分辨率受到血流动力学响应的生理特性的限制，但技术和分析的进步可能会使 fMRI-BCI 在未来得到大幅改进。

21.6.1　高时间分辨率 fMRI-BCI

fMRI-BCI 将受益于最近引入的加速成像方法，如同时多层切片（simultaneous multislice，SMS）序列（也称为"多波段"序列），从而大幅增加每个时间单位的采集数据点数量（Feinberg 和 Yacoub，2012）。通过适当的多通道头部线圈，这些序列允许采用小于 1s 的采样时间（一期图像的 TR），同时保持全脑覆盖或接近全脑覆盖。更先进的技术，如磁共振脑成像（magnetic resonance encephalography，MREG），甚至可以提供仅 100ms 的采样时间，与 fNIRS-BCI 应用中使用的采样时间相当（Hennig 等，2007；Asslä nder 等，2013；Lührs 等，2019）。然而，不幸的是，从原始 MREG 数据重建图像的计算量很大，无法应用于全脑实时 fMRI。目前正在开发一个仅限于 MREG 预先选定区域的实时兼容版本。

　　fMRI-BCI 将从 100~500ms 的较高时间采样中受益匪浅，因为主要的生理伪迹（与呼吸效应和心脏搏动有关）可以通过带通滤波去除，而这在较低时间分辨率下是不可能的（混叠现象）。明确去除生理干扰效应将为 BCI 应用带来更清晰的信号。较高时间采样也允许 fMRI-BCI 具有更短的响应延迟，因为更密集的血液动力学响应采样可以更早地检测到 BOLD 信号增加的开始。此外，需要许多时间点进行稳健估计的分析方法，例如功能连通性的偏相关系数，可以比使用一期图像 TR（采样）时间为 1~2s 的非加速序列快 3~10 倍（见 21.4.3 节）。

21.6.2　超高磁场下高空间分辨率 fMRI-BCI

　　近年来，7T 或更高的超高场 fMRI 提供了新的"介观尺度"的神经科学应用，分离大脑皮质层的差异反应和大脑小区域内部的柱状特征。测量更详细信息的可能性可以使新的特定内容的 fMRI-BCI 从跨任务相关区域和网络的模式转移到大脑区域内更精细（更细粒度的）的重叠激活模式。采用 7T 下的多体素模式分类，我们最近证明，在早期视觉皮层活动的个体受试者中，可以识别想象运动的方向（4 个选项中的一个），精确度高达 91.3%（Emmerling 等，2016）。这一结果鼓励了创建基于子类别内容的 fMRI-BCI。

　　7T 及以上的较高信噪比也可用于可靠获得在传统（1.5T 和 3T）场强下对于 BCI 来说太弱的信号，例如在想象物体或对象的过程中自上而下生成的信息。我们最近发现（Senden 等，2019），当参与者在 7T fMRI 扫描期间仅想象字母形状时，确实可以由视网膜局部组织的早期视觉区域的活动模式重建字母形状（图 21.4）。由大脑活动模式重建刺激只需要短暂的预备扫描（10min），即可估计早期视觉皮层中激活的体素的 pRFs，这些体素将视觉空间中的点与早期视觉皮层的位置相关联（Dumoulin 和 Wandell，2008）。然后，重建（解码）过程将建立的关系反转，将活动体素的 pRF（位置和大小）投射回视野。虽然想象期间（图 21.4 中的上排）重建的字母图像不如感知期间呈现的字母解码的字母图像清晰（图 21.3 中的中间和下面一排），但通过将想象字母的解码图像与感知字母解码的图像进行空间关联，可以可靠地识别正确的字母。重要的是，我们可以证明，想象的字母形状可以从单次想象事件中解码，持续时间只有 6s，而无需多次重复平均。这些观察结果鼓励把 7T 下的字母想象作为更"自然"交流的 fMRI-BCI 的基础。这种新颖的 BCI 可以进一步受益于将在线解码的字母呈现给参与者（神经反馈），以帮助他们以交互的方式微调想象的字母形状（即调整想象字母形状的策略）。在这种神经反馈 BCI 中，第一个解码的图像可以在想象期间的前半段时间内直观地视觉呈现，在想象期间的后半段通过增强接受更多自上而下激活的区域进行更新。这将允许参与者在想象期间突出字母的关键区域，而不会丢失生成的整体字母形状。

在字母想象期间解码的图像

字母感知期间解码图像

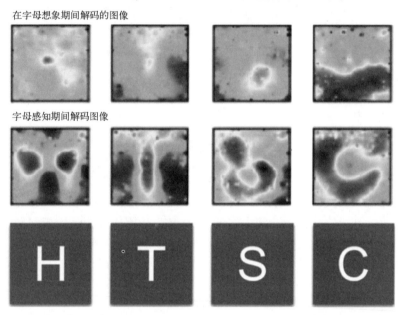

图 21.4　重建看到和想象的字母形状。采用 7T fMRI（来自一名参与者的数据），从早期视觉皮层的大脑活动模式中解码看到和想象的字母形状。看到和想象的字母的可视化是基于对群体感受野（population receptive fields，pRFs）的标准估计，以将视觉空间中的位置与早期视觉皮层（V1、V2、V3）中的体素相关联。字母 "H" "T" "S" 和 "C" 以视觉方式呈现（底行），中间行的图像通过将 pRFs 投射到由体素活动加权的视觉空间来重建。上面一行显示的是从早期视觉皮层自上而下产生的活动重建的字母形状，而同一参与者只是想象看到字母形状。在这种情况下，字母由听觉提示（见彩插）

　　致谢：作者衷心感谢荷兰经济事务部和荷兰教育、文化和科学部对"BrainGain 智能组合计划"的支持。这项工作还得到了荷兰科学研究组织（NWO，RUBICON 446-09-010，授予 B.S.）和欧洲研究理事会（ERC，高级批准号#269853，授予 R.G.）的支持。

参 考 文 献

［1］Andersson P，Ramsey NF，Pluim JP et al.（2010）. BCI control using 4 direction spatial visual attention and real-time fMRI at 7T. Conf Proc IEEE Eng Med Biol Soc 2010: 4221-4225.

[2] Andersson P, Pluim JP, Siero JC et al. (2011). Real-time decoding of brain responses to visuospatial attention using 7T fMRI. PLoS One 6: e27638.

[3] Asslända J, Zahneisen B, Hugger T et al. (2013). Single shot whole brain imaging using spherical stack of spirals trajectories. Neuroimage 73: 59-70.

[4] Bagarinao E, Matsuo K, Nakai T et al. (2003). Estimation of general linear model coefficients for real-time application. Neuroimage 19: 422-429.

[5] Bagarinao E, Nakai T, Tanaka Y (2006). Real-time functional MRI: development and emerging applications. Magn Reson Med Sci 5: 157-165.

[6] Bardin JC, Fins JJ, Katz DI et al. (2011). Dissociations between behavioural and functional magnetic resonance imaging-based evaluations of cognitive function after brain injury. Brain 134: 769-782.

[7] Birbaumer N, Murguialday AR, Cohen L (2008). Braincomputer interface in paralysis. Curr Opin Neurol 21: 634-638.

[8] Bleichner MG, Jansma JM, Salari E et al. (2015). Classification of mouth movements using 7 T fMRI. J Neural Eng 12: 066026.

[9] Bleichner MG, Freudenburg ZV, Jansma JM et al. (2016). Give me a sign: decoding four complex hand gestures based on high-density ECoG. Brain Struct Funct 221: 203-216.

[10] Boly M, Coleman MR, Davis MH et al. (2007). When thoughts become action: an fMRI paradigm to study volitional brain activity in non-communicative brain injured patients. Neuroimage 36: 979-992.

[11] Canterberry M, Hanlon CA, Hartwell KJ et al. (2013). Sustained reduction of nicotine craving with real-time neurofeedback: exploring the role of severity of dependence. Nicotine Tob Res 15: 2120-2124.

[12] Caria A, de Falco S (2015). Anterior insular cortex regulation in autism spectrum disorders. Front Behav Neurosci 9: 38.

[13] Caria A, Sitaram R, Birbaumer N (2012). Real-time fMRI: a tool for local brain regulation. Neuroscientist 18: 487-501.

[14] Chapin H, Bagarinao E, Mackey S (2012). Real-time fMRI applied to pain management. Neurosci Lett 520: 174-181.

[15] Cordes JS, Mathiak KA, Dyck M et al. (2015). Cognitive and neural strategies during control of the anterior cingulate cortex by fMRI neurofeedback in patients with schizophrenia. Front Behav Neurosci 9: 169.

[16] Cox RW, Jesmanowicz A, Hyde JS (1995). Real-time functional magnetic resonance imaging. Magn Reson Med 33: 230-236.

[17] De Martino F, Moerel M, Ugurbil K et al. (2015). Frequency preference and attention effects across cortical depths in the human primary auditory cortex. Proc Natl Acad Sci USA

112: 16036-16041.

[18] deCharms RC, Maeda F, Glover GH et al. (2005). Control over brain activation and pain learned by using real-time functional MRI. Proc Natl Acad Sci USA 102: 18626-18631.

[19] Dumoulin SO, Wandell BA (2008). Population receptive field estimates in human visual cortex. Neuroimage 39: 647-660.

[20] Dyck MS, Mathiak KA, Bergert S et al. (2016). Targeting treatment-resistant auditory verbal hallucinations in schizophrenia with fMRI-based neurofeedback—exploring different cases of schizophrenia. Front Psych 7: 37.

[21] Emmerling TC, Zimmermann J, Sorger B et al. (2016). Decoding the direction of imagined visual motion using 7T ultra-high field fMRI. Neuroimage 125: 61-73.

[22] Emmert K, Breimhorst M, Bauermann T et al. (2016). Active pain coping is associated with the response in real-time fMRI neurofeedback during pain. Brain Imaging Behav 11: 712-721.

[23] Emmert K, Kopel R, Koush Y et al. (2017). Continuous vs. intermittent neurofeedback to regulate auditory cortex activity of tinnitus patients using real-time fMRI—a pilot study. Neuroimage Clin 14: 97-104.

[24] Esposito F, Seifritz E, Formisano E et al. (2003). Real-time independent component analysis of fMRI time-series. Neuroimage 20: 2209-2224.

[25] Feinberg DA, Yacoub E (2012). The rapid development of high speed, resolution and precision in fMRI. Neuroimage 62: 720-725.

[26] Frank S, Lee S, Preissl H et al. (2012). The obese brain athlete: self-regulation of the anterior insula in adiposity. PLoS One 7: e42570.

[27] Goebel R (2001). Cortex-based real-time fMRI. Neuroimage 13: S129.

[28] Goebel R, Sorger B, Kaiser J et al. (2004). BOLD brain pong: self regulation of local brain activity during synchronously scanned, interacting subjects. In: 34th annual meeting of the society for neuroscience, San Diego, USA.

[29] Guan M, Ma L, Li L et al. (2015). Self-regulation of brain activity in patients with postherpetic neuralgia: a doubleblind randomized study using real-time FMRI neurofeedback. PLoS One 10: e0123675.

[30] Haller S, Birbaumer N, Veit R (2010). Real-time fMRI feedback training may improve chronic tinnitus. Eur Radiol 20: 696-703.

[31] Hamilton JP, Glover GH, Bagarinao E et al. (2016). Effects of salience-network-node neurofeedback training on affective biases in major depressive disorder. Psychiatry Res 249: 91-96.

[32] Hanlon CA, Hartwell KJ, Canterberry M et al. (2013). Reduction of cue-induced craving through realtime neurofeedback in nicotine users: the role of region of interest selection and multiple visits. Psychiatry Res 213: 79-81.

[33] Hartwell KJ, Prisciandaro JJ, Borckardt J et al. (2013). Realtime fMRI in the treatment of nicotine dependence: a conceptual review and pilot studies. Psychol Addict Behav 27: 501–509.

[34] Hennig J, Zhong K, Speck O (2007). MR-encephalography: fast multi-channel monitoring of brain physiology with magnetic resonance. Neuroimage 34: 212–219.

[35] Hinds O, Ghosh S, Thompson TW et al. (2011). Computing moment-to-moment BOLD activation for real-time neurofeedback. Neuroimage 54: 361–368.

[36] Kaas A, Goebel R, Rosenke M et al. (2014). A somatotopically specific tactile imagery paradigm for fMRI brain computer interface applications. In: 20th Annual meeting of the organization for human brain mapping, Hamburg, Germany.

[37] Karch S, Keeser D, Hummer S et al. (2015). Modulation of craving related brain responses using real-time fMRI in patients with alcohol use disorder. PLoS One 10: e0133034.

[38] Kirsch M, Gruber I, Ruf M et al. (2016). Real-time functional magnetic resonance imaging neurofeedback can reduce striatal cue-reactivity to alcohol stimuli. Addict Biol 21: 982–992.

[39] Koush Y, Ashburner J, Prilepin E et al. (2017). OpenNFT: an open-source python/Matlab framework for real-time fMRI neurofeedback training based on activity, connectivity and multivariate pattern analysis. Neuroimage 156: 489–503.

[40] Krause F, Benjamins C, Luhrs M et al. (2016). Real-time selfregulation across multiple visual neurofeedback presentations. In: 6th International brain-computer interface meeting, Asilomar, USA.

[41] LaConte SM (2011). Decoding fMRI brain states in real-time. Neuroimage 56: 440–454.

[42] Laconte SM, Peltier SJ, Hu XP (2007). Real-time fMRI using brain-state classification. Hum Brain Mapp 28: 1033–1044.

[43] Lee J, O'Leary H, Lee S et al. (2006). Automated spatiotemporal classification of human minds for braincomputer-interface. In: 36th Annual meeting of the society for neuroscience, Atlanta, USA.

[44] Lee JH, O'Leary HM, Park H et al. (2008). Atlas-based multichannel monitoring of functional MRI signals in real-time: automated approach. Hum Brain Mapp 29: 157–166.

[45] Lee JH, Marzelli M, Jolesz FA et al. (2009a). Automated classification of fMRI data employing trial-based imagery tasks. Med Image Anal 13: 392–404.

[46] Lee JH, Ryu J, Jolesz FA et al. (2009b). Brain-machine interface via real-time fMRI: preliminary study on thoughtcontrolled robotic arm. Neurosci Lett 450: 1–6.

[47] Li X, Hartwell KJ, Borckardt J et al. (2013). Volitional reduction of anterior cingulate cortex activity produces decreased cue craving in smoking cessation: a preliminary real-time fMRI study. Addict Biol 18: 739–748.

[48] Liew SL, Rana M, Cornelsen S et al. (2016). Improving motor corticothalamic communication after stroke using real-time fMRI connectivity-based neurofeedback. Neurorehabil Neural Repair 30: 671-675.

[49] Linden DE, Turner DL (2016). Real-time functional magnetic resonance imaging neurofeedback in motor neurorehabilitation. Curr Opin Neurol 29: 412-418.

[50] Linden DE, Habes I, Johnston SJ et al. (2012). Real-time selfregulation of emotion networks in patients with depression. PLoS One 7: e38115.

[51] Logothetis NK, Pauls J, Augath M et al. (2001). Neurophysiological investigation of the basis of the fMRI signal. Nature 412: 150-157.

[52] Lührs M, Sorger B, Goebel R et al. (2017). Automated selection of brain regions for real-time fMRI brain-computer interfaces. J Neural Eng 14: 016004.

[53] Lührs M, Riemenschneider B, Eck J et al. (2019). The potential of MR-encephalography for BCI/neurofeedback applications with high temporal resolution. Neuroimage 194: 228-243.

[54] Mehler DMA, Sokunbi MO, Habes I et al. (2018). Targeting the affective brain-a randomized controlled trial of realtime fMRI neurofeedback in patients with depression. Neuropsychopharmacology 43: 2578-2585.

[55] Moeller S, Yacoub E, Olman CA et al. (2010). Multiband multislice GE-EPI at 7 tesla, with 16-fold acceleration using partial parallel imaging with application to high spatial and temporal whole-brain fMRI. Magn Reson Med 63: 1144-1153.

[56] Monti MM, Vanhaudenhuyse A, Coleman MR et al. (2010). Willful modulation of brain activity in disorders of consciousness. N Engl J Med 362: 579-589.

[57] Naci L, Owen AM (2013). Making every word count for nonresponsive patients. JAMA Neurol 70: 1235-1241.

[58] Naci L, Cusack R, Jia VZ et al. (2013). The brain's silent messenger: using selective attention to decode human thought for brain-based communication. J Neurosci 33: 9385-9393.

[59] Ogawa S, Lee TM, Kay AR et al. (1990). Brain magnetic resonance imaging with contrast dependent on blood oxygenation. Proc Natl Acad Sci USA 87: 9868-9872.

[60] Owen AM, Coleman MR, Boly M et al. (2006). Detecting awareness in the vegetative state. Science 313: 1402.

[61] Owen AM, Coleman MR, Boly M et al. (2007). Using functional magnetic resonance imaging to detect covert awareness in the vegetative state. Arch Neurol 64: 1098-1102.

[62] Rana M, Varan AQ, Davoudi A et al. (2016). Real-time fMRI in neuroscience research and its use in studying the aging brain. Front Aging Neurosci 8: 239.

[63] Rauschenberg J, Nagel AM, Ladd SC et al. (2014). Multicenter study of subjective acceptance during magnetic resonance imaging at 7 and 9.4 T. Invest Radiol 49: 249-259.

[64] Ruiz S, Sitaram R, Soekadar SR et al. (2008). Learned control of insular activity and functional connectivity changes using a fMRI brain computer interface in schizophrenia. 38th Annual meeting of the society for neuroscience, Washington, USA.

[65] Ruiz S, Lee S, Soekadar SR et al. (2013). Acquired self-control of insula cortex modulates emotion recognition and brain network connectivity in schizophrenia. Hum Brain Mapp 34: 200-212.

[66] Scharnowski F, Hutton C, Josephs O et al. (2012). Improving visual perception through neurofeedback. J Neurosci 32: 17830-17841.

[67] Seitz RJ (2010). How imaging will guide rehabilitation. Curr Opin Neurol 23: 79-86.

[68] Senden M, Emmerling TC, van Hoof R et al. (2019). Reconstructing imagined letters from early visual cortex reveals tight topographic correspondence between visual mental imagery and perception. Brain Struct Funct 224: 1167-1183.

[69] Shibata K, Watanabe T, Sasaki Y et al. (2011). Perceptual learning incepted by decoded fMRI neurofeedback without stimulus presentation. Science 334: 1413-1415.

[70] Sitaram R, Lee S, Ruiz S et al. (2011). Real-time support vector classification and feedback of multiple emotional brain states. Neuroimage 56: 753-765.

[71] Smyser C, Grabowski TJ, Frank RJ et al. (2001). Real-time multiple linear regression for fMRI supported by timeaware acquisition and processing. Magn Reson Med 45: 289-298.

[72] Sorger B (2010). When the brain speaks for itself: Exploiting hemodynamic brain signals for motor-independent communication, PhD thesis, Maastricht University.

[73] Sorger B, Dahmen B, Reithler J et al. (2009). Another kind of 'BOLD Response': answering multiple-choice questions via online decoded single-trial brain signals. Prog Brain Res 177: 275-292.

[74] Sorger B, Reithler J, Dahmen B et al. (2012). A real-time fMRI-based spelling device immediately enabling robust motor-independent communication. Curr Biol 22: 1333-1338.

[75] Sorger B, Goebel R, Rosenke M et al. (2014). A novel paradigm for fMRI-based brain-computer interfacing using selective somatosensory attention. In: 20th Annual meeting of the organization for human brain mapping, Hamburg, Germany.

[76] Sorger B, Kamp T, Weiskopf N et al. (2018). When the brain takes 'BOLD' steps: Real-time fMRI neurofeedback can further enhance the ability to gradually self-regulate regional brain activation. Neuroscience 378: 71-88.

[77] Sorger B, Scharnowski F, Linden DEJ et al. (2019). Control freaks: towards optimal selection of control conditions for fMRI neurofeedback studies. Neuroimage 186: 256-265.

[78] Subramanian L, Hindle JV, Johnston S et al. (2011). Real-time functional magnetic resonance imaging neurofeedback for treatment of Parkinson's disease. J Neurosci 31: 16309-16317.

[79] Uludag K (2010). To dip or not to dip: reconciling optical imaging and fMRI data. Proc Natl

Acad Sci USA 107: E23. author reply E24.

[80] Weiskopf N (2012). Real-time fMRI and its application to neurofeedback. Neuroimage 62: 682-692.

[81] Weiskopf N, Mathiak K, Bock SW et al. (2004). Principles of a brain-computer interface (BCI) based on real-time functional magnetic resonance imaging (fMRI). IEEE Trans Biomed Eng 51: 966-970.

[82] Weiskopf N, Hutton C, Josephs O et al. (2006). Optimal EPI parameters for reduction of susceptibility-induced BOLD sensitivity losses: a whole-brain analysis at 3 T and 1.5T. Neuroimage 33: 493-504.

[83] Yoo SS, Lee CU, Choi BG (2001). Human brain mapping of auditory imagery: event-related functional MRI study. Neuroreport 12: 3045-3049.

[84] Yoo SS, Freeman DK, McCarthy 3rd JJ et al. (2003). Neural substrates of tactile imagery: a functional MRI study. Neuroreport 14: 581-585.

[85] Yoo SS, Fairneny T, Chen NK et al. (2004). Brain-computer interface using fMRI: spatial navigation by thoughts. Neuroreport 15: 1591-1595.

[86] Yoo SS, O'Leary HM, Lee JH et al. (2007). Reproducibility of trial-based functional MRI on motor imagery. Int J Neurosci 117: 215-227.

[87] Young KD, Siegle GJ, Zotev V et al. (2017). Randomized clinical trial of real-time fMRI amygdala neurofeedback for major depressive disorder: effects on symptoms and autobiographical memory recall. Am J Psychiatry 174: 748-755. appiajp201716060637.

[88] Zilverstand A, Sorger B, Zimmermann J et al. (2014). Windowed correlation: a suitable tool for providing dynamic fMRI-based functional connectivity neurofeedback on task difficulty. PLoS One 9: e85929.

[89] Zilverstand A, Sorger B, Sarkheil P et al. (2015). fMRI neurofeedback facilitates anxiety regulation in females with spider phobia. Front Behav Neurosci 9: 148.

[90] Zilverstand A, Sorger B, Slaats-Willemse D et al. (2017). fMRI neurofeedback training for increasing anterior cingulate cortex activation in adult attention deficit hyperactivity disorder. An exploratory randomized, single-blinded study. PLoS One 12: e0170795.

第 22 章　融合脑-机接口和功能性电刺激技术进行运动恢复

22.1　摘　　要

BCI 和功能性电刺激（FES）技术在过去几十年中取得了显著进步。最近的努力包括整合这些技术，目的是恢复瘫痪患者的运动功能。植入式 BCI 提供了具有更高空间分辨率的神经记录，并与先进的神经解码算法和功能越来越强大的 FES 系统相结合，以推进这一目标的实现。本章回顾了 BCI 和 FES 这两个激动人心的领域的历史发展，这些领域不断发展，现在相互重叠，以实现医学上的新突破，旨在恢复残疾用户的运动和功能丧失。

22.2　前　　言

BCI 和 FES 领域有了许多发展，加深了我们对大脑如何规划和控制运动的理解。随着无创和有创 BCI、神经解码方法和神经肌肉刺激装置/电极等领域的不断进步，身体和大脑中受损的神经通路可能会有一天被电子旁路。这种电子神经旁路可以帮助脊髓损伤患者和中风或创伤性脑损伤患者恢复失去的功能。

早期理解感觉运动系统的努力涉及在大脑中植入电极，以记录和研究不同类型运动期间产生的信号（Evarts，1968；Perkel 和 Bullock，1968）。后来的研究集中于主动和被动运动期间发生的神经元模式（Fetz 等，1980），还观察到了与力相关的调制模式（Cheney 和 Fetz，1980），并提出了"方向调谐"等重要概念，方向调谐是神经元的一种特性，即神经元有一个"首选"的运动方向，在涉及该特定方向的运动期间，它的发放率最大化（Georgopoulos 等，1986）。后来，进行了涉及记录和分析更大的神经元群或群体的研究，进一步加深了我们对运动期间大脑内复杂网络功能的认识（Warland 等，1997；Donoghue 等，1998）。

　　在早期的研究中，皮质电极通常是手工制作的，因此很难从大量神经元中收集数据。然而，微加工技术是近年来发展起来的，导致了可以从大脑中多个位置记录的多位点电极阵列。犹他大学开发了一种具有 96 个记录尖端的"尖峰"阵列（图 22.1），密歇根大学也开发了皮质电极。然而，他们使用薄膜工艺制造出纤细的"手指"，以便插入大脑。ECoG 阵列不穿透皮质，也被开发用于大脑表面记录，ECoG 阵列不能记录单个动作电位，电极之间的间距通常较大。这些差异很重要，可能会影响所记录信号的特异性或寿命，因此，在开发 BCI 或电子神经旁路系统时必须加以考虑。

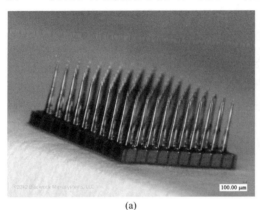
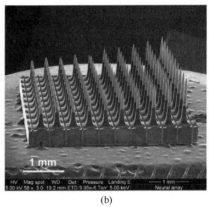

(a)　　　　　　　　　　　　　　(b)

图 22.1　（a）犹他电极阵列（© 2019 贝莱德微系统有限责任公司）；
（b）犹他电极倾斜阵列（© 2019 贝莱德微系统有限责任公司）

　　一旦具有更多记录位置的电极阵列可用，记录的数据集就会显著增大（Friedenberg 等，2016）。为了帮助分析这些大型数据集，并更好地理解信息在大脑中是如何编码（并最终解码）的，开发了新的信号处理方法。机器学习领域是人工智能的一个分支，在 20 世纪 90 年代开始迅速发展（Shavlik 和 Dieterich，1990；Michie 等，1994）。新的算法可以在个人计算机上运行，研究人员开始探索它们在解读大脑信号中的应用，这些方法非常适合在复杂数据集中发现和学习模式，以便将来再次出现时进行识别。在神经系统中，信息通过时间（神经元的放电/发放频率）和空间（神经元群）变化进行编码。这些新工具允许识别与运动相关的神经活动，并将其与肌肉激活联系起来进行运动恢复。这是通过 BCI 和 FES 技术的结合实现的，形成了所谓的电子神经旁路。

22.3　电子神经旁路

　　瘫痪的原因包括中风、脊髓损伤、多发性硬化、创伤性脑损伤和上运动神经元疾病，在所有情况下，神经通路受到破坏，阻止了携带感觉和运动信息的信号进出大脑。先前的研究表明，在受伤或发病后数年，与尝试运动相关的有用神经元活动仍然存在（Hochberg 等，2006；Bouton 等，2016）。电子神经旁路的概念利用了这一点，通过感知、放大、解码和围绕中断重新路由这些可行的信号，恢复皮层对先前失去的运动的控制。单向电子神经旁路系统的框图如图 22.2 所示，由放大器、模数转换器（ADC）、特征提取和解码算法、刺激算法、电流控制电子设备和刺激电极组成。

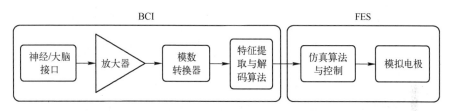

图 22.2　基于 BCI 和 FES 技术的单向电子神经旁路系统

　　在结合皮层 BCI 和 FES 技术形成电子神经旁路之前，研究人员首先将脑源性信号与非人灵长类动物上的机械臂联系起来（Chapin 等，1999；Wessberg 等，2000；Serruya 等，2002；Taylor 等，2002；Carmena 等，2003；Lebedev 等，2005）。研究人员还研究了神经元群体行为，并解码了与三维空间运动相关的神经活动（Taylor 等，2002）。后来，非人灵长类动物暂时瘫痪的手臂肌肉恢复了运动（Moritz 等，2008；Ethier 等，2012）。这些初步研究结果为后续研究奠定了基础，即开发越来越先进的 BCI 系统，用于言语恢复等应用（Kennedy 和 Bakay，1998），并允许瘫痪的研究参与者仅用自己的运动相关思维控制计算机光标的移动（Hochberg 等，2006）。然而，在这些研究中，瘫痪的参与者没有恢复运动。

22.4　BCI 技术

　　在 BCI 发展的初级阶段，其发展稳步推进，但仍存在许多挑战。BCI 是神经旁路系统的关键部分，它可以利用有创或无创电极与大脑连接，每种电极都有各自的优缺点，所使用的电极类型会极大地影响系统执行所需功能的能力，并且许多电极还不能长期用于人类。EEG 电极就是一个例子，它是无创的，但通常需要在放置前清洁或磨损头皮。EEG 电极收集大脑中大量神经元产生的脑波，因此收集的信号分辨率低（Haas 等，2003）。EEG 不需要手术，但由于信号粗糙，当通过用户的思维模式控制一个或两个以上的自由度时，信号可能包含较大的运动伪迹, 很难使用。尽管如此, 利用 EEG 信号已开发了各种系统和算法, 用于各种应用, 包括上肢运动恢复 (Pfurtscheller 等, 2003; Lotte 等, 2007; Rohm 等, 2013)。

ECoG 电极是侵入式电极的一种替代方案, 放置在颅骨下方, 可提供更高的空间分辨率。ECoG 电极阵列由聚酰亚胺或硅酮等细小而柔性的基底制成 (Tolstosheeva 等, 2015)。之前, ECoG 电极阵列已用于一维光标控制应用 (Leuthardt 等, 2004)。

研究已证明, 穿透电极可提供高分辨率信号, 用于控制多自由度应用 (Velliste 等, 2008; Bouton 等, 2016)。不同类型的植入式电极, 如犹他阵列 (Utah array) 和密歇根式电极 (Michigan style electrode), 已在世界各地的多个实验室中使用。犹他阵列有柄, 每个柄的尖端都有记录位置点 (Xie 等, 2014)。长期放置后, 在这些阵列中观察到一些失效/故障模式 (Barrese 等, 2013)。密歇根式电极通过薄膜工艺制成, 制造过程中使用光刻技术 (Vetter 等, 2004), 这些穿透电极可以沿着其柄部有多个记录位点, 然而, 他们在长期植入期间也经历过故障 (Kozai 等, 2015)。

22.5 神 经 解 码

电子神经旁路系统的核心是神经解码 (和编码) 算法, 用于破译大脑中获取的信号, 并将其转换为目标肌肉 FES 的时空模式。解码算法必须学会识别大脑中的神经模式, 这些模式是当用户思考他们想要执行的动作时产生的。可以使用诸如无监督 (如期望运动未知/无提示) 或有监督学习 (如期望运动已知/有提示) 等不同方法来训练解码算法 (Jain 等, 1999)。

支持向量机 (SVM) 和 L1-SVM 等机器学习方法可用于解码神经活动 (Humber 等, 2010), 非线性核方法也可用于将特征映射到更高的维度, 以提高机器学习算法的准确性 (Scholkopf 等, 1997)。近年来, 由于信号处理和机器学习方法的进步, 神经解码算法得到了改进, 并用于越来越多的应用, 但研究人员仍面临许多悬而未决的问题和挑战。

22.5.1 功能性电刺激(FES)

FES 技术在以运动恢复为目标的康复应用中已经发展了几十年。多年来, 研究了各种 FES 系统, 包括非侵入式和侵入式 FES 系统 (Triolo 和 Sternglanz,

1996；Sheffler 和 Chae，2007）。在无创系统中，电极可以是刚性的或柔性的（rigid or flexible），通常与水凝胶或其他导电膏或凝胶一起使用，以降低电极—皮肤界面阻抗。在侵入式系统中，神经袖带、肌外膜或肌内电极可通过无线或经皮导线植入和驱动。无线系统通常有一个密封的封装，其中包含电子设备，由可再充电电池通过电线与电极相连，类似于心脏起搏器或脑深部刺激器。另一种方法是通过感应耦合，由外部能源向设备供电，比如在 BION™ 装置那样。对于神经靶点，也可以使用高频无线电波（Ho 等，2014）或最近的超声波能量（Seo 等，2016）。

非侵入式 FES 的挑战之一是，要达到更深的肌肉目标可能很困难，例如想要刺激控制手指运动的肌肉，但该肌肉目标在控制手腕运动的肌肉下方，位置较深。当电场模式通过皮肤表面上的多个电极进行空间操纵时，可以使用电流导引等方法。该方法已被证明能有效隔离单个手指运动（Bouton 等，2016）。经皮刺激（transcutaneous stimulation）的另一个挑战是，随着运动的开始，电极在皮肤和下方目标肌肉上的相对位置可能会发生变化，这种变化可能会改变目标处的电流强度，系统需要进行相应的调整。长期植入电极也会带来许多困难，包括需要复杂的手术、导线迁移，以及在移动肢体中布线的挑战，同时随着时间的推移保持可靠性。

22.6　瘫痪时恢复皮质控制运动的例子

2014 年，启动了一项首次人体研究，目的是采用与瘫痪人体无创 FES 相连的脑植入物恢复运动（Bouton 等，2016）。在这项研究中，参与者是一名 24 岁的男性四肢瘫痪患者，主要目的是恢复参与者瘫痪手部的功能性运动。如图 22.3（a）所示，将皮层电极阵列植入初级运动皮层以记录信号，并采用非线性机器学习方法实时解码该信号，解码输出与定制的 FES 系统相连，该系统在前臂上放置了 100 多个电极，如图 22.3（b）所示。根据标准的临床评估，参与者的运动障碍水平从 C5/C6 水平单侧提高到 C7/T1 水平。手部运动功能的显著改善使参与者能够抓住、操纵和释放不同大小的物体，并完成与日常生活相关的任务，如图 22.4 所示。另一组后来展示了皮质内记录的信号在机械臂的协助下实时驱动 FES 设备（Ajiboye 等，2017）。这项研究还表明，意志性抓取是由与运动意图相关的神经活动驱动的。

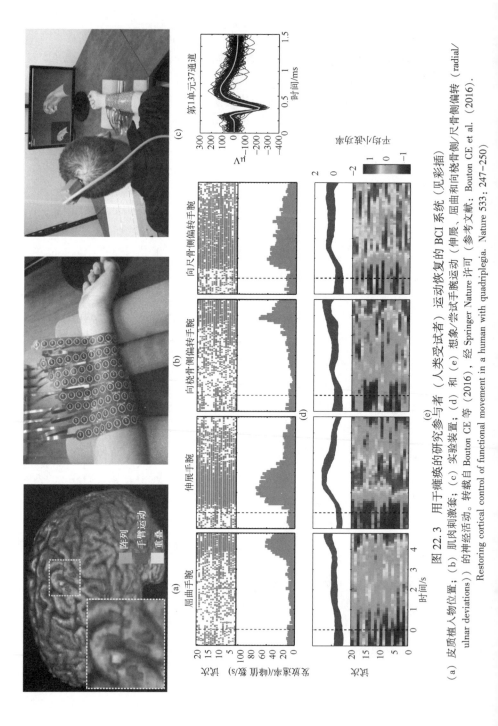

图 22.3　用于瘫痪的研究参与者（人类受试者）运动恢复的 BCI 系统（见彩插）

(a) 皮质植入物位置；(b) 肌肉刺激套；(c) 实验装置；(d) 想象/尝试手腕运动（伸展，屈曲和向桡骨侧/尺骨侧偏转（radial/ulnar deviations））的神经活动。转载自 Bouton CE 等 (2016)，经 Springer Nature 许可（参考文献：Bouton CE et al. (2016).
Restoring cortical control of functional movement in a human with quadriplegia. Nature 533: 247–250)。

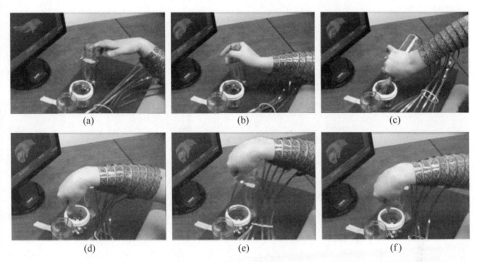

图 22.4 瘫痪的研究参与者，使用电子神经旁路将解码的大脑活动与肌肉激活实时联系起来，实现功能运动。转载自 Bouton CE 等（2016），经 Springer Nature 许可（参考文献：*Restoring cortical control of functional movement in a human with quadriplegia.* Nature 533：247–250.）

22.7 结　束　语

多年来，BCI 和 FES 技术得到了改进，并在日益复杂的应用中得到了集成和演示，包括瘫痪时的运动恢复。虽然这些演示主要在实验室或临床环境中进行，但该方法有望在患者日常生活中使用 1 天。这项技术现已在两名瘫痪患者（脊髓后损伤）身上得到证实，可以恢复手的功能性运动，在完全部署这项技术之前，仍然存在许多技术挑战。这些挑战包括信号退化（来自植入的记录电极）、神经解码算法的准确性和稳健性、系统的小型化、使用 FES 时的肌肉疲劳以及整个系统的易用性。目前，需要训练有素的科学家和工程师运行所涉及的系统，用户必须定期"再培训"，因为记录的神经信号可能会随着时间的推移而变化，这是由于电极移动、生物变化和神经可塑性。随着这些挑战的解决，这类技术的应用可能不仅局限于脊髓损伤，甚至可以在中风或创伤性脑损伤患者中使用一天。最终，新的方法，无论是非侵入式的还是侵入式的，都有可能为患有衰弱性疾病（debilitating conditions）的患者提供全新的治疗选择，并可能最终改变未来的医学实践方式。

参 考 文 献

[1] Ajiboye AB et al. (2017). Restoration of reaching and grasping in a person with tetraplegia through brain-controlled muscle stimulation: a proof-of-concept demonstration. Lancet London, England.

[2] Barrese JC, Rao N, Paroo K et al. (2013). Failure mode analysis of silicon-based intracortical microelectrode arrays in non-human primates. J Neural Eng 10: 066014.

[3] Bouton CE et al. (2016). Restoring cortical control of functional movement in a human with quadriplegia. Nature 533: 247-250.

[4] Carmena JM et al. (2003). Learning to control a brain-machine interface for reaching and grasping by primates. PLoS Biol 1: e42.

[5] Chapin JK, Moxon KA, Markowitz RS et al. (1999). Real-time control of a robot arm using simultaneously recorded neurons in the motor cortex. Nat Neurosci 2: 664 - 670. https://doi. org/10. 1038/10223.

[6] Cheney PD, Fetz EE (1980). Functional classes of primate corticomotoneuronal cells and their relation to active force. J Neurophysiol 44: 773-791.

[7] Donoghue JP, Sanes JN, Hatsopoulos NG et al. (1998). Neural discharge and local field potential oscillations in primate motor cortex during voluntary movements. J Neurophysiol 79: 159-173.

[8] Ethier C, Oby ER, Bauman MJ et al. (2012). Restoration of grasp following paralysis through brain-controlled stimulation of muscles. Nature 485: 368 - 371. https://doi. org/10. 1038/nature10987.

[9] Evarts EV (1968). Relation of pyramidal tract activity to force exerted during voluntary movement. J Neurophysiol 31: 14-27.

[10] Fetz EE, Finocchio DV, Baker MA et al. (1980). Sensory and motor responses of precentral cortex cells during comparable passive and active joint movements. J Neurophysiol 43: 1070-1089.

[11] Friedenberg DA, Bouton CE et al. (2016). Big data challenges in decoding cortical activity in a human with quadriplegia to inform a brain computer interface. In: Engineering in Medicine and Biology Society (EMBC), 2016 IEEE 38th annual international conference of the IEEE.

[12] Georgopoulos AP, Schwartz AB, Kettner RE (1986). Neuronal population coding of movement direction. Science 233: 1416-1419.

[13] Haas SM et al. (2003). EEG ocular artifact removal through ARMAX model system identification using extended least squares. Commun Inf Syst 3: 19-40.

[14] Ho JS et al. (2014). Wireless power transfer to deep-tissue microimplants. Proc Natl Acad

Sci USA 111: 7974-7979.

[15] Hochberg LR et al. (2006). Neuronal ensemble control of prosthetic devices by a human with tetraplegia. Nature 442: 164-171. https://doi. org/10. 1038/nature04970.

[16] Humber C, Ito K, Bouton C (2010). Nonsmooth formulation of the support vector machine for a neural decoding problem, arXiv. http://arxiv. org/abs/1012. 0958v1.

[17] Jain AK, Narasimha Murty M, Flynn PJ (1999). Data clustering: a review. ACM Comput-Surv 31: 264-323.

[18] Kennedy PR, Bakay RA (1998). Restoration of neural output from a paralyzed patient by a direct brain connection. Neuroreport 9: 1707-1711.

[19] Kozai TDY et al. (2015). Mechanical failure modes of chronically implanted planar silicon-based neural probes for laminar recording. Biomaterials 37: 25-39.

[20] Lebedev MA et al. (2005). Cortical ensemble adaptation to represent velocity of an artificial actuator controlled by a brain-machine interface. J Neurosci 25: 4681-4693.

[21] Leuthardt EC et al. (2004). A brain-computer interface using electrocorticographic signals in humans. J Neural Eng 1: 63-71.

[22] Lotte F et al. (2007). A review of classification algorithms for EEG-based brain-computer interfaces. J Neural Eng 4: R1.

[23] Michie D, Spiegelhalter DJ, Taylor CC (1994). Machine learning, neural and statistical classification.

[24] Moritz CT, Perlmutter SI, Fetz EE (2008). Direct control of paralysed muscles by cortical neurons. Nature 456: 639-642. https://doi. org/10. 1038/nature07418.

[25] Perkel DH, Bullock TH (1968). Neural coding. Neurosci Res Program Bull.

[26] Pfurtscheller G, Müller GR, Pfurtscheller J et al. (2003). 'Thought'—control of functional electrical stimulation to restore hand grasp in a patient with tetraplegia. Neurosci Lett 351: 33-36.

[27] Rohm M, Schneiders M, Müller C et al. (2013). Hybrid brain-computer interfaces and hybrid neuroprostheses for restoration of upper limb functions in individuals with high-level spinal cord injury. Artif Intell Med 59: 133-142.

[28] Scholkopf B et al. (1997). Comparing support vector machines with Gaussian kernels to radial basis function classifiers. IEEE Trans Signal Process 45: 2758-2765.

[29] Seo D et al. (2016). Wireless recording in the peripheral nervous system with ultrasonic neural dust. Neuron 91: 529-539.

[30] Serruya MD, Hatsopoulos NG, Paninski L et al. (2002). Instant neural control of a movement signal. Nature 416: 141-142. https://doi. org/10. 1038/416141a.

[31] Shavlik JW, Dietterich TG (1990). Readings in machine learning, Morgan Kaufmann.

[32] Sheffler LR, Chae J (2007). Neuromuscular electrical stimulationin neurorehabilitation. Muscle Nerve35: 562-590.

［33］Taylor DM, Tillery SI, Schwartz AB（2002）. Direct cortical control of 3D neuroprosthetic devices. Science 296：1829-1832. https：//doi. org/10. 1126/science. 1070291.

［34］Tolstosheeva E et al.（2015）. A multi-channel, flex-rigid ECoG microelectrode array for visual cortical interfacing. Sensors 15：832-854.

［35］Triolo T, Sternglanz R（1996）. Role of interactions between the origin recognition complex and SIR1 in transcriptional silencing. Nature 381：251.

［36］Velliste M, Perel S, Spalding MC et al.（2008）. Cortical control of a prosthetic arm for self-feeding. Nature 453：1098-1101. https：//doi. org/10. 1038/nature06996.

［37］Vetter RJ et al.（2004）. Chronic neural recording using siliconsubstrate microelectrode arrays implanted in cerebral cortex. IEEE Trans Biomed Eng 51：896-904.

［38］Warland DK, Reinagel P, Meister M（1997）. Decoding visual information from a population of retinal ganglion cells. J Neurophysiol 78：2336-2350.

［39］Wessberg J et al.（2000）. Real-time prediction of hand trajectory by ensembles of cortical neurons in primates. Nature 408：361-365. https：//doi. org/10. 1038/35042582.

［40］Xie X et al.（2014）. Long-term reliability of Al_2O_3 and Parylene C bilayer encapsulated Utah electrode array based neural interfaces for chronic implantation. J Neural Eng 11：026016.

拓展阅读

［41］Buzsaki G（2004）. Large-scale recording of neuronal ensembles. Nat Neurosci 7：446-451.

［42］Flesher SN et al.（2016）. Intracortical microstimulation of human somatosensory cortex. Sci Transl Med 8：361ra141.

［43］Graps A（1995）. An introduction to wavelets. IEEE Comput Sci Eng 2：50-61.

［44］Guitchounts G et al.（2013）. A carbon-fiber electrode array for long-term neural recording. J Neural Eng 10：046016.

［45］Hochberg LR et al.（2012）. Reach and grasp by people with tetraplegia using a neurally controlled robotic arm. Nature 485：372-375. https：//doi. org/10. 1038/nature11076.

［46］Kalsi-Ryan S, Curt A, Verrier MC et al.（2012）. Development of the graded redefined assessment of strength, sensibility and prehension（GRASSP）：reviewing measurement specific to the upper limb in tetraplegia. J Neurosurg Spine 17：65-76. https：//doi. org/10. 3171/2012. 6. AOSPINE1258.

［47］Majidzadeh V, Schmid A, Leblebici Y（2011）. Energy efficient low-noise neural recording amplifier with enhanced noise efficiency factor. IEEE Trans Biomed Circuits Syst 5：262-271.

［48］Margalit E et al.（2003）. Visual and electrical evoked response recorded from subdural electrodes implanted above the visual cortex in normal dogs under two methods of anesthesia. J Neurosci Methods 123：129-137.

[49] McConnell GC, Rees HD, Levey AI et al. (2009). Implanted neural electrodes cause chronic, local inflammation that is correlated with local neurodegeneration. J Neural Eng 6: 056003.

[50] Morrell MJ (2011). Responsive cortical stimulation for the treatment of medically intractable partial epilepsy. Neurology 77: 1295-1304.

[51] Muller K-R, Anderson CW, Birch GE (2003). Linear and nonlinear methods for brain-computer interfaces. IEEE Trans Neural Syst Rehabil Eng 11: 165-169.

[52] Rousche PJ, Normann RA (1998). Chronic recording capability of the Utah intracortical electrode array in cat sensory cortex. J Neurosci Methods 82: 1-15.

[53] Scheid MR, Flint RD, Wright ZA et al. (2013). Long-term, stable behavior of local field potentials during brain machine interface use. Conf Proc IEEE Eng Med Biol Soc 2013: 307-310.

[54] Scherberger H, Jarvis MR, Andersen RA (2005). Cortical local field potential encodes movement intentions in the posterior parietal cortex. Neuron 46: 347-354.

[55] Sharma G et al. (2015). Time stability and coherence analysis of multiunit, single-unit and local field potential neuronal signals in chronically implanted brain electrodes. Bioelectron Med 2: 63-71.

[56] Stark E, Abeles M (2007). Predicting movement from multiunit activity. J Neurosci 27: 8387-8394.

[57] Wattanapanitch W, Fee M, Sarpeshkar R (2007). An energyefficient micropower neural recording amplifier. IEEE Trans Biomed Circuits Syst 1: 136-147.

[58] Williams JC, Rennaker RL, Kipke DR (1999). Long-term neural recording characteristics of wire microelectrode arrays implanted in cerebral cortex. Brain Res Brain Res Protoc 4: 303-313.

第 23 章　机器学习用于脑−机接口的一般原理

23.1　摘　　要

BCI 是将大脑活动模式直接控制假肢或外骨骼、轮椅、打字应用或游戏等设备。为此，BCI 系统依靠信号处理和机器学习算法来解码大脑活动。本章概述了执行此过程所需的主要步骤，包括信号预处理、特征提取和选择，以及解码。鉴于这些过程可能使用大量的方法，对这些方法的全面审查超出了本章的范围，本章重点是应考虑的一般原则，以及讨论如何应用和评估这些方法，以正确设计可靠的 BCI 系统的良好做法。

23.2　前　　言

BCI 可以看作将大脑活动模式转换为可由人工设备执行的命令的系统。这使得能够直接通过调节我们的大脑活动控制诸如假肢或外骨骼（Hochberg 等，2012；Collinger 等，2013；Bouton 等，2016；Soekadar 等，2016；Lee 等，2017）、轮椅（Carlson and Millán，2013；Leeb 等，2015；Fernandez Rodríguez 等，2016）、打字应用程序（SpEuruler 等，2012a，b；Sellers 等，2014；Jarosiewicz 等，2015）或游戏（Leeb 等，2013a；Marshall 等，2013）等设备或应用成为可能。

为此，BCI 系统依靠信号处理和机器学习算法解码大脑活动。在一般意义上，可把这一过程视为应用数学函数：

$$y = f(X^r, \theta) \tag{23.1}$$

这里，测量的大脑活动表示为 $X^r \in i^{N \times T}$（具有 N 个通道和 T 个样本），并且给定一组参数 θ，生成与推断的命令相对应的输出 y。例如，打开假肢手的手部，将轮椅转向一个方向，或选择一个特定的角色。

不管记录技术如何，大脑活动模式都是由多个并发的心理过程产生的。然

502

而, 并非所有这些心理过程都与 BCI 的使用相关 (如何抑制其他心理活动而突出想要利用的心理活动)。此外, 记录的信号还包含并非直接来自大脑的成分, 如肌肉或运动伪迹, 以及电磁噪声。因此, 通常对信号进行处理以提取与感兴趣的心理过程相关的信号成分。这些成分称为特征。BCI 系统的处理步骤如图 23.1 所示, 对原始脑信号 (X^r) 进行预处理, 提取选定特征的向量($\boldsymbol{x}$), 并将其用作解码算法的输入。因此, 式 (23.1) 可以改写为

$$y = f(x, \theta) \tag{23.2}$$

式中: $x = f_p(X^r)$ 是从原始信号中提取的特征。该输出 y 将被发送到要控制的设备, 以执行操作。当用户通过其自然感觉或通过调节反馈执行器 (例如, 计算机显示、听觉或触觉刺激、神经刺激) 直接收到该动作的反馈时, BCI 回路闭合。

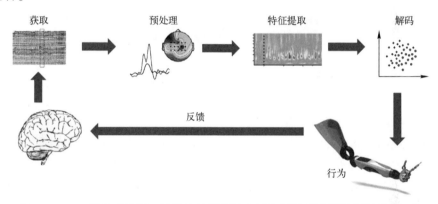

图 23.1　BCI 的处理步骤。采集的信号通过空间和频谱滤波器进行预处理, 然后提取具有可分性的特征并将其用作解码器的输入, 解码器产生输出命令, 该命令被发送到外部设备并执行。根据定义, BCI 是一个闭环系统, 因为受试者通过自己的感觉或明确的反馈感知执行的动作

根据应用, 解码输出可以是连续值, 例如手部速度 (Carmena 等, 2003); 或离散命令, 例如解码左右手的运动想象 (Leeb 等, 2013b)。在机器学习文献中, 这些方法分别称为回归和分类。在分类方法的情况下, 函数 f 定义了一个边界, 该边界将 x 的一组可能值 (即特征空间) 分割为对应于不同输出类别的子空间, 通常称为类。换句话说, y 将为这些区域中的每一个取不同的值, 对应于解码的类。在回归方法的情况下, y 值将对应于估计的 BCI 输出 (预测和估计问题)。

本章回顾了在为 BCI 应用进行特征选择和评估 ("特征提取和选择" 部分) 以及解码方法 ("解码大脑活动" 部分) 时需要考虑的主要步骤。本章的

目的不是详细介绍特定机器学习方法的细节，而是提供设计过程不同阶段需要考虑的基本思想和指导原则。为了便于说明，在本章中，我们主要讨论用于解码直接测量的神经元群的脑电活动峰值放电率（单个/多单位活动：SUA/MUA）、局部场电位（LFP）、皮质脑电技术（ECoG）和脑电（EEG）的机器学习方法，因为它们是目前 BCI 最常用的方法。尽管如此，所讨论的大多数原则都可以推广到其他记录技术。

23.3　特征提取和选择

不管所选择的记录技术如何，神经活动的记录将产生由多个过程混合组成的信号。虽然其中一些组成成分与 BCI 目的有内在联系，但对其他成分则不感兴趣，应该丢弃。因此，从原始记录的信号中，我们只需要提取这些可能对神经过程（即特征）提供信息的部分，并过滤掉其他不相关的成分。在本节中，我们将介绍用于定义和提取这些特征的最常用方法。

可以把特征提取理解为将神经信号转换为表示用于控制设备的相关子空间的过程。在有创和无创记录方式中，最常用的处理信号的方法是将其作为时间序列。因此，特征提取过程都遵循相同的原理，无论用于测量大脑活动的技术如何，这些技术包括电活动测量技术，如 SUA/MUA、LFP、ECoG、EEG（Millán 和 Carmena，2010；Torres Valderrama 等，2010；Bundy 等，2014），以及磁和光学技术，如脑磁图（MEG）（Waldert 等，2008）或功能性近红外光谱技术（Chaudhary 等，2017）。通常，特征提取过程包括两个不同的阶段：信号预处理和特征提取。

23.3.1　第一阶段：信号预处理

我们将预处理定义为通常对信号进行若干步骤的处理，以改善其质量并提高其信噪比（SNR）。预处理阶段可以涵盖多种技术，也可以完全跳过。然而，一般来说，通常执行 3 个步骤：伪迹检测和去除、频率滤波和空间滤波。

1. 伪迹检测和去除（时域滤波）

可把伪迹活动定义为记录的信号中非大脑来源的成分，在或多或少的程度上，这种活动可能会出现在任何记录方式中，尽管它们的性质可能不同。伪迹可以由外部因素或内部因素生成。例如：由于电源线产生的电磁场，EEG 记录容易受到污染；内部噪声源也会影响记录信号的质量，肌肉（引起肌电）和眼球运动（引起眼电）产生的电场和磁场会污染 EEG 信号；同样，扫描仪内的头部运动和血管活动也会影响功能磁共振成像（fMRI）记录（Friston

等，1996；Diedrichsen 和 Shadmehr，2005）。这种伪迹活动的存在构成了一个重要问题，就 EEG 而言，它们通常比神经信号大几个数量级。因此，伪迹会限制用于训练解码器的数据的可用性，也会影响在线闭环条件下 BCI 的可靠性。

因此，处理这种虚假活动至关重要。在存在伪迹的情况下，最常见的方法是剔除数据中受污染的部分，以避免错误解码。根据伪迹源的不同，剔除方法也可能有所不同，然而，最常见的两种方法是通过阈值或 z 分数进行剔除。

阈值剔除法：采用这种方法，当数据部分超过了感兴趣通道中的特定阈值 τ_c 时，会将其删除，该阈值通常是根据经验确定的。

z 分数伪迹剔除法：阈值剔除是基于信号的 z 分数去除伪迹的简化版，在 z 分数伪迹剔除方法中，删除了大于特定 z 值的部分数据。首先，数据的 z 分数计算如下：

$$z_c = \frac{x_c - \mu_{x_c}}{\sigma_{x_c}} \tag{23.3}$$

式中：x_c 为从通道 c 记录的信号；μ_{x_c} 和 σ_{x_c} 为信号的样本平均值和标准偏差。z 分数表示数据与平均值之间的距离，单位为标准偏差。实际上，当 z 超过某个值时，通常 $z>3$，数据被视为伪迹数据。

其他的方法基于建立一个关于伪迹如何影响记录信号的明确模型，这种方法的例子包括眼动引起的 EEG 污染模型（SchlEurogl 等，2007a），或脑深部刺激对记录电极的影响（Rossi 等，2007）。或者，也可以通过过滤解决伪迹移除问题，我们将在 23.3.1 节中介绍。但是，请注意，这些方法可能存在局限性，例如需要使用受污染的数据进行训练，或者无法完全删除伪迹活动。对伪迹过滤或移除方法的彻底审查超出了本章的范围。感兴趣的读者请参阅 UrigEuruen 和 Garcia Zapirain（2015）、Reis 等（2014）、Castermans 等（2014）、Gwin 等（2010）和 Rossi 等（2007）。

2. 频率滤波

神经活动通常以其振荡成分为特征。因此，信号预处理的第二步通常涉及应用宽带通滤波器来衰减不期望频率的功率。频率滤波器分为有限冲激响应（finite impulse response，FIR）滤波器和无限冲激响应（infinite impulse response，IIR）滤波器。虽然 FIR 滤波器提供更好的衰减能力，但由于 IIR 滤波器（如巴特沃斯或切比雪夫）相关计算力较低，通常是首选的滤波器。在这一预处理步骤中，当分析大脑电活动的振荡成分（EEG、ECoG 或 LFPs）时，应用的带通滤波器通常范围为从非常低（0.1 或 1Hz）到相对较高的频率（头皮 EEG 为 40Hz 或 100Hz；颅内记录为 100Hz 或 300Hz）。另一方面，（神经元）尖峰活动通常需要在高频范围内进行带通滤波，例如 300~3000Hz，因为重点是动作电位的快速活动变化（QuianQuiroga，2007；Quiroga 和 Panzeri，2009；Kao 等，2014）。

设计频率滤波器时要考虑的一个重要方面是信号失真。特别是，设计的滤波器可能会在信号中引起不希望的相移，导致对所获得结果的错误解释，甚至在感兴趣的信号上产生虚假成分。有关这一主题的更多信息，读者可参考 Rousselet（2012）、Widmann 和 SchrEuroger（2012）、Acunzo 等（2012）和 VanRullen（2011）的文献。作为一个相关问题，需要注意的是，在针对闭环应用的情况下，不建议选择零相位滤波器或非因果滤波器，即不产生失真的滤波器（Yael 等，2018），因为这些滤波器无法在线应用（Sani 等，2016）。

3. 空间滤波

可以把空间滤波器定义为通道空间中的线性变换，目的是提高特定通道或大脑区域的敏感性或灵敏度，或去除伪迹，该变换定义为

$$X^f = WX^o \tag{23.4}$$

式中：$X^o \in R^{N \times T}$，为具有 N 个通道和 T 个样本的未经滤波的记录数；$W \in R^{M \times N}$，为空间分解矩阵；$X^f \in R^{M \times T}$，为滤波后的数据。需要注意的是，投影数据 X^f 的维数 M 的数目不一定与原始通道 N 的数目相匹配。

空间滤波器在当前 BCI 应用中发挥着关键作用，因为它们有可能提高感兴趣的、与神经相关的信号的信噪比。根据目标应用的不同，空间滤波器可以分为 3 种不同的类型：重新参考滤波器、数据投影滤波器或判别性滤波器。

（1）重新参考滤波器：大脑电活动的记录实际上是对人体两点之间电位的测量（感兴趣的电极和另一个选择作为参考的位置）。因此，参考基准的选择会影响记录信号的质量。结果表明，执行重新参考可以提高信噪比并提高 BCI 性能（McFarland 等，1997；Cohen，2015）。公共平均参考（Common average reference，CAR）（Bertrand 等，1985）或拉普拉斯变换是最常见的参考过程。图 23.2 显示了 EEG 信号中参考效应的示例。

（2）数据投影滤波器：这些滤波器的目标是将数据投影到不同的维度（更低或更高的维度）。最常见的数据投影空间滤波器是主成分分析（principal component analysis，PCA）（Lagerlund 等，1997；Pourtois 等，2008），它基于数据的方差将数据投影到不同的空间，前提是输入数据遵循正态分布。然后选择投影空间中的维度子集进行进一步处理，这种数据投影的特定情况被称为"降维"，即 $M<N$。另一方面，可以通过空间滤波器将数据投影到更高维空间，用于从无创记录中估计颅内来源的反演方法通常采用这种方法，其中 $M \gg N$（Cincotti 等，2008；Edelman 等，2015）。

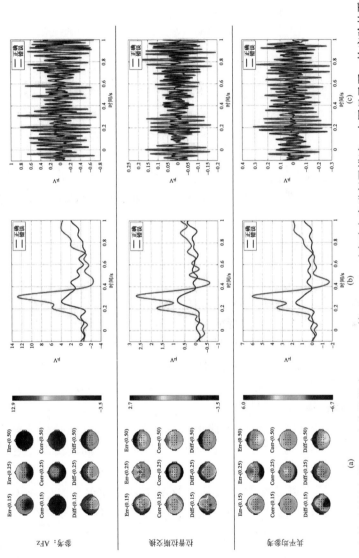

图 23.2　预处理参数对误差相关 EEG 电位的影响。Iturrate 等（2014）对实验方案进行了描述。本图显示了一轮实验的平均 ERP，一轮实验包括 129 次正确类别的试验（蓝线）和 33 次错误类别的试验（红线），显示了三种类型的重新参考过程。对于左侧和中间列，信号在 1～10Hz 频带内滤波，最右侧列的信号在 20～40Hz 频带内滤波。这显示了处理参数如何影响信号波形和幅度，以及它是否是合适合为 BCI 解码过程提供信息（见彩插）

（a）3 个不同时间点（0.15s、0.25s 和 0.5s）记录模式的地形图表示，在每种情况下，它都会自上而下显示错误类别和正确类别的平均活动，以及它们之间的差异（差异＝错误类别的平均活动−正确类别的平均活动），每个位置的电活动（单位为 µV）由蓝色到红色（分别为负值到正值）表示；（c）20～40Hz 频段的总平均 ERP。两个频带 ERP 之间的差异突显出了预处理步骤对可靠解码给定心理过程产生的可能性产生的影响。

（b）FCz 电极处信号的平均事件相关电位（ERP），$t=0$ 对应于 1～10Hz 频带内信号的刺激开始，

　　另一种投影滤波器是独立成分分析（ICA）。在 ICA 中，主要的假设是数据不遵循高斯分布，通过最大化跨维度的独立性，将数据投影到新空间。ICA已被证明是一种成功的工具，用于去除 EOG 和肌肉引起的伪迹，降低数据维数，以及研究分离的神经生理过程的神经科学工具（HyvEurarinen 等，2004；Makeig 等，2004；Debener 等，2005；Delorme 等，2012；BigdelyShamlo 等，2013）。

　　（3）判别性滤波器：这些滤波器的主要目的是利用标记的数据提高信号的信噪比，该类型的滤波器可用于任何时间序列信号，即 EEG、ECoG、LFPs或发放频率。通过利用标签数据提供的额外信息，它们试图通过线性投影最大化类别之间的差异（Parra 等，2008）。最常见的可分性滤波器是共空间模式，其目标是最大化两类之间的方差（Grosse Wentrup 和 Buss，2008）。

　　已用于 BCI 应用的其他空间滤波器包括典型相关分析（canonical correlationanalysis，CCA）（Hardoon 等，2004；SpEuruler 等，2014）、xDAWN（Rivet等，2009），或优化的空间滤波器（Boye 等，2008）等。

23.3.2　第二阶段：特征提取

　　信号经过预处理后，下一阶段涉及特征提取。通常的第一步是选择将用于特征提取本身的通道。对于连续数据序列（EEG、ECoG、LFP），我们主要区分两种类型的特征，即时间特征和频谱特征，这将根据要解码的感兴趣的神经过程来决定。另一方面，由于感兴趣的信号本质上不是一个连续的数据序列，而是一系列离散事件（动作电位）。因此，MUA/SUA 的尖峰活动分析是一种特殊情况。

1. 空间特征和通道选择

　　电生理记录通常同时从多个电极（即通道）记录，因此，首先必须选择这些通道中的哪一个用于后续提取方法。在这方面，有两种不同的情况，首先，我们可以根据先前的神经生理学知识（如运动执行的相关性在位于运动皮质上的通道是最可能具有可分性的）或基于数据驱动的通道得分（参见23.4.1 节）选择通道的子集。或者，判别式空间滤波器（判别式空间滤波器）提供可以直接用作 BCI 特征的空间模式。

2. 连续数据序列的时间特征

　　时间特征是利用滤波后的神经信号时间点的特征，它们最常用于对事件进行时间锁定（锁时于事件的过程）的过程，例如事件相关电位（ERP）。因此，特征通常是从相对于事件发生的特定时间窗口中选择的。基于 EEG 的BCI 常见的例子是 P300 诱发响应（Krusienski 等，2006；Guger 等，2009）或错误相关电位（error-related potentials/ErrP；Chavarriaga 等，2014），其中特征通常是分别来自顶叶—枕部或额叶—中央区的刺激后 800ms 时间窗内活动的时间样本。另一个例子是解码运动相关，如运动启动（Niazi 等，2011；Lew 等，2014；LópezLarraz 等，2014；Schwarz 等，2017；Pereira 等，2018）或抓取相关性（Agashe 等，2015；Randazzo 等，2015；Jochumsen 等，2018）。

处理时间特征时的一个常见过程是应用带通滤波器隔离感兴趣的过程（例如：P300 或 ErrP 可采用 1~10Hz 的带通滤波器；MRCP/运动相关皮层电位可采用 0.1~5Hz 的带通滤波器），并对所得的信号进行降采样，以减少特征的最终数量（如从原始采样率 512Hz 降采样到 64Hz）（图 23.2）。

3. 连续数据序列的频谱特征

频谱特征包括基于特定频带和通道功率的特征，该功率的计算通过功率谱密度（PSD）的估计完成，周期图和韦尔奇（Welch）修正周期图是用于此类估计的最典型方法。尽管存在其他方法（如小波），但基于周期图的 PSD 由于其简单和计算成本低而成为最常用的方法，这使得它们在闭环条件下可用。感兴趣的读者可参考 Cohen（2014）对这些和其他备选方案进行的更全面的解释。利用频谱特征的一个经典例子是解码感知运动节奏的自愿调节，例如，当用户执行运动想象时（Pfurtscheller 和 Lopes da Silva，1999）。在这种情况下，解码通常基于运动皮层电极上 μ（8~12Hz）和/或 β（13~32Hz）频段的信号功率。另一个例子是在解码 ERP 时，包含的频谱特征有益处（Omedes 等，2013）。在侵入式记录中，由于这些技术的信噪比较高，γ 活动（>40Hz）通常被用来解码运动相关（Kubanek 等，2009；Miller 等，2009；Pistohl 等，2012；Vansteensel 等，2016；Branco 等，2017）或认知过程，如实际执行的和想象的言语（Pasley 等，2012；Martin 等，2016，2018）。

与时间特征的情况一样，在采用频谱特征时，可以应用额外的信号预处理步骤。特别是，在估计 PSD 之前使用高通滤波器（约 0.5Hz）是一种常见的做法，以避免计算频谱分量时出现数值问题。

4. 皮质内 MUA/SUA 记录的尖峰提取和排序

单个或多个神经元活动的处理通常由 3 个步骤组成。

（1）如 23.3.1 节所述，需带通滤波器来隔离记录信号中对应于单个尖峰值的高频分量（即幅值突变）（Quiroga 和 Panzeri，2009；Kao 等，2014）。

（2）由于带通滤波信号由电极附近不同神经元产生的单个尖峰组成，我们需要确定这些尖峰中的哪些信号是由哪些神经元产生的，这一过程被称为"尖峰排序"（Nicolelis 等，2003；Quian Quiroga，2007）。假设来自给定神经元的尖峰具有特定的形状，根据其形状对提取的尖峰进行排序，这将提供一种识别不同神经元产生的活动的方法。这一排序过程是通过聚类方法执行的，聚类方法是一种无监督的学习技术，用于识别包含彼此相似但不同于其他聚类的模式的群组。为此，在进行聚类过程之前，通常使用 PCA 分解或小波提取的典型特征描述单个尖峰的形状。重要的是，这种聚类过程不仅提供了一种在已记录的数据上识别单个神经元的方法，而且还提供了一个模板来识别后续记录的峰值来源。对于在线操作，一旦观察到新的尖峰，与其形状更符合的簇将指示最有可能产生它的神经元。

（3）特定神经元的特定活动通常以其放电频率（firing rate）来表示，对应于在非重叠的时间窗口中发放的尖峰数量，这些窗口通常持续几十毫秒。采用发放频率产生时间序列信号，然后将其用作特征以解码感兴趣的变量。

23.4 解码大脑活动

为了解码神经活动，应用一个给定的数学模型，该模型把给定的特征作为输入，并提供与推断的神经过程相对应的输出，其中推断的神经过程产生该神经活动。模型标定或校准，即根据受试者在执行给定心理过程时大脑活动的情况示例，找到产生最佳表现的模型参数。在使用 BCI 之前，可以对多个模型进行校准和评估，以选择最合适的模型用于闭环设置，从而提供在线解码。

如前所述，解码过程可以看作一个数学函数 $y=f(x,\theta)$（式（23.2）），它将特征 x 映射到给定的一组参数 θ 的 BCI 输出上。对于分类和回归，应优化参数 θ 集，以获得期望的行为。在本章中，我们将重点介绍一些良好做法，并介绍如何应用和评估这些方法。

模型的校准首先需要选择特征，这些特征是关于感兴趣过程的信息量最大的特征，然后选择解码方法并调整其参数。这一过程需要评估多个备选方案，并根据其表现选择最有可能成功的方案。

23.4.1 特征选择和规范化

大脑活动的主要特征之一是它在很大程度上依赖于受试者。除此之外，特征提取步骤通常会产生大量特征，因此，需要特征可分性的度量导出对特定用户有效的特征子集。此方法与实验者最终手动选择的特征相结合，将产生一组在闭环 BCI 应用中采用的特征。特征选择过程因所处的是分类还是回归场景而异（请参见下一节）。

在最常见的两类分类场景中，经典的可分性度量是 Fisher 得分（Duda 等，2000），$FS(f)$ 的计算如下：

$$\text{FS}(f) = \frac{|\mu_1 - \mu_2|}{\sigma_1 + \sigma_2} \in (-\infty, \infty) \tag{23.5}$$

式中：μ_i 和 σ_i 为在训练集上计算的平均值和标准偏差，$i_{1,2}$ 为根据标签向量 $y_{1,2}$ 估计的类别。通过执行成对类的单独得分，可以很容易地将这种度量扩展到多类场景。

平方点双系列相关 r^2 也常用于两类分类 BCI 以及回归场景中。相对于 Fisher 得分，r^2 的主要优势在于，它提供了有界值，可以按如下方式计算：

$$r^2(f) = \text{corr}(x_f, y)^2 \in [0,1] \tag{23.6}$$

式中：corr 为线性相关函数；x_f 为训练集上的特征值；$y \in \{1,2\}$，表示标签向量或在回归情况下 $y \in R$。

一旦选择了特征，将其输入分类器之前的最后一步就是执行归一化或规范化。特征规范化或缩放是使特征位于相同范围内的过程。此过程不仅在具有不同范围的特征的情况下有用，而且在使用优化、正则化或基于核的分类器等概念的情况下也有用。最常用的两种归一化方法是 min-max，计算如下：

$$f_i = \frac{f_i - \min(f)}{\max(f) - \min(f)} \tag{23.7}$$

式中：$\max(f)$ 和 $\min(f)$ 为从训练集计算出的特征 f_i 的最大值和最小值。z 得分归一化为

$$f_i = \frac{f_i - \mu_f}{\sigma_f} \tag{23.8}$$

应该注意的是，一些解码算法，即深度学习，依赖于避免显式特征选择的思想，并允许算法自己找到可用特征和预期输出值之间的关系。当特征之间存在复杂关系，并且有大量数据可用，使得难以通过数学方法找到这些关系时，这一点尤其成功。

23.4.2　解码器校准

通过称为解码器的"训练"或"标定"的优化过程来选择参数 θ。在分类的情况下，这会产生一个函数 f，该函数将特征空间划分为多个区域，每个区域对应于不同的类。图 23.3 表示一个二维特征空间，其中每个点对应一个样本，其颜色反映了样本所属的类别。图 23.3 显示了针对相同样本分布（分别为左和右）获得的二次判别函数和线性判别函数的示例。还可以看出，在这种情况下，所示函数无法成功地对所有样本进行分类，因为一些红色样本落入蓝色子空间，反之亦然。因此，难题是如何选择特征和解码方法以产生最佳性能（如在线 BCI 使用期间的解码错误最少）。

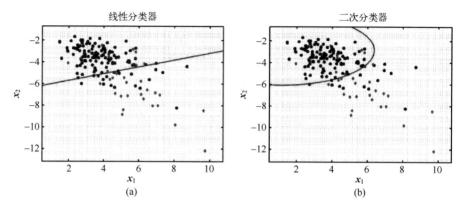

图 23.3　分类过程的小例子。两个图显示了错误相关电位的相同特征样本集。采用 CAR 和 1~10Hz 范围内的带通对信号进行滤波（图 23.2）。对于每个试次，样本由特征向量 x_1、x_2 组成，对应窗口 0~800ms 中的正峰值和负峰值。对于错误和正确类别，样本分别用红色和蓝色编码。（a）和（b）分别显示了线性判别分类器和二次判别分类器，品红色线对应于分类器函数 f 定义的边界（见彩插）。

　　在大多数 BCI 应用中，解码器标定遵循有监督的方法。这里，假设一组 N 个标记的样本(X, Y^*)可用，其中 $X = \{x^1, x^2, \cdots, x^N\}'$是与测量的样本相对应的一组特征向量，$Y^* = \{y^{1*}, x^{2*}, \cdots, y^{N*}\}'$是其相应期望输出的集合。在实践中，这些示例是在输入和期望输出都是可观察的受控情况下获得的（即标定或训练阶段）。例如，在有创 BCI 解码上肢运动学的情况下，SUA 与上肢的实际运动同时记录（Carmena 等，2003）。类似地，在系统标定期间基于运动想象的 BCI 情况下，明确提示受试者在特定时间段执行想象运动；参见 Leeb 等 （2013b）文献中的附录 A。

　　一旦获得了有标签的数据，就可以采用几种方法标定解码器，如前所述，根据应用情况，我们可能希望将神经活动解码为属于多个离散类别中的一个 （分类），或解码连续值（回归）。

　　在最常见的分类方法中，我们可以提到线性判别分析和二次判别分析，它们使用概率方法减少似然误差；支持向量机，它试图最大化不同类之间的分离边缘；人工神经网络或随机森林是基于迭代误差最小化算法。这些分类方法在多个模式识别应用中取得成功后，一些研究小组探索了深度学习算法在 BCI 中的应用（Cecotti 和 Graser，2011；Sturm 等，2016；Chai 等，2017；Schirrmeister 等，2017）。然而，这些研究大多局限于离线分析结果，对于这些技术是否能优于其他类型的分类器，还没有定论。这很可能是由于事实：典型 BCI 实验中可用的数据量少，不足以利用此类方法的优势。由于对它们的全面审查超出了本章的范围，因此有兴趣的读者可以参考：Lotte 等（2007）、Parra 等（2008）、Blankertz 等（2011）、Lemm 等（2011）、Haufe 等（2014）和 Krusienski 等（2006）等文献。

关于基于回归方法的 BCI 系统，最常见的应用是从颅内记录中解码运动参数，这些系统通常依赖正则化线性方法（Carmena 等，2003；Bradberry 等，2010；Collinger 等，2013）或卡尔曼滤波（Hochberg 等，2012）。Stulp 和 Sigaud（2015）以及 Kao 等（2014）对这些回归方法和其他回归方法进行了评述。

通常，上述所有方法均旨在估计出使解码器的输出 Y 和数据集 Y^* 中提供的标签之间的误差 $E(Y^*, Y)$ 度量最小化的参数。换句话说，最佳参数将是那些提供尽可能接近所提供示例的输出的参数。由于参数优化过程是在有限的样本中根据定义完成的，因此它基于对误差的经验估计。因此，它依赖于假设：即可用示例正确反映了可能特征的分布及其到输出变量的映射。然而，相对于特征空间的维度（即所选特征的数量），训练示例集通常很小。这可能会导致对经验误差的不准确估计，以及次优解码器。此外，样本在测量过程中会受到固有噪声以及伪迹污染。因此，经验误差的最小化可导致函数 f 反映数据样本的细节，包括测量误差，但不反映与感兴趣的神经相关的全局特性（即真实数据分布），即它过度拟合训练数据。这些模型用于标定的数据时表现出非常好的性能，但在新的数据样本中没有表现出来（即它们没有泛化性）。

23.4.3　模型选择

存在多个机器学习算法及其可能参数的变化，这会导致大量可能的函数（式（23.2）中的 f）可用于解码。因此，首要问题是如何选择适当的模型（即所选的特征、解码器类型及其参数），该模型在标记的数据中准确执行，同时允许进行泛化推广，以便成功解码标定阶段之后和接口操作期间测量的大脑活动模式。

因此，为了设计 BCI，有必要根据多个可能的模型在优化过程中未使用样本上的性能，对这些模型进行比较。为此，应留出可用标记样本的一部分用于评估性能（已知标签的测试数据集）。重要的是，这些测试样本不应用于解码器设计的任何步骤，即特征选择、规范化或解码器标定。将标记数据拆分为训练集和测试集的需要减少了可用于估计经验误差的可用数据量，这可能导致过度拟合。克服这一问题的一种方法是利用交叉验证方法评估解码器在标记数据的不同划分上的性能（Lemm 等，2011）。最常见的方法是 n 倍交叉验证，该方法中把数据划分为 n 个不相交的子集，称为折叠部分（folds）。在每个划分中, 其中一个折叠部分用作测试集, 其余用于特征选择和标定。

值得注意的是, 与重叠窗口或附近窗口相对应的样本将具有高度相关性。因此, 在标定模型时应谨慎, 以确保训练集和测试集是独立的。为此, 应避免随机划分, 并应注意让训练和测试集由时间上不靠近的样本组成。否则, 模型的测试容易产生对其性能的过于乐观的估计。

值得注意的是, 由于该过程是在每个划分上执行的, 对于给定类型的模型, 它会生成 n 组不同的参数 θ_i, 每组参数都有相应的测试误差, 这些误差度量的均值和方差提供了一个指示, 特定类型的模型如何适合捕获数据的特征, 即, 它不太可能过度拟合, 并且很好地推广到前所未见的数据。一旦根据跨折叠 (交叉验证方法) 获得的误差选择了给定的方法, 就可以利用所有标记的数据训练闭环操作期间采用的最终解码器。

23.4.4　在线分类

在线操作期间, 所选模型用于提供神经测量的在线解码。前几节中描述的数据预处理和特征提取步骤必须应用于实时获取的传入数据流。BCI 实施可大致分为两类。

(1) 同步接口, 对锁时于特定事件的神经信号进行解码;

(2) 异步接口, 连续解码记录的神经活动。

同步接口通常用于解码外部刺激引起的 ERP, 最常见的信号是上述 P300 (Sellers 等, 2014)、ErrP (Chavarriaga 等, 2014; Zander 等, 2016) 或眼睛注视相关电位 (Baccino 和 Manunta, 2005)。在这些情况下, 目标是解码不同类型刺激产生的响应, 因此, 要分析的信号被限定在特定的时间窗口内, 时间锁定到刺激的出现, 这样的时间窗通常称为数据时窗。相应地, 对于模型标定, 训练数据集将由不同预期类别的样本时间窗组成。在线操作期间, 除了采集神经信号外, 系统还应同步提供相关事件的标记。BCI 将仅解码与锁时到相应触发器的感兴趣时间窗口对应的信号。值得注意的是, 一些预处理步骤 (最显著的是频谱滤波) 不能局限于锁定的时间段, 应对记录的整个信号进行。

反过来, 异步接口用于连续解码信号, 通常通过滑动窗口 (有重叠或无重叠的滑动窗口)) 进行处理。解码函数将应用于每个窗口, 产生相应的输出, 该过程意味着 BCI 产生输出的频率不一定与记录信号的频率相同。这种方法的常见例子是: 有创和无创 BCI 中感觉运动节律的解码 (Leeb 等, 2015); 从尖峰活动中解码运动学 (Hochberg 等, 2012; Collinger 等, 2013); 工作负荷水平的解码 (Brouwer 等, 2012; Borghini 等, 2014); 在连续交互过程中解码 ErrP (Milekovic 等, 2012; Omedes 等, 2015; Dias 等, 2018)。

23.5　性　能　评　估

评估 BCI 系统的性能并不是一件小事，对于最佳的评估方法也没有达成广泛的共识。在这里，我们讨论了受模式识别领域启发的不同指标，这些指标通常用于确定系统从大脑活动中正确解码心理过程的能力。

如前所述，解码模型的性能是根据其误差来衡量的，即模型的输出与训练集中提供的期望输出的接近程度，衡量这种性能有多种可能的方法（Thompson 等，2014）。

回归问题中常用的性能度量是目标值与解码器输出之间的相关性。然而，必须仔细考虑这一性能度量，因为这一指标取决于所用样本的数量，并且与时间序列的规模无关（Antelis 等，2013）。另一种衡量标准是菲特定律，该定律基于到达目标位置的距离，根据给定动作的难度指数计算性能（Gilja 等，2012）。在分类的情况下，最常见的度量指标（metric）是精度，为误分类样本与样本总数的比率，无错误的系统的精度为 1。无论输出类别如何，此指标对所有可能的错误分类都具有同等的权重，在某些情况下，这可能不合适。让我们把分类的情况分成两类 $\{p, n\}$ 中的一类，分别称为阳性类和阴性类，在 80% 的训练样本属于 p 类的情况下，始终将样本分类为阳性类的解码器将产生 0.8 的精度，这可能会被错误地解释为具有良好的性能，而实际上阴性类的所有样本都被错误分类。

另一种方法是在混淆矩阵中评估与类别相关的错误。如图 23.4（a）所示，可以针对来自每个类别的真解码和假解码的样本计算不同的度量。基于这些度量，除了总体准确度之外，还可以根据解码器的真阳性率和真阴性率、灵敏度或特异性来分析解码器的性能。分析解码器的一种常用方法是基于接收者操作特性（thereceiver-operating characteristics，ROC）空间，其中绘制了解码器的真阳性率（the true-positive rate，TPR）与假阳性率（false-positive rate，FPR）（图 23.4（b）；Fawcett，2006）。在此空间中，完美的性能将出现在左上角（TPR＝1；FPR＝0），而随机性能将出现在对角线上，TPR＝FPR。在某些情况下，分类器函数 f 产生连续值作为输出，反映输入样本属于给定类的可能性有多大（输出的是概率）。典型情况是概率分类器，其中 y 对应于样本 x 属于给定类别 C 的后验概率。在这种情况下，每当 y 超过阈值时，样本将被分配给该类别。在这些情况下，不同阈值下分类方法的性能可以绘制为 ROC 空间中的一条线，并以该曲线下的面积（the area under that curve，AUC）为特征。鉴于 ROC 空间的特征，AUC＝1 将对应于最佳分类器，而随机性能将产生

AUC=0.5。与交叉验证过程一样，AUC 将告知给定分类方法在当前数据上的总体性能，并有助于选择此类方法的参数或对不同的方法进行比较。

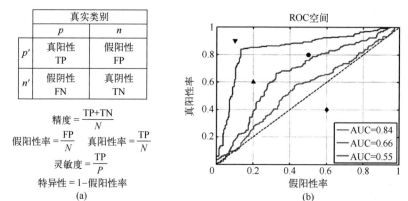

图 23.4 （a）（上部）混淆矩阵，行表示假设的类别（p^l, n^l），即解码器的输出。P、N 分别为 p 类和 n 类的样本总数，（下部）可从混淆矩阵中提取的不同性能度量；（b）ROC 空间，每个符号表示不同的性能级别（FPR、TPR）（▲—(0.2,0.6)，▼—(0.1,0.9)，●—(0.5,0.8)，◆—(0.6,0.4)），彩色线对应不同 AUC 水平下三个 ROC 曲线示例（见彩插）。

必须注意的是，类不平衡并不是导致误解的唯一因素。事实上，解码器评估产生了测试集样本误差的经验估计，随机性能水平受到样本数量的显著影响（Winkler 等，2016；Varoquaux，2018）。例如，虽然理论上掷硬币后得到正面的几率是 50%，但我们不能期望掷硬币 10 次，刚好有 5 个正面和 5 个反面，评估解码器时也会发生同样的情况。在两类解码问题中，当每类只有 20 个样本可用时，机会水平从理论值的 50%～70% 增加（置信区间 $\alpha=0.01$；MÜller-Putz 等，2008）。为此，务必始终评估特定应用和可用测试数据样本的实际机会水平，这可以利用基于二项式或多项式分布的理论估计（MÜller-Putz 等，2008），或通过测试（在目标标签排列后训练多个解码器）进行经验估计（Winkler 等，2016）。类似的方法可用于评估回归解码器中的机会水平（Antelis 等，2013）。

其他性能指标遵循信息理论方法：可以把 BCI 解码器视为一个通信信道，其性能根据通过该信道传输的信息量来衡量（该指标不总是适用于所有的应用）。这一衡量指标同时考虑了分类精度及其速度（Wolpaw 等，2000）。因此，我们可以将解码器在周期 T 上的信息传输速率（information transfer rate，ITR）估计为

$$\text{ITR} = \frac{\log_2 N + p \log_2 p + (1-p) \log_2 \left(\dfrac{1-p}{N-1} \right)}{T} \tag{23.9}$$

式中：N 为可能的输出类的数量；p 为解码器的精度。研究者已提出了该度量指标的一些变体，以考虑每个类别的先验概率（SchlEurogl 等，2007b），或考虑分类器的输出未分配给任何可能类别的情况（如当所有类别的后验概率接近机会水平时）（Millán 等，2004）。

总之，评估 BCI 解码器的解码性能并不简单。如上所述，可以使用多个度量指标反映解码过程的不同方面，解码器的选择可以根据应用需求进行调整，以优化这些指标之一。例如，基于错误分类的影响，可以对确保低 FPR 的解码器进行授权，即使这会降低总体精度。因此，提出了一些综合指标，以将误分类成本直接纳入性能评估（Quitadamo 等，2012）。

总地来说，所有这些度量指标都有其优缺点，没有一个能够完全反映解码器的行为（标准是：最终取决于用户需求和对具体应用的满意度）。关于这一主题的进一步讨论可以在文献中找到：请参见 SchlEurogl 等（2007b）、Haufe 等（2014），以及 Thompson 等（2014）对该主题进行的全面审查；Thomas 等人（2013）对运动想象 BCI 的评述；Quitadamo 等（2012），Lotte 和 Jeunet（2018），以及 Seno 等（2010）针对基于 P300 拼写器的评述；Rousselet 和 Pernet（2012）、Antelis 等（2013）和 Spuler 等（2015）对回归解码器和相关性度量的使用。

此外，应该记住，这些度量指标主要是为模式识别应用而设计的，其中样本是从时不变分布中提取的，并且命令的顺序不会影响整个系统的行为。这些假设不适用于 BCI 领域，因为在 BCI 领域，样本是由（受试者或用户）大脑活动的动力学生成的，大脑活动的动力学本质上受人与机器之间的交互作用的影响，因此也受到 BCI 解码器先前结果的影响（Lemm 等，2011）（历史交互结果的影响）。此外，应该注意的是，这里讨论的指标只涉及 BCI 解码器的性能，这只是整个人机交互的一部分。因此，它们可能无法完全反映整个系统在实现预期任务方面的成功程度，也无法反映用户对此类性能的满意度。因此，全面评估 BCI 还应考虑评估任务相关目标的实现程度以及相应的人为因素。

23.6　总结、讨论和展望

自第一代 BCI 以来，信号处理和机器学习方法已赋予这些系统更高的可靠性和解码能力。事实上，数据驱动算法的益处已在很大程度上得到了证明。与手工提取的特征和简单的阈值解码器相比，机器学习可以发现特征和决策平面的组合比人类对应的粒度更细。

因此，大量的研究致力于评估 BCI 解码器并改进机器学习算法以提高解码性能。然而，大多数这些努力忽视了一个事实，即解码过程只是整个人机交互环路的一部分。因此，多数解码的努力通常没有显著改善 BCI 系统的性能或可靠性（Chavarriaga 等，2017）。一个常见的错误是只关注采用以前记录的数据（例如，在离线分析中采用交叉验证）评估解码性能。然而，离线性能评估不一定能很好地评估 BCI 系统在人与机器之间闭环交互期间的性能。不幸的是，文献中很少报告标定（离线建模）和在线性能之间的差异。一个例外是 Leeb 等（2013b）的工作，其中从标定到在线阶段的标准是受试者的表现高于 0.4，采用 Youden 指数进行测量。然而，在研究的 23 名受试者中，多达 18 名在在线阶段开始时的表现明显较低（见 Leeb 等，2013b 中的图 6）。事实上，多种人为因素可以调节用户的大脑活动，包括认知负荷、注意力水平、动机或疲劳（Guillot 等，2005；Kleih 等，2010；Nijboer 等，2010）。此外，用户的经验量也会影响其 BCI 控制技能的熟练程度（Leeb 等，2013b；Kaiser 等，2014）。大多数方法的一个基本假设是，用户将在整个 BCI 使用过程中进行适应，神经特征将得到加强，从而更好地控制系统（获得 BCI 技能）或促进康复领域有益的神经可塑性变化（Ramos-Murguialday 等，2013；Soekadar 等，2015；Biasiucci 等，2018）。例如，最近的一项研究表明，在不进行解码器重新校准的情况下，经过长时间的训练，性能会有持续和明显的提高，这与特征辨别能力的增强有关（Perdikis 等，2018）。

因此，BCI 系统的最终性能评估（和最终重新标定）必须在闭环使用期间进行，最好是在较长的时间内进行评估。这带来了一个挑战，因为在实际应用中使用 BCI 时，已执行命令的基本的真实标签通常不可用。在这些情况下，一种可能性是：交错提示操作的实验时段以评估性能（并最终重新校准解码器）；利用有关任务的上下文环境信息，以自我监督的方式推断标签（Orsborn 等，2012；Grizou 等，2014a，b；Kao 等，2014；Kindermans 等，2014；Iturrate 等，2015b；Jarosiewicz 等，2015；Perdikis 等，2015；Zeyl 等，2016；HÜbner 等，2017；Huebner 等，2018）；利用错误相关信号更新解码器（SpEuruler 等，2012a，b）。当上下文环境信息不可用时，仍然可以使用不利用标签信息的完全无监督方法来消除系统偏差（Vidaurre 等，2011）。

值得注意的是，尤其是在非侵入性 BCI 的情况下，低性能通常被解释为受试者的"BCI 盲"问题（Vidaurre 和 Blankertz，2009；Blankertz 等，2010）。这一术语大约在 10 年前引入，用来解释为什么 BCI 常常无法适用于大量受试者，自那时以来，已有数十种出版物使用了这一术语。尽管如此，它还是有贬义的含义，因为它表明一些受试者具有固有的特征，阻止他们成功地使用这些接口（Thompson，2019）。这些失败更可能的解释是在范式、训练方法和解码器设计方面的选择不足（Jeunet 等，2016；Chavarriaga 等，2017）。因此，在分析 BCI 结果时，应避免使用 "BCI 盲" 一词，并应仔细讨论性能不佳的可能原因。

此外，对神经活动进行解码的能力不仅对控制外部设备很重要，而且对大脑中的特定过程是如何编码的也提供了有价值的见解。BCI 的单次试验解码已用于研究多种现象，如皮质动力学（Ganguly 等，2011；Koralek 等，2012）和学习（Ganguly 和 Carmena，2009；Sadtler 等，2014）。BCI 的这种应用要求解码所用的方法和特征的可解释性。因此，对数据进行复杂、非线性变换的黑箱方法可能不是增加我们对 BCI 系统所利用的潜在现象了解的最合适方法。

在本章中，我们总结了最常见的信号处理和机器学习方法，用于处理和解码 BCI 的神经活动。除了解码过程之外，机器学习方法还可以用来改善大脑−机器回路其他部分的交互。一个例子是利用基于解码 ErrP 的强化学习方法。在这些情况下，对 ErrP 信号的解码（反映用户认为上一次 BCI 操作错误）用于调整系统，以降低再次执行此操作的可能性（DiGiovanna 等，2009；Chavarriaga 和 Millán，2010；Iturrate 等，2015a；Zander 等，2016；Kim 等，2017；Salazar Gomez 等，2017；Ehrlich 和 Cheng，2018）。利用机器学习提高 BCI 性能的另一种策略是使用共享控制（Saeedi 等，2017），其中 BCI 解码信息不作为直接命令使用，而是与具有其他信息源（如外部传感器提供的环境信息）的智能控制器相结合，或与之前命令的历史记录相结合。一种常见的方法是采用概率方法以更好地解释解码器的输出，一个简单的例子是使用语言模型，根据之前书写的字符过滤 BCI 打字机中潜在的错误分类（Blankertz 等，2007；Martens 等，2011；Perdikis 等，2014）。同样，感觉融合也被用于考虑移动应用中的环境信息，如 BCI 控制轮椅（Iturrate 等，2009；Carlson 和 Millán，2013）、临场感机器人（Escolano 等，2012；Leeb 等，2015），或用于触及和抓取假肢（Kim 等，2006）。

致谢：这项工作得到了瑞士国家科学基金会 NCCR 机器人学的支持，也感谢由 Marie Curie 共同资助的 EPFL 研究员奖学金计划的支持，FP7 拨款协议编号为 291771。本文仅反映作者的观点，资助机构对本文所含信息不承担任何责任。

参 考 文 献

[1] Acunzo DJ, Mackenzie G, van Rossum MCW（2012）. Systematic biases in early ERP and ERF components as a result of high-pass filtering. J Neurosci Methods 209：212－218.

https://doi. org/10. 1016/j. jneumeth. 2012. 06. 011.

［2］ Agashe HA, Paek AY, Zhang Y et al. （2015）. Global cortical activity predicts shape of hand during grasping. Front Neurosci 9: 121.

［3］ Antelis JM, Montesano L, Ramos-Murguialday A et al. （2013）. On the usage of linear regression models to reconstruct limb kinematics from low frequency EEG signals. PLoS One 8: e61976. https://doi. org/10. 1371/journal. pone. 0061976.

［4］ Baccino T, Manunta Y （2005）. Eye-fixation-related potentials: insight into parafoveal processing. J Psychophysiol 19: 204-215.

［5］ Bertrand O, Perrin F, Pernier J （1985）. A theoretical justification of the average reference in topographic evoked potential studies. Electroencephalogr Clin Neurophysiol 62: 462-464. https://doi. org/10. 1016/0168-5597 （85） 90058-9.

［6］ Biasiucci R, Leeb I, Iturrate S et al. （2018）. Brain-actuated functional electrical stimulation elicits lasting arm motor recovery after stroke. Nat Commun 9: 2421. https://doi. org/ 10. 1038/s41467-018-04673-z.

［7］ Bigdely-Shamlo N, Mullen T, Kreutz-Delgado K et al. （2013）. Measure projection analysis: a probabilistic approach to EEG source comparison and multi-subject inference. Neuroimage 72: 287-303.

［8］ Blankertz B, Krauledat M, Dornhege D et al. （2007）. A note on brain actuated spelling with the Berlin brain-computer interface. In: Lecture Notes in Computer Science （including subseries Lecture Notes in Artificial Intelligence and Lecture Notes in Bioinformatics）, vol. 4555 LNCS, no. PART 2, pp. 759-768. https://doi. org/10. 1007/978-3-540-73281-5_83.

［9］ Blankertz B, Sannelli C, Halder S et al. （2010）. Neurophysiological predictor of SMR-based BCI performance. Neuroimage 51: 1303 – 1309. https://doi. org/10. 1016/j. neuroimage. 2010. 03. 022.

［10］ Blankertz B, Lemm S, Treder M et al. （2011）. Single-trial analysis and classification of ERP components—a tutorial. Neuroimage 56: 814-825. https://doi. org/10. 1016/j. neuroimage. 2010. 06. 048.

［11］ Borghini G, Astolfi L, Vecchiato G et al. （2014）. Measuring neuro-physiological signals in aircraft pilots and car drivers for the assessment of mental workload, fatigue and drowsiness. Neurosci Biobehav Rev 44: 58-75. https://doi. org/10. 1016/j. neubiorev. 2012. 10. 003.

［12］ Bouton CE, Shaikhouni A, Annetta NV et al. （2016）. Restoring cortical control of functional movement in a human with quadriplegia. Nature 533: 247 – 250. https://doi. org/ 10. 1038/nature17435.

［13］ Boye AT, Kristiansen UQ, Billinger M et al. （2008）. Identification of movement-related cortical potentials with optimized spatial filtering and principal component analysis. Biomed Signal Process Control 3: 300-304.

520

[14] Bradberry TJ, Gentili RJ, Contreras-Vidal JL (2010). Reconstructing three-dimensional hand movements from noninvasive electroencephalographic signals. J Neurosci 30: 3432–3437. https://doi.org/10.1523/JNEUROSCI.6107-09.2010.

[15] Branco MP, Freudenburg ZV, Aarnoutse EJ et al. (2017). Decoding hand gestures from primary somatosensory cortex using high-density ECoG. Neuroimage 147: 130–142.

[16] Brouwer A-M, Hogervorst MA, van Erp JBF et al. (2012). Estimating workload using EEG spectral power and ERPs in the n-back task. J Neural Eng 9: 045008. https://doi.org/10.1088/1741-2560/9/4/045008.

[17] Bundy DT, Zellmer E, Gaona CM et al. (2014). Characterization of the effects of the human dura on macro-and microelectrocorticographic recordings. J Neural Eng 11: 016006.

[18] Carlson T, Millán JdR (2013). Brain-controlled wheelchairs: a robotic architecture. IEEE Rob Autom Mag 20: 65–73.

[19] Carmena JM, Lebedev MA, Crist RE et al. (2003). Learning to control a brain-machine interface for reaching and grasping by primates. PLoS Bio 11: E42. https://doi.org/10.1371/journal.pbio.0000042.

[20] Castermans T, Duvinage M, Cheron G et al. (2014). About the cortical origin of the low-delta and high-gamma rhythms observed in EEG signals during treadmill walking. Neurosci Lett 561: 166–170. https://doi.org/10.1016/j.neulet.2013.12.059.

[21] Cecotti H, Graser A (2011). Convolutional neural networks for P300 detection with application to brain-computer interfaces. IEEE Trans Pattern Anal Mach Intell 33: 433–445. https://doi.org/10.1109/TPAMI.2010.125.

[22] Chai R, Ling SH, San PP et al. (2017). Improving EEG-based driver fatigue classification using sparse-deep belief networks. Front Neurosci 11: 103. https://doi.org/10.3389/fnins.2017.00103.

[23] Chaudhary U, Xia B, Silvoni S et al. (2017). Brain-computer interface-based communication in the completely lockedin state. PLoS Biol 15: e1002593.

[24] Chavarriaga R, Millán JdR (2010). Learning from EEG error-related potentials in non-invasive brain-computer interfaces. IEEE Trans Neural Syst Rehabil Eng 18: 381–388. https://doi.org/10.1109/TNSRE.2010.2053387.

[25] Chavarriaga R, Sobolewski A, Millán JdR (2014). Errare machinale est: the use of error-related potentials in brain-machine interfaces. Front Neurosci 8: 208. https://doi.org/10.3389/fnins.2014.00208.

[26] Chavarriaga R, Fried-Oken M, Kleih S et al. (2017). Heading for new shores! Overcoming pitfalls in BCI design. Brain Comput Interfaces 4: 60–73. https://doi.org/10.1080/2326263X.2016.1263916.

[27] Cincotti F, Mattia D, Aloise F et al. (2008). High-resolution EEG techniques for brain-computer interface applications. J Neurosci Methods 167: 31–42. https://doi.org/10.1016/j.

jneumeth. 2007. 06. 031.

[28] Cohen MX (2014). Analyzing neural time series data: theory and practice, MIT Press.

[29] Cohen MX (2015). Comparison of different spatial transformations applied to EEG data: a case study of error processing. Int J Psychophysiol 97 (3): 245 – 257. https://doi. org/ 10. 1016/j. ijpsycho. 2014. 09. 013.

[30] Collinger JL, Wodlinger B, Downey JE et al. (2013). Highperformance neuroprosthetic control by an individual with tetraplegia. Lancet 381: 557–564. https://doi. org/10. 1016/ S0140-6736 (12) 61816-9.

[31] Debener S, Ullsperger M, Siegel M et al. (2005). Trial-by-trial coupling of concurrent electroencephalogram and functional magnetic resonance imaging identifies the dynamics of performance monitoring. J Neurosci 25: 11730 – 11737. https://doi. org/10. 1523/JNEU-ROSCI. 3286-05. 2005.

[32] Delorme A, Palmer J, Onton J et al. (2012). Independent EEG sources are dipolar. PLoS One 7: e30135. https://doi. org/10. 1371/journal. pone. 0030135.

[33] Dias CL, Sburlea AI, Müller-Putz GR (2018). Masked and unmasked error-related potentials during continuous control and feedback. J Neural Eng 15: 036031.

[34] Diedrichsen J, Shadmehr R (2005). Detecting and adjusting for artifacts in fMRI time series data. Neuroimage 27: 624–634. https://doi. org/10. 1016/j. neuroimage. 2005. 04. 039.

[35] DiGiovanna J, Mahmoudi B, Fortes J et al. (2009). Coadaptive brain-machine interface via reinforcement learning. IEEE Trans Biomed Eng 56: 54–64. https://doi. org/10. 1109/ TBME. 2008. 926699.

[36] Duda RO, Hart PE, Stork DG (2000). Pattern classification, second edn. Wiley-Interscience, 0471056693. November.

[37] Edelman B, Baxter B, He B (2015). EEG source imaging enhances the decoding of complex right hand motor imagery tasks. IEEE Trans Biomed Eng 63: 4 – 14. https:// doi. org/10. 1109/TBME. 2015. 2467312.

[38] Ehrlich SK, Cheng G (2018). Human-agent co-adaptation using error-related potentials. J Neural Eng 15: 066014.

[39] Escolano C, Antelis JM, Minguez J (2012). A telepresence mobile robot controlled with a noninvasive brain-computer interface. IEEE Trans Syst Man Cybern B Cybern 42: 793–804.

[40] Fawcett T (2006). An introduction to ROC analysis. Pattern Recogn Lett 27: 861–874. https://doi. org/10. 1016/j. patrec. 2005. 10. 010.

[41] Fernández-Rodríguez A, Velasco-Álvarez F, Ron-Angevin R (2016). Review of real brain-controlled wheelchairs. J Neural Eng 13: 061001.

[42] Friston KJ, Williams S, Howard R et al. (1996). Movement-related effects in fMRI timeseries. Magn Reson Med 35: 346–355. https://doi. org/10. 1002/mrm. 1910350312.

[43] Ganguly K, Carmena JM (2009). Emergence of a stable cortical map for neuroprosthetic

control. PLoS Biol 7: e1000153. https://doi. org/10. 1371/journal. pbio. 1000153.

[44] Ganguly K, Dimitrov DF, Wallis JD et al. (2011). Reversible large-scale modification of cortical networks during neuroprosthetic control. Nat Neurosci 14: 662 – 667. https://doi. org/10. 1038/nn. 2797.

[45] Gilja V, Nuyujukian P, Chestek CA et al. (2012). A highperformance neural prosthesis enabled by control algorithm design. Nat Neurosci 15: 1752 – 1757. https://doi. org/ 10. 1038/nn. 3265.

[46] Grizou J, Iturrate I, Montesano L et al. (2014a). Calibrationfree BCI based control. In: Proceedings of the 28th AAAI conference on artificial intelligence (AAAI), pp, 1213 – 1220.

[47] Grizou J, Iturrate I, Montesano L et al. (2014b). Interactive learning from unlabeled instructions. In: Proceedings of the thirtieth conference on uncertainty in artificial intelligence (UAI).

[48] Grosse-Wentrup M, Buss M (2008). Multiclass common spatial patterns and information theoretic feature extraction. IEEE Trans Biomed Eng 55: 1991 – 2000. https://doi. org/ 10. 1109/TBME. 2008. 921154.

[49] Guger C, Daban S, Sellers E et al. (2009). How many people are able to control a P300-based brain-computer interface (BCI)? Neurosci Lett 462: 94 – 98. https://doi. org/ 10. 1016/j. neulet. 2009. 06. 045.

[50] Guillot A, Haguenauer M, Dittmar A et al. (2005). Effect of a fatiguing protocol on motor imagery accuracy. Eur J Appl Physiol 95: 186 – 190. https://doi. org/10. 1007/s00421 – 005 – 1400 – x.

[51] Gwin JT, Gramann K, Makeig S et al. (2010). Removal of movement artifact from high-density EEG recorded during walking and running. J Neurophysiol 103: 3526 – 3534. https://doi. org/10. 1152/jn. 00105. 2010.

[52] Hardoon DR, Szedmak S, Shawe-Taylor J (2004). Canonical correlation analysis: an overview with application to learning methods. Neural Comput 16: 2639 – 2664.

[53] Haufe S, Meinecke F, Görgen K et al. (2014). On the interpretation of weight vectors of linear models in multivariate neuroimaging. Neuroimage 87: 96 – 110. https://doi. org/ 10. 1016/j. neuroimage. 2013. 10. 067.

[54] Hochberg LR, Bacher D, Jarosiewicz B et al. (2012). Reach and grasp by people with tetraplegia using a neurally controlled robotic arm. Nature 485: 372 – 375. https://doi. org/ 10. 1038/nature11076.

[55] Hübner D, Verhoeven T, Schmid K et al. (2017). Learning from label proportions in brain-computer interfaces: online unsupervised learning with guarantees. PloS One 12: e0175856.

[56] Huebner D, Verhoeven T, Mueller K-R et al. (2018). Unsupervised learning for brain-

computer interfaces based on event-related potentials: review and online comparison [research frontier]. IEEE Comput Intell Mag 13: 66-77.

[57] Hyvärinen A, Karhunen J, Oja E (2004). Independent component analysis, vol. 46 John Wiley & Sons.

[58] Iturrate I, Antelis JM, Kubler A et al. (2009). A noninvasive brain-actuated wheelchair based on a p300 neurophysiological protocol and automated navigation. IEEE Trans Robot 25: 614-627.

[59] Iturrate I, Chavarriaga R, Montesano L et al. (2014). Latency correction of error potentials between different experiments reduces calibration time for single-trial classification. J Neural Eng 11: 036005. https://doi. org/10. 1088/1741-2560/11/3/036005.

[60] Iturrate I, Chavarriaga R, Montesano L et al. (2015a). Teaching brain-machine interfaces as an alternative paradigm to neuroprosthetics control. Sci Rep 5: 13893. https://doi. org/10. 1038/srep13893.

[61] Iturrate I, Grizou J, Omedes J et al. (2015b). Exploiting task constraints for self-calibrated brain-machine interface control using error-related potentials. PLoS One 10: e0131491.

[62] Iturrate I, Chavarriaga R, Pereira M et al. (2018). Human EEG reveals distinct neural correlates of power and precision grasping types. Neuroimage 181: 635-644.

[63] Jarosiewicz B, Sarma AA, Bacher D et al. (2015). Virtual typing by people with tetraplegia using a self-calibrating intracortical brain-computer interface. Sci Transl Med 7: 313ra179. https://doi. org/10. 1126/scitranslmed. aac7328.

[64] Jeunet C, Jahanpour E, Lotte F (2016). Why standard brain-computer interface (BCI) training protocols should be changed: an experimental study. J Neural Eng 13: 036024. https://doi. org/10. 1088/1741-2560/13/3/036024.

[65] Jochumsen M, Niazi IK, Dremstrup K et al. (2016). Detecting and classifying three different hand movement types through electroencephalography recordings for neurorehabilitation. Med Biol Eng Comput 54: 1491-1501.

[66] Kaiser V, Bauernfeind G, Kreilinger A et al. (2014). Cortical effects of user training in a motor imagery based brain-computer interface measured by fNIRS and EEG. Neuroimage 85 (Pt. 1): 432-444. https://doi. org/10. 1016/j. neuroimage. 2013. 04. 097.

[67] Kao J, Stavisky S, Sussillo D et al. (2014). Information systems opportunities in brain-machine interface decoders. Proc IEEE 102: 666 - 682. https://doi. org/10. 1109/JPROC. 2014. 2307357.

[68] Kim HK, Biggs J, Schloerb W et al. (2006). Continuous shared control for stabilizing reaching and grasping with brain-machine interfaces. IEEE Trans Biomed Eng 53: 1164 - 1173.

[69] Kim SK, Kirchner EA, Stefes A et al. (2017). Intrinsic interactive reinforcement learning-using error-related potentials for real world human-robot interaction. Sci Rep 7: 17562.

[70] Kindermans P-J, Tangermann M, Müller K-R et al. (2014). Integrating dynamic stopping, transfer learning and language models in an adaptive zero-training ERP speller. J Neural Eng 11: 035005.

[71] Kleih SC, Nijboer F, Halder S et al. (2010). Motivation modulates the P300 amplitude during brain-computer interface use. Clin Neurophysiol 121: 1023-1031. https://doi.org/10.1016/j.clinph.2010.01.034.

[72] Koralek AC, Jin X, Long JD et al. (2012). Corticostriatal plasticity is necessary for learning intentional neuroprosthetic skills. Nature 483: 331-335. https://doi.org/10.1038/nature10845.

[73] Krusienski DJ, Sellers EW, Cabestaing F et al. (2006). A comparison of classification techniques for the P300 speller. J Neural Eng 3: 299-305. https://doi.org/10.1088/1741-2560/3/4/007.

[74] Kubanek J, Miller K, Ojemann J et al. (2009). Decoding flexion of individual fingers using electrocorticographic signals in humans. J Neural Eng 6: 066001.

[75] Lagerlund T, Sharbrough F, Busacker N (1997). Spatial filtering of multichannel electroencephalographic recordings through principal component analysis by singular value decomposition. J Clin Neurophysiol 14: 73-82.

[76] Lee K, Liu D, Perroud L et al. (2017). A brain-controlled exoskeleton with cascaded event-related desynchronization classifiers. Robot Auton Syst 90: 15-23. https://doi.org/10.1016/j.robot.2016.10.005.

[77] Leeb R, Lancelle M, Kaiser V et al. (2013a). Thinking penguin: multi-modal brain-computer interface control of a VR game. IEEE Trans Comput Intell AI Games 5: 117-128. https://doi.org/10.1109/TCIAIG.2013.2242072.

[78] Leeb R, Perdikis S, Tonin L et al. (2013b). Transferring brain-computer interfaces beyond the laboratory: successful application control for motor-disabled users. Artif Intell Med 59: 121-132. https://doi.org/10.1016/j.artmed.2013.08.004.

[79] Leeb R, Tonin L, Rohm M et al. (2015). Towards independence: a BCI telepresence robot for people with severe motor disabilities. Proc IEEE 103: 969-982. https://doi.org/10.1109/JPROC.2015.2419736.

[80] Lemm S, Blankertz B, Dickhaus T et al. (2011). Introduction to machine learning for brain imaging. Neuroimage 56: 387-399. https://doi.org/10.1016/j.neuroimage.2010.11.004.

[81] Lew EY, Chavarriaga R, Silvoni S et al. (2014). Single trial prediction of self-paced reaching directions from EEG signals. Front Neurosci 8: 222.

[82] López-Larraz E, Montesano L, Gil-Agudo Á et al. (2014). Continuous decoding of movement intention of upper limb self-initiated analytic movements from pre-movement EEG correlates. J Neuroeng Rehabil 11: 153.

［83］ Lotte F, Jeunet C (2018). Defining and quantifying users' mental imagery-based BCI skills: a first step. J Neural Eng15. https://doi. org/10. 1088/1741-2552/aac577.

［84］ Lotte F, Congedo M, Lécuyer A et al. (2007). A review of classification algorithms for EEG-based brain-computer interfaces. J Neural Eng 4: R1-R13. https://doi. org/10. 1088/1741-2560/4/2/R01.

［85］ Makeig S, Debener S, Onton J et al. (2004). Mining eventrelated brain dynamics. Trends Cogn Sci 8: 204-210. https://doi. org/10. 1016/j. tics. 2004. 03. 008.

［86］ Marshall D, Coyle D, Wilson S et al. (2013). Games, gameplay, and BCI: the state of the art. IEEE Trans Comput Intell AI Games 5: 82 - 99. https://doi. org/10. 1109/TCIAIG. 2013. 2263555.

［87］ Martens SM, Mooij JM, Hill NJ et al. (2011). A graphical model framework for decoding in the visual ERP-based BCI speller. Neural Comput 23: 160 - 182. https://doi. org/10. 1162/NECO_a_00066.

［88］ Martin S, Brunner P, Iturrate I et al. (2016). Word pair classification during imagined speech using direct brain recordings. Sci Rep 6: 25803.

［89］ Martin S, Iturrate I, Millán JdR et al. (2018). Decoding inner speech using electrocorticography: progress and challenges toward a speech prosthesis. Front Neurosci 12: 422.

［90］ McFarland DJ, McCane LM, David SV et al. (1997). Spatial filter selection for EEG-based communication. Electroencephalogr Clin Neurophysiol 103: 386-394.

［91］ Milekovic T, Ball T, Schulze-Bonhage A et al. (2012). Errorrelated electrocorticographic activity in humans during continuous movements. J Neural Eng 9: 026007.

［92］ Millán JdR, Carmena J (2010). Invasive or noninvasive: understanding brain-machine interface technology [conversations in BME]. IEEE Eng Med Biol Mag IEEE 29: 16-22. https://doi. org/10. 1109/MEMB. 2009. 935475.

［93］ Millán JdR, Renkens F, Mourino J et al. (2004). Noninvasive brain-actuated control of a mobile robot by human EEG. IEEE Trans Biomed Eng 51: 1026-1033. https://doi. org/10. 1109/TBME. 2004. 827086.

［94］ Miller J, Zanos S, Fetz E et al. (2009). Decoupling the cortical power spectrum reveals real-time representation of individual finger movements in humans. J Neurosci 29: 3132-3137.

［95］ Müller-Putz G, Scherer R, Brunner C et al. (2008). Better than random: a closer look on BCI results. Int J Bioelectromagnetism 10: 52-55.

［96］ Niazi IK, Jiang N, Tiberghien O et al. (2011). Detection of movement intention from single-trial movement-related cortical potentials. J Neural Eng 8: 066009.

［97］ Nicolelis MAL, Dimitrov D, Carmena JM et al. (2003). Chronic, multisite, multielectrode recordings in macaque monkeys. Proc Natl Acad Sci U S A 100: 11041-11046. https://doi. org/10. 1073/pnas. 1934665100.

［98］ Nijboer F, Birbaumer N, Kübler A (2010). The influence of psychological state and motiva-
tion on brain-computer interface performance in patients with amyotrophic lateral sclerosis—a
longitudinal study. Front Neurosci 4： . https：//doi. org/10. 3389/fnins. 2010. 00055.

［99］ Omedes J, Iturrate I, Montesano L et al. (2013). Using frequency-domain features for the
generalization of EEG error-related potentials among different tasks. 2013 35th annual inter-
national conference of the IEEE. Engineering in Medicine and Biology Society (EMBC),
pp. 5263-5266.

［100］ Omedes J, Iturrate I, Minguez J et al. (2015). Analysis and asynchronous detection of
gradually unfolding errors during monitoring tasks. J Neural Eng 12： 056001.

［101］ Orsborn AL, Dangi S, Moorman HG et al. (2012). Closed-loop decoder adaptation on in-
termediate time-scales facilitates rapid BMI performance improvements independent of de-
coder initialization conditions. IEEE Trans Neural Syst Rehabil Eng 20： 468-477. https：//
doi. org/10. 1109/TNSRE. 2012. 2185066.

［102］ Parra L, Christoforou C, Gerson A et al. (2008). Spatiotemporal linear decoding of brain
state. IEEE Signal Process Mag 25： 107 - 115. https：//doi. org/10. 1109/MSP. 2008.
4408447.

［103］ Pasley BN, David SV, Mesgarani N et al. (2012). Reconstructing speech from human au-
ditory cortex. PLoS Biol 10： e1001251.

［104］ Perdikis S, Leeb R, Williamson J et al. (2014). Clinical evaluation of BrainTree, a
motor imagery hybrid BCI speller. J Neural Eng 11： 036003. https：//doi. org/10. 1088/
1741-2560/11/3/036003.

［105］ Perdikis S, Leeb R, Chavarriaga R et al. (2015). Context-aware learning for finite
mixture models. ArXiv. ArXiv ID： 1507. 08272.

［106］ Perdikis S, Tonin L, Saeedi S et al. (2018). The cybathlon BCI race： successful longitu-
dinal mutual learning with two tetraplegic users. PLoS Biol 16： 1 - 28. https：//doi. org/
10. 1371/journal. pbio. 2003787.

［107］ Pereira J, Sburlea AI, Müller-Putz GR (2018). EEG patterns of self-paced movement
imaginations towards externallycued and internally-selected targets. Sci Rep 8： 13394.

［108］ Pfurtscheller G, Lopes da Silva FH (1999). Event-related EEG/MEG synchronization and
desynchronization： basic principles. Clin Neurophysiol 110： 1842-1857. https：//doi. org/
10. 1016/S1388-2457 (99) 00141-8.

［109］ Pistohl T, Schulze-Bonhage A, Aertsen A et al. (2012). Decoding natural grasp types
from human ECoG. Neuroimage 59： 248-260.

［110］ Pourtois G, Delplanque S, Michel C et al. (2008). Beyond conventional event-related
brain potential (ERP)： exploring the time-course of visual emotion processing using topo-
graphic and principal component analyses. Brain Topogr 20： 265 - 277. https：//doi. org/
10. 1007/s10548-008-0053-6.

[111] Quian Quiroga R (2007). Spike sorting. Scholarpedia 2: 3583.

[112] Quiroga RQ, Panzeri S (2009). Extracting information from neuronal populations: information theory and decoding approaches. Nat Rev Neurosci 10: 173–185. https://doi. org/10. 1038/nrn2578.

[113] Quitadamo LR, Abbafati M, Cardarilli GC et al. (2012). Evaluation of the performances of different P300 based brain-computer interfaces by means of the efficiency metric. J Neurosci Methods 203: 361–368. https://doi. org/10. 1016/j. jneumeth. 2011. 10. 010.

[114] Ramos-Murguialday A, Broetz D, Rea M et al. (2013). Brain-machine interface in chronic stroke rehabilitation: a controlled study. Ann Neurol 74: 100–108.

[115] Randazzo L, Iturrate I, Chavarriaga R et al. (2015). Detecting intention to grasp during reaching movements from EEG. In: 37th annual international conference of the IEEE Engineering in Medicine and Biology Society (EMBC). 1115–1118.

[116] Reis PMR, Hebenstreit F, Gabsteiger F et al. (2014). Methodological aspects of EEG and body dynamics measurements during motion. Front Hum Neurosci 8. https://doi. org/10. 3389/fnhum. 2014. 00156.

[117] Rivet B, Souloumiac A, Attina V et al. (2009). xDAWN algorithm to enhance evoked potentials: application to brain-computer interface. IEEE Trans Biomed Eng 56: 2035–2043.

[118] Rossi L, Foffani G, Marceglia S et al. (2007). An electronic device for artefact suppression in human local field potential recordings during deep brain stimulation. J Neural Eng 4: 96–106. https://doi. org/10. 1088/1741–2560/4/2/010.

[119] Rousselet GA (2012). Does filtering preclude us from studying ERP time-courses? Front Psychol 3: 131. https://doi. org/10. 3389/fpsyg. 2012. 00131.

[120] Rousselet GA, Pernet CR (2012). Improving standards in brain-behavior correlation analyses. Front Hum Neurosci 6: 119.

[121] Sadtler PT, Quick KM, Golub MD et al. (2014). Neural constraints on learning. Nature 512: 423–426. https://doi. org/10. 1038/nature13665.

[122] Saeedi S, Chavarriaga R, Millán JdR (2017). Long-term stable control of motor-imagery BCI by a locked-in user through adaptive assistance. IEEE Trans Neural Syst Rehabil Eng 25: 380–391. https://doi. org/10. 1109/TNSRE. 2016. 2645681.

[123] Salazar-Gomez AF, DelPreto J, Gil S et al. (2017). Correcting robot mistakes in real time using EEG signals. 2017 IEEE international conference on robotics and automation (ICRA), IEEE, pp. 6570–6577.

[124] Sani OG, Chavarriaga R, Shamsollahi MB et al. (2016). Detection of movement related cortical potential: effects of causal vs. non-causal processing. In: 2016 38th annual international conference of the IEEE Engineering in Medicine and Biology Society (EMBC), Aug, pp. 5733–5736. https://doi. org/10. 1109/EMBC. 2016. 7592029.

[125] Sburlea AI, Müller-Putz GR (2018). Exploring representations of human grasping in neu-

ral, muscle and kinematic signals. Sci Rep 8: 16669.

[126] Schirrmeister RT, Springenberg JT, Fiederer LDJ et al. (2017). Deep learning with convolutional neural networks for EEG decoding and visualization. Hum Brain Mapp 38: 5391 - 5420. https://doi. org/10. 1002/hbm. 23730.

[127] Schlögl A, Keinrath C, Zimmermann D et al. (2007a). A fully automated correction method of EOG artifacts in EEG recordings. Clin Neurophysiol 118: 98 - 104. https://doi. org/10. 1016/j. clinph. 2006. 09. 003.

[128] Schlögl A, Kronegg J, Huggins J et al. (2007b). Evaluation criteria in BCI research. In: G Dornhege, JdR Millán, T Hinterberger, DJ McFarland, K-R Müller (Eds.), Toward brain-computer interfacing. MIT Press, pp. 327 - 342. chapter 19.

[129] Schwarz A, Ofner P, Pereira J et al. (2017). Decoding natural reach-and-grasp actions from human EEG. J Neural Eng 15: 016005.

[130] Sellers EW, Ryan DB, Hauser CK (2014). Noninvasive brain-computer interface enables communication after brainstem stroke. Sci Transl Med 6: 257re7. https://doi. org/10. 1126/scitranslmed. 3007801.

[131] Seno BD, Matteucci M, Mainardi LT (2010). The utility metric: a novel method to assess the overall performance of discrete brain-computer interfaces. IEEE Trans Neural Syst Rehabil Eng 18: 20 - 28. https://doi. org/10. 1109/TNSRE. 2009. 2032642.

[132] Soekadar SR, Birbaumer N, Slutzky MW et al. (2015). Brain-machine interfaces in neurorehabilitation of stroke. Neurobiol Dis 83: 172 - 179. https://doi. org/10. 1016/j. nbd. 2014. 11. 025.

[133] Soekadar SR, Witkowski M, Gómez C et al. (2016). Hybrid EEG/EOG-based brain/neural hand exoskeleton restores fully independent daily living activities after quadriplegia. Sci Robot 1 (1): eaag3296. https://doi. org/10. 1126/scirobotics. aag3296.

[134] Spüler M, Bensch M, Kleih S et al. (2012a). Online use of error-related potentials in healthy users and people with severe motor impairment increases performance of a P300-BCI. Clin Neurophysiol 123: 1328 - 1337. https://doi. org/10. 1016/j. clinph. 2011. 11. 082.

[135] Spüler M, Rosenstiel W, Bogdan M (2012b). Online adaptation of a c-VEP brain-computer interface (BCI) based on error-related potentials and unsupervised learning. PloS One 7: e51077.

[136] Spüler M, Walter A, Rosenstiel W et al. (2014). Spatial filtering based on canonical correlation analysis for classification of evoked or event-related potentials in EEG data. IEEE Trans Neural Syst Rehabil Eng 22: 1097 - 1103. https://doi. org/10. 1109/TNSRE. 2013. 2290870.

[137] Spuler M, Sarasola-Sanz A, Birbaumer N et al. (2015). Comparing metrics to evaluate performance of regression methods for decoding of neural signals. Conf Proc IEEE Eng Med Biol Soc: 1083 - 1086. https://doi. org/10. 1109/EMBC. 2015. 7318553.

［138］ Stulp F, Sigaud O (2015). Many regression algorithms, one unified model: a review. Neural Netw 69: 60-79. https://doi. org/10. 1016/j. neunet. 2015. 05. 005.

［139］ Sturm I, Lapuschkin S, Samek W et al. (2016). Interpretable deep neural networks for single-trial EEG classification. J Neurosci Methods 274: 141 – 145. https://doi. org/ 10. 1016/j. jneumeth. 2016. 10. 008.

［140］ Thomas E, Dyson M, Clerc M (2013). An analysis of performance evaluation for motor-imagery based BCI. J Neural Eng 10: 031001. https://doi. org/10. 1088/1741-2560/10/3/031001.

［141］ Thompson MC (2019). Critiquing the concept of BCI illiteracy. Sci Eng Ethics 25 (4): 1217-1233. https://doi. org/10. 1007/s11948-018-0061-1.

［142］ Thompson DE, Quitadamo LR, Mainardi L et al. (2014). Performance measurement for brain-computer or brain- machine interfaces: a tutorial. J Neural Eng11: 035001. https://doi. org/10. 1088/1741-2560/11/3/035001.

［143］ Torres Valderrama A, Oostenveld R, Vansteensel MJ et al. (2010). Gain of the human dura in vivo and its effects on invasive brain signal feature detection. J Neurosci Methods 187: 270-279. https://doi. org/10. 1016/j. jneumeth. 2010. 01. 019.

［144］ Urigüen JA, Garcia-Zapirain B (2015). EEG artifact removalstate-of-the-art and guidelines. J Neural Eng 12: 031001. https://doi. org/10. 1088/1741-2560/12/3/031001.

［145］ VanRullen R (2011). Four common conceptual fallacies in mapping the time course of recognition. Front Psychol 2: 365. https://doi. org/10. 3389/fpsyg. 2011. 00365.

［146］ Vansteensel MJ, Pels EG, Bleichner MG et al. (2016). Fully implanted brain-computer interface in a locked-in patient with ALS. N Engl J Med 375: 2060-2066.

［147］ Varoquaux G (2018). Cross-validation failure: small sample sizes lead to large error bars. Neuroimage 180: 68-77. https://doi. org/10. 1016/j. neuroimage. 2017. 06. 061.

［148］ Vidaurre C, Blankertz B (2009). Towards a cure for BCI illiteracy: machine-learning based co-adaptive learning. Proceedings of the 7th NFSI & ICBEM.

［149］ Vidaurre C, Kawanabe M, von Bünau P et al. (2011). Toward unsupervised adaptation of LDA for brain-computer interfaces. IEEE Trans Biomed Eng 58: 587.

［150］ Waldert S, Preissl H, Demandt E et al. (2008). Hand movement direction decoded from MEG and EEG. J Neurosci 28: 1000-1008.

［151］ Widmann A, Schröger E (2012). Filter effects and filter artifacts in the analysis of electrophysiological data. Front Psychol 3: 233. https://doi. org/10. 3389/fpsyg. 2012. 00233.

［152］ Winkler AM, Webster MA, Brooks JC et al. (2016). Nonparametric combination and related permutation tests for neuroimaging. Hum Brain Mapp 37: 1486 – 1511. https://doi. org/10. 1002/hbm. 23115.

［153］ Wolpaw JR, Birbaumer N, Heetderks WJ et al. (2000). Brain-computer interface technology: a review of the first international meeting. IEEE Trans Rehabil Eng 8: 164-173.

https://doi. org/10. 1109/TRE. 2000. 847807.

[154] Yael D, Vecht JJ, Bar-Gad I (2018). Filter-based phase shifts distort neuronal timing information. eNeuro 5: 0261-17. https://doi. org/10. 1523/ENEURO. 0261-17. 2018.

[155] Youden WJ (1950). Index for rating diagnostic tests. Cancer 3: 32-35. https://doi. org/ 10. 1002/1097-0142 (1950) 3: 1<32:: AID-CNCR2820030106>3. 0. CO; 2-3.

[156] Zander TO, Krol LR, Birbaumer NP et al. (2016). Neuroadaptive technology enables implicit cursor control based on medial prefrontal cortex activity. Proc Natl Acad Sci 113: 14898-14903.

[157] Zeyl T, Yin E, Keightley M et al. (2016). Partially supervised P300 speller adaptation for eventual stimulus timing optimization: target confidence is superior to error-related potential score as an uncertain label. J Neural Eng 13: 026008. https://doi. org/10. 1088/ 1741-2560/13/2/026008.

第 24 章　脑-机接口伦理与脑-机接口
医学的出现

24.1　摘　　要

脑-机接口（BCI）技术将给医学实践带来深刻的变革。BCI 设备的广义定义是那些能够读取大脑活动并将其转化为设备操作的装置，它将为患者和临床医生提供解决交流、运动、感知觉和精神卫生或心理健康障碍的新方法。这些新能力将带来新的责任，并提出一系列不同的伦理挑战。理解并开始应对这些挑战的一种方法是从医学目标的角度来看待它们。本章探讨了 BCI 技术实现医学目标的不同方式。接下来是与 BCI 技术特别相关的其他目标的阐述：神经多样性、神经隐私、代理和真实性。医学的目标为将 BCI 设备引入医学提供了一个有用的伦理框架。

24.2　前　　言

BCI 技术将给医学实践带来深刻的变化。BCI 设备的广义定义是能够记录大脑活动并将其转化为设备（刺激电极、计算机拼写器、假肢（prosthetic limb）、轮椅或其他设备）操作的装置，将为患者和临床医生提供更多的治疗选择。临床医生将帮助患者确定有前景途的 BCI 疗法，并管理这些设备的操作。扩大临床责任将带来两个需要解决的新伦理挑战（Klein，2017）。虽然大多数形式的 BCI 医学仍然相去甚远，但一些已经开始出现。随着 BCI 领域站稳脚跟，预测和制定应对这些挑战的方法是一项值得进行的工作。

临床医生开出了一系列改变大脑功能的干预措施，从涉及单次神经干预（如干细胞移植、基因治疗、放射治疗、手术切除或化疗）的干预措施，到涉及重复且经常使用的干预措施（如抗抑郁药、镇痛剂或抗癫痫药物）。所有这些都是"临床神经调节（clinical neuromodulation）"的形式。临床医生参与临床神经调节，只需利用神经干预改变、绕过或替换现有的神经结构或生理过程，从而将神经系统的功能引导到期望的目的。BCI 设备可能为神经调节提供一种强大且有针对性的新工具。BCI 的定义各不相同，但在基本层面上，BCI 包括能够获取神经信号、提取相关特征、将特征转换为命令并应用这些命令操控外部设备的装置（Wolpaw 等，2002）。使用基于 BCI 的神经调节治疗广泛神经疾病的设备正在研发中，包括神经退行性疾病（neurodegenerative disorders，Vaughan，2020）、中风残留物（Molinari 和 Masciullo，2020）、创伤性脑损伤（Conde 和 Siebner，2020）、脊髓损伤（spinal cord injury，SCI）（Rupp，2020）和意识障碍（Annen 等，2020）。

将 BCI 设备引入医疗实践给临床医生带来了新的伦理挑战。一些挑战与涉及人类受试者的 BCI 研究所面临的挑战相重叠（Schneider 等，2012；Hochberg 和 Cochrane，2013；Glanon，2014a，c；Klein 等，2015）。虽然利用记录的大脑活动来重建交流、激活肢体、控制机器人或显著影响情绪的前景（并不是现实）将临床医生带入了一个陌生的领域，但自主（自治）、善待和公正等公认的伦理原则为临床医生在这一新领域中提供了一些指导（Schneider 等，2012）。然而，目前尚不清楚这一指导是否足够（是否需要添加新的规范或指导）。考虑几个例子。

考虑开发用于运动功能的 BCI 设备来控制假肢。这种设备可能会使用一组植入大脑的电极解读一个人的意图，以移动其被截肢或无功能手臂。经过一个惊人的训练方案后，这个人可能仅仅通过思考就能操控假肢。当临床医生咨询病人是否考虑接受用这种装置进行治疗，手术和植入异物的直接风险是重要的，但不是全部。其他不太传统的风险，如对个人身份认同感的影响、永久植入设备的耻辱感、失去隐私感，都需要权衡。目前尚不清楚应如何规定伦理原则，以指导患者、临床医生和家属在知情的情况下同意使用此类设备。

BCI 设备也正在开发中，以帮助患者交流。交流受限或恶化的个人，如肌萎缩侧索硬化症（ALS）或中风患者，以及完全丧失通过非技术手段沟通能力的人（如完全闭锁综合征患者（complete locked-in syndrome）或处于最低意识状态的人），可能会从这些设备中受益。BCI 交流或通信可能会打开一个新渠道，个人可以通过该渠道同意（或拒绝）医疗干预，比如手术放置喂养管。这引发了有趣的问题，对于完全无法交流的人，是否应该在未经同意（因为无法获得）建立 spi1 线路的情况下启动 BCI 设备的试验（trial），通过 BCI 交流使患者传达他的偏好（例如，给予追溯同意）？即使风险很高（如皮质内电极放置）或益处未经证实（如研究方案），家庭成员或其他人的代理同意书是否合理？接受推定同意（类似于紧急情况下的推定同意），或取消推定同意是否对自主权（或尊严）有侵犯？此外，BCI 交流是否可以用于为无法进行交流的人创建或推翻预先指令？BCI 交流设备需要什么样的可靠性标准才能准确可信地传达这样一个重要且永久的决定（Peterson 等，2013；Glannon，2016）？

人们正在开发 BCI 设备用来治疗精神疾病（Widge 等，2014）。研究者对使用非 BCI 神经刺激治疗精神疾病的兴趣越来越大。开环脑深部刺激（deep brain stimulation，DBS）（类似于治疗帕金森病或原发性震颤的方法）目前作为治疗难治性精神疾病的一种潜在疗法正在研究中。开环 DBS 已显示出一些积极的效果，但目前还不是护理标准。开环 DBS 的一个局限是它是单向的，不能适应大脑或人不断变化的需求。增加 BCI 功能可能是克服该局限的一种方法。

考虑植入式的 BCI 装置，测量情绪的低落程度，或识别与成瘾行为相关的神经模式，然后指示 DBS 相应地刺激大脑的一部分。这类 BCI 设备提出了如何设置和监控最佳设备设置的重要问题。在用于抑郁症（depression）和强迫症（OCD）的开环 DBS 中已经遇到了最佳设置问题，患者希望的设备设置与临床医生认为安全或临床指示的设置不一致（Synofzik 等，2012；Schermer，2013）。采用基于 BCI 的设备的临床，医生和患者表面之间的这种潜在冲突，在某些方面，将更加复杂。基于 BCI 的设备如何与大脑协同工作（与大脑共同进化），在很大程度上取决于初始算法参数的选择。这对以下两方面意味着什么？这两方面分别是：①算法的初始选择（如，"我想要一个对情绪影响范围很窄的算法"）；②后续的预期（如，"要获得该设备，您必须承诺定期（regularly）与您的处方临床医生进行随访"）。

目前，对于如何最好地处理 BCI 医学的伦理问题还没有达成共识。一种可用的框架是通过思考医学的目标来提供的。了解 BCI 技术如何符合（或不符合）医学目标，为评估 BCI 医学中出现的特定伦理挑战提供了一个起点。本章的结构如下，概述了医学的目标和 BCI 医学的一些应用，有时会从 DBS 等非 BCI 神经技术（non-BCI neurotechnologies）的进步中吸取一些伦理教训，作者建议 BCI 医学的目标清单需要补充与神经多样性、隐私、真实性和代理相关的 BCI 特定目标。

24.3　神经技术与医学目标

医学的目标是思考与医学实践相关活动的现有框架。简单地说，与医学目标不一致的活动或行为可能被认为在伦理上是可疑的（或者，最好不要把其视为医学的一部分）。医学目标有不同的表述，可用更简化的方法表述（Pellegrino，1999），也可用更广泛的列表表述（Callahan，1998；Emanuel，1994；Brülde，2001；Miller 和 Brody，2001）。Brody 和 Miller（1998）列出了与诊断、安慰、教育、治疗、缓解、预防、应对和安乐死相关的 8 个目标。该列表适用于医学领域的各种伦理和职业困境，如管理式护理（Callahan，1998）、整容手术（Miller 等，2000）和医生辅助死亡（Varelius，2006 年）。在本节中，我们将通过调整这 8 个目标来探讨 BCI 医学，以适应当前和未来的 BCI 医学实例。

24.3.1　诊断疾病或损伤

BCI 设备的引入以不同的方式促进了诊断。为了最大限度地提高 BCI 设备的效益并将其危害（包括财务成本）降至最低，准确诊断可能受益于 BCI 的神经系统疾病至关重要。以介绍用于癫痫治疗的反应性神经刺激（responsive neurostimulation，RNS）为例（Morrell，2011；Heck 等，2014），这是一种非 BCI 闭环系统。RNS 装置由手术放置的记录和刺激电极（深部或硬膜下）组成，用于未经药物或其他疗法（如迷走神经刺激（VNS））充分治疗的癫痫患者。皮质刺激可有效治疗不超过两个病灶的部分发作型癫痫，但不能治疗多灶性或原发广泛性癫痫。因此，在植入 RNS 装置之前，准确诊断癫痫类型至关重要。这需要专业的诊断测试，如高分辨率 MRI、正电子发射断层扫描（PET）、发作期单光子发射计算机断层扫描（single-photo emission computed tomography，SPECT）、脑磁（MEG）或临时手术放置硬膜下或深部电极来确认诊断。简单地说，需要进行细诊断或细粒度诊断，以确定谁将从设备中受益，谁可能不会受益。同样，作为医疗干预的一部分（如自动或通过用户意志控制来控制电刺激水平），记录与运动、感觉、情感或其他模式相关的大脑活动的 BCI 设备提供了一个新的、强大的诊断信息源。例如，未来的 BCI 系统可以检测到神经回路的变化，以指示潜在病理状态的演变（如抑郁症、中风相关神经可塑性）。

BCI 设备将以不同的方式服务于医学的诊断，提供一种新的收集医学数据的方法，以便于诊断不相关的疾病。例如，作为 BCI 设备一部分记录的电生理模式也可能指示亚临床疾病或疾病易感性。例如，用于交流的 BCI 设备可能会附带记录精神疾病或与神经疾病相关的大脑活动模式。一些研究组发现，P300 模式与精神分裂症和双相情感障碍（bipolar disorder，BD）（Salisbury 等，1999）以及阿尔茨海默病（AD）和轻度认知障碍（mild cognitive impairment，MCI）（Howe 等，2014）的诊断相关。虽然这些相关性与能够提供这种或类似临床信息的 BCI 设备的开发之间存在显著差距，但需要考虑这种可能性。研究或就业筛查（Weber 和 Knopf，2006）中的偶然发现产生了一系列伦理和政策问题（Illes 等，2006）。神经工程领域可以从神经科学的其他领域（如神经成像研究）寻求指导，这些领域已经开始制定方案和政策，以帮助研究人员准备和解决偶然发现（Shoemaker 等，2011）。

24.3.2　安抚焦虑

医学的一个重要目标是让忧心忡忡的人安心。虽然医疗护理/保健的需要有时是偶然发现的，但更多情况下，寻求医疗护理的是那些感觉不舒服或不正常的人，例如由于主观感受到疼痛、功能受损或毁容。自己的主观经历可能预示着潜在的疾病，这一担心不仅是一个重要的诊断线索，而且本身也是医学需要关注的。有时，"一切正常"的诊断是一个容易传达且受到所有人欢迎的消息，例如，一项没有发现癌症复发的监测测试，但阴性结果并不总是受到普遍欢迎。有时，阴性检测被理解为解释失败（例如：患者说："我知道我的血液计数正常，但我仍然感到贫血！"）。在另一些时候，当宣布治疗成功时，患者可能伴随着不安感，因为这种宣布会导致自我意识或重要关系的改变。例如，Gilbert（2012）描述了帕金森病开环 DBS 后，伴随症状改善的"正常负担"。类似地，随着 BCI 设备的开发，临床医生不仅有责任告诉患者他们身体健康（当他们身体健康时），而且有责任以一种尊重他们的方式这样做，临床医生应该对个人为什么担心自己的健康以及为什么寻求医疗护理的需求保持敏感。

当患者不符合获得设备的标准时，在 BCI 医学中无疑会出现安抚焦虑者的目标。例如，如果在筛查过程中发现皮质瘢痕或异常神经元通路，并非所有人都会有这种类型的大脑结构或生理信息，且都能通过 BCI 设备得到帮助。但也可能有其他标准用于评估 BCI 设备的适用性，如充分的身体或社会支持、同意能力、操作 BCI 的认知能力（KÜbler 等，2015）等。如果 BCI 使用涉及更高风险（例如植入电极），有些条件可能过于宽松（mild），无法证明所涉及的风险是合理的。例如，有中风病史且非利手部有轻度残余无力的个体可能"身体状况"太好，无法植入 BCI 设备。当然，风险和收益的权衡需要个体化（be individualized），例如，手指灵巧度的细微改善可能对音乐会钢琴家至关重要，但对想对行为不端的孩子指手画脚的父母来说就不那么重要了。

24.3.3　疾病、预后和生活影响

BCI 医学中临床医生的核心职责之一是知情同意讨论。这不仅包括告知设备将要做什么或不能做什么，还包括帮助个人考虑相对于其他选项使用该设备。BCI 设备针对不同类型的神经疾病，有些是进行性的疾病，如 ALS、阿尔茨海默病（AD）、帕金森病、原发性震颤（essential tremo，ET），其他是静态

的，如 SCI 或创伤性脑损伤（TBI），或发作性的（be episodic），如多发性硬化症（multiple sclerosis，MS），或癫痫、抑郁症，和强迫症。首先，值得注意的是，这些都是粗略的分类。例如：抑郁症可以是静态的，也可以是进行性的；MS 可以是渐进式的（例如，次级渐进式 MS）；而共病（例如，患有 SCI 或 TBI 的肥胖和与年龄相关的认知变化）可能会模糊分类。其次，同一种 BCI 设备可扩展到多个类别（例如，用于通信的 BCI 可用于渐进性疾病（如 ALS），或静态疾病（如中风））。在考虑基于 BCI 的治疗时，需要考虑病情类型、预后的确定性、治疗的选择以及近期和未来的生活质量。

因此，一项核心的临床责任将是了解使用或不使用 BCI 设备的生活可能会怎样，ALS 患者或 C6 SCI 患者的典型生命历程是什么？在近期和远期，BCI 设备或其他医学研究领域（如干细胞移植）出现重大发展（或改进）的可能性有多大？同意书讨论不仅需要考虑医疗因素，还需要考虑生活质量和个人价值观。例如，SCI 后数小时内植入的 BCI 设备（如为了促进神经愈合或再生）可能与植入远程 SCI 患者的设备截然不同，后者支持高质量的生活，并担心在与 BCI 设备相关的不良事件中失去这种生活质量的可能性。可能非技术性干预（例如，雇佣看护人员，翻修房屋以便轮椅通行）是更好的选择。

24.3.4　治愈疾病或修复损伤

治疗疾病通常被认为是理想的医学。抗生素可以治愈感染者，化疗可以治愈癌症等（当然，这过于简单化了，一些"一次性"治疗需要重复或修改（例如，重复手术或多轮化疗））。如果一切顺利，这些医疗干预措施将立即全面解决问题。另一方面，医疗设备通常不是为了治疗，而是为了改善和适应。将治疗作为一种理想的呼吁甚至可能是有问题的。治愈的语言取决于它的部署或使用方式，有助于降低残疾的影响，并使正常（和可接受）的功能具体化。也就是说，在有限的情况下，BCI 设备可能被恰当地称为治疗性设备（能治病的/有疗效的 BCI 设备）。例如，在遥远的将来，有人可能会在有限的时间内使用 BCI 治愈抑郁症，而不需要长期使用 BCI（可能是因为神经回路的重新训练）。这是否可能是一个悬而未决的问题。

虽然 BCI 的治疗潜力尚不清楚，但利用 BCI 修复损伤是一个明确的目标。BCI 作为一种诱导神经可塑性的方法正在研究中，例如，在中风或 SCI 后（Wang 等，2010）。与抗生素和化疗通常依赖于免疫系统的固有成分类似，BCI 可能被用来诱导身体自身的神经修复机制。如果对 BCI 设备的需求是有时间限制的——跳转启动（或重定向）身体自身的治疗过程，那么认为 BCI 技术具有修复性也可能是合适的。

24.3.5 减轻由疾病或伤害引起的疼痛或残疾

与大多数医疗设备一样，BCI 设备的主要目标是解决残疾问题。BCI 设备将帮助人们实现各种人类功能。例如，ALS 导致的构音障碍会干扰交流需求、思想和情绪的能力。BCI 交流或通信设备不能治愈构音障碍，但能帮助人类发挥语言功能。类似地，BCI 神经假肢设备将允许个体操纵环境中的物体（如抓取杯子喝水）或以最人性化的方式与他人联系（如与护理者握手或与所爱的人握手）。此外，未来的 BCI 设备可用于调节伤害性疼痛，或解决与情感状态（如抑郁、焦虑）相关的疼痛和痛苦。

值得注意的是，基于 BCI 的辅助可能不符合生物学功能模型。例如，BCI 设备可用于控制轮椅的移动。虽然一般来说，机动性可能是人类的一种功能，但以非常高的速度行驶或 360°快速旋转的能力却并非如此。考虑到 BCI 设备可用于控制未连接到身体的机器人装置（机械装置，如从另一房间取回杯子的机器人装置）或在虚拟环境中导航（如在屏幕上选择单词、搜索互联网、控制游戏化身）的可能性。如前所述，在使用 BCI 设备时，什么构成或导致了治疗或增强？这一问题很重要，但很难回答（Jebari，2013）。

24.3.6 尽可能预防疾病或伤害

一些医疗设备的设计目的不是治疗当前的症状或解决当前的残疾，而是预防未来的疾病或残疾。植入心脏血管或通向大脑的支架旨在预防或减少未来心脏病发作或中风的风险。夹子和线圈可以防止脑动脉瘤破裂的发病率。植入式心脏除颤器旨在预防致命性心律失常。虽然大多数 BCI 设备目前被认为是减轻当前症状负担的一种手段，但一些设备无疑是预防性的。

回到前面讨论的例子，开发基于 BCI 的 DBS 用于精神疾病的目标之一是防止抑郁症发作（Widge 等，2014）。例如，通过检测预测抑郁症发作的生物标志物（比如特定的神经激活模式），基于 BCI 的设备将对短路异常模式进行有针对性的刺激。最终目标是在患者或其他人出现明显症状之前防止抑郁发作。即使是针对发生症状的 BCI 设备也可能包含预防功能。例如，BCI 控制的假肢设备可以包括用户提醒，以取下或改变假肢的位置，以防止压疮，或者可能包括刺激神经或肌肉的技术，以便用户潜意识避免静止（Solis 等，2007）。

24.3.7 帮助患者忍受无法避免的疼痛或残疾

管理期望是临床责任。作为一项新兴技术，人们对 BCI 设备的期望可能高于其性能。开环 DBS（Open-loop DBS）为新兴技术中不切实际的期望带来的挑战提供了一个有启发性的例子。开环 DBS 的提供者将管理期望视为临床责任，但将患者的绝望和媒体对 DBS 的过度乐观描述视为对现实患者期望的障碍（Bell 等，2009）。设定 BCI 设备对哪些症状或功能可能会改善或不会改善的预期，如果会，BCI 医学通常会承担多大的责任。如果 BCI 技术被炒作包围，这一责任将面临巨大阻力。临床医生尤其需要帮助患者设定现实的期望，不仅要考虑症状改善的前景，还要考虑设备的可靠性和耐用性、后续护理的障碍，以及 BCI 领域未来技术发展的真正不确定性（这可能会也可能不会限制患者未来的护理选择）。

要实现帮助患者忍受疼痛或残疾的目标，需要超越管理期望。它要求临床医生寻找技术和非技术方法来解决患者的问题。这可能涉及倡导其他医疗干预措施，也可能涉及帮助患者适应并容纳功能限制。至少，临床医生需要认识到残疾并不是一种内在的反面价值观，并与患者一起探索如何在功能改变的情况下（或可能因为功能改变）过上有意义的生活。例如，参与轮椅运动与提高生活质量和社区融合有关（McVeigh 等，2009）。

24.3.8 当一切都失败时，帮助患者有尊严、平和地死去

BCI 用于交流的一个吸引人的特点是，它将允许更广泛地行使患者自主权。例如，ALS 患者将进行性交流障碍列为该疾病最严重的特征之一（Hecht 等，2002），并且是一些患者决定是否使用或继续采用辅助呼吸的最重要因素（Hirano 等，2006；Lemoignan 和 Ells，2010）。交流设备允许 ALS 患者在疾病过程中表达他们对进一步治疗的偏好，并与所爱的人保持联系。

用于运动控制的 BCI 设备（如控制机器人或神经假肢）同样也是保持对环境控制感的一种方式。喝水、搔痒，甚至服用止痛药都是很平常但却很人性化的活动。保持这种能力符合姑息治疗的基本原则，即让个人不仅能控制自己的生活方式，还能控制死亡的过程，即尊重个人的尊严（Chochinov，2002）。

让患者平静地死去（安乐死）可能还需要停用或调节设备的功能。正如在死亡过程中停用植入的心脏除颤器可能是值得尊重的（这样个人的最后时刻不会被反复的电击所标记）（Berger，2005），BCI 设备也可能需要调整或关闭。人们可以想象，在一阵谵妄期间，神经假肢装置危险地摆动或翻译偏执或不合逻辑的言论的交流装置，可能会对所爱的人造成情感伤害，或使垂死病人的名誉蒙羞。

24.4 BCI 医学的目标

虽然可以合理地认为 BCI 设备符合上述医学目标，但对于 BCI 设备在医学中的出现，还有其他一些目标似乎很重要。特别是，与神经多样性、神经隐私、真实性和代理相关的目标尤其重要，并与 BCI 技术相关（表 24.1）。值得概述这些补充目标，不是因为它们是 BCI 独有的，而是因为它们可能对阐明 BCI 医学的伦理挑战特别有用。

表 24.1 BCI 医学目标与责任

目 标	临床医生的责任
调节神经多样性	利用对人类在神经水平和社会功能水平上的差异的理解来定制 BCI 疗法
保持神经隐私区	帮助患者建立和管理与 BCI 设备收集和控制的信息相关的神经隐私区域
协助真实的生活选择	与患者一起探讨选择获得和/或使用 BCI 设备将如何影响现在和将来的身份感
促进行使和分享代理权	帮助患者管理代理权的不确定性（以及相关的责任），并在适当的情况下与他人分享代理权（例如与护理人员）

24.4.1 适应神经多样性

在两种意义上，适应神经多样性是 BCI 医学的一个重要目标。首先，从 BCI 神经数据衍生出的大量信息（海量信息）凸显了当前诊断类别的广泛异质性；然后，考虑开发未来用于治疗抑郁症的 BCI 设备。从这种设备收集的大脑数据可能会揭示多种抑郁症，每种抑郁症都有自己的 BCI "神经识别标志"。这些是否可以进一步浓缩为具有临床或科学意义的类别，这是第二个问题。简单地说，BCI 的记录端将突出精神病治疗（以及医疗），更广泛地考虑基因组学和个性化医学中一般性（如诊断类别）和独特的生物学个体之间长期存在的矛盾关系（Gorovitz 和 MacIntyre，1976）。BCI 医学将揭示神经水平上的差异，这是以前从未（或从未完全）认识到的。因此，BCI 医学服务的一个目标是开发适应新发现的神经差异的诊断和治疗方法。

BCI 医学适应神经多样性的另一个意义是作为个人在不适宜居住的环境中导航的工具。残疾的医学模式将医学治疗作为一种"修复"功能超出某些统计标准的人的方法（Silvers，2009）。另一种残疾模式是身心障碍社会模式，它将医疗设备（如 BCI）视为减少环境与个人不匹配的工具（Shakespeare，2006）。正如轮椅坡道是一种适应多种移动（如步行、轮椅）的方式一样，上肢神经假肢装置也是一种适应各种活动的方式，如开门（如转动把手、敲门）。虽然 BCI 设备可以用于任何一种残疾模式，但 BCI 医学可能比其他医学领域更适合于残疾的社会模式。从 BCI 领域发展的早期阶段开始，潜在终端用户的观点就被征求并反馈到设备的设计中（Kübler 等，2014；Blabe 等，2015；Liberati 等，2015；Rupp，2014）。在某种程度上，这涉及一种认识，即个人对技术的需求（或个人希望从技术中得到什么）可能不同于通常的假设（如 SCI 患者优先考虑肠道和膀胱功能的改善，而不是恢复行走的机会）（Anderson，2004）。在 BCI 设备的开发过程中纳入最终用户价值观是一种从根本上适应神经多样性的方法：BCI 设备可能并不总是修改个人与其环境交互的最佳工具，但如果它们要成为有前景的工具，则需要纳入最终用户的不同需求（Specker-Sullivan 等，2017）。

24.4.2　保持神经隐私区

BCI 设备的记录和输出功能，以及它们的物理位置（例如，在大脑内部或附近）都会引起人们对隐私的担忧。隐私是一个复杂多样的概念，人们对它的含义以及它的重要性（为什么重要）没有共识（DeCew，1997）。尽管如此，"读取"心理内容的设备，即使只是在初级水平上，或者把某种变化"写入"神经系统，都会影响行为、思想或情绪，并以各种方式暗示隐私。他们提出了关于身体隐私的问题（如必须植入大脑或戴在头骨上的设备），关于信息隐私的问题（如谁有权访问从 BCI 收集的信息，以及可以从中推断出什么），关于决策隐私的问题（例如，选择什么样的生活方式是获取设备的排除标准？——把跳伞、怀孕、医疗随访依从性差的人排除在外？）。虽然与隐私本身不同，但 BCI 设备收集和使用的数据的安全性对于维护总体隐私至关重要（Bonaci 等，2014；Encia 和 Haselager，2016）。

BCI 医学的一个目标是帮助使用设备的个人维护神经隐私区。神经隐私可以定义为影响或受来自神经技术的信息影响的一般隐私问题领域。在这里，神经隐私的确切含义或对其伦理重要性的全面解释不如理解神经隐私是患者、临床医生和其他 BCI 医学工作者必须积极关注的事情重要。也就是说，神经隐私不会自行保护。例如，维护一个神经隐私可能需要不收集、过滤某些类型的 BCI 大脑数据，或将其交给患者，以便按照他们的喜好"处置"。这可能因环境而异（例如，与律师、神职人员或亲人进行基于 BCI 的交流）。或者，可接受隐私的界限可能会随着时间、环境、优先级的变化而变化。例如，在疾病的一个阶段，与辅助日常卫生有关的隐私问题可能会优先考虑，而在另一个阶段，隐私问题的重要性会降低（如随着 ALS 患者的独立功能逐渐丧失）。无论患者认为神经隐私的界限有多重要，都需要重新解决。维护神经隐私区将是一个迭代和不断发展的过程。

维护神经隐私的目标更为重要，因为 BCI 技术将以尚未完全明确的方式与身体部位和机器进行交互。考虑到使用未来医用/医疗 BCI 设备的患者可能会使用商业附加设备或应用，后者与 BCI 医疗设备接口，但不严格属于 BCI 医疗设备的一部分。例如，BCI 控制的日历、健身跟踪器或视频游戏系统。虽然临床医生对特定医疗条件（如假肢缺失）下 BCI 设备的隐私责任可能相对简单（尽管我认为这些责任并不像我们目前设想的那么简单），但帮助患者应对 BCI 辅助技术的隐私或安全风险的责任将是模糊的。临床医生的职责是否会扩展到帮助保护患者免受非处方药附加成分或产品的自我伤害？这些职责是否会涉及帮助弱势患者避免向广告商或有欺诈意图的当事人披露大脑数据，如意图或个性特征？使用 BCI 设备的弱势患者将被认为或看做是什么？

24.4.3 协助做出真实的生活选择

在其他地方，我认为基于 BCI 的闭环技术给传统的患者与临床医生关系（Klein，2014）和共享决策模型（Klein，2017）观念带来了压力。一个主要原因是最重要的神经调节决定发生的时间发生了变化。考虑临床医生目前正在照顾一名患有帕金森病的妇女，标准护理包括定期临床检查、调整药物（如多巴胺能药物）或植入式设备的参数（如 DBS、VNS）。如何调整这些疗法（理想情况下）取决于患者对症状的披露、临床医生对功能的评估，以及患者目标和价值观与治疗方案的匹配。临床医生和患者共同参与决策，这是一个反复调整神经调节剂（药物、设备和行为干预）的过程，以根据患者价值调整神经系统。

基于 BCI 的设备改变了患者和临床医生在上游和下游做出的神经调节决定，这种向上游转移的情况是因为结合了机器学习的 BCI 设备涉及算法的初始选择（当设备被植入或采用时）。再次考虑未来基于 BCI 的闭环 DBS 系统用于治疗抑郁症，开发这样一个系统的动机是检测抑郁症的生理标志物，并自动调整刺激设置（无需临床医生的独立参与），根据患者的即时需求调整输出。这肯定是一个比通过临床访问（每周、每月或其他）检查和重新调整设备设置更有效的系统，就像当前的医学模式一样。但是，这种效率在很大程度上取决于选择预先锁定 BCI 算法正确参数的能力。这增加了正确处理初始同意过程的责任，不仅讨论了采用设备的传统风险（如手术风险、财务成本、护理者负担），还讨论了非典型风险（如耻辱、代理、身份）（Klein，2014）。因此，同意过程可能在算法最终临床输出的上游。

BCI 医学也将决策转移到下游。只要机器学习算法消除了常规程序化就诊的需要，它们也消除了一个有价值的（尽管目前不方便）选择点，临床医生和患者可以在这个点上聚在一起重新评估设备是否满足患者需求。临床医生和患者需要进行这些对话，即使它们不再与程序化就诊同时进行。自主或半自主BCI 系统的"签到"时间和结构将具有伦理意义（如平衡自主性和家长式管理/专制）。

值得注意的是，这里的转变不仅在于临床决策的时机，还在于它们的重点。关于购买 BCI 设备的决定将涉及真实性问题。例如，一个人考虑获得 BCI控制的上肢神经假肢时，尽管他对 BCI 技术有深刻的怀疑，且有所保留，但在做出购买（并继续使用）假肢的决定时，需要认真思考他是谁以及她想成为什么样的人。成功采用需要将设备纳入她的身体模式，并培养她对设备的归属感，这一点尤其重要（Heersmink，2013）。她想成为以这种方式整合设备的那种人吗？她是想对一个神经假肢有归属感，就像她对自己的鼻子有归属感，还是更像她对自己的汽车有归属感？从真实性的角度来看，BCI 医学中临床医生的责任之一将是帮助患者做出真实的决定。在更广泛的神经疗法背景下，一些人从"增强真实性"（Levy，2011）或"增强身份"的角度对此进行了讨论。"援助"框架可能更适合 BCI 医学（Klein，2017）。临床医生的目标不是将BCI 设备的使用引导到任何特定方向（增强或不增强），而是作为一种辅助出现在现场，随时准备投入并伸出援手，甚至在设备不再有助于个人通过自己的想法过上真实生活时进行干预（即改变规划参数）。

24.4.4　促进行使和分享代理权

代理可以定义为采取行动或不采取行动的能力，或实际行使行动的能力（Schlosser，2015）（代理也可以指实际行使行动的能力，行动通常意味着以一种有意的方式行事，其中有意包括，如在做白日梦时开车（即使你不记得开车的任何部分），但不是癫痫发作时手臂抽搐）。在医学的大多数领域，代理相对来说是无问题的，并作为一个背景条件，通常说明更感兴趣的是什么，如个人是否是自主代理（Glanon，2014b）。当然，在某些特定情况下，代理功能缺失，比如意识受损（如昏迷或持续植物人）的患者，或者代理功能在很大程度上减弱，与决策能力丧失（如晚期痴呆、精神病或谵妄）的患者一样（即使失去了决策能力，代理也可能在一定程度上得到保留。例如，晚期痴呆患者仍然可能（在一段时间内）对某个动作（如抓取物体）行使控制权，即使他或她无法解释或证明这样做是正当的）。但在这些情况下，有关代理的问题本质上是整体的。患有晚期痴呆症的人是否不再具有代理（Jaworska，

1999)？失去代理对个人在医学、法律、道德等方面的待遇意味着什么？在这方面，对代理和 BCI 的担忧有着显著的不同：BCI 提出了关于特定实例或行为类型的问题（BCI 设备并不是唯一提出医学代理问题的设备。抗抑郁药等神经药理学也引发了类似的担忧。见 Elliott（2004））。换句话说，使用 BCI 设备的患者可能会问：我这么做了吗？

Haselager（2013）已探索了若干方法，采用这些方法，结合机器学习元素的 BCI 设备可能会使个人的代理意识受到质疑。我们缺乏"大脑本体感觉"——当设备正在或没有与大脑交互时，我们能够感觉到它产生输出（如移动假肢，感觉愉悦）。因此，我们有可能在我们的代理方面犯错误，有时声称具有所有权（实际上 BCI 设备是近因/直接原因），有时将原因归咎于该装置（实际上不是原因）。考虑一个人 1 天内可能能够利用 BCI 控制轮椅，想象一下，这个人用 BCI 控制的轮椅从另一个人的脚上碾过，却没有有意识地形成这样做的意图。如果这种情况发生在不断升级的政治争论中，那么这个人可能仍然想知道这是由于设备故障还是他下意识地控制了设备。代理和 BCI 的问题概括起来，当出现问题时，一个人如何知道自己是否扮演了代理的角色，通过通信设备的不当措辞、神经假肢的财产破坏，或精神科 BCI 设备设置中的不协调情绪？关于代理的不确定性可能是使用"智能"BCI 设备不可限制的一部分（"智能"设备的标签具有误导性，所有这些设备都包括一些智能元素，学习算法使这些设备能够快速、流畅，并在可能的情况下无缝过度）。

BCI 医学的一个目标是帮助患者训练代理（如果可能的话），并学会以适当的方式与他人分享代理。通过 BCI 帮助患者训练代理将采取不同的形式。对一些人来说，这将涉及根据个体对代理不确定性的舒适程度来选择 BCI 算法。有些人可能更喜欢设置设备，使其使用起来更麻烦，但有利于减少对代理的担忧（考虑选择具有或多或少鲁棒的自动纠错或补全句子能力的 BCI 交流设备）。但也许在 BCI 医学中支持代理的更重要方式是帮助患者分享他们的代理。Goering 等（2017）认为，可以从关系上看待代理，就像朋友、家人和其他人可以支持（或控制）代理一样，也可以分担代理的责任，代理也可以由 BCI 设备支持或控制。从这个角度来看，BCI 技术引起的代理问题具有不同的含义，因此有不同的解决方案。

24.5 展望未来

从医学目标的角度思考 BCI 医学是一种有益的尝试。从医学的既定目标来看，将 BCI 技术引入医学中所产生的许多伦理问题都是有意义或可以理解的。

但 BCI 设备有望为理解和干预神经系统提供新的能力，这至少提出了一个问题，即既定的医学目标是否足够。如本章所述，阐明其他目标有助于理解 BCI，即使该清单并非详尽无遗（并不详尽），即使它没有为评估每种 BCI 设备或能力提供严格标准。这里值得一提的但不那么雄心勃勃的目的是提供一套目标（尽管只是初步目标），可以作为围绕新兴的 BCI 医学实践组织伦理思考（ethical thinking）的第一批通过名单。

参 考 文 献

［1］ Anderson KD (2004). Targeting recovery: priorities of the spinal cord-injured population. J Neurotrauma 21: 1371-1383.

［2］ Annen J, Laureys S, Gosseries O (2020). Brain-computer interfaces for consciousness assessment and communication in severely brain-injured patients. In: NF Ramsey, J del R Millán (Eds.), Brain-Computer Interfaces, Handbook of Clinical Neurology Series. vol. 168. Elsevier, pp. 137-152.

［3］ Bell E, Maxwell B, McAndrews MP et al. (2009). Hope and patients' expectations in deep brain stimulation: healthcare providers' perspectives and approaches. J Clin Ethics 21: 112-124.

［4］ Berger JT (2005). The ethics of deactivating implanted cardioverter defibrillators. Ann Intern Med 142: 631-634.

［5］ Blabe CH, Gilja V, Chestek CA et al. (2015). Assessment of brain-machine interfaces from the perspective of people with paralysis. J Neural Eng 12: 043002.

［6］ Bolt I, Schermer M (2009). Psychopharmaceutical enhancers: enhancing identity? Neuroethics 2: 103-111. https://doi.org/10.1007/s12152-008-9031-7.

［7］ Bonaci T, Calo R, Chizeck HJ (2014). App stores for the brain: privacy & security in brain-computer interfaces. In: Ethics in science, technology and engineering, 2014 IEEE International Symposium on IEEE, pp. 1-7.

［8］ Brody H, Miller FG (1998). The internal morality of medicine: explication and application to managed care. J Med Philos 23: 384-410.

［9］ Brülde B (2001). The goals of medicine. Towards a unified theory. Health Care Anal 9: 1-13.

［10］ Callahan D (1998). Managed care and the goals of medicine. J Am Geriatr Soc 46: 385-388.

［11］ Chochinov HM (2002). Dignity-conserving care—a new model for palliative care: helping the patient feel valued. JAMA 287 (17): 2253-2260.

［12］ Conde V, Siebner HR (2020). Brain damage by trauma. In: NF Ramsey, J del R Millán

（Eds.），Brain-Computer Interfaces，Handbook of Clinical Neurology Series. vol. 168. Elsevier, pp. 39-49.

[13] DeCew JW (1997). In pursuit of privacy: law, ethics, and the rise of technology, Cornell University Press, Ithaca, NY.

[14] Elliott C (2004). Better than well: American medicine meets the American dream, WW Norton & Company.

[15] Emanuel EJ (1994). The ends of human life: medical ethics in a liberal polity, Harvard University Press.

[16] Gilbert F (2012). The burden of normality: from "chronically ill" to "symptom free". New ethical challenges for deep brain stimulation postoperative treatment. J Med Ethics 38: 408-412.

[17] Glannon W (2014a). Ethical issues with brain-computer interfaces. Front Syst Neurosci 8: 136.

[18] Glannon W (2014b). Neuromodulation, agency and autonomy. Brain Topogr 27: 46-54.

[19] Glannon W (2014c). Prostheses for the will. Front Syst Neurosci 8: 79.

[20] Glannon W (2016). Brain-computer interfaces in end-of-life decision-making. Brain Comput Interfaces 3: 133-139.

[21] Goering S et al. (2017). Staying in the loop: Relational agency and identity in next generation DBS for psychiatry. Am J Bioethics Neurosci 8: 59-70.

[22] Gorovitz S, MacIntyre A (1976). Toward a theory of medical fallibility. J Med Philos 1: 51-71.

[23] Haselager P (2013). Did I do that? Brain-computer interfacing and the sense of agency. Mind Mach 23: 405-418. https://doi.org/10.1007/s11023-012-9298-7.

[24] Hecht M, Hillemacher T, Gräsel E et al. (2002). Subjective experience and coping in ALS. Amyotroph Lateral Scler Other Motor Neuron Disord 3: 225-231.

[25] Heck CN, King-Stephens D, Massey AD et al. (2014). Twoyear seizure reduction in adults with medically intractable partial onset epilepsy treated with responsive neurostimulation: final results of the RNS system pivotal trial. Epilepsia 55: 432-441.

[26] Heersmink R (2013). Embodied tools, cognitive tools and brain-computer interfaces. Neuroethics 6: 207-219.

[27] Hirano YM, Yamazaki Y, Shimizu J et al. (2006). Ventilator dependence and expressions of need: a study of patients with amyotrophic lateral sclerosis in Japan. Soc Sci Med 62: 1403-1413.

[28] Hochberg LR, Cochrane T (2013). Implanted neural interfaces: ethics in treatment and research. In: A Chatterjee, MJ Farah (Eds.), Neuroethics in practice. Oxford University Press, New York, pp. 235-250.

[29] Howe AS, Bani-Fatemi A, De Luca V (2014). The clinical utility of the auditory P300 la-

tency subcomponent eventrelated potential in preclinical diagnosis of patients with mild cognitive impairment and Alzheimer's disease. Brain Cogn 86: 64-74.

[30] Ienca M, Haselager P (2016). Hacking the brain: brain-computer interfacing technology and the ethics of neurosecurity. Ethics Inf Technol 18: 117-129.

[31] Illes J, Kirschen MP, Edwards E et al. (2006). Incidental findings in brain imaging research. Science 311: 783-784.

[32] Jaworska A (1999). Respecting the margins of agency: Alzheimer's patients and the capacity to value. Philos Public Aff 28: 105-138.

[33] Jebari K (2013). Brain machine interface and human enhancement-an ethical review. Neuroethics 6: 617-625.

[34] Klein EP (2014). Models of the patient-machine-clinician relationship in closed-loop machine neuromodulation. In: SP Van Rysewyk, M Pontier (Eds.), Machine medical ethics. Springer, pp. 273-290.

[35] Klein E (2017). Neuromodulation ethics: preparing for brain computer interface (BCI) medicine. In: J Illes (Ed.), Neuroethics: anticipating the future. Oxford University Press, pp. 123-143.

[36] Klein E, Brown T, Sample M et al. (2015). Engineering the brain: ethical issues and the introduction of neural devices. Hastings Cent Rep 45: 26-35.

[37] Kübler A, Holz EM, Riccio A et al. (2014). The user-centered design as novel perspective for evaluating the usability of BCI-controlled applications. PLoS One 9: e112392.

[38] Kübler A, Holz EM, Sellers EW et al. (2015). Toward independent home use of brain-computer interfaces: a decision algorithm for selection of potential end-users. Arch Phys Med Rehabil 96: S27-S32. https://doi.org/10.1016/j.apmr.2014.03.036.

[39] Lemoignan J, Ells C (2010). Amyotrophic lateral sclerosis and assisted ventilation: how patients decide. Palliat Support Care 8: 207-213.

[40] Levy N (2011). Enhancing authenticity. J Appl Philos 28: 308-318.

[41] Liberati G, Pizzimenti A, Simione L et al. (2015). Developing brain-computer interfaces from a user-centered perspective: assessing the needs of persons with amyotrophic lateral sclerosis, caregivers, and professionals. Appl Ergon 50: 139-146.

[42] McVeigh SA, Hitzig SL, Craven BC (2009). Influence of sport participation on community integration and quality of life: a comparison between sport participants and non-sport participants with spinal cord injury. J Spinal Cord Med 32: 115-124.

[43] Miller FG, Brody H (2001). The internal morality of medicine: an evolutionary perspective. J Med Philos 26: 581-600.

[44] Miller FG, Brody H, Chung KC (2000). Cosmetic surgery and the internal morality of medicine. Camb Q Healthc Ethics 9: 353-364.

[45] Molinari M, Masciullo M (2020). Stroke and potential benefits of brain-computer interface.

In: NF Ramsey, J del R Millán (Eds.), Brain-Computer Interfaces, Handbook of Clinical Neurology Series. vol. 168. Elsevier, pp. 25-32.

[46] Morrell MJ (2011). Responsive cortical stimulation for the treatment of medically intractable partial epilepsy. Neurology 77: 1295-1304.

[47] Pellegrino ED (1999). The goals and ends of medicine: how are they to be defined? In: MJ Hanson, D Callahan (Eds.), The goals of medicine: the forgotten issues in health care reform. Georgetown University Press, Washington, DC, pp. 55-68.

[48] Peterson A, Naci L, Weijer C et al. (2013). Assessing decision-making capacity in the behaviorally nonresponsive patient with residual covert awareness. AJOB Neurosci 4: 3-14.

[49] Rupp R (2014). Challenges in clinical applications of brain computer interfaces in individuals with spinal cord injury. Front Neuroeng 7: 38. https://doi. org/10. 3389/fneng. 2014. 00038.

[50] Rupp R (2020). Spinal cord lesions. In: NF Ramsey, J del R Millán (Eds.), Brain-Computer Interfaces, Handbook of Clinical Neurology Series. vol. 168. Elsevier, pp. 51-65.

[51] Salisbury DF, Shenton ME, McCarley RW (1999). P300 topography differs in schizophrenia and manic psychosis. Biol Psychiatry 45: 98-106.

[52] Schermer M (2013). Health, happiness and human enhancement—dealing with unexpected effects of deep brain stimulation. Neuroethics 6: 435 – 445. https://doi. org/10. 1007/s12152-011-9097-5.

[53] Schlosser ME (2015). Agency. The Stanford encyclopedia of philosophy. https://plato. stanford. edu/archives/fall2015/entries/agency/Accessed May 11, 2017.

[54] Schneider M-J, Fins JJ, Wolpaw JR (2012). Ethical issues in BCI research. In: Brain-computer interfaces: principles and practice, Oxford University Press, pp. 373-383.

[55] Shakespeare T (2006). The social model of disability. The disability studies reader, vol. 2, Routledge, pp. 197-204.

[56] Shoemaker JM, Holdsworth MT, Aine C et al. (2011). A practical approach to incidental findings in neuroimaging research. Neurology 77: 2123-2127.

[57] Silvers A (2009). An essay on modeling: the social model of disability. In: Philosophical reflections on disability, Springer, pp. 19-36.

[58] Solis LR, Hallihan DP, Uwiera RR et al. (2007). Prevention of pressure-induced deep tissue injury using intermittent electrical stimulation. J Appl Physiol 102: 1992-2001.

[59] Specker Sullivan L, Klein E, Brown T et al. (2017). Keeping disability in mind: a case study in implantable brain-computer interface research. Sci Eng Ethics 24: 479-504.

[60] Synofzik M, Schlaepfer TE, Fins JJ (2012). How happy is too happy? Euphoria, neuroethics, and deep brain stimulation of the nucleus accumbens. AJOB Neurosci 3: 30-36.

[61] Varelius J (2006). Voluntary euthanasia, physician-assisted suicide, and the goals of medicine. J Med Philos 31: 121-137.

［62］ Vaughan TM （2020）. Brain-computer interfaces for people with amyotrophic lateral sclerosis. In: NF Ramsey, J del R Millán（Eds.）, Brain-Computer Interfaces, Handbook of Clinical Neurology Series. vol. 168. Elsevier, pp. 33-38.

［63］ Wang W, Collinger JL, Perez MA et al.（2010）. Neural interface technology for rehabilitation: exploiting and promoting neuroplasticity. Phys Med Rehabil Clin N Am 21: 157-178.

［64］ Weber F, Knopf H（2006）. Incidental findings in magnetic resonance imaging of the brains of healthy young men. J Neurol Sci 240: 81-84.

［65］ Widge AS, Dougherty DD, Moritz CT（2014）. Affective braincomputer interfaces as enabling technology for responsive psychiatric stimulation. Brain Comput Interfaces 1: 126-136.

［66］ Wolpaw JR, Birbaumer N, McFarland DJ et al.（2002）. Braincomputer interfaces for communication and control. Clin Neurophysiol 113: 767-791.

拓展阅读

［67］ Allert G, Blasszauer B, Boyd K et al.（1996）. The goals of medicine: setting new priorities. Hastings Cent Rep 26: S1-S27.

［68］ Klein E（2016）. Informed consent in implantable BCI research: identifying risks and exploring meaning. Sci Eng Ethics 22: 1299-1317. https://doi. org/10. 1007/s11948-015-9712-7.

第 25 章　脑−机接口技术的产业前景

25.1　摘　　要

神经调节疗法为把脑−机接口（BCI）技术转化为临床环境应用提供了独特的机会。一些疾病，如帕金森氏病，通过侵入式/有创设备刺激疗法得到有效治疗，传感和算法技术的加入是能力的明显进化和扩展。此外，该基础设施还可以为新型 BCI 技术提供路线图。虽然最初的应用主要集中在癫痫和运动障碍上，但该技术有可能转化到更广泛的障碍基础上，包括中风和康复。BCI 技术的最终潜力取决于即将进行的多种神经系统疾病的长期评估。

25.2　引　　言

生物电子疗法（bioelectronic therapy）的最终目标是通过使用无缝集成到受损生理系统中的辅助电子电路来恢复疾病患者的功能。从生物工程的角度来看，许多生物系统由"动态控制回路"组成（Feldman 和 Del Negro，2006；Fowler 等，2008），这些回路用于提供自适应反馈，以将生理活动保持在由更高水平系统确定的目标设定点。这些控制回路存在于许多时空尺度上，从分子到器官系统，从毫秒到月。生物电子系统与生理系统动态交互，以在功能上修复受疾病状态损害的控制回路（Birmingham 等，2014）。为了取得成功，生物电子系统必须在适当的时空尺度上与生理机能相结合。本章将讨论 BCI 如何在未来帮助实施更先进的生物电子系统，以及产业转化应考虑的机遇和挑战。

注意，本章中描述的所有 BCI 应用仍然受法律限制，仅限于研究用例。

25.3　BCI 的商业前景

新技术在商业化过程中经常面临许多障碍。经济学家通常将此视为技术采用生命周期（technology adoption lifecycle，TALC）的一部分（Rogers，2003）。

如图 25.1 所示，通常把 TALC 表示为创新的扩散，从创新者和早期采用者到大多数人群的扩散。当新技术具有颠覆性时，会提出对该模型进行改进，这意味着该技术需要以全新的方式执行任务（Moore 和 McKenna，2006）。颠覆性技术在试图跨越早期采用者与普通人群之间的"鸿沟"时，常常面临重大障碍，其中早期采用者常见于先进的学术界。虽然创新者和早期采用者可能会满足于探索技术的功能，但早期大多数人的务实观点需要不同的价值主张，这一庞大的从业者群体需要更有力的经济和治疗成功的保证。

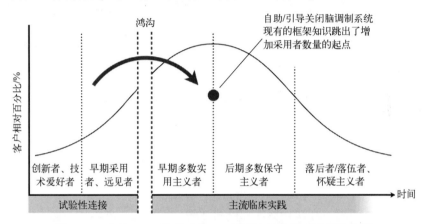

图 25.1　考虑 TALC 及其对将 BCI 转化为临床的可能指导作用

从产业角度来看，我们必须仔细考虑如何引入 BCI 技术。例如，神经修复控制可能需要新的植入接口和手术，这些接口和程序比商业化的大脑调节系统更具侵入性。虽然在神经假体方面取得了一些进展（如 DARPA 的变革性假肢项目和 BrainGate 项目，Collinger 等，2013；Downey 等，2016；Hochberg 等，2006；Ajiboye 等，2017），但十多年，投入了数百万美元后，目前还没有一个可行的完全植入式系统是由监管机构批准用于商业营销或由报销机构批准用于商业使用。早期采用者和该应用的普通人群之间的差距可能会很大。另一种选择是寻找已经存在侵入式大脑接口的应用，包括制造商和监管机构的稳固环境。图 25.2 所示的大脑调节系统可能提供了这种途径。

通过刺激调节神经活动是几种神经疾病的有效治疗方法，如帕金森病和原发性震颤（essential tremor），目前正在探索几种新的适应症。改善神经调节的机会包括减轻优化刺激参数的负担、随着时间的推移客观地衡量疗效，以及不断调整治疗以优化患者结果。实现这些目标面临着实际问题的挑战，包括缺乏与疾病状态相关的人类数据、验证不佳的患者状态估计器以及估计的患者状态和最佳刺激参数之间不断演变的非线性映射（Ryu 和 Shenoy，2009）。将脑–

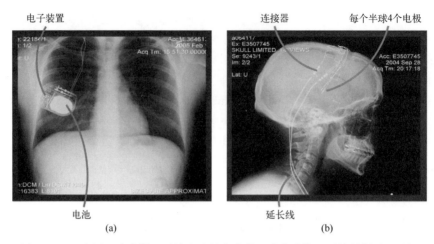

电子装置　　　　　　　　　　　连接器　　　　　每个半球4个电极

电池　　　　　　　　　　　　　延长线

(a)　　　　　　　　　　　　　　(b)

图 25.2　一个用于治疗神经系统疾病的完全植入式大脑接口系统的例子。脑深
部刺激（DBS）所需的系统已就位：从物理设备系统到植入计划支持，再到监
管采纳（针对运动障碍的刺激），最后到报销补偿

机接口技术应用于现有的刺激器架构，有助于解决这些问题，并有可能在未来
为受疾病影响的神经回路提供更智能的"假肢"系统。

如果设计得当，这些构建块可以整合为一个整体，以恢复生理功能或创建
新的合成"反射"，从而达到治疗效果。在详细介绍这些潜在用例的具体示例
之前，我们简要强调了设计在医疗设备系统中工作的转换 BCI 时，其他实际的
考虑因素。这些因素包括临床证据和监管环境，这促使人们考虑风险管理、质
量管理过程的维护、治疗价值与成本的考虑，以及电源管理、信息管理（如
数据隐私）和接口管理（如材料生物相容性和生物稳定性）等技术考虑。

从系统的角度来看，结合 BCI 的成功生物电子设备将至少在如下 6 个因素
上显示出良好的平衡（图 25.3）。

（1）临床必要性：这是一个临床问题，目前现有的治疗方法不能充分满
足，并影响了大量患者证明应用该技术的合理性。例如，需要减少帕金森病患
者或药物难治性原发性震颤患者的震颤，这是 DBS 治疗的关键动机。

（2）科学有效性：这是与疾病状态病理生理学有关的治疗的操作理论或
作用机制。能够在传输功能中捕获这些操作理论或作用机制，并可用于确定最
能从该技术中获益的亚组患者。微电极记录和功能成像等工具通常用于阐明神
经系统疾病的作用机制（Hart 等，2015）。

（3）技术成熟度：这是稳健设计的发展，包括能够安全和可靠地与身体
相互作用的科学仪器。

图 25.3　成功生物电子设备实际的转化约束

（4）部署成本：这是将医疗技术推向市场的成本，包括保护知识产权、满足监管约束，以及分发给医生和患者的能力。

（5）工作流可行性：这是指技术能够满足相关临床和患者利益相关者的需求，而无需进行令人望而却步的调整或负担。

（6）经济可行性：这是一个明确的技术价值主张，证明医疗保健连续体系的经济价值。这可以通过多种方式实现，包括降低技术价格、扩大获得护理的机会、提高治疗效果、缩短接受护理的时间。

优化这些因素的常用方法是"生物设计"方法（Zenios 等，2009），这种方法有助于确定有影响力的医疗技术机会，并发明有效解决未满足需求的解决方案。

25.4　BCI 分类法和代表性用例

基于植入式神经刺激器的 BCI 框架（图 25.4）有助于促进研究人员、制造商和医疗设备监管机构（其实还应包括用户）之间的沟通，以设定支持设备安全性和有效性所需数据的初始预期。下面介绍了 4 类分类法，包括 A 类 BCI、B 类 BCI、C 类 BCI 和 D 类 BCI，说明了从经典 BCI 到恢复性神经"协处理器"的一系列应用，这是当前 DBS 疗法的发展。

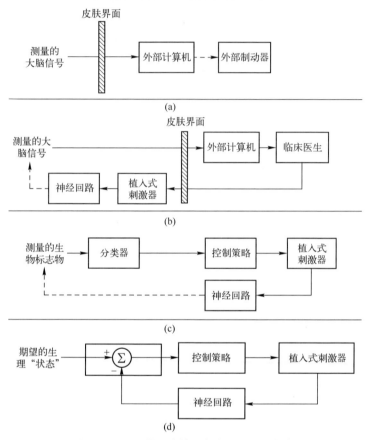

图 25.4　基于植入式神经刺激器的 BCI 框架

25.5　植入技术景观

Medtronic Activa PC+S®是一种研究性的双向神经接口系统，它阐释了许多核心生物电子设计原则。Activa PC+S®系统用于收集基本的神经科学信息，以更好地了解未来基于神经调节的治疗时机。Activa PC+S®是针对癫痫、帕金森病、原发性震颤和肌张力障碍的 CE 标志，其设计策略与生物电子研究工具概述的策略一致（注：美国未批准商业使用）。系统架构框图如图 25.5 所示。系统架构利用现有的、经批准的神经刺激系统 Activa PC®作为生物电子系统的基础；DBS

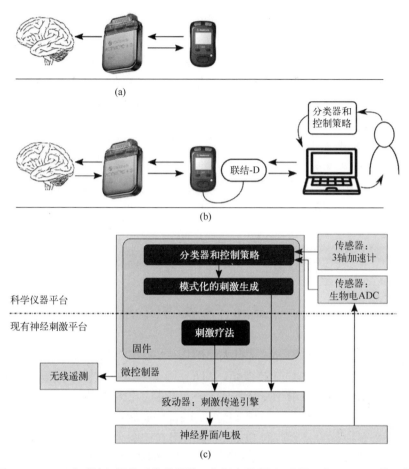

图 25.5　（a）典型神经调节系统的设计，包括患者激活/励器（右）；（b）利用典型的神经调节组件实现计算机在环内的闭环原型系统；（c）嵌入式科学仪器（如生物电传感、加速计）和可升级固件允许典型系统充当提供治疗和研究的载体

的所有预测治疗能力都保留在研究工具中。研究能力是由科学装备（科学有效载荷）实现的，这种装备作为外围设备嵌入到此设备中。该设计是多尺度的模块化设计：例如，研究人员将科学装备作为一个独立实体激活，以降低在收集数据时影响预测治疗的风险。信息流也是模块化的：关键传感接口，如局部场电位放大和惯性传感以及刺激传递，包括新型脉冲序列，把这些关键传感接口分配给植入物。简单的生物标记计算，如频谱分析（即基于数字信号处理的傅立叶变换）和控制策略，可嵌入植入物中（Stanslaski 等，2012），而对于更复杂的信号分析，如相位振幅耦合（phase-amplitude coupling）（de Hemptinne 等，2015）和控制策略的外部信号融合，这类信号分析采用双向遥测技术，以利用

分布式体系结构，并将处理工作转移到外部系统，灵活的固件平台允许针对不同的用例配置设备。

外部系统的设计，采用计算机在环内，包括促进算法研究的附加功能。例如，所有数据都可以流式传输到外部数据收集门户站点，而不是存储在设备上并需要后续上载。设备的外部接口还使用应用程序编程接口（application programming interface，API），这使用户能够快速创建新分类器和控制策略算法的原型。通过提供 API 抽象层，可以简化与系统的接口，如 Matlab® 和 LabVIEW™，从而实现快速原型设计。利用外部计算平台还允许系统链接到安全的 web 门户网站，以进行注释、数据共享和分析。一旦找到可接受的算法，可以通过无线链路无创地升级固件，以启用新功能，如支持从头反射弧的研究性闭环算法。

每一类 BCI 框架中引用的研究实例说明了 Activa PC+S® 生物电子系统是如何采用商业上可行的构建块来支持各种 BCI 应用的。

25.6 A 类 BCI

A 类包括的 BCI 应用记录来自大脑的信号以实现与外部系统进行交互，用于因神经疾病或损伤（如脊髓损伤、ALS、脑干卒中）导致的运动障碍患者。这些外部系统包括但不限于交流软件、环境控制、轮椅和假肢。这一类别不包括大脑记录直接影响植入式神经刺激器（implanted neural stimulator，INS）的操作，A 类可以认为是经典的 BCI。A 类应用在这类患者群体中的益处是提供一种鲁棒、长期稳定、较美观的机制，以利用完整的神经结构进行功能恢复。以下部分描述了 LIS 患者完全植入式交流接口的研究示例。

下面介绍闭锁综合征患者的皮层记录用于其交流。

LIS 的特点是在认知完整的情况下无法对肌肉进行自主控制，导致四肢瘫痪和失音症（aphonia）。尽管患有 LIS 的人身体有障碍，但他们的生活质量通常很高（Rousseau 等，2015），这一参数受到交流能力的强烈影响。如果这是不可能的，例如，在 ALS 晚期，垂直眼动或眨眼只允许由护理者发起是/否的交流，或一次选择一个字母（字母板），为自我发起的和私人的交流留下有限的选择或没有选择余地。近年来，对从大脑植入物获取的神经元信号进行解码的研究激增，取得了令人印象深刻的成就，瘫痪的人成功地利用其大脑信号移动了机械臂或瘫痪的手臂。然而，到目前为止，这些系统还远远没有完全实现在现实生活中自主使用的功能，这是转化的一个关键考虑因素（Huggins 等，2011）。

最近，演示了第一个完全植入式家庭用的 BCI 交流系统（Vansteensel 等，

2016)。针对左背外侧前额叶皮质和左感觉运动区的靶区,通过该靶区上的钻孔在硬膜下植入电极条,并连接到 Activa PC+S®。参与者通过尝试移动右手的手指来控制 BCI。在感觉运动区的手部区域记录的信号显示,在尝试手部移动期间,高频段 (65～95Hz) 功率大幅或显著增加,与任务相关的低频段功率大幅或显著降低 (图 25.6 (a))。标准 BCI 双目标任务的性能很高 (>90% 正

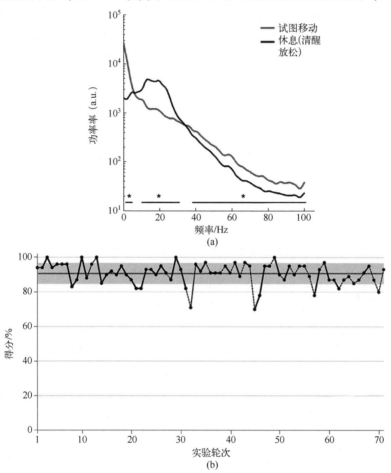

(a)

(b)

图 25.6　(a) 感觉运动皮层脑信号的尝试运动 (红色) 和休息 (黑色) 的功率谱分布;(b) 植入后超过 6 个月的双目标任务性能发展。每个黑点代表一轮 300s 的实验。同一天的多轮试验通过点之间的黑线表示。黑色虚线连接不同日期的试验轮次。性能的平均值和标准差分别由水平灰线和灰色阴影表示 (见彩插)。改编自 Vansteensel, M. J.、Pels, E. G. M.、Bleichner, M. G. 等 (2016)。(参考文献:Vansteensel, M. J., Pels, E. G. M., Bleichner, M. G., et al., 2016. Fully implanted brain-computer interface in a locked-in patient with ALS. N Engl J Med 375, 2060-2066. doi:10.1056/NEJMoa1608085.)

确），并且稳定了 6 个月以上［图 25.6（b）］。每个黑点代表一轮 300s 的试验。同一天的多轮试验通过点之间的黑线表示。黑色虚线连接不同日期的轮次试验。性能的平均值和标准差（SD）分别由水平灰线和灰色阴影表示。优化参数后，训练游戏和拼写的性能稳定在较高水平上：在连续反馈任务中为 74%，在离散"单击"任务中为 87%，拼写过程中的信息传输速率（该指标适合打字等传输信息的）为 133 位/min。参与者目前正在家中使用该系统，没有研究团队或其他专家的帮助。该案例研究提供了直接证据，支持植入式系统的实用性，临床医生可以将其配置以利用神经环路，实现对外部制动器或系统的控制。

25.7　B 类 BCI

B 类定义为包括向临床医生提供定量信息（从 INS 收集的神经或惯性数据）以帮助优化治疗的组件应用。这一类别需要临床医生手动干预，以改变神经刺激器的操作，这类不包括大脑信号本身直接影响 INS 操作的应用。这些 B 类用例的益处是改善临床医生可用的信息，以优化治疗，同时最大限度地减少他们的负担。虽然不是自动闭环系统，但它改进了包含及临床医生的手动反馈回路。以下部分描述了通过机器学习预测算法应用测量的生理信号来提供最佳治疗刺激设置指导的研究示例。

下面介绍帕金森病患者 DBS 电极的选择。

目前，DBS 治疗的有效刺激参数的选择对于医生和患者来说都很耗时，因为规划过程依赖于行为反应的迭代观察。利用与临床症状（clinical symptoms）相关的神经生理症状（neurophysiologic symptoms）可能提供一种方法来指导有效的 DBS 规划。在图 25.7 所示的示例中，记录了来自新患者的数据并与数据库进行比较（迁移的意思），以根据具有类似神经特征的患者的历史结果来确定最佳 DBS 设置。

在一项初步研究（试点研究）中，使用 Activa PC+s® 系统从 15 名丘脑底核 DBS 导联的帕金森病患者获得 LFP 记录（Connolly et al.，2015）。这些记录随后被用于初步调查记录的特征是否与主治医师为患者 DBS 治疗选择的联系人相关。在设备植入和长达 6 个月的随访期间，患者在停止用药和停止刺激状态下，从 DBS 导联保存记录。LFP 记录取自 4 个电极触点的六种可能成对组合中的每一种，在每次临床访视结束时，神经学家对患者的 DBS 治疗进行规划，从其他参数中选择刺激触点（C0、C1、C2、C3 或其某些组合）以提供刺激。共进行了 83 次不同的记录，离线从 LFP 记录中提取功率谱特征（即多个频段的功率），并训练许多机器学习算法（如线性判别分析、k-近邻、分类树和支持向量机)，以预测临床医生根据功率谱特征的某些组合选择哪个刺激触点。支持向量机方法使用一组最小的功率谱特征（即 3～5Hz γ 频段和 10～20Hz β 频段的功率）产生了较低的误分类率（7/83）（图 25.8）。在图 25.8 中，每个点代表临床医生为每次观察选择的触点。黑色×显示错误分类的观察结果，垂直位置显示预测的接触点。

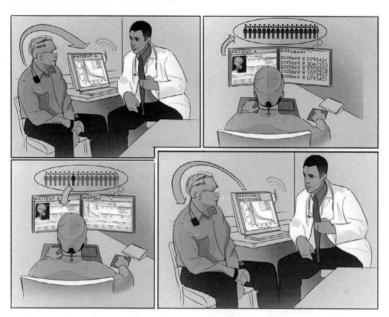

图 25.7　利用大脑检测的临床决策支持工具示例。记录新患者的数据并与数据库进行比较，以根据具有类似神经特征患者的历史结果确定最佳 DBS 设置

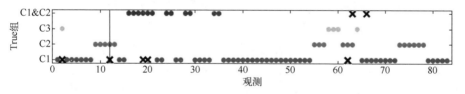

图 25.8　基于大脑信号测量（大脑检测）的自动刺激触点
选择（Connolly 等，2015）（见彩插）

虽然确实需要更大规模的验证，但这些结果表明，有可能开发一种算法，利用 DBS 导联的 LFP 记录来指导识别 STN 中最接近有效 DBS 生理合适的接触点，并大大提高效率和简化 DBS 规划。随着具有更多刺激触点的新型 DBS 系统的出现，自动规划所带来的实际节省时间可能被证明是临床采用和优化患者结果的关键组成部分。

25.8　C 类 BCI

C 类包括以下 BCI 应用，这些应用分析从神经环路记录信号，以检测行为事件，并基于这些事件的检测触发刺激。感兴趣的行为事件包括但不限于睡眠/觉醒周期、身体姿势、自主运动的开始和结束以及步态。C 类配置的关键特征是采用基于神经数据检测这些事件的算法，以及采用基于检测到的事件提供刺激的控制策略。也就是说，大脑信号被用作行为的代理，并直接影响 INS 的操作。原则上，这可以被视为患者规划器的自动调整，因为信号由表示意图的信号触发，但不需要明显的手动干预。C 类应用的益处是刺激器能够更快、更有针对性地响应患者的需求，同时极大地减少患者的负担。下面将介绍这类闭环策略应用于 DBS 自适应控制治疗原发性震颤的研究性实例。

下面介绍应用于原发性震颤 DBS 闭环控制的皮层记录。

目前，用于原发性震颤（ET）的 DBS 使用植入丘脑腹侧中间核的导线来提供持续的高频刺激以减轻震颤。考虑到这些患者仅在意志性运动期间经历震颤，闭环系统的一个可行目标是将刺激限制在有意运动期间。这可能会产生一个系统，通过仅在需要时提供刺激来保持功率，减少更换手术的频率，并减少副作用。闭环系统的简化形式如图 25.9 所示，其中传感器从患者收集信息（大脑信号），分类器识别患者状态（检测患者何时移动），控制策略指示促动器在每个状态下采取的动作（刺激在患者自愿移动时打开，在休息时关闭）。在本例中，当患者休息时，刺激器关闭（图 25.9（a）），当启动运动计划时，大脑节律（如 β）发生变化（图 25.9（b））。检测这些神经标志的变化，然后在有意运动期间触发刺激（图 25.9（c））。最后，当患者恢复休息时，大脑节律恢复到基线，刺激停止（图 25.9（d））。

有几种方法可用于检测患者运动作为刺激触发点。腕带惯性传感器和肢体肌电已用于触发 DBS 患者的刺激变化（Herron 等，2017）。然而，这些传感器是在外部佩戴的，可能会使患者感到不舒服或引起患者的注意。此外，他们需要与 INS 进行无线通信，以触发刺激变化，这将消耗额外的能量。使用基于肢体的传感器的另一种选择是利用已知的神经现象，这些神经现象可用于指示患者何时进行意志性运动。如 A 类中所述，使用 BCI 进行交流的示例，当电极放置在初级运动皮层上时，在运动期间，β 波段中观察到去同步（功率降低）。在家族遗传性震颤的情况下，这使得简单、可靠的阈值方案能够区分意志性运动周期和休息期间。然后，该分类器的输出可以在运动期间提供完全临床刺激（用于开环震颤抑制的振幅）的控制器的状态和在休息期间不提供刺激之间切换。

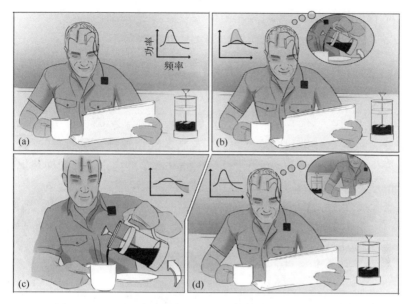

图 25. 9　用于原发性震颤的适应性刺激反射方案（见彩插）

（a）患者休息时，刺激器关闭；（b）启动运动规划时，大脑节律（如 β、γ）会发生变化；（c）检测有意运动期间神经信号特征的变化触发刺激；（d）当患者恢复休息时，大脑节律恢复到基线，刺激停止。请注意，传感测量（蓝色）和刺激（绿色）导线是分别绘制的，以便于说明。

　　最近，通过利用 Activa PC+S® 系统，它由 Nexus-D 系统将外部计算机置于回路中（an external computer-in the-loop），完成了该控制范式概念的初步验证（图 25. 10）（Herron 等，2017）。当 β 波段的功率降低到低于阈值以下时，刺激增加；当 β 波段的功率增加到高于上限阈值时，刺激减少，这些阈值是在实验过程中根据经验确定的。左侧是在 DBS 植入前后用利手绘制的两条螺旋线（two spirals）。右侧是实验当天在 3 种刺激状态下收集的螺旋线。术后 4 个月无刺激与实验日之间的震颤差异归因于每天的震颤变化。注意，在实验性无

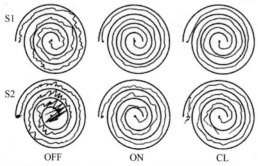

图 25. 10　作为临床震颤评估的一部分，收集患者绘制的螺旋图（Herron 等，2017）

刺激情况下，螺旋的右上象限和左下象限有震颤。相对而言，在开环和闭环情况下，与正常螺旋线的偏差较小。

25.9 D 类 BCI

与 C 类不同，C 类将神经信号用作触发刺激的行为事件的间接测量，D 类组成部分（组件）安排利用了更类似于传统的反馈控制工程原理的闭环方法。也就是说，D 类包括神经信号属于反馈回路一部分的应用，反馈回路提供刺激以调节信号本身（图 25.11）。在这些安排中，神经信号是对潜在病理状态的间接测量。在图 25.11 所示的例子中：首先，植入的硬件测量大脑节律（（a）记录电极显示为橙色）；然后，检测到与患者状态变化相对应的这些节律中的干扰（c）。这种干扰会触发刺激的传递（（a）蓝色显示的刺激电极）；最后，当测量到的大脑节奏恢复到正常状态时，终止刺激（d）。

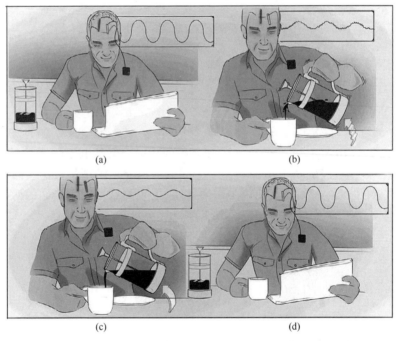

图 25.11 用于 DBS 治疗的恢复性大脑协处理器的概念图（见彩插）

日常生活中类似于这种系统的是控制室温的自动调温器。自动调温器测量温度，并使用执行器（熔炉、锅炉或空调）将温度驱动至规定的设定点。通过这种方式，D 类控制器可以被视为自动调温器，使用激励器（即植入式刺激器）

来调节某些大脑节律，以将其维持在稳态窗口内。同样，这可以被视为患者规划器的自动调整，但现在输入信号基于与疾病状态相关的生理信号。与 C 类类似，D 类信号的自动滴定再次绕过了需要公开的手动干预。D 类应用的益处是能够更快、更有针对性地响应患者的需求，包括他们可能没有意识到的信号，同时极大地减少他们的负担。然而，重要的是要考虑这些信号的相对幅度和其与治疗电极的接近程度，因为刺激伪迹导致较差的信噪比特性会影响性能（Stanslaski 等，2012；Swann 等，2018）。以下部分描述了此类闭环策略的一个研究示例。

下面介绍帕金森病 DBS 闭环控制的皮质记录。

最近，研究者把 Activa PC+S® 系统用于两名经常出现运动障碍（dyskinesia）的帕金森病患者，对他们的多个位置点进行长期记录（Swann 等，2016）。在这两名患者休息和自愿运动期间对他们进行了研究，研究表明运动障碍与运动皮层在 60～90Hz 之间的窄带 γ 振荡、丘脑底核的类似但较弱的振荡以及这两者之间的强相位相干性有关（图 25.12）。与运动障碍可靠相关的脑节律，可

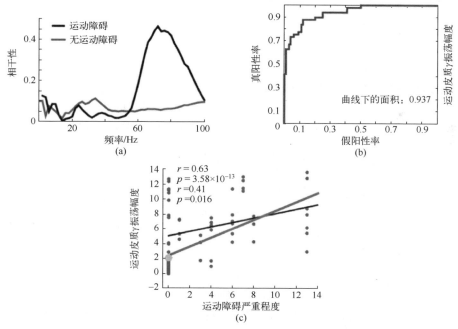

图 25.12　γ 振荡区分了运动失调（运动障碍）和非运动失调状态（见彩插）

（a）一名受试者服用药物时的相位相干性示例；（b）采用相位相干性作为运动障碍生物标志物的接受者操作特征曲线；（c）γ 振幅与运动障碍严重程度之间的相关性。改编自 Swann, N. C.、De Hemptinne, C.、Miocinovic, S. 等（参考文献：Swann, N. C., De Hemptinne, C., Miocinovic, S., et al., 2016. Gamma oscillations in the hyperkinetic state detected with chronic human brain recordings in Parkinson's disease. J Neurosci 36, 6445。

以转化为闭环 DBS 中的控制信号（图 25. 12（b）），该信号已在短期临床试验中进行评估（Swann 等，2018）。

25. 10 反思与未来方向

神经疾病的治疗仍然是一个需要大量研究和充满机遇的领域。虽然在更好地理解这些疾病方面取得了进展，我们认为，潜在的病理生理学和可量化的疾病指标仍然难以找到，尤其是由于缺乏代表性利用疾病下的长期人类数据。虽然 BCI 技术提供了一种从工程角度生成数据和研究这些疾病的途径，但为了可行，它面临着必须满足多种其他因素的挑战。

除了生物标记物识别的科学挑战和我们对生理系统的理解需要进步外，转化 BCI 中仍然需要面对的工程挑战包括设备的寿命、数据和通信的安全性以及连接和基础设施的标准化。设备的寿命在很大程度上取决于与组织接触（界面/接口）的材料和储能技术，组织界面的挑战包括组织对材料的反应，设备材料损坏导致设备结构退化和液体侵入电路。储能对寿命的限制要么与给定电池化学和尺寸的原电池的有限充电容量有关，要么与可充电设计在充电容量下降或发生灾难性故障之前可以进行的充电循环次数有关。智能互联设备的出现已经对各种市场的竞争产生了变革性影响，要求公司建立并支持全新的技术基础设施（Porter 和 Heppelmann，2014、2015）。这一技术的繁荣引发了越来越多的安全问题，媒体通过汽车行业的汽车黑客和零售信用卡黑客等案件突显了这一点。生物电子设备可能不仅携带敏感的个人数据，如果它们的功能受损，健康和安全就会受到威胁。因此，通信安全是确保设备访问和数据内容安全的逻辑第一步。在设备被盗或被秘密访问的情况下，设备上的数据加密是另一个需要探索的领域。最后，虽然许多新兴的 BCI 设备正在探索低耗能通信协议，如蓝牙低耗能通信协议，但如今存在许多其他专有通信协议，通信的进一步标准化将促进健康和生活方式改善的应用的增长和创新。

BCI 作为一种发现工具的应用，可以通过在已证明的治疗平台中添加科学仪器来实现其应用，从而使研究工具能够简化神经系统的伦理调查。与其他具有社会重要性的重大创新一样，克服这些挑战需要政府、学术界、产业界以及自愿且知情的志愿者的合作，以更好地实现理解疾病和改善患者生活的目标。

参 考 文 献

[1] Ajiboye AB, Willett FR, Young DR et al. (2017). Restoration of reaching and grasping

movements through brain-controlled muscle stimulation in a person with tetraplegia: a proof-of-concept demonstration. Lancet 389: 1821 – 1830. https://doi.org/10. 1016/S0140 – 6736 (17) 30601-3.

[2] Birmingham K, Gradinaru V, Anikeeva P et al. (2014). Bioelectronic medicines: a research roadmap. Nat Rev Drug Discov 13: 399-400. https://doi.org/10. 1038/nrd4351.

[3] Collinger JL, Wodlinger B, Downey JE et al. (2013). Highperformance neuroprosthetic control by an individual with tetraplegia. Lancet 381: 557-564. https://doi.org/10. 1016/S0140 -6736 (12) 61816-9.

[4] Connolly AT, Kaemmerer WF, Dani S et al. (2015). Guiding deep brain stimulation contact selection using local field potentials sensed by a chronically implanted device in Parkinson's disease patients. In: Presented at the 2015 7th international IEEE/EMBS conference on neural engineering (NER), 840-843. https://doi.org/10. 1109/NER. 2015. 7146754.

[5] de Hemptinne C, Swann NC, Ostrem JL et al. (2015). Therapeutic deep brain stimulation reduces cortical phase-amplitude coupling in Parkinson's disease. Nat Neurosci 18: 779-786. https://doi.org/10. 1038/nn. 3997.

[6] Downey JE, Weiss JM, Muelling K et al. (2016). Blending of brain-machine interface and vision-guided autonomous robotics improves neuroprosthetic arm performance during grasping. J Neuroeng Rehabil 13: 28. https://doi.org/10. 1186/s12984-016-0134-9.

[7] Feldman JL, Del Negro CA (2006). Looking for inspiration: new perspectives on respiratory rhythm. Nat Rev-Neurosci 7: 232-242. https://doi.org/10. 1038/nrn1871.

[8] Fowler CJ, Griffiths D, de Groat WC (2008). The neural control of micturition. Nat Rev Neurosci 9: 453-466. https://doi.org/10. 1038/nrn2401.

[9] Hart MG, Ypma RJF, Romero-Garcia R et al. (2015). Graph theory analysis of complex brain networks: new concepts in brain mapping applied to neurosurgery. J Neurosurg 124: 1-14. https://doi.org/10. 3171/2015. 4. JNS142683.

[10] Herron J, Thompson M, Brown T et al. (2017). Cortical brain computer interface for closed-loop deep brain stimulation. IEEE Trans Neural Syst Rehabil Eng 25: 2180-2187. https://doi.org/10. 1109/TNSRE. 2017. 2705661.

[11] Hochberg LR, Serruya MD, Friehs GM et al. (2006). Neuronal ensemble control of prosthetic devices by a human with tetraplegia. Nature 442: 164 – 171. https://doi.org/ 10. 1038/nature04970.

[12] Huggins JE, Wren PA, Gruis KL (2011). What would brain-computer interface users want? Opinions and priorities of potential users with amyotrophic lateral sclerosis. Amyotroph Lateral Scler 12: 318-324. https://doi.org/10. 3109/17482968. 2011. 572978.

[13] Moore GA, McKenna R (2006). Crossing the chasm: marketing and selling high-tech products to mainstream customers, revised edn. HarperBusiness, New York, NY.

[14] Porter ME, Heppelmann JE (2014). How smart, connected products are transforming com-

petition. Harv Bus Rev 92: 64-88.

[15] Porter ME, Heppelmann JE (2015). How smart, connected products are transforming companies. Harv Bus Rev 93: 96-114.

[16] Rogers EM (2003). Diffusion of innovations, fifth edn. Free Press, New York.

[17] Rousseau M-C, Baumstarck K, Alessandrini M et al. (2015). Quality of life in patients with locked-in syndrome: evolution over a 6-year period. Orphanet J Rare Dis 10: 88. https://doi.org/10.1186/s13023-015-0304-z.

[18] Ryu SI, Shenoy KV (2009). Human cortical prostheses: lost in translation? Neurosurg Focus 27: E5. https://doi.org/10.3171/2009.4.FOCUS0987.

[19] Stanslaski S, Afshar P, Cong P et al. (2012). Design and validation of a fully implantable, chronic, closed-loop neu-romodulation device with concurrent sensing and stimulation. IEEE Trans Neural Syst Rehabil Eng 20: 410 – 421. https://doi.org/10.1109/TNSRE.2012.2183617.

[20] Swann NC, De Hemptinne C, Miocinovic S et al. (2016). Gamma oscillations in the hyperkinetic state detected with chronic human brain recordings in Parkinson's disease. J Neurosci 36: 6445-6458. https://doi.org/10.1523/JNEUROSCI.

[21] Swann NC, de Hemptinne C, Thompson MC et al. (2018). Adaptive deep brain stimulation for Parkinson's disease using motor cortex sensing. J Neural Eng 15: 046006. https://doi.org/10.1088/1741-2552/aabc9b.

[22] Vansteensel MJ, Pels EGM, Bleichner MG et al. (2016). Fully implanted brain-computer interface in a locked-in patient with ALS. N Engl J Med 375: 2060-2066. https://doi.org/10.1056/NEJMoa1608085.

[23] Zenios S, Makower J, Yock P et al. (2009). Biodesign: the process of innovating medical technologies, first edn. Cambridge University Press, Cambridge, UK; New York.

第 26 章　倾听临床用户的需求

26.1　摘　　要

在过去的 10 年里，用于控制辅助设备的 BCI 在可靠性和可学习性方面取得了巨大的进步，已经证明了由 BCI 控制的许多示例性应用。然而，BCI 控制的应用很少用于神经或神经退行性疾病患者。此类患者群体被视为 BCI 的潜在最终用户，BCI 可用于替换或改善该类患者丧失的功能。我们认为，BCI 研究和开发仍然面临着一个转化的鸿沟，即如何将 BCI 从实验室带到现场的知识还不足。BCI 控制的应用缺乏可用性和可达性，两者都是一枚硬币的两面，这是日常生活中使用和防止不使用的关键。为了提高可用性，我们建议在应用 BCI 研发中严格采用以用户为中心的设计。为了提供可达性，辅助技术（AT）专家、提供商和其他利益相关者必须包括在以用户为中心的流程中。BCI 专家必须确保向 AT 专业人士传授知识，并倾听 BCI 技术的初级、中级和三级终端用户的需求。在应用 BCI 研究和开发中解决可用性和可达性这两个问题，将弥合转化鸿沟，并确保临床最终用户的需求得到倾听、理解、回应和满足。

26.2　引　　言

自 20 世纪 90 年代末以来，BCI 研究经历了几乎指数级的增长，直到 2014 年，它似乎已经达到了一个高度（图 26.1）。BCI 一直强烈地（但不完全地）由经历过因疾病或事故导致大脑或脊髓改变的人驱动并致力于此研发（Kübler 等，2001a；Millán 等，2010；Chaudhary 等，2016；Lebedev 和 Nicolelis，2017）。

我们在媒体和高影响力期刊上的出版物中看到了对模范患者进行的杰出研究，产生了令人印象深刻的反响（Collinger 等，2013；Vansteensel 等，2016；Chaudhary 等，2017）。[①] 毫无疑问，这类研究将在公众中引起注意，并有望在

---

① 值得注意的是，Chaudhary 等（2017）研究的数据分析受到严重质疑（Spuler，2019），因这件事，目前正在调查德国乌本根大学和德意志研究界的科学不端行为（Bauer 等，2019）。

资助机构中引起人们的注意，通过其将大脑活动转化为设备命令的不同方法证明了 BCI 的潜力。但它们是否也让 BCI 更接近该领域的最终用户？每次发表这种独特的结果和相关的宣传之后，BCI 研究人员（包括本章作者）都会接到很多处于（完全）闭锁状态的患者电话。他们怀着兴趣和希望讲述他们所爱的人的故事，本章的作者总是给出同样的回答："对不起，你在媒体上看到的是在展示患者身上获得的研究项目的结果，日常生活中既没有现成的技术，也没有必要的维护服务。"尽管研究活动反映在图 26.1 的数字中，但自第一次发表关于闭锁状态下两名患者的基于 BCI 交流的文章（Birbaumer 等，1999）以来，我们可以提供给最终用户的信息没有太大变化。尽管目标临床最终用户群体缺乏 BCI 的实际使用，但 BCI 被列为"设备控制的新选项"（Brady 等，2016，第 12 页）。在 2010 年的一项调查中，41% 的 BCI 研究人员认为，用于闭锁患者的 BCI 将在 2015 年上市，另有 33% 的研究人员预计这将在 2016—2020 年之间实现（Nijboer 等，2013）。根据这一观点，美国食品和药物管理局（FDA）举办了一次公共研讨会，"关于与 BCI 设备开发相关的科学和临床考虑"（Bowsher 等，2016，第 1 页）。目前，美国 FDA 要求讨论和反馈以下提议："修改基于人工智能/机器学习（Artificial Intelligence/Machine Learning，AI/ML）的软件作为医疗设备（Software as a Medical Device，SaMD）的监管框

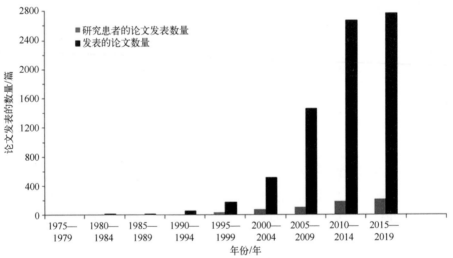

图 26.1　PubMed 上的 BCI 相关出版物。非常粗略的搜索算法是"大脑""计算机"和"接口"（黑条），对于患有疾病的最终用户的研究，添加了"患者*"（灰条）。请注意，从 2015—2019 年的时间间隔仅为 4 年零 4 个月（2019 年 4 月）。因此，虽然从 1990—2014 年几乎呈指数级增长，但看起来可能会在较高水平上趋于平稳

架"（https：//www. fda. gov/MedicalDevices/DigitalHealth/SoftwareasaMedicalDevice/
ucm634612. htm）。这是朝着培养可达性迈出的一步（见 26.3 节），这意味着
"安全、有效的技术能够到达用户，包括患者和医疗保健专业人员"。这些结
果很好地说明了 BCI 在辅助技术（AT）领域的理论接受度，以及机器学习方
法在现代医疗保健中的相关性。正如所预见的那样，一些 BCI 技术可以在市场
上买到（如 Brain Products：https：//www. brainproducts. com/products_by_apps.
php?aid¼1 或者 g. tec：http：//www. mindbeagle. at/Home）。但它是否用于最
终用户的日常生活？我们认为，该领域的实际经验和相关的压力测试尚未
到来。

　　在以下几节中，我们首先指出，如果我们的目标是将 BCI 带给家庭最终用
户，特别是那些患有疾病的人（见第 3~6 章），我们将面临一个转化差距，并
阐述其原因。我们建议将以用户为中心的设计（user-centered design，UCD）
作为一种措施来弥补这一差距，并在本章结束时，主张将利益相关者纳入我们
的研究，从初级到三级，如 BNCI 路线图附录 C 所定义（http：//bnci-horizon-
2020. eu/roadmap）。

26.3　转 化 差 距

　　BCI 是为有需求的临床终端用户开发的，这是 BCI 研究的动机和经常声明
的目的，与此动机和目的相反，虽然发表的包含此类终端用户数据的论文令人
印象深刻，但令人失望的是数量少得多（图 26.1）。1988—2017 年 4 月期间发
表的大约 370 篇关于 P300 BCI 的论文中，只有 32 篇包括患有疾病的最终用
户，12 篇是长期研究（K Eur ubler，2017），也就是说，只有 3% 的论文讨论
了从长远来看如何为最终用户提供 AT 的 BCI 接入，无论是用于交流和交互
（见第 7 章），还是用于康复和改善功能丧失（见第 9 章）。直到最近，"可靠
性"才被确定为在最终用户中推广/传播 BCI 的"最困难问题"（Wolpaw 和
Wolpaw，2012，第 389 页）。这意味着，每天甚至每小时的性能波动可能会有
所不同，因此最终用户，特别是那些患有神经疾病的用户，不能简单地依赖
BCI 作为设备控制的输入通道。我们同意，可靠性是有目的地使用 BCI 的一个
主要方面。然而，自 2012 年发表这一声明以来，已经取得了进展。具体而言，
P300-BCI 在疾病患者的短期和长期表现良好（Sellers 等，2010；Kaufmann
等，2013；Holz 等，2015a；Guy 等，2018）。Holz 及其同事描述的患有 ALS
且处于闭锁状态的最终用户，尽管 P300 振幅随时间降低，但仍能成功操作
BCI 控制的脑绘画应用数年（Botrel 等，2015；Holz 等，2015b）。转化差距的

另一个原因可能是与潜在结果相关的高投资（Chavarriaga 等，2017）。与健康志愿者相比，需要付出更多努力才能从最终用户的研究中获得结果。当 BCI 应用于家庭最终用户并且更长时间内使用时，这一点更为正确。终端用户的脆弱性也可能妨碍一些研究人员对这一目标群体进行研究。例如，终端用户很脆弱，因为他们依赖 24h 护理，需要 AT 进行交流，必须应对疾病的发展，并且有失去交流能力的危险。为了避免对 BCI 技术抱有不合理的希望，研究人员在解释 BCI 的潜力时必须小心、谨慎和诚实（见第 24 章 BCI 伦理考虑）。患者作为研究的参与者，EEG 电极的设置（见第 18 章）需要较长的时间，如果在家，研究人员必须赶路，从而增加获取数据所需的时间。如果只需要很少的电极，设置时间可以减少到 10~15min 左右；然而，需要清洗残留的凝胶问题是终端用户的一个问题。新型电极，其中最主要的是水基和耳后电极方法，或者那些带有皮层表面记录网格的电极（ECoG），可能成为这个问题的解决方案。最后，Wolpaw J R 和 Wolpaw E W 列出了另一个推广障碍，即 BCI "本质上是一项孤立的技术"，这意味着市场太小，无法被工业吸收（Wolpaw 和 Wolpaw，2012，第 389 页）。然而，这在很大程度上取决于目标最终用户群体和提供给他们的 BCI 控制的应用。如果我们想到中风后的运动康复（Ramos-Murguialday 等，2013 年；Pichiorri 等，2015 年；Biasiucci 等，2018 年；Remsik 等，2018 年）（见第 9 章），市场将是巨大的，因为仅欧洲每年就有约 100 万中风患者进入上肢功能康复。因此，许多真正阻碍 BCI 成熟的原因可能不再有效，因为在获取信号的传感器（Pinegger 等，2016）、滤波、分类和机器学习方法（Blankertz 等，2006；Lotte 和 Guan，2011；Verhoeven 等，2017）以及大型潜在的终端用户群体方面已经取得了相当大的技术进步（http：//bnci-horizon-2020. eu/roadmap）。类似地，对疾病的神经生物学基础和 BCI 控制机制的更好了解有助于制定适当的研究假设，然后可以通过 Pichiorri 等（2015）很好地证明的有效 BCI 操作的相应实验设计进行测试。尽管取得了这些积极的结果，但我们必须指出，迄今为止，BCI 控制的用于改善或替换功能损失（包括维护和服务）的应用基本上不适用于患有疾病的最终用户。

这个问题的答案无法从传统的原因中找到，因为其中一些问题已经出人意料地得到了很好的解决（表 26.1）。现在的问题是，我们如何将这些发展从研究人员的实验室或模范患者的家中带到需要帮助的人群中。重要的是，最终用户希望拥有的可能不是最新的技术进步，而是一种能够带回、最迫切需要的功能设备（Bowsher 等，2016）。为了获得这一重要信息，BCI 研究人员必须听取目标最终用户的意见，UCD 是这样做的合适工具。

表 26.1　总结 BCI 控制的辅助技术在患有疾病的最终用户日常生活中的
使用障碍及其随时间的发展

阻　　碍	以　前　的	现　在　的	是否解决?
可靠性	每日的个人表现波动	可长期可靠使用的研究	已解决
与其他 AT 相比的效率，具有不可替代性	与 BCI 相比，传统 AT 需要更少的设置时间和认知资源	根据电极的数量，设置时间降至 10~15min；训练或实践降低了必要的认知资源，但仍然存在中高工作量（Kübler 等，2014）	未完全解决
对个人和财务资源要求很高	只有在研究人员在场的情况下，才能在家与患者进行 BCI 实验	远程监控是可能的	未完全解决
脆弱的最终用户群	研究人员可能不愿意参与其中	关于最终用户选择和互动的建议；不断增长的最终用户体验	未完全解决
采集脑信号的传感器	脑电帽中的凝胶电极；安装和清洁时间长	水基电极可用；几乎不需要电极；有前景的创新，如在耳边周围放置电极（Bleichner 和 Debener，2017）；ECoG 网格的进展（Vansteensel 等，2016 年）	已解决
应用狭窄的技术/孤立技术/孤疑技术/废弃不用的技术	如果 BCI 仅用于与闭锁患者交流，则为真	临床应用的不同场景（例如，中风后康复；患有严重交流/互动障碍的最终用户的交流）（Mattia 和 Kübler，2016）（http://bnci-horizon-2020.eu/roadmap）	已解决
在最终用户家中实施，供独立使用	主要先决条件不可用	遗漏小件	规范情况下
将 BCI 带给家庭最终用户的路线图	没有考虑到	场景可用，但缺少精确的步骤	未解决

26.3.1　将 BCI 带给患有疾病的最终用户

在首次发表 BCI 后不久，该 BCI 成功应用于两名因 ALS 而处于闭锁状态的患者（Birbaumer 等，1999），并发表了关于如何训练此类患者使用 BCI 的建议（Neumann 和 Kubler，2003）。对患有疾病的潜在终端用户、AT 专业人士（表 26.2）和 AT 分销商对 BCI 技术的期望进行了访谈（Zickler 等，2009；Huggins 等，2011；Laar 等，2011）。在接下来的几年里，出现了明确将潜在需要 BCI 的患者称为技术最终用户的出版物（Kreilinger 等，2013 年；Simon 等，2014；Schettini 等，2015），表明作为开发过程的一部分，对最终用户的认识不断提高。然而，Taherian 及其同事最近从他们对 6 名脑瘫最终用户的研究中得出结论，"现有的市售 BCI 并不是根据最终用户的需求设计的（Taherian 等，2017 年，第 165 页）。"回答是 BCI 控制的 "……设备和软件还没有达到普遍接受的阶段（第 174 页）。"正如我们在本章中所做的那样，他们主张在设计过程中严格整合从初级到三级的最终用户（表 26.2）。BCI 研究人员和开发人员必须认识到在该领域进行 BCI 这种操作程序的必要性，并且"应包括自受伤或诊断以来的整个时间范围内患者的观点（Bowsher 等，2016 年，第 8 页，第 4.1.2 节）。"在下面讨论两个方面，我们认为是克服转化差距的桥梁，即通过严格使用以用户为中心的设计（UCD）及其评估程序，听取最终用户的需求，包括二级和三级利益相关者。有关最终用户的定义，请参见表 26.2。

表 26.2　患有疾病的 BCI 最终用户（改编自 BNCI Horizon2020 路线图
附录 C 表 2）和其他相关最终用户的情景概述

		替　代	改　善
最终用户	BCI 的功能	获得与环境通信和交互的辅助技术	运动和认知康复的工具
第一级	患有疾病的最终用户	功能丧失的人	功能丧失的人可以得到改善
第二级	非专业用户	家庭、护理人员、与最终用户互动的人员	家庭、护理人员，与最终用户互动的人员
	专业用户	AT 专业人士、研究人员和制造商	治疗师、医生、研究人员
第三级	其他参与方或权益相关者	保险、公共卫生系统、中小企业	保险，公共卫生系统，小型企业和工业

26.4　以用户为中心的设计

提供给人们使用的技术的开发必须考虑到人的因素，即可用性必须指导开发过程（Arthanat 等，2007）。考虑到统一的方法和比较，以用户为中心的设计（UCD）在 ISO 9241−210（2008）中进行了标准化。它将可用性定义为技术的特定最终用户可以在特定环境下使用特定产品实现特定目标的程度。UCD 考虑了投资成本和收益（图 26.2）。3 个决定性的指标有助于可用性：有效性、效率和满意度。这意味着，对于旨在为最终用户提供有用东西的 BCI 开发人员来说，BCI 及其要控制的应用必须考虑目标最终用户及其使用环境。

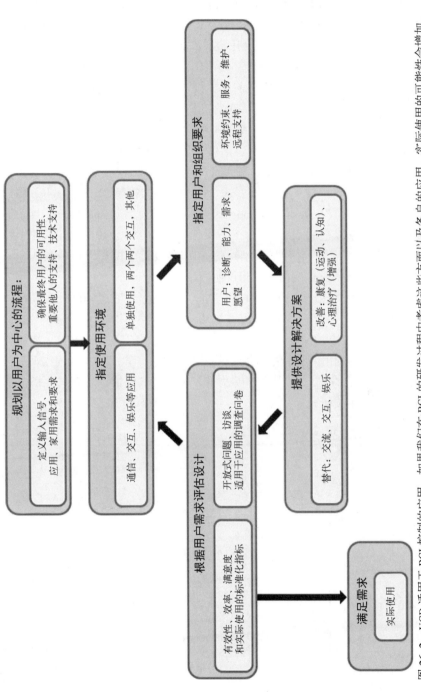

图 26.2　UCD 适用于 BCI 控制的应用。如果我们在 BCI 的研发过程中考虑这些方面以及各自的应用，实际使用的可能性会增加。UCD 意味着对目标最终用户的仔细定义和设计。最近提出了一种用于这种选择的算法（Kübler 等，2015）。改编自 K Eurubler, A., Holz, E. -M., Riccio, A. 等, 2014。以用户为中心的设计是评估 BCI 控制的应用可用性的新视角。PLoS One 9, e112392

为了比较 BCI 驱动的通信、交互和康复方法，最近已有研究者把 UCD 改编以适合 BCI 领域（Kübler 等，2014）。有效性反映了能够完成手头任务的准确性和完整性。自把 BCI 应用于最终用户开始，准确度就作为这样一种衡量指标，准确度通常定义为正确响应的百分比，如与试次总数相关的正确选择的字母或图标。效率将准确性与投资成本联系起来，投资成本可能是时间或注意力等资源。研究者把信息传输率作为效率的一种客观衡量指标，而把 NASA 任务负荷指数（Hart 和 Staveland，1988）作为效率的一种主观衡量指标。ITR 将选择的速度和选择的数量合并为一个值，但不考虑潜在错误分类数量的增加。因此，建议使用效用指标，如果精度低于 50%，则将 ITR 设置为零（Dal Seno 等，2010）。满意度是获取用户对产品体验的一种方式。标准化的 QUEST 2.0（Quebec 用户对 AT 的满意度评估）（Batavia 和 Hammer，1990；Scherer 和 Lane，1997；Demers 等，2002）已被改编以适用于 BCI（K Euroubler 等，2014）。其中，包括四个特定于 BCI 的项目：可靠性、速度、可学习性和审美设计。视觉模拟量表作为一种粗略但很容易应用的满意度指标，建议使用该指标。

作为可用性的一个指标，用户和技术之间的匹配可以通过辅助技术设备倾向来评估（Corradi 等，2012）或采用系统可用性量表（Brooke，1996）进行评估，可以问一个简单的问题："根据你使用 BCI 控制的应用的体验，你能想象在日常生活中使用 BCI 进行交流/娱乐吗？"（Kübler 等，2014）。表 26.3 总结了这些指标以及在评估过程中何时以及多久应用一次评估。所有这些指标都已用于脑-机接口相关研究。

表 26.3 可用性各方面的评估指标

可用性方面	转化到 BCI/应用	指标/度量	评估	使用这些指标的示范性研究
有效性	准确度 信息传输率（ITR）	正确的反应 bit/min	每个实验 每个实验	许多 许多
效率	效用度量 脑力负荷 AT 通用特性	bit/min（bit/min=0 如果有效性<50%） NASA-TLX QUEST 2.0	每个实验 每个实验/任务 原型测试结束	Zickler 等（2013） Riccio 等（2015） （Rupp 等，2012；Holz 等，2013）
满意度	BCI 相关方面 整体满意度 随访	4 项（可靠性、易学习性、速度、美学设计） VAS（0~10） 半结构式、自由的	原型测试结束 每个实验 原型测试结束	Zickler 等（2011，2013） Holz 等（2015a，b） Vasilyev 等（2017）

（续）

可用性方面	转化到 BCI/应用	指标/度量	评估	使用这些指标的示范性研究
使用	产品与用户的匹配	ATD-PA、部分消费者、专业人员	原型测试结束	Holz 等（2015b）
	总体可用性	系统可用性量表	原型测试结束	Pasqualotto 等（2015）and Zander 等（2017）
	日常使用	单项评价	原型测试结束	

改编自 Kubler, A., Holz, E. M., Riccio, A., 等, 2014. 以用户为中心的设计是评估 BCI 控制应用可用性的新视角. PLoS One 9, e112392.

NASA-TLX = NASA 任务负荷指数

QUEST = 魁北克用户对辅助技术的满意度评估

ATD-PA = 辅助技术设备倾向性评估

VAS = 视觉模拟量表

　　已建议把前面段落中列出的指标作为 BCI 驱动的应用评估的标准，因为它们几乎可以应用于任何情况。需要注意的是，评估是 UCD 不可分割的一部分（图 26.2），因此，必须在整个迭代开发过程中收集此类数据，以确保整个过程与最终用户保持联系。当然，在不遵循 UCD 迭代过程的情况下，当 BCI 控制的应用可能已经进入 AT 市场时，简单的事后评估所需的工作量较小，并且在中期或远期可能已经足够。然而，在 BCI 发展的当前状态下，这种特殊的方法阻止了研究之间的比较，并且不能在特定样本之外推广结论。因此，评估不仅仅是在 BCI 实验或研究结束时应用的一种衡量成功的指标。重要的是，只有当 BCI 界共同采用 UCD 建议的标准化指标时，才能比较 BCI 控制的应用的可用性。BCI 利益相关者之间进行标准化沟通的必要性并不新鲜，这一点在近 20 年前就已经被强调，但对 BCI 界几乎没有影响（Wolpaw 等，2000）。

　　UCD 的评估理念允许对其他指标进行调整和整合。例如，视觉模拟量表（VAS）比较粗糙，但有一个优点，即每次实验后都可以轻松应用，而不会给最终用户带来太大压力。他们已证明了它们适用于与满足感、挫折感和快乐相关的长期研究（图 26.3）。有人提出，单个问题可以引发整体意见，这可能表明评估结果良好（Choi 和 Sprigle，2011）。因此，这些问题和简单的指标可能足以对 BCI 控制的应用进行长期评估，尽管我们强烈主张也采用表 26.3 中列出的标准指标，以便在应用之间提供更广泛、更深入的信息和比较。图 26.2 说明了适用于 BCI 的 UCD，并表明了这是一个迭代过程，循环直到满足要求。最近，对混合 BCI 研究的可用性进行了评述，包括有效性、效率和满意度。然

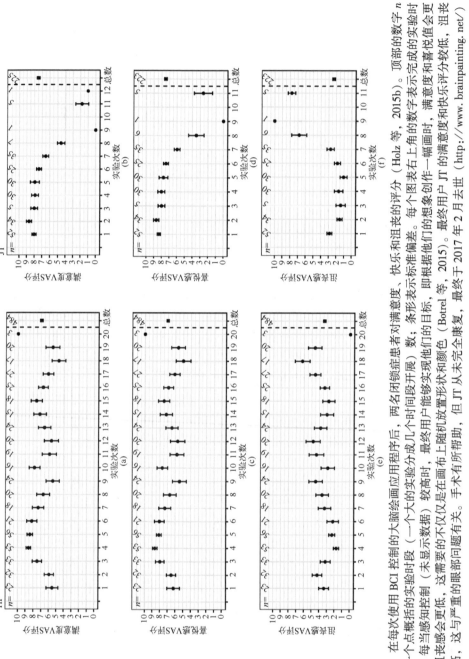

图 26.3 在每次使用 BCI 控制的大脑绘画应用程序后，两名闭锁症患者对满意度、快乐和沮丧的评分（Holz 等，2015b）。顶部的数字 n 表示用一个点概括的实验时段（一个大的实验分成几个时间段开展）数。每个图表右上角的数字表示完成的实验时段总数。每当感知控制（未显示数据）较高时，即根据他们的想象实现他们的目标，满意度和喜悦值会更高，而沮丧感会更低，这与沮丧接受形状仅是在画布上随机放置形状和颜色（Botrel 等，2015）。最终用户 JT 的满意度和快乐评分较低，沮丧评分较低，但 JT 从未完全康复。手术有所帮助，但与严重的眼部问题有关，最终于 2017 年 2 月去世（http://www.brainpainting.net/）

而，尽管作者提到了人类工效学和人机交互，但研究结果与 UCD 的理念没有联系，这两个领域长期以来都采用了 UCD（Choi 等，2017）。所建议的可用性度量与本章概述的一致。

26.4.1 UCD 的实施

有几项研究或多或少严格遵循 UCD，并参考了该流程（Rohm 等，2013；Schreuder 等，2013；Zickler 等，2013；HEuro ohne 等，2014；Morone 等，2015）。其他研究者包括了患有疾病的最终用户，并评估他们的方法，但没有标准化的框架，通常是定制的特殊问卷（Leeb 等，2013；Sellers 等，2014）。为了说明 UCD 的实施，我们根据自己的研究提供了 BCI 用于替换和改进场景的示例（见表 26.4）。

1. 替换失去的功能：大脑绘画

Holz 等（2015a，b）和 K Euroubler 等（2013）对因 ALS 而闭锁的两个终端用户应用 UCD 进行了详细描述，并给出了绘画结果的示例。表 26.4 列出了适用于大脑绘画应用的 UCD 的不同组成部分，最终用户可以选择不同形状和颜色，并将其放置在虚拟画布上（图 26.4）。该应用把 P300 作为输入信号，图标显示在 P300 矩阵中。除了只突出显示矩阵的单元格（闪烁）外，叠加了著名的爱因斯坦脸，导致较大的 P300 振幅和与人脸识别相关的额外电位（N170 和 N400）（Jin 等，2012；Kaufmann 等，2013）。UCD 的严格应用导致了大脑绘画应用第 2 个版本的开发（Botrel 等，2015）。远程连接和监控使我们能够在每次 BCI 实验后的适当时间收集生理和主观数据，而不受实验长度的影响。

表 26.4 大脑绘画和拼写应用程序作为替换和改进场景的示例
（http://bnci-horizon-2020.eu/roadmap）

UCD 组成部分场景示例	替代（闭锁患者的大脑绘画）	改善（慢性卒中后失语患者的 P300 拼写）
规划以用户为中心的过程		
定义输入信号、应用程序、家庭使用要求	P300，脑部绘画，自动校准和系统设置，从启动到绘画只需按下几个按钮	P300，拼写，将在 BCI 研究人员或言语治疗师的协助下使用
确保最终用户的可用性，其他重要人员的支持，技术支持	闭锁终端用户能在家使用；家庭和照顾者的支持；建立远程连接以解决技术问题	慢性中风患者，在诊所或实验室，家人支持
了解并指定使用场景 用于交流、互动、娱乐等 单独使用，2×2 交互，其他	大脑绘画：创造力，从思想到画布的目标，休闲/商业 单独使用；沉浸在初级绘画中需要安静的环境	P300 拼写：将语言从大脑带到外部世界，克服中风造成的语言障碍 作为一对一的互动，失语症中风患者由 BCI 培训师提供支持

（续）

UCD 组成部分场景示例	替代（闭锁患者的大脑绘画）	改善（慢性卒中后失语患者的 P300 拼写）
指定用户和组织的需求 用户：诊断，能力，需要，愿望	闭锁的 ALS 终端用户；最少的沟通；仅眼动；目标：独立绘画	患有慢性布罗卡失语症的中风幸存终端用户，能够理解使用说明，眼球运动完好，注意力分配能力可能较弱；目标：语音生产
环境		
约束，服务，维护，远程支持	空间：其他医疗设备周围的 BCI；远程支持需要网络摄像头；不能定期访问	需要 BCI 实验室或其他相当大的空间，最终用户愿意并有动力去接受高频率的 BCI 训练或培训
产品设计解决方案	P300 矩阵与绘画选项；询问终端用户最低限度需要什么；与二级终端用户进行交互设置；电极可能很少；扩展绘画选项	P300 矩阵包含字母表中的字母，包括一个选项，以便于将注意力分配给目标字母，而不是非目标字母
根据用户需求评估设计		
有效性，效率，满意度，实际使用的标准化指标	感知控制、NASA-TLX、Quest 2.0 BCI、ATD-PA、实验次数、绘画时间、VAS 满意度、快乐、沮丧	使用标准化的言语获得评估测试，VAS 量表评估满意度、快乐和沮丧
开放式问题、访谈、适用于应用的调查问卷	开放式问题、访谈	开放式问题、随访
符合需求		
实际使用	若干年	若干年
UCD 的严格应用导致，如被闭锁的最终用户在其家庭环境中使用了数年；家庭成员和专业护理人员都学会了建立这个系统（BCI）		

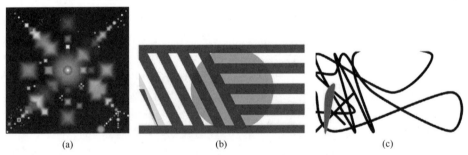

（a）　　　　　　　　　　（b）　　　　　　　　　　（c）

图 26.4　大脑绘画 "Warten auf Juni"（等待 6 月）由惠普的第 1 版大脑绘画应用《等待六月》提供，他由一位来自 "Neue Zurcher Zeitung" 的作者制作，这位作者于 2 月在家中接受了惠普的访问，并于 6 月（2014）带着大脑绘画 "AllesimGrunenBereich" 和 "GestruppGeschnitten"（毛笔切割），允许在上面画线的大脑绘画版本 2，到访 JT，他的这些作品在 JT 得到了广泛使用，这得益于他的职业是建筑师（和画家）。这些作品的版权归艺术家所有（JT 的画作也归库布勒所有），在此处使用已得到了许可

在每次 BCI 实验结束时，用视觉模拟量表评估满意度、快乐和沮丧的分值（图 26.3）。当满意度低时，研究团队会联系最终用户，并澄清原因。如果发现与 BCI 相关的问题，这些问题将得到纠正。参见表 26.4，了解适用于大脑绘画的不同 UCD 步骤，以及 Kübler 和 Botrel 关于 "大脑绘画的制作"（Kübler 和 Botrel，2019）。

2. 改善失去的功能：脑-机接口用于失语症

Kleih 等（2016）提供了关于 UCD 如何应用于 P300-BCI 拼写，以改善慢性中风后布罗卡失语症患者失去功能的详细报告。应用基于 P300 拼写范式的基本原理是注意缺陷的严重程度与失语症症状之间的关系（Erickson 等，1996；Murray，1999；Hula 和 McNeil，2008）。据推测，通过训练注意力，失语症症状可以得到改善。由于 P300 振幅随分配给任务的注意量而变化，因此在中风后失语的情况下，它可能也是注意力的合理指标。同时，P300 拼写者使用的语言材料（字母、单词）可能支持激活大脑中受中风事件影响的语言区域的周边部位。参与 P300 生成和语言产生的大脑区域之间存在一些解剖学重叠（Price，1998；Ptak，2012；Shomstein 等，2012）。因此，使用 P300 拼写器训练注意力可以支持失语症患者的康复过程，并促进其可塑性过程，而不仅仅是言语治疗所取得的效果。此外，基于 BCI 的拼写程序可能会激发患者的积极性，因为他们在不能说话的情况下也能产生语言。动机和康乐感是成功康复的重要因素（Mackenzie 等，1993）。由于脑卒中后失语症患者的注意力缺陷，他们最初无法处理 P300 矩阵提供的输入，为了适应这种注意力能力问题，对 P300 拼写矩阵进行了调整，以便用黑色纸板覆盖非目标字母，注意力现在自动被目标字母吸引住了。该方法用于让最终用户熟悉 BCI 设置并将注意力集中在字母上的任务。在 5 名参与者中，有 3 人可以确定分类器，在康复医院进行 6 次 BCI 实验。两名参与者在第 3 次实验后达到 100% 的准确率，一名参与者在第 5 次实验后达到 100% 的准确率。这些患者还能够使用该 BCI 的自由拼写模式（Kübler et al.，2001b），并达到 100% 的准确率。纸板解决方案让患有布洛克失语症的最终用户习惯于 P300 拼写器，使参与者能够使用一种技术，否则他们将无法使用这种技术。然而，需要注意的是，对于由于其他损伤或其他原因而无法处理语言和字母的患者，这种 BCI 应用和训练不是一种选择。对于被诊断为慢性中风后布罗卡失语症的最终用户，使用该 BCI 控制的 P300 拼写矩阵时，不同的 UCD 步骤见表 26.4。

26.5　如何将 BCI 带给最终用户

通过 BCI 用于替代和改进场景的示例，我们概述了如何将 UCD 转移并应用于病因、需求和愿望完全不同的最终用户。最终用户可能需要 BCI 来替换失去的功能，他们可能处于交流和互动的困难状态，即使交流和互动并非不可能。这种严重的交流/互动障碍（SCID）阻碍了人们参与被认为对一个人来说非常有意义和重要的活动，如参与家庭活动、与其他人在线交流、欣赏音乐和艺术、成为社区成员等。符合改进方案的最终用户也可能在这方面受到限制。因此，现代社会面临的挑战是促进参与、包容、选择和控制，这意味着残疾人的自决权和自主权（http://www.who.int/classifications/icf/en/）。AT 可以极大地减轻人们在交流和互动中对他人的依赖，从而使患有 SCID 的人能够充分有效地参与社会。这种授权还允许最终用户在与疾病相关的问题、个人努力和目标方面拥有更多发言权。此外，在改善受损功能方面，基于 BCI 的康复可能有助于减少对他人的依赖，使其更好地恢复，如上肢功能。如今，技术创新，尤其是信息技术与 AT 的发展和整合，为开发越来越强大的个性化工具以帮助残疾人打开了一个门户。然而，尽管"智能"技术取得了进步，即使是在 BCI 和 EEG 记录领域（Bleichner 和 Debener，2017），访问和可用性问题仍然存在（Brady 等，2016）。我们讨论了可用性问题，并提出了在应用 BCI 研发中严格执行整个 UCD 过程的方法，但我们如何促进可访问性（易接近性）呢？只要 BCI 仍完全掌握在研究组和公司手中，而没有明确的路线图将其带到最终用户家中，大多数可能受益于 BCI 以替代或改善失去功能的人群将无法获得有用的 BCI。尽管使用相应的 AT 必须具备可访问性，但这还不够。因此，BCI 的可用性和可访问性是硬币的两面，忽视其中一面甚至两面，很可能导致 BCI 不可使用。

26.5.1　不使用和易使用性

尽管 AT 相关研究和开发取得了巨大进展，但仍存在不使用的问题。这不是 BCI 特有的吗？尽管市场上已经有过多的 AT 设备，但在将 AT 与个人需求相匹配的过程中，以及在使用过程中提供后续支持 AT 的过程中，获取服务仍然存在一些限制（Steel 等，2012）（国家重度残疾人交流需求联合委员会（NJC），http://www.asha.org/NJC/）。例如，Hemmingsson 报告说，残疾学生不想使用学校提供的 125 台 AT 设备中的 30% 左右，而学生希望使用的设备中有 20% 无法使用。Hocking 在她的评论中总结到，多达 56% 的辅助设备没有使用或被滥用，15% 从未使用过（Hocking，1999）。在 BCI 控制的 AT 中，不使用的问题也是一个可达性问题之一，也就是，即使对于那些希望每天使用 BCI 的人来说，也很难可达 BCI。

为了解决不使用的问题，阐明其原因很重要。Scherer 和 Federici（2015）

区分了三类不同的不使用原因：环境、人员和技术。表 26.5 列出了各自的原因。在每个类别右侧的列中，我们估计了 BCI 控制的应用的最新水平/现状（the state-of-the-art）。我们将其分为三种情况，第一，该表述也适用于 BCI 控制的 AT；第二，该表述（很可能）不构成不使用的理由；第三，该表述可能会/也可能不会转移到 BCI，也就是说，它可能在很大程度上取决于单个用户。关于"环境"（例如，可用的支持和空间），缺乏应用 UCD 显然也是 BCI 应用研究中的一个问题，我们在前面的章节中对此进行了详细介绍。由于我们不知道有任何患有疾病的最终用户，他们家里有 BCI，并且在没有研究人员在场的情况下使用它，我们从 BCI 尚未列入 AT 中心提供的选择目录这一事实推断出这一假设。此外，营销 BCI 技术的主要公司之一表示，他们只有研究人员作为BCI 相关的客户（gtec 的 C. Guger 与作者的个人通信：FN，2017，作者：FN，2017）。关于"人"，不切实际的期望是一个问题，不幸的是，科学成果的不负责任的传播促进了这一问题（如 https://www. sciencemag. org/news/2019/04/re-search-communication-completely-paralyzedpatients-prompts-misconduct-investigation；https://www. youtube. com/watch?v¼llv6pwufnMw）。长期以来，BCI 社区一直存在缺乏技能的问题，Kübler 和 Müller（2007）将其称为 BCI 盲（BCI illiteracy），但由于该术语带有贬义，并将失败的责任推给最终用户，K Euroubler 等（2011）提出了 BCI 低效一词。例如，Halder 等（2016）关于听觉和 Herweg 等（2016）关于体感（触觉）刺激以诱发 P300 进行交流和互动，这在绝大多数研究中都是不可用或未寻求的，并且 BCI 研究中数量较少的长期研究反映了这一点（如 Bir-baumer 等，1999；Neumann 等，2003；Neuper 等，2003；Sellers 等，2010；Zickler 等，2013；Holz 等，2015b；Perdikis 等，2018）。对于"技术"类别而言，与现有 AT 的不兼容肯定是一个问题，可能是因为 AT 提供商和分销商尚未采用 BCI。例如，"网格 3"（www. thinksmartbox. com）尽管采用顺序选择模式，但 BCI 无法控制通信程序，因为该公司未提供源代码。使用的难度和复杂性同样适用于 BCI，并对应于"环境"类别中列出的问题。评估研究中经常提到效率低下（Inefficiency）是不使用（nonuse）的一个原因，同样，还有其他AT 可用，这比 BCI 更快、更可靠（Zickler 等，2011）。当设备使用出现问题时，服务缺失的问题在 BCI 方面很明显，即使 AT 中心采用了 BCI 技术，也可能无法解决（Hocking，1999）。Andrea Kübler 最近（2018 年 10 月）遇到了一位因 ALS 而处于闭锁状态的患者，他有一个眼动跟踪器（https://www. to-bii. com/），由于缺少服务而无法使用。

  表 26.5 中以粗体显示的内容，我们不认为是 BCI 使用中的问题；它们反映了 BCI 控制的应用的真正进展。处于 SCID 状态使得 AT 成为交流和互动的

必备工具。由于此类患者在生活的其他方面也受到很大限制，并且依赖 24h 护理，因此生活方式的改变与 BCI 的使用无关。最后，现代设备、放大器和传感器都很轻、便携且易于使用。

表 26.5　根据 3 个类别，列出与不使用相关的因素

环　　境	BCI	个　　人	BCI	技　　术	BCI
缺乏以用户为中心的技术选择过程	√	不切实际的利益期望	√	在使用中不舒适或脑力负荷大	☑
家庭/同伴/雇主很少或根本不支持使用	☑	因使用设备而感到尴尬或不自在	☑	使用时电极突兀的和侵入的	☑
设置/环境会阻止使用或使使用变得困难或不舒服	☑	**抗拒技术的帮助**	×	与其他设备的使用不兼容	√
需要的支持没办法提供	√	不喜欢设备的训练方式	☑	**太笨重，太重了**	×
他人选择设备	☑	**随着设备的使用，生活方式发生了许多变化**	×	是否复杂且难以使用	√
		缺乏对使用设备的技能培训	√	设备是低效的	√
				维修/服务不及时或负担不起	√
				还有其他首选的选项	√
				不信任技术	×

　　摘自 M. Scherer, M., Federici, S.（2015 年）。人们为什么使用和不使用技术：认知辅助技术/认知支持技术专刊简介。NeuroRehabilitation 37, 315-319；资料来源：M. J. Scherer 许可的人与技术匹配研究所，2017 年 5 月 12 日发送的电子邮件。

　　各个 BCI 列中的√表示该陈述对于 BCI 控制的 AT 也成立；×和粗体字表示该陈述不构成主要问题；☑表示该问题在很大程度上取决于个人情况，即它可能会或可能不会转移到 BCI 控制的 AT

　　为了在 BCI 领域解决这些问题，将其作为控制 AT 的输入，必须对目标最终用户进行实地研究。这需要在时间、人员和财政资源方面做出努力。因此，选择好参与者就显得尤为重要。Kübler 及其同事提出了一种决策算法，用于选择更可能受益于 BCI 的最终用户（Kübler 等，2015）。这些研究是强制性的，但还不够。尽管很少有关于长期和独立使用的数据可用，但这些数据并没有使 BCI 更接近市场和最终用户群体，这将我们带到硬币的另一面，即可接近性或可访问性。

　　如表 26.1 所列，作为 AT 控制输入的 BCI 可能会被视为一种状态，使 BCI 成为一种真正的选项（Brady 等，2016）。但最终用户如何访问它呢？考虑到表 26.5 中列出的障碍，我们认为 BCI 必须引起二级和三级最终用户的注意

（见 BNCI 路线图附录 C：http://bnci-horizon-2020. eu/roadmap）。无论是在 AT 中心还是在公司，AT 专业人员不仅要学习如何使用 BCI，还要学习最终用户选择流程，即他们必须有资格对 BCI 作为个人最终用户的潜在选择做出决定。在这种情况下，为 AT 专业人士提供专门的补充教育，使其成为 BCI 从业者是非常合适的，其中包括就可能性、限制和局限性进行充分的沟通。转化研究不仅必须包括家庭中的主要最终用户，还必须包括支持使用的其他重要的人，以及能够根据最终用户单独调整 BCI 并可能将其与现有 AT 相结合的 AT 专业人员（即二级最终用户）。在日常使用中，为了避免废弃，如果出现问题，还必须支持设置、维修和即时可用性。如今，远程连接可以很容易地实现，并且应该成为 BCI 控制 AT 的必要的内置选项。尽管如此，也需要注意，这种联系会引发隐私问题。自动软件更新可能会导致 BCI 软件故障，再次强调 AT 提供商提供可靠及时支持的要求。图 26.5 所示为从最终用户到 AT 专业人员再到最终用户家的管道。

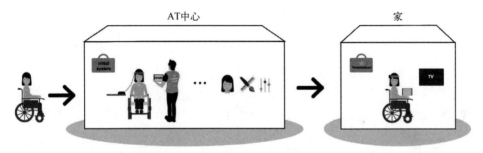

图 26.5　使潜在的终端用户能够访问 BCI 控制的 AT 的管道。患有 SCID 的终端用户与 AT 中心联系，并被邀请进行首次回忆面谈，以确定需求和愿望。AT 专业人员根据这些信息决定患者是否适合 BCI。BCI 将由 AT 专业人员进行测试、调整和个性化。终端用户会将设备带回家，并获得 AT 专业人员从最初在家中建立到长期维护的支持，并在必要时进行远程监督和潜在的访问

为了让 AT 专业人士和供货商能够将 BCI 控制的应用集成到他们的产品组合中，这些二级最终用户本身需要获得该技术。在这方面，行业，即第三级终端用户发挥着关键作用。必须以用户友好、易于获取的方式提供相应的技术。为了实现这一目标，同样，必须使用 UCD 流程收集数据。然而，对于第三级终端用户来说，UCD 对于企业来说是不够的，"生存取决于以可持续的方式支付工资和其他费用"（Richmond 和 Loeb，2012）。在改进方案中，大量的一级最终用户可用，而对于替代和改进这两种方案都有足够的研究来证明它们对一级（部分是二级）最终用户有价值。因此，必要的市场规模是有保证的。然

而，只有医疗保险将 BCI 控制的 AT 纳入其投资组合，该市场才会开放。这不仅意味着相应的硬件和软件成本，还意味着 AT 专业人员的培训和持续服务的成本，包括维护和更新。同时，AT 专业人员也要求报销对一级最终用户和他们周围重要人员（二级最终用户）的强化培训费用。进一步的先决条件是为这些程序和设备编码，以及为产品支付足够的费用，以"证明制造和销售的合理性"（Richmond 和 Loeb，2012）。为了实现这一目标，保险公司必须加入这一努力，在明确定义的环境中，对 BCI 控制的应用的功效（内部有效性）和有效性（外部有效性）进行更可控的长期研究，就越有可能吸引他们的注意。

26.6　总　　结

在过去 15 年中，BCI 控制的应用在可靠性和适用性方面取得了巨大进步；然而，实现日常使用的可用性和可达性的步伐还处于起步阶段。我们建议将 UCD 作为开发和实施针对目标最终用户群体的 BCI 技术的强制性工具。严格执行这些规定将减少不使用的可能性。我们认为，通过将二级和三级最终用户纳入设计过程，可以减少并有望克服可达性或可访问性问题。当然，这种支持和服务只有在医疗保险覆盖、技术和服务得到社会支持的情况下才有可能实现。Stahl 及其同事最近就 BCI 研究和更广泛的接受度提出了观点，认为通过"民间社会组织"（CSO）参与的研究是可取的，因为它引导研究朝着社会相关性和用户可接受性的方向发展（Stahl 等，2017）。重要的是，他们还强调，代表主要终端用户的民间社会组织也可能会经历过高和失望的期望，因此，这些群体也可能会限制和反对研究。这再次强调了 BCI 研究人员的突出职责，即现实地传达 BCI 技术的机遇和局限性。Stahl 及其同事建议研究人员和民间社会组织"在不同类型的合作伙伴之间建立一个良好的、信任的工作环境"（Stahl 等，2017），这归结到 UCD。因此，最后，BCI 研究和开发方法的设计应着眼于提高可用性和可达可接近可访问性，为所有最终用户和社会提供 BCI 技术的全部潜力。

致谢： 我们感谢德国维尔茨堡维尔茨堡大学心理学研究所的 LoicBotrel 对图 26.3 和图 26.4 的支持。我们感谢西班牙萨拉戈萨 BitBrain Technologies 的 Luis Montesano 博士，他与第一作者（A. K.）、意大利罗马圣卢西亚基金会的 Donatella Mattia 博士和奥地利格拉茨技术大学的 Gernot Muller Putz 博士合作创建了图 26.5。

参 考 文 献

[1] Arthanat S, Bauer SM, Lenker JA et al. (2007). Conceptualization and measurement of assistive technology usability. Disabil Rehabil Assist Technol 2: 235-248.

[2] Batavia AI, Hammer GS (1990). Toward the development of consumer-based criteria for the evaluation of assistive devices. J Rehabil Res Dev 27: 425-436.

[3] Bauer P, Illinger P, Krause T (2019). Wunschdenken (Wishful Thinking). Süddeutsche Zeitung Magazin 15: 8-20.

[4] Biasiucci A, Leeb R, Iturrate I et al. (2018). Brain-actuated functional electrical stimulation elicits lasting arm motor recovery after stroke. Nat Commun 9: 2421.

[5] Birbaumer N, Ghanayim N, Hinterberger T et al. (1999). A spelling device for the paralysed. Nature 398: 297-298.

[6] Blankertz B, Muller KR, Krusienski DJ et al. (2006). The BCI competition. III: validating alternative approaches to actual BCI problems. IEEE Trans Neural Syst Rehabil Eng 14: 153-159.

[7] Bleichner MG, Debener S (2017). Concealed, unobtrusive earcentered EEG acquisition: cEEGrids for transparent EEG. Front Hum Neurosci 11: 163.

[8] Botrel L, Holz EM, Kübler A (2015). Brain painting V2: evaluation of P300-based braincomputer interface for creative expression by an end-user following the user-centered design. Brain Comput Interfaces 2: 135-149.

[9] Bowsher K, Civillico EF, Coburn J et al. (2016). Brain-computer interface devices for patients with paralysis and amputation: a meeting report. J Neural Eng 13: 023001.

[10] Brady NC, Bruce S, Goldman A et al. (2016). Communication services and supports for individuals with severe disabilities: guidance for assessment and intervention. Am J Intellect Dev Disabil 121: 121-138.

[11] Brooke J (1996). SUS: a "quick and dirty" usability scale. In: PW Jordan, B Thomas, BA Weerdmeester et al. (Eds.), Usability evaluation in industry. Taylor & Francis, London, UK.

[12] Chaudhary U, Birbaumer N, Ramos-Murguialday A (2016). Brain-computer interfaces for communication and rehabilitation. Nat Rev Neurol 12: 513-525.

[13] Chaudhary U, Xia B, Silvoni S et al. (2017). Brain-computer interface-based communication in the completely lockedin state. PLoS Biol 15: e1002593.

[14] Chavarriaga R, Fried-Oken M, Kleih S et al. (2017). Heading for new shores! overcoming pitfalls in BCI design. Brain Comput Interfaces 4 (1-2): 60-73.

[15] Choi YM, Sprigle SH (2011). Approaches for evaluating the usability of assisstive technology product prototypes. Assist Technol 23: 36-41.

［16］ Choi I, Rhiu I, Lee Y et al. （2017）. A systematic review of hybrid brain-computer interfaces: taxonomy and usability perspectives. PLoS One 12: e0176674.

［17］ Collinger JL, Wodlinger B, Downey JE et al. （2013）. Highperformance neuroprosthetic control by an individual with tetraplegia. Lancet 381: 557-564.

［18］ Corradi F, Scherer MJ, Lo Presti A （2012）. Measuring the assistive technology match. In: S Federici, MJ Scherer （Eds.）, Assistive technology assessment handbook. CRC Press, London, UK.

［19］ Dal Seno B, Matteucci M, Mainardi LT （2010）. The utility metric: a novel method to assess the overall performance of discrete brain-computer interfaces. IEEE Trans Neural Syst Rehabil Eng 18: 20-28.

［20］ Demers L, Weiss-Lambrou R, Ska B （2002）. The Quebec User Evaluation of Satisfaction with Assistive Technology （QUEST 2.0）: an overview and recent progress. Technol Disabil 14: 101-105.

［21］ Erickson RJ, Goldinger SD, LaPointe LL （1996）. Auditory vigilance in aphasic individuals: detecting nonlinguistic stimuli with full or divided attention. Brain Cogn 30: 244-253.

［22］ Guy V, Soriani MH, Bruno M et al. （2018）. Brain computer interface with the P300 speller: usability for disabled people with amyotrophic lateral sclerosis. Ann Phys Rehabil Med 61: 5-11.

［23］ Halder S, Kathner I, Kubler A （2016）. Training leads to increased auditory brain-computer interface performance of end-users with motor impairments. Clin Neurophysiol 127: 1288-1296.

［24］ Hart SG, Staveland LE （1988）. Development of NASA-TLX （Task Load Index）: results of empirical and theoretical research. In: PA Hancock, N Meshkati （Eds.）, Human mental workload. North Holland Press, Amsterdam.

［25］ Herweg A, Gutzeit J, Kleih S et al. （2016）. Wheelchair control by elderly participants in a virtual environment with a brain-computer interface （BCI） and tactile stimulation. Biol Psychol 121: 117-124.

［26］ Hocking C （1999）. Function or feelings: factors in abandonment of assistive devices. Technol Disabil 11: 3-11.

［27］ Höhne J, Holz E, Staiger-Sälzer P et al. （2014）. Motor imagery for severely motor-impaired patients: evidence for brain-computer interfacing as superior control solution. PLoS One 9: e104854.

［28］ Holz EM, Höhne J, Staiger-Sälzer P et al. （2013）. Brain-computer interface controlled gaming: evaluation of usability by severely motor restricted end-users. Artif Intell Med 59: 111-120.

［29］ Holz EM, Botrel L, Kaufmann T et al. （2015a）. Long-term independent brain-computer interface home use improves quality of life of a patient in the locked-in state: a case study. Arch Phys Med Rehabil 96: S16–S26.

[30] Holz EM, Botrel L, Kübler A (2015b). Independent home use of brain painting improves quality of life of two artists in the locked-in state diagnosed with amyotrophic lateral sclerosis. Brain Comput Interfaces 2: 117–134.

[31] Huggins JE, Wren PA, Gruis KL (2011). What would brain-computer interface users want? Opinions and priorities of potential users with amyotrophic lateral sclerosis. Amyotroph Lateral Scler 12: 318–324.

[32] Hula WD, McNeil MR (2008). Models of attention and dualtask performance as explanatory constructs in aphasia. Semin Speech Lang 29: 169–187.

[33] ISO 9241–210 (2008). Ergonomics of human system interaction—Part 210: human-centred design for interactive systems (formerly known as 13407), International Organization for Standardization (ISO), Switzerland.

[34] Jin J, Allison BZ, Kaufmann T et al. (2012). The changing face of P300 BCIs: a comparison of stimulus changes in a P300 BCI involving faces, emotion, and movement. PLoS One 7: e49688.

[35] Kaufmann T, Schulz SM, Koblitz A et al. (2013). Face stimuli effectively prevent brain-computer interface inefficiency in patients with neurodegenerative disease. Clin Neurophysiol 124: 893–900.

[36] Kleih SC, Gottschalt L, Teichlein E et al. (2016). Toward a P300 based brain-computer interface for aphasia rehabilitation after stroke: presentation of theoretical considerations and a pilot feasibility study. Front Hum Neurosci 10: 547.

[37] Kreilinger A, Kaiser V, Rohm M et al. (2013). BCI and FES training of a spinal cord injured end-user to control a neuroprosthesis. Biomed Tech (Berl) 58 (Suppl. 1).

[38] Kübler A (2017). Quo vadis P300 BCI? In: 5th international winter conference on brain-computer interface (BCI), 9–11 Jan. 2017 Sabuk, South Korea. IEEE.

[39] Kübler A, Botrel L (2019). The making of brain painting—fromthe idea to daily life use by people in the locked-in state. In: A Nijholt (Ed.), Brain art. Springer Nature, Switzerland.

[40] Kübler A, Müller K-R (2007). An introduction to brain-computer interfacing. In: G Dornhege, JDR Millán, T Hinterberger et al. (Eds.), Toward brain-computer interfacing. MIT Press, Cambridge, MA.

[41] Kübler A, Kotchoubey B, Kaiser J et al. (2001a). Brain-computer communication: unlocking the locked in. Psychol Bull 127: 358–375.

[42] Kübler A, Neumann N, Kaiser J et al. (2001b). Brain-computer communication: self-regulation of slow cortical potentials for verbal communication. Arch Phys Med Rehabil 82: 1533–1539.

[43] Kübler A, Blankertz B, Müller K et al. (2011). Amodel of BCIcontrol. In: GR Müller-

Putz, R Scherer, M Billinger et al. （Eds.）, 5th international brain-computer interface conference. Verlag der Technischen Universität Graz, Graz, Austria.

[44] Kübler A, Holz EM, Botrel L (2013). Addendum. Brain 136: 2005-2006.

[45] Kübler A, Holz EM, Riccio A et al. (2014). The user-centered design as novel perspective for evaluating the usability of BCI-controlled applications. PLoS One 9: e112392.

[46] Kübler A, Holz EM, Sellers EW et al. (2015). Toward independent home use of brain-computer interfaces: a decision algorithm for selection of potential end-users. Arch Phys Med Rehabil 96: S27-S32.

[47] Laar B, Nijboer F, Gürkök H et al. (2011). User experience evaluation in BCI: bridge the gap. Int Soc Bioelectromagn 3: 157-158.

[48] Lebedev MA, Nicolelis MA (2017). Brain-machine interfaces: from basic science to neuroprostheses and neurorehabilitation. Physiol Rev 97: 767-837.

[49] Leeb R, Perdikis S, Tonin L et al. (2013). Transferring brain-computer interfaces beyond the laboratory: successful application control for motor-disabled users. Artif Intell Med 59: 121-132.

[50] Lotte F, Guan C (2011). Regularizing common spatial patterns to improve BCI designs: unified theory and new algorithms. IEEE Trans Biomed Eng 58: 355-362.

[51] Mackenzie C, Le May M, Lendrem W et al. (1993). A survey of aphasia services in the United Kingdom. Eur J Disord Commun 28: 43-61.

[52] Mattia D, Kübler A (2016). Brain-computer interface based solutions for end-users with severe communication disorders. In: S Laureys, O Gosseries, G Tononi (Eds.), The neurology of consciousness, second edn. Elsevier, Amsterdam, The Netherlands.

[53] Millán JDR, Rupp R, Muller-Putz GR et al. (2010). Combining brain-computer interfaces and assistive technologies: state-of-the-art and challenges. Front Neurosci 4 (161): 1-15.

[54] Morone G, Pisotta I, Pichiorri F et al. (2015). Proof of principle of a brain-computer interface approach to support poststroke arm rehabilitation in hospitalized patients: design, acceptability, and usability. Arch Phys Med Rehabil 96: S71-S78.

[55] Murray LL (1999). Review attention and aphasia: theory, research and clinical implications. Aphasiology 13: 91-111.

[56] Neumann N, Kubler A (2003). Training locked-in patients: a challenge for the use of brain-computer interfaces. IEEE Trans Neural Syst Rehabil Eng 11: 169-172.

[57] Neumann N, Kübler A, Kaiser J et al. (2003). Conscious perception of brain states: mental strategies for brain-computer communication. Neuropsychologia 41: 1028-1036.

[58] Neuper C, Müller GR, Kübler A et al. (2003). Clinical application of an EEG-based brain-computer interface: a case study in a patient with severe motor impairment. Clin Neurophysiol 114: 399-409.

[59] Nijboer F, Clausen J, Allison BZ et al. (2013). The asilomar survey: stakeholders' opin-

ions on ethical issues related to brain-computer interfacing. Neuroethics 6: 541–578.

[60] Pasqualotto E, Matuz T, Federici S et al. (2015). Usability and workload of access technology for people with severe motor impairment: a comparison of brain-computer interfacing and eye tracking. Neurorehabil Neural Repair 29: 950–957.

[61] Perdikis S, Tonin L, Saeedi S et al. (2018). The Cybathlon BCI race: successful longitudinal mutual learning with two tetraplegic users. PLoS Biol 16: e2003787.

[62] Pichiorri F, Morone G, Petti M et al. (2015). Brain-computer interface boosts motor imagery practice during stroke recovery. Ann Neurol 77: 851–865.

[63] Pinegger A, Wriessnegger SC, Faller J et al. (2016). Evaluation of different EEG acquisition systems concerning their suitability for building a brain-computer interface: case studies. Front Neurosci 10: 441.

[64] Price CJ (1998). The functional anatomy of word comprehension and production. Trends Cogn Sci 2: 281–288.

[65] Ptak R (2012). The frontoparietal attention network of the human brain: action, saliency, and a priority map of the environment. Neuroscientist 18: 502–515.

[66] Ramos-Murguialday A, Broetz D, Rea M et al. (2013). Brain-machine interface in chronic stroke rehabilitation: a controlled study. Ann Neurol 74: 100–108.

[67] Remsik AB, Dodd K, Williams Jr L et al. (2018). Behavioral outcomes following brain-computer interface intervention for upper extremity rehabilitation in stroke: a randomized controlled trial. Front Neurosci 12: 752.

[68] Riccio A, Holz EM, Aricò P et al. (2015). Hybrid P300-based brain-computer interface to improve usability for people with severe motor disability: electromyographic signals for error correction during a spelling task. Arch Phys Med Rehabil 96: S54–S61.

[69] Richmond FJR, Loeb GE (2012). Disscmination: getting BCIs to the people whe need them. In: JR Wolpaw, EW Wolpaw (Eds.), Brain-computer interfaces: principles and practice. Oxford University Press, New York, USA.

[70] Rohm M, Schneiders M, Muller C et al. (2013). Hybrid brain-computer interfaces and hybrid neuroprostheses for restoration of upper limb functions in individuals with high-level spinal cord injury. Artif Intell Med 59: 133–142.

[71] Rupp R, Kreilinger A, Rohm M et al. (2012). Development of a non-invasive, multifunctional grasp neuroprosthesis and its evaluation in an individual with a high spinal cord injury. In: 2012 annual international conference of the IEEE engineering in medicine and biology society, Aug. 28 2012–Sept. 1 2012, pp. 1835–1838.

[72] Scherer MJ, Lane JP (1997). Assessing consumer profiles of 'ideal' assistive technologies in ten categories: an integration of quantitative and qualitative methods. Disabil Rehabil 19: 528–535.

[73] Scherer M, Federici S (2015). Why people use and don't use technologies: introduction to

the special issue on assistive technologies for cognition/cognitive support technolo-
gies. NeuroRehabilitation 37: 315–319.

[74] Schettini F, Riccio A, Simione L et al. (2015). Assistive device with conventional, alterna-
tive, and brain-computer interface inputs to enhance interaction with the environment for peo-
ple with amyotrophic lateral sclerosis: a feasibility and usability study. Arch Phys Med
Rehabil 96: S46–S53.

[75] Schreuder M, Riccio A, Risetti M et al. (2013). User-centered design in brain-computer
interfaces—a case study. Artif Intell Med 59: 71–80.

[76] Sellers EW, Vaughan TM, Wolpaw JR (2010). A brain-computer interface for long-term in-
dependent home use. Amyotroph Lateral Scler 11: 449–455.

[77] Sellers EW, Ryan DB, Hauser CK (2014). Noninvasive brain-computer interface enables
communication after brainstem stroke. Sci Transl Med 6: 257re257.

[78] Shomstein S, Kravitz DJ, Behrmann M (2012). Attentional control: temporal relationships
within the fronto-parietal network. Neuropsychologia 50: 1202–1210.

[79] Simon N, Kathner I, Ruf CA et al. (2014). An auditory multiclass brain-computer interface
with natural stimuli: usability evaluation with healthy participants and a motor impaired end
user. Front Hum Neurosci 8: 1039.

[80] Spuler M (2019). Questioning the evidence for BCI-based communication in the complete
locked-in state. PLoS Biol 17: e2004750.

[81] Stahl BC, Wakunuma K, Rainey S et al. (2017). Improving brain computer interface re-
search through user involvement—the transformative potential of integrating civil society or-
ganisations in research projects. PLoS One 12: e0171818.

[82] Steel EJ, Gelderblom GJ, de Witte LP (2012). The role of the international classification of
functioning, disability, and health and quality criteria for improving assistive technology serv-
ice delivery in europe. Am J Phys Med Rehabil 91: S55–S61.

[83] Taherian S, Selitskiy D, Pau J et al. (2017). Are we there yet? Evaluating commercial
grade brain-computer interface for control of computer applications by individuals with
cerebral palsy. Disabil Rehabil Assist Technol 12: 165–174.

[84] Vansteensel MJ, Pels EG, Bleichner MG et al. (2016). Fully implanted brain-computer in-
terface in a locked-in patient with ALS. N Engl J Med 375: 2060–2066.

[85] Vasilyev A, Liburkina S, Yakovlev L et al. (2017). Assessing motor imagery in brain-com-
puter interface training: psychological and neurophysiological correlates. Neuropsychologia
97: 56–65.

[86] Verhoeven T, Hubner D, Tangermann M et al. (2017). Improving zero-training brain-com-
puter interfaces by mixing model estimators. J Neural Eng 14: 036021.

[87] Wolpaw JR, Wolpaw EW (2012). The future of BCIs: meeting the expectations. In: JR
Wolpaw, EW Wolpaw (Eds.), Brain-computer interfaces: principles and practice, Oxford

590

University Press, New York, USA.

[88] Wolpaw JR, Birbaumer N, Heetderks WJ et al. (2000). Brain-computer interface technology: a review of the first international meeting. IEEE Trans Rehabil Eng 8: 164–173.

[89] Zander TO, Andreessen LM, Berg A et al. (2017). Evaluation of a dry EEG system for application of passive brain-computer interfaces in autonomous driving. Front Hum Neurosci 11: 78.

[90] Zickler C, Di Donna V, Kaiser V et al. (2009). BCI applications for people with disabilities: defining user needs and user requirements. In: PL Emiliani, L Burzagli, A Como et al. (Eds.), 10th association of the advancement of assistive technology in Europe conference, IOS Press, Florence, Italy.

[91] Zickler C, Riccio A, Leotta F et al. (2011). A brain-computer interface as input channel for a standard assistive technology software. Clin EEG Neurosci 42: 236–244.

[92] Zickler C, Halder S, Kleih SC et al. (2013). Brain painting: usability testing according to the user-centered design in end users with severe motor paralysis. Artif Intell Med 59: 99–110.

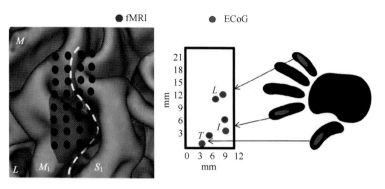

图 1.1　比较 7T 功能磁共振成像和高密度 ECoG 在运动手把上单个手指的表现/表示

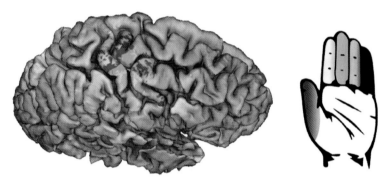

图 1.2　一名健康志愿者用 7T 功能磁共振获得的左手 PrF 图。
每种颜色表示右侧显示特定手指（Schellekens 等，2018）。

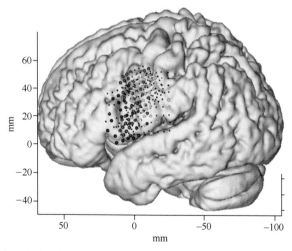

图 1.3　在产生音素的过程中，电极记录在感觉运动面部区域的 HFB 活动反应。
颜色分别表示 5 名参与者（癫痫患者）。黑色和彩色的点代表 MNI 空间中的电极
（所有高密度 ECoG 网格）（投射到平均 12 个正常大脑上）（Ramsey 等，2018）

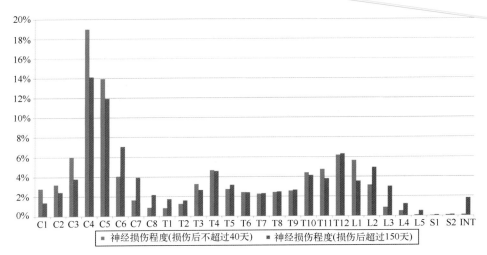

图 6.3　在早期（受损伤后不超过 40 天，黑条）和晚期（受损伤后超过 150 天，灰条）时间点评估的欧洲创伤性 SCI 患者队列（N = 2239）的神经损伤程度的分布。数据收集于欧洲多中心人类 SCI 研究（www. EMSCI. org）

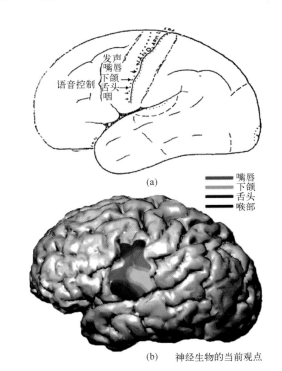

(a)

嘴唇
下颌
舌头
喉部

(b)　神经生物的当前观点

图 7.1　较低的感觉运动区的运动性语音致动器的空间组织

（a）语音致动器的位置，最初是在 20 世纪 50 年代通过皮层电刺激确定的；（b）通过 ECoG 记录确定的语音致动器的位置在很大程度上与（a）中皮层电刺激研究获得的模式相匹配。请注意，喉部（larynx）有两个相关区域，不同致动器的表示区通常重叠。经许可，转载自［Conant, D. , Bouchard, K. E. and Chang, E. F. , 2014. *Speech map in the human ventral sensory-motor cortex. Curr Opin Neurobiol 24, 63-67*］。

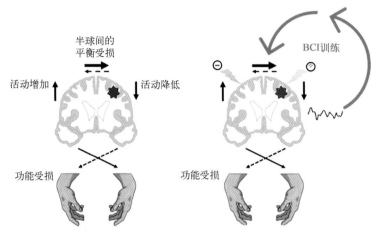

图 9.1　中风后功能性运动系统重组以及促进（手部）功能恢复的神经调节策略示意
图。（左图）急性中风事件（左半球上的红星）后，观察到同侧半球的活动减少，而对侧
　　半球过度活跃（Dimyan 和 Cohen，2011）（大脑旁边的箭头）。取决于病变的大小
（Kantak 等，2012），大脑半球间的交互变得不平衡（Perez 和 Cohen，2009）（大脑上方的
　　箭头）。根据目前公认的理论是，对侧半球的过度活跃会抑制同侧半球活动的恢复，对
　　功能恢复产生负面影响（Furlan 等，2016）。这种从对侧半球到同侧半球的异常抑制
　　活动是不良适应的重塑的一个例子。（右图）最近根据该功能重组模型设计的几种康复
　　方法（传统和新型的）旨在：①刺激受损半球，如促进性 NIBS、上肢远端训练；
　　②下调对侧半球，如抑制性 NIBS，约束诱导运动疗法（Kwakkel 等，2015），以便有
　　利于重新建立半球间平衡（例如双手训练）（Plow 等，2009；Furlan 等，2016）。
　　该示意图说明了 NIBS 和 BCI 如何作为神经调节策略，主要对比受损和未受损皮质
　　运动区之间的异常失衡，从而改善运动功能恢复。促进性 NIBS（黄色雷）用于刺激
　　同侧半球，而抑制性 NIBS（蓝色雷）用于抑制对侧半球。通过对大脑活动的调控，
　　可以把 BCI 视为内源性神经调节的一种形式，特别是，BCI 介导的（通过自我调节）
　　在中风半球上运动相关脑活动的增强可以抵消异常的半球间失衡，从而导致功能恢复

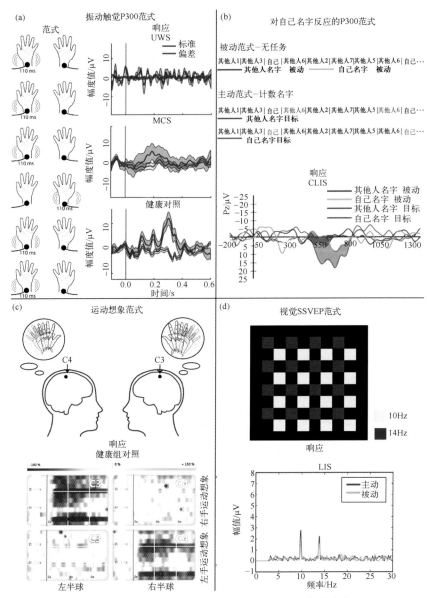

图 11.3　不同 BCI 范式中的范式及其相应的大脑响应

（a）振动触觉 P300 范式呈现了腕部上的振动，其中左腕为标准刺激，右腕为偏差刺激（UWS 患者、MCS 患者和正常对照组的 P3 响应具有代表性；（b）在 CLIS 患者中，与对另一个人的名字和被动地听起反应的 P3 响应相比，对自己名字起反应的 P3 响应。在被动和主动的对自己名字反应的试验之间的响应差异以粉色显示，这表明患者成功完成了任务；（c）运动想象任务是一种心理任务，要求受试者想象左手和右手的动作。当持续一致的遵循命令时，可以观察到对侧感觉运动皮层上 μ 频带的 ERD；（d）SSVEP 范式采用棋盘格图案分别以 10Hz 和 14Hz 闪烁红灯和黄灯。频率分解显示两种频率的振幅峰值，当受试者注视特定颜色/频率时，激活状态的振幅更高

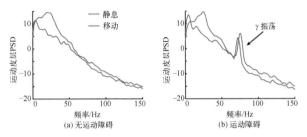

图 12.3　窄带 γ 节律是运动障碍的潜在生物标志物，运动障碍是左旋多巴和 DBS 治疗帕金森病时常见的多动并发症。在无运动障碍（a）和有运动障碍（b）的 PD 患者中，从中央前回记录的 ECoG 电位计算功率谱密度（PSD）。运动障碍（b）期间出现显著的窄带 γ 振荡，相对而言不受自主运动的影响，而 β 波段频谱功率随自主运动而衰减（在（a）和（b）中有显示）。（修改自 Swann NC, de Hemptinne C, Miocinovic S et al.（2016）. *Gamma oscillations in the hyperkinetic state detected with chronic human brain recordings in Parkinson's disease*. J Neurosci 36：6445-6458. ）. 治疗帕金森病的左旋多巴和 DBS

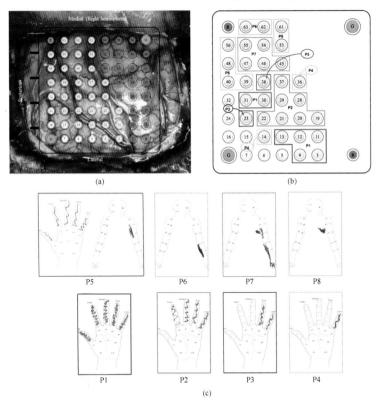

图 13.3　（a）在一名臂丛神经损伤导致手臂瘫痪的患者身上，硬脑膜下植入 ECoG 网格（黄色圆圈对应 S1 中的电极，蓝色圆圈对应 M1 中的电极）。（b）与参与者报告的 8 种诱发感觉模式相对应的电极组，如（c）所示。白色电极对皮质刺激无反应。（c）中的草图由参与者用右手在模板上绘制。图是经 Hiremath SV、Tyler Kabara EC、Wheeler JJ 等（2017）许可改编，人对体感皮层表面电刺激的感知（参考文献：Hiremath S V, Tyler-Kabara E C, Wheeler J J et al.（2017）. Human perception of electrical stimulation on the surface of somatosensory cortex. PLoS One 12（5）：1-16）

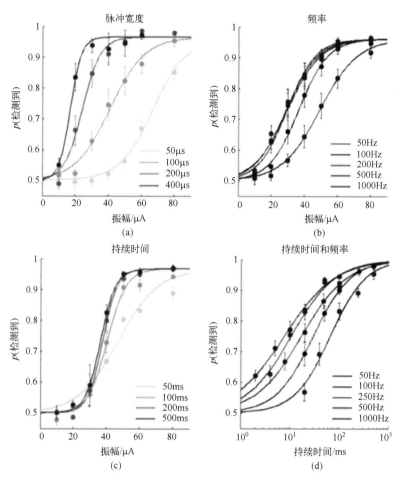

图 13.4　皮质内微刺激的各种刺激参数的表征及其对猴子检测刺激能力的影响。
经 Kim S、Callier T、Tabot G A 等许可改编（2015a）（参考文献：Kim S, Callier T, Tabot G A, et al.（2015a）. Behavioral assessment of sensitivity to intracortical microstimulation of primate somatosensory cortex. Proc Natl Acad Sci USA 112（49）：15202-15207）

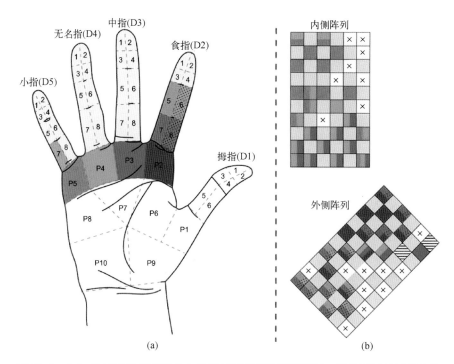

图 13.5 （a）受试者根据刺激的电极指示感知到的感觉区域。彩色区域显示报告的所有投射区。（b）犹他州（Utah）32 通道阵列植入电极的表示区。彩色图对应于（a）中报告的手部投射区的各个通道。电极与手部投射区的对应关系与已知的躯体学完全一致。该图经 Flesher SN、Collinger JL、Foldes ST 等（2016）许可改编（参考文献：Flesher SN，Collinger JL，Foldes ST，et al.（2016）Intracortical microstimulation of human somatosensory cortex. Sci Transl Med 8（361）：1-11）

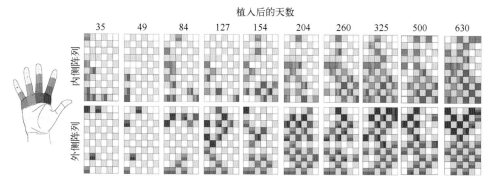

图 13.6 一名在体感皮层 1 区植入两个微电极阵列的人类受试者，研究表明，在近似对数曲线后报告的通道数量增加，该受试者在 6 个月后报告的通道数没有下降（未公布结果）

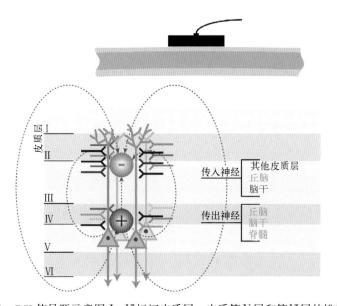

图 18.1　BCI 信号源示意图 I–VI标记皮质层，皮质第 V 层和第 VI 层的锥体细胞以绿色突出显示，它们的顶端和基底突触是彩色编码的。突触传递的时空树突整合导致偶极子的形成。如果数以百万计的神经元接收到同步的基底或顶端突触传递，产生的电场就会传播很远，甚至可以在头皮上检测到，将其称为 EEG（参考文献：Steyrl D. , Kobler R. J. and Müller-Putz G. R. 2016. On similarities and differences of invasive and non-invasive electrical brain signals in brain-computer interfacing. J Biomed Sci Eng 9：393–398. ）

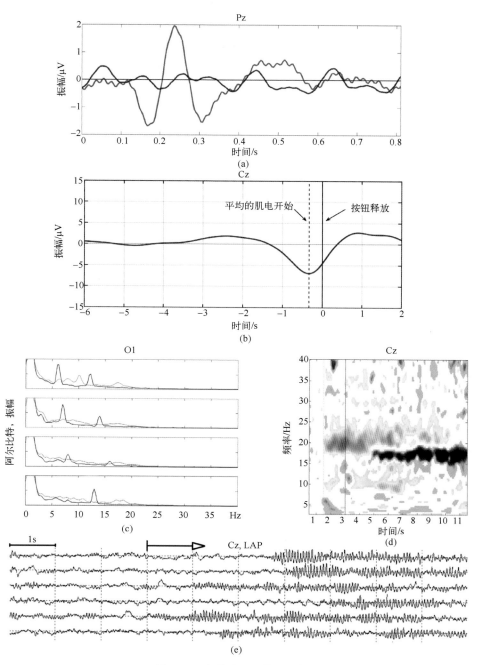

图 18.4　各种脑电图信号和模式

（a）P300 目标信号（蓝色）和平均非目标响应（红色）；（b）10 名受试者的 MRCP 平均超过 1000 项试验（Sburlea et al.，2015b）；（c）聚焦于 4 种不同闪光灯的 SSVEP 光谱：6Hz、7Hz、8Hz、13Hz（Müller-Putz et al.，2005a）；（d）脚部运动想象中脊髓损伤的最终用户 Cz 的拉普拉斯推导 ERD 图；（e）单个脑电图试验的拉普拉斯推导，对应于（d）的 Cz。

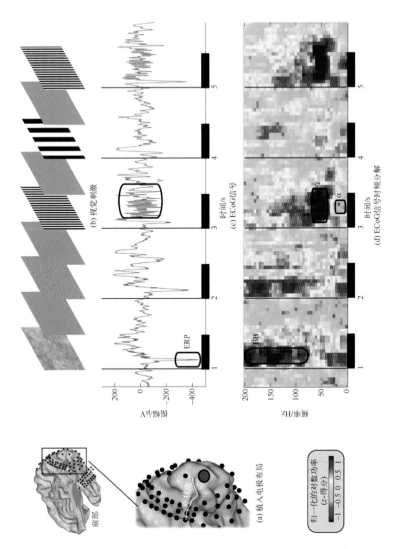

图 19.1 在视觉皮层记录的 ECoG 时间序列和信号特征

（a）用黑色标记 ECoG 电极在大脑上分布（内侧视图），显示的示例数据来自 V_1/V_2（红色）上的电极；

（b）受试者注视一系列噪声模式和格栅的静态图像，注视时间为 500ms，然后是一个空白屏幕，时间为

500ms；（c）原始时间序列显示每次刺激开始后的诱发电位（事件相关电位）。在第 3 个和第 5 个刺激

期间，可以看到快速的 γ 振荡；（d）对应于（c）中原始时间序列的时间–频率分解，由每个频率下

所有试次的刺激前基线对该频率进行归一化（z 评分）。在刺激开始后，宽带功率的增加在第 1 个和

第 2 个刺激期间最为明显，范围内 80~200Hz。在第 3 和第 5 个刺激期间，可以看到窄带 γ 功率

（约 50Hz）的强劲增加。在第 3~5 个刺激中，可以看到低频率 α 的功率下降。图中显示了 ERP、

BB、γ 或 α 响应的一个例子。原始数据来自［Hermes, D., Miller, K. J., Wandell, B. A., et al.,

2015. Stimulus dependence of gamma oscillations in human visual cortex. Cereb Cortex 25, 2951–2959］。

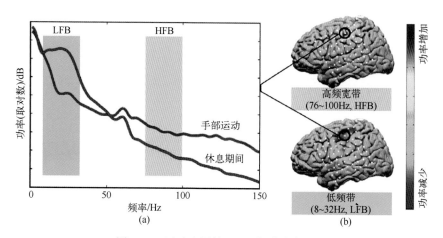

图 19.2　运动皮层的 ECoG 频谱功率变化

（a）手部运动（红色）和休息（蓝色）期间运动皮层上 ECoG 电极的功率谱。
休息期间的频谱显示峰值出现在约 20Hz 处。从 8~32Hz 的低频率表明，与休息期间相比，
运动期间的功率降低，大于 60Hz 范围较宽的较高频率表明，相比休息期间，运动期间功率增加，
在 60Hz 时，可见线路噪声；（b）把运动期间与休息期间相比的频谱功率变化绘制在大脑渲染图上。
顶部图显示了高频宽带功率的局部增加（此处的平均值在 76~100Hz 之间），底部图显示了较低频
率下功率的减少且更分散（此处的平均值范围在 8~32Hz）。图改编自〔Miller，K. J.，Leuthardt，
E. C.，Schalk，G.，et al.，2007b. Spectral changes in cortical surface potentials during motor movement.
J Neurosci 27，2424-2432.〕。

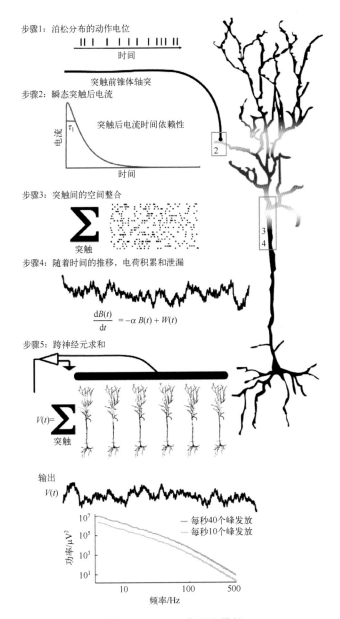

图 19.3　ECoG 信号的模拟

步骤1—从随机分布中提取具有泊松分布的动作电位时间的 ECoG 信号模型；步骤2—突触后电流呈指数衰减，形状为 $t^{0.13} \times e^{1-\frac{t}{\tau_s}}$；步骤3—在每个时间点对突触的输入进行求和；步骤4—根据 $\frac{\mathrm{d}B(t)}{\mathrm{d}t} = -\alpha B(t) + W(t)$，通过与漏电阻的时间积分生成电位的时间曲线；步骤5—对一群模型神经元进行建模；输出—输出是来自一个电极的模拟时间序列（$V(t)$），输入发放速率为每秒 10 个和 40 个神经元峰发放的两个模拟的功率谱表明，输入发放的增加导致宽带功率增加。图改编自参考文献［Miller, K. J., Sorensen, L. B., Ojemann, J. G., et al., 2009a. Power-law scaling in the brain surface electric potential. PLoSComput Biol 5, e1000609.］。

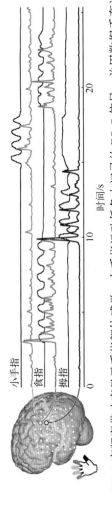

图 19.4 ECoG 高频宽带功率显示手指躯体感觉。在手指运动任务中记录的 ECoG 信号，并用数据手套记录手指屈曲。数据手套（黑色）的曲线显示小指、食指和拇指的移动。绿色和深蓝色电极的 ECoG 宽带信号分别与小指、食指和拇指的运动相关。图改编自 [Miller, K. J., Zanos, S., Fetz, E. E., et al., 2009b. Decoupling the cortical power spectrum reveals real-time representation of individual finger movements in humans. J Neurosci 29, 3132–3137]

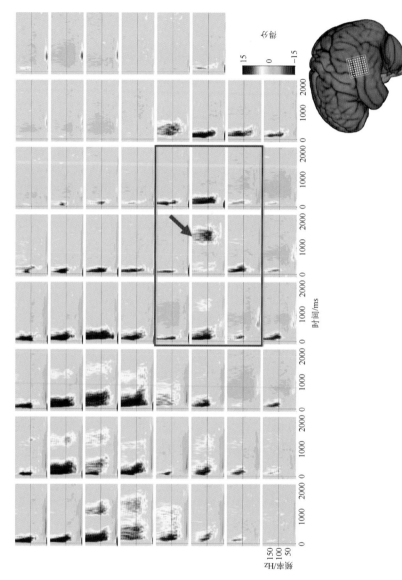

图 19.5　高频宽带信号揭示了颞上回上分布的详细时空动态变化特性。颞上回上测得的高密度 ECoG 信号对于每个电极信号的时−频变化。间距为 4mm 的电极显示出不同的时间动态特性。图改编自 [Flinker, A., Chang, E. F., Barbaro, N. M., et al., 2011. Sub-centimeter language organization in the human temporal lobe. Brain Lang 117, 103~109]

彩 14

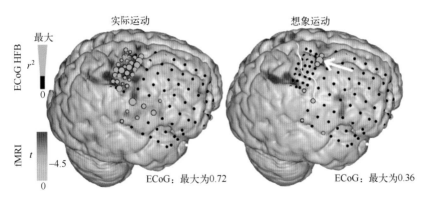

图 19.6　比较实际运动和想象运动期间 fMRI 和 ECoG 信号。fMRI 是在手指轻敲任务（受试者移动手指或想象移动手指）中进行的。与休息期间相比，把运动期间的 fMRI 信号变化进行平滑化并渲染以呈现在大脑表面。只有 $t>4.5$ 的 fMRI 信号变化显示为橙色-红色，随后在同一任务中，对同一受试者记录了 ECoG 信号，ECoG 电极显示为黑色，高频宽带（65~95Hz）显著增加的电极显示为绿色。fMRI 的一般模式增加与 ECoG 宽带的增加重叠。右边图上的白色箭头指向用于在 BCI 设置中成功控制光标的 ECoG 电极。图改编自〔Hermes, D., Vansteensel, M. J., Albers, A. M., et al., 2011. Functional MRI-based identification of brain areas involved in motor imagery for implantable brain-computer interfaces. J Neural Eng 8, 025007〕

图 20.1　虚拟现实设置。受试者坐在灵长类动物的椅子上，看着从 3D 计算机显示器投射到镜子上的图像。它看不到自己的手，而是看到了一个球形光标，该光标表示其手部在空间中的位置（橙色球）。此处显示的示例表示绘圆任务，其中要求受试者沿顺时针和逆时针方向绕椭圆绘制 3 次

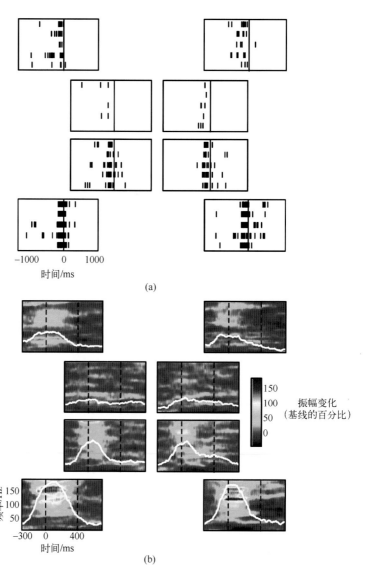

图 20.2　(a) 在由中心向外伸手任务中，对八个目标中的每一个重复五次伸手的尖峰
发放栅格信号。里面的四个图表示到达离受试者最远的四个目标，而外面的四个图表示到达
最靠近受试者的四个目标。根据运动的开始点（即作为时间零点（虚线））对齐伸手到达。
每条黑线表示一次尖峰脉冲放电。根据其活动，可以看出，在这些图中分离和表示的细胞
在两个下部的近端靶点附近具有首选方向。(b) 把频谱振幅绘制为与基线的百分比变化。
这些 LFP 测量值与 (a) 中神经元的单个单元活动同时记录，采用与 (a) 中相同的电极
获取。白线表示 60~200Hz LFP（HF-LFP）的平均频谱振幅。注意，HF-LFP 与同时
记录的神经元具有相似的方向（定向）调制。

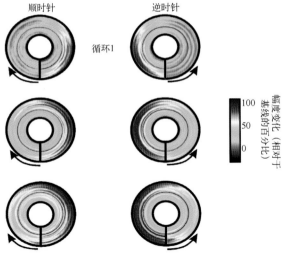

图 20.4　画圆任务期间的 LFP 频谱振幅变化。图 20.2 所示为同一电极的画圆任务的平均频谱振幅。颜色表示频谱振幅相对于基线的百分比变化；频率与半径成正比。对于顺时针方向的绘圆，HF-LFP 增幅最大位于圆圈的右侧，对应于向下的运动。对于逆时针方向的绘圆圈，HF-LFP 峰值位于圆圈的左侧，这也对应于向下伸运动。这些发现证实了在由中心向外伸手任务中发现的向下方向的调制（图 20.2）。最重要的是，顺时针任务中最大的频谱幅度增加在右侧，逆时针任务中的最大幅度增加在左侧，这表明 HF-LFP 调制是基于速度而不是位置的

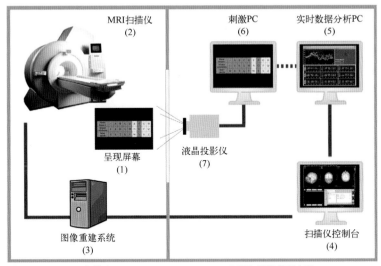

图 21.2　实时 fMRI 字母拼写实验中的技术设置和数据流。说明了基于 fMRI 的字母拼写实验中技术设置的组成部分和数据流的不同阶段。在通过 MRI 扫描仪（2）获取功能图像的同时，通过呈现屏幕（1）视觉引导参与者对字母进行编码。紧接着，图像被实时重建（3）并发送到扫描仪控制台（4）的硬盘。执行实时数据分析的 PC（5）可以即时存取重建的图像，并且字母解码软件立即解码编码的字母。在向参与者提供关于解码的字母（未示出）信息的情况下，实时数据分析 PC（5）连接到刺激 PC（6）（红色虚线），并将其输出（关于解码的字母的信息）传输到刺激 PC。定制开发的呈现程序生成包含关于解码字母的信息的视觉刺激，该信息通过投影仪（7）呈现在呈现屏幕（1）上

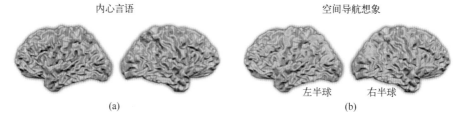

内心言语　　　　　　　　　　　　空间导航想象

左半球　　右半球

(a)　　　　　　　　　　　　　　　　　　　(b)

图 21.3　两种不同心理活动诱发的 fMRI 激活模式。显示了通过执行（a）内心言语（例如，在心里背诵诗歌）和（b）空间导航想象（例如，想象在心里穿过房子时的三维场景）而诱发的不同 fMRI 激活模式。虽然激活模式表现出一定程度的空间重叠（例如，在左侧运动前皮层内），但大多数脑区仅与两种心理活动中的一种有关

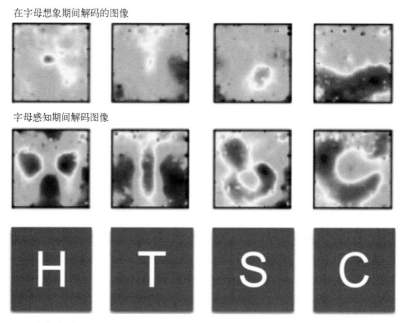

在字母想象期间解码的图像

字母感知期间解码图像

图 21.4　重建看到和想象的字母形状。采用 7T fMRI（来自一名参与者的数据），从早期视觉皮层的大脑活动模式中解码看到和想象的字母形状。看到和想象的字母的可视化是基于对群体感受野（population receptive fields，pRFs）的标准估计，以将视觉空间中的位置与早期视觉皮层（V1、V2、V3）中的体素相关联。字母"H""T""S"和"C"以视觉方式呈现（底行），中间行的图像通过将 pRFs 投射到由体素活动加权的视觉空间来重建。上面一行显示的是从早期视觉皮层自上而下产生的活动重建的字母形状，而同一参与者只是想象看到字母形状。在这种情况下，字母由听觉提示

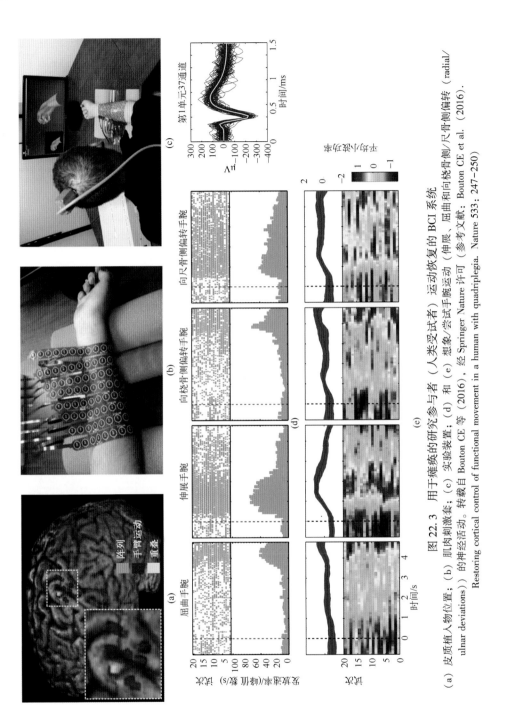

图 22.3　用于瘫痪的研究参与者（人类受试者）运动恢复的 BCI 系统

(a) 皮质植入物位置；(b) 肌肉刺激套；(c) 实验装置；(d) 和 (e) 想象/尝试手腕运动（伸展，屈曲和向桡骨侧/尺骨侧偏转（radial/ulnar deviations））的神经活动。转载自 Bouton CE 等（2016），经 Springer Nature 许可（参考文献：Bouton CE et al. （2016）. Restoring cortical control of functional movement in a human with quadriplegia. Nature 533: 247–250).

彩19

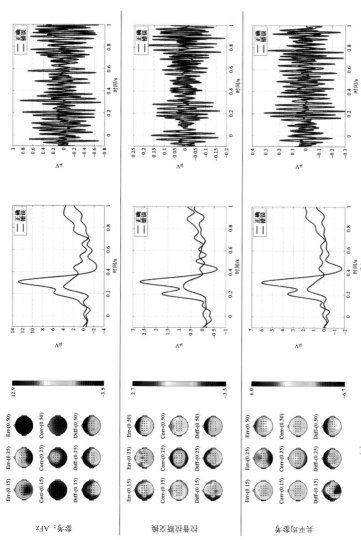

(a)

(b)

(c)

图 23.2 预处理参数对误差相关 EEG 电位的影响。Iturrate 等（2014）对实验方案进行了描述。本图显示了一轮实验的平均 ERP，一轮实验包括 129 次正确类别的试验（蓝线）和 33 次错误类别的试验（红线），显示了三种类型的重新参考过程。对于三种类别的平均活动，它都会自上而下显示错误类别和正确类别的平均活动，以及它信号在 1~10Hz 频带内滤波，最右侧的信号在 20~40Hz 频带内滤波。这显示了处理参数波形如何影响信号波形和幅度，以及它是否是合适合为 BCI 解码过程提供信息

（a）3 个不同时间点（0.15s，0.25s 和 0.5s）记录模式的地形图表示。在每种情况下，每个位置的电活动（单位为 μV）由蓝色到红色（分别为负值到正值）表示；差异）和 33 次错误类别的试验（差异）即错误类别–正确类别的平均活动），每个位置的电活动（平均值）表示；（c）20~40Hz 频段的总平均 ERP。两个频带 ERP 之们之间的差异（差异即错误类别–正确类别的平均活动），每个位置内信号的刺激开始，t=0 对应于 1~10Hz 频带内事件相关电位（ERP），t=0 对应于信号内信号的刺激开始给定心理过程的可靠性

（b）FCz 电极处的平均事件相关电位（ERP），t=0 对应于 1~10Hz 频带内事件相关电位（ERP），t=0 对应于信号内信号的刺激开始给定心理过程的可靠性同的差异来算出了预处理步骤对可靠解调中给定心理过程的可能性产生的影响。

彩20

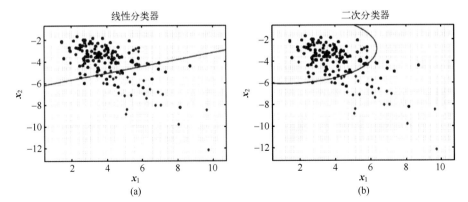

图 23.3　分类过程的小例子。两个图显示了错误相关电位的相同特征样本集。采用 CAR 和 1~10Hz 范围内的带通对信号进行滤波（图 23.2）。对于每个试次，样本由特征向量 x_1、x_2 组成，对应于窗口 0~800ms 中的正峰值和负峰值。对于错误和正确类别，样本分别用红色和蓝色编码。（a）和（b）分别显示了线性判别分类器和二次判别分类器，品红色线对应于分类器函数 f 定义的边界。

	真实类别	
	p	n
p'	真阳性 TP	假阳性 FP
n'	假阴性 FN	真阴性 TN

$$精度 = \frac{TP+TN}{N}$$

$$假阳性率 = \frac{FP}{N} \quad 真阳性率 = \frac{TP}{N}$$

$$灵敏度 = \frac{TP}{P}$$

$$特异性 = 1-假阳性率$$

(a)

ROC空间

AUC=0.84
AUC=0.66
AUC=0.55

真阳性率 / 假阳性率

(b)

图 23.4　（a）（上部）混淆矩阵，行表示假设的类别（p^l, n^l），即解码器的输出。P、N 分别为 p 类和 n 类的样本总数，（下部）可从混淆矩阵中提取的不同性能度量；（b）ROC 空间，每个符号表示不同的性能级别（FPR、TPR）（▲—(0.2,0.6)，▼—(0.1,0.9)，●—(0.5,0.8)，◆—(0.6,0.4)），彩色线对应不同 AUC 水平下三个 ROC 曲线示例。

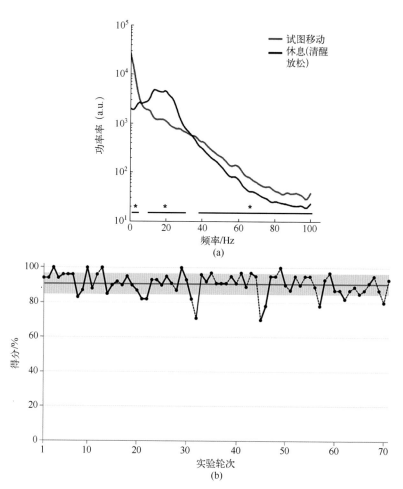

图 25.6　（a）感觉运动皮层脑信号的尝试运动（红色）和休息（黑色）的功率谱分布；（b）植入后超过 6 个月的双目标任务性能发展。每个黑点代表一轮 300s 的实验。同一天的多轮试验通过点之间的黑线表示。黑色虚线连接不同日期的试验轮次。性能的平均值和标准差分别由水平灰线和灰色阴影表示。改编自 Vansteensel, M. J.、Pels, E. G. M.、Bleichner, M. G. 等（2016）。（参考文献：Vansteensel, M. J., Pels, E. G. M., Bleichner, M. G., et al., 2016. Fully implanted brain-computer interface in a locked-in patient with ALS. N Engl J Med 375, 2060−2066. doi：10.1056/NEJMoa1608085.）

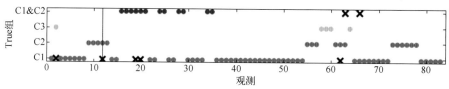

图 25.8　基于大脑信号测量（大脑检测）的自动刺激触点选择（Connolly 等，2015）

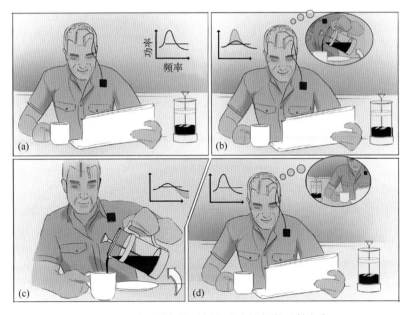

图 25.9　用于原发性震颤的适应性刺激反射方案

（a）患者休息时，刺激器关闭；（b）启动运动规划时，大脑节律（如 β、γ）会发生变化；（c）检测有意运动期间神经信号特征的变化触发刺激；（d）当患者恢复休息时，大脑节律恢复到基线，刺激停止。请注意，传感测量（蓝色）和刺激（绿色）导线是分别绘制的，以便于说明。

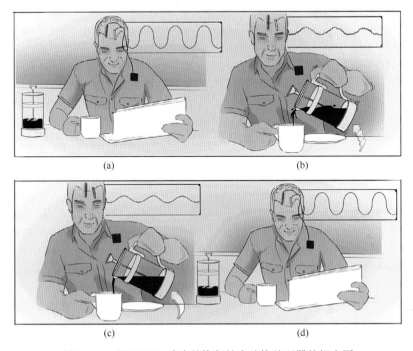

图 25.11　用于 DBS 治疗的恢复性大脑协处理器的概念图

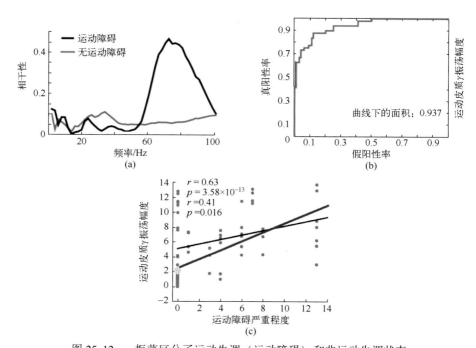

图 25.12　γ 振荡区分了运动失调（运动障碍）和非运动失调状态

（a）一名受试者服用药物时的相位相干性示例；（b）采用相位相干性作为运动障碍生物标志物的接受者操作特征曲线；（c）γ 振幅与运动障碍严重程度之间的相关性。改编自 Swann，N. C.、De Hemptinne，C.、Miocinovic，S. 等（参考文献：Swann, N. C., De Hemptinne, C., Miocinovic, S., et al., 2016. Gamma oscillations in the hyperkinetic state detected with chronic human brain recordings in Parkinson's disease. J Neurosci 36, 6445。